ENCYKLOPÄDIE
DER
MATHEMATISCHEN WISSENSCHAFTEN
MIT EINSCHLUSS IHRER ANWENDUNGEN

DRITTER BAND IN DREI TEILEN

GEOMETRIE

REDIGIERT VON

W. FR. MEYER † UND H. MOHRMANN
IN GIESSEN

ZWEITER TEIL

ZWEITE HÄLFTE / TEILBAND B

Springer Fachmedien Wiesbaden GmbH

1921—1934

ISBN 978-3-663-15461-7 ISBN 978-3-663-16032-8 (eBook)
DOI 10.1007/978-3-663-16032-8
Softcover reprint of the hardcover 1st edition 1934

Zur Beachtung! Im Schlußheft des vorliegenden Teilbandes als des zuletzt erschienenen befindet sich das gemeinsame Namensverzeichnis zum gesamten Band III der mathematischen Encyklopädie, während die Sachregister jeweils am Schlußband der drei Teile eingereiht sind.

Inhaltsverzeichnis zu Band III, 2. Teil, 2. Hälfte. B.

C. Algebraische Geometrie.

(Fortsetzung.)

10. Spezielle algebraische Flächen.

a) Flächen dritter Ordnung. Von W. Fr. Meyer †

I. Historische Entwicklung der Haupteigenschaften der Fläche.

II. Systematischer Ausbau der Theorie.

(Abgeschlossen im September 1928.)

10. Spezielle algebraische Flächen.

b) Flächen vierter und höherer Ordnung. Von W. Fr. Meyer †

I. Einleitung und Übersicht. Reziproke Erzeugung der $F_4, F_5, \ldots$ durch Flächen niederer Ordnung nach Reye und v. Escherich. Rationale und andere Kurven, nebst ihren Invarianten, auf besonderen F_4. Kanonisierung der F_4 und Reyes Dekaeder. Sonderfälle. Formentheoretisches. Übertragungsprinzipien.

II. Kummers Untersuchung der F_4 mit Scharen von Kegelschnitten.

III. Die F_4 mit Doppelkegelschnitt.

IV. Die Zykliden.

XI. Die Weddlesche und die Kummersche Fläche. Das Tetraedroid und die Wellenfläche.

XII. Regelflächen vierter und höherer Ordnung.

XIII. Metrisch bemerkenswerte Flächen vierter und höherer Ordnung.

(Abgeschlossen im August 1930.)

11. Algebraische Transformationen und Korrespondenzen. Von L. Berzolari in Pavia.

I. Einleitende Definitionen und Eigenschaften.

II. Algebraische Korrespondenzen und Korrespondenzprinzipien in linearen und nichtlinearen Gebieten.

III. Algebraische Korrespondenzen und Korrespondenzprinzipien für algebraische Kurven beliebigen Geschlechts.

IV. Birationale (oder Cremona-)Transformationen zwischen zwei linearen Räumen von zwei oder mehreren Dimensionen.

V. Mehrdeutige Korrespondenzen zwischen zwei linearen Räumen von zwei oder mehreren Dimensionen.

VI. Anwendungen.

VII. Ebene Abbildung von rationalen Flächen.

VIII. Andere besondere Abbildungen und algebraische Korrespondenzen.

(Abgeschlossen im Dezember 1932.)

Übersicht
über die im vorliegenden Bande III, 2. Teil, 2. Hälfte B zusammengefaßten Hefte und ihre Ausgabedaten.

C. Algebraische Geometrie.
(Fortsetzung.)

III C 11. ALGEBRAISCHE TRANSFORMATIONEN UND KORRESPONDENZEN.

Von

L. BERZOLARI

IN PAVIA.*)

Inhaltsübersicht.

I. Einleitende Definitionen und Eigenschaften.

II. Algebraische Korrespondenzen und Korrespondenzprinzipien in linearen und nicht linearen Gebieten.

III. Algebraische Korrespondenzen und Korrespondenzprinzipien für algebraische Kurven beliebigen Geschlechts.

---

*) Übersetzt von Herrn stud. *Heinz Spreng.*

IV. Birationale (oder Cremona-)Transformationen zwischen zwei linearen Räumen von zwei oder mehreren Dimensionen.

V. Mehrdeutige Korrespondenzen zwischen zwei linearen Räumen von zwei oder mehreren Dimensionen.

VI. Anwendungen.

Literatur.

Lehrbücher.

R. F. A. Clebsch, Vorlesungen über Geometrie, bearbeitet von *F. Lindemann,* Bd. 1, Leipzig 1875—76. Franz. Ausgabe von *A. Benoist,* 3. Bd., Paris 1879—80—83; 2. Aufl., 1_1, Leipzig 1906—1932 (zitiert als „Vorlesungen“).

G. Salmon und *W. Fiedler,* Analytische Geometrie des Raumes, 2 Bd., 3. Aufl., Leipzig 1879—80 („Raumgeometrie“).

K. Doehlemann, Geometrische Transformationen, 2 Bd., Leipzig 1902—1908 („Geom. Transf.“).

R. Sturm, Die Lehre von den geometrischen Verwandtschaften, 4 Bd., Leipzig und Berlin 1908—1909 („Geom. Verw.“).

F. Severi, Lezioni di geometria algebrica (lith.), Padova 1908 („Lezioni“).

F. Severi, Vorlesungen über algebraische Geometrie, deutsch von *E. Löffler,* Leipzig und Berlin 1921 („Vorlesungen“).

F. Severi, Trattato di geometria algebrica 1_1, Bologna 1926 („Trattato“).

H. G. Zeuthen, Lehrbuch der abzählenden Methoden der Geometrie, Leipzig und Berlin 1914 („Lehrbuch“).

F. Enriques, Lezioni sulla teoria geometrica delle equazioni e delle funzioni algebriche, hrsg. von *O. Chisini,* 3 Bd., Bologna 1915—1924 („Lezioni“).

H. Malet, Étude géométrique des transformations birationnelles et des courbes planes, Paris 1921 („Étude").

Hilda P. Hudson, Cremona transformations, Cambridge 1927 („Cremona transf.").

L. Godeaux, Les transformations birationnelles du plan. Mémorial des sciences math., fasc. XXII, Paris 1927 („Transf. birat.").

L. Godeaux, La géométrie, Paris 1931.

A. B. Coble, Algebraic geometry and theta functions, New York 1929, Amer. math. Soc., Colloquium Publications, vol. X („Alg. geom.").

J. L. Coolidge, A treatise on algebraic plane curves, Oxford 1931 („Alg. pl. curves").

Abhandlungen.

L. Cremona, Sulle trasformazioni geometriche delle figure piane, Mem. Acc. Bologna (2) 2 (1863), p. 621—630; (2) 5 (1865), p. 3—25 = Giorn. di mat. (1) 1 (1863), p. 305—311; (1) 3 (1865), p. 269—280, 363—376 = Opere 2 (Milano 1915), p. 54—61, 193—218.

L. Cremona, Sulle trasformazioni razionali nello spazio, Rend. Ist. Lomb. (2) 4 (1871), p. 269—279, 315—324; Ann. di mat. (2) 5 (1871), p. 131—162 = Opere 3 (Milano 1917), p. 241—259, 298—325.

L. Cremona, Über die Abbildung algebraischer Flächen, Gött. Nachr. 1871, p. 129—148 = Math. Ann. 4 (1871), p. 213—230 = Opere 3, p. 260—276.

A. Cayley, On the rational transformation between two spaces, Proc. London math. Soc. (1) 3 (1869—71), p. 127—180 = Papers 7 (Cambridge 1894), p. 189—240.

M. Noether, Über die eindeutigen Raumtransformationen, insbesondere in ihrer Anwendung auf die Abbildung algebraischer Flächen, Math. Ann. 3 (1871), p. 547—580 [1870].

A. Clebsch, Über die Abbildung algebraischer Flächen, insbesondere der vierten und fünften Ordnung, Math. Ann. 1 (1869), p. 253—316 [1868].

A. Clebsch, Über den Zusammenhang einer Klasse von Flächenabbildungen mit der Zweiteilung der *Abel*schen Funktionen, Math. Ann. 3 (1871), p. 45—75 [1870].

A. Clebsch, Über ein neues Grundgebilde der analytischen Geometrie der Ebene, Gött. Nachr. 1872, p. 429—449 = Math. Ann. 6 (1873), p. 203—215.

A. Brill, Über Entsprechen von Punktsystemen auf einer Curve, Math. Ann. 6 (1873), p. 33—65 [1872].

A. Brill, Über die Correspondenzformel, Math. Ann. 7 (1874), p. 607—622.

A. Brill, Über algebraische Correspondenzen, Math. Ann. 31 (1888), p. 374—409 [1887]; 36 (1890), p. 321—370.

E. Bertini, Ricerche sulle trasformazioni univoche involutorie nel piano, Ann. di mat. (2) 8 (1877), p. 244—286.

A. Hurwitz, Über algebraische Korrespondenzen und das verallgemeinerte Korrespondenzprinzip, Ber. Sächs. Ges. Wiss. Leipzig 38 (1886), p. 10—38 = Math. Ann. 28 (1887), p. 561—585 [1886] = Math. Werke 1 (Basel 1932), p. 163—188.

F. Severi, Sulle corrispondenze fra i punti di una curva algebrica e sopra certe classi di superficie, Mem. Acc. Torino (2) 54 (1903), p. 1—49.

G. Castelnuovo, Sulla razionalità delle involuzioni piane, Math. Ann. 44 (1894), p. 125—155 [1893]; Auszug Roma Rend. Acc. Linc. (5) 2^2 (1893), p. 205—209.

F. Enriques, Sopra una involuzione non razionale dello spazio, Roma Rend. Acc. Linc. (5) 21^1 (1912), p. 81—83.

Vgl. noch *E. Pascals* Repertorium der höheren Mathematik, 2. Aufl., hrsg. von *H. E. Timerding*, 2, Leipzig und Berlin 1910—1922, p. 342—372 (Art. von *L. Berzolari*), p. 963—989 (Art. von *H. E. Timerding*).

Historische Darstellungen.

A. Brill und *M. Noether*, Die Entwicklung der Theorie der algebraischen Funktionen in älterer und neuerer Zeit, Jahresb. Deutsch. Math.-Ver. 3 (1894), p. 107—566 („Bericht").

E. Kötter, Die Entwicklung der synthetischen Geometrie von *Monge* bis auf *Staudt* (1847), Jahresb. Deutsch. Math.-Ver. 5 (1901), p. I—XXVIII, 1—486 („Bericht").

V. Snyder, A. B. Coble, A. Emch, S. Lefschetz, F. R. Sharpe, Ch. H. Sisam, Selected topics in algebraic geometry; Report of the Committee on rational transformations, Bull. of the National Research Council, Nr. 63, Washington 1928 („Report").

I. Einleitende Definitionen und Eigenschaften.

1. Algebraische Korrespondenzen zwischen zwei algebraischen Mannigfaltigkeiten. Es sind M und N zwei algebraische Mannigfaltigkeiten, die voneinander verschieden oder vereinigt sind, von willkürlichen Dimensionen, deren Elemente X und Y, die wir *Punkte* nennen, die projektiven Koordinaten x (also $x_1, x_2, \ldots$) und y (also $y_1, y_2, \ldots$) besitzen. Betrachtet man die algebraische [und irreduzible, wenn M und N als irreduzibel angenommen sind[1])] Mannigfaltigkeit W, deren Elemente alle möglichen Punktepaare XY sind, und innerhalb dieser eine algebraische Mannigfaltigkeit V, so erhält man, in der allgemeinsten Form, den Begriff der *algebraischen Korrespondenz* zwischen den Punkten X von M und den Punkten Y von N.

Wenn M und N vereinigt sind, so ist W die Mannigfaltigkeit, die von den geordneten Punktepaaren von M gebildet wird; bei jedem derartigen Punktepaar ist zu unterscheiden, welcher Punkt der M oder der N angehört.[2])

1) Vgl. *F. Severi*, „Trattato" 1_1, p. 193—194.

2) Diese allgemeine Begriffsbildung einer Korrespondenz zwischen zwei Mannigfaltigkeiten gab *C. Segre*, Ann. di mat. (2) 22 (1893), p. 48, in der Absicht, den allgemeinen Begriff der algebraischen Korrespondenz zwischen zwei algebraischen Mannigfaltigkeiten auf eine strenge Basis zu stellen. Dieser Begriff wurde von *F. Severi* entwickelt, Mem. Acc. Torino (2) 54 (1903), p. 1, der auf dieser Grundlage mit geometrischen Mitteln (Nr. **13**) die Theorie der algebraischen Korrespondenzen zwischen algebraischen Kurven aufstellte. Gleichzeitig ging *M. de Franchis*, Roma Rend. Acc. Linc. (5) 12^1 (1903), p. 303, von demselben Begriff

In jedem Falle wird die Korrespondenz auf diese Weise durch ein System von algebraischen Gleichungen (mit Einschluß derer, die wir zur Darstellung der M und N gebraucht haben) zwischen den Koordinaten der Punkte X und Y definiert.[3]) Dieselben Gleichungen

aus, um ein Theorem von *Painlevé — Humbert — Castelnuovo* geometrisch zu beweisen, von dem in Nr. **31** die Rede sein wird.

Die Betrachtung der Mannigfaltigkeit, die von den Punktepaaren zweier gegebener Mannigfaltigkeiten gebildet wird (s. darüber weiterhin Anm. **114** und 255) wurde von *E. Steinitz,* Sitzungsb. Berliner math. Ges. 7 (1908), p. 29, in die *Analysis situs* übertragen und auf das Studium der kontinuierlichen Transformationen von Mannigfaltigkeiten und ihrer Koinzidenzpunkte angewandt. *Steinitz* hat für diese Mannigfaltigkeit die Bezeichnung *Produkt* eingeführt. Diese Betrachtung wurde ferner angewandt von *M. Fréchet,* Math. Ann. 68 (1910), p. 146; *R. E. Root,* Amer. J. of math. 36 (1914), p. 90; *H. Künneth,* Math. Ann. 90 (1922), p. 65; *H. Tietze,* Abh. aus dem math. Seminar der Hamburgischen Univ. 2 (1923), p. 37 und von anderen. S. III AB 13 (*H. Tietze* und *L. Vietoris*), Nr. **20** und auch *F. Severi,* Rend. Seminario mat. Univ. Roma (2) 7 (1931), p. 11—12.

Von denselben Begriffen hat in Untersuchungen großer Allgemeinheit *S. Lefschetz,* Trans. Amer. math. Soc. 28 (1926), p. 1; 29 (1927), p. 429 [Auszüge in Proc. Nat. Acad. of Sciences 9 (1923), p. 90; 11 (1925), p. 287, 290; Bull. Amer. math. Soc. (2) 29 (1923), p. 199], Gebrauch gemacht. Als besonderen Fall hat er vom Gesichtspunkt der Topologie die Theorie der algebraischen Korrespondenzen zwischen algebraischen Kurven rekonstruiert, Proc. Nat. Acad. of Sciences 12 (1926), p. 737; Ann. of math. (2) 28 (1927), p. 342 (s. Nr. **16**). S. noch *S. Lefschetz,* „Topology", Amer. math. Soc., Colloquium Publications, vol. XII, New York 1930, besonders für das Produkt, p. 220 ff., und für die Anwendungen auf die algebraische Geometrie, p. 385—392. Vgl. auch *H. D. Ursell,* Proc. Cambridge Phil. Soc. 25 (1929), p. 39.

3) Als Ausdehnung der Erzeugung jeder ebenen, algebraischen Kurve mittels eines Gelenksystems [III C 4 (*L. Berzolari*), Nr. **10**] — eine Erzeugung, die man *A. B. Kempe* verdankt, Proc. London math. Soc. (1) 7 (1875—76), p. 213; Mess. of math. (2) 6 (1877), p. 143 [s. auch *G. Koenigs,* „Leçons de cinématique", Paris 1897, p. 271—273] — hat *G. Koenigs,* Paris C. R. 120 (1895), p. 861, 981, und die zitierten „Leçons", p. 298—307, bewiesen, daß jede algebraische Raumkurve oder -fläche mittels eines Gelenksystems beschrieben werden kann. Allgemeiner hat *Koenigs* gezeigt, daß, wenn mehrere Punkte algebraischen Verbindungen unterworfen sind, d. h. Verbindungen, die mittels algebraischer Gleichungen zwischen den Koordinaten solcher Punkte dargestellt werden können, es immer möglich ist, diese Verbindungen mittels eines Gelenksystems zu realisieren, welches die gegebenen Punkte verbindet. Daraus folgt, daß auch jede geometrische Punkttransformation algebraischer Natur, sei sie eben, räumlich oder mehrdimensional, mechanisch realisierbar ist. Für den Fall der ebenen Homographie vgl. *G. Koenigs,* Paris C. R. 131 (1900), p. 1179. Darüber [vgl. IV 3 (*A. Schoenflies* und *M. Grübler*), Nr. **24, 25**] s. außerdem *J. Kleiber,* Ztschr. Math. Phys. 36 (1891), p. 296, 328; 41 (1896), p. 177, 233, 281; *A. Emch,* Trans. Amer. math. Soc. 3 (1902), p. 493; Univ. of Colorado Studies 1 (1903), p. 210; résumé Arch. sc. phys. natur. Genève (4) 24 (1907), p. 368; Progr. Kantonschule Solothurn 1907; *É. Delassus,* Bull. sciences math. (2) 41 (1917), p. 278. S. auch Anm. 857 und Nr. **70, 101**.

können zugleich mit den Koordinaten von X und Y auch unbestimmte Parameter rational enthalten, diese aber können immer mittels rationaler Operationen eliminiert werden.[4])

Man nennt die Korrespondenz *irreduzibel* oder *reduzibel*, je nach-

---

4) Über das Vorhergehende vgl. *C. Segre*[2]); *E. Bertini*, „Introduzione alla geometria proiettiva degli iperspazi, con appendice sulle curve algebriche e loro singolarità", Pisa 1907, p. 202—204; 2. Ausg. Messina 1923, p. 238—240; deutsch hrsg. von *A. Duschek*, Wien 1924, p. 223—225; *F. Severi*, „Trattato" 1_1, p. 193—197. — Die Definition der algebraischen Mannigfaltigkeiten, von der hier Gebrauch gemacht ist [vgl. III C 7 (*C. Segre*), Nr. 6], folgt aus *L. Kronecker*, „Festschrift zu Herrn Ernst Eduard Kummers fünfzigjährigem Doktorjubiläum am 10. September 1881"; J. f. Math. 92 (1881), p. 1 = Werke 2 (Leipzig 1897), p. 237. Vgl. auch *J. Molk*, Acta math. 6 (1883), p. 1; *J. König*, „Einleitung in die allgemeine Theorie der algebraischen Größen", Leipzig 1903.

Die Bedingung der Algebraizität braucht nicht immer vorher gegeben zu sein. So ist, nach *T. Kubota* und *S. Kakeya*, Tôhoku math. J. 13 (1918), p. 296, jede analytische Punkttransformation zwischen zwei Ebenen, bei denen den geraden Linien der einen Ebene Kurven der Ordnung n in der anderen Ebene entsprechen, notwendig algebraisch. Anwendung auf eine kennzeichnende Eigenschaft der ebenen algebraischen Kurven n^{ter} Ordnung bei *T. Kubota*, Math. Ztschr. 31 (1929), p. 625.

Über die eindeutigen, auch nichtalgebraischen Punkttransformationen s. *L. Autonne*, Rend. Circ. mat. Palermo 10 (1896), p. 196; Acta math. 21 (1897), p. 249 [Auszüge Paris C. R. 121 (1895), p. 673, 881, 1129]; *H. Kistler*, Diss. Göttingen 1905; *J. Hadamard*, Paris C. R. 142 (1906), p. 74; Bull. Soc. math. de France 34 (1906), p. 71; Rev. mat. Hispano-Amer. 1 (1919), p. 169; *C. Jordan*, „Cours d'analyse" 1, 3. Aufl., Paris 1909, p. 85—90; *L. S. Dederick*, Diss. Harvard 1909; Trans. Amer. math. Soc. 14 (1912), p. 143 [Auszug Bull. Amer. math. Soc. (2) 19 (1913), p. 169]; *W. R. Longley*, Bull. Amer. math. Soc. (2) 17 (1910), p. 1; *G. A. Bliss*, Trans. Amer. math. Soc. 13 (1911), p. 133 [Auszug Bull. Amer. math. Soc. (2) 18 (1911), p. 64]; „Fundamental existence theorems", New York 1913 (Amer. math. Soc., Colloquium Lectures; The Princeton Colloquium); *S. E. Urner*, Trans. Amer. math. Soc. 13 (1911), p. 232; *G. R. Clements*, Bull. Amer. math. Soc. (2) 18 (1912), p. 451; (2) 19 (1913), p. 168; (2) 21 (1915), p. 292; Trans. Amer. math. Soc. 14 (1913), p. 325; Ann. of math. (2) 15 (1913—14), p. 1; *W. F. Osgood*, „Topics in the theory of functions of several variables", New York 1914 (Amer. math. Soc., Colloquium Lectures; The Madison Colloquium), p. 181—198; Trans. Amer. math. Soc. 17 (1916), p. 1; 19 (1918), p. 251 [Auszug Bull. Amer. math. Soc. (2) 23 (1917), p. 404]; „Lehrbuch der Funktionentheorie" 1, 4. Aufl., Leipzig und Berlin 1923, p. 66—70; 2, Leipzig und Berlin 1924, p. 108 ff.; *W. V. Lovitt*, Trans. Amer. math. Soc. 16 (1915), p. 371; Bull. Amer. math. Soc. (2) 22 (1916), p. 236, 387; *Ph. Franklin* und *N. Wiener*, Trans. Amer. math. Soc. 28 (1926), p. 762 = Publ. Massachusetts Inst. of Tecnol. 2 (1927), Nr. 119; *B. O. Koopman*, Bull. Amer. math. Soc. (2) 34 (1928), p. 565 (Auszug ebendort p. 6); *G. Julia*, Rev. universitaria Bucarest 1 (1929), p. 129; Rev. mat. Hispano-Amer. (2) 4 (1929), p. 169; Bull. sciences math. (2) 53 (1929), p. 225; *F. Simonart*, Ann. Soc. scient. Bruxelles (A) 49 (1929), p. 121; *H. Cartan*, J. math. pures appl. (9) 10 (1931), p. 5; *S. Stoilow*, Paris C. R. 192 (1931), p. 1342.

dem die Mannigfaltigkeit V irreduzibel ist oder sich aus verschiedenen Bestandteilen gleicher oder ungleicher Dimension zusammensetzt. Damit V irreduzibel sei, ist notwendig aber nicht hinreichend, daß M und N irreduzibel sind.[5])

Manchmal ist es nützlich, die Korrespondenz als die Gesamtheit zweier Operationen zu betrachten, deren eine die Inverse der anderen ist: Die eine, durch die man von den Punkten X zu den Punkten Y gelangt, die andere, die von diesen zu jenen führt. Heißt die eine T, so heißt die inverse T^{-1}.

Man sagt, daß eine algebraische Korrespondenz die *Indizes* α und β hat, und bezeichnet sie mit (α, β), wenn sie so beschaffen ist, daß jedem Punkte X von M eine bestimmte Anzahl $\beta \geqq 1$ von Punkten Y von N und jedem Punkte Y von N eine bestimmte Anzahl $\alpha \geqq 1$ von Punkten X von M entsprechen. In solchem Falle haben M und N dieselbe Dimension k und bei willkürlich gewählten Koordinaten von Y bestimmt das System der Gleichungen, die die Korrespondenz definieren, α Gruppen von Werten der Koordinaten von X. Diese ergeben sich also als algebraische Funktionen der Koordinaten von Y, mit α Werten, d. h. jede von ihnen genügt einer Gleichung vom Grade α, deren Koeffizienten rationale Funktionen der Koordinaten von Y sind und die man allein mittels rationaler Operationen aus den gegebenen Gleichungen erhalten kann. Das Gleiche gilt natürlich bei Vertauschung von M und N.

Damit die Korrespondenz keine Unbestimmtheitsfälle aufweist, muß man jeden singulären Punkt von M und N in *Elemente* zerfällt denken, was man entweder mittels birationaler Transformationen der Mannigfaltigkeit bewerkstelligen kann, die jene Singularität auflöst (s. Nr. **105** und **106**), oder dadurch, daß man die Singularität mittels geeigneter Reihenentwicklungen der Koordinaten der Punkte dieser

5) Über die Unzerlegbarkeit von algebraischen Bedingungen s. *F. Severi*, Rend. Circ. mat. Palermo 33 (1912), p. 313; Atti Ist. Ven. 75^2 (1916), p. 1121; „Vorlesungen", p. 375—380; „Trattato" 1_1, p. 22—25. Hinsichtlich der Unzerlegbarkeit von Mannigfaltigkeiten, Korrespondenzen, Bedingungen usw. hat *F. Severi*, Roma Rend. Acc. Linc. (5) 24^1 (1915), p. 877, 1011; (5) 25^1 (1916), p. 459, 551; „Vorlesungen", p. 307—401, beachtenswerte Anwendungen auf Kurven in zwei- und mehrdimensionalen Räumen gemacht; vgl. III C 9 (*K. Rohn* und *L. Berzolari*), Nr. **36**, **37**, **42**. S. auch *F. Enriques* und *O. Chisini*, „Lezioni" 1, p. 134—153.

Reduzible Korrespondenzen zwischen zwei Kurven haben *G. Fontené*, Bull. Soc. math. de France 25 (1897), p. 247; Nouv. Ann. de math. (4) 5 (1905), p. 433 und *A. Terracini*, Rend. Circ. mat. Palermo 56 (1931), p. 112 [Auszug Paris C. R. 193 (1931), p. 762] betrachtet.

Mannigfaltigkeit in den Umgebungen des singulären Punktes darstellt.[6])

Wir nennen *Übergangs-* oder *Verzweigungspunkte* der Korrespondenz[7]) die Punkte von M oder N, für die zwei oder mehr korrespondierende Punkte zusammenfallen, und (*doppelte* oder *mehrfache*) *Koinzidenzpunkte* der Korrespondenz diejenigen Punkte von N oder M, bei denen jene Koinzidenzen auftreten. Die ersten bilden auf M oder N eine Mannigfaltigkeit, welche im allgemeinen von der Dimension $k - 1$ ist und *Übergangs-* oder *Verzweigungsmannigfaltigkeit* der Korrespondenz genannt wird. Die zweiten bilden auf N oder M eine zweite Mannigfaltigkeit derselben Dimension, die (*doppelte* oder *mehrfache*) *Koinzidenzmannigfaltigkeit* der Korrespondenz heißt.

Aus dem Vorhergehenden folgt, daß eine algebraische Korrespondenz zwischen M und N dann und nur dann in einem Sinne eindeutig ist, wenn sie in jenem Sinne *rational* ist, also, $\beta = 1$ gesetzt, wenn die Koordinaten der Punkte von N als rationale Funktionen der Koordinaten der entsprechenden Punkte von M ausgedrückt werden können. Machen wir von homogenen Koordinaten Gebrauch, so sind die Koordinaten der Punkte von N proportional zu Formen gleicher Ordnung der Koordinaten der entsprechenden Punkte von M.

Die Korrespondenz wird dann und nur dann *eineindeutig* ($\alpha = \beta = 1$), wenn sie *birational* wird[8]), so daß auch die Koordinaten der Punkte von M Formen derselben Ordnung der Koordinaten der entsprechenden Punkte von N proportional werden.[9])

6) Vgl. *C. Segre*[2]), p. 52—53; *F. Enriques* und *O. Chisini*, „Lezioni" 2, p. 127—130; 3, p. 3—6. Für den Fall birationaler Korrespondenzen zwischen zwei Kurven s. auch *F. Severi*, „Trattato" 1_1, p. 78—79; „Conferenze di geometria algebrica" (lith.), Roma 1927, p. 42—43, wo bewiesen wird, daß die einzigen Ausnahmen von der Eineindeutigkeit der Korrespondenz zwischen zwei birational äquivalenten Kurven aus den mehrfachen Punkten hervorgehen können, so daß eine birationale Korrespondenz zwischen zwei algebraischen Kurven, die frei von mehrfachen Punkten sind, ausnahmslos eineindeutig ist.

In „Conf. di geom. alg.", p. 61, hat *F. Severi* noch bewiesen, daß eine birationale Korrespondenz zwischen zwei von mehrfachen Punkten und „ausgezeichneten Kurven" [III C 6 b (*G. Castelnuovo* und *F. Enriques*), Nr. 4] freien algebraischen Flächen ausnahmslos eineindeutig ist.

7) Diese Bezeichnungen aus der *Riemann*schen Funktionentheorie hat *Emil Weyr*, „Beiträge zur Kurvenlehre", Wien 1880, p. 2, auf die Korrespondenzen (α, β) zwischen zwei Grundgebilden 1. Stufe angewandt.

8) *D. Gravé*, Paris C. R. 134 (1902), p. 1345, hat eine trirationale Korrespondenz zwischen drei Räumen betrachtet, derart, daß die Koordinaten der Punkte eines jeden rationale Funktionen der Koordinaten der entsprechenden Punkte der beiden anderen sind.

9) Eine umkehrbar eindeutige (analytische) Transformation zwischen zwei

Zwei Mannigfaltigkeiten in birationaler Korrespondenz mit einer dritten sind auch untereinander in birationaler Korrespondenz.[10])

Eine algebraische Mannigfaltigkeit von der Dimension k nennt man *rational* oder *homaloid*[11]), wenn man sie in birationale Korrespondenz mit einem linearen Raum von k Dimensionen bringen kann. Damit dies eintritt, ist also notwendig und hinreichend, daß die Koordinaten ihrer Punkte rationale Funktionen von k unabhängigen Parametern sind und daß außerdem jedem Punkt der Mannigfaltigkeit eine einzige Gruppe jener Parameter entspricht. Für $k = 1, 2$ ist die zweite Bedingung überflüssig: Nr. **31** und **102**.

Es ist klar, daß, wenn eine Mannigfaltigkeit birational einer rationalen Mannigfaltigkeit entspricht, sie auch rational ist, und daß zwei rationale Mannigfaltigkeiten derselben Dimension auf unendlichviele Weisen aufeinander birational bezogen werden können.

Alle algebraischen Gebilde gegebener Dimension, die untereinander birational äquivalent sind, die also untereinander in birationale Korrespondenz gebracht werden können, heißen einer und derselben *Klasse* angehörig. Jede Klasse solcher Gebilde hängt von einer gewissen Anzahl ganzer Charaktere ab, als da ist das Geschlecht p für die

---

algebraischen Kurven, die keine anderen Singularitäten aufweist, als isolierte wesentliche Punkte, ist notwendigerweise birational [wenn es sich um gerade Linien handelt, so ist es eine Projektivität (s. weiter Anm. 36)]. Für $k > 1$ indessen können zwischen zwei algebraischen Mannigfaltigkeiten von k Dimensionen (beispielsweise zwischen zwei algebraischen Flächen) umkehrbar eindeutige, analytische Korrespondenzen auftreten, die nicht algebraisch sind. Vgl. *É. Picard,* Preisschrift, J. math. pures appl. (4) 5 (1889), p. 240 und 249.

Ausgehend von der Betrachtung einer gegebenen birationalen Transformation, hat *É. Picard,* Acta math. 18 (1893), p. 133; 23 (1900), p. 333 [Auszüge Paris C. R. 117 (1893), p. 472; 123 (1896), p. 1035], die Existenz einer Klasse von Transzendenten bewiesen, die eine Verallgemeinerung der doppeltperiodischen Funktionen darstellen. Vgl. auch *H. Poincaré,* J. math. pures appl. (4) 6 (1890), p. 313; *G. Julia,* Ann. Éc. Norm. (3) 39 (1922), p. 131; (3) 40 (1923), p. 97; *P. Appell,* Bull. Soc. math. de France 52 (1924), p. 12; *O. Onicescu,* Mathematica 2 (1929), p. 59.

10) Wenn zwischen zwei algebraischen irreduzibeln Mannigfaltigkeiten M, M', die zwei linearen Räumen R, R' von r Dimensionen angehören, eine birationale Korrespondenz besteht, derart, daß den Schnitten von M mit den Überebenen von R die Schnitte von M' mit den Überebenen von R' entsprechen, so ist die Korrespondenz homographisch, d. h. sie ist in einer Homographie zwischen R und R' enthalten. Vgl. *E. Bertini*[4]), 1. Ausg., p. 226—227; 2. Ausg., p. 269; deutsche Ausg., p. 253. Für den Fall zweier Kurven s. auch *F. Severi,* „Trattato" 1_1, p. 68—69 und 303.

11) Die zweite Benennung rührt von *J. J. Sylvester* her, Cambridge Dublin math. J. 6 (1850), p. 12 = Papers 1 (Cambridge 1904), p. 175.

Kurven[12]) und die Geschlechter p_a, p_g, $p^{(1)}$, ... für die Flächen und für die Mannigfaltigkeiten höherer Dimension[13]), und außerdem von einer gewissen Anzahl stetig veränderlicher Parameter, die man *Moduln* der Klasse[14]) nennt.

Für zwei Kurven kann die birationale Identität durch Gleichheit der Geschlechter und der Moduln ausgedrückt werden, weil alle Kurven von gegebenem Geschlecht p eine algebraische *irreduzible* Mannigfaltigkeit bilden [s. III C 9 (*K. Rohn* und *L. Berzolari*), Anm. 197]. Aber schon für die Flächen[15]) können wir für gegebene Werte der verschiedenen Geschlechter mehrere irreduzible Mannigfaltigkeiten erhalten.[16])

Wenn man die *Klasse* aller birational Transformierten einer gegebenen irreduzibeln, algebraischen Mannigfaltigkeit betrachtet, so kann man in ein und dieselbe Unterklasse zwei Mannigfaltigkeiten setzen, welche sich *ausnahmslos* eineindeutig entsprechen.[17]) Hier ergibt sich also

12) II B 2 (*W. Wirtinger*), Nr. **5**; III C 4 (*L. Berzolari*), Nr. **4**, **15**.

13) III C 6 b (*G. Castelnuovo* und *F. Enriques*), Nr. **5**, **11**, **13**, **47**.

14) Für die Kurven s. II B 2 (*W. Wirtinger*), Nr. **31**; III C 4 (*L. Berzolari*), Nr. **30**; für die Flächen s. III C 6 b (*G. Castelnuovo* und *F. Enriques*), Nr. **22**.

15) *F. Enriques*, Atti Acc. Torino 47 (1912), p. 306.

Zum Beispiel verteilen sich die Flächen vom geometrischen Flächengeschlecht 1, sowie die regulären Flächen mit kanonischer Kurve von der Ordnung Null (d. h. Flächen, deren sämtliche Geschlechter gleich 1 sind) auf eine abzählbar unendliche Menge von irreduzibeln Familien, deren jede von 19 willkürlichen Moduln abhängt. *F. Enriques*, Rend. Acc. Bologna (2) 13 (1908), p. 25; Roma Rend. Acc. Linc. (5) 17^1 (1908), p. 690; *F. Severi*, Atti Ist. Ven. 68^2 (1909), p. 249. Vgl. auch *F. Enriques*, „Lezioni sulla teoria delle superficie algebriche" (lith.), hrsg. von *L. Campedelli*, 1, Padova 1932, p. 309—312; ferner III C 6 b (*G. Castelnuovo und F. Enriques*), Nr. **42**.

16) *É. Picard*, Preisschrift[9]), p. 256, hat ein Verfahren angegeben, mittels dessen man bei zwei gegebenen Kurven von demselben Geschlecht erkennen kann, ob zwischen diesen eine birationale Korrespondenz besteht und die birationale Substitution gefunden werden kann, wenn sie besteht. Das ist ein Problem, das mit dem der Bestimmung der Moduln verbunden ist. *É. Picard* hat auch, ebenda, p. 258, die analoge Frage für die Flächen behandelt.

Einige Bemerkungen gruppentheoretischer Natur über die birationalen Korrespondenzen zwischen zwei Kurven, in Beziehung zu den Moduln und den Perioden der zugehörigen Normalintegrale 1. Gattung, ebenso wie zur Theorie der Modulfunktionen, findet man bei *G. Fubini*, „Introduzione alla teoria dei gruppi discontinui e delle funzioni automorfe", Pisa 1908, p. 393—403.

17) Diese Betrachtung hat zuerst *A. Clebsch*, Math. Ann. 5 (1871), p. 18, angestellt, der beim Studium der ebenen Abbildung der rationalen Flächen (Abschn. VII) dazu gebracht wurde, zwei Flächen als demselben *Typus* angehörig zu bezeichnen, wenn sie einander ausnahmslos birational entsprechen. So ist z. B. die *Steiner*sche Fläche [III C 10 b (*W. Fr. Meyer*), Nr. **42**—**51**] vom Typus der Ebene; nicht aber eine Fläche 2. Ordnung.

die Aufgabe, in ein und derselben Unterklasse die Modellmannigfaltigkeit der niedrigsten Ordnung zu suchen. Diese Aufgabe, die zu den allgemeinen *Basis*problemen[18]) gehört, ist bereits für einige Mannigfaltigkeiten gelöst: Die *Graßmann*sche und die *Segre*sche Mannigfaltigkeit, von denen in den Nr. **120** und **27** die Rede sein wird.

Die Wichtigkeit der Betrachtung der Äquivalenz der Mannigfaltigkeiten in Hinsicht auf die ausnahmslos birationalen Transformationen ist darin begründet, daß zwei Mannigfaltigkeiten, die in diesem Sinne äquivalent sind, auch topologisch äquivalent sind; mit anderen Worten: die genannten birationalen Transformationen sind die einzigen, die die topologischen Charaktere erhalten.[19])

Kehren wir nun zur (α, β)-Korrespondenz zurück, und setzen wir $\alpha > 1$, $\beta = 1$ voraus, so ist jede der Gruppen von α Punkten X in M,

18) Hinsichtlich der Gesamtheit der algebraischen Korrespondenzen auf einer algebraischen Kurve beachte man die Untersuchungen von *A. Hurwitz* und *F. Severi,* von denen in Nr. **12** und **13** die Rede sein wird. Hinsichtlich der Gesamtheit der algebraischen Kurven auf einer algebraischen Fläche sehe man die Untersuchungen von *F. Severi* und die darauf fußenden Arbeiten von *H. Poincaré, S. Lefschetz* und *G. Albanese,* dargestellt in III C 6 b (*G. Castelnuovo* und *F. Enriques*), Nr. **32**; „*Pascals* Repertorium der höheren Mathematik“ 2, 2. Aufl., Leipzig und Berlin 1922, p. 763—766 (Art. von *F. Severi*); *S. Lefschetz,* „Report“, p. 310—330; *G. Albanese,* Atti del Congresso intern. dei mat. Bologna 1928, 4 (Bologna 1931), p. 157; außerdem *F. Severi,* „Conf. di geom. alg.“ [6]), p. 359—378. S. ferner *G. Albanese,* Roma Rend. Acc. Linc. (6) 5 (1927), p. 481.

19) Betrachtet man ein algebraisches, irreduzibles ∞^k-Gebilde und seine sämtlichen projektiven Modelle, also alle die Mannigfaltigkeiten, welche mit jenem in birationaler Korrespondenz stehen, so ist die niedrigste Ordnung, die solche Modelle haben können, eine *absolute* Invariante des Gebildes und ist daher von *F. Severi,* „Conf. di geom. alg.“ [6]), p. 63, *absolute invariante Ordnung* des Gebildes genannt worden. Betrachtet man nur die projektiven Modelle ohne mehrfache Punkte, so kann man in ein und dieselbe Klasse diejenigen Modelle setzen, die zueinander in einer birationalen Korrespondenz ohne Ausnahme stehen. Ist $k = 1$, so erhält man damit eine einzige Klasse (s. Anm. 6); ist $k > 1$, erhält man indessen im allgemeinen mehrere Klassen. Den kleinsten Wert, den die Ordnung der Mannigfaltigkeiten einer dieser Klassen haben kann, nennt man *relative invariante Ordnung* der Mannigfaltigkeiten der betrachteten Klasse: sie ist eine *relative* Invariante der algebraischen Mannigfaltigkeiten ohne mehrfache Punkte.

Zum Beispiel sind für die Punktebene und die Geradenebene die absoluten und relativen invarianten Ordnungen gleich 1. Dagegen ist für die Mannigfaltigkeit von vier Dimensionen, die von den Geraden des Raumes gebildet wird, die absolute invariante Ordnung gleich 1 und die relative gleich 2. Andere Beispiele in Anm. 255 und in Nr. **120**.

Über alles vorhergehende s. *F. Severi,* Ann. di mat. (3) 24 (1915), p. 89 und insbesondere „Conf. di geom. alg.“ [6]), p. 63—84. — Vgl. auch Anm. 114, am Ende.

die den Punkten Y in N entsprechen, durch einen beliebigen ihrer Punkte gekennzeichnet. Man sagt, daß diese ∞^k Gruppen von α Punkten auf M eine *Involution* der *Ordnung* α und der *Stufe* oder *Dimension* k bilden. Man sagt auch, daß in der $(\alpha, 1)$-Korrespondenz zwischen M und N M die *einfache* Mannigfaltigkeit, N dagegen die α-*fache* Mannigfaltigkeit ist.

In dem einfacheren Falle der *Doppel*mannigfaltigkeiten ($\alpha = 2$) sind die Koordinaten y der Punkte von N rationale Funktionen derjenigen der entsprechenden Punkte von M; die Koordinaten x der Punkte von M sind aber zweiwertige, algebraische Funktionen derjenigen des homologen Punktes von N. Die letzten sind daher vom Typus

$$x_i = A_i(y) + B_i(y)\sqrt{R(y)},$$

wo die Funktionen A_i, B_i, R rational sind. Wenn wir homogene Koordinaten einführen, können wir für sie Formen in den Koordinaten y einsetzen. $R(y)$ kann von gerader Ordnung und frei von mehrfachen Faktoren angenommen werden; und die Verzweigungsmannigfaltigkeit der Korrespondenz ist durch den Schnitt von N mit $R(y) = 0$ gegeben, nach Absonderung von etwa vorhandenen Faktoren gerader Multiplizität. Im besonderen kann sich diese Verzweigungsmannigfaltigkeit auf eine Gruppe von (für N mehrfachen) Punkten reduzieren oder auch ganz fehlen.

Sind zwei Mannigfaltigkeiten M und M^* auf der zweifachen Mannigfaltigkeit N mit ein und derselben Verzweigungsmannigfaltigkeit abgebildet, so können die Koordinaten ihrer Punkte in der folgenden Form angesetzt werden:

$$x_i = A_i(y) + B_i(y)\sqrt{R(y)},$$
$$x_i^* = A_i^*(y) + B_i^*(y)\sqrt{R^*(y)},$$

derart, daß die Durchschnitte von $R(y) = 0$ und $R^*(y) = 0$ mit N sich nur durch Bestandteile gerader Multiplizität voneinander unterscheiden. Wenn insbesondere $R(y) \equiv R^*(y)$, so ergeben sich die Mannigfaltigkeiten M und M^* als birational äquivalent, ja sie können sogar in zweifacher Weise birational aufeinander bezogen werden, indem man zwei Punkte als homolog nimmt, die aus denselben Werten der y hervorgehen und aus gleichen oder entgegengesetzten Werten von $\sqrt{R(y)}$. Wenn indessen $R(y) \not\equiv R^*(y)$, so können die M und M^* birational verschieden ausfallen; im allgemeinen verteilen sie sich für ein und dieselbe Verzweigungsmannigfaltigkeit auf eine endliche Anzahl von Familien. Für *rationale* N insbesondere reduziert sich diese Anzahl auf die Einheit, so daß die einfachen Mannigfaltigkeiten, die eine gegebene *rationale* Doppelmannigfaltigkeit mit einer bestimmten Verzweigungsmannigfaltigkeit repräsentieren, sämtlich miteinander birational identisch sind. Man kann daher ohne Zweideutigkeit von einer *rationalen Doppelmannigfaltigkeit mit einer gegebenen Verzweigungsmannigfaltigkeit* sprechen. In diesem Sinne spricht man in der Geometrie der birationalen Transformationen von der Doppelgeraden mit $2p+2$ gegebenen Verzweigungspunkten als Repräsentantin einer bestimmten Klasse von Kurven (hyperelliptische Kurven vom Geschlecht p), der Doppelebene mit einer Übergangskurve der 2. oder der 4. Ordnung usw.

Das gilt indessen im allgemeinen nicht, wenn N nicht rational ist und auch nicht für die α-fachen Mannigfaltigkeiten, wenn $\alpha > 2$: man kann daher nicht sagen, daß eine solche Mannigfaltigkeit birational definiert sei, wenn man auf ihr die Verzweigungsmannigfaltigkeit vorgibt.[20])

Nach Einführung mehrfacher Mannigfaltigkeiten kann man eine algebraische Korrespondenz *mit beliebigen Indizes* (α, β) zwischen zwei Mannigfaltigkeiten M und N als *eineindeutig* betrachten. Es genügt in der Tat, daß man M und N als β- und α-fach betrachtet. Dies leuchtet ein, wenn man z. B. als intermediär die Mannigfaltigkeit betrachtet, die von den Paaren entsprechender Punkte von M und N gebildet wird (oder auch die Mannigfaltigkeit der Verbindungsgeraden

---

20) Über das Vorausgehende vgl. *C. Segre*[2]), p. 57—61.

Ähnliche Bemerkungen gelten für die sogenannten *zyklischen* Mannigfaltigkeiten, d. h. für den Fall einer $(\alpha, 1)$-Korrespondenz mit zyklischer Monodromiegruppe; man braucht nur die obige Darstellung durch die allgemeinere

$$x_i = A_i(y) + \sum_{\beta=0}^{\alpha-1} B_{i\beta}(y) \sqrt[\alpha]{(R(y))^\beta}$$

zu ersetzen. Im einfachsten Falle der Doppel- oder α-fach zyklischen *Kurven* ist die Anzahl der birational verschiedenen Familien mit einer gegebenen Verzweigungsgruppe von *A. Comessatti*, Mem. Acc. Torino (2) 60 (1909), p. 314; Rend. Semin. mat. Univ. Padova 1 (1930), p. 1 bestimmt worden. *O. Chisini*, Roma Rend. Acc. Linc. (5) 24^1 (1915), p. 153; (5) 30^2 (1921), p. 172, 251, 305, hat auch ähnliche Fragen, und insbesondere den allgemeinen Fall mehrfacher *elliptischer* (auch nicht zyklischer) Kurven ohne Verzweigungsgruppe, betrachtet. Vgl. *F. Enriques* und *O. Chisini*, „Lezioni" 3, p. 427—456. — Für zyklische *Flächen* ohne Verzweigungskurve wurde die Anzahl der Familien von *M. de Franchis*, Rend. Circ. mat. Palermo 48 (1924), p. 384 und 420, gegeben; s. auch 54 (1930), p. 454. Die Beziehungen zwischen den algebraisch-geometrischen und topologischen Standpunkten sind von *A. Comessatti* in obengenannten Padova Rend. untersucht und erklärt worden: dieser hat auch den Fall betrachtet, in dem eine Verzweigungskurve vorhanden ist, und die betreffende Anzahl von Familien bestimmt.

der homologen Punkte von M und N): auf diese sind M und N birational bezogen, wenn jeder ihrer Punkte β- oder α-fach gezählt wird.[21])

2. Beziehungen zwischen invarianten Charakteren zweier algebraischer Kurven oder Flächen in algebraischer Korrespondenz. Aus der Definition einer linearen Schar von Punktgruppen auf einer algebraischen Kurve [III C 4 (*L. Berzolari*), Nr. **24**] folgt, daß, wenn zwischen den Punkten zweier algebraischer Kurven, die voneinander verschieden oder vereinigt sind, eine algebraische $(1, \mu)$-Korrespondenz[22]) stattfindet, einer linearen Schar g_n^r auf der ersten Kurve eine lineare Schar $g_{n\mu}^r$ auf der zweiten Kurve entspricht, die mit der ∞^1-Involution von der Ordnung μ zusammengesetzt ist, deren Gruppen auf der zweiten Kurve den Punkten der ersten Kurve entsprechen.[23])

---

21) Vgl. *C. Segre*[*]), p. 59. Vgl. auch *R. Baldus*, Math. Ann. 75 (1913), p. 290, der, ausgehend von diesem Begriff, die (1, 2)-Korrespondenzen zwischen zwei geradlinigen Flächen R_1, R_2 studiert hat. Ist die einfache Regelfläche R_1 nicht rational, so gibt es zwei verschiedene Arten solcher Korrespondenzen. Bei der ersten Art entspricht jeder Erzeugenden g_1 von R_1 eine Erzeugende g_2 von R_2 und jedem Punkte von g_1 zwei Punkte von g_2. Bei der zweiten Art entsprechen jeder Erzeugenden g_1 von R_1 zwei Erzeugende g_2, g_2' von R_2, und einem Punkte von g_1 entsprechen zwei Punkte, deren einer auf g_2 und deren anderer auf g_2' liegt. *R. Baldus* hat unter gewissen einschränkenden Annahmen die Fundamentalpunkte der Korrespondenz, die Doppelkurve und die Übergangskurve studiert. In Verbindung mit den zwei Arten hat er Anwendungen auf Strahlensysteme, die ein ∞^1-System von Regelflächen 3. bzw. 2. Grades enthalten, gegeben.

22) Über solche nur rationale Korrespondenzen zwischen zwei Kurven s. *P. Painlevé,* Paris C. R. 105 (1887), p. 792; 107 (1888), p. 221, 320, 724; Preisschrift, Ann. Éc. Norm. (3) 8 (1891), p. 103; J. math. pures appl. (4) 10 (1894), p. 203; „Leçons sur la théorie analytique des équations différentielles professées à Stockholm 1895" (lith.), Paris 1897, p. 92; *G. Humbert,* J. math. pures appl. (4) 10 (1894), p. 180; *É. Goursat,* Amer. J. of math. 16 (1894), p. 291; *E. Vessiot,* Ann. Fac. sc. Toulouse (1) 10 (1896), D, p. 10; *P. J. Myrberg,* Ann. Ac. sc. Fennicae (A) 24 (1925), Nr. 12.

Über automorphe rationale Transformationen einer Kurve s. *É. Picard,* Bull. Soc. math. de France 28 (1900), p. 24—25.

Über die Bestimmung der Gleichung der ebenen Kurve, die mittels einer rationalen Transformation aus einer gegebenen Kurve hervorgeht, s. *Elliot,* Ann. Éc. Norm. (2) 9 (1880), p. 167.

23) Wir erwähnen noch die folgenden Eigenschaften, die sich auf birationale Korrespondenzen zwischen zwei algebraischen Kurven beziehen, die in Räumen beliebiger Dimension liegen. Wenn eine Kurve γ' die eineindeutige Projektion einer irreduziblen Kurve γ ist oder wenn sie die homographisch transformierte Kurve einer solchen Projektion von γ ist, so entspricht vermöge der birationalen Korrespondenz, die zwischen γ und γ' resultiert, der linearen Schar, die auf γ' durch die Überebenen ihres Raumes bestimmt ist, auf γ eine

Allgemeiner, befinden sich die beiden Kurven in algebraischer Korrespondenz (α, β)[24]), so entsprechen den Gruppen einer auf einer Kurve vorgegebenen linearen Schar auf der anderen Kurve Gruppen einer algebraischen Schar, die in ein und derselben linearen Schar enthalten sind; mit anderen Worten, untereinander äquivalenten Gruppen auf der einen Kurve entsprechen auf der anderen ebenfalls untereinander äquivalente Gruppen.[25])

Die funktionale Verbindung zwischen den kanonischen Scharen [III C 4 (*L. Berzolari*), Nr. 27], die auf den zwei Kurven bestehen, ist nach *F. Severi*[26]) in dem folgenden Satz ausgedrückt: Wenn zwi-

---

lineare Schar, die völlig in der linearen Schar enthalten ist, die auf γ durch die Überebenen ihres Raumes bestimmt ist.

Der Satz läßt sich wie folgt umkehren: Wenn zwischen zwei irreduziblen Kurven γ und γ', die in linearen Räumen von den Dimensionen r und r' (wobei $r > r' > 1$) liegen, eine birationale Korrespondenz besteht, welche die lineare Schar der überebenen Schnitte von γ' in eine lineare Schar transformiert, die vollständig in der linearen Schar der überebenen Schnitte von γ enthalten ist, so ist die Kurve γ' die Projektion von γ aus einem linearen Raum, der γ nicht schneidet, oder ist homographisch zu einer solchen Projektion.

Ist aber die birationale Korrespondenz, die zwischen γ und γ' besteht, so beschaffen, daß der Schar der überebenen Schnitte von γ' eine Schar $g_{n-k}^{r'}$ (wobei $k > 0$) entspricht, die teilweise in der Schar g_n^r der überebenen Schnitte von γ enthalten ist, so ist γ' Projektion von γ aus einem linearen Raum, der γ in k Punkten schneidet, jedoch nur, wenn jede Gruppe der $g_{n-k}^{r'}$ als Rest einer Fixgruppe in bezug auf die g_n^r betrachtet werden kann, insbesondere, wenn γ eine Normalkurve, d. h. g_n^r eine Vollschar ist [über die Bedeutung dieser Wörter s. III C 7 (*C. Segre*), Nr. 6; III C 4 (*L. Berzolari*), Nr. 25]. S. darüber *F. Severi*, „Lezioni", p. 115—121; „Vorlesungen", p. 89—93, und in vollständiger Form „Trattato" 1_1, p. 70—74 und 110—111.

24) Über Konstruktionen ebener Kurven in (α, β)-Korrespondenz s. *F. R. Sharpe* und *V. Snyder*, Trans. Amer. math. Soc. 22 (1921), p. 31; Auszug Bull. Amer. math. Soc. (2) 27 (1920), p. 56.

Sätze über die Zweige zweier Kurven in algebraischer Korrespondenz, die als Ursprünge zwei homologe Punkte haben, gab *G. H. Halphen*, Ass. franç. pour l'avanc. des sciences, Congrès de Nantes 1875, p. 237; Bull. Soc. math. de France 4 (1875), p. 29; 5 (1876), p. 7 = Oeuvres 1 (Paris 1916), p. 363, 377, 557.

25) *F. Severi*, Atti Acc. Torino 38 (1903), p. 190; „Lezioni", p. 206—208; „Vorlesungen", p. 165—166; „Trattato" 1_1, p. 206—207.

26) Rend. Ist. Lomb. (2) 36 (1903), p. 495; „Lezioni", p. 208—213; „Vorlesungen", p. 167—170; „Trattato" 1_1, p. 207—210. Für den Fall einer $(\alpha, 1)$-Korrespondenz zuerst auf transzendentem Wege bei *P. Painlevé*, Preisschrift, Ann. Éc. Norm. (3) 8 (1891), p. 115; J. math. pures appl. (4) 10 (1894), p. 203; auf geometrischem Wege bei *G. Castelnuovo*, Roma Rend. Acc. Linc. (4) 7^2 (1891), p. 294. Ein anderer transzendenter Beweis bei *G. Humbert*[22]); ein geometrischer in *F. Enriques* und *O. Chisini*, „Lezioni" 3, p. 72—73. S. auch *M. de Franchis*, „Funzioni algebriche di una variabile e applicazioni geometriche" (lith.), Palermo 1928, p. 291—295, 450—451.

schen zwei Kurven C und C' eine (α, β)-Korrespondenz besteht, so liefert die transformierte Gruppe einer kanonischen Gruppe von C, vermehrt um die auf C' vorhandenen Doppelpunkte der Korrespondenz, eine Gruppe, die äquivalent ist mit einer α-fach gezählten kanonischen Gruppe von C', vermehrt um die Verzweigungspunkte der Korrespondenz, die auf C' liegen.

Bezeichnet man mit p und p' die Geschlechter von C und C' und mit y, y' die Anzahlen der Verzweigungspunkte der Korrespondenz, die auf C, C' bestehen, so erhält man als zahlenmässige Übersetzung des Satzes die Gleichung

$$y - y' = 2\alpha(p' - 1) - 2\beta(p - 1),$$

also die Formel von *H. G. Zeuthen* (und *G. H. Halphen*)[27]), die schon in III C 4 (*L. Berzolari*), Nr. 4 und **15**[28]) gegeben wurde.

---

27) Kritische Bemerkungen über mancherlei Annahmen, die bei den gewöhnlichen Ableitungen dieser Formel eingeschlossen sind, hat *F. Severi* gemacht, Roma Rend. Acc. Linc. (6) 1 (1925), p. 562; „Trattato" 1_1, p. 211—217. Jene Annahmen sind: 1. daß die Korrespondenz irreduzibel ist; 2. daß ein Doppelpunkt der Korrespondenz, der auf C' liegt, ein *effektives* Doppelelement der $(1, \beta)$-Korrespondenz hervorruft, die zwischen C und dem ∞^1-Gebilde besteht, das durch die Paare homologer Punkte von C und C' gebildet wird; 3. daß die vielfachen Punkte der Korrespondenz auf jeder der beiden Kurven in derselben Anzahl vorhanden sind, wie die homologen Verzweigungspunkte. *F. Severi* hat gezeigt, welche Modifikationen man bei der Wertbestimmung der Multiplizität der mehrfachen Punkte oder der Verzweigungspunkte der Korrespondenz anbringen muß, damit die Formel von *H. G. Zeuthen* auch gültig ist, wenn jene Annahmen nicht zutreffen. Einige Hinweise schon bei *M. de Franchis*, Roma Rend. Acc. Linc. (5) 12^1 (1903), p. 303.

28) Zu den Anführungen, die dort gemacht sind, und denen in Anm. 26 fügen wir noch diese hinzu: *A. Clebsch* und *F. Lindemann*, „Vorlesungen" 1, p. 458—459; franz. Übers. 2, p. 168—170; *M. Bernhard*, Diss. Tübingen 1888, p. 5—7; *Fr. Junker*, Diss. Tübingen 1889, p. 33—43, die indessen, da sie auf das Korrespondenzprinzip von *Cayley-Brill* (Nr. **10**) gegründet sind, nur dann gelten, wenn es sich um eine Wertigkeitskorrespondenz handelt; *G. A. von Peschka*, „Darstellende und projektive Geometrie" 2, Wien 1884, p. 142—145; *G. B. Guccia*, „Lezioni di Geometria superiore" (lith.), Palermo 1890, p. 162—167; *T. Brodén*, Lunds Univ. Årskr. 30 (1893—1894), Nr. 2, p. 23—24; *H. Wieleitner*, „Theorie der ebenen algebraischen Kurven höherer Ordnung", Leipzig 1905, p. 77—78; *E. Bertini*[4]), 1. Ausg., p. 396—397, 399—401; 2. Ausg., p. 483—484, 486—489; deutsche Ausg., p. 457—458, 460—464; *H. G. Zeuthen*, „Lehrbuch", p. 104—107; *C. Rosati*, Atti Acc. Torino 51 (1916), p. 1011; Ann. di mat. (3) 28 (1918), p. 47; *F. Enriques* und *O. Chisini*, „Lezioni" 3, p. 73; *J. L. Coolidge*, „Alg. pl. curves", p. 135—136 und 246. In einem besonderen Fall *G. Kobb*, Diss. Upsala 1889, p. 53; vgl. Acta math. 10 (1887), p. 94.

Für den Fall einer $(\alpha, 1)$-Korrespondenz s. *A. Hurwitz*, Math. Ann. 32 (1887), p. 293 [Auszug Gött. Nachr. 1887, p. 89] = Math. Werke 1, p. 244; *É. Goursat*[22]);

F. Severi[29]) hat diese Eigenschaften auf algebraische Korrespondenzen zwischen Flächen ausgedehnt [vgl. III C 6b (*G. Castelnuovo* und

---

J. L. Coolidge, „Alg. pl. curves“, p. 134—135. Beweise für diesen Fall, die aus der Vergleichung der Fundamentalpolygone einer *Fuchs*schen Gruppe und einer ihrer Untergruppen hergeleitet sind, bei *H. Poincaré,* Rend. Circ. mat. Palermo 27 (1908), p. 313, und *A. Comessatti,* Roma Mem. Acc. Linc. (6) 3 (1930), Nr. XII, p. 20—21.

Die Formel von *H. G. Zeuthen* ist ein besonderer Fall einer anderen, die ebenfalls von *H. G. Zeuthen* herrührt, Paris C. R. 78 (1874), p. 274, und sich auf algebraische ∞^1-Systeme ebener algebraischer Kurven bezieht.

Hinsichtlich des besonderen Falles $\alpha = \beta = 1$, d. h. des Ssatzes von *B. Riemann,* nach dem zwei Kurven in birationaler Korrespondenz dasselbe Geschlecht haben, fügen wir den Anführungen in III C 4 (*L. Berzolari*), Nr. **4, 15, 24** hinzu, daß die Beweise von *B. Riemann, L. Cremona, E. Bertini, A. Brill* und *M. Noether* bei *A. Clebsch* und *F. Lindemann,* l. c., p. 681—685 wiedergegeben sind; französische Übersetzung 3, p. 27—31; der Beweis von *L. Cremona* ist auch bei *E. Müller,* „Vorlesungen über darstellende Geometrie“ 3, Konstruktive Behandlung der Regelflächen, bearb. von *J. L. Krames,* Leipzig und Wien 1931, p. 52—53 angegeben; der Beweis von *E. Bertini* ist auch bei *G. Salmon,* „Analytische Geometrie der höheren ebenen Kurven“, bearb. von *W. Fiedler,* 2. Aufl., Leipzig 1882, p. 84—85 angegeben; bei *G. Salmon,* „Traité de géométrie analytique“, par *O. Chemin,* Paris 1884, p. 456—458: bei *H. Wieleitner,* l. c., p. 77—78; bei *G. A. von Peschka,* l. c., 2, p. 139—142; bei *F. Enriques* und *O. Chisini,* „Lezioni“ 2, p. 130—133, und bei *S. Ganguli,* „The theory of plane curves“ 1, 2. Aufl., Calcutta 1925, p. 188—190; der Beweis von *H. Schubert* ist bei *E. Bertini*[4]) angegeben, 1. Ausg., p. 206—207; 2. Ausg., p. 243—244; deutsche Ausg., p. 228—229; die von *H. G. Zeuthen* bei *R. Sturm,* „Geom. Verw.“ 1, p. 238—240. S. ferner *A. Clebsch* und *F. Lindemann,* l. c., p. 666—674; franz. Übers. 3, p. 7—17; *P. Appell* und *É. Goursat,* „Théorie des fonctions algébriques et de leurs intégrales“, Paris 1895 (2. Aufl. Paris 1929), p. 260—261 u. 261—266; *H. F. Baker,* „Abel's theorem and the allied theory“, Cambridge 1897, p. 6—7; *A. R. Forsyth,* „Theory of functions of a complex variable“, 2. ed., Cambridge 1900, p. 524—525; *F. Schuh,* Ak. Amsterdam Versl. (4) 13 (1904), p. 127; *H. Hilton,* „Plane algebraic curves“, Oxford 1920, p. 128—129, 376—377; *F. Enriques* und *O. Chisini,* „Lezioni“ 3, p. 59 u. 62 ff.; *F. Severi,* „Lezioni“, p. 135; „Vorlesungen“, p. 106; „Trattato“ 1_1, p. 122 ff. u. 146; *M. de Franchis*[26]), p. 274; *J. L. Coolidge,* a. a. O., p. 120 und 246. Ein Beweis der Unveränderlichkeit des Geschlechtes einer ebenen Kurve gegenüber quadratischen Transformationen der Ebene bei *F. Enriques* und *O. Chisini,* „Lezioni“ 1, p. 284—285.

Für die Umkehrung des *Riemann*schen Satzes, die als Konsequenz der *Zeuthen*schen Formel betrachtet werden kann und nach der eine rationale Korrespondenz zwischen zwei algebraischen Kurven desselben Geschlechts $p > 1$ notwendigerweise birational ist, fügen wir den Anführungen in III C 4 (*L. Berzolari*), Anm. 50 hinzu: *A. Clebsch* und *F. Lindemann,* l. c., p. 459 in Anm.; franz. Übers. 2, p. 170 in Anm.; *P. Painlevé,* Paris C. R. 107 (1888), p. 321; Preisschrift, Ann. Éc. Norm. (3) 8 (1891), p. 115; „Leçons“[22]), p. 93; *P. Appell* und *É. Goursat,* l. c., p. 486—487; *H. F. Baker,* l. c., p. 7—8; *É. Picard,* „Traité d'analyse“ 2, 1. Ausg., Paris 1893, p. 454—455; 2. Ausg., Paris 1905, p. 498—499; 3. Ausg., Paris 1926,

F. Enriques), Nr. **15**]. Stehen zunächst zwei Flächen in algebraischer (α, β)-Korrespondenz, so entspricht einem linearen Kurvensystem der einen Fläche auf der anderen ein algebraisches System, das völlig in einem linearen System enthalten ist. Dies vorausgesetzt, ist die funktionale Verbindung zwischen den kanonischen Systemen zweier Flächen in dem Satz gegeben: Besteht zwischen zwei Flächen F, F' eine algebraische (α, β)-Korrespondenz, so liefert die transformierte Kurve einer kanonischen Kurve und der ausgezeichneten Kurven von F [III C 6b (*G. Castelnuovo* und *F. Enriques*), Nr. **4**], vermehrt um die Koinzidenzkurve und die möglicherweise vorkommenden Fundamentalkurven der Korrespondenz (denen Punkte auf der anderen Fläche entsprechen) auf F', eine Kurve des linearen Systems, das durch eine α-kanonische Kurve von F' bestimmt ist, vermehrt um die α-fach gezählten ausgezeichneten Kurven und die auf F' gezogene Verzweigungskurve.

Hieraus hat *F. Severi* drei Beziehungen abgeleitet, die die Verbindungen zwischen den arithmetischen Geschlechtern, zwischen den (relativen) Invarianten von *Castelnuovo-Enriques* und zwischen den (relativen) Invarianten von *Zeuthen-Segre* zweier Flächen F, F' in (α, β)-Korrespondenz ausdrücken: Beziehungen, die in der Flächentheorie als analog zu denen von *Zeuthen* für die Kurven betrachtet werden müssen.

Nennen wir ϱ das Geschlecht der Verzweigungskurve D, die auf F gezogen ist; Θ die Gesamtzahl der Schnitte von D mit den ausgezeichneten Kurven und einer kanonischen Kurve von F[30]); τ die Zahl der Punkte von F, für welche drei homologe Punkte zusammenfallen (Punkte, von denen jeder eine Spitze für D ist); s ($\geqq 0$) die Multiplizität von D in einem der Fundamentalpunkte der Korrespondenz; σ das Geschlecht der Fundamentalkurve, die einem solchen Punkte

p. 542—543; *E. Bertini*[4]), 1. Ausg., p. 401; 2. Ausg., p. 489; deutsche Ausg., p. 463; *F. Severi*, „Lezioni", p. 211—212; „Vorlesungen", p. 169; „Trattato" 1_1, p. 210; *H. G. Zeuthen*, „Lehrbuch", p. 109; *F. Enriques* und *O. Chisini*, „Lezioni" 3, p. 456—457; *M. de Franchis*[26]), p. 292—293; *J. L. Coolidge*, a. a. O., p. 135 und 246.

29) Rend. Ist. Lomb. (2) 36 (1903), p. 495. Vgl. auch *H. G. Zeuthen*, „Lehrbuch", p. 167—172. Für eine $(\alpha, 1)$-Korrespondenz schon zuerst bei *F. Enriques*, Mem. Acc. Torino (2) 44 (1893), p. 229, der darin auch die Beziehung zwischen den linearen Geschlechtern zweier Flächen abgeleitet hat.

Analoge Untersuchungen hat *G. Tafani* angestellt, Ann. Scuola Norm. sup. di Pisa 13 (1919), Nr. 2, für die $(\alpha, 1)$-Korrespondenzen zwischen zwei dreidimensionalen Mannigfaltigkeiten.

Weitere Untersuchungen über die (α, β)-Korrespondenzen zwischen zwei algebraischen Flächen bei *G. Albanese*, Boll. Unione mat. ital. 11 (1932), p. 131.

30) „Immersionszahl" („carattere d'immersione") von D auf F, nach *F. Severi*, Atti Acc. Torino 37 (1902), p. 625.

entspricht; p_a das arithmetische Geschlecht von F; ω die Invariante von *Castelnuovo-Enriques*[31]) und I die Invariante von *Zeuthen-Segre* von F.[32]) ϱ', Θ', τ', s', σ', p_a', ω', I' seien die entsprechenden Zahlen für F'. Dann gelten die Formeln von *F. Severi*[33]):

$$\alpha(\omega'-1)-\beta(\omega-1)=\varrho-\varrho'+\tfrac{3}{2}(\Theta-\Theta')$$
$$+\sum(s+\sigma-1)-\sum(s'+\sigma'-1),$$
$$\alpha(I'+4)-\beta(I+4)=2(\varrho-\varrho')-(\tau-\tau')$$
$$+\sum(\tfrac{1}{2}s-\sigma+1)-\sum(\tfrac{1}{2}s'-\sigma'+1),$$
$$24\alpha(p_a'+1)-24\beta(p_a+1)=6(\varrho-\varrho')+3(\Theta-\Theta')$$
$$-2(\tau-\tau')+3\sum s-3\sum s'.$$

Vermöge der *Noether*schen Beziehung [III C 6b (*G. Castelnuovo* und *F. Enriques*), Nr. **14**]

$$\omega+I=12p_a+9,$$

ist eine dieser Formeln eine lineare Kombination der beiden anderen.[34])

---

31) Wenn F nur eine endliche Anzahl ausgezeichneter Kurven besitzt, so drückt die Summe dieser Zahl und der besagten Invariante ω das lineare Geschlecht (Kurvengeschlecht) der Fläche aus, d. h. die absolute Invariante, welche man mit $p^{(1)}$ bezeichnet.

32) Für die vorher genannten Invarianten einer algebraischen Fläche s. III C 6b (*G. Castelnuovo* und *F. Enriques*), Nr. **11**—**14**.

33) Wenn irgendeine der oben definierten Kurven fehlen sollte, so muß man ihr Geschlecht gleich der Einheit setzen.

34) *F. Klein*, Math. Ann. 7 (1874), p. 549; 9 (1875), p. 476 (wiedergegeben in Ges. math. Abh. 2, Berlin 1922, p. 63), verdanken wir einige Bemerkungen über gewisse Beziehungen, die zwischen dem Zusammenhang algebraischer Flächen und ihrem Verhalten bei birationalen Transformationen bestehen. Wenn zwei reelle algebraische Flächen (die durch Gleichungen mit reellen Koeffizienten dargestellt sind) in birationaler Korrespondenz stehen und dabei jedem reellen Punkt der einen ein reeller Punkt der anderen Fläche entspricht, aber auf keiner von ihnen reelle Fundamentalpunkte bestehen (d. h. Punkte, denen alle Punkte einer Kurve entsprechen), so haben die beiden Flächen augenscheinlich denselben Zusammenhang. Wenn wir aber nur die beiden ersten Annahmen festhalten, also auf den beiden Flächen reelle Fundamentalpunkte haben in der Anzahl n und n', so ist der Zusammenhang der ersten, vermehrt um n, gleich dem Zusammenhang der zweiten, vermehrt um n'. Dieser Satz gilt sogar für jeden Flächenmantel und für umkehrbar eindeutige (außer den Ausnahmen in den Fundamentalpunkten) kontinuierliche Punktkorrespondenzen, wie *A. Comessatti*, Ann. di mat. (3) 23 (1914), p. 240—242 festgestellt hat. S. hierüber die Anm. 1058.

II. Algebraische Korrespondenzen und Korrespondenzprinzipien in linearen und nichtlinearen Gebieten.

3. Algebraische Korrespondenzen zwischen den Elementen zweier Grundgebilde erster Stufe (oder zwischen den Punkten zweier rationaler Kurven). Sind C und C' zwei Grundgebilde erster Stufe, oder allgemeiner zwei irreduzible, rationale Kurven, also vom Geschlecht Null [III C 4 (*L. Berzolari*), Nr. **2**, **15** und Anm. 292], so kann jede algebraische (α, β)-Korrespondenz zwischen ihren Punkten[35]) durch eine einzige Gleichung dargestellt werden

$$f(x, y) = 0, \tag{1}$$

vom Grade α, β in den Parametern x, y ihrer homologen Punkte.[36])

Insbesondere kann man eine (1, 1)-Korrespondenz durch eine bilineare Gleichung darstellen, so daß man in dem Falle, wo es sich um zwei Grundgebilde[37]) handelt, auf eine Projektivität kommt, während man im entgegengesetzten Fall die bilineare Gleichung oder auch die Algebraizität und die umkehrbare Eindeutigkeit der Korrespondenz als Definition der projektiven Korrespondenz zwischen den beiden rationalen Kurven betrachten kann.

---

35) Korrespondenzen dieser Art sind schon dem Sinne nach von *C. Mac Laurin* betrachtet worden, „Geometria organica, sive descriptio linearum curvarum universalis", Londini 1720, um *Newtons* organische Erzeugungen der ebenen Kurven darzustellen und zu erläutern (s. darüber l. c., p. 11, 30, 72). Von diesem Gesichtspunkte aus hat *E. de Jonquières*, J. math. pures appl. (2) 2 (1857), p. 153 geometrische Beweise verschiedener Sätze von *C. Mac Laurin* gegeben. Vgl. auch *M. Chasles*, Paris C. R. 78 (1874), p. 922, 1373, 1599; *Fr. Deruyts*, Mém. Soc. sc. Liège (2) 17 (1890), p. 28—31. Über die „Geometria organica" von *C. Mac Laurin* s. *Ch. Tweedie*, Proc. Roy. Soc. Edinburgh 36^1 (1915), p. 87.

36) Daß eine Korrespondenz mit den Indizes α, β zwischen zwei reellen oder komplexen Variabeln nicht notwendigerweise algebraisch ist und daß man deswegen nicht behaupten kann, daß sie $\alpha + \beta$ Koinzidenzelemente besitzt (s. Nr. **6**), bemerkte ausdrücklich *C. F. Geiser*, Ann. di mat. (2) 4 (1869), p. 25; vgl. auch *H. G. Zeuthen*, Bull. sciences math. (1) 5 (1873), p. 188—189 [s. III AB 5 (*A. Schoenflies*, Nr. 8]. Die Frage findet man bei *F. Enriques* und *O. Chisini*, „Lezioni" 1, p. 354—358, behandelt; man gelangt zu folgendem Ergebnis. Jede analytische Korrespondenz mit den Indizes α und β zwischen zwei Variablen x und y, die für alle reellen und komplexen Werte von x und y, allenfalls mit Ausnahme einer endlichen Anzahl singulärer Werte, definiert ist, ist algebraisch und wird durch eine Gleichung $f(x, y) = 0$ vom Grade α und β in x und y dargestellt. Ist $\alpha = \beta = 1$, so ist die Korrespondenz eine Projektivität: vgl. Anm. 9.

37) *M. Chasles*, Paris C. R. 37 (1853), p. 274; 41 (1855), p. 1098. Vgl. *E. de Jonquières*, „Mélanges de géométrie pure", Paris 1856, p. 153—154; *F. Severi*, „Trattato" 1_1, p. 9.

Die Korrespondenz ist *reduzibel* oder *irreduzibel*, je nachdem das Polynom f das Produkt zweier ganzer Polynome in x, y ist oder nicht.

Eine (α, β)-Korrespondenz ist vollkommen bestimmt, wenn dabei $\alpha\beta + \alpha + \beta$ Paare homologer Punkte gegeben sind.

Auf den Kurven C und C' gibt es $2\alpha(\beta - 1)$ bzw. $2\beta(\alpha - 1)$ Verzweigungspunkte und auf C' und C ebensoviele Doppelpunkte der Korrespondenz.

Wenn zwischen den Kurven C und C' eine $(\alpha, 1)$-Korrespondenz besteht, so bilden die Gruppen der α Punkte von C, die den einzelnen Punkten von C' entsprechen, auf C eine Involution der Ordnung α erster Stufe.[38]) Eine $(\alpha, 1)$-Korrespondenz ist also nichts anderes als eine Projektivität zwischen einem einförmigen Gebilde und einer Involution von der Ordnung α.

Wenn die (α, β)-Korrespondenz zwischen den Punkten ein und derselben Kurve gegeben ist, so gibt es auf dieser $\frac{\alpha(\alpha-1)}{2} + \frac{\beta(\beta-1)}{2}$ Paare von Punkten, die sich in der gegebenen Korrespondenz involutorisch entsprechen.[39])

Eine (α, β)- und eine (α', β')-Korrespondenz zwischen den Punkten ein und derselben rationalen Kurve haben $\alpha\beta' + \alpha'\beta$ gemeinsame Paare entsprechender Punkte.

Eine (α, α)-Korrespondenz zwischen den Punkten ein und derselben rationalen Kurve C heißt *symmetrisch* und auch ein *symmetrisches Elementensystem*[40]), wenn die Gleichung (1) in x, y symmetrisch ist, so daß jeder Punkt von C dieselben α korrespondierenden Punkte hat, einerlei ob man den Punkt zu dem einen oder dem anderen Systeme rechnet. Eine solche Korrespondenz ist durch $\frac{\alpha(\alpha+3)}{2}$ Paare homologer Punkte bestimmt, besitzt $2\alpha(\alpha - 1)$ Verzweigungspunkte und ebenso viele Doppelpunkte.

Eine (α, α)-Korrespondenz zwischen den Punkten einer rationalen Kurve ist symmetrisch, wenn sie $\frac{\alpha(\alpha+1)}{2}$ involutorische Punktepaare besitzt, die nicht einer symmetrischen $(\alpha - 1, \alpha - 1)$-Korrespondenz angehören.[41])

38) Für $\alpha = 2$ s. *M. Chasles,* Paris C. R. 41 (1855), p. 679—680, 1099; *E. de Jonquières*[37]), p. 154—155, 162—163.

39) *Em. Weyr,* J. f. Math. 74 (1871), p. 189.

40) Diese Bezeichnung stammt von *Em. Weyr*[7]), p. 8. *R. Sturm,* „Die Gebilde ersten und zweiten Grades der Liniengeometrie in synthetischer Behandlung" 1, Leipzig 1892, p. 23; „Geom. Verw." 1, p. 275 nannte sie dagegen *involutorische Korrespondenz.*

41) *J. de Vries,* Nieuw Archief voor Wiskunde (2) 7 (1907), p. 469. Für $\alpha = 2$ s. *R Sturm,* „Geom. Verw." 1, p. 272—273.

Zwei symmetrische Systeme vom Grade α und α' auf derselben Kurve besitzen $\alpha\alpha'$ gemeinsame Paare.

Besteht zwischen zwei rationalen Kurven C und C' eine (α, β)-Korrespondenz, so erhält man auf C ein symmetrisches System vom Grade $\beta(\alpha - 1)$, wenn man zwei Punkte, die ein und demselben Punkt von C' homolog sind, als korrespondierend betrachtet. Ein symmetrisches System vom Grade $\alpha(\beta - 1)$ erhält man auf ähnliche Weise auf C'.[41a])

Zum Beweis der vorhergehenden und anderer Eigenschaften sind verschiedene geometrische Darstellungen der Korrespondenz zweckmäßig. Zum Beispiel[42]) kann man die beiden gegebenen rationalen Kurven auf zwei Büschel von Geraden beziehen, die in ein und derselben Ebene liegen und verschiedene Mittelpunkte O und O' haben. Ist, was man immer annehmen darf, die Gerade OO' in der Korrespondenz weder Koinzidenz- noch Verzweigungs- noch mehrfache Gerade, so hat der Ort der Schnittpunkte der korrespondierenden Geraden (die sog. *Korrespondenzkurve*) die Ordnung $\alpha + \beta$, und in O und O' die ordentlichen Multiplizitäten α und β ohne Tangentialbesonderheiten. Die Tangenten in O und O' sind die Geraden, die in den Büscheln O, O' der, als zu O', O zugehörig gedachten Geraden OO' entsprechen, während die anderen Tangenten, die von O und O' an die Kurve gezogen werden können, die Verzweigungsgeraden der Korrespondenz sind.

Geht man dagegen in der Weise vor, daß die Gerade OO' Koinzidenzgerade ist oder sogar k Koinzidenzgeraden absorbiert — und in einem solchen Falle spricht *Em. Weyr*[43]) davon, daß die beiden Büschel in *reduzierter Lage* k^{ter} *Ordnung* sind — so reduziert sich die Korrespondenzkurve auf die Ordnung $\alpha + \beta - k$ und hat in O und O' die Multiplizitäten $\alpha - k$ und $\beta - k$.

Findet die (α, β)-Korrespondenz zwischen den Punkten ein und derselben Kurve statt, so kann man die Korrespondenzkurve von der

---

41a) Andere Eigenschaften, mit Anwendungen, bei *A. Emch*, Amer. J. of math. 54 (1932), p. 285; Auszug Bull. Amer. math. Soc. (2) 37 (1931), p. 831.

42) Vgl. *Em. Weyr* [7]), p. 44; *H. G. Zeuthen*, Acta math. 1 (1882), p. 174; „Lehrbuch", p. 176; *R. Sturm*, „Die Gebilde" [40]) 1, p. 21; „Geom. Verw." 1, p. 228—229, 241—242, 261—262, 271—272; *E. Bertini* [4]), 1. Ausg., p. 391 ff.; 2. Ausg., p. 478 ff.; deutsche Ausg., p. 452 ff.; *F. Severi*, „Lezioni", p. 138—141; „Vorlesungen", p. 101—102; „Trattato" 1_1, p. 290—292; *F. Enriques* und *O. Chisini*, „Lezioni" 1, p. 104—110, 159—164, 286—292; *R. Deaux*, Mathesis 45 (1931), p. 16. Untersuchungen der Korrespondenzkurve (unter dem Gesichtspunkt der Dualität und mit Anwendungen vor allem auf die Formeln von *Plücker*) bei *O. Zimmermann*, J. f. Math. 123 (1901), p. 1 und 175.

43) S. [7]), p. 47.

Ordnung $\alpha + \beta$ erhalten, wenn man die Korrespondenz auf eine Gerade r verlegt und die homologen Punkte von zwei Punkten O, O' einer Ebene durch r so projiziert, daß die Gerade OO' nicht irgendeinen Koinzidenz-, mehrfachen oder Verzweigungspunkt der Korrespondenz enthält.

Ist endlich die Korrespondenz symmetrisch, so wird die Kurve homolog-harmonisch, d. h. sie entspricht sich selbst in einer harmonischen Homologie, deren Achse r und deren Mittelpunkt der harmonisch konjugierte Punkt zu dem r und OO' gemeinsamen Punkte bzw. den Punkten O und O' ist.

Eine andere Darstellung, von der vor allem *Em. Weyr*[44]) Gebrauch gemacht hat, erhält man unter der Annahme, daß die Korrespondenz auf einen Kegelschnitt verlegt ist. Dann hüllen die Verbindungsgeraden der homologen Punkte eine Kurve der Klasse $\alpha + \beta$ ein, die *Em. Weyr* die *Direktionskurve* der Korrespondenz genannt hat.[45]) Diese schneidet den Kegelschnitt in den Verzweigungspunkten der beiden Systeme und berührt ihn in den $\alpha + \beta$ Koinzidenzpunkten (Nr. **6**) der Korrespondenz. Die Kurve hat die Ordnung $2\alpha\beta$ und besitzt $\frac{\alpha(\alpha-1)}{2} + \frac{\beta(\beta-1)}{2}$ Doppeltangenten, entsprechend den Punktepaaren, die in doppelter Art korrespondieren.

Ist die Korrespondenz eine symmetrische (α, α)-Korrespondenz, so ist die Direktionskurve eine allgemeine Kurve der Klasse α und Ordnung $\alpha(\alpha - 1)$, die als Tangenten die Tangenten an den Kegelschnitt in den 2α Koinzidenzpunkten der Korrespondenz hat. Sie trifft den Kegelschnitt in den $2\alpha(\alpha - 1)$ Verzweigungspunkten und ihre Tangenten in diesen Punkten schneiden den Kegelschnitt in den bezüglichen Doppelpunkten der Korrespondenz.[46])

---

44) S. [7]); außerdem *R. Sturm,* „Die Gebilde“ [40]) 1, p. 20, 28—30; „Geom. Verw.“ 1, p. 270—272, 288 ff.

45) S. Anm. 7, p. 6.

46) Über die vorigen und andere Eigenschaften der (α, β)-Korrespondenzen und für zahlreiche Anwendungen (vgl. Nr. **103**) s. vor allem *Em. Weyr,* Prag Ber. Böhm. Ges. 1873, p. 70; Mém. Soc. sc. phys. nat. à Bordeaux 10 (1875), p. 329 = Arch. Math. a fys. 1 (1875—76), p. 1; [7]); *G. Kohn,* Sitzungsb. Ak. Wien 90 (1885), p. 226; 106 (1897), p. 488; *R. Sturm,* „Die Gebilde“ [40]) 1, p. 16—38; „Geom. Verw.“ 1, p. 225—304; *J. Rey Pastor,* Diss. Madrid 1910, p. 24 ff.; „Fundamentos de la geometria proyectiva superior“, Madrid 1916, p. 379 ff.; *L. I. Neikirk,* Ann. of math. (2) 13 (1911), p. 52 [Auszug Bull. Amer. math. Soc. (2) 16 (1910), p. 462]; *F. Enriques* und *O. Chisini,* „Lezioni“ 1, p. 101—110, 157 ff.; *A. Plamitzer,* Prace matem.-fiz. 30 (1919), p. 193; *H. Malet,* „Étude“, p. 213—233; *H. F. Baker,* „Principles of geometry“ 2, Cambridge 1922, p. 134—139; *E. Bertini,* „Complementi di geometria proiettiva“, Bologna 1928, p. 17—25. In einigen von diesen werden auch

4. Fortsetzung: Algebraische (2, 2)-Korrespondenzen zwischen zwei Grundgebilden erster Stufe. Viel studiert wurden vor allem die

---

besondere Fälle betrachtet, insbesondere die (1, 2)- und (2, 2)-Korrespondenzen. Über diese letzteren s. auch Nr. 4.

Über die Bedingungen, unter denen eine (α, β)-Korrespondenz in andere mit kleineren Indizes zerfällt, s. *G. Fontene*, Anm. 5.

Die Typen von endlichen kontinuierlichen (im *Lie*schen Sinne) Gruppen von algebraischen Korrespondenzen auf der Geraden wurden von *K. Carda,* Monatsh. Math. Phys. 11 (1900), p. 31, bestimmt.

V. Retali, Rend. Ist. Lomb. (2) 32 (1899), p. 1051, hat eine (α, β)-Korrespondenz zwischen den Geradenbüscheln studiert, deren Mittelpunkte zwei beliebige Punkte einer Ebene sind, die dann bestimmt wird, wenn noch eine Kurve der Ordnung β und Klasse α sowie eine Gerade gegeben sind. Dabei ergibt sich eine Transformation der Kurve in eine andere von der Ordnung β^2, die viele spezielle Kurventransformationen in sich einschließt. Vgl. *G. Loria,* „Spezielle algebraische und transzendente ebene Kurven“ 2, 2. Aufl., Leipzig und Berlin 1911, p. 338—341; ital. Ausg., „Curve piane speciali algebriche e trascendenti“ 2, Milano 1930, p. 393—397.

Über die (1, 2)-, (1, 3)-, (2, 2)-Korrespondenzen s. *G. Battaglini,* Rend. Acc. Napoli 1864, p. 282 = Giorn. di mat. (1) 3 (1865), p. 218.

Eingehende geometrische Untersuchungen der (1, 2)-Korrespondenzen, mit Anwendung auf die Kurven 3. Ordnung mit Doppelpunkt und die kubischen Regelflächen bei *Em. Weyr,* „Theorie der mehrdeutigen geometrischen Elementargebilde und der algebraischen Kurven und Flächen als deren Erzeugnisse“, Leipzig 1869, und „Geometrie der räumlichen Erzeugnisse ein-zwei-deutiger Gebilde, insbesondere der Regelflächen dritter Ordnung“, Leipzig 1870. Über das geometrische Studium der (1, 2)-Korrespondenzen s. auch *Em. Weyr,* Sitzungsb. Ak. Wien 61 (1870), p. 731, 819; *R. Slawyk,* Ztschr. Math. Phys. 29 (1883), Suppl., p. 1, und, in Verbindung mit den kubischen Regelflächen, *R. Sturm,* „Die Gebilde“[40]) 1, p. 50—52.

Mit abzählenden Methoden studiert *H. Schubert,* J. f. Math. 88 (1879), p. 311, die (1, 2)-Korrespondenzen.

Formentheoretisch werden die (α, β)-Korrespondenzen, insbesondere die (1, 2)- und die (2, 2)-Korrespondenzen, studiert von *P. Gordan,* Math. Ann. 3 (1871), p. 360; 5 (1871), p. 96; 33 (1889), p. 387; „Vorlesungen über Invariantentheorie“, hrsg. von *G. Kerschensteiner,* 2, Leipzig 1887, p. 78 ff.; *A. Clebsch,* „Theorie der binären algebraischen Formen“, Leipzig 1872, p. 12 ff.; *A. Clebsch* und *F. Lindemann,* „Vorlesungen“ 1, p. 951 ff.; franz. Übers. 3, p. 369 ff.; 2. Aufl. 1^1, Leipzig 1906, p. 613 ff.; *G. Peano,* Atti Acc. Torino 17 (1881), p. 73; Giorn. di mat. (1) 20 (1881), p. 79; *H. Andoyer,* „Leçons sur la théorie des formes et la géométrie analytique supérieure“ 1, Paris 1900, p. 109—126; *G. Kohn*, Jahresb. Deutsch. Math.-Ver. 5^1 (1901), p. 58; *J. H. Grace* und *A. Young,* „The algebra of invariants“, Cambridge 1903, p. 53—60, 83; *H. W. Turnbull,* Proc. math. Soc. Edinburgh 41 (1922—23), p. 116; 42 (1924), p. 69; Proc. Roy. Soc. Edinburgh 43 (1923), p. 43; 44 (1924), p. 23; Proc. London math. Soc. (2) 27 (1928), p. 193; *W. Saddler,* Proc. Roy. Soc. Edinburgh 45 (1924), p. 3; 46 (1925), p. 264; *R. Vaidyanathaswamy,* Proc. Cambridge Phil. Soc. 23 (1926), p. 109; Proc. London math. Soc. (2) 24 (1924), p. 83; *Th. W. Moore,* Ann. of math. (2) 30 (1928), p. 92; *P. R. Piedvache,* Ann. of

(2, 2)-Korrespondenzen, insbesondere in Verbindung mit der Theorie der elliptischen Funktionen. Wirklich besteht, wenn $f(u)$ und $\varphi(u)$ zwei elliptische Funktionen 2. Grades desselben Arguments u, mit denselben Perioden sind, zwischen ihnen eine Beziehung, die bezüglich jeder von beiden 2. Grades und, wenn $f(u) = \varphi(u + C)$, mit konstantem C, symmetrisch ist. Umgekehrt drückt jede doppelt quadratische Gleichung die Beziehung zwischen zwei elliptischen Funktionen 2. Grades desselben Arguments und mit denselben Perioden aus. *L. Euler*[47]) hat in Form einer solchen Beziehung, die symmetrisch und vom Grade 2 bezüglich einer jeden der beiden Veränderlichen ist, den Additionssatz der elliptischen Funktionen aufgestellt; und *J. L. Lagrange*[48]) die allgemeine Beziehung auf die Transformation der elliptischen Integrale[49]) angewandt.

---

math. (2) 30 (1928), p. 272, 281; *N. H. McCoy*, Bull. Amer. math. Soc. (2) 37 (1931), p. 42. In Verbindung mit den Eigenschaften der algebraischen Kurven, die auf einer allgemeinen Fläche 2. Ordnung gezogen sind, und der Gruppe der Kreisverwandtschaften (Nr. 71) bei *Ed. Kasner,* Trans. Amer. math. Soc. 1 (1900), p. 430 [Auszug Bull. Amer. math. Soc. (2) 8 (1901), p. 14; vgl. auch p. 190 und ebenso (2) 9 (1902), p. 186]; 4 (1903), p. 86 [s. III A B 7 (*E. Müller*), Nr. 8]; außerdem *F. Morley* und *B. C. Patterson*, Amer. J. of math. 52 (1930), p. 413.

Die (1, 2)-Korrespondenzen im speziellen werden studiert von *W. Saddler,* Proc. math. Soc. Edinburgh 43 (1924), p. 17; *R. Vaidyanathaswamy,* Proc. Cambridge Phil. Soc. 23 (1926), p. 233; mit Anwendung auf die Kurven 3. Ordnung mit Doppelpunkt von *G. Pittarelli,* Roma Mem. Acc. Linc. (4) 3 (1886), p. 375, 401; die (1, 2)- und (1, 3)-Korrezpondenzen von *S. Piazza,* Atti Acc. Torino 17 (1882), p. 431; die (2, 3)-Korrespondenzen von *R. Vaidyanathaswamy,* Proc. Cambridge Phil. Soc. 23 (1926), p. 631.

Für die (2, 2)-Korrespondenzen s. im übrigen Nr. 4; für die (3, 3)-Korrespondenzen s. Anm. 57.

47) Novi Comment. Petrop. 6 (1756, 1757), hrsg. 1761, p. 37 = Opera omnia (1) 20 (Leipzig und Berlin 1912), p. 58. Vgl. auch Novi Comment. Petrop. 7 (1758, 1759), hrsg. 1761, p. 3, 83, 128; 12 (1766, 1767), hrsg. 1768, p. 3, 42 = Opera omnia (1) 20 (1912), p. 153, 108, 201, 302, 318; außerdem „Institutiones Calculi integralis" 1, Petropoli 1768, p. 451 ff. S. außerdem *J. L. Lagrange,* Miscellanea taurinensia 4 (1766—1769), p. 98 = Oeuvres 2 (Paris 1868), p. 3; *L. Euler,* Acta Ac. Petrop. 2 I (1778), hrsg. 1780, p. 20; „Institutiones Calculi integralis" 4, 3. Aufl., Petropoli 1845, p. 465; *F. Richelot,* J. f. Math. 44 (1852), p. 277.

48) Mém. Ac. Turin 2 II (1784—1785), hrsg. 1786, p. 218 = Oeuvres 2, p. 251.

49) Über die (2, 2)-Korrespondenzen in Verbindung mit der Theorie der elliptischen Funktionen vgl. auch den Nachlaß von *C. G. J. Jacobi,* J. f. Math. 55 (1858), p. 1 = Werke 2, p. 363. Weitere Entwicklungen in *W. K. Clifford,* Proc. London math. Soc. (1) 7 (1875), p. 29 = Math. Papers (London 1882), p. 205; *A. Cayley,* „An elementary treatise on elliptic functions", London 1876, Chap. 14; ital. Übers. von *F. Brioschi,* Milano 1880, p. 314—328; *T. J. Stieltjes,* Bull. sc. math. (2) 12 (1888), p. 222 = Oeuvres 2 (Groningen 1918), p. 133; *G. H. Halphen,* „Traité des fonctions elliptiques et de leurs applications" 2, Paris 1888, p. 329 ff.; *J. Ha-*

Die (2, 2)-Korrespondenzen spielen eine grundlegende Rolle auch bei den Schließungsproblemen, z. B. in bezug auf die Polygone, die einem Kegelschnitte einbeschrieben und einem anderen Kegelschnitte umbeschrieben sind[50]), und anderen Fragen.[51])

---

damard, Bull. sc. math. (2) 20 (1896), p. 263; *E. Lacour*, Nouv. Ann. de math. (3) 18 (1899), p. 293; *M. Lelieuvre*, Enseign. math. 2 (1900), p. 410; 3 (1901), p. 115; *H. Andoyer*, Ann. Éc. Norm. (3) 19 (1902), p. 491. — Weitere Sätze in bezug auf die Darstellung der (2, 2)-Korrespondenzen durch elliptische Funktionen, mit verschiedenen geometrischen Anwendungen bei *A. Hurwitz*, Math. Ann. 19 (1881), p. 56.

Über diesen Gegenstand vgl. noch *A. Enneper*, „Elliptische Funktionen, Theorie und Geschichte", 2. Aufl., hrsg. von *F. Müller*, Halle 1890, p. 185, 357; außerdem II B 3 (*R. Fricke*), Nr. **2**, **3**, **7**.

50) S. III C 1 (*F. Dingeldey*), Nr. **26**, **27**, **28**; *G. Loria*, „I poligoni di Poncelet", Torino 1889; Bibl. math. (2) 3 (1889), p. 67. S. auch *G. Darboux*, „Sur une classe remarquable de courbes et de surfaces algébriques", Paris 1873; second tirage 1896, p. 183—207 [der Académie des sciences 1869 vorgelegt; s. Paris C. R. 68 (1869), p. 1311]; L'Institut 40 (1872), p. 180, 259; „Principes de géométrie analytique", Paris 1917, p. 235—287; *J. H. Macdonald*, Bull. Amer. math. Soc. (2) 27 (1921), p. 366; *R. Vaidyanathaswamy*, Proc. London math. Soc. (2) 27 (1927), p. 301; *W. Fr. Meyer*, Math. Ztschr. 30 (1929), p. 108; Auszug Sitzungsb. Berliner math. Ges. 27 (1928), p. 92; *M. de Franchis*[26]), p. 406—411.

R. Sturm, „Die Gebilde"[40]) 1, p. 30—37; „Geom. Verw." 1, p. 296—303, studiert mittels der Abbildung auf einen Kegelschnitt (Nr. **3**) und unter Anwendung auf die Polygone von *Poncelet* die wiederholte Anwendung einer symmetrischen (2, 2)-Korrespondenz. In „Die Gebilde"[40]) 1, p. 37—38, und in „Geom. Verw." 1, p. 303—304 hat *R. Sturm* die symmetrischen (2, 2)-Korrespondenzen auf die *Steiner*schen Polygone auf den ebenen kubischen Kurven angewandt [III C 5 (*G. Kohn*), Nr. **39**].

Über die (2, 2)-Korrespondenzen und ihre Erweiterungen in bezug auf eine Erweiterung der *Poncelet*schen Polygone s. *G. Fontené*, Nouv. Ann. de math. (3) 16 (1897), p. 437; Paris C. R. 162 (1916), p. 213; Bull. Soc. math. de France 44, C. R. (1916), p. 17; *K. Rohn*, Ber. Sächs. Ges. Wiss. Leipzig 60 (1908), p. 94; 65 (1913), p. 185; Jahresb. Deutsch. Math.-Ver. 22 (1913), p. 330; *H. Liebmann*, Sitzungsb. Ak. München 1916, p. 19; *G. Darboux*, Paris C. R. 162 (1916), p. 57, 101, 214; *J. Thomae*, Ber. Sächs. Ges. Wiss. Leipzig 69 (1917), p. 287; 70 (1918), p. 108; *B. Gambier*, Paris C. R. 178 (1924), p. 837; 179 (1924), p. 745, 878, 1241; Nouv. Ann. de math. (5) 3 (1925), p. 256, 281; Ann. Éc. Norm. (3) 46 (1929), p. 55.

Über die wiederholte Anwendung einer (2, 2)-Korrespondenz und das bezügliche Schließungsproblem s. *H. F. Baker*, Proc. Cambridge Phil. Soc. 23 (1926), p. 92.

51) Symmetrische oder nichtsymmetrische (2, 2)-Korrespondenzen ergeben sich z. B. beim Studium der Kongruenzen 2. Ordnung und 2. Klasse sowie der quadratischen Komplexe, auch beim Studium der Regelflächen 4. Grades. Für die ersten vgl. *R. Sturm*, „Die Gebilde"[40]) 2, p. 149—159; 3, p. 1—13, 41—44, 70—71, 107, 355—380, 389—394, 410ff.; für die zweiten *R. Sturm*, ebenda 1, p. 52—61; 3, p. 106—130, 410ff.; *K. Rohn*, Math. Ann. 28 (1886), p. 284.

Die hauptsächlichsten Eigenschaften der (2, 2)-Korrespondenzen verbinden sich mit der Aufgabe, die Veränderlichen x, y linear dergestalt zu transformieren, daß sich die Gleichung $f(\overset{2}{x}, \overset{2}{y}) = 0$ in eine symmetrische verwandelt, und mit dem Satz, der die Gleichheit der Invarianten ebenso für die beiden Quadrupel der Verzweigungspunkte, wie für die beiden Quadrupel der Doppelelemente aussagt, so daß vier Projektivitäten existieren, in denen den Doppel- oder Verzweigungselementen von x die von y entsprechen.[52])

52) Daß die beiden Quadrupel der Verzweigungselemente dieselben Invarianten haben [vgl. III C 5 (*G. Kohn*), Anm. 16], zeigt *L. Cremona,* Rend. Ist. Lomb. (1) 4 (1867), p. 199 = Opere 2, p. 396; der vollständigere Satz stammt von *Em. Weyr,* Ann. di mat. (2) 4 (1871), p. 272.

Über diese Sätze und die Frage der Reduktion von $f(\overset{2}{x}, \overset{2}{y})$ auf symmetrische Form s. *A. Capelli,* Giorn. di mat. (1) 17 (1879), p. 69; *G. Frobenius,* J. f. Math. 106 (1890), p. 125, die auch die Modifikationen untersucht haben, die in Sonderfällen, die die Korrespondenz darbieten kann, eintreten. Hierüber, und besonders über den *Cremona*schen Satz s. auch *A. Cayley,* Quart. J. of math. 11 (1871), p. 83; 12 (1873), p. 197; Mess. of math. (2) 20 (1891), p. 68 = Papers 8, p. 14; 9, p. 94; 13, p. 67; Proc. London math. Soc. (1) 10 (1879), p. 203 (fehlt in Papers); *H. G. Zeuthen,* Proc. London math. Soc. (1) 10 (1879), p. 196 (*H. G. Zeuthen* hat hiermit auch einen algebraischen Beweis des Lehrsatzes von *E. Schmidt* verbunden) [vgl. auch *G. H. Halphen,* Proc. London math Soc. (1) 9 (1878), p. 168 = Math. Ann. 15 (1879), p. 35 = Oeuvres 2, p. 82; außerdem einen Brief von *G. H. Halphen* an *H. G. Zeuthen* vom 6. Juni 1880, der in *G. H. Halphen,* Oeuvres 4, Paris 1924, p. 638 wiedergegeben ist]; (1) 11 (1880), p. 156; Acta math. 1 (1882), p. 176; „Lehrbuch", p. 178; *Em. Weyr*[7]), p. 32—35; *K. Rohn*[51]), p. 285; *R. Bricard,* Bull. Soc. math. de France 25 (1897), p. 181; *H. Andoyer,* „Leçons"[46]) 1, p. 113; *R. Sturm,* „Die Gebilde"[40]) 1, p. 20; „Geom. Verw." 1, p. 255—258; *Ed. Kasner,* Trans. Amer. math. Soc. 1 (1900), p. 484; *F. Aschieri,* Rend. Ist. Lomb. (2) 37 (1904), p. 1030; *J. de Vries,* Nieuw Archief voor Wiskunde (2) 9 (1909), p. 1; *J. Rey Pastor,* Diss. Madrid 1910, p. 40; Ass. espanôla para el progr. de las ciencias, Valencia 1910, p. 19; *E. Duporcq,* „Premiers principes de géométrie moderne", 2. éd. par *R. Bricard,* Paris 1912, p. 148—159; *C. Cailler,* Enseign. math. 16 (1914), p. 432; *R. Vaidyanathaswamy,* J. Indian math. Soc. 16 (1926), p. 164.

Über die symmetrischen (2, 2)-Korrespondenzen s. auch *F. Richelot*[47]); *N. Trudi,* Mem. Acc. Napoli 1 (1853), p. 63; Atti Acc. Napoli (1) 1 (1863), Nr. 6 (Auszug Rend. Acc. Napoli 1862, p. 198); Giorn. di mat. (1) 1 (1863), p. 81, 125; *J. Rosanes* und *M. Pasch,* J. f. Math. 70 (1868), p. 169; *G. Fontené,* Nouv. Ann. de math. (3) 19 (1900), p. 384; (4) 17 (1917), p. 75; *M. Stuyvaert,* Mém. Soc. sc. Liège (3) 7 (1907), Nr. 2, p. 133—154; *M. F. Egan,* Proc. Irish Ac. Dublin 29 (1911), p. 33; *F. Gerbaldi,* „Scritti matem. offerti ad Enrico d' Ovidio", Torino 1918, p. 22 (bes. p. 48); Atti Acc. Torino 53 (1918), p. 767, 869; 55 (1920), p. 143; Rend. Ist. Lomb. (2) 51 (1918), p. 523; Rend. Circ. mat. Palermo 43 (1919), p. 78, wo diese Korrespondenzen in Verbindung mit den *G. H. Halphen*schen Kettenbrüchen, den elliptischen Funktionen und den *Poncelet*schen Polygonen auftreten; *G. Gherardelli,* Boll. Unione mat. ital. 6 (1927), p. 184.

Es ist klar, daß für eine symmetrische (2, 2)-Korrespondenz die Doppel- und Verzweigungselemente x mit den y zusammenfallen. Nach *Em. Weyr*[53]) ist umgekehrt die Korrespondenz symmetrisch, wenn die Verzweigungselemente x und y zusammenfallen. Diese Umkehrung ist aber nicht richtig, wenn sich die Korrespondenz auf niedrigere Korrespondenzen reduziert, auch nicht, wenn jenes Quadrupel von Verzweigungselementen harmonisch oder äquianharmonisch ist.[54])

Kommt es einmal in einer (2, 2)-Korrespondenz vor, daß das einem Elemente entsprechende Paar auch einem anderen vom ersten verschiedenen Elemente entspricht, so gilt die Eigenschaft immer für eine jede der beiden Formen. Die Elementenpaare einer jeden Form, die den einzelnen Elementen der anderen entsprechen, bilden eine Involution, und die beiden Involutionen, die so entstehen, sind projektiv. Die notwendige und hinreichende Bedingung hierfür ist, daß,

---

Rein geometrisch studiert die (2, 2)-Korrespondenzen, mit Anwendungen auf Kurven 4. Ordnung mit zwei Doppelpunkten und auf das *Poncelet*sche Schließungsproblem, *J. Thomae*, Abh. Sächs. Ges. Wiss. Leipzig 21 (1894), p. 437; Ber. Sächs. Ges. Wiss. Leipzig 47 (1895), p. 352. Vgl. dazu *R. Sturm*, „Geom. Verw.“ 4, p. 56—57, und noch *J. de Vries*, Nieuw Archief voor Wiskunde (1) 14 (1887), p. 193.

Formentheoretisch wird die (2, 2)-Korrespondenz studiert von *A. Clebsch* und *F. Lindemann*, „Vorlesungen“ 1, p. 951 ff.; franz. Übersetzung 3, p. 369 ff.; *A. Capelli*, a. a. O.; *C. Le Paige*, Paris C. R. 94 (1882), p. 424; *P. Gordan*, Math. Ann. 33 (1889), p. 388; *G. Frobenius*, a. a. O.; *G. Giordano*, Giorn. di mat. (2) 6 (1899), p. 367; *P. Savio*, ebenda (2) 9 (1902), p. 192; *H. Andoyer*, Ann. Éc. Norm. (3) 19 (1902), p. 491; *C. Cailler*, a. a. O.

G. Fontené, Nouv. Ann. de math. (3) 16 (1897), p. 437; *G. Fontené* und *R. Bricard*, ebenda (3) 18 (1899), p. 437; *M. Fouché*, Bull. Soc. math. de France 44 (1916), p. 120, studieren Bedingungen, unter denen drei (2, 2)-Korrespondenzen unendlich viele gemeinsame Paare entsprechender Elemente haben. Diese Autoren, ebenso *G. Fontené*[5]), studieren auch die Bedingungen für die Reduzibilität des Produktes zweier (2, 2)-Korrespondenzen. S. hierüber auch *G. Ascoli*[285]), p. 109—110, der auch das Ergebnis von *M. Fouché* auf den Fall ausdehnt, daß die Korrespondenzen zwischen den Punkten von Kurven beliebigen Geschlechts stattfinden. S. ferner Nr. **30**.

Weitere Arbeiten über die (2, 2)-Korrespondenzen stammen von *Ed. Weyr*, J. f. Math. 71 (1869), p. 18; 73 (1870), p. 87; *R. Heger*, Ztschr. Math. Phys. 17 (1872), p. 71; *A. A. Bennett*, Ann. of math. (2) 16 (1914), p. 101.

Über die linearen Vektorfunktionen als binäre doppeltquadratische Formen s. *Em. Waelsch*, Sitzungsb. Ak. Wien 113 (1904), p. 1081.

53) Sitzungsb. Ak. Wien 87 (1883), p. 592. Vgl. auch *J. de Vries*[41]). Diese Eigenschaft macht *Em. Weyr* zur Grundlage seiner Untersuchungen über die eindeutigen Korrespondenzen auf den elliptischen Kurven (Nr. **43**).

54) *A. Capelli*[52]), p. 111; *G. Frobenius*[52]), p. 177; *T. Brodén*, Stockholm Öfversigt Vetensk.-Ak. Förhandlingar 50 (1893), p. 45; *R. Sturm*, „Geom. Verw.“ 1, p. 278—280; *M. Fouché*[52]).

wenn die Gleichung der (2, 2)-Korrespondenz in der Form

$$(a_{22}x^2 + a_{12}x + a_{02})y^2 + (a_{21}x^2 + a_{11}x + a_{01})y + a_{20}x^2 + a_{10}x + a_{00} = 0$$

geschrieben ist, gilt[55]):

$$\begin{vmatrix} a_{00} & a_{01} & a_{02} \\ a_{10} & a_{11} & a_{12} \\ a_{20} & a_{21} & a_{22} \end{vmatrix} = 0.$$

Tritt es einmal in einer symmetrischen (2, 2)-Korrespondenz zwischen zwei vereinigten Formen (so daß $a_{10} = a_{01}$, $a_{20} = a_{02}$, $a_{21} = a_{12}$) ein, daß einem — von den Koinzidenzelementen verschiedenen — Elemente zwei Elemente entsprechen, die auch einander entsprechen, so trifft dasselbe für jedes Element zu und die (2, 2)-Korrespondenz stellt eine kubische Involution dar. Damit dies eintrifft, ist notwendig und hinreichend, daß[56])

$$a_{00}a_{22} - a_{01}a_{12} + a_{02}(a_{11} - a_{02}) = 0.$$

5. Algebraische, insbesondere plurilineare Korrespondenzen zwischen mehreren Grundgebilden erster oder höherer Stufe. Einige der Untersuchungen in Nr. **3** und **4** wurden auf den Fall von Korrespondenzen zwischen drei oder mehreren Grundgebilden erster Stufe, vor allem auf plurilineare Korrespondenzen ausgedehnt, was gleichbedeutend ist mit dem Studium einer oder mehrerer algebraischer Formen, die mehrere Reihen binärer Veränderlicher enthalten.[57]) Es

55) *M. Chasles,* Paris C. R. 41 (1855), p. 680. Vgl. auch *E. de Jonquières*[37]), p. 163—166; *R. Heger*[52]); *A. Capelli*[52]), p. 92—97; *R. Sturm,* „Die Gebilde“[40]) 1, p. 22—23; 3, p. 72 in Anm.; „Geom. Verw.“ 1, p. 266—268; 4, p. 476.

56) *Em. Weyr*[53]), p. 595; *R. Sturm,* „Die Gebilde“[40]) 1, p. 30; „Geom. Verw.“ 1, p. 283—286; *B. Segre,* Boll. Unione mat. ital. 9 (1930), p. 1. S. auch *H. Mohrmann,* Math. Ann. 89 (1922), p. 12, wo auch andere Fälle der Ausartung einer symmetrischen (2, 2)-Korrespondenz betrachtet sind. Verallgemeinerung bei *G. Schaake,* Nieuw Archief voor Wiskunde (2) 15 (1925), p. 68.

57) Formentheoretische Untersuchungen über mehrlineare Formen bei *H. W. Turnbull,* „The theory of determinants, matrices, and invariants“, London and Glasgow 1928, p. 197—212.

Untersuchungen über binäre symmetrische Formen mehrerer Reihen von Veränderlichen, mit Anwendungen auf die Involutionen, auf Kurven und Flächen, auch in den Überräumen bei *W. Fr. Meyer,* „Apolarität und rationale Kurven“, Tübingen 1883; *A. B. Coble,* Amer. J. of math. 31 (1909), p. 183, 355; 32 (1910), p. 333.

A. B. Coble, Amer. J. of math. 43 (1920), p. 1 [Auszug Bull. Amer. math. Soc. (2) 26 (1920), p. 390]; Trans. Amer. math. Soc. 28 (1926), p. 357 [Auszug Bull. Amer. math. Soc. (2) 32 (1926), p. 113] studiert die Schließungsbedingungen einer allgemeinen doppeltbinären Form beliebiger Ordnung und gibt hier einige Erweiterungen auf mehrfach binäre Formen. Für den besonderen Fall einer (3, 3)-Korre-

wurden speziell die trilinearen Korrespondenzen[58]) studiert und auf Konstruktionen ebener Kurven und Flächen 3. Ordnung [III AB 5 (*A. Schoenflies*), Nr. **25**] angewandt.[59]) Weniger studiert wurden die quadrilinearen Korrespondenzen.[60])

spondenz vgl. *H. S. White*, Proc. Nat. Acad. of Sciences 1 (1915), p. 464; 2 (1916), p. 337 [Auszüge Bull. Amer. math. Soc. (2) 22 (1915), p. 7, 70]; *A. B. Coble*, Proc. Nat. Acad. of Sciences 2 (1916), p. 530; Amer. J. of math. 43 (1920), p. 1 [Auszug Bull. Amer. math. Soc. (2) 26 (1920), p. 390]; 46 (1924), p. 143; 51 (1929), p. 495; Trans. Amer. math. Soc. 28 (1926), p. 357 [Auszug Bull. Amer. Math. Soc. (2) 32 (1926), p. 113]: *Louise D. Cummings*, Bull. Amer. math. Soc. (2) 31 (1925), p. 266 (Auszug daselbst, p. 102); Proc. intern. math. Congress Toronto 1924, 1 (Toronto 1928), p. 725, wo bei *A. B. Coble* auch der Fall einer (α, β)-Korrespondenz betrachtet wird.

Eine spezielle (3, 3)-Korrespondenz, die in Zusammenhang steht mit der Ikosaedergleichung [I B 3 f (*A. Wiman*), Nr. **12**], bei *P. Gordan*, Erlangen phys.-mediz. Soc. Sitzungsb. 9 (1877), p. 183; Math. Ann. 13 (1878), p. 375; *F. Klein*, „Vorlesungen über das Ikosaeder und die Auflösung der Gleichungen vom fünften Grade", Leipzig 1884, p. 194—205; *F. Harshbarger*, Trans. Amer. math. Soc. 33 (1931), p. 557.

Em. Waelsch, Sitzungsb. Ak. Wien 113 (1904), p. 1209; *A. Reissinger*, Progr. Realschule Kempten 1907; *K. Petr*, Časopis 36 (1907), p. 243; *W. Godt*, Arch. Math. Phys. (3) 13 (1908), p. 1, haben die Reihenentwicklungen mehrfach binärer Formen studiert. — Über die mehrfach binären Formen s. auch *C. W. Gilham*, J. London math. Soc. 6 (1931), p. 203. Über die dreifache binäre Form der Grade 2, 1, 1 s. *C. W. Gilham*, Proc. London math. Soc. (2) 32 (1931), p. 259. — *Em. Waelsch*, Sitzungsb. Ak. Wien 113 (1904), p. 1107 hat die quadratischen Formen von mehreren binären Veränderlichen studiert.

58) Eine Korrespondenz dieser Art wird von *F. August*, Diss. Berlin 1862, *duplo-projektive Beziehung* genannt.

59) *F. August*[58]); *G. Battaglini*[46]); *R. Sturm*, Preisschrift, „Synthetische Untersuchungen über Flächen 3. Ordnung", Leipzig 1867, p. 44—45; „Geom. Verw." 1, p. 319—337, 370—371; *L. Cremona*, Preisschrift, J. f. Math. 68 (1868), p. 78—82 = Opere 3, p. 69—72; *C. Le Paige*, Belgique Mém. cour. et Mém. des savants étrang., in 4°, 42 (1878), Nr. 4; Paris C. R. 92 (1881), p. 1048, 1103; 93 (1881), p. 264, 509; Bull. Ac. sc. Belgique (3) 2 (1881), p. 40; (3) 4 (1882), p. 334; (3) 5 (1883), p. 85; Mém. Soc. sc. Liège (2) 10 (1883), Nr. 2, p. 1, 105; Roma Atti Acc. Pont. Nuovi Linc. 35 (1883), p. 140; J. sciencias math. astron. 5 (1883), p. 27, 77; J. sciencias math. phys. nat. 9 (1883); Acta math. 3 (1883), p. 181 [Auszug Paris C. R. 97 (1883), p. 34, 158]; Ak. Amsterdam Versl. (3) 19 (1884), p. 328; *J. Rosanes*, J. f. Math. 88 (1879), p. 241; *P. Appell*, Bull. Soc. philom. (7) 4 (1879), p. 18; *F. Folie* und *C. Le Paige*, Belgique Mém. (1) 43 (1880), Nr. 7; (1) 45 (1882), Nr. 1 [Auszug Bull. Ac. sc. Belgique (3) 1 (1881), p. 610]; *H. Schubert*, Math. Ann. 17 (1880), p. 457; Progr. Hamburg 1882; *B. Klein*, „Theorie der trilinear-symmetrischen Elementargebilde", Marburg 1881; *G. Castelnuovo*, Atti Ist. Ven. (6) 5 (1887), p. 1041; *Fr. Deruyts*, Bull. Ac. sc. Belgique (3) 17 (1889), p. 312; *F. Aschieri*, Rend. Ist. Lomb. (2) 23 (1890), p. 312; *G. Hauck*, J. f. Math. 108 (1891), p. 25; 128 (1905), p. 91; *F. London*, Math. Ann. 44 (1893), p. 375; 45 (1894), p. 545 (in der zweiten Arbeit des Verfassers wird Anwendung auf die Konstruktion der

Auf rein geometrischem Wege wurden die plurilinearen Korrespondenzen zwischen mehreren Grundgebilden erster Stufe im allgemeinen von *H. Wiener*[61]), *E. Kötter*[62]) und *R. de Paolis*[63]) studiert.

C. Segre[64]) zeigte, daß es in gewissen Fällen zweckmäßig ist, die plurilinearen Korrespondenzen als ausgeartete projektive Korrespondenzen zwischen Gebilden höherer Stufe[65]) aufzufassen.

Raumkurven 6. Ordnung und vom Geschlecht 1 gemacht); *J. W. Russell,* Proc. London math. Soc. (1) 26 (1894—95), p. 446; *St. Jušski,* Sitzungsb. Ak. Wien 122 (1913), p. 1659; *C. Segre,* Ann. di mat. (3) 27 (1918), p. 75; *Elise Schwartz,* Math. Ztschr. 12 (1920), p. 18; *A. Duschek,* Jahresb. Deutsch. Math.-Ver. 32 (1923), p. 234; *W. Saddler,* Proc. Cambridge Phil. Soc. 22 (1925), p. 688; *S. di Noi,* Catania Boll. Acc. Gioenia (2) 54 (1925), p. 54; *K. Kořízek,* Časopis 58 (1928), p. 304; *C. W. Gilham,* J. London math. Soc. 4 (1929), p. 170; *R. Oldenburger,* Bull. Amer. math. Soc. (2) 38 (1932), p. 385.

U. Perazzo, Atti Acc. Torino 36 (1901), p. 891, hat die durch drei Büschel von Überebenen in trilinearer Korrespondenz erzeugte kubische Überfläche mit neun Doppelgeraden des fünfdimensionalen Raumes studiert.

C. Le Paige, Roma Atti Acc. Pont. Nuovi Linc. 35 (1883), p. 54; 36 (1884), p. 22, hat das System zweier trilinearer Formen studiert.

Trilineare Korrespondenzen zwischen drei Grundgebilden zweiter Stufe, mit zahlreichen Anwendungen vor allem auf die darstellende Geometrie (Perspektive, Photogrammetrie usw.) studierte *G. Hauck,* J. f. Math. 95 (1883), p. 1; 97 (1884), p. 261; 98 (1884), p. 304; 108 (1891), p. 25; 111 (1893), p. 207; 128 (1905), p. 91. S. auch *Th. Schmid,* Monatsh. Math. Phys. 4 (1893), p. 159; 6 (1895), p. 99; 7 (1896), p. 180; *Em. Müller,* „Vorlesungen über darstellende Geometrie" 1, bearbeitet von *E. Kruppa,* Leipzig und Wien 1923, p. 157—165, 187—189.

Über die trilinearen Korrespondenzen zwischen drei Ebenen s. auch *C. Le Paige,* Bull. Ac. sc. Belgique (3) 12 (1886), p. 422; *M. Pannelli,* Ann. di mat. (2) 22 (1894), p. 237, der hier eine Anwendung auf die Konstruktion der Fläche 3. Ordnung, die durch neunzehn Punkte bestimmt ist, gemacht hat; *M. Pasch,* Math. Ann. 52 (1898), p. 127; *Ph. Maennchen,* Diss. Gießen 1898; Math. Ann. 55 (1900), p. 81; *Maria Fritsche,* Rassegna mat. fis. 3 (1923), p. 225.

60) *G. Battaglini*[46]); *C. Le Paige,* Paris C. R. 94 (1882), p. 31, 69; Atti Acc. Torino 17 (1882), p. 299; Acta math. 5 (1884), p. 195 [Auszug Paris C. R. 98 (1884), p. 971], mit Anwendungen auf kubische Flächen [vgl. *Fr. Schur,* Ber. Sächs. Ges. Wiss. Leipzig 36 (1884), p. 128]; *A. Colombi,* Rend. Ist. Lomb. (2) 37 (1904), p. 627; *C. Segre,* Ann. di mat. (3) 29 (1921), p. 105; *W. Saddler,* Proc. London math. Soc. (2) 30 (1929), p. 107.

61) „Rein geometrische Theorie der Darstellung binärer Formen durch Punktgruppen auf der Geraden", Darmstadt 1885; Jahresb. Deutsch. Math.-Ver. 17 (1908), p. 291.

62) Preisschrift, Abh. Ak. Berlin 1887, Nr. 1, p. 220—235, 286—289. S. ferner Anm. 924.

63) Mem. Acc. Torino (2) 42 (1892), p. 495.

64) Arch. Math. Phys. (3) 10 (1905), p. 209.

65) Vgl. hierüber den Brief von *L. Schläfli* an *J. Steiner* vom 29. November 1854, in „Der Briefwechsel zwischen Jakob Steiner und Ludwig Schläfli", Mitteil. Naturf. Ges. Bern, 1896, p. 152.

Andere Darstellungen hat *C. Segre*[66]) auch für algebraische Korrespondenzen beliebigen Grades zwischen den Punkten irgendeiner Anzahl m von rationalen Gebilden (z. B. linearen Räumen) beliebiger Dimension gegeben. Für eine derartige Korrespondenz gibt er ein Reduktionsprinzip an, wonach diese auf eine plurilineare Korrespondenz zwischen einer Anzahl von Gebilden $\leqq m$ reduziert werden kann.[67])

Mit Hilfe solcher Darstellungen hat *C. Segre*[68]) ausführlich die quadrilinearen Korrespondenzen zwischen vier Gebilden erster Stufe studiert, indem er diese Gebilde vor allem auf die Scharen der Erzeugenden zweier verschiedener oder vereinigter Flächen 2. Grades bezieht.

Für eine algebraische (α, β)-Korrespondenz zwischen zwei verschiedenen binären Gebieten (d. h. unabhängigen linearen Substitutionen unterworfen) ergibt sich[69]), daß die projektive Geometrie solcher Korrespondenzen gleichwertig ist mit der projektiven Geometrie zweier rationaler Kurven, deren eine von der Ordnung α ist, während die andere die Klasse β hat und beide in ein und demselben linearen Raume von r Dimensionen liegen, wobei r diejenige der beiden Zahlen α, β ist, die die andere nicht übersteigt.

Sätze über Korrespondenzen, die durch eine oder mehrere algebraische Gleichungen zwischen den Koordinaten mehrerer Punkte von zwei- oder mehrdimensionalen Räumen bestimmt sind, haben

---

66) Roma Rend. Acc. Linc. (5) 28^2 (1919). p. 308.

67) Wenn es sich z. B. um eine (2, 2)-Korrespondenz zwischen zwei binären Gebieten handelt, die durch eine homogene und sowohl in bezug auf x_1, x_2 wie in bezug auf y_1, y_2 quadratische Gleichung dargestellt wird, und man

$$(1)\qquad \begin{cases} X_0 = x_1^2, & X_1 = x_1 x_2, \quad X_2 = x_2^2; \\ Y_0 = y_1^2, & Y_1 = y_1 y_2, \quad Y_2 = y_2^2 \end{cases}$$

setzt, so reduziert sich diese Gleichung auf eine bilineare Gleichung $F(X, Y) = 0$ zwischen den X_i und den Y_i. Wenn man diese X_i und Y_i als homogene Punktkoordinaten auf zwei Ebenen auffaßt, so dienen die Gleichungen (1) dazu, die zwei binären Gebiete auf den Punkten X, Y zweier Kegelschnitte darzustellen. $F = 0$ definiert eine Reziprozität zwischen den Ebenen der beiden Kegelschnitte, und die gegebene (2, 2)-Korrespondenz wird dann in der Korrespondenz dargestellt, die zwischen den Punkten der Kegelschnitte besteht, die in jener Reziprozität reziprok sind.

68) Ann. di mat. (3) 29 (1921), p. 105.

69) *C. Segre*[66]). Weniger ausführlich schon erstmalig bei *G. Kohn*, Jahresb. Deutsch. Math.-Ver. 5 (1901), p. 58 [1896] und, mit Anwendung auf die (3, 3)-Korrespondenzen und die Theorie der gewundenen kubischen Kurve, Math. Ann. 52 (1898), p. 293; Auszug Sitzungsb. Ak. Wien 105 (1896), p. 1035.

W. K. Clifford[70]), *A. del Re*[71]), *L. Berzolari*[72]), *S. Kantor*[73]), *G. Z. Giambelli*[74]) angegeben (vgl. Nr. **121**).

6. Korrespondenzprinzip auf der Geraden (oder auf rationalen Kurven). Wenn auf einer Geraden (oder auf einem Grundgebilde erster Stufe oder, allgemeiner, auf einer rationalen Kurve) eine algebraische (α, β)-Korrespondenz besteht und man die Parameter x, y zweier homologer Elemente derart wählt, daß sie dieselbe Bedeutung haben, so erhält man die *Koinzidenzelemente*, von denen jedes mit einem der ihm entsprechenden Elemente zusammenfällt, für $x = y$, so daß sich dadurch das *Chasles*sche Korrespondenzprinzip[75]) ergibt: Eine algebraische (α, β)-Korrespondenz auf einer rationalen Kurve besitzt $\alpha + \beta$ Koinzidenzpunkte [außer wenn jeder Punkt der Kurve Koinzidenzpunkt ist[76])].

70) Math. from the Educ. Times 5 (1866), p. 49, 50 = Papers, London 1882, p. 415.

71) Giorn. di mat. (1) 26 (1888), p. 348.

72) Roma Rend. Acc. Linc. (5) 4^2 (1895), p. 148.

73) Sitzungsb. Ak. Wien 110 (1901), p. 1333.

74) „Sistemi di equazioni algebriche in più serie di variabili ed un nuovo campo nella teoria dell' eliminazione algebrica" (lith.), Torino 1910; „Scritti matem. offerti ad Enrico d'Ovidio", Torino 1918, p. 364. S. auch *L. Toscano*, Tôhoku math. J. 32 (1926), p. 32.

75) Dieses Korrespondenzprinzip wird gewöhnlich mit dem Namen von *M. Chasles* versehen, weil es zuerst von diesem Verfasser in allgemeiner Form für die Gerade ausgesprochen ist, Paris C. R. 58 (1864), p. 1175; Nouv. Ann. de math. (2) 5 (1866), p. 195. Aber schon *E. de Jonquières* und *L. Cremona* haben davon manche Anwendungen gemacht, vor allem auf die Bestimmung der Ordnungen geometrischer Örter. S. *E. de Jonquières*[37]), Kap. 4, besonders p. 174; J. math. pures appl. (2) 2 (1857), p. 153; (2) 6 (1861), p. 113; *L. Cremona,* „Introduzione ad una teoria geometrica delle curve piane", Mem. Acc. Bologna (1) 12 (1861), Nr. 83, 87, 98, 106, 116, 117 = Opere 1, p. 389, 391, 402, 411, 421—422, 424—425; außerdem Nouv. Ann. de math. (2) 3 (1864), p. 26 = Opere 2, p. 171, wo eine gewisse Aufgabe der Geometrie von *L. Cremona* durch „un principe connu (dont M. de Jonquières a fait un heureux usage)" gelöst ist. — Über die Geschichte dieses Prinzipes s. *C. Segre,* Bibl. math. (2) 6 (1891—2), p. 33.

Das Korrespondenzprinzip wurde zuerst auf die Grundgebilde erster Stufe wie auch auf Kurven n^{ter} Ordnung mit einem $(n-1)$-fachen Punkt angewandt. Sobald aber der allgemeine Begriff der rationalen Kurven Verbreitung fand, wurde das Prinzip sogleich auf dieselben angewandt: *M. Chasles,* Paris C. R. 62 (1866), p. 579, 1354; *A. Cayley,* ebenda p. 586; Proc. London math. Soc. (1) 1 (1866), Heft 7, p. 1 = Papers 5, p. 542; 6, p. 9; *E. de Jonquières,* J. f. Math. 66 (1866), p. 289.

Über die Notwendigkeit, daß die Korrespondenz algebraisch ist, s. Anm. 36. Vgl. auch Anm. 78.

76) Von dieser Bemerkung macht *A. Hurwitz,* Math. Ann. 15 (1878), p. 8, Anwendungen auf Schließungsprobleme, vor allem für die (2, 2)-Korrespondenzen. Vgl. III C 1 (*F. Dingeldey*), Nr. **28**; III C 3 (*H. G. Zeuthen*), Nr. **10**.

Die Bedeutung dieses Prinzips besonders für die Anwendungen[77]) beruht darauf, daß es erlaubt, die Anzahl der Koinzidenzen anzugeben, wenn man nur die Indizes der Korrespondenz kennt, d. h. die Grade der Gleichung, die sie darstellt, in bezug auf x und y, nicht aber die Koeffizienten der Gleichung.[78])

Dieses Prinzip ist nichts anderes als eine Auslegung des Fundamentalsatzes der Algebra [I B 1a (*E. Netto*), Nr. **7**] und gilt demgemäß, wenn jeder Koinzidenzpunkt mit der nötigen Multiplizität gezählt wird. Und gerade in der Bestimmung dieser Multiplizität liegt die Schwierigkeit der Anwendung auf bestimmte Fragen (vgl. Nr. **17**).

---

77) Die verschiedenartigen Anwendungen dieses Prinzips, die *M. Chasles* und andere ausgeführt haben (auf die Erzeugung von Kurven und Flächen, auf abzählende Untersuchungen, auf metrische Fragen usw.), sind in den verschiedenen Artikeln der Encyklopädie dargelegt worden. S. z. B.: III C 3 (*H. G. Zeuthen*), Nr. **12—15**; III C 4 (*L. Berzolari*), Nr. **9, 10, 11, 22**. S. außerdem z. B.: *Em. Weyr* [7]); *R. Sturm*, „Die Gebilde“ [40]) 1, p. 16 ff.; „Geom. Verw.“ 1, p. 225 ff.; *F. Klein*, „Riemannsche Flächen“ (lith.) 2, Göttingen 1892, p. 29—36; *H. G. Zeuthen*, „Lehrbuch“, p. 172—205; *T. Lemoyne*, „Les lieux géométriques en mathématiques spéciales“, Paris 1923.

Über Gebilde, die durch algebraische Korrespondenzen zwischen gegebenen Gebilden erzeugt werden, s. Nr. **103** und **104**.

Über die Lösung der Probleme 3. und 4. Grades s. die Preisschriften von *H. J. S. Smith*, Ann. di mat. (2) 3 (1869—70), p. 112, 218 = Papers 2 (Oxford 1894), p. 1, und von *H. Kortum*, „Über geometrische Aufgaben 3. und 4. Grades“ (zwei Abh.), Bonn 1869; außerdem *F. London*, Ztschr. Math. Phys. 41 (1896), p. 129; *T. Kubota*, Tôhoku math. J. 5 (1914), p. 29; *J. Sobotka*, Prag České Ak. Rozpravy 34 (1925), Nr. 3. Insbesondere für die Konstruktion der Koinzidenzpunkte einer (1, 2)-, (2, 2)-, (1, 3)-Korrespondenz s. *H. J. S. Smith*, l. c., p. 146, 231 = Papers 2, p. 32, 59; *T. Kubota*, Tôhoku math. J. 14 (1918), p. 104.

78) Eine Erweiterung des Korrespondenzprinzips gibt *C. Juel*, Danske Vidensk. Selsk. Skrifter (6) 10 (1899), p. 1 (résumé en français, ebenda, p. 76); (7) 1 (1906), p. 297 [Auszug Jahresb. Deutsch. Math.-Ver. 16 (1907), p. 196]; (7) 11 (1913), p. 113; Math. Ann. 76 (1914), p. 344, in seinen Untersuchungen über die im projektiven Sinne geschlossenen, völlig stetigen (algebraischen oder nichtalgebraischen) ebenen Kurven, d. h. solchen, die in jedem ihrer Punkte, allenfalls mit Ausnahme von Punkten in endlicher Anzahl, eine bestimmte und in kontinuierlicher Weise mit dem Berührungspunkt veränderliche Tangente haben. *C. Juel* hat auf solchen Kurven reelle Korrespondenzen mit den Indizes α, β betrachtet, die immer, wenn gewisse Bedingungen erfüllt sind, $\alpha + \beta$ reelle Koinzidenzen besitzen. Vgl. auch *P. Montel*, Bull. sc. math. (2) 48 (1924), p. 116. In der vorletzten angeführten Arbeit, p. 133, hat *C. Juel* den Beweis des Satzes angetreten, den *A. K. Erlang*, Nyt Tidss. for Math. 17, B (1906), p. 58 gegeben hat. S. auch *O. Chisini*, Rend. Ist. Lomb. (2) 53 (1920), p. 591, wo dieser Satz auf das Studium der Gestalt der ebenen kubischen elliptischen Kurven und der gewundenen Kurven 4. Ordnung 1. Art und der elliptischen Normalkurven eines beliebigen Raumes im allgemeinen angewandt ist.

Eine einfache, aber bedeutsame Bemerkung ist folgende.[79]) Damit ein Koinzidenzpunkt mindestens zweimal in der Gesamtzahl $\alpha + \beta$ der Koinzidenzpunkte zu zählen ist, ist hinreichend (aber im allgemeinen nicht notwendig), daß er mit zwei seiner Korrespondenten zusammenfällt, einerlei, ob er zur einen oder zur anderen der beiden vereinigten Kurven zugehörig betrachtet wird. Die Eigenschaft kehrt sich um, wenn die Korrespondenz symmetrisch ist: Damit ein Koinzidenzpunkt einer symmetrischen Korrespondenz mindestens zweimal in der Gesamtzahl der Koinzidenzpunkte zu zählen ist, ist notwendig und hinreichend, daß zwei seiner entsprechenden Punkte mit ihm zusammenfallen.

Eine Infinitesimalregel, die in jedem Falle die Multiplizität eines Koinzidenzpunktes mit Genauigkeit liefert, stammt von *H. G. Zeuthen*[80]), von dem ausgedehnte Anwendungen[81]) dieser Regel auf die Bestimmung von Singularitätenzahlen algebraischer Raumkurven herrühren. Unter der Voraussetzung, daß die Korrespondenz, wie es immer möglich ist, auf eine Gerade übertragen wird, ist die Multiplizität eines Koinzidenzpunktes K gleich der Summe der infinitesimalen Ordnungen der Strecken PP_1', PP_2', ..., die zwischen einem Punkt P der Geraden, dessen Abstand von K unendlich klein 1. Ordnung ist, und den ihm entsprechenden Punkten P_1', P_2', ... liegen.

H. Schubert[82]) hat dem *Chasles*schen Korrespondenzprinzip eine

79) *C. Segre*[2]), p. 50, zweite Anmerkung; *E. Bertini*[4]), 1. Ausg., p. 205, 393; 2. Ausg., p. 241—242, 480; deutsche Ausg., p. 226—227, 454; *R. Sturm*, „Geom. Verw." 1, p. 278; *F. Enriques* und *O. Chisini*, „Lezioni" 1, p. 159, 162—164.

80) Bull. sc. math. (1) 5 (1873), p. 186. Vgl. auch Nouv. Ann. de math. (2) 6 (1867), p. 200; Danske Vidensk. Selsk. Skrifter (5) 10 (1872—73), p. 329—331 (résumé en français, p. X—XI). Die Regel ist wiedergegeben in *E. Bertini*[4]), 1. Ausg., p. 394—396; 2. Ausg., p. 481—483; deutsche Ausg., p. 455—457; *R. Sturm*, „Geom. Verw." 1, p. 231—232; *H. G. Zeuthen*, „Lehrbuch", p. 186—187; *F. Enriques* und *O. Chisini*, „Lezioni" 1, p. 159—162; *E. Rufini*, Rassegna mat. fis. 1 (1920—21), p. 221; *J. L. Coolidge*, „Alg. pl. curves", p. 131. S. auch *F. Severi*, „Trattato" 1_1, p. 226—228, wo die Regel für eine Korrespondenz mit Wertigkeit Null auf einer beliebigen, von superlinearen Zweigen freien Kurve, daher besonders auf einer geraden Linie, bewiesen wird.

81) Ann. di mat. (2) 3 (1869), p. 175; Auszug Paris C. R. 67 (1868), p. 225. Andere Anwendungen auf ebene Kurven, auf die Theorie der reziproken Flächen, auf die Systeme ebener korrelativer Figuren gibt *H. G. Zeuthen*, Math. Ann. 10 (1876), p. 214, 457 ff.; 77 (1915), p. 308. — Eine Anwendung auf eine Durchschnittaufgabe bei *B. Levi*, Atti Acc. Torino 34 (1899), p. 747—748.

82) Math. Ann. 10 (1876), p. 54 ff.; „Kalkül der abzählenden Geometrie", Leipzig 1879, p. 42 ff. Anwendungen hier, außerdem Math. Ann. 11 (1877), p. 347;

allgemeinere Form gegeben und mittels des Bedingungskalküls daraus entsprechende Korrespondenzprinzipien in der Ebene und im Raum abgeleitet (Nr. 7).[83]) Unter der Voraussetzung, daß man z. B. im Raum ein algebraisches ∞^1-System von Punktepaaren PP' hat, ist die Anzahl der Punkte, in denen P und P' zusammenfallen (in der Weise aber, daß die Verbindungsgerade PP' eine wohl bestimmte Grenzlage hat), gleich der Summe der Anzahl der Paare, deren Punkt P in einer gegebenen Ebene liegt und der Anzahl der Paare, deren Punkt P' in einer gegebenen Ebene liegt, vermindert um die Anzahl der Paare, deren Gerade PP' eine gegebene Gerade schneidet.

H. Schubert[84]) hat das *Chasles*sche Korrespondenzprinzip auch dadurch erweitert, daß er, anstelle von Elementenpaaren, Gruppen einer beliebigen Zahl n von Elementen eines Grundgebildes erster Stufe, die durch eine algebraische Beziehung verknüpft sind, und die Koinzidenzen von k ($\leq n$) Elementen ein und derselben Gruppe betrachtet. *H. Schubert* hat hiervon[85]) zahlreiche Anwendungen[86]) gemacht.

7. Korrespondenzprinzipien in der Ebene und in linearen Räumen dreier oder mehrerer Dimensionen [vgl. III C 3 (*H. G. Zeuthen*), Nr. **16**; III C 7 (*C. Segre*), Nr. **46**]. *G. Salmon*[87]) hat ein Korrespondenzprinzip in der Ebene festgestellt, allerdings nur in Erwägung des Falles, daß Koinzidenzen nur in isolierten Punkten auftreten. Vollständiger

---

„Kalkül", p. 228. Vgl. *H. G. Zeuthen*, „Lehrbuch", p. 372—373. S. auch III C 3 (*H. G. Zeuthen*), Nr. **15**, **25**.

Eine weitere Anwendung macht *E. Panzi*, Giorn. di mat. (3) 6 (1915), p. 349, zum Beweise der *Plücker*schen Formeln [III C 4 (*L. Berzolari*), Nr. 8], sogar allgemeinerer Formeln, bei denen es sich um Kurven mit s-fachen Punkten, die h verschiedene ($s+1$)-punktige Tangenten besitzen, und um duale Singularitäten handelt.

83) Einige von diesen Korrespondenzprinzipien sind von *H. Schubert*, Math. Ann. 11 (1877), p. 349—353 angegeben worden.

84) Math. Ann. 12 (1877), p. 180; „Kalkül"[82]), p. 247—261.

85) S. [84]); außerdem Math. Ann. 12 (1877), p. 202; „Kalkül"[82]), p. 262—273.

86) Ein Sonderfall, bei dem es sich um eine algebraische Korrespondenz zwischen n Punkten einer festen Gerade handelt, wird von *L. Saltel* betrachtet, der sich auch mit der Bestimmung der im Endlichen liegenden Koinzidenzpunkte und verschiedenen Anwendungen beschäftigt. S. Nouv. Ann. de math. (2) 12 (1873), p. 565; Belgique Mém. cour. et autres Mém., in 8°, 24 (1874), Nr. 5; 27 (1875), Nr. 4; Bull. Ac. sc. Belgique (2) 42 (1876), p. 300, 586; (2) 43 (1877), p. 24, 266; (2) 45 (1878), p. 102; (2) 47 (1879), p. 184; (2) 48 (1879), p. 632; Paris C. R. 80 (1875), p. 1064; 81 (1875), p. 884, 1047; 82 (1876), p. 63, 324; 83 (1876), p. 529, 608, 894; Thèse Nancy 1877; Mém. de Bordeaux (2) 4 (1880), p. 1.

87) „A treatise on the analytical Geometry of three dimensions", 2. ed., Dublin 1865, p. 511. Vgl. *G. Salmon* und *W. Fiedler*, „Raumgeometrie" 2, p. 615—616; franz. Übers. 3, p. 128; außerdem *R. Sturm*, „Die Gebilde"[40]) 1, p. 39—40; „Geom. Verw." 4, p. 130—132.

wurde ein derartiges Prinzip von *H. G. Zeuthen*[88]) in folgender Form ausgesprochen. In einer Ebene sei zwischen den Punkten x und y eine algebraische (α, β)-Korrespondenz gegeben und der Ort der Punkte x oder y, deren homologe Punkte sich auf einer gegebenen Geraden befinden, sei eine Kurve der Ordnung γ. Existiert dann eine Koinzidenzkurve der Ordnung δ und ist ε die Klasse der Hüllkurve der Geraden, die zwei homologe, zueinander und zur Koinzidenzkurve unendlich benachbarte Punkte verbinden, so ist die Anzahl der isolierten Koinzidenzpunkte $\alpha + \beta + \gamma - \delta - \varepsilon$.[89])

Dieser Satz wurde von *H. G. Zeuthen*[90]) teilweise, von *H. Schubert*[91]) vollständig auf den Raum ausgedehnt. Der Kürze halber beschränken wir uns auf den Fall, daß nur isolierte Koinzidenzpunkte vorhanden sind.[92]) Dann lautet das Korrespondenzprinzip im Raum: Findet im Raume eine algebraische (α, β)-Korrespondenz zwischen den Punkten x und y statt, derart, daß die Örter der Punkte x oder y, deren homologe Punkte sich auf einer gegebenen Geraden befinden, Kurven von der Ordnung γ und δ sind (die Örter der Punkte y oder x, deren homologe Punkte sich auf einer gegebenen Ebene befinden, daher Flächen von der Ordnung γ und δ), so ist die Anzahl der isolierten Koinzidenzpunkte $\alpha + \beta + \gamma + \delta$.[93])

Unter der gleichen Annahme, daß nur isolierte Koinzidenzpunkte existieren, wird das Korrespondenzprinzip von *E. Caporali*[94]) und

88) Paris C. R. 78 (1874), p. 1553. Vgl. auch *H. Schubert*, Math. Ann. 10 (1876), p. 50; „Kalkül“ [82]), p. 45; außerdem *A. Clebsch* und *F. Lindemann*, „Vorlesungen“ 1, p. 386—389; franz. Übers. 2, p. 108—112; *G. B. Guccia* [28]), p. 98—103; *H. G. Zeuthen*, „Lehrbuch“, p. 271—279, 373—374. — In anderer Form *G. Marletta*, Catania Atti Acc. Gioenia (5) 16 (1927), Nr. II bis; *A. Brigaglia*, Rend. Circ. mat. Palermo 53 (1928), p. 310.

89) Anwendungen dieses Prinzips bei *A. Brill*, Math. Ann. 8 (1874), p. 534; *A. del Re*, Rend. Circ. mat. Palermo 1 (1887), p. 272, 284; *M. Pieri*, Roma Rend. Acc. Linc. (4) 2^1 (1886), p. 327; (4) 2^2 (1886), p. 40; Atti Acc. Torino 25 (1890), p. 365; *R. Sturm*, „Geom. Verw.“ 4, p. 132—151.

90) Zuerst zitiert in Anm. 88, p. 1554.

91) Math. Ann. 10 (1876), p. 57; „Kalkül“ [82]), p. 45. S. auch *H. G. Zeuthen*, „Lehrbuch“, p. 376—380; außerdem *G. Marletta*, Catania Boll. Acc. Gioenia (2), Heft 59 (1928), p. 39.

92) *H. G. Zeuthen* [90]). Vgl. auch *G. Salmon* und *W. Fiedler*, „Raumgeometrie“ 2, p. 616—617; *G. B. Guccia* [28]), p. 103—106; *R. Sturm*, „Die Gebilde“ [40]) 1, p. 40—41; „Geom. Verw.“ 4, p. 420—425.

93) *H. Schubert*, Math. Ann. 10 (1876), p. 80—83, hat Korrespondenzprinzipien für Korrespondenzen zwischen Punkten und Ebenen des Raumes, sowie zwischen Punkten des Raumes und Geraden eines Komplexes gegeben und, p. 111—114, zahlreiche Anwendungen gemacht.

94) Mem. di Geometria, Napoli 1888, p. 331 (Nachlaß).

M. Pieri[95]), und auf algebraischem Wege von *K. Th. Vahlen*[96]), folgendermaßen auch auf die linearen Räume von n Dimensionen ausgedehnt: Besteht zwischen den Punkten x und y eines n-dimensionalen linearen Raumes eine algebraische Korrespondenz, die so beschaffen ist, daß α_i und β_i die Ordnungen der i-dimensionalen Örter sind, die den i-dimensionalen linearen Räumen entsprechen, welche vom Punkte x oder vom Punkte y beschrieben werden, so ist die Anzahl der Koinzidenzen, wenn $n = 2m$ ist,

$$\alpha_0 + \alpha_1 + \cdots + \alpha_{m-1} + \beta_0 + \beta_1 + \cdots + \beta_m$$

(und $\alpha_m = \beta_m$), und wenn $n = 2m + 1$,

$$\alpha_0 + \alpha_1 + \cdots + \alpha_m + \beta_0 + \beta_1 + \cdots + \beta_m.$$

8. Korrespondenzprinzipien in nichtlinearen Mannigfaltigkeiten. Ein Korrespondenzprinzip, das den Prinzipien der vorhergehenden Nummer analog ist, ist auch im Strahlenraume vorhanden und wurde unter den allgemeinsten Annahmen zuerst von *H. Schubert*[97]) aufgestellt. Der Einfachheit halber beschränken wir uns auf den Fall, daß nur eine endliche Anzahl von Koinzidenzen[98]) existiert. Besteht zwischen den Geraden g und h des Raumes eine algebraische (α, β)-Korre-

---

95) Roma Rend. Acc. Linc. (4) 3^1 (1887), p. 196; Rend. Circ. mat. Palermo 5 (1891), p. 252. Anwendungen bei *M. Pieri,* Giorn. di mat. (1) 26 (1888), p. 251; Rend. Circ. mat. Palermo 11 (1896), p. 58 und *Maria Miglio,* Catania Atti Acc. Gioenia (5) 18 (1931), Nr. XI. Über eine allgemeine Koinzidenzformel in einem linearen Raum von n Dimensionen s. auch *H. Schubert,* Math. Ann. 26 (1884), p. 55, der hiervon Anwendung auf die n-dimensionale Verallgemeinerung der Anzahlbestimmungen für die vielpunktig berührenden Tangenten einer punktallgemeinen Fläche macht; Verallgemeinerungen bei *E. Brambilla,* Ann. di mat. (3) 25 (1916), p. 317. Für $n = 4$ s. auch *L. Roth,* Proc. Cambridge Phil. Soc. 26 (1930), p. 286. Andere Koinzidenzformeln mit Anwendungen bei *M. Pieri,* Giorn. di mat. (1) 30 (1891), p. 133; s. auch *F. L. Hitchcock,* J. math. and phys., Massachusetts Inst. of Techn., Depart. of math., 3 (1924), p. 66. Andere Anwendungen der Koinzidenzformeln auf Geradensysteme eines n-dimensionalen Raumes, insbesondere für $n = 4$, liefert *C. G. F. James,* Proc. London math. Soc. (2) 24 (1926), p. 359; (2) 28 (1928), p. 161. Über allgemeine Koinzidenzformeln vom Gesichtspunkt der Analysis situs aus, s. die Zitate in Anm. 2.

96) J. f. Math. 113 (1893), p. 348, wo auch die Anzahl der Paare von Punkten, die sich in zwei gegebenen Korrespondenzen entsprechen, bestimmt wird [Formeln, die diese Frage für die Ebene und den Raum lösen, und weitere diesbezügliche Formeln bei *H. Schubert,* „Kalkül"[82]), p. 316—319]. Anwendungen bei *K. Th. Vahlen,* J. f. Math. 118 (1896), p. 251.

97) Math. Ann. 10 (1876), p. 63—79, mit vielen Anwendungen; außerdem „Kalkül"[82]), p. 61. Vgl. auch *H. G. Zeuthen,* „Lehrbuch", p. 383—388.

98) Für diesen Fall vgl. *F. Kliem,* Diss. Breslau 1909; *R. Sturm,* „Die Gebilde"[40]) 1, p. 44—47; „Geom. Verw." 4, p. 425—429.

spondenz und nimmt man an, daß, wenn g ein Büschel beschreibt, die Gerade h eine Regelfläche n^{ten} Grades erzeugt, während, wenn h ein Büschel beschreibt, die Gerade g eine Regelfläche vom Grade n' erzeugt, daß es endlich p Paare homologer Geraden, die durch zwei gegebene Punkte gehen und p' Paare, die in zwei gegebenen Ebenen liegen, gibt, so ist die Anzahl der Koinzidenzen $\alpha + \beta + n + n' + p + p'$.[99])

Dieses Ergebnis wird von *M. Pieri*[100]) ausgedehnt, der die (als endlich vorausgesetzte) Anzahl der Koinzidenzen in einer algebraischen Korrespondenz zwischen den Geraden eines beliebigdimensionalen linearen Raumes bestimmte, dann von *F. Severi*[101]), der die (als endlich vor-

---

99) Algebraische Korrespondenzen zwischen zwei Geradenräumen bieten sich z. B. beim sog. „Problem der räumlichen Projektivität", das *R. Sturm,* Math. Ann. 6 (1873), p. 513; 15 (1879), p. 407; „Geom. Verw." 1, p. 372—400; 4, p. 429; *H. Schubert,* „Kalkül"[82]), p. 194—202, behandeln. Bemerkenswert ist die umkehrbar eindeutige Korrespondenz, die man erhält, wenn man zwei aufeinander bezogene Gruppen von sieben Punkten ins Auge faßt und zwei Gerade als homolog betrachtet, von denen die beiden Punktgruppen durch zwei projektive Ebenenbüschel projiziert werden: *H. Müller,* Math. Ann. 1 (1869), p. 415; *R. Sturm,* ebenda 6 (1873), p. 528; 15 (1879), p. 415; „Geom. Verw." 1, p. 384 ff. *R. Sturm* fand für eine solche ($\alpha = \beta = 1$) Korrespondenz $n = n' = 7$, $p = 3$, $p' = 19$, woraus sich 38 Koinzidenzstrahlen ergeben.

Eine weitere umkehrbar eindeutige Korrespondenz zwischen zwei Geradenräumen wird von *R. Sturm,* „Geom. Verw." 4, p. 142—145, 429, betrachtet, um die Anzahl 280 der Treffgeraden homologer Strahlen bei acht kollinearen Räumen zu bestimmen. Andere spezielle umkehrbar eindeutige Korrespondenzen zwischen zwei Geradenräumen studiert *F. Aschieri,* Giorn. di mat. (1) 13 (1875), p. 328; Mem. Acc. Bologna (3) 10 (1879), p. 549; Rend. Ist. Lomb. (2) 14 (1881), p. 123, 219.

Eine algebraische Korrespondenz zwischen Geraden in einem linearen Raum von n Dimensionen betrachtet *B. Levi,* Mem. Acc. Torino (2) 48 (1898), p. 115.

Spezielle involutorische Korrespondenzen im Geradenraume bei *C. H. van Os,* Ak. Amsterdam Versl. (4) 27 (1919), p. 337; *J. de Vries,* ebenda, p. 256, 260, 842, 1070, 1074, 1197; Rev. matem. Hispano-Amer. 5 (1923), p. 65; *G. Schaake,* Ak. Amsterdam Versl. (4) 27 (1919), p. 957; (4) 33 (1924), p. 804; (4) 34 (1925), p. 478; (4) 35 (1926), p. 608; *L. Savino,* „Una corrispondenza birazionale involutoria fra le rette dello spazio determinata da un fascio-schiera di quadriche", Pavia 1919; *L. Sapienza,* Catania Atti Acc. Gioenia (4) 17 (1929), Nr. VII; *J. M. Clarkson,* Bull. Amer. math. Soc. (2) 38 (1932), p. 193, 533; *A. R. Williams,* ebenda, p. 554.

G. Schaake, Ak. Amsterdam Versl. (4) 36 (1926), p. 386, hat eine birationale quadratische Korrespondenz zwischen zwei linearen Geradenkomplexen studiert.

Birationale Korrespondenzen zwischen zwei linearen Geradenkongruenzen haben *L. Godeaux,* Mém. Ac. Belgique, coll. in 8° (2) 6 (1922), Nr. 12, preisgekrönt 1921, und *G. Hulin,* Mém. Soc. R. des sc. de Liège (3) 14 (1928), Nr. 19 untersucht.

100) Atti Acc. Torino 25 (1890), p. 365.

101) Roma Rend. Acc. Linc. (5) 9^2 (1900), p. 321. Eine Anwendung bei *F. Severi,* Mem. Acc. Torino (2) 52 (1902), p. 80.

ausgesetzte) Anzahl der Koinzidenzen zweier linearer Räume von k Dimensionen angibt, die einem n-dimensionalen Raum angehören und untereinander durch eine algebraische Korrespondenz verknüpft sind.

Nach *H. Schubert*[102]) bezeichnen wir mit $[n]$ den linearen Raum von n Dimensionen, in dem wir uns alle Gebilde vorstellen, mit $[k]$ einen in ihm liegenden linearen Raum von k Dimensionen und mit $[a_0, a_1, \ldots, a_k]$ das *Grundgebilde*, das von den $[k]$ gebildet wird, die mit einem gegebenen $[a_0]$ einen Punkt, mit einem gegebenen $[a_1]$ eine Gerade, ..., mit einem gegebenen $[a_{k-1}]$ einen $[k-1]$ gemeinsam haben, und in einem gegebenen $[a_k]$ liegen, wobei $0 \leqq a_0 < a_1 < \cdots < a_k \leqq n$ und der Raum $[a_i]$ immer in $[a_{i+1}]$ enthalten ist. Ferner bezeichnen wir mit $(a_0, a_1, \ldots, a_k)$ die Bedingung von der Dimension

$$(k+1)n - \tfrac{1}{2}k(k+1) - \sum_{i=0}^{i=k} a_i,$$

der sich ein $[k]$ unterwirft, wenn wir festsetzen, daß er in einem Grundgebilde $[a_0, a_1, \ldots, a_k]$ liege. Dann lautet das Ergebnis, zu dem *F. Severi* gelangt ist: Befindet sich in einem algebraischen $\infty^{(k+1)(n-k)}$-System von Paaren S, S' von $[k]$ eine endliche Anzahl von Koinzidenzen, so ist diese Anzahl ausgedrückt durch

$$\sum (a_0, a_1, \ldots, a_k)(n - a_k, \ldots, n - a_0)'.$$

Hierbei gibt das Symbol $(a_0, a_1, \ldots, a_k)\,(n - a_k, \ldots, n - a_0)'$ die Anzahl der Paare an, deren Raum S dem Grundgebilde $[a_0, a_1, \cdots, a_k]$ angehört, während der entsprechende Raum S' dem konjugierten Grundgebilde $[n - a_k, n - a_{k-1}, \ldots, n - a_0]$ angehört, und die Summe sich auf alle möglichen Produkte der beschriebenen Art[103]) erstreckt.

Betrachtet man die Schnitte der Geraden einer linearen Kongruenz mit einer festen Ebene, so erhält man eine umkehrbar eindeutige Abbildung der Kongruenz auf die Ebene. Mittels dieser kann man das Korrespondenzprinzip in der Kongruenz[104]) vom Korrespondenzprinzip in der Ebene (Nr. 7) ableiten. Bildet man dann die lineare Kongruenz auf die Punkte einer Fläche 2. Ordnung ab, so erhält man das Korrespondenzprinzip auf dieser Fläche[105]), das auch mittels einer stereographischen Projektion vom Korrespondenzprinzip in der Ebene abgeleitet werden kann.

---

102) Math. Ann. 26 (1884), p. 26; Acta math. 8 (1885), p. 97; Mitteil. math. Ges. Hamburg 1 (1885), p. 134. S. III C 7 (*C. Segre*), Nr. 3.

103) Über andere Verallgemeinerungen des Korrespondenzprinzips, die von *S. Kantor*[78]) stammen, s. III C 7 (*C. Segre*), Anm. 621.

104) *R. Sturm*, „Die Gebilde"[40]) 1, p. 129—131.

105) *R. Sturm*, a. a. O., p. 131—133.

Auf ähnliche Weise kann man vom Korrespondenzprinzip im Raume (Nr. 7) mittels einer umkehrbar eindeutigen Abbildung eines linearen Geradenkomplexes auf die Punkte des Raumes [III C 8 (*K. Zindler*), Nr. 6, c] das Korrespondenzprinzip im linearen Komplex[106]) ableiten.

H. G. Zeuthen[107]) hat das Korrespondenzprinzip auf einer Fläche 2. Grades auf direktem Wege abgeleitet. Die Korrespondenz zwischen den Punkten x, y der Fläche sei (α, β), γ die Anzahl der Punkte x einer Erzeugenden der einen Schar, die Punkten y einer Erzeugenden der anderen entsprechen, δ die Anzahl der Punkte y der ersten Erzeugenden, die Punkten x der zweiten entsprechen. Dann ist die Summe der Anzahl der isolierten Koinzidenzpunkte und der Ordnung der Regelfläche, die der Ort der Verbindungsgeraden entsprechender, auf der Koinzidenzkurve aufeinanderfallender Punkte x, y ist, gleich $\alpha + \beta + \gamma + \delta$.

Eine allgemeinere Formel, die die Anzahl der Koinzidenzen einer algebraischen Korrespondenz auf einer beliebigen algebraischen Fläche liefert, stammt von *H. G. Zeuthen.*[108]) Zwischen den Punkten x, y einer Fläche n^{ter} Ordnung bestehe eine algebraische (α, β)-Korrespondenz, λ sei die Anzahl der Paare der homologen Punkte x, y, die auf zwei allgemeinen ebenen Schnitten liegen; ξ sei die Anzahl der isolierten Koinzidenzpunkte, η die Ordnung der Koinzidenzkurve, ζ die Ordnung der Regelfläche, die von den Tangenten der Fläche gebildet wird, die zwei auf der Koinzidenzkurve zusammenfallende homologe Punkte x, y verbinden, ω schließlich die Anzahl der Punkte, in denen die Koinzidenzkurve die Berührungskurve eines der Fläche umbeschriebenen all-

---

106) *R. Sturm,* a. a. O., p. 267—269. Für den Fall eines speziellen linearen Komplexes s. *H. Schubert,* Math. Ann. 10 (1876), p. 67.

107) Math. Ann. 18 (1880), p. 35, wo sich Anwendungen auf die Theorie der projektiven Figuren auf einer Fläche 2. Grades, insbesondere auf das Problem der Einbeschreibung von Polygonen, deren Seiten durch gegebene Punkte gehen, finden. S. auch *H. G. Zeuthen,* „Lehrbuch", p. 263—271, wo weitere Anwendungen auf die Berührungskurve einer Linienkongruenz mit einer Fläche 2. Ordnung, auf gemeinschaftliche Strahlen zweier Kongruenzen usw. gemacht werden.

(2, 2)-Korrespondenzen zwischen quadratischen und höheren Mannigfaltigkeiten von n Dimensionen hat *A. Bennett*, Bull. Amer. math. Soc. (2) 26 (1919), p. 274, bei der Verallgemeinerung des Studiums der *Poncelet*schen Polygone für den Überraum betrachtet.

108) Paris C. R. 143 (1906), p. 491, 535. S. auch „Lehrbuch", p. 279—290, wo sich eine Anwendung hiervon auf ein Schließungsproblem für Flächen 3. Ordnung findet.

Erweiterung bei *G. Albanese*[29]), p. 134—135.

gemeinen Kegels schneidet. Dann ergibt sich die Formel

$$\xi + \eta + \zeta - \omega = \alpha + \beta + \frac{\lambda}{n} - \gamma(I + 1),$$

wo I die Invariante von *Zeuthen-Segre* [III C 6b (*G. Castelnuovo* und *F. Enriques*), Nr. **14**] der Fläche und γ eine positive, verschwindende oder negative Zahl ist, die ganz oder gebrochen sein kann, sich einfach bestimmen läßt und von *Zeuthen* die *Wertigkeit* der Korrespondenz genannt wird.

Sind z. B. die β Punkte y der Fläche, die einem beliebigen Punkt x von ihr entsprechen, jene nicht in x fallenden Schnittpunkte der Fläche mit einer mit x veränderlichen Kurve r^{ter} Ordnung, die bereits γ in den Punkt x fallende Schnittpunkte mit der Fläche hat (so daß $\beta = nr - \gamma$ ist), so wird die Korrespondenz die Wertigkeit γ haben.

Spaltet sich, wie im Falle der Korrespondenzen zwischen Punkten einer Kurve (Nr. **10**), die Gruppe der Punkte y, die ein und demselben Punkte x in einer Korrespondenz mit der Wertigkeit γ entsprechen, algebraisch so in kleinere Gruppen, daß dadurch i' auf jeden Punkt y' einer Gruppe, i'' auf jeden Punkt y'' einer anderen Gruppe usw. entfallen, und haben die Korrespondenzen zwischen x und y', zwischen x und y'', ... die Wertigkeiten γ', γ'', ..., dann ergibt sich

$$\gamma = i'\gamma' + i''\gamma'' + \cdots.$$

Hier ist auch die von *H. Krey*[109]) herrührende Bestimmung der Anzahl der Gruppen von n Punkten einer gegebenen Ebene (oder des Raumes) zu erwähnen, deren Koordinaten gegebenen Gleichungen genügen und außerdem so beschaffen sind, daß einer der n Punkte mit einem gegebenen Punkte zusammenfällt oder auf einer gegebenen Geraden oder einer gegebenen Ebene liegt, oder daß die Verbindungsgerade zweier von den n Punkten eine gegebene Gerade schneidet. Unter gewissen Annahmen kann die gesuchte Zahl mittels des Grades der gegebenen Gleichungen und der Anzahlen der Ausnahmepunkte der Ebene (oder des Raumes) ausgedrückt werden, für die eine der gegebenen Gleichungen identisch verschwindet. Genügen z. B. die vier Koordinaten eines Punktepaares in einer festen Ebene den vier Gleichungen

$$f_i(x, y) = 0 \qquad (i = 1, 2, 3, 4)$$

vom Grade μ_i, ν_i in x, y und ist α die Anzahl der Ausnahmepunkte, so ist die Anzahl der Punktepaare, deren Koordinaten den

109) Math. Ann. 19 (1881), p. 497.

vier Gleichungen genügen, gegeben durch

$$[\mu\mu\nu\nu] - (\alpha + 1)[\mu\mu] - (\alpha + 1)[\nu\nu] - [\mu\nu] + 3[\mu] + 3[\nu] + 6\alpha^2 + 18\alpha - 6,$$

wo jede eckige, i Buchstaben enthaltende Klammer die Summe aller Produkte von i Faktoren bezeichnet, die durch Einsetzen von i verschiedenen Indizes 1, 2, 3, 4 erhalten werden, so daß z. B.[110])

$$[\mu\mu\nu\nu] = \mu_1\mu_2\nu_3\nu_4 + \mu_1\mu_3\nu_2\nu_4 + \mu_1\mu_4\nu_2\nu_3 + \mu_2\mu_3\nu_1\nu_4 + \mu_2\mu_4\nu_1\nu_3 + \mu_3\mu_4\nu_1\nu_2.$$

III. Algebraische Korrespondenzen und Korrespondenzprinzipien für algebraische Kurven beliebigen Geschlechts.[111])

9. Algebraische Korrespondenzen zwischen zwei algebraischen Kurven. Aus Nr. **1** folgt, daß irgendeine algebraische (α, β)-Korrespondenz zwischen zwei algebraischen Kurven C, C' durch *zwei* algebraische Gleichungen zwischen den Koordinaten der homologen Punkte (außer den Gleichungen, die die Kurven selbst darstellen) dargestellt werden kann.[112]) Mit Ausnahme der Paare homologer Punkte in der Korrespondenz sind die beiden Gleichungen jedoch im allgemeinen durch eine endliche Anzahl von fremden Paaren[113]) befriedigt. Es kann aber vorkommen, daß die Korrespondenz auch durch eine einzige Gleichung dargestellt werden kann; s. Nr. **12** am Ende.

In jedem Fall können wir als algebraische Bildfläche der Punktepaare von C und C' (vgl. Nr. **1**), eine algebraische Fläche F annehmen, die von mehrfachen Punkten frei ist und sich in birationaler Korrespondenz ohne Ausnahme mit der Mannigfaltigkeit der Punktepaare von C und C' befindet.[114])

---

110) *H. Krey,* l. c., gibt auch die expliziten Formeln für die Punktetripel einer festen Ebene und Punktepaare im Raume; außerdem auch Formeln in bezug auf zwei Punkte, die auf einer gegebenen, und als Punktfläche von Singularitäten freien Fläche liegen.

111) Vgl. hierüber *S. Lefschetz,* „Report", p. 310—348; ferner der Bericht von *C. Rosati,* Atti del Congresso intern. dei mat. Bologna 1928, 4 (Bologna 1931), p. 79—91.

112) Vgl. auch *F. Klein,* „Vorlesungen über die Theorie der elliptischen Modulfunktionen", ausgearb. und vervollständigt von *R. Fricke* **2,** Leipzig 1892, p. 673—676; *F. Severi,* „Trattato" 1_1, p. 191—193.

113) Einige numerische Charaktere der durch fünf biquaternäre Gleichungen eineindeutig aufeinander bezogenen Kurvenpaare hat *A. Voss* bestimmt, Math. Ann. 27 (1886), p. 364. S. III C 9 (*K. Rohn* und *L. Berzolari*), Nr. **70**.

114) Die Bildflächen der ∞^2 Punktepaare zweier algebraischer Kurven, die voneinander verschieden oder vereinigt sind, studieren *É. Picard* und *G. Simart,* „Théorie des fonctions algébriques de deux variables indépendantes" 1, Paris 1897,

Jeder Punkt x von C gehört zu ∞^1 Paaren, die auf F durch eine Kurve K_x dargestellt werden. Ändern wir x auf C, so ergeben sich

p. 129—132, 195—197; 2, Paris 1906, p. 196—202; *A. Maroni*, Atti Acc. Torino 38 (1903), p. 149; *M. de Franchis,* Rend. Circ. mat. Palermo 17 (1903), p. 104; *F. Severi,* Atti Acc. Torino 38 (1903), p. 185; Mem. Acc. Torino (2) 54 (1903), p. 19; *L. Remy,* Paris C. R. 147 (1908), p. 783; Ann. Éc. Norm. (3) 26 (1909), p. 259; *P. Roth,* Sitzungsb. Akad. Wien 129 (1920), p. 491. Ein Hinweis darauf schon bei *G. Humbert,* Rend. Circ. mat. Palermo 3 (1889), p. 278 und *G. Castelnuovo,* ebenda 4 (1890), p. 70.

Für den Fall der Punktepaare einer hyperelliptischen Kurve s. *L. Remy,* Bull. Soc. math. de France 37 (1909), p. 3; *L. Godeaux,* Bull. Ac. sc. Belgique 1910, p. 180; ist $p = 2$, so erhalten wir insbesondere hyperelliptische Flächen, für die III C 6 b (*G. Castelnuovo* und *F. Enriques*), Nr. **40** einzusehen ist. Verschiedene Eigenschaften der hyperelliptischen Flächen, die die geordneten Punktepaare einer singulären oder nichtsingulären elliptischen Kurve darstellen, bei *G. Scorza,* Rend. Circ. mat. Palermo 43 (1918), p. 233.

Über die Kurven vom Geschlecht $p = 3$ s. *F. Schottky,* J. f. Math. 105 (1889), p. 269; *G. Humbert,* Paris C. R. 120 (1895), p. 365, 425, 863; J. math. pures appl. (5) 2 (1896), p. 263; *L. Remy,* Paris C. R. 144 (1907), p. 412, 623; 147 (1908), p. 961; J. math. pures appl. (6) 4 (1908), p. 1; Ann. Éc. Norm. (3) 26 (1909), p. 193; *P. Roth,* Monatsh. Math. Phys. 23 (1912), p. 114; *L. Godeaux,* Bull. Ac. roumaine 1916, p. 271, 283, 373; Bull. sc. math. (2) 45 (1921), p. 14; Bull. Ac. sc. Belgique 1921, p. 697; Bull. Soc. math. de France 52 (1924), p. 484.

F. Severi, Atti Acc. Torino 38 (1903), p. 185, hat auch die Mannigfaltigkeiten von 3, 4, . . . Dimensionen betrachtet, welche die Punktetripel, -quadrupel, . . . einer gegebenen Kurve darstellen. Einen Satz über die Integrale 1. Gattung, die diesen Mannigfaltigkeiten zugehören, gibt *A. Comessatti,* Rend. Circ. mat. Palermo 36 (1912), p. 36 an. Die Mannigfaltigkeit der Tripel auch bei *F. Severi,* Roma Rend. Acc. Linc. (5) 16^2 (1907), p. 344; Rend. Circ. mat. Palermo 28 (1908), p. 81. In diesen Arbeiten (p. 343 bzw. p. 78) studiert *F. Severi* die Mannigfaltigkeit der Punktepaare einer Kurve und einer Fläche; dasselbe Problem behandelte *L. Godeaux,* Mém. Soc. sc. Liège (3) 9 (1912), Nr. 3.

Über die Mannigfaltigkeit der Punktepaare zweier Flächen s. *G. Albanese,* Atti Ist. Ven. 83^2 (1924), p. 585.

Soll die aus den Punktepaaren einer Kurve C (oder einer Fläche F) und einer Fläche Φ gebildete Mannigfaltigkeit rational sein, so ist nach *G. Albanese,* Roma Rend. Acc. Linc. (5) 33^2 (1924), p. 73 notwendig und hinreichend, daß sowohl C wie Φ (bzw. F und Φ) rational sind; soll die Mannigfaltigkeit der geordneten und der nichtgeordneten Punktepaare einer Fläche F rational sein, so ist notwendig und hinreichend, daß F rational ist.

Für eine Lösung des Umkehrproblems der *Abel*schen Funktionen vom Geschlecht $p = 3$ hat *W. Wirtinger,* Gött. Nachr. 1889, p. 474; Math. Ann. 40 (1891), p. 261 [Auszug Monatsh. Math. Phys. 2 (1891), p. 55] die Tripel von Punkten einer ebenen Kurve 4. Ordnung vom Geschlechte $p = 3$ auf einer dreidimensionalen Mannigfaltigkeit der Ordnung 24 des siebendimensionalen Raumes dargestellt. Für beliebiges p s. *W. Wirtinger,* Monatsh. Math. Phys. 1 (1889), p. 113.

Topologische Untersuchungen der Bildfläche der Punktepaare zweier Kurven findet man bei *S. Lefschetz,* „L'analysis situs et la géométrie algébrique", Paris 1924,

∞^1 Kurven K_x derart, daß durch einen beliebigen Punkt von F eine und nur eine von ihnen hindurchgeht. Die Kurven K_x bilden auf diese Weise ein *Büschel* $\{K_x\}$ vom Geschlecht p. Auf ähnliche Weise entsprechen den Punkten y von C' auf F die Kurven eines Büschels $\{L_y\}$ vom Geschlecht p'. Es ist offenbar, daß sich sowohl zwei Kurven K_x wie auch zwei Kurven L_y nicht schneiden, während jede Kurve K_x jede Kurve L_y in einem Punkte schneidet.

Umgekehrt stellt jede Fläche, die zwei einmal schneidende Büschel $\{K_x\}$, $\{L_y\}$ besitzt, die Punktepaare zweier Kurven C, C' dar, von denen jede eineindeutig auf die Kurven eines der beiden Büschel bezogen ist.

Ist nun zwischen den Punkten x, y von C und C' eine algebraische (α, β)-Korrespondenz gegeben, so sind die Paare homologer Punkte durch eine algebraische Kurve Γ auf F dargestellt, die in

---

p. 52—54, 85—87; für den Fall von Punkten auf beliebigen Mannigfaltigkeiten s. *S. Lefschetz,* Preisschrift, Trans. Amer. math. Soc. 22 (1921), p. 362.

Für den Fall, daß C eine innerhalb eines reellen Raumes gegebene algebraische Kurve und $\bar{C}$ ihre konjugierte Kurve, d. h. der Ort der konjugiert imaginären Punkte der Punkte von C ist, wurden auch die Flächen Φ der Punktepaare von C und $\bar{C}$ (geordnete Paare, wenn $\bar{C}$ mit C zusammenfällt) und ihre reellen Modelle studiert. In jedem Fall wird eine *reelle Klasse* solcher Flächen völlig bestimmt und der reelle Teil der Φ, die zu der Klasse gehören, wird *algebraische Riemannsche Fläche* von C genannt, weil er sich in umkehrbar eindeutiger und kontinuierlicher Korrespondenz mit der Gesamtheit der reellen und imaginären Punkte von C befindet.

Ein Hinweis auf ein besonderes Modell ist schon von *C. Segre* gegeben, Math. Ann. 40 (1891), zweite Anmerkung auf p. 438. In methodischer Weise werden die *algebraischen Riemannschen Mannigfaltigkeiten,* welche einer algebraischen irreduziblen Mannigfaltigkeit von k Dimensionen angehören (vgl. Anm. 178), von *F. Severi* in Vorlesungen auf der Universität Padua von 1910—11 betrachtet. S. *F. Severi,* „Conf. di geom. alg.“ [6]), p. 75—84, 332—343. Eingehende Studien für $k = 1$ bei *A. Comessatti*, Rend. Circ. mat. Palermo 53 (1928), p. 283, wo insbesondere auch der Fall der reellen Kurven, vor allem der Fall der reellen elliptischen Kurven studiert wird.

Einige Bemerkungen über die Mannigfaltigkeiten, die die nichtgeordneten Punktepaare einer algebraischen Mannigfaltigkeit ohne Ausnahme darstellen, bei *F. Severi* und *B. Segre*, Roma Rend. Acc. Linc. (6) 9 (1929), p. 1, 117. Eine derartige Mannigfaltigkeit wird nicht in bezug auf alle birationalen Transformationen als invariant definiert, sondern nur in bezug auf solche, die Modelle liefern, die diese Mannigfaltigkeit eineindeutig ohne Ausnahme darstellen. Daher kann es vorkommen, daß diese Modelle notwendigerweise gewisse projektive Singularitäten besitzen. Ein Modell z. B., das die nichtgeordneten Punktepaare einer von mehrfachen Punkten freien algebraischen Fläche birational ohne Ausnahme darstellt, besitzt sicherlich eine mehrfache Fläche, die den Paaren von zusammenfallenden Punkten entspricht. S. auch *F. Severi,* „Conf. di geom. alg.“ [6]), p. 131—134.

β Punkten von jeder Kurve K_x und in α Punkten von jeder Kurve L_y geschnitten wird. Umgekehrt bestimmt jede algebraische Kurve Γ von F eine algebraische Korrespondenz zwischen den Kurven zweier Büschel $\{K_x\}$ und $\{L_y\}$, wenn wir zwei Kurven der beiden Büschel, die sich auf Γ schneiden, als homolog bezeichnen; Γ stellt dadurch eine algebraische Korrespondenz zwischen C und C' dar.

Die Kurve Γ besitzt mehrfache Punkte dann und nur dann, wenn die Korrespondenz Paare untereinander homologer Verzweigungspunkte besitzt.[115])

Die Kurven der beiden einmal schneidenden Büschel sind Bilder *ausgearteter* Korrespondenzen.

All dies gilt auch dann, falls C mit C' zusammenfällt, wenn nur F als Bild der *geordneten* Punktepaare von C betrachtet wird.

Nehmen wir nun dagegen an, daß Φ eine algebraische Fläche ist, die die *nichtgeordneten* Punktepaare einer irreduziblen Kurve C vom Geschlecht p ohne Ausnahme darstellt. Die Punktepaare von C, zu denen ein fester Punkt gehört, sind auf Φ durch eine Kurve H dargestellt, so daß den Punkten von C ∞^1 Kurven H entsprechen, die mit C birational identisch sind und ein algebraisches System Σ vom *Index* 2 und vom *Grad* 1 bilden, d. h. derart, daß durch jeden Punkt von Φ zwei Kurven H gehen und zwei Kurven H sich in einem Punkte schneiden. Umgekehrt stellt jede Fläche mit einem algebraischen ∞^1-Kurvensystem vom Index 2 und Grad 1 die (nichtgeordneten) Punktepaare einer Kurve dar.

Unter diesen Voraussetzungen ist jede symmetrische Korrespondenz T zwischen den Punkten von C auf Φ durch eine Kurve dargestellt und umgekehrt. Ist aber eine nichtsymmetrische Korrespondenz S auf C gegeben und betrachtet man die Paare homologer Punkte in dieser Korrespondenz unter Außerachtlassung der Ordnung, so werden diese Paare auf Φ durch eine Kurve dargestellt, welche als Bild der Gesamtheit von S und ihrer Umkehrung S^{-1} angesehen werden muß.

Die identische Korrespondenz wird auf Φ von der Hüllkurve K des Systems Σ dargestellt, d. h. dem Ort der Punkte von Φ, von denen zwei zusammenfallende Kurven H ausgehen.

10. Das Korrespondenzprinzip von Cayley-Brill.[116]) Wir betrachten eine (α, β)-Korrespondenz zwischen den Punkten einer alge-

115) *M. de Franchis*[2]), p. 306; *F. Severi*, „Trattato“ 1_1, p. 212.

116) Vgl. II B 2 (*W. Wirtinger*), Nr. **51**; III C 3 (*H. G. Zeuthen*), Nr. **17**; außerdem *A. Brill* und *M. Noether*, „Bericht“, p. 530—552; *V. Snyder*, „Report“, p. 173—174.

braischen Kurve. An Beispielen sieht man sofort, daß das Korrespondenzprinzip, das nach Nr. **6** für den Fall einer rationalen Kurve besteht, nicht immer für eine Kurve vom Geschlecht $p > 0$ gilt.[117] Es gibt allerdings einen besonderen Fall, in dem das Korrespondenzprinzip auch für eine Kurve vom Geschlecht $p > 0$ ebenso wie für rationale Kurven gültig ist.[118] Auf einer Kurve C der Ordnung m, die wir uns z. B. im gewöhnlichen Raum vorstellen wollen, sei die Korrespondenz vollständig durch eine Gleichung $f(x, y) = 0$ vom Grade n, n' in den Koordinaten x_i, y_i der homologen Punkte bestimmt; und wir machen die Annahme, daß die Gleichung nicht indentisch erfüllt sei, wenn zwei homologe Punkte in einen allgemeinen Punkt von C zusammenfallen. Dann hat die Korrespondenz die Indizes mn und mn', und die Koinzidenzpunkte sind als Schnittpunkte von C mit der durch die Gleichung $f(x, x) = 0$ dargestellten Fläche von der Ordnung $n + n'$, $mn + mn'$.

A. Cayley betrachtet auf einer beliebigen Kurve C vom Geschlecht p die (α, β)-Korrespondenzen im allgemeinen, die durch *eine einzige* Gleichung $f(x, y) = 0$ zwischen den Koordinaten der homologen Punkte P, P' dargestellt werden können, derart, daß diese Gleichung, wenn P gegeben ist, für keine anderen Punkte von C erfüllt ist, als für die β entsprechenden Punkte P', eventuell auch für feste Punkte von C und den eine bestimmte Zahl γ $(\geqq 0)$-mal gezählten Punkt P.

Diese Bedingung kann auch auf andere Weise ausgedrückt werden.[119]

---

117) Ist z. B. auf der Kurve eine lineare Schar g_n^1 gegeben, so kann man ihre Doppelpunkte als Koinzidenzpunkte einer symmetrischen Korrespondenz vom Index $n - 1$ erhalten, wenn man zwei Punkte als homolog betrachtet, die ein und derselben Gruppe der Schar angehören. Die Anzahl der Koinzidenzpunkte ist aber nicht $2(n - 1)$, sondern $2(n - 1) + 2p$: III C 4 (*L. Berzolari*), Nr. **24** am Ende und Nr. **34**.

Sind auf der Kurve zwei lineare Scharen g_n^1 und $g_{n'}^1$ gegeben, so kann man ebenso ihre gemeinsamen Paare erhalten, wenn man die Koinzidenzpunkte einer Korrespondenz aufsucht, in der man zwei Kurvenpunkte P und P' als homolog betrachtet, die in Verbindung mit ein und demselben Punkt Q der Kurve zwei Paare PQ und $P'Q$ liefern, von denen eines einer Gruppe von g_n', das andere einer Gruppe von $g_{n'}^1$ angehört. Die (nicht symmetrische) Korrespondenz weist die beiden gleichen Indizes $(n - 1)(n' - 1)$ auf, aber die Anzahl der Koinzidenzpunkte ist $2(n - 1)(n' - 1) - 2p$, so daß die Anzahl dieser gemeinsamen Paare $(n - 1)(n' - 1) - p$ ist. S. III C 4 (*L. Berzolari*), Nr. **34**.

Was das erste Beispiel betrifft, so ist nach *G. Gherardelli*, Boll. Unione mat. ital. 8 (1930), p. 176, jede symmetrische $(n - 1, n - 1)$-Korrespondenz mit der Wertigkeit 1, die einen Zyklus von n verschiedenen Punkten besitzt, zyklisch, d. h. von einer linearen Schar g_n^1 erzeugt.

118) Über die Korrespondenzen, die diese Eigenschaft aufweisen, s. *C. Rosati*, Roma Rend. Acc. Linc. (5) 22^2 (1913), p. 431. Vgl. die Anm. 243.

119) *C. Segre*[2]), p. 92.

Im allgemeinen verwandelt sich beim Variieren von P auf C die Gruppe der β entsprechenden Punkte nicht in einer linearen Schar der Ordnung β. Es kann dagegen vorkommen, daß die aus den β P entsprechenden Punkten P' und ebendiesem $\gamma(\geqq 0)$-mal gezählten Punkt P zusammengesetzten Gruppen einer linearen Schar der Ordnung $\beta + \gamma$ angehören (die sich nicht verändert, wenn sich P ändert). Gerade das ist aber die charakteristische Eigenschaft der Korrespondenzen, die durch eine einzige Gleichung darstellbar sind.

Das „*Cayley-Brill*sche Korrespondenzprinzip" besagt, daß eine Korrespondenz von dieser Beschaffenheit

$$u = \alpha + \beta + 2\gamma p \tag{1}$$

Koinzidenzpunkte besitzt. Es wird so genannt, weil es von *A. Cayley* zuerst ausgesprochen, von *A. Brill* dagegen zuerst vollständig bewiesen wurde.[120])

---

120) *A. Cayley,* Paris C. R. 62 (1866), p. 586; Proc. London math. Soc. (1) 1 (1866), Heft 7, p. 1; Trans. London Phil. Soc. 158 (1867), p. 145 = Papers 5, p. 542; 6, p. 9, 263, hat den Satz „tiré d'une induction qui paraît suffisante" (erste angeführte Arbeit) zur selben Zeit ausgesprochen, als das *Chasles*sche Korrespondenzprinzip auf beliebige rationale Kurven [Anm. 75] angewandt wurde und Anwendungen seines Satzes auf die Bestimmung der Klasse und Anzahl der Wendepunkte, der Doppeltangenten und der sextaktischen Punkte einer ebenen, nur mit gewöhnlichen Singularitäten behafteten Kurve gemacht. In der zweiten angeführten Arbeit hat *A. Cayley* seine Formel für einen Sonderfall bewiesen.

Die *Cayley*sche Formel im allgemeinen wird zuerst von *A. Brill* auf algebraischem Wege bewiesen, Math. Ann. 6 (1872), p. 33 [Auszug Gött. Nachr. 1871, p. 507], dann mehr geometrisch und unter vollständiger Prüfung des Verhaltens der Korrespondenz in den singulären Punkten in Math. Ann. 7 (1874), p. 607. Weitere algebraische Entwicklungen in bezug auf die Eliminationsprozesse, welche zu den Koinzidenzen führen, deren Anzahl durch die Korrespondenzformeln gegeben ist, stammen von *A. Brill,* Math. Ann. 31 (1887), p. 374; 36 (1890), p. 321 und *F. Junker,* Diss. Tübingen 1889.

Ein transzendenter Beweis mit Hilfe *Abel*scher Integrale bei *F. Lindemann,* Brief an *Ch. Hermite* vom 19. Juli 1877, J. f. Math. 84 (1877), p. 301. Ein analytisch-geometrischer Beweis bei *K. Bobek,* Sitzungsb. Ak. Wien 93 (1886), p. 899; geometrische Beweise bei *H. Schubert,* „Kalkül"[82]), p. 86—88, nach Methoden der abzählenden Geometrie unter Ableitung der Formel aus den allgemeinen Koinzidenzformeln für Punktepaare, und *C. Segre*[2]), p. 91, unter Anwendung der Überräume. Über die geometrische Behandlung von *F. Severi* s. Nr. **13**. — Zwei weitere Beweise mit Hilfe der abzählenden Geometrie gibt *H. G. Zeuthen,* Math. Ann. 40 (1891), p. 99, und zwar mit Hilfe des *Chasles*schen Korrespondenzprinzips, bzw. des Prinzips von der Erhaltung der Anzahl. Den ersten dieser beiden Beweise hat *H. G. Zeuthen* „Lehrbuch", p. 207—210; s. auch p. 217—218 mit Vereinfachungen wiedergegeben. Einen anderen geometrischen Beweis gibt *B. Sporer* an, Ztschr. Math. Phys. 39 (1893), p. 228 Über eine algebraisch-geometrische Behandlung s. auch *A. Clebsch* und *F. Lindemann,* „Vorlesungen" 1,

A. Brill hat die Zahl γ (positiv oder Null) die *Wertigkeit* der Korrespondenz genannt, die algebraische Deutung derselben festgesetzt und gezeigt, daß sie sich nicht ändert, wenn man P mit P'[121]) vertauscht, so daß sie für eine gegebene Korrespondenz und ihre Inverse gleich ist.[122])

p. 441—474, 678—681, 720—753; franz. Übers. 2, p. 146—188; 3, p. 23—27, 76—118, wo auch verschiedene Anwendungen gemacht werden. S. noch, auch für Anwendungen, *J. L. Coolidge,* „Alg. pl. curves", p. 121—134, 246, 279—288. — Andere Anwendungen machen *A. Brill,* Math. Ann. 4 (1871), p. 522; Gött. Nachr. 1871, p. 513, auf Raumkurven; *A. Brill,* Math. Ann. 36 (1890), p. 321, und *H. G. Zeuthen,* Math. Ann. 40 (1891), p. 118, auf die Bestimmung von Spezialgruppen [III C 4 (*L. Berzolari*), Nr. **28**]; *H. G. Zeuthen,* a. a. O., p. 113, auf eine Sonderform der Gleichung einer ebenen Kurve 4. Ordnung und auf die *Steiner*schen Polygone; *K. Küpper,* Prag Ber. böhm. Ges. 1892, p. 257, auf verschiedene Fragen der Geometrie auf einer Kurve, z. B. zur Bestimmung der Anzahl der *Weierstraß*schen Punkte einer algebraischen Kurve [III C 4 (*L. Berzolari*), Nr. **27** und Nr. **34**, Anm. 379]; *F. Severi,* Mem. Acc. Torino (2) 51 (1900), p. 81, zur Bestimmung verschiedener Singularitäten einer Kurve in einem mehrdimensionalen Raume (Anzahl der Hauptsehnen, Anzahl der linearen Räume gegebener Dimension, die gegebene Berührungen mit der Kurve haben usw.). Eine Anwendung auf die Bestimmung der $(r+1)$-fachen Punkte einer linearen Schar g_n^r [III C 4 (*L Berzolari*), Nr. **34**] bei *F. Severi,* „Lezioni", p. 232—234; „Vorlesungen", p. 187—188, und andere Anwendungen abzählender Art auf lineare Scharen in „Trattato" 1_1, p. 243 ff. Verschiedene Anwendungen bei *R. Sturm,* „Geom. Verw." 4, p. 222—231 u. 254; *F. Enriques* und *O. Chisini,* „Lezioni" 3, p. 467—476, und *H. G. Zeuthen,* „Lehrbuch", über letztere Anwendungen s. Anm. 170. S. auch *F. Klein*[77]) 2, p. 36—40; *H. Wieleitner*[28]), p. 173—182. — Andere Anwendungen auf Raumkurven bei *J. W. Archbold,* Proc. Cambridge phil. Soc. 26 (1930), p. 358; *W. G. Welchman,* ebenda, p. 453.

121) Diese Eigenschaft folgt aus der Formel (1), die die Anzahl der Koinzidenzen nach dem *Cayley-Brill*schen Korrespondenzprinzip liefert, kann aber auch unabhängig davon bewiesen werden: *A. Brill,* Math. Ann. 7 (1874), p. 609, 612—613. S. auch *A. Clebsch* und *F. Lindemann,* „Vorlesungen" 1, p. 443; franz. Übers. 2, p. 149; *F. Severi,* „Trattato" 1_1, p. 199—204, wo der Satz für $\gamma \geq 0$ auf algebraischem Wege, für $\gamma > 0$ auch durch einen Beweis differentialen Charakters begründet wird. Ein geometrischer Beweis für $\gamma \geq 0$ bei *C. Segre*[2]), p. 92—93.

Für $\gamma = 0$ s. auch *F. Severi,* Mem. Acc. Torino (2) 54 (1903), p. 9—10; „Lezioni", p. 201—204 u. 218; „Vorlesungen", p. 163—165 u. 174; *A. Comessatti,* Rend. Circ. mat. Palermo 36 (1912), p. 44—45.

Für γ beliebig (positiv, Null oder negativ) s. Nr. **13**, bes. Anm. 157.

Über die rationale Bestimmung der Wertigkeit s. *M. Shibayama,* Tôhoku math. J. 16 (1919). p. 89; *T. Kubota,* ebenda, p. 92.

122) In seinen Untersuchungen über die Erweiterung des *Abel*'schen Theorems auf die Flächen [III C 6b (*G. Castelnuovo* und *F. Enriques*), Nr. **30**] hat *F. Severi,* Ann. di mat. (3) 12 (1905), p. 61, algebraische Korrespondenzen mit der Wertigkeit Null auch zwischen einer Kurve Γ und einer Fläche F betrachtet. Durch eine algebraische Korrespondenz läßt man jedem Punkte P von Γ alle

Bei den Anwendungen vornehmlich auf das Problem der Berührungen und im allgemeinen auf das Problem der Bestimmung der Anzahl der Gruppen einer linearen Schar g_n^r mit einem k_1-fachen Punkt, einem zweiten k_2-fachen Punkt, ..., wobei $\sum(k_i - 1) = r$ [III C 4 (*L. Berzolari*), Nr. **34**], ergibt sich oft der Fall, daß in der (α, β)-Korrespondenz die Gruppe der β Punkte, die jedem Punkte P entsprechen, in verschiedene rational trennbare Gruppen von verschieden definierten Punkten zerfällt. Diese Gruppe setzt sich dann aus β_1 λ_1-fachen Punkten, die P in einer (α_1, β_1)-Korrespondenz mit u_1 Koinzidenzen entsprechen, aus weiteren β_2 λ_2-fachen Punkten, die P in einer (α_2, β_2)-Korrespondenz mit u_2 Koinzidenzen entsprechen usw. zusammen.[123])

Punkte einer algebraischen Kurve C von F so entsprechen, daß bei Änderung von P die Kurve C ein irreduzibles algebraisches ∞^1-System S vom Grade n und Index ν beschreibt, d. h. derart, daß zwei allgemeine Kurven von S sich in n Punkten schneiden und ν Kurven von S durch einen allgemeinen Punkt von F gehen. Jede Kurve C wird aus einer bestimmten Anzahl k $(\geqq 1)$ von Punkten von Γ hervorgehen, so daß bei Änderung von C innerhalb S diese k Punkte auf Γ eine Involution vom Grade k beschreiben und die ν von einem Punkte von F ausgehenden Kurven von S, auf Γ durch eine Gruppe von $n' = k\nu$ Punkten dargestellt werden. Das System Σ dieser ∞^2 Gruppen von n' Punkten ist birational identisch mit F oder mit einer auf F existierenden Involution, je nachdem die ν Kurven von S, die durch den allgemeinen Punkt x von F hindurchgehen, von selbst durch andere mit x veränderliche Punkte von F nicht hindurchgehen oder hindurchgehen.

Hiernach nennt man nun die Korrespondenz, die von den Punkten von Γ zu den Punkten von F führt, *„von der Wertigkeit Null“*, wenn die homologen Kurven C der Punkte von Γ zu ein und demselben linearen System gehören. Die umgekehrte Korrespondenz, die von den Punkten von F zu denen von Γ führt, nennt man *„von der Wertigkeit Null“*, wenn die Gruppen des Systems Σ, die homolog zu den Punkten von F sind, zu ein und derselben linearen Schar gehören.

Für den Fall, daß die Korrespondenz zwischen F und Γ im einen Sinne von der Wertigkeit Null ist, zeigt nun *F. Severi*, daß sie es auch im entgegengesetzten Sinne ist.

Der Begriff der Wertigkeit Null und der vorausgehende Satz lassen sich sofort auf die Korrespondenzen zwischen einer Kurve und einer algebraischen Mannigfaltigkeit beliebiger Dimension ausdehnen. Eine Erweiterung auf den Fall einer Korrespondenz zwischen zwei willkürlichen algebraischen Mannigfaltigkeiten bei *C. Rosati*, Roma Rend. Acc. Linc. (5) 16^1 (1907), p. 955.

123) In bezug auf die Korrespondenzen mit veränderlichen mehrfachen Punkten hat *F. Severi*, „Trattato“ 1_1, p. 204—205, bewiesen, daß, wenn dem allgemeinen Punkte P der einen Kurve eine Punktgruppe der anderen Kurve entspricht, der der ν mal zu zählende Punkt P' (wo ν eine gewisse Zahl ist) angehört, sich in der umgekehrten Korrespondenz unter den homologen Punkten von P' der Punkt P befindet und ebenfalls ν mal gezählt werden muß. Folglich muß das gleiche, wenn in einer Korrespondenz zwischen zwei Kurven einem allgemeinen Punkt der einen Kurve verschiedene Punkte der anderen entsprechen, auch für die umgekehrte Korrespondenz zutreffen.

Die Formel für diese „zusammengesetzten" Korrespondenzen lautet:

$$(2) \qquad \lambda_1(u_1 - \alpha_1 - \beta_1) + \lambda_2(u_2 - \alpha_2 - \beta_2) + \cdots = 2\gamma p.$$

Auch diese Gleichung stammt von *A. Cayley*[124]), der sie zur Bestimmung ebener Kurven, die verschiedene Berührungen mit einer gegebenen Kurve haben, verwandte[125]), weiter zur Bestimmung von Dreiecken, deren Ecken auf alle möglichen Weisen (52 an der Zahl) auf gegebenen Kurven liegen und deren Seiten gegebene Kurven (die sowohl untereinander, wie auch von den ersten verschieden sein können oder nicht) berühren.[126])

Als Anzahl der Punktepaare, die sich gleichzeitig in zwei (α, β)- und (α', β')-Korrespondenzen mit den Wertigkeiten γ und γ' entsprechen, findet man[127])

$$\alpha\beta' + \alpha'\beta - 2\gamma\gamma' p.$$

Sind aber alle beide Korrespondenzen symmetrisch, so daß $\alpha = \beta$, $\alpha' = \beta'$ ist, so ist diese Anzahl gleich der Hälfte der vorhergehenden, d. h. $\alpha\alpha' - \gamma\gamma' p$.

11. Systeme mehrerer Korrespondenzen zwischen den Punkten einer Kurve und Anwendungen auf Fragen abzählender Art über lineare Scharen. Um das Problem der Spezialgruppen zu lösen [III C 4 (*L. Berzolari*), Nr. 28], hat *A. Brill* auf algebraischem Wege auch die Systeme einer beliebigen Anzahl k von Korrespondenzen zwischen k Punkten ein und derselben Kurve mit dem Vorsatz studiert, die Anzahl der Gruppen von k Punkten zu bestimmen, die sich in allen

124) S. die Anführungen in Anm. 75. Vgl. auch *C. Segre*[2]), p. 96.

Eine noch allgemeinere Formel, die auch für Korrespondenzen mit unendlich vielen Koinzidenzpunkten gültig ist und deren Koeffizienten $\lambda_1, \lambda_2, \ldots$ auch negativ sein können, stammt von *F. Severi*, s. Nr. **13**.

125) Trans. London Phil. Soc. 158 (1868), p. 145 = Papers 6, p. 263. Analoge Anwendungen bei *A. Brill*, Math. Ann. 6 (1872), p. 46, der daraus einen algebraischen Beweis der allgemeinen Formel von *E. de Jonquières* [III C 4 (*L. Berzolari*), Nr. **34**; III C 7 (*C. Segre*), Nr. **25**] für das genannte allgemeine Problem abzählender Art auf den g_n^r folgert. Über die Ableitung dieser Formel vom *Cayley-Brill*schen Korrespondenzprinzip und ihre geometrisch-funktionale Bedeutung s., außer den in diesen beiden Artikeln angeführten Arbeiten, *F. Severi*, „Trattato" 1_1, p. 243—249; *J. L. Coolidge*, „Alg. pl. curves", p. 284—288.

126) Trans. London Phil. Soc. 161 (1870), p. 369 = Papers 8, p. 212; Auszüge Report British Ass. 34, Bath 1864 (London 1865), p. 1; 40, Liverpool 1870, (London 1871), p. 9; Proc. Roy. Soc. London 19 (1870), p. 292.

127) *A. Brill*, Gött. Nachr. 1871, p. 511; Math. Ann. 4 (1871), p. 521; 6 (1872), p. 42; 7 (1874), p. 611. S. auch *H. Krey*, Math. Ann. 12 (1877), p. 476; *H. Schubert*, „Kalkül"[82]), p. 319.

betrachteten Korrespondenzen entsprechen.[128]) Zu diesem Zwecke betrachtet er z. B. unter der Vorraussetzung, es handele sich um eine ebene Kurve $f(x, y) = 0$, k Korrespondenzen zwischen $k + 1$ Punkten $P_1(x_1, y_1)$, $P_2(x_2, y_2)$, $\ldots$, $P_{k+1}(x_{k+1}, y_{k+1})$, welche durch die Gleichungen

$$\varphi_i(x_1, y_1; x_2, y_2; \ldots; x_{k+1}, y_{k+1}) = 0 \quad (i = 1, 2, \ldots, k)$$

dargestellt sind. Aus diesen Formeln eliminiert er mit Hilfe der Gleichungen $f(x_i, y_i) = 0$ alle Paare von Veränderlichen mit Ausnahme z. B. von x_2, y_2 und x_3, y_3 und findet auf diese Weise eine Gleichung

$$\Omega(x_2, y_2; x_3, y_3) = 0,$$

die eine algebraische Korrespondenz zwischen den Punkten P_2 und P_3 bestimmt; um nun das Problem zu lösen, hat *A. Brill* zwei Rekursionsformeln für die Berechnung der Indizes und der Wertigkeit solcher Korrespondenzen angegeben.

Zu denselben Formeln ist auch *O. Göhner*[129]) gelangt, und zwar mittels eines geometrischen Rekursionsverfahrens, das man *A. Comessatti*[130]) verdankt und auf der *Severi*schen geometrischen Korrespondenztheorie (Nr. **13**) beruht, um die Anzahl der $r + 1$ linearen Scharen r^{ter} Dimension und n^{ter} Ordnung gemeinsamen Gruppen von $r + 1$ Punkten auf einer Kurve vom Geschlecht p zu bestimmen.

O. Göhner hat außerdem die expliziten Formeln für einen Sonderfall unsymmetrischer Korrespondenzen und den allgemeinsten Fall symmetrischer Korrespondenzen angegeben und Anwendungen auf Fragen abzählender Art über die linearen Scharen [s. III C 4 (*L. Berzolari*), Nr. **34**] und die algebraischen Kurven der Überräume gebracht.

So lautet z. B. der Ausdruck für die Anzahl der Gruppen von r Punkten einer Kurve vom Geschlecht p, die r linearen Scharen von der Dimension $r - 1$ und der Ordnung $n_1, n_2, \ldots, n_r$ gemeinsam sind:

$$(1) \qquad \sum_{i=0}^{r} i! \binom{p}{i} \sum_{t=0}^{r-i} \binom{i+t}{i} \tau_{r-i-t} (N - r + 1 - p)^t,$$

128) Math. Ann. **36** (1890), p. 321. Für $k = 2, 3, 4$ hatte schon *A. Brill*, Math. Ann. 6 (1872), p. 33, die expliziten Formeln gegeben. S. auch *A. Clebsch* und *F. Lindemann*, „Vorlesungen" 1, p. 720—753; franz. Übers. 3, p. 76—118. — Für $k = 3$ wurde die Formel von *H. Schubert*, Math. Ann. 17 (1880), p. 202, als Anwendung seiner Untersuchungen abzählender Art über die Dreiecke wiedergefunden. *Schubert*, a. a. O., p. 200, hat auch die Anzahl der Kurvenpunkte bestimmt, in denen drei homologe Punkte bei gegebener Korrespondenz zwischen Tripeln von Punkten unendlich benachbart werden.

129) Diss. Tübingen 1913.

130) Atti Ist. Ven. 69² (1910), p. 871.

wobei N eine beliebige ganze Zahl ist und $\tau_1, \tau_2, \ldots, \tau_r$ die symmetrischen Elementarfunktionen der Zahlen $n_1 - N$, $n_2 - N$, ..., $n_r - N$[131]) sind.

12. Die allgemeine Korrespondenztheorie von A. Hurwitz.[132]) Nicht alle algebraischen (α, β)-Korrespondenzen zwischen den Punkten einer Kurve haben eine positive Wertigkeit, d. h. nicht alle können, wie in Nr. **10**, durch eine einzige Gleichung zwischen den Koordinaten der homologen Punkte[133]) dargestellt werden.

Die Bestimmung und Untersuchung aller algebraischen Korrespondenzen, die auf einer beliebigen algebraischen Kurve[134]) existieren,

---

131) Erteilt man N besondere Werte, so kann man aus Gleichung (1) andere besonders einfache Ausdrücke folgern. So erhält man für $N = r - 1$ und für $N = r + p - 1$ die Ausdrücke

$$(2) \qquad \sum_{i=0}^{r} i!\binom{p}{i} \sum_{t=0}^{r-i} (-1)^t \binom{i+t}{i} S_{r-i-t} p^t,$$

$$(2') \qquad \sum_{i=0}^{r} i!\binom{p}{i} T_{r-i}.$$

Im ersten Ausdruck sind $S_1, S_2, \ldots, S_r$ die symmetrischen Elementarfunktionen der Zahlen $n_j - r + 1$ $(j = 1, 2, \ldots, r)$, im zweiten $T_1, T_2, \ldots, T_r$ die symmetrischen Elementarfunktionen der Zahlen $n_j - r + 1 - p$ $(j = 1, 2, \ldots, r)$.

Für $n_1 = n_2 = \cdots = n_r$ erhält man die von *A. Comessatti* a. a. O. angegebene Formel. Die Formel für den allgemeinen Fall wurde von *A. Comessatti,* a. a. O., p. 881 in nicht exakter Weise gegeben; genau und unter Form (2) von *Göhner*[129]), p. 34. Die Formel (1) wurde dann auf geometrischem, überräumlichem Wege von *A. Comessatti,* Atti Ist. Ven. 72² (1913), p. 1133 abgeleitet, wobei er die auf den Fall linearer Scharen gleicher Ordnung bezügliche Formel benutzte. *Göhner,* a. a. O., p. 47, hat auch auf algebraischem Wege die Formel bewiesen, welche schon von *G. Castelnuovo,* Rend. Circ. mat. Palermo 3 (1888), p. 27, mittels des Prinzips von der Erhaltung der Anzahl gefunden wurde, und in III C 4 (*L. Berzolari*), Nr. **34**, am Ende, wiedergegeben ist. Diese Formel liefert die Anzahl der Gruppen von $q + r$ Punkten, die zwei linearen Scharen g_m^q, g_n^r $(m, n \geq q + r)$ auf einer Kurve vom Geschlecht p gemeinsam sind. *Göhner* hat auch eine Rekursionsformel angegeben, um das analoge Problem für den Fall einer beliebigen Anzahl von linearen Scharen zu lösen. Über die Formel von *Castelnuovo* vgl. auch *Vittoria Notari,* Atti Ist. Ven. 82² (1923), p. 723.

132) S. II B 2 (*W. Wirtinger*), Nr. **52**; außerdem *A. Brill* und *M. Noether,* „Bericht", p. 552—565.

133) So ist beim zweiten Beispiel der Anm. 117 die Anzahl der Koinzidenzpunkte kleiner als die Summe der Indizes.

134) *F. Severi,* Math. Ann. 74 (1913), p. 521—522, hat bewiesen, daß die algebraischen Korrespondenzen mit gegebenen Indizes α, β auf einer algebraischen Kurve in eine endliche Anzahl kontinuierlicher Systeme zerfallen. S. Anm. **141** am Ende.

verdankt man *A. Hurwitz*.[135]) *A. Hurwitz* verwendet die *Abel*schen Integrale 1. Gattung[136]) und wählt als Ausgangspunkt die Darstellung der allgemeinsten Korrespondenzen auf einer Kurve C (oder der *Riemann*schen Fläche, die deren Bild ist) vom Geschlecht p (> 0) durch Nullsetzen eines Thetaquotienten.[137]) Auf diese Weise verknüpft sich das Studium der Korrespondenzen mit dem der komplexen Multiplikation der *Abel*schen Funktionen.

Sind $x_1, x_2, \ldots, x_\alpha$ die α Punkte von C, die einem Punkte y entsprechen und $u_1, u_2, \ldots, u_p$ die Werte von p, zu C gehörigen unabhängigen Integralen 1. Gattung, so sind die *Abel*schen Summen $\sum_{r=1}^{\alpha} u_k(x_r)$ als Funktionen von y Integrale 1. Gattung von C, und daher ergeben sich die Gleichungen

$$(1) \qquad \sum_{r=1}^{\alpha} u_k(x_r) = \sum_{i=1}^{p} \pi_{ki} u_i(y) + \pi_k \qquad (k = 1, 2, \ldots, p),$$

wobei die π_{ki} und π_k Konstante (d. h. unabhängig von y) sind und die ersten von der Korrespondenz abhängen, während die anderen, da sie von der Auswahl der additiven Konstanten in den Integralen u abhängen, unwesentliche Konstanten sind.

Man kann immer annehmen, daß die Integrale u so normiert sind, daß die Tabelle der auf die Rückkehrschnitte auf der *Riemann*schen Fläche bezüglichen Perioden folgende ist:

$$(2) \qquad \left\{\begin{array}{lcccccccccc} u_1) & 1 & 0 & \ldots & 0 & \tau_{11} & \tau_{12} & \ldots & \tau_{1p} \\ u_2) & 0 & 1 & \ldots & 0 & \tau_{21} & \tau_{22} & \ldots & \tau_{2p} \\ \cdot & \cdot & \cdot & \cdot & \cdot & \cdot & \cdot & \cdot & \cdot \\ u_p) & 0 & 0 & \ldots & 1 & \tau_{p1} & \tau_{p2} & \ldots & \tau_{pp} \end{array}\right. \qquad (\tau_{ik} = \tau_{ki}).$$

Dann berechnet man die Koeffizienten π_{ik}, indem man y unter Ausgang von einer Anfangslage passende geschlossene Wege beschreiben

135) Ber. Sächs. Ges. Wiss. Leipzig 38 (1886), p. 10, wiedergegeben in Math. Ann. 28 (1886), p. 561 = Math. Werke 1 (Basel 1932), p. 163. Eine Darstellung der hauptsächlichen Ergebnisse von *Hurwitz* bei *F. Klein* und *R. Fricke*[112]) 2, p. 518—556, 667—679; *H. F. Baker*[28]), p. 639—648; *J. L. Coolidge*, „Alg. pl. curves“, p. 329—336; *W. F. Osgood*[4]) 2, p. 631—648.

136) Eine transzendente Formulierung des Problems der Korrespondenzen, bei der die *Riemann*sche Darstellung der algebraischen Funktionen durch Summen von *Abel*schen Integralen 2. Gattung als Ausgangspunkt Verwendung findet, findet sich zuerst bei *F. Lindemann*[120]), aber nur für eine besondere Berührungskorrespondenz. Durch eine transzendente Gleichung definierte Wertigkeitskorrespondenzen hat *F. Lindemann* betrachtet, Ber. Naturf. Ges. Freiburg 7 (1878), p. 273.

137) Die Darstellung kann auch durch Primfunktionen geschehen, wie bei *F. Klein* und *R. Fricke*[112]).

läßt, und die Änderungen der beiden Seiten der Gleichungen (1) gleichsetzt. Das führt zu den linearen Gleichungen:

$$(3)\qquad \begin{cases} \pi_{kl} = h_{kl} + \sum_{i=1}^{p} g_{il}\tau_{ki}, \\ \sum_{i=1}^{p} \pi_{ki}\tau_{il} = H_{kl} + \sum_{i=1}^{p} G_{il}\tau_{ki}, \end{cases} \qquad (k, l = 1, 2, \ldots, p)$$

in denen h, g, H, G ganze Zahlen sind, die von der Korrespondenz abhängen und daher die *charakteristischen ganzen Zahlen* der Korrespondenz genannt werden.

Zwei Korrespondenzen mit denselben charakteristischen ganzen Zahlen nennt man zur selben *Klasse* gehörig.

Für die inverse Korrespondenz T^{-1} drücken sich die charakteristischen ganzen Zahlen h'_{kl}, g'_{il}, H'_{kl}, G'_{il} mittels derjenigen von T durch folgende Formeln[138]) aus:

$$h'_{kl} = G_{lk}, \quad g'_{il} = -g_{li}, \quad H'_{kl} = -H_{lk}, \quad G'_{il} = h_{li}.$$

Eliminiert man aus den Gleichungen (3) die π_{ki}, so erhält man folgende p^2 quadratischen Beziehungen mit ganzen Koeffizienten zwischen den τ_{ik}:

$$(4)\qquad \sum_{i=1}^{p} h_{ki}\tau_{il} + \sum_{i=1}^{p}\sum_{j=1}^{p} g_{ji}\tau_{il}\tau_{kj} = H_{kl} + \sum_{i=1}^{p} G_{il}\tau_{ki}$$
$$(k, l = 1, 2, \ldots, p).$$

Nun sind zwei Fälle möglich. Erstens kann es vorkommen, daß die Gleichungen (4) in bezug auf die $\frac{p(p+1)}{2}$ Perioden τ_{ik} identisch erfüllt sind. Dann ist

$$(5)\qquad h_{11} = h_{22} = \cdots = h_{pp} = G_{11} = G_{22} = \cdots = G_{pp},$$

und alle übrigen Zahlen h, g, H, G sind Null. Nennen wir $-\gamma$ den gemeinsamen Wert der Zahlen (5), so nehmen die Gleichungen (1) folgende Form an

$$(6)\qquad \sum_{r=1}^{\alpha} u_k(x_r) + \gamma \cdot u_k(y) = \pi_k \qquad (k = 1, 2, \ldots, p).$$

Man nennt in einem solchen Falle die Korrespondenz eine *gewöhnliche* oder *Wertigkeitskorrespondenz* und die ganze Zahl γ, die positiv,

138) Diese von *A. Hurwitz*, Math. Ann. 28 (1886), Anm. auf p. 578 = Math. Werke 1, Anm. auf p. 180, nur angedeuteten Beziehungen gelten auch für die Korrespondenzen zwischen den Punkten zweier verschiedener Kurven (Nr. **29**) und werden analytisch unter Benutzung der Thetafunktionen von *C. Rosati*, Ann. di mat. (3) 28 (1918), p. 37—40, auf topologischem Wege von *S. Lefschetz*, Ann. of math. (2) 28 (1927), p. 349—350, bewiesen.

negativ oder Null sein kann, die zur Korrespondenz gehörige *Wertigkeit.*[139])

Die geometrische Deutung der Gleichungen (6) folgt aus dem *Abel*schen Theorem.[140]) Für $\gamma \geqq 0$ besagen diese Gleichungen, daß die aus jedem γ-mal gezählten Punkte y und den α entsprechenden Punkten x zusammengesetzten Gruppen ein und derselben linearen Schar angehören, nämlich äquivalent oder korresidual sind [III C 4 (*Berzolari*), Nr. **25**], wie schon in Nr. **10** gesagt wurde. Ist dagegen $\gamma < 0$, setzt man $\gamma = -\gamma'$ und nennt y' einen von y verschiedenen Punkt von C, und $x_1', x_2', \ldots, x_\alpha'$ seine α entsprechenden Punkte, dann besagen die Gleichungen (6), daß die aus dem γ'-mal gezählten Punkt y und den $x_1', x_2', \ldots, x_\alpha'$ gebildete Gruppe mit der aus dem γ'-mal gezählten Punkt y' und aus $x_1, x_2, \ldots, x_\alpha$ zusammengesetzten Gruppe äquivalent ist.

Mit Wertigkeit begabte Korrespondenzen sind auf jeder algebraischen Kurve[141]) möglich.

---

139) Der Begriff einer Korrespondenz mit negativer Wertigkeit findet sich schon bei *A. Cayley*[125]) und [126]), sowie bei *A. Brill*[121]), besonders Math. Ann. 7 (1874), p. 607. Der erste von beiden macht Anwendungen seines Prinzips auch auf Fälle von Korrespondenzen mit negativer Wertigkeit. Solche Korrespondenzen sind in den zusammengesetzten Korrespondenzen (Nr. **10**) eingeschlossen, und auch als Quotienten von Korrespondenzen mit positiver Wertigkeit, deren Division aber nicht durchführbar ist, algebraisch darstellbar. Vgl. *A. Clebsch* und *F. Lindemann*, „Vorlesungen" 1, Anm. auf p. 747; franz. Übers. 3, Anm. auf p. 110—111; *A. Hurwitz*[138]), p. 574 = Math. Werke 1, p. 176; *A. Brill*, Math. Ann. 31 (1887), p. 406.

140) Vgl. *G. Scorza*, Atti Acc. Torino 35 (1900), p. 444—445.

141) In gewissen Fragen ist es zweckmäßig, die Integrale u 1. Gattung beliebig statt normal anzunehmen Vgl. *F. Severi*, Math. Ann. 74 (1913), p. 515 [Auszug Paris C. R. 156 (1913), p. 287]; *S. Cherubino*, Atti Acc. Torino 49 (1913), p. 705. Wir legen nun ein System von Rückkehrschnitten auf der *Riemann*schen Fläche fest und bezeichnen mit $\omega_{h1}, \omega_{h2}, \ldots, \omega_{h,2p}$ $(h = 1, 2, \ldots, p)$ die normalen Perioden von p Integralen 1. Gattung u_h $(h = 1, 2, \ldots, p)$, die zu der Kurve gehören und sich auf jene Schnitte beziehen. Fällt x in einen Schnitt, so ergeben sich die Beziehungen

$$\text{(I)} \qquad \sum_{i=1}^{p} \pi_{hi}\, \omega_{ir} = \sum_{s=1}^{2p} a_{sr}\, \omega_{hs}$$
$$(r = 1, 2, \ldots, 2p; \quad h = 1, 2, \ldots, p).$$

Hierin sind die π_{hi} von der Stelle von x unabhängige Konstante. Die ganzen Zahlen a_{sr} hängen vom Index r ab, der dem betrachteten Schnitt entspricht, nicht aber vom Index h, der dem Integral u_h entspricht, und sind für die Korrespondenz charakteristisch, weil sie durch diese jedesmal, wenn die Integrale und die Schnitte gewählt sind, auf eindeutige Weise bestimmt werden. Eliminieren wir aus den Gleichungen (I) die π_{ik}, so erhalten wir folgende p^2

Zweitens kann es vorkommen, daß die Gleichungen (4) wirkliche Gleichungen zwischen den Perioden τ_{ik} sind. Dann heißt man die Korrespondenz eine *singuläre* Korrespondenz. Diese ist nur möglich auf Kurven mit spezialisierten Moduln. Diese Kurven und die zugehörigen *Riemann*schen Flächen heißen auch *singulär*.[142])

Den Wertigkeitskorrespondenzen sind gewöhnliche Multiplikationen der mit der Kurve verknüpften *Abel*schen Funktionen zugeordnet; den singulären Korrespondenzen komplexe Multiplikationen.

---

algebraischen Beziehungen zwischen den ω:

(II) $$R_{hl}(a, \omega) = 0 \qquad (h, l = 1, 2, \ldots, p).$$

Severi, a. a. O., p. 521, hat bewiesen, daß, wenn die Schnitte der *Riemann*schen Fläche festgelegt und daher die ω gegeben sind, jedem System von Werten der π_{ik}, die mit den ganzen Zahlen a durch die Gleichungen (I) verknüpft sind, ein einziges und bestimmtes Wertsystem der a entspricht, das den Gleichungen (II) genügt, und umgekehrt.

Damit insbesondere die Korrespondenz mit Wertigkeit ausgestattet sei, ist notwendig und hinreichend, daß sich die Gleichungen (II) auf die Identität in bezug auf die ω reduzieren, was gerade für die Kurven mit allgemeinen Moduln zutrifft.

Sind die Indizes der Korrespondenz gegeben, so können die Größen π_{ik} und ähnlicherweise die ganzen Zahlen a nur eine endliche Zahl verschiedener Gruppen von Werten annehmen, *Severi,* a. a. O., p. 521—522 (vgl. Anm. 134).

142) Beispiele von singulären Korrespondenzen sind in den sogenannten *Modularkorrespondenzen* gegeben, die von *F. Klein,* Math. Ann. 17 (1879), p. 62 = Ges. math. Abh. 3, p. 169 [s. *F. Klein* und *R. Fricke*[112]) 2, p. 154—159, 596—634, 667—702] in die Theorie der elliptischen Modulfunktionen eingeführt wurden und *A. Hurwitz* Gelegenheit zur Entwicklung seiner Theorie gaben. Hierüber s. *A. Brill* und *M. Noether,* „Bericht", p. 552—559; außerdem II B 4 (*R. Fricke*), Nr. **27**.

Ein einfaches Beispiel ist in jener eineindeutigen Korrespondenz gegeben, die *F. Klein,* Math. Ann. 15 (1879), p. 279 = Ges. math. Abh. 2, p. 421 in den harmonischen ebenen Kurven 3. Ordnung entdeckt hat: vgl. III C 3 (*H. G. Zeuthen*), Anm. 118. — Andere aus dem Bild der Doppelkurve in der ebenen Abbildung einer rationalen Fläche entnommene Beispiele bei *M. Bernhard*[28]), p. 24 ff. Ein anderes aus der Theorie der Regelflächen gefolgertes Beispiel bei *H. G. Zeuthen,* Atti del IV Congr. intern. dei Matem. Roma 1908, 2 (Roma 1909), p. 227; „Lehrbuch", p. 220—222. Zwei weitere Beispiele bei *F. Severi,* „Vorlesungen", p. 185—187; „Trattato" 1_1, p. 269 und 272—273. Das erste Beispiel ist ein Satz von *A. Hurwitz*[138]), p. 585 = Math. Werke 1, p. 187, der folgendermaßen ausgedrückt werden kann: Auf einer Kurve vom Geschlecht $p > 1$ ist eine eineindeutige Korrespondenz, falls sie nicht von einer linearen Schar g_2^1 erzeugt wird, sicherlich ohne Wertigkeit. Das zweite besagt, daß auf einer Kurve vom Geschlecht $p > 1$ eine irrationale Involution γ_m^1 vom Geschlecht π [Nr. **31**, vgl. auch III C 4 (*Berzolari*), Nr. **24**] eine symmetrische Korrespondenz von den Indizes $m - 1$ bestimmt, die ohne Wertigkeit ist. Für diese beiden Beispiele s. auch *F. Enriques* und *O. Chisini,* „Lezioni" 3, p. 497—499.

Deshalb sind auf einer Kurve mit allgemeinen Moduln nur Wertigkeitskorrespondenzen möglich.[143])

A. Hurwitz hat diesen Satz dadurch vervollständigt, daß er bewies, daß es auf jeder singulären Kurve immer tatsächlich neben gewöhnlichen auch singuläre Korrespondenzen gibt.

Auf jeden Fall erhält man alle überhaupt möglichen Korrespondenzen, die es auf einer gegebenen Kurve gibt, wenn man alle möglichen ganzzahligen Lösungssysteme h, g, H, G der Gleichungen (3) aufsucht: jedes Lösungssystem führt zu einer Klasse von Korrespondenzen.

A. Hurwitz hat gezeigt, daß man alle Lösungssysteme erhält, wenn man eine gewisse endliche Anzahl μ von Korrespondenzen linear zusammensetzt, so daß man die Gleichung einer beliebigen Korrespondenz aus den Gleichungen von μ passend ausgewählten Korrespondenzen durch Multiplikation erhält. Dann ist $\mu = 1$ bzw. $\mu > 1$, je nachdem die Kurve nur Wertigkeitskorrespondenzen bzw. auch singuläre Korrespondenzen besitzt.

Sind

$$(7) \qquad \begin{cases} \pi_{kl}^{(\varepsilon)} = h_{kl}^{(\varepsilon)} + \sum_{i=1}^{p} g_{il}^{(\varepsilon)} \tau_{ki} \\ \sum_{i=1}^{p} \pi_{ki}^{(\varepsilon)} \tau_{il} = H_{kl}^{(\varepsilon)} + \sum_{i=1}^{p} G_{il}^{(\varepsilon)} \tau_{ki} \end{cases} \qquad (\varepsilon = 1, 2, \ldots, \mu)$$

μ verschiedene Lösungen des Systems (3) (wobei nicht ausgeschlossen ist, daß unter den μ Systemen identische Lösungen sind, d. h. solche, die durch Elimination der $\pi_{kl}^{(\varepsilon)}$ zu identischen Beziehungen in bezug auf die τ_{ki} führen), so sind nach *Hurwitz* diese μ Lösungen voneinander *abhängig*, wenn es möglich ist, den Gleichungen

$$\sum_{\varepsilon=1}^{\mu} \lambda_{\varepsilon} \pi_{kl}^{(\varepsilon)} = 0 \qquad (k, l = 1, 2, \ldots, p)$$

durch ganze Zahlen $\lambda_1, \lambda_2, \ldots, \lambda_\mu$ zu genügen, die nicht sämtlich verschwinden. Im gegenteiligen Falle sind nach *Hurwitz* die μ Lösungen voneinander *unabhängige* Lösungen.

Es können nicht mehr als $2p^2$ unabhängige Systeme (7) existieren.

Unter der Annahme, daß die μ Systeme (7) unabhängig sind und es nicht möglich ist, mehr als μ unabhängige Systeme von ihnen zu

143) S. hierüber, zur Vervollständigung des Beweises von *A. Hurwitz*, weiter Nr. 14. Ein algebraisch-geometrischer Beweis ist bei *F. Enriques*, Math. Ann. 85 (1921), p. 198—199 angedeutet und in vollständiger Weise bei *F. Enriques* und *O. Chisini*, „Lezioni", 3, p. 493—496 erörtert worden.

finden, kann man, falls ein anderes System von Lösungen der Gleichungen (3) gegeben ist, die nicht sämtlich verschwindenden ganzen Zahlen $\lambda_1, \lambda_2, \ldots, \lambda_\mu$ finden, so daß

$$\lambda \pi_{kl} = \sum_{\varepsilon=1}^{\mu} \lambda_\varepsilon \pi_{kl}^{(\varepsilon)} \qquad (k, l = 1, 2, \ldots, p)$$

und λ niemals Null sein kann. In solchem Falle wird man sagen, daß die μ Korrespondenzen $T_1, T_2, \ldots, T_\mu$, die man aus den Gleichungen (7) erhält, eine *Basis* bilden. Die Zahl μ wird *Basiszahl* der auf der Kurve existierenden algebraischen Korrespondenzen genannt. Sie kann $2p^2$ nicht überschreiten.

Man kann die μ Systeme immer in der Weise wählen, daß die Zahl λ gleich der Einheit wird. Dann ergibt sich für jedes Lösungssystem der Gleichungen (3) die Darstellung

$$\pi_{kl} = \sum_{\varepsilon=1}^{\mu} \lambda_\varepsilon \pi_{kl}^{(\varepsilon)} \qquad (k, l = 1, 2, \ldots, p),$$

worin $\lambda_1, \lambda_2, \ldots, \lambda_\mu$ ganze Zahlen sind. In diesem Falle spricht man davon, daß die Korrespondenzen $T_1, T_2, \ldots, T_\mu$ eine *Minimalbasis*[144]) bilden.

Als Anzahl der Koinzidenzen hat *Hurwitz* für jeden Fall die beiden Ausdrücke

$$(8) \qquad \begin{cases} \alpha + \beta - \sum_{i=1}^{p} (h_{ii} + G_{ii}), \\ \alpha + \beta + c_1 \lambda_1 + c_2 \lambda_2 + \cdots + c_\mu \lambda_\mu \end{cases}$$

gefunden. Im ersten Ausdruck sind h_{ii}, G_{ii} die oben erwähnten ganzen Zahlen, im zweiten $c_1, c_2, \ldots, c_\mu$ und $\lambda_1, \lambda_2, \ldots, \lambda_\mu$ ganze Zahlen, von denen die ersten nur von der Beschaffenheit der Kurve, die zweiten einzig und allein von der Korrespondenz abhängen. Für eine Wertigkeitskorrespondenz mit (positiver, Null- oder negativer) Wertigkeit γ reduzieren sich diese beiden Ausdrücke auf $\alpha + \beta + 2\gamma p$, d. h. (für $\gamma \geqq 0$) die *Cayley-Brill*sche Formel. Im Falle singulärer Korrespondenzen kennt man jedoch bis jetzt für die Bestimmung der Zahlen, die in die Ausdrücke (8) eintreten, noch kein Verfahren, das für die Anwendungen von Nutzen sein könnte.

---

144) Die Möglichkeit der Reduktion auf eine Minimalbasis ist von *A. Hurwitz*[138]), p. 582 = Math. Werke 1, p. 184—185, angedeutet, von *F. Klein* und *R. Fricke*[112]), 2, p. 543 ff. bewiesen und als Folgerung allgemeinerer Untersuchungen (von denen in Nr. **20** die Rede sein wird) bei *G. Scorza*, Rend. Circ. mat. Palermo 41 (1916), p. 283 dargetan worden. Ein algebraisch-geometrischer Beweis, der auf der Umkehrung des topologischen Theorems von *Abel* (Nr. **16**) beruht, findet sich bei *F. Enriques* und *O. Chisini*, „Lezioni" 3, p. 505—508.

Ist eine Korrespondenz das Produkt von k Wertigkeitskorrespondenzen mit den Indizes $(\alpha_1, \beta_1), (\alpha_2, \beta_2), \ldots, (\alpha_k, \beta_k)$ und den beliebigen Wertigkeiten $\gamma_1, \gamma_2, \cdots, \gamma_k$, so ist die Anzahl ihrer Koinzidenzpunkte[145])

$$(9) \qquad \alpha_1 \alpha_2 \ldots \alpha_k + \beta_1 \beta_2 \ldots \beta_k + (-1)^{k+1} 2p\gamma_1\gamma_2 \ldots \gamma_k.$$

Mit anderen Worten, dies ist die Anzahl der Gruppen von k Punkten $P_1, P_2, \ldots, P_k$, die auf der Kurve liegen und so beschaffen sind, daß in den gegebenen Korrespondenzen P_1 und P_2, P_2 und $P_3, \ldots,$ P_{k-1} und P_k, P_k und P_1 einander entsprechen.

Infolgedessen gilt für $k = 2$ die *Brill*sche Formel $\alpha\beta' + \alpha'\beta - 2\gamma\gamma' p$ für die Anzahl der gemeinsamen Paare zweier Korrespondenzen $[\alpha, \beta, \gamma]$, $[\alpha', \beta', \gamma']$ für alle Wertigkeitskorrespondenzen.[146])

Allgemeiner hat *A. Hurwitz* die Anzahl der gemeinsamen Paare zweier beliebiger (α, β)- und (α', β')-Korrespondenzen in der Form

$$\alpha\beta' + \alpha'\beta - \sum_{i=1}^{p}\sum_{k=1}^{p}(h_{ik}h'_{ki} + g_{ik}H'_{ki} + H_{ik}g'_{ki} + G_{ik}G'_{ki})$$

angegeben, wobei h, g, H, G die auf die erste Korrespondenz bezüglichen, h', g', H', G' die auf die inverse Korrespondenz der zweiten bezüglichen charakteristischen ganzen Zahlen sind.

H. Burkhardt[147]) hat auf Grund der Resultate von *A. Hurwitz* bewiesen, daß die Anzahl der Koinzidenzen für eine beliebige (α, β)-Korrespondenz $(\alpha + \beta)(p + 1)$ nicht überschreiten kann.

Auf Grund der Formel (9) hat *F. Severi*[148]) die Anzahl der zyklischen Gruppen von gegebenem Index ν für eine auf einer Kurve vom Geschlecht p gegebene Wertigkeitskorrespondenz (α, β) von der Wertigkeit γ (positiv, Null oder negativ) bestimmt. Diese zyklischen

145) In Verbindung mit der Eigenschaft, daß das Produkt zweier Korrespondenzen mit den Wertigkeiten γ und γ' die Wertigkeit $-\gamma\gamma'$ hat, ergibt sich, daß die Wertigkeitskorrespondenzen auf einer Kurve vom Geschlecht $p > 0$ eine aus Untergruppen mit der Wertigkeit $\gamma < 0$, der Wertigkeit $\gamma \leqq 0$ und der Wertigkeit $\gamma = 0$ zusammengesetzte Gruppe bilden, während die Korrespondenzen mit positiver Wertigkeit für sich allein keine Gruppe bilden. S. *F. Enriques* und *O. Chisini*, „Lezioni" 3, p. 485ff., wo diese Eigenschaft auch in bezug auf die Art, nach der sich die auf einer Kurve bestehenden Korrespondenzen auf den Zyklen der zugehörigen *Riemann*schen Fläche verhalten, studiert wird.

146) Für $p = 1$ wird dieses Ergebnis bei *O. Schlesinger*, Math. Ann. 33 (1888), p. 432 mittels der Thetafunktionen abgeleitet.

Aus der *Brill*schen Formel folgt, daß eine irreduzible $[\alpha, \beta, \gamma]$-Korrespondenz auf einer Kurve vom Geschlecht p mit mehr als $\alpha(\alpha - 1) - p\gamma(\gamma + 1)$ Paaren in doppelter Weise entsprechenden Punkten symmetrisch ist. Vgl. *F. Enriquez* und *O. Chisini*, „Lezioni" 3, p. 466.

147) Paris C. R. 126 (1898), p. 1854.

148) S. Anm. 120, p. 88 erste Anführung.

Gruppen von ν Kurvenpunkten sind so beschaffen, daß man bei ν-mal aufeinanderfolgender Anwendung der Korrespondenz auf irgendeinen dieser Punkte wieder zu diesem zurück- und dabei durch jeden anderen Punkt dieser Gruppe je ein einziges Mal hindurchgelangt. Zerlegt man ν in Primfaktoren und ist

$$\nu = \nu_1^{k_1} \nu_2^{k_2} \ldots \nu_q^{k_q},$$

so ist die Anzahl der Gruppen

$$(10) \quad \frac{1}{\nu}\left[\{\nu\} - \sum \left\{\frac{\nu}{\nu_{i_1}}\right\} + \sum \left\{\frac{\nu}{\nu_{i_1}\nu_{i_2}}\right\} - \cdots + (-1)^q \left\{\frac{\nu}{\nu_1 \ldots \nu_q}\right\}\right],$$

wobei die Summen auf alle möglichen einfachen Kombinationen der Primfaktoren von ν ausgedehnt werden und das Symbol $\{\mu\}$ durch

$$\{\mu\} = \alpha^\mu + \beta^\mu + (-1)^{\mu+1} 2\gamma^\mu p$$

definiert ist.

Die Korrespondenzen zwischen zwei Kurven, die durch eine einzige algebraische Gleichung zwischen den Koordinaten zweier entsprechender Punkte (Nr. **10**) dargestellt werden können, haben nach *A. Hurwitz*[149]) immer die Wertigkeit Null oder eine positive Wertigkeit (sind die beiden Kurven voneinander verschieden, so ist die Wertigkeit Null). Umgekehrt kann eine Korrespondenz zwischen zwei Kurven mit der Wertigkeit Null oder einer positiven Wertigkeit immer durch eine einzige Gleichung ausgedrückt werden. Dagegen kann eine Korrespondenz mit negativer Wertigkeit oder eine singuläre Korrespondenz nicht durch eine einzige Gleichung, immer aber durch zwei simultane Gleichungen obengenannter Beschaffenheit dargestellt werden.

Eine notwendige und hinreichende Bedingung dafür, daß eine (α, β)-Korrespondenz zwischen zwei Kurven vom Geschlecht p und p' durch eine einzige Gleichung bestimmt werden kann, können wir auch folgendermaßen ausdrücken. Die Anzahl der Verzweigungspunkte auf der ersten Kurve muß $2\alpha(p' + \beta - 1)$ sein, woraus folgt, daß in diesem Falle die Anzahl der Verzweigungspunkte der zweiten Kurve $2\beta(p + \alpha - 1)$[150]) ist.

13. Geometrische Behandlung der allgemeinen Korrespondenztheorie nach F. Severi. *F. Severi*[151]) hat die allgemeine Theorie der

149) S. auch *F. Enriques* und *O. Chisini*, „Lezioni" 3, p. 457—462; *F. Severi*, „Trattato" 1_1, p. 197—199.

150) *G. Castelnuovo*, Roma Rend. Acc. Linc. (5) 15^1 (1906), p. 341; s. auch *F. Enriques* und *O. Chisini*. „Lezioni" 3, p. 484—485. Diese Eigenschaft ist nichts anderes als eine andere Form des arithmetischen Kriteriums von *G. Castelnuovo*, von dem in Nr. **34** die Rede sein wird.

151) S. Anm. 2. S. auch „Lezioni", p. 213—243; „Vorlesungen", p. 170—196; „Trattato" 1_1, p. 217—243, wo auch verschiedene Anwendungen gemacht werden. Vgl.

(α, β)-Korrespondenzen auf einer irreduziblen Kurve vom Geschlecht p auf geometrischem Wege völlig neu entwickelt. Der Übergang von seiner Betrachtungsweise zur transzendenten Behandlung von *A. Hurwitz* (Nr. **12**) ist durch das *Abel*sche Theorem gegeben.

Der Kürze und der Deutlichkeit halber ist es zweckmäßig, folgende Bezeichnungen und Konventionen[152]) einzuführen.

Um zu bezeichnen, daß zwei Gruppen A und B von n Kurvenpunkten zu ein und derselben linearen Schar der Ordnung n gehören, d. h. *äquivalent* sind, schreibt man $A \equiv B$. Zwei einer dritten äquivalente Gruppen sind auch untereinander äquivalent.

Die Schreibweise λA, wobei λ eine ganze positive Zahl ist, bezeichnet die Gruppe der Punkte, die sich ergibt, wenn jeder Punkt der Gruppe A λ-mal gezählt wird.

Die durch eine Gruppe A bestimmte Vollschar soll mit $|A|$ bezeichnet werden.

Sind A, B, A', B' Punktgruppen der Kurve, für welche die Äquivalenz

(1) $$A + B' \equiv A' + B$$

besteht, so kann diese auch in der Form

(2) $$A - B \equiv A' - B'$$

geschrieben werden, und zwar auch dann, wenn die Residualschar $|A - B|$ (und daher auch die $|A' - B'|$)[153]) nicht existiert.

Je nachdem die Schar $|A - B|$ existiert oder nicht existiert, spricht man davon, daß das Symbol $A - B$ eine *wirkliche Gruppe*

---

auch *F. Enriques* und *O. Chisini*, „Lezioni" 3, p. 456 ff.; *J. L. Coolidge*, „Alg. pl. curves", p. 121–129.

In „Trattato" 1_1, a. a. O., wird die Theorie von *F. Severi* neu gegeben und vervollständigt und genau die Art und Weise festgelegt, in der die Koinzidenzpunkte in jeder Äquivalenzrelation, in der ihre Gruppe vorkommt, gezählt werden müssen. S. Nr. **17**.

152) Für einige von diesen vgl. auch *G. Castelnuovo*, Rend. Ist. Lomb. (2) 25 (1892), p. 1189. Der Begriff der virtuellen Punktgruppen und linearen Scharen wird von *F. Severi*[2]), p. 7—8; „Lezioni", p. 214—215; „Vorlesungen", p. 171, und vollständiger „Trattato" 1_1, p. 109—110, eingeführt. S. auch *F. Enriques* und *O. Chisini*, „Lezioni" 3, p. 44—45.

Die Begriffe der virtuellen Gruppen und linearen Scharen werden von *F. Severi*, Rend. Ist. Lomb. (2) 38 (1905), p. 859; Atti Ist. Ven. 68^2 (1909), p. 836 durch Einführung der Begriffe der virtuellen Kurven und linearen Systeme auf die Flächen ausgedehnt. Diese sind auch für die Beziehungen zwischen algebraischer Geometrie und Topologie wesentlich, wie sich aus den Untersuchungen von *S. Lefschetz*[4]) ergibt.

153) Für die Begriffe der Vollschar und Residualschar s. III C 4 (*L. Berzolari*), Nr. **25** und **26**.

(*gruppo effettivo*) oder eine *virtuelle Gruppe* (*gruppo virtuale*) darstellt. Im zweiten Falle wird durch die Gleichung (2) eine *Äquivalenz zwischen virtuellen Gruppen* definiert: Diese reduziert sich auf die Äquivalenz (1) zwischen wirklichen Gruppen.

Ist $A \equiv B$, so bezeichnet man die virtuelle Gruppe $A - B$ auch mit dem Symbol 0 und schreibt $A - B \equiv 0$.

Die Gesamtheit aller mit einer gegebenen Gruppe äquivalenten virtuellen Gruppen, ebenso die Gesamtheit aller Symbole vom Typus $A - B$, zwischen denen Beziehungen wie die (2) stattfinden, heißt *virtuelle lineare Vollschar*, und wird mit $|A - B|$ bezeichnet. *Ordnung* einer solchen virtuellen Schar ist die Differenz zwischen den Ordnungen der linearen Scharen $|A|$ und $|B|$. Ist $A \equiv B$, so heißt die virtuelle Schar $|A - B|$, die *lineare Schar Null.*[154])

Bestimmt eine um eine effektive Gruppe vermehrte virtuelle Gruppe eine wirkliche lineare Schar, so wird dieselbe Schar bestimmt, wenn man an Stelle der beiden betrachteten zwei äquivalente Gruppen[155]) setzt.

Aus dem vorhergehenden ergibt sich, daß eine Gruppe in einer Äquivalenz durch bloße Änderung des Vorzeichens von einer Seite zur anderen überführt werden kann. Es folgt weiter, daß mehrere Äquivalenzen auch nach Multiplikation mit willkürlichen (positiven oder negativen) ganzen Zahlen Seite für Seite addiert werden können.

Was die algebraischen Korrespondenzen (beliebiger Beschaffenheit) anbelangt, so ist es angebracht, mit *Summe* und *Produkt* zu arbeiten. Die Summe $T_1 + T_2$ zweier auf einer Kurve gegebener Korrespondenzen T_1 und T_2 ist die (notwendigerweise algebraische) Korrespondenz, die sich ergibt, wenn man jedem Kurvenpunkte die ihm vermöge T_1 und T_2 entsprechenden Punkte zuordnet. Diese Summe ist kommutativ und assoziativ. Das Produkt $T_2 T_1$ entsteht dadurch, daß man erst die einem Punkte der Kurve vermöge T_1 entsprechenden Punkte bestimmt und dann auf jeden dieser Punkte die Korrespondenz T_2 anwendet. Das Produkt ist im allgemeinen nicht kommutativ, wohl aber assoziativ und (bez. der Summe) distributiv.

---

154) Setzen sich A und B aus derselben Anzahl von Punkten zusammen, ohne aber äquivalent zu sein, so ist die Schar $|A - B|$ zwar von der Ordnung Null, nicht aber die lineare Schar Null.

155) Eine virtuelle Gruppe $A - B$ kann daher als ein Operatorsymbol $+ A - B$ betrachtet werden, das bei Anwendung auf eine passende effektive Gruppe G zu einer effektiven linearen Schar $|G + A - B|$ führt.

Der Begriff der virtuellen Gruppen und lineare Scharen ähnelt dem der negativen Zahlen in der Algebra.

Nach diesen Voraussetzungen geht nun *Severi* von der Betrachtung einer Wertigkeitskorrespondenz aus und setzt als Definition der Wertigkeit (vgl. Nr. **12**) fest, daß eine Korrespondenz T zwischen den Punkten einer Kurve vom Geschlecht p die Wertigkeit γ hat, wobei γ eine positive, negative ganze Zahl (oder Null) ist, wenn die identische Gleichung

$$Y + \gamma x \equiv Y' + \gamma x'$$

immer gilt, in der Y und Y' die Gruppen homologer Punkte in T von zwei beliebigen Punkten x und x' der Kurve bedeuten.

Ist $p > 0$, so kann eine Korrespondenz keine zwei verschiedenen Wertigkeiten haben.

Haben zwei Korrespondenzen die Wertigkeiten γ_1 und γ_2, so hat ihre Summe die Wertigkeit $\gamma_1 + \gamma_2$ und ihr Produkt die Wertigkeit $-\gamma_1\gamma_2$.[156])

Die vorhergehenden Operationen wenden wir nun auf Korrespondenzen mit der Wertigkeit Null und involutorische Korrespondenzen mit der Wertigkeit 1 (*elementare* Korrespondenzen) an, in denen zwei, ein und derselben Gruppe einer linearen Schar g_n^1 angehörende Punkte homolog sind. Dann wird bewiesen, daß die inverse Korrespondenz einer mit Wertigkeit ausgestatteten Korrespondenz dieselbe Wertigkeit hat[157]) und auf jeder Kurve Korrespondenzen mit willkürlich gegebener Wertigkeit (positiv, Null oder negativ) existieren.

Außerdem erhält man nicht nur das Korrespondenzprinzip für die Wertigkeitskorrespondenzen, sondern auch die funktionale Bedeutung dieses Prinzips.[158]) Hat nämlich eine Korrespondenz T die Wertig-

156) Von dem Begriff der Summe mehrerer Korrespondenzen geht man zu dem Begriff der Korrespondenz kT über, die das Vielfache gemäß einer positiven ganzen Zahl k einer gegebenen Korrespondenz T ist. Hat T die Wertigkeit γ, so hat die Korrespondenz kT die Wertigkeit $k\gamma$. Umgekehrt hat die Korrespondenz T die Wertigkeit γ, wenn kT die Wertigkeit $k\gamma$ hat. S. *F. Severi*, Atti Ist. Ven. 65^2 (1906), p. 634; „Trattato" 1_1, p. 257. — Allgemeiner hat *F. Severi*, Atti Acc. Torino 48 (1913), p. 666 auf geometrischem und transzendentem Wege bewiesen, daß, wenn kT die Wertigkeit γ hat, die Zahl γ ein Vielfaches von k ist, daß die Korrespondenz T auch Wertigkeit hat und diese Wertigkeit $\frac{\gamma}{k}$ ist. S. auch *F. Severi*, „Trattato" 1_1, p. 278—280.

Diese Begriffe treten bei *A. A. Bennett*, Ann. of math. (2) 16 (1914), p. 97; (2) 18 (1916), p. 200; (2) 21 (1919), p. 299 [Auszug Bull. Amer. math. Soc. (2) 26 (1920), p. 248] beim Studium der Korrespondenzen in Verbindung mit Schließungsaufgaben auf.

157) Für den Fall einer Null- oder positiven Wertigkeit s. Anm. 121; ein einfacher geometrischer Beweis des Satzes für eine beliebige Wertigkeit bei *F. Severi*[2]), p. 10; „Lezioni", p. 220; „Vorlesungen", p. 175; „Trattato" 1_1, p. 232.

158) *A. Hurwitz*[138]), p. 566—567 = Math. Werke 1, p. 168—169; *F. Severi*[2]), p. 11; „Lezioni", p. 221; „Vorlesungen", p. 176; „Trattato" 1_1, p. 233—235.

keit γ (positiv, negativ oder Null), so stellt sich in der Tat heraus, daß die Korrespondenzformel $\alpha + \beta + 2\gamma p$ die zahlenmäßige Auslegung folgenden Satzes ist: Die Gruppe U der Koinzidenzpunkte ist äquivalent der Summe der Gruppen Y und X, die die homologen Punkte eines beliebigen Kurvenpunktes a in T und der inversen Korrespondenz T^{-1} enthalten, zusammen mit γ kanonischen Gruppen und dem 2γ-mal gezählten Punkt a. Symbolisch geschrieben lautet der Satz:

$$U \equiv X + Y + \gamma K + 2\gamma a,$$

worin K eine kanonische Gruppe bedeutet.

Zur Bestimmung *aller* algebraischer Korrespondenzen auf einer gegebenen Kurve und zum allgemeinsten Korrespondenzprinzip gelangt man durch Einführung des Begriffs der *Abhängigkeit* zwischen mehreren Korrespondenzen. Man sagt, daß die auf der Kurve gegebenen Korrespondenzen $T_1, T_2, \ldots, T_k$ (gemäß den Zahlen $\lambda_1, \lambda_2, \ldots, \lambda_k$) voneinander *abhängig* sind (auch daß eine Korrespondenz von den übrigen abhängt), wenn es k so beschaffene ganze Zahlen (die positiv, Null oder negativ, nicht aber alle gleich Null sein können) $\lambda_1, \lambda_2, \ldots, \lambda_k$ gibt, daß sich, falls man mit Y_i die Gruppe der homologen Punkte eines beliebigen Punktes a in T_i bezeichnet, die Gruppe $\lambda_1 Y_1 + \lambda_2 Y_2 + \cdots + \lambda_k Y_k$ bei Änderung von a in eine (wirkliche oder virtuelle) lineare Schar verwandelt. In Symbolen ausgedrückt muß sich, wenn Y_i' die Gruppe der homologen Punkte eines anderen Punktes a' in T_i genannt wird, ergeben:

$$\lambda_1 Y_1 + \lambda_2 Y_2 + \cdots + \lambda_k Y_k \equiv \lambda_1 Y_1' + \lambda_2 Y_2' + \cdots + \lambda_k Y_k'.$$

Ist eine derartige Beziehung nur für solche Werte $\lambda_1, \lambda_2, \ldots, \lambda_k$ möglich, die alle gleich Null sind, so spricht man davon, daß die k Korrespondenzen *unabhängig* sind.

Sind die Korrespondenzen $T_1, T_2, \ldots, T_k$ gemäß den Zahlen $\lambda_1, \lambda_2, \ldots, \lambda_k$ voneinander abhängig, so sind auch ihre inversen Korrespondenzen gemäß diesen Zahlen voneinander abhängig.

Zwei Wertigkeitskorrespondenzen sind immer voneinander abhängig. Jede Wertigkeitskorrespondenz ist von der Identität abhängig; umgekehrt ist jede von der Identität abhängige Korrespondenz eine Wertigkeitskorrespondenz.[159])

Nach diesen Voraussetzungen ist die funktionale Verbindung zwischen den Gruppen der Koinzidenzpunkte mehrerer untereinander abhängiger Korrespondenzen durch folgenden Satz ausgedrückt: Ent-

159) Für diese Umkehrung s. *F. Severi*, Atti Acc. Torino 48 (1913), p. 660. Ein anderer Beweis bei *C. Rosati*, Roma Rend Acc. Linc. (5) 22^2 (1913), p. 387.

sprechen in den gemäß den Zahlen $\lambda_1, \lambda_2, \ldots, \lambda_k$ voneinander abhängigen Korrespondenzen $T_1, T_2, \ldots, T_k$, dem Punkte a die Punktgruppen $Y_1, Y_2, \ldots, Y_k$, während in den inversen Korrespondenzen diesem Punkte die Gruppen $X_1, X_2, \ldots, X_k$ entsprechen, und bezeichnet man mit $U_1, U_2, \ldots, U_k$ die Gruppen der Koinzidenzpunkte in den $T_1, T_2, \ldots, T_k$, so ergibt sich

$$(3)\qquad \lambda_1 U_1 + \cdots + \lambda_k U_k \equiv \lambda_1(X_1 + Y_1) + \cdots + \lambda_k(X_k + Y_k).$$

Nennt man α_i, β_i, u_i die Anzahlen der Punkte von X_i, Y_i, U_i derart, daß die Korrespondenz T_i die Indizes α_i, β_i und u_i Koinzidenzpunkte hat, so ist die zahlenmäßige Deutung der vorhergehenden Beziehung durch die Formel

$$(4)\qquad \lambda_1 u_1 + \cdots + \lambda_k u_k = \lambda_1(\alpha_1 + \beta_1) + \cdots + \lambda_k(\alpha_k + \beta_k)$$

gegeben, die, falls alle $\lambda_1, \lambda_2, \cdots, \lambda_k$ positiv sind, mit der *Cayley*schen Formel (2) in Nr. **10** übereinstimmt.[160])

F. Severi[161]) beweist, daß vermöge des *Abel*schen Theorems der eben aufgestellte Begriff der voneinander abhängigen oder unabhängigen Korrespondenzen mit dem auf transzendentem Wege gegebenen Begriff von *A. Hurwitz* (Nr. **12**) übereinstimmt. *F. Severi* beweist ferner auf Grund der Entwicklungen von *Hurwitz*, daß man auf jeder Kurve vom Geschlecht p eine endliche Anzahl μ ($\leqq 2p^2$) so beschaffener

160) Wie *F. Severi*, „Trattato" 1_1, p. 238—239 bemerkt hat, können die Formeln (3) und (4) auch auf den Fall ausgedehnt werden, daß irgendwelche von den k gegebenen Korrespondenzen unendlichviele Koinzidenzpunkte haben. Trifft dies z. B. für die T_1 und T_2 zu, so ist jede dieser Korrespondenzen reduzibel und zerlegt sich in die Summe einer Korrespondenz (die reduzibel sein kann) mit einer endlichen Anzahl von Koinzidenzen und die, eine gewisse Anzahl mal gezählte Identität E. Entsprechen vermöge T_1 dem allgemeinen Punkt a der Kurve derselbe μ_1-mal gezählte Punkt und $\beta_1 - \mu_1$ andere von a verschiedene Punkte, so sind diese Punkte homologe Punkte von a in einer Korrespondenz T_1' von der Art, daß

$$T_1 = T_1' + \mu_1 E, \quad T_1^{-1} = T_1'^{-1} + \mu_1 E.$$

Ähnlich liefert die Korrespondenz T_2

$$T_2 = T_2' + \mu_2 E, \quad T_2^{-1} = T_2'^{-1} + \mu_2 E.$$

Nennt man U_1' und U_2' die Gruppen der Koinzidenzpunkte von T_1' und T_2', so ergibt sich die Gleichung

$$\lambda_1 U_1' + \lambda_2 U_2' + \lambda_3 U_3 + \cdots + \lambda_k U_k \equiv \lambda_1 (X_1' + Y_1') + \lambda_2 (X_2' + Y_2') + \lambda_3 (X_3 + Y_3) + \cdots + \lambda_k (X_k + Y_k) + 2(\lambda_1 \mu_1 + \lambda_2 \mu_2) a + (\lambda_1 \mu_1 + \lambda_2 \mu_2) K,$$

in der K eine kanonische Gruppe der Kurve ist. Die entsprechende numerische Relation ist

$$\lambda_1 u_1' + \lambda_2 u_2' + \lambda_3 u_3 + \cdots + \lambda_k u_k = \lambda_1 (\alpha_1 + \beta_1) + \lambda_2 (\alpha_2 + \beta_2) + \cdots + \lambda_k (\alpha_k + \beta_k) + 2(\lambda_1 \mu_1 + \lambda_2 \mu_2) p.$$

161) S. [2]), p. 16—19.

unabhängiger Korrespondenzen $T_1, T_2, \ldots, T_\mu$ festlegen kann, daß jede andere Korrespondenz von diesen abhängig ist. Man gelangt auf die Minimalbasis[144]) indem man zeigt, daß die $T_1, T_2, \ldots, T_\mu$ in der Weise ausgewählt werden können, daß, wenn T eine beliebige andere Korrespondenz ist, die $T, T_1, T_2, \ldots, T_\mu$ gemäß den Zahlen $1, \lambda_1, \lambda_2, \ldots, \lambda_\mu$ voneinander abhängig sind. Durch die Korrespondenz T werden die Zahlen $\lambda_1, \lambda_2, \ldots, \lambda_\mu$ bestimmt und man schreibt

$$T \equiv \lambda_1 T_1 + \lambda_2 T_2 + \cdots + \lambda_\mu T_\mu.$$

Handelt es sich um eine Kurve mit allgemeinen Moduln, so ergibt sich $\mu = 1$, und als Minimalbasis kann die Identität oder irgendeine beliebige Elementarkorrespondenz angenommen werden.

Hiernach ergibt sich das allgemeine Korrespondenzprinzip auf einer beliebigen Kurve sofort als die zweite der beiden Formen (8) in Nr. **12**, weil, falls T_i die Indizes α_i, β_i und u_i Koinzidenzpunkte, und T die Indizes α, β und u Koinzidenzpunkte hat, nach Gleichung (4)

$$u = \alpha + \beta + c_1\lambda_1 + c_2\lambda_2 + \cdots + c_\mu\lambda_\mu$$

gilt, wo

$$c_i = \alpha_i + \beta_i - u_i \qquad (i = 1, 2, \ldots, \mu)$$

ist, und die Zahlen c_i daher von der Kurve und nicht der Korrespondenz abhängen.

14. Fortsetzung: Die algebraischen Korrespondenzen zwischen den Punkten einer in einem linearen System veränderlichen Kurve auf einer algebraischen Fläche. Nach einer Bemerkung von *F. Severi*[162]) läßt sich die Eigenschaft (Nr. **12**), nach der eine singuläre Korrespondenz nur dann existiert, falls die Moduln der Kurve speziell sind (eine Eigenschaft übrigens, die bei *A. Hurwitz* rein zufällig auftritt), nur dann vollständig beweisen, wenn man zeigt, daß die in Nr. **12** erwähnten p^2 quadratischen Beziehungen (3) gänzlich unabhängig von den $\frac{(p-2)(p-3)}{2}$ Relationen sind, die für $p > 3$ und beliebige Kurven die Perioden der Normalintegrale erster Gattung

162) S. Anm. 141.

F. Severi, Roma Rend. Acc. Linc. (6) 6 (1927), p. 435 hat verschiedene seiner Beweispunkte vereinfacht und, wie im Text, die Annahmen, auf denen der Beweis beruht, genau angegeben.

Zu analogen Folgerungen ist unabhängig *O. Zariski,* Amer. J. of math. 50 (1928), p. 86 gelangt.

Zwei andere Beweise des Satzes von *A. Hurwitz* hat *S. Lefschetz* gegeben, Amer. J. of math. 50 (1928), p. 159, und insbesondere festgestellt daß auf einer allgemeinen hyperelliptischen Kurve keine singulären Korrespondenzen existieren.

verbinden.[163]) Im Hinblick auf dieses Ziel hat *Severi* bewiesen, daß Kurven vom Geschlechte p ohne singuläre Korrespondenzen für jeden Wert von p existieren. Dieses Ergebnis ist nichts anderes als ein Sonderfall des folgenden, das *F. Severi* sowohl auf transzendentem wie geometrischem Wege erhalten hat. Ist auf einer regulären Fläche ein allgemeines Netz von Kurven gegeben, so besitzt die allgemeine Kurve des Netzes nur Wertigkeitskorrespondenzen (besondere Kurven des Netzes können aber natürlich sehr wohl singuläre Korrespondenzen besitzen).[164]) Auf der Fläche kann ein Netz von Kurven mit singulären Korrespondenzen nur dann existieren, wenn die für das Netz charakteristische lineare ∞^1-Schar [III C 4 (*L. Berzolari*), Nr. **36**; III C 6b (*G. Castelnuovo* und *F. Enriques*), Nr. **16**] durch irgendeine singuläre Korrespondenz zusammengesetzt wird.[165])

---

163) Diese Beziehungen kennt man nur im Falle $p = 4$, wo sie sich auf eine einzige reduzieren. S. *F. Schottky*, J. f. Math. 102 (1886), p. 321; Acta math. 27 (1903), p 235; *H. Poincaré*, J. math. pures appl. (5) 1 (1895), p. 292; Auszug Paris C. R. 120 (1895), p. 242. Vgl. II B 7 (*A. Krazer* und *W. Wirtinger*), Nr. **46** und **92**. — Über diese Beziehungen in Verbindung mit der *Hurwitz*schen Korrespondenztheorie s. auch Nr. **38**.

164) Daß dies eine charakteristische Eigenschaft der regulären Flächen ist, geht unmittelbar aus der in Anm. 141 angeführten Arbeit, p. 533—535, von *F. Severi* hervor. S. auch *R. Torelli*, Roma Rend. Acc. Linc. (5) 22^2 (1913), p. 478; Atti Acc. Torino 49 (1914), Anm. auf p. 858.

165) Der Begriff der Zusammensetzung einer linearen Schar g_n^1 durch eine Involution [III C 4 (*L. Berzolari*), Nr. **24**] ist nach *F. Severi*, Roma Rend. Acc. Linc. (6) 6 (1927), p. 435, folgender Erweiterung fähig. Es sei P ein auf C beweglicher Punkt und $P_1, P_2, \ldots, P_{n-1}$ die $n-1$ Punkte, die zusammen mit P die durch P bestimmte Gruppe von g_n^1 bilden. Es kann nun vorkommen, daß, wenn P auf C alle möglichen geschlossenen Zyklen unter Ausgang von einer gegebenen vorbestimmten Lage wieder zu dieser zurück durchläuft, der Punkt P_1 z. B., nur mit *gewissen* jener Punkte $P_2, \ldots, P_{n-1}$ vertauschbar ist. In diesem Falle werden wir die g_n^1 als *reduzibel* bezeichnen. Faßt man nun die durch den Umlauf von P vertauschbaren Punkte $P_1, P_2, \ldots, P_k$ als homologe Punkte von P auf, so ergibt sich eine algebraische Korrespondenz, deren einer Index k ist; die g_n^1 ist nach *Severi* durch diese Korrespondenz zusammengesetzt. Kurz, eine g_n^1 ist durch eine Korrespondenz T zusammengesetzt, wenn sich alle einem Punkte P von C homologen Punkte in T in der von P bestimmten Gruppe von g_n^1 befinden.

Der Fall, daß g_n^1 durch einen Teil von T zusammengesetzt wird, unterscheidet sich nicht vom allgemeinen Falle, weil dieser Teil von T eine Korrespondenz S bildet (wobei $T = S + S'$), durch welche die g_n^1 zusammengesetzt wird.

F. Severi, a. a. O., hat auch gefunden, daß auf einer regulären Fläche die allgemeine Kurve eines einfachen irreduziblen linearen Systems (d. h. derart, daß sich seine charakteristische Schar nicht durch eine Involution zusammensetzt) von der Dimension $r \geqq 2$, welche zwei Kurven mit einer einfachen Berührung

Da die Ebene eine besondere reguläre Fläche ist, so gelten diese Eigenschaften auch für die irreduziblen linearen mindestens ∞^2-Systeme ebener Kurven.[166]

Daraus folgt, daß sich auf einer Kurve mit allgemeinen Moduln, von beliebigem Geschlecht nur Wertigkeitskorrespondenzen befinden.[167]

F. Severi hat sich auch damit beschäftigt, die Korrespondenzen zwischen den Punkten einer Kurve auf einer irregulären Fläche zu charakterisieren. Nachdem er aus der Anzahl der singulären Korrespondenzen gewisse Korrespondenzen ausgeschlossen hat, die von ihm als *mit doppelter Wertigkeit* (s. Nr. **24**) bezeichnet werden, zeigt er, daß die kontinuierlichen Systeme singulärer Korrespondenzen, die zwischen den Punkten der allgemeinen Kurve eines linearen mindestens ∞^2-Systems $|C|$ auf einer irregulären Fläche F bestehen, eineindeutig den kontinuierlichen Systemen singulärer Korrespondenzen zwischen den Punkten der auf F bezüglichen *Picard*schen Mannigfaltigkeit V [III C 6 b (*G. Castelnuovo* und *F. Enriques*), Nr. **19**], zugeordnet sind.

Infolgedessen besitzt die allgemeine Kurve von $|C|$, falls die Moduln von V allgemein sind, nur Korrespondenzen mit (einfacher oder doppelter) Wertigkeit.

Es ergibt sich auch, daß die Anzahl der unabhängigen Korrespondenzen, die auf der allgemeinen Kurve von $|C|$ existieren, $2q^2 + 1$ nicht überschreiten kann, wobei q (> 0) die Irregularität von F ist [III C 6 b (*G. Castelnuovo* und *F. Enriques*), Nr. **18**].

Die geometrische Behandlung dieses Gegenstandes hat *Severi* zu anderen Eigenschaften geführt, unter denen die folgenden erwähnt sein mögen. Besteht auf der allgemeinen Kurve vom Geschlecht p eines unendlichen linearen Systems $|C|$ auf einer (regulären oder irregulären) Fläche irgendeine singuläre Korrespondenz, so kann man auf jeder Kurve C ein kontinuierliches System singulärer Korrespondenzen rational

---

außer in den Basispunkten enthält, frei von singulären Korrespondenzen ist. Insbesondere enthält die allgemeine Kurve eines einfachen irreduziblen linearen ∞^r-Systems $(r \geq 3)$ auf einer regulären Fläche nur Wertigkeitskorrespondenzen.

166) Es gibt Beispiele von Netzen ebener Kurven, die alle mit singulären Korrespondenzen ausgestattet sind, wie z. B. das aus den äquianharmonischen kubischen Kurven mit gemeinsamem polaren Dreieck gebildete Netz.

167) Nicht immer haben die veränderlichen Kurven eines linearen Systems auf einer regulären Fläche allgemeine Moduln. So haben die in unendlichen linearen Systemen veränderlichen ebenen Kurven m^{ter} Ordnung vom Geschlecht $p > \frac{3}{2}(m-2)$ keine allgemeinen Moduln.

Nach *F. Severi,* Roma Rend. Acc. Linc. (6) 7 (1928), p. 10—11, besitzt die Kurve auf einer algebraischen Fläche, die der Ort der Berührungspunkte der Kurven zweier allgemeiner linearer Büschel ist, keine allgemeinen Moduln.

bestimmen. Eine einzige singuläre Korrespondenz kann man auf der besagten allgemeinen Kurve bestimmen, wenn auf dieser Kurve ein Punkt und eine nicht speziale Gruppe von p Punkten rational gegeben sind.

In dieser geometrischen Behandlung spielt eine wesentliche Rolle die Ende von Nr. **34** erwähnte Ungleichheit, die ein arithmetisches Kriterium zur Kennzeichnung der Wertigkeitskorrespondenzen liefert.

15. Wertigkeit einer Korrespondenz nach H. Burkhardt und H. G. Zeuthen. Die positive oder negative Wertigkeit einer Wertigkeitskorrespondenz kann (aber nur auf einer Kurve mit allgemeinen Moduln) nach *H. G. Zeuthen*[168]) mit Hilfe der Formel für die Anzahl der Koinzidenzpunkte bestimmt werden. Nehmen wir die ebene Kurve als Modell, so ist die Zahl 2γ als die Anzahl der Koinzidenzen definiert, die man bei Einführung eines neuen Doppelpunktes auf der Kurve verliert oder erhält (je nachdem $\gamma > 0$ oder $\gamma < 0$).

Um in besonderen Fällen wirkliche Abzählungen zu erreichen, haben *H. Burkhardt*[169]) und *H. G. Zeuthen*[170]) es für zweckmäßig gehalten, jeder beliebigen Korrespondenz zwischen zwei Punkten einer Kurve eine Wertigkeit beizulegen. Diese Wertigkeit γ wird mittels der Gleichung (1) in Nr. **10** definiert und kann daher auch einen negativen oder gebrochenen Wert haben. Für die zusammengesetzten Korrespondenzen behält die *Cayley*sche Formel (2) in Nr. **10** ihre Gültigkeit. Wenn sich dann die Gruppe der Punkte P_2, die ein und demselben Punkt P_1 in einer Korrespondenz von der Wertigkeit γ entsprechen, algebraisch so in kleinere Gruppen spaltet, daß i' von diesen Punkten auf jeden Punkt P_2' einer Gruppe, i'' auf jeden Punkt P_2'' einer

168) Math. Ann. 40 (1891), p. 107.

169) Paris C. R. 126 (1898), p. 1854.

170) Vgl. „Lehrbuch", p. 205—263, wo zahlreiche Anwendungen des *Cayley-Brill*schen Korrespondenzprinzips (Nr. **10**) gemacht und auch solche Korrespondenzen betrachtet werden, deren Wertigkeit negativ oder gebrochen ist. Von diesen Anwendungen führen wir an: die Anwendungen auf die Regelflächen, auf die singulären und nichtsingulären eineindeutigen Korrespondenzen auf einer elliptischen Kurve (Nr. **43**) und auf die *Steiner*schen Polygone [III C 5 (*G. Kohn*), Nr. **39**], auf die Ableitung der *Plücker*schen Formeln [III C 4 (*L. Berzolari*), Nr. **8**], auf das Problem der spezialen Gruppen auf einer gegebenen Kurve [a. a. O., Nr. **28**], auf Berührungsaufgaben, insbesondere die Ableitung der Formel von *de Jonquières* [s. Anm. 125], auf die zwei Kurven ein- und umbeschriebener Vielecke, auf die mehrfachen Sekanten einer algebraischen Raumkurve [III C 9 (*K. Rohn* und *L. Berzolari*), Nr. **23**]. Weitere Anwendungen auf Berührungsprobleme p. 300—306, 338—340. Über das Problem der Bestimmung der Dreiecke, die einer algebraischen ebenen Kurve gleichzeitig ein- und umbeschrieben sind, s. auch *H. G. Zeuthen,* Congrès des Math. à Stockholm 1909, p. 40.

anderen Gruppe und so weiter fallen, und wenn die Korrespondenzen zwischen P_1 und P_2', zwischen P_1 und P_2'', ... die Wertigkeiten $\gamma', \gamma'', \ldots$ haben, so gilt:

$$\gamma = i'\gamma' + i''\gamma'' + \cdots.$$

So sind z. B. die Wertigkeiten der singulären Korrespondenzen auf einer harmonischen oder äquianharmonischen elliptischen Kurve (Nr. **43**) 0, und $\frac{1}{2}$ oder $-\frac{1}{2}$.

16. Die algebraischen Korrespondenzen zwischen algebraischen Kurven unter dem Gesichtspunkt der Analysis situs. Die *Analysis situs* liefert beachtenswerte Untersuchungsmittel auch für die Theorie der algebraischen Korrespondenzen zwischen algebraischen Kurven.[171])

Von den Wertigkeitskorrespondenzen kann nach *C. Rosati*[172]) folgende topologische Deutung gegeben werden: Hat man auf einer Kurve C eine Korrespondenz T mit Wertigkeit γ, und beschreibt ein Punkt P auf der *Riemann*schen Bildfläche von C einen beliebigen Zyklus (Kreis, Ringweg) σ, so beschreiben seine entsprechenden Punkte in T und T^{-1} zusammen einen Zyklus, der $-\gamma\sigma$, d. h. dem $|\gamma|$-mal im selben oder entgegengesetzten Sinne, je nachdem γ negativ oder positiv ist, durchlaufenen Zyklus σ homolog ist [im Sinne von *H. Poincaré:* vgl. III AB 3 (*M. Dehn* und *P. Heegaard*), Grundlagen, Nr. **1**; A, Nr. **3**].

C. Rosati[172]) hat das *Abel*sche Theorem topologisch gedeutet, *O. Chisini*[173]) im Anschluß daran das *Cayley-Brill*sche Korrespondenzprinzip durch die Methoden der Analysis situs[174]) begründet.

---

171) Ein Studium der Korrespondenzen unter diesem Gesichtspunkt bei *F. Enriques* und *O. Chisini*, „Lezioni" 3, p. 485—509. Vgl. auch *J. W. Alexander*, Trans. Amer. math. Soc. 25 (1923), p. 173.

172) Roma Rend. Acc. Linc. (5) 22^2 (1913), p. 386—387. S. auch *O. Chisini*[173]), p. 557; *F. Enriques* und *O. Chisini*, „Lezioni" 3, p. 489.

173) Rend. Ist. Lomb. (2) 54 (1921), p. 552.

174) Das *Abel*sche Theorem besagt [II B 2 (*W. Wirtinger*), Nr. **41—44**; III C 4 (*L. Berzolari*), Nr. **33**]: Auf einer Kurve vom Geschlecht p bewegt sich eine variable Punktgruppe G_n dann und nur dann innerhalb einer linearen Schar, wenn für jedes der p Integrale 1. Gattung die Summe der Werte, die es in den n Punkten der Gruppe G_n annimmt, konstant ist.

Es ergibt sich, daß der Satz vom Gesichtspunkt der Analysis situs aus wie folgt ausgedrückt werden kann. Auf einer algebraischen Kurve f ist jede algebraische ∞^1-Schar s_n von Gruppen G_n zu n Punkten, die einer linearen Schar g_n n^{ter} Ordnung angehören, vom *Zyklus Null*, d. h., wenn G_n bei Änderung innerhalb s_n und daher innerhalb g_n auf sich zurückgeht, ist die Summe der von den Punkten von G_n auf der zu f gehörigen *Riemann*schen Fläche R durchlaufenen Zyklen homolog zu einem Zyklus Null. Umgekehrt gehört jede algebraische ∞^1-Schar s_n von Gruppen G_n zu n Punkten von f, die vom Zyklus Null

Die allgemeinsten stetigen Korrespondenzen auf einer Mannigfaltigkeit von beliebiger Dimension, und ihre Koinzidenzen, wurden vom Gesichtspunkt der Analysis situs eingehend von *S. Lefschetz*[175]) studiert, der dabei die Ergebnisse von *A. Hurwitz* und *F. Severi* als besondere Fälle abgeleitet hat. *Lefschetz* hat eine stetige Transformation einer zusammenhängenden geschlossenen Mannigfaltigkeit M_k von k Dimensionen in eine andere (von M_k verschiedene oder nicht verschiedene) Mannigfaltigkeit M'_k als einen Zyklus von k Dimensionen innerhalb der Mannigfaltigkeit W_{2k} von $2k$ Dimensionen betrachtet, die aus den Paaren der Punkte von M_k und M'_k besteht. Die *algebraischen* Zahlen der Schnitte der k-dimensionalen Zyklen innerhalb W_{2k}[176]) liefern dann wichtige Ergebnisse über die zwei stetigen Transformationen gemeinsamen Punktepaare, insbesondere die Koinzidenzpunkte einer stetigen Transformation einer Mannigfaltigkeit M_k in sich.

Im Falle einer algebraischen Korrespondenz zwischen zwei voneinander verschiedenen oder nicht verschiedenen algebraischen Kurven C und C' geht *S. Lefschetz*[177]) von der vierdimensionalen *Riemann*schen

---

ist, einer linearen Schar n^{ter} Ordnung an, d. h. ist aus äquivalenten Gruppen aufgebaut. Für diese zweite Eigenschaft hat *O. Chisini* zwei topologische Beweise gegeben, die auf der Anwendung des Satzes von *G. Castelnuovo* beruhen, von dem in Nr. **34** die Rede sein wird; s. auch *F. Enriques* und *O. Chisini*, „Lezioni" 3, p. 499—505. Für den Fall einer Kurve mit allgemeinen Moduln hat *F. Enriques*, Math. Ann. 85 (1921), p. 199, wiedergegeben bei *F. Enriques* und *O. Chisini*, „Lezioni" 3, p. 491—493, einen Beweis gegeben, der auf dem Prinzip der Ausartung beruht, d. h. man läßt die gegebene ebene Kurve f vom Geschlecht p durch Zufügung eines neuen Doppelpunktes in eine solche vom Geschlecht $p-1$ ausarten. Nach derselben Methode hat *F. Enriques* angegeben, wie man die Fundamentalsätze der Geometrie auf einer algebraischen Kurve (Restsatz, Satz von *Riemann-Roch* usw.), und ebenso die Theorie der algebraischen Korrespondenzen auf einer algebraischen Kurve, erhalten kann.

175) S. das Zitat in Anm. 2.

176) D. h. mit ihren Vorzeichen, nach Art von *L. Kronecker* und *H. Poincaré*, betrachtete Schnitte. Die Ergebnisse der *Kronecker*schen „Charakteristikentheorie" [I B 3a (*C. Runge*), Nr. 7] sind für diese Fragen von wesentlicher Wichtigkeit.

S. außer den in Anm. 2 zitierten Arbeiten von *S. Lefschetz* über diese Schnitte *S. Lefschetz*, „L'anal. situs et la géom. alg."[114]), p. 10—16; „Topology"[2]), p. 161ff. (wo man auch andere Zitate findet); *F. Severi*, „Conf. di geom. alg."[6]), p. 322—332; *H. Hopf*, Proc. Nat. Acad. of Sciences 14 (1928), p. 149; Math. Ztschr. 29 (1928), p. 493; Gött. Nachr. 1928, p. 127. S. auch den Bericht über die kombinatorische Topologie von *B. L. van der Waerden*, Jahresb. Deutsch. Math.-Ver. 39 (1930), p. 121.

177) S. die Zitate in Anm. 2, besonders Proc. Nat. Acad. of Sciences 12 (1926), p. 737; Ann. of math. (2) 28 (1927), p. 342; „Topology", p. 391—392.

Mannigfaltigkeit R[178]) aus, die sich auf die Fläche bezieht, deren Punkte die Punktepaare von C und C' sind (Nr. **1** und **9**). Eine algebraische Korrespondenz zwischen C und C' wird dann durch einen zweidimensionalen Zyklus Γ in R dargestellt und *S. Lefschetz* beweist, daß die Indizes der Korrespondenz und ihre charakteristischen ganzen Zahlen die Koeffizienten der linearen Kombination sind, durch die sich Γ mittels der Zyklen eines Fundamentalsystems ausdrückt. Hieraus leitet *Lefschetz* genau die Ergebnisse von *A. Hurwitz* und *F. Severi* ab.

Vom Gesichtspunkt der Analysis situs aus wurde das Korrespondenzprinzip für beliebige, auch singuläre, algebraische (und sogar auch nicht algebraische) Korrespondenzen auch von *O. Chisini*[179]) begründet, der als Ausgangspunkt eine *Riemann*sche Fläche R vom Geschlecht p wählt. A_i, B_i $(i = 1, 2, \ldots, p)$ seien die Paare der Rückkehrschnitte von R, und zwischen den Punkten von R sei eine stetige Korrespondenz T mit den Indizes α, β gegeben, die eine infinitesimale Fläche in eine andere infinitesimale Fläche transformiert, wobei der Drehungssinn um die allgemeinen Paare entsprechender Punkte gewahrt bleibt. Die Korrespondenz T läßt einem jeden der p Rückkehrschnitte A_i eine Linie entsprechen, die topologisch homolog ist zu

$$\sum_{r=1}^{p} a_{ir} A_r + \sum_{r=1}^{p} b_{ir} B_r,$$

während die inverse Korrespondenz T^{-1} ebendiesem A_i eine Linie entsprechen läßt, die homolog ist zu

$$\sum_{r=1}^{p} a'_{ir} A_r + \sum_{r=1}^{p} b'_{ir} B_r.$$

Dann ist die Anzahl u der Koinzidenzpunkte von T ausgedrückt durch

$$u = \alpha + \beta - \sum_{i=1}^{p} (a_{ii} + a'_{ii}).$$

---

178) Vgl. Anm. 114. — Ist eine algebraische irreduzible Mannigfaltigkeit M von k Dimensionen gegeben, so bezeichnet man als auf diese bezügliche *Riemannsche Mannigfaltigkeit,* eine reelle (nicht notwendigerweise algebraische) Mannigfaltigkeit R von $2k$ Dimensionen, deren reelle Punkte in eineindeutiger und stetiger Korrespondenz mit den komplexen Punkten von M stehen. Ist M frei von mehrfachen Punkten, so fügt man die Bedingung hinzu, daß die eineindeutige Korrespondenz zwischen M und R ohne Ausnahmen sei. S. *F. Severi,* „Conf. di geom. alg.“ [6]), p. 75—84, wo die Existenz einer Mannigfaltigkeit R durch effektive Konstruktion eines (algebraischen) Modelles bewiesen wird.

Über die topologischen Eigenschaften der *Riemann*schen Mannigfaltigkeiten s. *S. Lefschetz,* „L'anal. situs et la géom. alg.“ [114]), p. 17 ff.; *F. Severi,* a. a. O., p. 332—343.

179) Rend. Ist. Lomb. (2) 57 (1924), p. 481. Für $p = 0$ vgl. *J. Rey Pastor* [46]), „Fundamentos . . .“, p. 385—386.

Für die Korrespondenzen mit Wertigkeit γ ergibt sich:

$$a_{ir} = b_{ir} = a'_{ir} = b'_{ir} = 0 \quad \text{für} \quad i \neq r,$$
$$b_{ii} = b'_{ii} = 0, \quad a_{ii} = a'_{ii} = -\gamma$$

und man erhält die Formel von *Cayley-Brill*.

17. Multiplizität eines Koinzidenzpunktes in der Gruppe der Koinzidenzpunkte einer algebraischen Korrespondenz auf einer algebraischen Kurve; Regel von H. G. Zeuthen. Damit die Korrespondenzprinzipien auf einer algebraischen Kurve einen genauen Sinn haben, ist notwendig, daß jeder Koinzidenzpunkt einer auf einer solchen Kurve gegebenen algebraischen Korrespondenz eine ganz bestimmte Anzahl mal gezählt wird. Zu diesem Zwecke hat *H. G. Zeuthen*[180]) die von ihm angegebene Regel (Nr. 6) für den Fall des *Chasles*schen Korrespondenzprinzips auf Kurven beliebigen Geschlechtes übertragen.

F. Severi hat weiterhin den Begriff der Multiplizität eines Koinzidenzpunktes und die Eigenschaft der Invarianz der Gruppe der Koinzidenzpunkte gegenüber birationalen Transformationen der Kurve festgelegt, wobei er zunächst[181]) den Fall der Korrespondenzen mit der Wertigkeit Null behandelt.

Es ergibt sich, daß jede Korrespondenz T von dieser Beschaffenheit, mit den Indizes α, β, auf einer Kurve C einem kontinuierlichen System von Korrespondenzen mit der Wertigkeit Null und den Indizes α, β angehört. Die allgemeine Korrespondenz S dieses Systems hat $\alpha + \beta$ verschiedene Koinzidenzpunkte; strebt S gegen T, so wird die Multiplizität eines Koinzidenzpunktes O von T, dem Ursprung eines bestimmten Zweiges δ von C, als Anzahl der Koinzidenzpunkte von S definiert, die auf δ gegen O streben. Daraus erhellt ohne weiteres die Invarianz der Multiplizität des Koinzidenzpunktes bezüglich der birationalen Transformationen der Kurve.

Um den Wert der Multiplizität des Koinzidenzpunktes O nach der Regel von *H. G. Zeuthen* zu bestimmen, ist es zweckmäßig, C frei von superlinearen Zweigen anzunehmen. Dann zählt O als Ursprung eines bestimmten Zweiges von C unter den Koinzidenzpunkten der Korrespondenz so oft, als die Summe der infinitesimalen Ordnungen der Abstände zwischen einem Punkte P des Zweigs und der ihm entsprechenden, dort veränderlichen Punkte beträgt, wenn man den Abstand OP als unendlich klein 1. Ordnung annimmt.

Um diese Ergebnisse auch auf eine beliebige algebraische Korrespondenz zwischen den Punkten einer Kurve C auszudehnen, benutzt

180) Math. Ann. 40 (1891), p. 99.

181) „Trattato" 1_1, p. 220—228.

F. Severi[182]) die Betrachtung der *Komplementärkorrespondenz* einer gegebenen Korrespondenz, die er schon für einen anderen Zweck eingeführt hat.[183])

Es sei T eine beliebige (α, β)-Korrespondenz zwischen zwei voneinander verschiedenen oder nicht verschiedenen Kurven C und C' vom Geschlecht p und p', und Y die Gruppe der Punkte von C', die vermöge T einem Punkte x von C entsprechen. Ist auf C' eine allgemeine lineare Schar $g^{\beta}_{\beta+p'}$ gegeben, so lassen wir mit dem Punkte x, den Rest der Gruppe Y in bezug auf diese Schar korrespondieren. In der so erhaltenen neuen Korrespondenz S zwischen C und C' entspricht dem Punkt x von C eine nicht speziale Gruppe von p' Punkten auf C', während einem allgemeinen Punkte von C' vermöge der Korrespondenz S^{-1} eine bestimmte Zahl α' von Punkten x auf C entsprechen. Diese Korrespondenz S heißt *Komplementärkorrespondenz* von T.

Eine weitere Komplementärkorrespondenz Σ kann man durch Vertauschung der Rollen der Kurven C und C' definieren und erhält als ersten Index p.[184])

Die Korrespondenz S ist, wie die $g^{\beta}_{\beta+p'}$ von C', in einem kontinuierlichen $\infty^{p'}$-System, die Korrespondenz Σ in einem kontinuierlichen ∞^{p}-System veränderlich.

Bei der hier behandelten Frage darf angenommen werden, daß die Kurve C' mit C zusammenfällt und somit $p = p'$ ist. Das kontinuierliche System, in dem S veränderlich ist, wird durch folgende zwei Bedingungen bestimmt: 1. Der zweite Index einer Korrespondenz S des Systems ist gleich dem Geschlechte p der Kurve C; 2. die Korrespondenz $T + S$ (Nr. **13**) hat die Wertigkeit Null. Das System selbst ist augenscheinlich Kovariante von T in bezug auf die birationalen Transformationen der Kurve.

Das andere, von der Komplementärkorrespondenz Σ erzeugte System erhält man, wenn man den ersten Index der zu konstruierenden Korrespondenz gleich p setzt.

---

182) „Trattato" 1_1, p. 228—231.

183) Atti Acc. Torino 48 (1913), p. 674.

184) Der erste Index α' von S ist gleich dem zweiten Index von Σ, und es ergibt sich $\alpha' = \frac{\alpha}{\alpha_0} z$, worin α_0 und z der Index bzw. der *Äquivalenzdefekt* der nichtlinearen Schar sind, die von solchen Gruppen Y von C' gebildet wird, die vermöge T den Punkten von C entsprechen (s. Nr. **25**). Die Bestimmung des Wertes von α' wurde von *F. Severi*[183]) auf transzendentem Wege ausgeführt; auf geometrischem Wege dann Roma Rend. Acc. Linc. (6) 1 (1925), p. 566—567; „Trattato" 1_1, p. 257—259.

Ist nach diesen Voraussetzungen ein Punkt O von C, der als Ursprung eines Zweiges δ gedacht wird, Koinzidenzpunkt von T, so nennt man Multiplizität von O in der Gruppe der Koinzidenzpunkte von T die Multiplizität, für die O Koinzidenzpunkt von $T + S$ ist. Diese Definition hat invarianten Charakter, und mit ihrer Hilfe wird die Regel von *H. G. Zeuthen* ohne weiteres auf eine beliebige algebraische Korrespondenz übertragen.

Zur Bestimmung der Multiplizität eines Koinzidenzpunktes O einer auf einer algebraischen Kurve C gegebenen algebraischen Korrespondenz dient auch folgende Bemerkung von *F. Severi*[185]), die diese Frage auf die analoge auf einer rationalen Kurve zurückführt. Da die infinitesimalen Ordnungen der Abstände, von denen bei der *Zeuthen*schen Regel die Rede war, nur von den Eigenschaften von C in der Umgebung von O abhängen, kann man zur Bestimmung dieser Multiplizität an Stelle der Kurve C eine andere, z. B. rationale Kurve setzen, die man erhält, wenn man in besonderer Weise die Charaktere von C annimmt, von denen die gesuchte Zahl unabhängig ist, und für welche die ursprüngliche Korrespondenz noch Sinn behält.

18. Grad und Geschlecht einer algebraischen Korrespondenz zwischen zwei algebraischen Kurven. Es sei T eine (α, β)-Korrespondenz zwischen zwei voneinander verschiedenen oder nicht verschiedenen algebraischen Kurven C und C' vom Geschlecht p und p'. Wird die Korrespondenz T auf der algebraischen Fläche F, die die Punktepaare von C und C' (Nr. **1** und **9**) darstellt, durch die Kurve Γ dargestellt, so nennt man den virtuellen Grad ν und das virtuelle Geschlecht ϱ von Γ [III C 6b (*G. Castelnuovo* und *F. Enriques*), Nr. **6**], *virtuellen Grad* und *virtuelles Geschlecht* der Korrespondenz.[186])

Wenn die Korrespondenz T einem kontinuierlichen Korrespondenzsystem angehört, so ist ihr Grad gleich der Anzahl der veränderlichen Paare, die zwei Korrespondenzen des Systems gemeinsam sind.

Eine Definition des Grades von T, die nur von den Begriffen der Geometrie auf einer Kurve Gebrauch macht, läßt sich auf folgende Weise[187]) erhalten.

Zunächst nehmen wir an, daß T eine Korrespondenz mit der

---

185) S. [120]) erstes Zitat, p. 82. Diese Methode hat *F. Severi* zur Lösung verschiedener Aufgaben abzählender Art auf den Kurven eines Überraumes verwandt. Anwendungen dieser Methode auch bei *F. Enriques*, Roma Rend. Acc. Linc. (5) 28^1 (1919), p. 370; *F. Enriques* und *O. Chisini*, „Lezioni" 3, p. 67—68.

186) S. *F. Severi*[2]), p. 19; *M. de Franchis*[2]). Unter topologischem Gesichtspunkt s. *S. Lefschetz*, Ann. of math. (2) 28 (1927), p. 342.

187) *F. Severi*, „Trattato" 1_1, p. 259—268.

Wertigkeit Null ist. Dann gehört sie (Nr. **17**) einem kontinuierlichem System von Korrespondenzen mit der Wertigkeit Null und den Indizes α, β an. Bezeichnet man mit T_1 eine andere Korrespondenz des Systems, dann bleibt die Anzahl der T und T_1 gemeinsamen Paare, also auch die Anzahl der Koinzidenzpunkte der Korrespondenz mit der Wertigkeit Null TT_1^{-1}, falls sich T und T_1 in dem System verändern, konstant gleich $2\alpha\beta$. Diese Zahl ist der Grad von T und wird mit $[TT_1]$, auch mit $[TT]$, ebenso mit $[T^2]$ bezeichnet, da sie gleich ist der Anzahl der Paare, die zu T und einer T unendlich benachbarten Korrespondenz des Systems gehören.

Dasselbe gilt auch, falls T keine Korrespondenz mit der Wertigkeit Null ist und nur ein kontinuierliches Korrespondenzsystem existiert, dem T angehört; aber ihr Grad ist, wie man sofort sehen wird, nicht durch die Zahlen α und β allein ausdrückbar.

Um den Begriff des Grades auch auf die *isolierten* Korrespondenzen auszudehnen, d. h. Korrespondenzen, die sich nicht in ein kontinuierliches System verwandeln lassen, bezeichnen wir mit T eine willkürliche Korrespondenz zwischen C und C', und mit S eine so beschaffene Korrespondenz, daß sich aus beiden die Korrespondenz $W = T + S$ mit der Wertigkeit Null ergibt: z. B. kann die Korrespondenz S die auf C' konstruierte Komplementärkorrespondenz von T sein (Nr. **17**).

Ist nach diesen Voraussetzungen T in einem kontinuierlichen System veränderlich und faßt man in diesem System eine von T verschiedene Korrespondenz T_1 ins Auge, so ergibt sich

$$[WT_1] = [TT_1] + [ST_1].$$

Aber die drei hier aufgeführten Zahlen ändern sich nicht, da sie gleich den Anzahlen der Koinzidenzpunkte der Korrespondenzen WT_1^{-1}, TT_1^{-1}, ST_1^{-1} sind, während sich diese Korrespondenzen in kontinuierlicher Weise verändern. Man kann daher schreiben

$$[T^2] = [WT] - [ST],$$

wo man mit $[WT]$ die Anzahl der Paare bezeichnet, die T und einer allgemeinen Korrespondenz W gemeinsam sind.

Man kann leicht beweisen, daß die in der letzten Beziehung angegebene Zahl $[T^2]$ nicht von S, sondern einzig und allein von T abhängt, und nimmt diese selbe Beziehung als Definition des virtuellen Grades $[T^2]$ von T, auch wenn T isoliert ist.

Läßt sich eine Korrespondenz in ein kontinuierliches System verwandeln, so ist ihr virtueller Grad positiv oder Null; dagegen kann der Grad einer isolierten Korrespondenz auch negativ sein (s. Anm. 290).

Für den virtuellen Grad einer beliebigen Korrespondenz T mit den Indizes α und β hat *F. Severi* den Ausdruck $2(\alpha\beta - \alpha')$ und ebenso $2(\alpha\beta - \beta')$ gefunden, wo α' und β' der erste bzw. der zweite Index der auf C' bzw. C konstruierten Komplementärkorrespondenz von T sind (daraus folgt $\alpha' = \beta'$ wie in Nr. **17**).

Der virtuelle Grad einer Korrespondenz mit den Indizes α, β übersteigt $2\alpha\beta$ nicht, und dies Maximum wird nur dann erreicht, wenn es sich um eine Korrespondenz mit der Wertigkeit Null handelt[188].

Wenn zwei Korrespondenzen T und T' zwischen den Kurven C, C' die virtuellen Grade ν, ν' haben und i die Anzahl ihrer gemeinsamen Paare ist, so ist der virtuelle Grad von $T + T'$ gleich $\nu + \nu' + 2i$.[189])

Ist die Korrespondenz T irreduzibel, so ist das virtuelle Geschlecht ϱ und der virtuelle Grad ν von T mit den Geschlechtern p, p' von C, C' und den Indizes der Korrespondenz durch die Formel[190])

$$2\alpha(p' - 1) + 2\beta(p - 1) + \nu = 2\varrho - 2$$

verknüpft.

Zerfällt dagegen die irreduzible Korrespondenz T, beim Variieren in einem kontinuierlichen System, in zwei Korrespondenzen vom Geschlecht ϱ_1 bzw. ϱ_2 mit i gemeinsamen Paaren, so ergibt sich[191])

$$\varrho = \varrho_1 + \varrho_2 + i - 1.$$

Es sei eine symmetrische Korrespondenz T vom Index α auf einer Kurve vom Geschlecht p gegeben. Die Zahl α und die Anzahl u der Koinzidenzpunkte der Korrespondenz sind gleich der Anzahl der Schnitte der Kurve, die auf der Fläche Φ in Nr. **9** T darstellt, mit einer Kurve H und der Kurve K derselben Nummer. Zwischen diesen Zahlen, dem Geschlecht p von C, dem Geschlecht ϱ und dem Grad ν von T besteht[192]) die Beziehung

(1) $$4\alpha(p - 1) + 2\nu = 4(\varrho - 1) + u.$$

Hat eine (α, β)-Korrespondenz auf einer Kurve vom Geschlecht

188) Diese Ergebnisse werden von *F. Severi*, Atti Acc. Torino 48 (1913), p. 660 durch Betrachtung der Geometrie auf einer Fläche gewonnen; allein mittels der Geometrie auf der Kurve in Roma Rend. Acc. Linc. (6) 1 (1925), p. 562; „Trattato" 1_1, p. 259–267. Vgl. auch *C. Rosati*, Roma Rend. Acc. Linc. (5) 22^2 (1913), p. 387.

189) *F. Severi*, „Trattato" 1_1, p. 262.

190) *M. de Franchis*, Rend. Circ. mat. Palermo 17 (1903), p. 110. S. auch *F. Severi*, „Trattato" 1_1, p. 267—268.

Kennt man die oben angegebene Bedeutung von ν, so kann diese Formel als Definition des virtuellen Geschlechts ϱ betrachtet werden.

191) *F. Severi*, „Trattato" 1_1, p. 268.

192) *M. de Franchis*[190]), p. 121.

p die Wertigkeit γ, so ist ihr Grad ν und ihr Geschlecht ϱ durch

$$\nu = 2(\alpha\beta - \gamma^2 p),$$
$$\varrho = (\alpha - 1)(\beta - 1) + p(\alpha + \beta - \gamma^2)$$

gegeben.[193])

Ist die Korrespondenz symmetrisch, dann muß der vorhergehende Wert von ν durch 2 geteilt werden, während der Wert von ϱ aus der Gleichung (1) abgeleitet werden kann.

19. Symmetrische und halbsymmetrische Korrespondenzen zwischen den Punkten einer algebraischen Kurve. Sind auf einer algebraischen Kurve zwei algebraische Korrespondenzen T und T^{-1}, deren eine die Inverse der anderen ist, voneinander abhängig, so müssen sie entweder *äquivalent* oder *residual* sein, d. h. im ersten Falle gehört die Differenz, im zweiten Falle die Summe der beiden Gruppen, die vermöge T und T^{-1} einem veränderlichen Punkt der Kurve entsprechen, einer linearen Schar an. Symbolisch ergibt sich $T \equiv T^{-1}$ bzw. $T \equiv - T^{-1}$.

Eine Korrespondenz, die ihrer Inversen äquivalent ist, insbesondere mit ihr zusammenfällt, heißt *symmetrisch;* eine Korrespondenz, die residual zu ihrer Inversen ist, *halbsymmetrisch.*[194]) Die charakteristischen ganzen Zahlen (Nr. **12**) einer symmetrischen Korrespondenz sind durch die Beziehungen[195])

$$h_{ik} = G_{ki}, \quad g_{ik} = - g_{ki}, \quad H_{ik} = - H_{ki}$$

miteinander verknüpft; die einer halbsymmetrischen Korrespondenz durch die Beziehungen

$$h_{ik} = - G_{ki}, \quad g_{ik} = g_{ki}, \quad H_{ik} = H_{ki}.$$

Ein Satz, von dem sich ein arithmetisches Kriterium zur Kennzeichnung der beiden Gattungen von Korrespondenzen ableitet, lautet[196]): Ist T eine (α, β)-Korrespondenz, von der u die Anzahl der Koinzidenzpunkte, d die Anzahl der involutorischen Paare und ν der virtuelle Grad (Nr. **18**) ist, so ergeben sich die Ungleichungen

$$(\alpha - \beta)^2 + \nu \leqq u + 2d \leqq (\alpha + \beta)^2 - \nu,$$

in denen die Gleichheitszeichen dann und nur dann gelten, wenn T symmetrisch bzw. halbsymmetrisch ist.

Nennt man μ die Basiszahl der Gesamtheit aller auf der Kurve

---

193) *F. Severi*[2]), p. 34.

194) *C. Rosati,* Roma Rend. Acc. Linc. (5) 22^2 (1913), p. 385, 431; Ann. di mat. (3) 25 (1915), p. 1 [Auszug Roma Rend. Acc. Linc. (5) 24^2 (1915), p. 182].

195) *C. Rosati,* Ann. di mat. (3) 25 (1915), p. 12—13.

196) *C. Rosati,* Roma Rend. Acc. Linc. (5) 22^2 (1913), p. 389.

bestehenden Korrespondenzen und μ_1, μ_2 die Basiszahlen der symmetrischen bzw. halbsymmetrischen Korrespondenzen auf derselben Kurve[197]), so ergibt sich[198])

$$\mu = \mu_1 + \mu_2.$$

Aus den allgemeinen Untersuchungen von *G. Scorza*, s. Nr. **20**, folgt[199])

(1) $$\mu \leqq 2p^2, \quad \mu_1 \leqq p^2.$$

Ist $p > 1$, dann gelten in diesen Ungleichungen entweder alle oberen oder alle unteren Zeichen, und dieser letzte Fall kann nur dann eintreten, wenn die Kurve *speziale Korrespondenzen* (Nr. **21**) enthält.[200])

Enthält die Kurve keine spezialen Korrespondenzen, so findet man sogar[201]) die unteren Grenzen[202])

$$\mu \leqq 2p, \quad \mu_1 \leqq 2p - 1;$$

ferner ist in diesem Fall μ ein Divisor von $4p^2$.[203])

197) Die Existenz der Minimalbasis für die Gesamtheit aller algebraischen Korrespondenzen zwischen den Punkten zweier voneinander verschiedener oder nicht verschiedener nicht rationaler algebraischer Kurven, wie auch die Existenz einer Minimalbasis nur für die symmetrischen und für die halbsymmetrischen Korrespondenzen, ergeben sich auch als Sonderfälle der allgemeinen Untersuchungen von *G. Scorza*, von denen in Nr. **20** die Rede sein wird. S. *G. Scorza*, Rend. Circ. mat. Palermo 41 (1916), p. 283.

198) *C. Rosati*, Roma Rend. Acc. Linc. (5) 22^2 (1913), p. 385, 431. *Rosati* geht von den Ergebnissen von *A. Hurwitz* (und *F. Severi*) (Nr. **12**, **13**) über die Minimalbasis des Systems der Korrespondenzen zwischen den Punkten einer Kurve aus. Die vorhergehenden Eigenschaften leiten sich dann, mit anderen, aus einer geometrischen Darstellung dieser Korrespondenzen durch die rationalen Punkte (deren homogene projektive Koordinaten also auf ganze Zahlen reduziert werden können) eines linearen Raumes von $\mu - 1$ Dimensionen ab, indem man als Bild einer Korrespondenz den Punkt annimmt, dessen Koordinaten die Zahlen $\lambda_1, \lambda_2, \ldots, \lambda_\mu$ von Nr. **13** sind.

199) *G. Scorza*[197]), p. 276. Über die erste der Ungleichungen (1) s. *A. Hurwitz*, Math. Ann. 28 (1886), p. 582 = Math. Werke 1, p. 184, und Nr. **12**, **13**. Daß $\mu_1 \leqq p^2$, $\mu_2 \leqq p^2$, war auch von *C. Rosati* bewiesen worden, Ann. di mat. (3) 25 (1915), p. 14; Auszug Roma Rend. Acc. Linc. (5) 24^2 (1915), p. 183.

200) *G. Scorza*[197]), p. 313. Der Fall $p = 1$ bildet eine Ausnahme, denn dann ist $\mu_1 = 1$ (wie aus der Eigenschaft am Ende vorliegender Nr. folgt), während μ die Werte 1 oder auch 2 haben kann.

201) *G. Scorza*, Roma Rend. Acc. Linc. (5) 25^1 (1916), p. 291 und [197]), p. 302—303.

202) Daß μ den Maximalwert $2p$ erreichen kann, hat *G. Marletta*, Note e Mem. Circ. mat. Catania 1 (1921), p. 1, unter der Annahme gezeigt, daß p eine ungerade Primzahl und $2p + 1$ Primzahl ist. Für $p = 5$ vgl. *G. Marletta*, Roma Rend. Acc. Linc. (5) 29^2 (1920), p. 19, 80.

203) *G. Scorza*, Rend. Circ. mat. Palermo 45 (1919), p. 132.

G. Scorza[204]) hat auch obere Grenzen für μ und μ_1 im Falle einer Kurve mit spezialen Korrespondenzen angegeben.

Obwohl in den Ungleichungen (1) sowohl μ wie μ_1 tatsächlich (und immer gleichzeitig) die Maximalwerte erreichen können[205]), können doch weder μ noch μ_1 alle unteren Werte annehmen.[206]) Wie beschaffen auch immer p sei, die Zahl μ kann tatsächlich jeden der Werte 1, 2, ..., $2p$ annehmen, und ist $p > 1$, so kann auch μ_1 jeden dieser Werte[207]) annehmen. Ist aber $p > 1$, so kann die Zahl μ keinen der Werte

$$2(p-1)^2+3, \quad 2(p-1)^2+4, \quad \ldots, \quad 2p^2-1$$

erreichen, und ist $p > 3$, so kann die Zahl μ_1 keinen der Werte

$$(p-1)^2+2, \quad (p-1)^2+3, \quad \ldots, \quad p^2-1$$

erreichen.[208])

Über die Werte von μ und μ_1 für den Fall, daß die Kurve frei von spezialen Korrespondenzen ist und ihr Geschlecht eine ungerade Primzahl ist, s. Nr. 23.

Wir bemerken schließlich[209]) noch, daß auf einer beliebigen elliptischen Kurve alle symmetrischen Korrespondenzen mit Wertigkeit ausgestattet sind: genau, hat die symmetrische Korrespondenz den Index α, und m mit einer linearen Schar g_2^1 der elliptischen Kurve gemeinsame Paare, so ist ihre Wertigkeit $\alpha - m$.

20. Geometrische Darstellungen und Erweiterungen. Untersuchungen von C. Rosati und G. Scorza; vorläufige Bemerkungen. Um die *Abel*schen Integrale und vor allem die Systeme *reduzibler* Integrale zu studieren, hat *F. Severi*[210]) eine geometrische Darstellung ersonnen, bei der die ∞^{p-1} Integrale 1. Gattung einer Kurve vom

204) Siehe [197]), p. 308 ff. Vgl. II B 7 (*A. Krazer* und *W. Wirtinger*), Nr. **114**.

205) *G. Scorza,* Roma Rend. Acc. Linc. (5) 24^2 (1915), p. 333; [197]), p. 311. — *G. Scorza,* Catania Atti Acc. Gioenia (5) 10 (1917), Nr. XVI, hat zwei Beispiele ebener Kurven mit maximalem μ und μ_1 angegeben. Die eine ist die Kurve vom Geschlecht $p = 3$, deren Gleichung $x^3y + y^3 + x = 0$ lautet, die andere die Kurve vom Geschlecht $p = 6$, deren Gleichung $x^4y + y^4 + x = 0$ lautet. Die erste ist die sogenannte „*Klein*sche Kurve“ [III C 4 (*L. Berzolari*), Anm. 334; III C 5 (*G. Kohn*), Nr. 78; s. außerdem *L. Remy,* Bull. Soc. math. de France 34 (1906), p. 184]; die zweite wurde von *V. Snyder*, Amer. J. of math. 30 (1908), p. 1 und *E. Ciani,* Rend. Circ. mat. Palermo 36 (1913), p. 58 studiert.

206) *G. Scorza* [197]), p. 316—318.

207) Der Fall $p = 1$ bildet allerdings eine Ausnahme: Anm. 200.

208) Der Fall $p = 3$ bildet wirklich eine Ausnahme, weil die einzigen Werte, die μ_1 nicht annehmen kann, 7 und 8 sind: *G. Scorza* [197]), p. 312—313.

209) *F. Severi* [2]), p. 49.

210) Roma Rend. Acc. Linc. (5) 23^1 (1914), p. 581, 641.

Geschlecht p von den Punkten eines $(p - 1)$-dimensionalen linearen Raumes S_{p-1} dargestellt werden, so daß die Bilder der *regulären Systeme* reduzibler Integrale gewisse lineare Räume des S_{p-1} sind.[211]) Unter Verwendung der Begriffe des *Schnittsystems* und *verbindenden Systems* zweier gegebener regulärer Systeme von reduziblen Integralen und der diesbezüglichen Eigenschaften[212]) hat *Severi* unter anderem einen einfachen geometrischen Beweis eines Satzes von *H. Poincaré* über die Kurven mit unendlich vielen elliptischen Integralen erhalten, von dem in Nr. **31** die Rede sein wird, und eine weitgehende Verallgemeinerung dafür angegeben.

Zu weiteren Ergebnissen kamen *C. Rosati* und *G. Scorza*, unter Anwendung einer von der vorhergehenden verschiedenen geometrischen Darstellung.

---

211) Ein Integral 1. Gattung heißt *reduzibel*, wenn seine Perioden einer oder mehreren homogenen linearen Gleichungen mit ganzzahligen Koeffizienten genügen. Für ein Integral 1. Gattung bedeutet die Reduzibilität eine Besonderheit. Durch die linearen Gleichungen, welche die Perioden eines reduziblen Integrals verknüpfen, kann man die $2p$ Perioden dieses Integrals als lineare Kombinationen, mit rationalen Koeffizienten, einer gewissen Anzahl von ihnen ausdrücken, die nicht weiter reduzibel sind und *reduzierte Perioden* genannt werden.

Ein lineares System reduzibler Integrale, die doppelt so viel reduzierte Perioden als die im System enthaltenen unabhängigen Integrale haben, nennt man nach *F. Severi*, Anm. 210, p. 582; „Vorlesungen", p. 281, ein *reguläres System*.

Über reduzierbare *Abel*sche Integrale s. II B 7 (*A. Krazer* und *W. Wirtinger*), Nr. **114** und **119—126**. Den dort angegebenen Anführungen schließen sich an *N. Lipine*, Paris C. R. 161 (1915), p. 278; *Giovannina Fabbrizzi*, Giorn. di mat. (3) 10 (1919), p. 16; *G. Scorza*, Roma Rend. Acc. Linc. (5) 30^2 (1921), p. 359; *F. Severi*, „Lezioni", p. 335—345; „Vorlesungen", p. 278—297; *K. Heegner*, Math. Ztschr. 31 (1928), p. 457, 481; J. f. Math. 168 (1931), p. 91. Wir fügen noch hinzu, daß geometrische Beweise des a. a. O. Nr. **119** angeführten Satzes III (von *H. Poincaré*), gegeben haben *G. Castelnuovo*, Roma Rend. Acc. Linc. (5) 14^1 (1905), p. 595; *G. Scorza*, ebenda (5) 24^1 (1915), p. 412, 645; [197]), p. 297; *C. Rosati*, Atti Acc. Torino 50 (1915), p. 457, die beiden ersten auch mit Ausdehnungen. Der im Text erwähnte Satz II von *H. Poincaré*, in dem a. a. O., Anm. 348 angegebenen Sonderfall, wird in Nr. **31** besprochen werden.

212) Sind zwei reguläre Systeme reduzibler Integrale A_1 und A_2 gegeben, so heißt das aus allen vorkommenden, A_1 und A_2 gemeinsamen Integralen gebildete lineare System und das lineare Minimalsystem von reduziblen Integralen, das A_1 und A_2 enthält, *Schnittsystem* bzw. *Verbindungssystem*. *F. Severi* [210]), p. 584—585, hat bewiesen, daß sowohl das Schnittsystem wie das Verbindungssystem regulär sind. Wenn A_1 ∞^{r_1} und A_2 ∞^{r_2} ist und die Dimensionen des Schnittsystems und des Verbindungssystems i bzw. c sind, so ergibt sich $i + c = r_1 + r_2$, ausgenommen wenn das erste System nicht existiert, in welchem Falle dann gilt $c = r_1 + r_2 + 1$. In diesem letzten Falle nennt man A_1 und A_2 voneinander *unabhängig*.

In einem linearen Raum S_{2p-1} von $2p-1$ Dimensionen ($p > 1$), in dem ein System homogener projektiver Koordinaten angenommen ist, nenne man τ den S_{p-1}-Schnitt der p Überebenen, deren Koordinaten die Zeilen der Tabelle (2) in Nr. **12** sind, und Σ das lineare ∞^{p-1}-System der Überebenen, die durch τ gehen. Weder existieren in τ reelle Punkte, noch in Σ reelle Überebenen, so daß der Raum τ und der konjugiert-imaginäre Raum τ_0 unabhängig sind.

Unter diesen Voraussetzungen läßt man jedem Zyklus (Kreis) der auf die gegebene Kurve C vom Geschlecht p bezüglichen *Riemann*schen Fläche R den (rationalen) Punkt von S_{2p-1} entsprechen, dessen Koordinaten x_i die $2p$ ganzen Zahlen sind, die den Zyklus mit den auf R ausgeführten Rückkehrschnitten verknüpfen. Jedem Integrale 1. Gattung von C läßt man die Überebene von Σ entsprechen, deren Koordinaten ξ_i die normalen Perioden desselben Integrals sind. Damit bei dieser Darstellung ein rationaler Punkt P von S_{2p-1} und eine Überebene π von Σ zueinandergehören, ist es notwendig und hinreichend, daß die Periode des π entsprechenden Integrals längs des P entsprechenden Zyklus Null ist.[213])

Von dieser Betrachtung geht *C. Rosati* aus, der eine geometrische Deutung der *Hurwitz*schen Gleichungen (4) in Nr. **12** zugrunde legt, indem er teils Sätze der überräumlichen projektiven Geometrie, teils der Zahlentheorie und der algebraischen Körper anwendet. Die Ver-

213) Die vorhergehende Darstellung findet man bei *C. Rosati*, Atti Acc. Torino 50 (1915), p. 457; sie wird von ihm in allen weiteren Arbeiten, die wir im folgenden erwähnen werden, angewandt, mit Ausnahme der in Anm. 252, in der er sich an die Darstellung von *G. Scorza* anlehnt.

Die von *Scorza* erdachte Darstellung ist dual zu jener von *Rosati* (von der Darstellung der Zyklen abgesehen, von der *Scorza* keinen Gebrauch macht), und ihrer hat sich *Scorza* bedient Roma Rend. Acc. Linc. (5) 24^1 (1915), p. 412, 645; (5) 24^2 (1915), p. 393 beim Studium der *Abel*schen reduziblen Integrale (Nr. **21**); ebenda (5) 24^2 (1915), p. 279, 333 beim Studium der algebraischen Mannigfaltigkeiten mit maximalem Singularitätsindex; ebenda (5) 24^2 (1915), p. 445, 603; (5) 25^1 (1916), p. 289 beim Studium der algebraischen Mannigfaltigkeiten mit regulären Systemen reduzibler Integrale; Mem. Soc. ital. delle Scienze (dei XL) (3) 19 (1916), p. 139 [Auszug Paris C. R. 160 (1915), p. 392] beim Beweis des Fundamentalsatzes für die *Abel*schen singulären Funktionen mit einer beliebigen Anzahl unabhängiger Veränderlicher. Vgl. außerdem Rend. Circ. mat. Palermo 41 (1916), p. 263; 45 (1919), p. 1.

Wie *G. Scorza*, Roma Rend. Acc. Linc. (5) 24^1 (1915), Anm. auf p. 414, bemerkt, ist die Eigenschaft, daß die konjugiert-imaginären Räume τ und τ_0 voneinander unabhängig sind, die geometrische Deutung eines Satzes über die Normalperioden von p unabhängigen Integralen 1. Gattung, durch den *F. Severi*[141]), p. 518—519 einen Satz von *F. Klein* und *R. Fricke*[112]) 2, p. 540 verallgemeinert hat.

bindung zwischen diesen beiden Gebieten hat *Rosati* durch die Einführung des Begriffs der *Minimalgleichung* einer algebraischen Korrespondenz und die Ausdehnung des Wertigkeitsbegriffs (Nr. **23** u. **24**)[214]) hergestellt.

G. Scorza verwendet auch noch Eigenschaften der überräumlichen projektiven Geometrie, geht aber von einem allgemeineren Gesichtspunkt aus und vertieft das Studium der reduziblen *Abel*schen Integrale (Nr. **21**), indem er die gemeinsame arithmetische Grundlage dieser und der verwandten Theorien (Transformation der *Abel*schen Funktionen, *Abel*sche Funktionen mit komplexen Multiplikationen, algebraische Korrespondenzen zwischen algebraischen Kurven) zeigt, und klar macht, wie diese alle einen gemeinsamen Ursprung in einer allgemeinen Theorie haben, die er als *Theorie der Riemannschen Matrizen* bezeichnet.[215])

---

214) Korrespondenzen *mit doppelter Wertigkeit* hat schon *F. Severi*[141]), p. 533 ff., betrachtet und auf die Theorie der algebraischen Flächen angewandt. S. Nr. **14**.

Einige Ergebnisse von *C. Rosati* sind bei *J. L. Coolidge*, „Alg. pl. curves", p. 336—342 wiedergegeben.

215) Rend. Circ. mat. Palermo 41 (1916), p. 263; Auszug Roma Rend. Acc. Linc. (5) 25^1 (1916), p. 289. — S. auch Mem. Soc. ital. delle Scienze (dei XL) (3) 19 (1916), p. 139; Catania Atti Acc. Gioenia (5) 10 (1917), Nr. XVI; Paris C. R. 165 (1917), p. 497; Atti Acc. Torino 53 (1918), p. 1008; Rend. Circ. mat. Palermo 43 (1919), p. 213; Roma Rend. Acc. Linc. (6) 9 (1929), p. 253. Außerdem *Concetta Raciti*, Atti Acc. Torino 54 (1919), p. 443; *S. Lefschetz*, Paris C. R. 168 (1919), p. 758; Preisschrift[114]), p. 364 ff.; *N. Spampinato*, Rend. Circ. mat. Palermo 51 (1926), p. 238 [Auszug Roma Rend. Acc. Linc. (6) 5 (1927), p. 251]; 54 (1930), p. 124 [1928]; Note ed eserc. Circ. mat. Catania 5 (1927), p. 5, 85; 6 (1931), p. 43, 82, 94, 107; Roma Rend. Acc. Linc. (6) 5 (1927), p. 427; Catania Atti Acc. Gioenia (5) 16 (1928), Nr. V^bis; (5) 17 (1929), Nr. IX, XIII; (5) 18 (1931), Nr. XVI; Atti Soc. ital. progresso d. scienze 20^2, Milano 1931 (Roma 1932), p. 27; *C. Rosati*, Rend. Circ. mat. Palermo 53 (1928), p. 79 [Auszug Roma Rend. Acc. Linc. (6) 6 (1927), p. 191]; und auch *A. Comessatti*, Atti Ist. Ven. 85^2 (1926), p. 471, wo die involutorischen linearen Substitutionen mit ganzzahligen Koeffizienten studiert und auf die involutorischen birationalen Transformationen der algebraischen Mannigfaltigkeiten, insbesondere der algebraischen Kurven angewandt werden.

Über die Anwendung auf die birationalen Transformationen in sich und auf die Involutionen auf den hyperelliptischen Flächen s. *N. Spampinato*, Ann. di mat. (3) 30 (1920), p. 257; (3) 31 (1920), p. 127; Note e Mem. Circ. mat. Catania 1 (1922), p. 355; 2 (1923), p. 30; über die Anwendung auf die birationalen Transformationen der dreidimensionalen *Abel*schen Mannigfaltigkeiten in sich *N. Spampinato*, Note e Mem. Circ. mat. Catania 2 (1924), p. 233; „Le trasformazioni birazionali in sé di una varietà abeliana a tre dimensioni" (due Note), Catania 1925; für den Fall einer *Abel*schen Mannigfaltigkeit von beliebiger Dimension *N. Spampinato*, Note e Mem. Circ. mat. Catania 2 (1924), p. 246; Roma

Auf diese Weise werden schließlich viele Eigenschaften der algebraischen Korrespondenzen zwischen zwei voneinander verschiedenen oder nicht verschiedenen (nicht rationalen) algebraischen Kurven zu Sonderfällen von Eigenschaften der Theorie der *Abel*schen Funktionen mit einer beliebigen Anzahl unabhängiger Veränderlichen.

Ebenso hat *G. Scorza*[216]) das Studium der mit einer beliebigen Anzahl von Einheiten assoziativen Algebren dadurch vertieft, daß er ihre innige Verbindung mit der allgemeinen Theorie der *Riemann*schen Matrizen klarlegte und zeigte, wie fruchtbringend ihre Betrachtung für die Lösung wichtiger, auf die Matrizen selbst bezüglicher Fragen ist.

Sind

$$\mu \equiv |\mu_{j1}\mu_{j2}\ldots\mu_{jq}| \qquad (j = 1, 2, \ldots, p),$$

$$\mu' \equiv |\mu'_{l1}\mu'_{l2}\ldots\mu'_{lq'}| \qquad (l = 1, 2, \ldots, p')$$

zwei willkürliche (voneinander verschiedene oder nicht verschiedene) Matrizen mit p und p' Horizontal- und q und q' Vertikalreihen, so bezeichnet man eine bilineare Form mit rationalen Koeffizienten

$$\sum_{r=1}^{q}\sum_{s=1}^{q'} a_{rs}x_r y_s$$

Rend. Acc. Linc. (6) 5 (1927), p. 105; *A. Lo Voi,* Rend. Ist. Lomb. (2) 65 (1932), p. 424.

Über die *reellen Riemann*schen Matrizen und die reellen *Abel*schen Mannigfaltigkeiten s. *S. Lefschetz,* Proc. Nat. Acad. of Sciences 5 (1919), p. 103, 296; *S. Cherubino,* Giorn. di mat. (3) 13 (1922), p. 65; (3) 14 (1922), p. 47; Roma Rend. Acc. Linc. (6) 6 (1927), p. 197, 274; (6) 7 (1928), p. 199, 459; (6) 11 (1930), p. 154, 254; Atti Ist. Ven. 88² (1929), p. 369; 89² (1929), p. 271; Rend. Acc. Napoli (3) 36 (1930), p. 32, 108; Atti Soc. ital. progresso d. scienze 20², Milano 1931 (Roma 1932), p. 28; *A. Comessatti,* Ann. di mat. (4) 2 (1924), p. 67; (4) 3 (1925), p. 27; Atti Ist. Ven. 83² (1924), p. 735; Rend. Circ. mat. Palermo 48 (1924), p. 389; 53 (1928), p. 283; über die reellen elliptischen oder hyperelliptischen Kurven *A. Comessatti,* Boll. Unione mat. ital. 5 (1926), p. 69 bzw. 7 (1928), p. 10.

Über die auf die *Riemann*schen Matrizen und die *Abel*schen Funktionen bezüglichen Arbeiten von *G. Scorza* s. *S. Lefschetz,* Bull. sciences math. (2) 47 (1923), p. 120.

Alles, was diese Theorie betrifft, in II B 7 (*A. Krazer* und *W. Wirtinger*), Nr. **114, 125, 126**; *S. Lefschetz,* „Report", p. 349—395; über die reellen *Abel*schen Mannigfaltigkeiten s. auch den Bericht von *A. Comessatti,* Jahresb. Deutsch. Math.-Ver. 41 (1931), p. 121.

216) Rend. Circ. mat. Palermo 45 (1919), p. 1; Auszüge Roma Rend. Acc. Linc. (5) 26² (1917), p. 177; Paris C. R. 167 (1918), p. 454. Vgl. auch *A. A. Albert,* Ann. of math. (2) 31 (1929), p. 375; (2) 32 (1930), p. 131; (2) 33 (1932), p. 311; Trans. Amer. math. Soc. 33 (1931), p. 219; Rend. Circ. mat. Palermo 55 (1931), p. 57 [1929] [Auszüge Proc. Nat. Acad. of Sciences 16 (1930), p. 308, 313; 17 (1931), p. 3, 89; Bull. Amer. math. Soc. (2) 36 (1930), p. 199; (2) 37 (1931), p. 167]; (2) 38 (1932), p. 33; *A. Lo Voi,* Rend. Circ. mat. Palermo 55 (1931), p. 287, 477.

in den beiden Reihen von Veränderlichen $x_1, x_2, \ldots, x_q$ und $y_1, y_2, \ldots, y_{q'}$ als *simultane Riemannsche Form* derselben, wenn

$$\sum_{r=1}^{q} \sum_{s=1}^{q'} a_{rs} \mu_{jr} \mu'_{ls} = 0,$$

für $j = 1, 2, \ldots, p$; $l = 1, 2, \ldots, p'$ gelten.

Man nennt λ den *simultanen Charakter* von μ und μ', wenn dies die Maximalzahl der linear unabhängigen Formen ist, die unter ihren simultanen *Riemann*schen Formen ausgewählt werden können.

Wenn μ' mit μ zusammenfällt, so nennt man jede simultane *Riemann*sche Form von μ und μ' *Riemannsche Form von* μ.

Hiernach sei nun

$$\omega = | \omega_{j,1} \, \omega_{j,2} \ldots \omega_{j,2p} | \qquad (j = 1, 2, \ldots, p)$$

eine Matrix von p Horizontal- und $2p$ Vertikalreihen, und man setze

$$\Omega_r^{(\lambda)} = \lambda_1 \omega_{1r} + \lambda_2 \omega_{2r} + \cdots + \lambda_p \omega_{pr},$$
$$\Omega_r^{(\lambda)} = \xi_r^{(\lambda)} + i \eta_r^{(\lambda)},$$

wo $i = \sqrt{-1}$, ξ_r, η_r reelle, $\lambda_1, \lambda_2, \ldots, \lambda_p$ willkürliche, reelle oder komplexe (aber nicht sämtlich verschwindende) Zahlen sind.

Dann ist ω eine *Riemannsche Matrix* vom *Geschlecht* p, wenn für sie eine *Riemannsche alternierende Form*

$$\sum_{r,s=1}^{2p} c_{rs} x_r y_s \qquad (c_{rs} + c_{sr} = 0)$$

existiert, und zwar derart, daß sich

$$\sum_{r,s=1}^{2p} c_{rs} \xi_r^{(\lambda)} \eta_s^{(\lambda)} \neq 0$$

ergibt für jedes System von Werten $\lambda_1, \lambda_2, \ldots, \lambda_p$, die nicht sämtlich verschwinden.

Das Geschlecht $p \geqq 1$ ist nichts anderes als der Rang der Matrix ω.

Ist λ der simultane Charakter einer *Riemann*schen Matrix ω in bezug auf sich selbst (so daß $\lambda \geqq 1$), und setzt man $\lambda = h + 1$, so nennt man h den *Multiplikabilitätsindex* von ω.

Dagegen nennt man k den *Singularitätsindex* von ω, wenn $k + 1$ die Maximalzahl ihrer linear unabhängigen alternierenden *Riemann*schen Formen ist.

Man sagt, daß ω *singulär* oder *nicht singulär* ist, je nachdem $k > 0$ oder $k = 0$ ist.

Es gilt[217])

$$0 \leqq k \leqq p^2 - 1, \quad 0 \leqq k \leqq h \leqq 2p^2 - 1.$$

217) *G. Scorza* [197]), p. 273, 276.

Sind p, p' die Geschlechter zweier *Riemann*scher Matrizen mit dem simultanen Charakter λ, so gilt[218]):

$$0 \leqq \lambda \leqq 2pp'.$$

Eine *Riemann*sche Matrix ist also nichts anderes als eine Matrix, die als Tabelle von primitiven Perioden eines Körpers *Abel*scher Funktionen aufgefaßt werden kann.

Zwei derartige Matrizen sind *isomorph*, wenn jede *Abel*sche Funktion des auf die eine Matrix bezüglichen Körpers (mit einer eventuellen vorläufigen homogenen linearen Substitution in den Veränderlichen) algebraisch mit Funktionen des auf die andere bezüglichen Körpers verknüpft ist. Sie sind *äquivalent*, wenn man die Körper *Abel*scher Funktionen dadurch zusammenfallen lassen kann, daß man bei den Funktionen eines der beiden Körper eine passende lineare Transformation der Veränderlichen ausführt.

Die Begriffe des simultanen Charakters zweier Matrizen, der *Riemann*schen Matrix sowie des Multiplikabilitäts- und des Singularitätsindex einer solchen Matrix, sind invariant gegenüber der Beziehung des Isomorphismus und insbesondere der Äquivalenz.

Betrachtet man die (notwendigerweise nicht sämtlich verschwindenden) Elemente einer horizontalen Reihe in einer *Riemann*schen Matrix als homogene projektive Koordinaten eines Punktes in einem Raum S_{2p-1}, so erhält man p Punkte; der von ihnen bestimmte lineare Raum τ_1 hat die Dimension $p - 1$ und ist unabhängig von dem konjugiert-imaginären Raum $\bar{\tau}_1$, so daß sowohl τ_1 wie auch $\bar{\tau}_1$ weder einen reellen Punkt enthalten, noch in irgendeiner reellen Überebene liegen.

Eine *Riemann*sche Matrix vom Geschlecht p heißt *unrein* oder *rein*, je nachdem in S_{2p-1} konjugiert-imaginäre rationale Räume S_{2q-1} $(0 < q < p)$, die τ_1 und $\bar{\tau}_1$ nach S_{q-1} schneiden, vorhanden sind oder nicht. Jeder derartige S_{2q-1}, der existiert, heißt *Achse* der Matrix.

Für eine unreine Matrix ist $p > 1$ und die Matrix immer singulär.

Man nennt *Riemannsche Homographie* einer *Riemann*schen Matrix eine *rationale* Homographie von S_{2p-1} (d. h. eine solche, bei der jedem rationalen Element, das also rationale Koordinaten hat, ein rationales Element entspricht), die einen jeden der Räume τ_1 und $\bar{\tau}_1$ in sich transformiert. Es gibt $h + 1$ und nicht mehr solcher linear unabhängiger Homographien.

Die Gesamtheit aller *Riemann*schen Homographien bildet eine Gruppe, die *Multiplikabilitätsgruppe* der Matrix genannt wird. Reduziert

218) *G. Scorza*[197]), p. 280.

sie sich nicht auf eine identische Gruppe, d. h. ist $h > 0$, so ist sie eine unendliche diskontinuierliche Gruppe. Der mit der Matrix verknüpfte Körper *Abel*scher Funktionen läßt komplexe Multiplikationen zu oder nicht, je nachdem sich die Gruppe auf die Identität[219]) allein nicht reduziert oder reduziert.

Wenden wir uns nun zum Fall der Kurven zurück. Wenn man statt der Betrachtung einer gegebenen Kurve die der mit der Kurve verknüpften *Riemann*schen Matrix (einer Matrix, die, wie schon gesagt wurde, vom Gesichtspunkt der Äquivalenz aus gesehen, völlig bestimmt ist) ins Auge faßt, so sind die Bilder der algebraischen Korrespondenzen zwischen den Punkten der Kurve die *Riemann*schen Homographien der Matrix. Wenn μ_1, μ_2 die Bedeutung von Nr. **19** haben, so sind die beiden Zahlen h und k von *G. Scorza* durch

$$h = \mu_1 + \mu_2 - 1, \quad k = \mu_1 - 1$$

ausgedrückt, so daß die um eine Einheit erhöhte erste Zahl die Basiszahl μ der auf der Kurve gelegenen algebraischen Korrespondenzen liefert. Ebenso stimmt auch die Basiszahl der Korrespondenzen zwischen zwei voneinander verschiedenen Kurven (Nr. **29**) mit dem Simultancharakter der mit den beiden Kurven verknüpften *Riemann*schen Matrizen überein.

Auch die in Nr. **21** *spezial* genannten algebraischen Korrespondenzen sind durch eine Eigenschaft der mit der Kurve verknüpften *Riemann*schen Matrix gekennzeichnet. Tatsächlich ist nach *G. Scorza*[220]) eine solche Matrix unrein oder rein, je nachdem die Kurve speziale Korrespondenzen enthält oder nicht.

21. Geometrische Deutung der Beziehungen von A. Hurwitz. Reduzible Abelsche Integrale 1. Gattung und „speziale" Korrespondenzen. Behalten wir die Benennungen von Nr. **20** bei, so bestimmt nach *C. Rosati*[221]) eine beliebige auf C gegebene algebraische Korrespondenz eine Transformation zwischen den Zyklen von R sowie eine Transformation zwischen den Integralen. Die erste verwandelt sich in S_{2p-1} in die rationale *Riemann*sche Homographie Ω, die durch die Formeln

$$\begin{aligned} \varrho x_i' &= h_{i1} x_1 + \cdots + h_{ip} x_p + H_{i1} x_{p+1} + \cdots + H_{ip} x_{2p}, \\ \varrho x_{p+i}' &= g_{i1} x_1 + \cdots + g_{ip} x_p + G_{i1} x_{p+1} + \cdots + G_{ip} x_{2p} \end{aligned}$$
$$(i = 1, 2, \ldots, p)$$

219) Über alles vorhergehende s. *G. Scorza*, erstes Zitat in Anm. 215. Was die geometrische Darstellung von *G. Scorza* im Vergleich mit der Darstellung von *C. Rosati* anbelangt, s. Anm. 213.

220) S. [197]), p. 296.

221) Ann. di mat. (3) 25 (1915), p. 1; Auszug Roma Rend. Acc. Linc. (5) 24^2 (1915), p. 182.

dargestellt wird. Die zweite verwandelt sich in Σ in eine Homographie Π, die durch die Formeln

$$\sigma \xi_i' = \pi_{1i}\xi_1 + \cdots + \pi_{pi}\xi_p \qquad (i = 1, 2, \ldots, p)$$

dargestellt wird.

Dann ist die geometrische Bedeutung der p^2 *Hurwitz*schen Beziehungen (4) in Nr. **12** dadurch ausgedrückt, daß die Homographie Ω den Raum τ (und daher auch τ_0) in sich transformiert, und umgekehrt jede rationale Homographie von S_{2p-1}, die τ in sich transformiert, ein Bild paarweise voneinander abhängiger, unendlich vieler Korrespondenzen ist. Außerdem induziert die auf die Überebene von S_{2p-1} angewandte inverse Homographie von Ω in Σ die Homographie Π.

Eine algebraische Korrespondenz T auf C heißt *spezial,* wenn die Bildhomographie Ω singulär ist [für die singulären Homographien s. III C 7 (*C. Segre*), Nr. **8** und **14**]. Korrespondenzen von dieser Beschaffenheit existieren nur für den Fall, daß die Kurve C *reguläre Systeme von reduziblen Integralen 1. Gattung* besitzt (s. Nr. **20**). In der Tat ist der Rang des Moduls von Ω, also der Determinante von der Ordnung $2p$ (*charakteristische Determinante* der Korrespondenz)

$$\Delta = \begin{vmatrix} h_{ik} & g_{ik} \\ H_{ik} & G_{ik} \end{vmatrix}$$

immer eine gerade Zahl $2q$. Ist $0 < q < p$ (in welchem Falle die Korrespondenz T *spezial,* von der Art $p - q$ heißt), so sind der Korrespondenz T zwei reguläre (nicht notwendigerweise voneinander unabhängige) Systeme ∞^{p-q-1} und ∞^{q-1} reduzibler Integrale 1. Gattung *assoziiert,* oder auch *beigeordnet.* Die Integrale des ersten Systems liefern eine konstante Summe in der Gruppe der Punkte, die vermöge T einem veränderlichen Punkt auf C entsprechen. Das zweite System wird durch die Summe aller Werte, die ein allgemeines Integral von C in den Punkten der genannten Gruppe hat, erzeugt. Sind umgekehrt zwei *komplementäre,* voneinander unabhängige reduzible reguläre Systeme, und zwar ein ∞^{p-q-1}- und ein ∞^{q-1}-System gegeben, so existieren auf C speziale Korrespondenzen der Art $p - q$, denen diese Systeme assoziiert sind.[222])

Die Anzahl der voneinander unabhängigen spezialen Korrespondenzen, der Art $p - q$, denen zwei gegebene reduzible Komplementärsysteme ∞^{p-q-1} und ∞^{q-1} assoziiert sind, kann $2q^2$ nicht übersteigen.

---

222) Diese beiden Sätze sind in den beiden Sätzen von *G. Scorza*[197]), p. 279 u. 301 über die singulären *Riemann*schen Homographien einer *Riemann*schen Matrix enthalten. Ergänzungen zu diesen Sätzen bei *S. Cherubino,* Roma Rend. Acc. Linc. (5) 26^1 (1917), p. 538.

Die Charakterisierung der Homographien Ω, die Bilder der symmetrischen und halbsymmetrischen Korrespondenzen sind, erhält man auf einfache Weise durch Betrachtung des durch die Formeln

$$\sigma\xi_i = -x_{p+i}, \quad \sigma\xi_{p+i} = x_i \qquad (i = 1, 2, \ldots, p)$$

bestimmten Nullsystems Λ in S_{2p-1}. Nennt man

$$r_{ik} = x_i y_k - x_k y_i \qquad (i, k = 1, 2, \ldots, 2p)$$

die Koordinaten der Verbindungsgeraden zweier Punkte x, y, so ist das Nullsystem durch den linearen Geradenkomplex[223])

$$r_{1,p+1} + r_{2,p+2} + \cdots + r_{p,2p} = 0$$

bestimmt.

Der Raum τ (und daher auch τ_0) ist in Λ autopolar, d. h. jede Gerade von τ (und von τ_0) gehört dem genannten linearen Komplex an.

Multipliziert man Ω mit Λ, so erhält man eine rationale Reziprozität, die τ in sich transformiert und auch als Bild von T aufgefaßt werden kann.

Nun sind die Bilder der symmetrischen Korrespondenzen Reziprozitäten, die Nullsysteme sind, die der halbsymmetrischen Korrespondenzen Reziprozitäten, die Polaritäten sind. Daraus folgt, daß die Basiszahlen μ_1 und μ_2 der symmetrischen und halbsymmetrischen Korrespondenzen p^2 nicht übersteigen (s. Nr. **19**).

Das Bild insbesondere der Identität und der Wertigkeitskorrespondenzen (deren Bildhomographie die identische Homographie ist) ist Λ.

Die spezialen symmetrischen und halbsymmetrischen Korrespondenzen rühren von ausgearteten Nullsystemen und ausgearteten Polaritäten her. Die einer Korrespondenz dieser Beschaffenheit beigeordneten reduziblen regulären Systeme sind voneinander unabhängig und so beschaffen, daß das eine von ihnen das andere mit bestimmt, so daß man sagen kann, daß die Korrespondenz einem reduziblen regulären ∞^{q-1}-System *angehört,* und umgekehrt. Hiernach kann die Anzahl der unabhängigen symmetrischen und halbsymmetrischen spezialen Korrespondenzen der Art $p - q$, die einem gegebenen reduziblen regulären ∞^{q-1}-System angehören, q^2 nicht übersteigen.

22. Fortsetzung: Netze von spezialen Korrespondenzen, die **einem regulären System reduzibler Integrale 1. Gattung beigeordnet sind. Immersionskoeffizient eines solchen regulären Systems.** Weitere Resultate der Theorie der reduziblen Integrale in Verbindung

223) Dieses Nullsystem wird schon von *C. Rosati*, Atti Acc. Torino 50 (1915), p. 457 betrachtet.

mit der Korrespondenztheorie wurden von *C. Rosati*[224]) durch die Betrachtung der spezialen Korrespondenzen erzielt, und zwar unter Verwendung der geometrischen Darstellung in der vorhergehenden Nummer. Insbesondere hat *Rosati* mehrere der von *G. Scorza*[213])[215]) gewonnenen Ergebnisse für beliebige, mit einfachen Integralen 1. Gattung ausgestattete algebraische Mannigfaltigkeiten, auf anderem Wege wiedererhalten.

In der genannten Darstellung ist das Bild eines regulären Systems A von reduziblen Integralen ein lineares System von Überebenen, das in Σ enthalten ist. Als *Achse*[225]) von A bezeichnet man den rationalen Raum R, der in dem Träger des linearen Systems von Überebenen enthalten ist. Ist A ∞^{q-1}, so hat seine Achse R die Dimension $2(p-q)-1$.

Nach diesen Voraussetzungen sind einem reduziblen regulären System A zwei *Netze* von spezialen Korrespondenzen beigeordnet. Das eine Netz, *erster Art,* ist aus den Korrespondenzen T zusammengesetzt, die dem System *angehören,* d. h. so beschaffenen Korrespondenzen, daß die Summe der Werte eines beliebigen Integrals 1. Gattung der Kurve in den Punkten der homologen Gruppe eines veränderlichen Punktes ein Integral von A ist. Das andere Netz, *zweiter Art,* ist aus den Korrespondenzen T zusammengesetzt, die für die Integrale von A konstanten Niveaus sind.

Sind l und m die Anzahlen der in den beiden Netzen enthaltenen unabhängigen Korrespondenzen, so ergibt sich $l+m=\mu$. Die Zahlen l, m nennt man *ersten* bzw. *zweiten Index* des Systems A oder der Achse R. Zwei reguläre Komplementärsysteme haben, bis auf die Ordnung, dieselben Indizes.

Haben die beiden einem System A beigeordneten Netze ein $(\lambda-1)$-dimensionales Netz gemeinsam, so heißt die Zahl λ der *Immersionskoeffizient* von A. Zwei Komplementärsysteme haben denselben Immersionskoeffizienten.[226])

224) Ann. di mat. (4) 3 (1925), p. 109; Auszug Boll. Unione mat. ital. 4 (1925), p. 114.

225) Bezeichnung von *G. Scorza*[197]), p. 295. Vgl. Nr. **20**. In Verbindung mit Anm. 213 sei bemerkt, daß die Achse nach *G. Scorza* dual ist nicht dem Raum R (*Achse* von *C. Rosati*), sondern dem rationalen linearen ∞^{2q-1}-System von Überebenen, dessen Träger R ist.

226) Der Begriff des Immersionskoeffizienten stammt von *G. Scorza,* Roma Rend. Acc. Linc. (5) 24^2 (1915), p. 393; Rend. Circ. mat. Palermo 41 (1916), p. 300—301; 45 (1921), p. 137—138, wo auch seine geometrische Bedeutung angegeben ist. In Zusammenhang mit der Theorie der Korrespondenzen zwischen Kurven, s. *C. Rosati*[224]).

Ist p das Geschlecht der Kurve und q die Anzahl der unabhängigen im

Das System A heißt *isoliert* oder *nicht isoliert*, je nachdem $\lambda = 0$ oder $\lambda > 0$. Im ersten Falle gibt es keine A unendlich benachbarten regulären Systeme, und A besitzt ein und nur ein Komplementärsystem, das ebenfalls isoliert ist. Im zweiten Falle gehört A einer diskontinuierlichen, überall dichten unendlichen Menge analoger Systeme an, deren Dimension, Indizes und Immersionskoeffizient die gleichen sind. Das kleinste reelle Kontinuum, dem die genannten Systeme als Elemente angehören, ist eine algebraische Mannigfaltigkeit von der Dimension λ.

Damit ein reguläres System isoliert ist, ist notwendig und hinreichend, daß irgendein beliebiges der ihm beigeordneten Netze zusammen mit jeder seiner Korrespondenzen auch die inverse Korrespondenz enthält.

Gibt es isolierte Systeme, so ist ihre Anzahl begrenzt.[227])

Es seien s und e die Anzahlen der in dem A beigeordneten Netz erster Art enthaltenen unabhängigen symmetrischen und halbsymmetrischen Korrespondenzen und s' und e' die analogen Anzahlen für das Netz zweiter Art. Es gilt[228])

$$\mu_1 = s + s' + \lambda, \quad \mu_2 = e + e' + \lambda,$$

und weil $s \geqq 1$, $s' \geqq 1$, $e \geqq 0$, $e' \geqq 0$, so folgt daraus, daß λ die kleinere der Zahlen $\mu_1 - 2$, μ_2 nicht übersteigt.

Die Konfiguration aller regulären Systeme, die eine Kurve besitzen kann, wurde von *G. Scorza*[229]) untersucht, der die verschiedenen Fälle, die sich bei einer unreinen *Riemann*schen Matrix darbieten können, bestimmt hat; dann von *C. Rosati*[224]), unter engerem geometrischem Gesichtspunkt und in Verbindung mit der Theorie der Korrespondenzen zwischen Kurven.

C. Rosati ging von der Betrachtung der Systeme mit reinen Achsen aus, d. h. der Systeme, deren Achsen keine anderen Achsen niedriger Dimension enthalten. Diese Achsen zerfallen in t ($\geqq 1$) algebraische Mannigfaltigkeiten $M_1, M_2, \ldots, M_t$ von den Dimensionen

---

System A enthaltenen Integrale, so hat man

$$\lambda \leqq 2q(p-q),$$

wo das Gleichheitszeichen gilt, wenn die zugehörige *Riemann*sche Matrix maximale Indizes (Nr. **20**) hat: *G. Scorza*[197]), p. 319; Boll. Unione mat. ital. 11 (1932), p. 142. Nach *M. Tognetti,* Boll. Unione mat. ital. 11 (1932), p. 86 wäre $\lambda \leqq 4q(p-q)$.

227) *G. Scorza*, Roma Rend. Acc. Linc. (5) 24² (1915), p. 400, 445; [197]), p. 300—301 und 306—307, wo es sich um algebraische Mannigfaltigkeiten, mehr im allgemeinen, handelt.

228) *G. Scorza*[197]), p. 301; *C. Rosati*[224]), p. 121.

229) S. [197]), p. 303 ff.

$\lambda_1, \lambda_2, \ldots, \lambda_t$. Sind $m_1, m_2, \ldots, m_t$ die zweiten Indizes der zur M_1, $M_2, \ldots, M_t$ gehörigen Achsen, so ist

$$(1) \qquad k_i + 1 = \frac{m_i}{m_i - \lambda_i}$$

eine ganze Zahl und stellt die Anzahl der unabhängigen Achsen dar, die M_i angehören; und es ergibt sich die Beziehung

$$(2) \qquad \sum_{i=1}^{t} \frac{m_i^2}{m_i - \lambda_i} = \mu.$$

Der Immersionskoeffizient einer beliebigen Achse der Kurve ist ausgedrückt durch

$$\lambda^* = \sum_{i=1}^{t} (r_i + 1)(k_i - r_i)(m_i - \lambda_i),$$

wo $r_i + 1$ die Anzahl der unabhängigen reinen Achsen ist, die in der gegebenen Achse enthalten sind und M_i angehören.

Daraus folgt, daß

$$\lambda^* \leqq \frac{\mu}{4},$$

wo das Gleichheitszeichen dann und nur dann gilt, wenn die durch die betrachtete Achse bestimmte Mannigfaltigkeit, zusammen mit jeder ihrer Achsen, jede zu ihr komplementäre Achse enthält. Wenn eine solche Mannigfaltigkeit existiert, so ist sie einzig (und daher die Kurve vom geraden Geschlecht).[230]

23. Minimalgleichung einer Korrespondenz. Nach *C. Rosati*[231] heißt *Minimalgleichung* einer Korrespondenz T die Minimalgleichung der Homographie Ω, die das Bild der Korrespondenz ist[232], d. h. die

230) Die vorhergehenden Formeln sind in anderen, schon von *G. Scorza*, Roma Rend. Acc. Linc. (5) 24^2 (1915), p. 393; (5) 25_1 (1916), p. 289; [197]), p. 300, angegebenen Formeln enthalten, wenn man sich vor Augen hält, daß, wenn l, m der erste und zweite Index einer Achse sind und λ ihr Immersionskoeffizient ist, die Multiplikabilitätsindizes (nach *G. Scorza*, Nr. **20**) h_1 und h_2 der Achse und einer ihr komplementären Achse ausgedrückt sind durch

$$h_1 = m - \lambda - 1, \quad h_2 = l - \lambda - 1.$$

Dann ist die Formel (1) von *C. Rosati*, aus der sofort die Formel (2) folgt, nichts anders als die Formel (34) von *G. Scorza*[197]), p. 300, angewandt auf eine reine und eine ihr komplementäre Achse.

231) Atti Acc. Torino 51 (1916), p. 991.

232) Vgl. I A 4 (*E. Study*), Nr. **10**. Der Ausgangspunkt ist ein Satz von *G. Frobenius*, J. f. Math. 84 (1877), p. 11; Monatsber. Ak. Berlin 1896, p. 606 über die Gleichung vom Minimalgrad, der eine bilineare Form genügt. Andere Beweise des Satzes bei *Ed. Weyr*, Monatsh. Math. Phys. 1 (1890), p. 187; *O. Perron*, Math. Ann. 64 (1906), p. 249; ein geometrischer Beweis *C. Rosati*[231]), p. 998. Der Satz besagt im wesentlichen, daß die Wurzeln der Minimalgleichung $\psi(z) = 0$

Gleichung, die von dem Minimalaggregat von Potenzen von T bestimmt ist, das eine Korrespondenz mit Wertigkeit Null erzeugt. Sie ist vom Grade $\leqq 2p$, mit ganzzahligen Koeffizienten, deren erster gleich der Einheit ist. Für die Wertigkeitskorrespondenzen ist die Minimalgleichung linear. Ist die Korrespondenz symmetrisch, so sind alle Wurzeln der Minimalgleichung einfach und reell; ist die Korrespondenz halbsymmetrisch, so sind die Wurzeln der Minimalgleichung einfach und alle (ausgenommen eine eventuelle Wurzel Null) rein imaginäre Zahlen.

Zwei Korrespondenzen T und T^{-1}, deren eine die inverse der anderen ist, besitzen dieselbe Minimalgleichung.

In seinen allgemeinen Untersuchungen über die Algebren mit mehreren Einheiten und die *Riemann*schen Matrizen (Nr. **20**), hat *G. Scorza*[233]) den Begriff des *Rangs* einer *Riemann*schen Matrix eingeführt, der für den Fall einer algebraischen Kurve der Maximalwert ϱ ist, den der Grad der Minimalgleichung einer auf der Kurve bestehenden Korrespondenz annehmen kann. Dieser ist invariant gegenüber der Beziehung des Isomorphismus (insbesondere der Äquivalenz) zwischen *Riemann*schen Matrizen. Es gilt[234])

$$\varrho \geqq 1, \quad \varrho \leqq \mu, \quad \varrho \leqq 2p.$$

Dann und nur dann ist $\varrho = 1$, wenn $\mu = 1$ (und daher $\mu_1 = 1$) ist.

Ist $\varrho = 2$, dann sind nur folgende Fälle möglich[235]):

$$\mu = 2,\ \mu_1 = 1; \quad \mu = 4,\ \mu_1 = 1; \quad \mu = \mu_1 = 2; \quad \mu = 4,\ \mu_1 = 3.$$

In den beiden ersten Fällen läßt die Kurve keine spezialen Korrespondenzen zu, in den beiden letzten kann sie solche zulassen oder nicht. Im ersten Falle ist $p \neq 2$, im zweiten Falle ist p eine gerade Zahl > 2, im vierten Falle ist p eine gerade Zahl $\geqq 2$.

G. Scorza[236]) hat auch den Fall gekennzeichnet, in dem ϱ den Maximalwert $2p$ erreicht, und unter der Annahme, daß die Kurve keine

---

einer (singulären oder nicht singulären) Homographie Ω einzig und allein die Wurzeln der charakteristischen Gleichung von Ω sind. Je nachdem $\psi(z) = 0$ nur einfache bzw. vielfache Wurzeln hat, ist Ω eine allgemeine bzw. eine spezielle Homographie. Ist außerdem $f(z) = 0$ irgendeine beliebige Gleichung, der Ω genügt, so muß $f(z)$ durch $\psi(z)$ teilbar sein. Vgl. noch *M. Tognetti,* Atti Acc. Torino 67 (1932), p. 7.

233) Rend. Circ. mat. Palermo 45 (1919), p. 119; Auszug Roma Rend. Acc. Linc. (5) 26^2 (1917), p. 177.

234) Für $p = 1$ ist $\varrho = 1$ bzw. auch $\varrho = 2$, je nachdem $\mu = 1$ bzw. $\mu = 2$ ist: *G. Scorza*[233]). Für $p = 2$ s. Nr. **28**.

235) *G. Scorza*[233]), p. 157—160.

236) S. [233]), p. 162—163.

spezialen Korrespondenzen aufweist[237]), insbesondere die Fälle studiert, in denen p bzw. ϱ eine Primzahl[238]) ist. Für $p = 2$ s. Nr. 28. Ist p eine ungerade Primzahl[239]), so sind nur folgende Fälle möglich:

$$\mu = \mu_1 = 1,\ \varrho = 1; \quad \mu = 2,\ \mu_1 = 1,\ \varrho = 2;$$
$$\mu = \mu_1 = p,\ \varrho = p; \quad \mu = 2p,\ \mu_1 = p,\ \varrho = 2p.$$

Ist ϱ eine ungerade Primzahl, so sind nur zwei Fälle möglich:

$$\mu = \mu_1 = \varrho; \quad \mu = \varrho^2,\ \mu_1 = \frac{\varrho(\varrho + 1)}{2},$$

und p ist in beiden Fällen ein Vielfaches von ϱ.

Über das Vorhergehende vgl. auch Nr. 27.

24. Ausdehnung des Wertigkeitsbegriffs einer Korrespondenz; einfache und mehrfache Wertigkeiten einer Korrespondenz. Vermöge der Korrespondenz T mit den Indizes α, β, seien $y', y'', \ldots, y^{(\beta)}$ die homologen Punkte eines Punktes x der Kurve C. Sind σ und σ' zwei, vermöge T untereinander entsprechende Zyklen der *Riemann*schen Fläche R, und nimmt man an, daß zwischen den Perioden τ und τ' eines Integrals 1. Gattung u längs dieser Zyklen die Beziehung

$$\tau' + \gamma\tau = 0$$

stattfindet, wo γ eine von σ unabhängige reelle oder komplexe Zahl ist, dann ist die Summe

$$u(y') + u(y'') + \cdots + u(y^{(\beta)}) + \gamma u(x)$$

auf R konstant. Bezeichnet man mit I die identische Korrespondenz auf der Kurve, dann sagt man, die *lineare Funktion von* T, $T + \gamma I$ ist konstanten Niveaus für das Integral u oder auch γ ist eine *Wertigkeit von T in bezug auf das Integral u.*[240]) Die Gesamtheit aller Integrale, für die T die Wertigkeit γ besitzt, bildet ein lineares System,

---

237) Unter diese Annahme ist ϱ ein gemeinschaftlicher Teiler der Zahlen $2p$ und μ; der Quotient der Division von μ durch ϱ ist ein Divisor von ϱ und $\mu \leq \varrho^2$: *G. Scorza*[233]), p. 131.

238) Für den Fall, daß p eine ungerade Primzahl, s. *G. Scorza*, Paris C. R. 167 (1918), p. 454; [233]), p. 164—168; vgl. darüber *G. Humbert* und *P. Lévy*, Paris C. R. 158 (1914), p. 1609. Für den Fall, daß ϱ eine ungerade Primzahl, s. *G. Scorza*[233]), p. 168—174.

239) *G. Scorza*[197]), p. 312—313; [233]), p. 167—168, hat die vollständige Klassifikation der Fälle angegeben, die sich bei $p = 3$ darbieten können. Es gibt 4 Fälle, wenn die Kurve keine spezialen Korrespondenzen enthält, 18 Fälle dagegen, wenn ja.

240) *C. Rosati*, Atti Acc. Torino 51 (1916), p. 991; 53 (1917), p. 5. Der *Rosati*sche Begriff der *mehrwertigen Korrespondenz* ist eine Erweiterung des von *F. Severi* herrührenden Begriffs der *Korrespondenz mit doppelter Wertigkeit.* S. Anm. 214.

das dieser Wertigkeit *beigeordnet* heißt. Die Anzahl der unabhängigen Integrale dieses linearen Systems heißt *Dimension* der Wertigkeit.

Jede Korrespondenz T besitzt eine gewisse Anzahl von Wertigkeiten, die ebenso vielen linearen Systemen von Integralen beigeordnet sind. Diese Systeme sind untereinander unabhängig; und die Korrespondenz T heißt *regulär* bzw. *irregulär*, je nachdem diese Systeme durch das ganze ∞^{p-1}-System der auf die Kurve bezüglichen Integrale, bzw. durch ein Teilsystem, verknüpft werden können. Je nachdem T regulär oder irregulär ist, sind alle Wurzeln ihrer Minimalgleichung einfach oder nicht, ist also die Homographie Ω in Nr. **21** allgemein oder speziell (vgl. Anm. 232).

Die Wertigkeiten von T sind einzig und allein die mit vertauschtem Vorzeichen versehenen Wurzeln der charakteristischen Gleichung der Homographie Π (Nr. **21**) und die Bilder der ihnen beigeordneten linearen Systeme von Integralen die ihnen [im Sinne von III C 7 (*C. Segre*), Nr. **14**] entsprechenden Bündel von Koinzidenzüberebenen. Diese Wertigkeiten sind demnach algebraische ganze Zahlen, die invariant sind, sei es gegenüber den birationalen Transformationen der Kurve, sei es gegenüber der Gruppe der Rückkehrschnitte auf der *Riemann*schen Fläche R. Sie stimmen mit den Multiplikatoren der auf T bezüglichen komplexen Multiplikation überein.

Ist eine partielle Wertigkeit von T eine rationale ganze Zahl, so ist das ihr beigeordnete System von Integralen ein reduzibles reguläres System, und umgekehrt.

Speziale Korrespondenzen, und nur diese, besitzen die partielle Wertigkeit Null.

Die Betrachtung der einfachen und mehrfachen linearen Systeme von Koinzidenzpunkten und -überebenen einer Homographie führt zu dem Begriff der einfachen und mehrfachen Wertigkeiten. Es kann vorkommen, daß alle linearen Systeme von Integralen, für die die aufeinanderfolgenden Potenzen der linearen Funktion $T + \gamma I$ konstanten Niveaus sind, mit dem γ beigeordneten linearen ∞^{l-1}-System zusammenfallen; in diesem Falle sagt man, daß γ eine *einfache Wertigkeit* von T ist. Es kann dagegen vorkommen, daß die linearen Systeme von Integralen für die $T + \gamma I$ und die aufeinanderfolgenden Potenzen $(T + \gamma I)^2, \ldots, (T + \gamma I)^r$ konstanten Niveaus sind, die Dimensionen $l - 1,\ l + l_1 - 1,\ \ldots,\ l + l_1 + \cdots + l_{r-1} - 1$ haben, indem jedes dieser Systeme das vorhergehende enthält, während für das letzte von ihnen (das auch mit dem gesamten ∞^{p-1}-System zusammenfallen kann) die weiteren Potenzen $(T + \gamma I)^{r+1}, (T + \gamma I)^{r+2}, \ldots$ konstanten Niveaus sind. Trifft dies zu, so sagt man, daß γ eine *r-fache Wertigkeit* von T ist, und die genannten linearen Systeme von Integralen, von den Dimensionen $l-1, l+l_1-1, \ldots, l+l_1+\cdots+l_{r-1}-1$, heißen zu γ *beigeordnet.* Im ersten Falle ist die Multiplizität der Wurzel $-\gamma$ für die charakteristische Gleichung der Homographie Π gleich l, im zweiten Falle gleich $l+l_1+\cdots+l_{r-1}$.

Eine Korrespondenz T läßt nur einfache Wertigkeiten zu oder nicht, je nachdem die Homographie Ω, die das Bild von T ist, allgemein oder speziell ist.[241])

Die Minimalgleichung ist (im absoluten Rationalitätsbereich) reduzibel oder irreduzibel, je nachdem es speziale Korrespondenzen als rationale Funktionen von T gibt oder nicht[242]), da man eine Korrespondenz S *rationale Funktion* einer anderen Korrespondenz T nennt, wenn $lS \equiv f(T)$, wobei l eine ganze Zahl und f ein Polynom mit ganzzahligen Koeffizienten ist. Besitzt insbesondere T mehrfache Wertigkeiten, so existieren speziale Korrespondenzen, die rationale Funktionen von T sind.

Die Wertigkeiten zweier Korrespondenzen T und T^{-1}, deren eine die Inverse der anderen ist, sind konjugiert-komplexe Zahlen; eine Wertigkeit von T und die konjugiert-komplexe Wertigkeit von T^{-1} haben dieselbe Multiplizität und sind (im allgemeinen verschiedenen) linearen Systemen von Integralen derselben Dimension beigeordnet. Daraus folgt, daß T und T^{-1} entweder beide regulär oder beide irregulär sind.

Was die mit mehrfachen Wertigkeiten ausgestatteten Korrespondenzen betrifft, so gilt auch noch die Eigenschaft, daß eine Kurve, auf der eine derartige Korrespondenz existiert, notwendigerweise reduzible reguläre Systeme besitzt.

Aus dem vorausgehenden leitet sich für die Anzahl der Koinzidenzen einer beliebigen Korrespondenz T ein Ausdruck ab, den man als eine Verallgemeinerung des *Cayley-Brill*schen Ausdrucks für die Korrespondenzen mit gewöhnlicher Wertigkeit betrachten kann. Es seien $\gamma', \gamma'', \ldots, \gamma^{(k)}$ die Wertigkeiten von T, so daß die Wertigkeiten von T^{-1} $\gamma_0', \gamma_0'', \ldots, \gamma_0^{(k)}$, die entsprechenden konjugiert-komplexen Zahlen der vorhergehenden sind. Es sei r_i ($\geqq 1$) die gemeinsame Multiplizität von $\gamma^{(i)}$ und $\gamma_0^{(i)}$, und q_i-1 die gemeinsame Dimension der beiden linearen Systeme von Integralen, für die die Potenzen $(T+\gamma^{(i)}I)^{r_i}$

241) Dies ist ein Korollar einer Eigenschaft der linken Seite der Minimalgleichung der Homographie Ω, die nämlich das kleinste gemeinschaftliche Vielfache der linken Seiten der Minimalgleichungen der Homographien ist, die Ω in den Räumen τ und τ_0 hervorruft. *C. Rosati,* Atti Acc. Torino 53 (1917), p. 14.

242) *C. Rosati,* Ann. di mat. (3) 31 (1921), p. 23—24.

und $(T^{-1} + \gamma_0^{(i)} I)^{r_i}$ konstanten Niveaus sind. Dann folgt aus dem ersten der *Hurwitz*schen Ausdrücke (8) von Nr. **12** für die Anzahl der Koinzidenzen der Ausdruck[243])

$$\alpha + \beta + \sum_{i=1}^{k} (\gamma^{(i)} + \gamma_0^{(i)}) q_i .$$

Vom Gesichtspunkt der Wertigkeiten aus betrachtet, werden die symmetrischen und halbsymmetrischen Korrespondenzen wie folgt gekennzeichnet. Eine symmetrische Korrespondenz besitzt vor allem nur einfache und reelle Wertigkeiten; eine halbsymmetrische Korrespondenz nur einfache Wertigkeiten, die, außer einer möglichen Wertigkeit Null, rein imaginär sind.

Ist eine Wertigkeit von T und die konjugiert-imaginäre Wertigkeit von T^{-1} demselben linearen System von Integralen beigeordnet, so sind beide für T und T^{-1} einfache Wertigkeiten. Daraus folgt: Soll eine Korrespondenz T symmetrisch sein, so ist notwendig und hinreichend, daß alle ihre Wertigkeiten reell sind und jede für T und für T^{-1} ein und demselben linearen System von Integralen beigeordnet ist. Ähnlich ist es, damit eine Korrespondenz T halbsymmetrisch ist, notwendig und hinreichend, daß ihre Wertigkeiten rein imaginär sind (eine möglicherweise auftretende Wertigkeit Null ausgeschlosssen), und jede Wertigkeit von T und die konjugiert-imaginäre von T^{-1} ein und demselben System[244]) von Integralen beigeordnet sind.

C. Rosati[245]) hat auch, in Verbindung mit dem Nullsystem, das das Bild einer symmetrischen Korrespondenz (Nr. **21**) ist, die symmetrischen Korrespondenzen gekennzeichnet, deren sämtliche Wertigkeiten dasselbe Vorzeichen haben, und daraus einen Beweis des arithmetischen Kriteriums von *G. Castelnuovo* abgeleitet, von dem in Nr. **34** die Rede sein wird.

25. Hermitesche Korrespondenzen. Verbindung der Korrespondenztheorie mit dem Begriff der Ordnung von Zahlkörpern (nach R. Dedekind). Es sei T eine algebraische (α, β)-Korrespondenz zwischen zwei voneinander verschiedenen oder nicht verschiedenen Kurven

243) Insbesondere folgt, daß die Anzahl der Koinzidenzpunkte für eine halbsymmetrische Korrespondenz $\alpha + \beta$ ist. Vgl. schon erstmalig *C. Rosati*[118]), p. 436.

244) Die vorausgehenden Eigenschaften wurden von *C. Rosati,* Atti Acc. Torino 51 (1916), p. 991; 53 (1917), p. 5 angegeben. In der ersten Arbeit hat *Rosati* insbesondere die von ihm als *mehrwertige Korrespondenzen* bezeichneten Korrespondenzen betrachtet, und zwar in bezug auf den Fall, daß die Minimalgleichung der Korrespondenz nur rationale (und daher ganze) Wurzeln hat, und gezeigt, wie man Kurven konstruieren kann, auf denen mit beliebig vielen Wertigkeiten ausgestattete Korrespondenzen existieren.

245) Ann. di mat. (3) 31 (1921), p. 1.

C und C'. Sind $x_1, x_2, \ldots, x_\alpha$ die α Punkte von C, die vermöge T einem Punkte y von C' entsprechen, so gibt es auf C eine algebraische Schar γ'_α vom Index β (Nr. **32**), die von den Gruppen der α homologen Punkte eines veränderlichen Punktes von C' beschrieben wird. Betrachtet man ähnlicherweise die Korrespondenz T^{-1}, die von jedem Punkt x von C zu den β homologen Punkten von C' führt, so erhält man auf C' eine Schar γ'_β vom Index α. Diese Scharen γ'_α und γ'_β heißen die von T auf C und C' *induzierten* Scharen.

Seitenkorrespondenzen von T sind die beiden auf C bzw. C' existierenden symmetrischen Korrespondenzen S und S', in denen zwei Punkte homolog sind, die in T oder in T^{-1} ein und demselben Punkt von C' oder von C entsprechen, d. h. zwei Punkte, die ein und derselben Gruppe von γ'_α oder von γ'_β angehören.

Ist nach diesen Voraussetzungen T eine auf einer Kurve C gegebene (α, β)-Korrespondenz, so ist, damit jede Wertigkeit von T und die konjugiert-komplexe von T^{-1} ein und demselben System von Integralen 1. Gattung beigeordnet sind, notwendig und hinreichend, daß T und T^{-1} rationale Funktionen voneinander sind (Nr. **24**) (*C. Rosati*, Anm. 245).

Nun befinden sich aber unter den Korrespondenzen, die rationale Funktionen ihrer Inversen sind, nicht nur die symmetrischen und halbsymmetrischen, sondern auch die *Hermite*schen Korrespondenzen (vgl. Nr. **38**), d. h. die Korrespondenzen, deren Seitenkorrespondenzen mit gewöhnlicher Wertigkeit ausgestattet sind. Als *Hermite*sche Korrespondenz kann man auch eine nicht speziale Korrespondenz T bezeichnen, die so beschaffen ist, daß sich

$$(1) \qquad T^{-1}T = kI$$

ergibt, wo I die identische Korrespondenz und k eine (notwendigerweise positive) ganze Zahl ist, die *Ordnung* der *Hermite*schen Korrespondenz[246]) heißt.

Soll eine Korrespondenz, welche eine rationale Funktion ihrer Inversen ist, eine *Hermite*sche Korrespondenz sein, so ist notwendig und

246) Eine eineindeutige Korrespondenz ist eine *Hermite*sche Korrespondenz 1. Ordnung. Ist umgekehrt T eine *Hermite*sche Korrespondenz 1. Ordnung auf einer Kurve vom Geschlecht $p > 1$, so ist in einer der beiden Klassen $\pm T$ eine und nur eine eineindeutige Korrespondenz enthalten. Ist die Kurve hyperelliptisch und nur in diesem Falle, so ist in allen beiden Klassen eine solche Korrespondenz enthalten. S. *C. Rosati*[245]), p. 19—21. Hiervon hat *C. Rosati* einen arithmetischen Beweis des Satzes von *H. A. Schwarz* und *F. Klein* abgeleitet, von dem in Nr. **41** die Rede sein wird.

hinreichend, daß alle ihre Wertigkeiten gleichen Modul haben. In der Gleichung (1) haben alle Wertigkeiten von T den Modul $\sqrt{k}$.

Auf einer Kurve vom Geschlecht $p > 1$ gibt es *Hermite*sche Korrespondenzen einer gegebenen Ordnung k in endlicher Anzahl, wenn zwei derselben charakteristischen Matrix beigeordnete, d. h. ein und derselben Klasse angehörende (Nr. **12**), Korrespondenzen als nicht voneinander verschieden betrachtet werden.

Ist auf der Kurve C eine singuläre Korrespondenz T gegeben, so betrachten wir allgemein die Gesamtheit aller Korrespondenzen, die rationale Funktionen von T sind. Ist R eine innerhalb dieser Gesamtheit veränderliche Korrespondenz, so ist eine ihrer Wertigkeiten in dem durch eine Wertigkeit von T bestimmten algebraischen Zahlkörper veränderlich, nimmt aber im allgemeinen nicht alle ganzen Zahlen dieses Körpers als Werte an, sondern beschreibt eine Gesamtheit, die den Bedingungen einer *Ordnung* genügt.[247]) Aus dieser Überlegung heraus gab *C. Rosati*[248]) der Gesamtheit dieser Korrespondenzen R auch den Namen *Ordnung* und stellte sie durch $o(T)$ dar; die Korrespondenz T heißt die *Erzeugende* dieser Ordnung. *Grad* von $o(T)$ ist der Grad der Minimalgleichung von T. Je nachdem diese Gleichung (im absoluten Rationalitätsbereich) reduzibel oder irreduzibel ist, sagt man, daß $o(T)$ *reduzibel* oder *irreduzibel* ist.

Die Korrespondenzen einer Ordnung vom Grade n bilden ein Netz n^{ter} Stufe, sind zu je zweien vertauschbar und werden, außer durch Addition und Subtraktion, auch durch Multiplikation reproduziert. In einer Ordnung sind die Wertigkeitskorrespondenzen enthalten.

Ist eine Ordnung irreduzibel, so ist jede in ihr enthaltene Ordnung auch irreduzibel, und ihr Grad ein Divisor des Grades der gegebenen Ordnung.

Die gemeinsamen Korrespondenzen zweier Ordnungen sowie die in einer Ordnung enthaltenen symmetrischen Korrespondenzen bilden je eine Ordnung. Bilden die symmetrischen Korrespondenzen der Kurve eine Gruppe, so ist auch diese Gruppe eine Ordnung.

Soll eine Ordnung $o(T)$ mit ihrer Inversen $o(T^{-1})$ zusammenfallen, d. h. eine Korrespondenz T rationale Funktion ihrer Inversen sein, so ist notwendig und hinreichend, daß der Grad der Minimalgleichung von T gleich der Summe der Anzahl der voneinander unabhängigen symmetrischen und halbsymmetrischen Korrespondenzen ist, die rationale Funktionen von T sind.

---

247) Über den Begriff der *Ordnung* eines Zahlkörpers (nach *R. Dedekind*) s. I C 4a (*D. Hilbert*), Nr. **12**.

248) S. [245]), p. **25**.

In einer irreduziblen Ordnung $o(T)$, die mit ihrer Inversen übereinstimmt, ist jede Korrespondenz mit reeller Wertigkeit symmetrisch; jede Korrespondenz mit rein imaginärer Wertigkeit halbsymmetrisch; jede Korrespondenz, deren eine Wertigkeit die Quadratwurzel einer ganzen Zahl als Modul hat, eine *Hermite*sche Korrespondenz.

Ist eine derartige Ordnung nicht vollständig aus symmetrischen Korrespondenzen zusammengesetzt, so enthält sie eine gleiche Anzahl unabhängiger symmetrischer und halbsymmetrischer Korrespondenzen. Als Erzeugende der Ordnung kann eine halbsymmetrische Korrespondenz K gewählt werden, und die symmetrischen und halbsymmetrischen Korrespondenzen der Ordnung sind durch rationale Funktionen gegeben, die nur gerade bzw. ungerade Potenzen von K[249]) enthalten.

26. Fortsetzung: Vertauschbare Korrespondenzen. Sind die Homographien, die die Bilder zweier auf einer Kurve C bestehenden Korrespondenzen T und U sind (die Homographien Ω von Nr. **21**), vertauschbar, so ergibt sich

$$TU = \varepsilon UT,$$

wobei ε eine rationale Zahl ist. Die Produkte TU und UT sind daher abhängige Korrespondenzen. Ist $\varepsilon = +1$ bzw. $\varepsilon = -1$ (was eintritt, wenn keine Potenz von TU mit Wertigkeit Null besteht), so werden nach *C. Rosati*[250]) die Korrespondenzen T und U *direkt* bzw. *umgekehrt vertauschbar* genannt.

Rosati hat, falls die Produkte TT^{-1} und $T^{-1}T$ voneinander abhängig sind, gefunden, daß die Korrespondenzen T und T^{-1} regulär und direkt vertauschbar sind, und außerdem jede von ihnen rationale Funktion der anderen ist.[251])

Daraus ergibt sich, daß die Annahme der Vertauschbarkeit der Korrespondenzen T und T^{-1} der anderen äquivalent ist, wonach die beiden Ordnungen $o(T)$ und $o(T^{-1})$ zusammenfallen. Hierüber hat *C. Rosati* folgenden Satz bewiesen.

Läßt die Minimalgleichung einer mit ihrer Inversen vertauschbaren Korrespondenz T r reelle Wurzeln und s Paare konjugiert-komplexer

249) Weitere Eigenschaften bei *N. Spampinato,* Note ed eserc. Circ. mat. Catania 5 (1927), p. 98—100.

250) Ann. di mat. (4) 6 (1929), p. 233; Auszug Roma Rend. Acc. Linc. (6) 5 (1927), p. 850.

251) Daraus folgt, daß die Kurven C, auf denen bei jeder Korrespondenz T und ihrer Inversen T^{-1} die (konjugiert-imaginären) Wertigkeiten denselben Integralen 1. Gattung beigeordnet sind, die Kurven sind, auf denen jede symmetrische Korrespondenz mit jeder halbsymmetrischen Korrespondenz vertauschbar ist. Diese Bedingung ist äquivalent mit der anderen, wonach die symmetrischen Korrespondenzen paarweise vertauschbar sind und daher eine Ordnung bilden.

Wurzeln zu, so besitzt die Ordnung $o(T)$ ein Netz $(r+s)^{\text{ter}}$ Stufe von symmetrischen Korrespondenzen und ein Netz s^{ter} Stufe von halbsymmetrischen Korrespondenzen. Ist die Gleichung irreduzibel, so muß $s = 0$ oder $r = 0$ sein, d. h. die Ordnung $o(T)$ besteht nur aus symmetrischen Korrespondenzen oder die Anzahl der in ihr enthaltenen voneinander unabhängigen symmetrischen Korrespondenzen ist gleich derjenigen der halbsymmetrischen. In allen beiden Fällen sind die Zahlen r und s Divisoren des Geschlechtes p.

27. Pseudoachsen einer Riemannschen Matrix. Multiplikabilitätsgruppe der Matrix und ihre Struktur. In einer allgemeinen Untersuchung über die *Riemann*schen Matrizen (Nr. **20**) hat *C. Rosati*[252]) einige Ergebnisse erhalten, die bei Anwendung auf die Matrix ω der Perioden eines primitiven Systems von Zyklen von p unabhängigen *Abel*schen Integralen 1. Gattung einer Kurve vom Geschlecht p als Ergebnisse der Korrespondenztheorie gedeutet werden können.

Nach der von *C. Rosati* (Nr. **20, 21, 22**) angegebenen geometrischen Deutung der Formeln von *A. Hurwitz* entspricht die Gesamtheit aller zu C gehörigen algebraischen Korrespondenzen, deren Basiszahl μ ist, einer unendlichen diskontinuierlichen Gruppe G rationaler Homographien eines linearen Raums S_{2p-1}, der in einem linearen $\infty^{\mu-1}$-System G^* enthalten ist, das gleichfalls eine kontinuierliche Gruppe mit $\mu - 1$ Parametern ist. Die Gruppe G ist die Multiplikabilitätsgruppe der Matrix ω (Nr. **20**).[253])

Die Untersuchung der Struktur von G und von G^* wurde von *C. Rosati* auf rein geometrischem Wege durch das vertiefte Studium der Konfiguration der *Pseudoachsen* der Matrix ω durchgeführt. *Pseudoachse* der Matrix ω heißt jede Achse eines reellen ausgearteten Nullsystems von ω.[254]) Sie ist ein reeller linearer Raum R_{2q-1}, der sich auf die Räume τ und τ_0 (Nr. **20**) in zwei konjugiert-imaginären Räumen S_{q-1} stützt, und zu einer *Achse* (Nr. **22**) der Matrix wird, wenn er rational ist.

Nach dem gleichen Verfahren, das *C. Rosati* beim Studium der regulären Systeme reduzibler *Abel*scher Integrale (Nr. **22**) verwandt hatte, hat er auch den Begriff des *Immersionskoeffizienten* auf die Pseudoachsen ausgedehnt. Eine Pseudoachse R_{2q-1}, deren Immersions-

---

252) Rend. Circ. mat. Palermo 53 (1928), p. 79; Auszug Roma Rend. Acc. Linc. (6) 6 (1927), p. 191.

253) Vgl. hierüber *G. Scorza*[197]), p. 279.

254) Der Begriff der Pseudoachse einer *Riemann*schen Matrix rührt von *G. Scorza*[197]), p. 320 her, der die Wichtigkeit dieses Begriffs beim Studium dieser Matrizen hervorhob.

koeffizient λ ist, bestimmt eine reelle ∞^λ-Mannigfaltigkeit V von Pseudoachsen, die durch jede Homographie des linearen Systems G^* in sich verwandelt wird. Jede kontinuierliche Mannigfaltigkeit von Pseudoachsen, die eine Pseudoachse mit V gemeinsam hat, ist vollständig in V enthalten. Daher sagt man, daß V eine *vollständige* Mannigfaltigkeit von Pseudoachsen ist. Ist $\lambda = 0$, so wird R_{2q-1} durch alle Homographien von G^* in sich verwandelt und *isolierte Pseudoachse* genannt.

Jeder Pseudoachse R_{2q-1} hat *C. Rosati* noch eine weitere Zahl γ beigeordnet, die er als *Charakter* der Pseudoachse bezeichnete. Dies ist die Anzahl der voneinander unabhängigen Homographien, die in der Pseudoachse durch die Homographien von G^* bestimmt werden, die ebendiese Pseudoachse in sich verwandeln. Für den Fall, daß R_{2q-1} eine *reine* Pseudoachse ist, ergibt sich folgende Eigenschaft:

Der Immersionskoeffizient λ einer reinen, nicht isolierten Pseudoachse ist ein Vielfaches ihres Charakters γ. Setzt man $\lambda = k\gamma$, so ist $k+1$ die Maximalzahl der unabhängigen Pseudoachsen, die in der durch die besagte reine Pseudoachse bestimmten vollständigen Mannigfaltigkeit enthalten sind.

Da jede unreine Pseudoachse von ω durch Verbindung einer gewissen Anzahl unabhängiger reiner Pseudoachsen erhalten wird, muß man beim Studium der Konfiguration der Pseudoachsen die Art der Verteilung der reinen Pseudoachsen untersuchen. Es ergibt sich dann, daß sich die reinen Pseudoachsen der Matrix ω auf eine endliche Anzahl algebraischer irreduzibler Mannigfaltigkeiten $V_1, V_2, \ldots, V_t$ von den Dimensionen $\lambda_1, \lambda_2, \ldots, \lambda_t$ verteilen, wobei λ_i der Immersionskoeffizient der in V_i enthaltenen Pseudoachsen R_{2q_i-1} ist. Die Räume $R_{2Q_1-1}, R_{2Q_2-1}, \ldots, R_{2Q_t-1}$, denen die genannten Mannigfaltigkeiten angehören, sind voneinander unabhängig, gehören S_{2p-1} an (so daß $Q_1 + Q_2 + \cdots + Q_t = p$) und sind die minimalen isolierten Pseudoachsen der Matrix.

Nimmt man, nach diesen Voraussetzungen, vor allem an, daß ω rein, d. h. die Kurve C frei von reduziblen regulären Systemen sei, so besitzen alle reinen Pseudoachsen ein und dieselbe Dimension $2q-1$ $(q_1 = q_2 = \cdots = q_t = q)$, die minimalen isolierten Pseudoachsen ebenfalls ein und dieselbe Dimension $2Q-1$ $(Q_1 = Q_2 = \cdots = Q_t = Q)$, und die Mannigfaltigkeiten $V_1, V_2, \ldots, V_t$ enthalten die gleiche Anzahl $k+1$ unabhängiger reiner Pseudoachsen $(k_1 = k_2 = \cdots = k_t = k)$.

Das Studium der Konfiguration der Pseudoachsen wird dann durch folgende Eigenschaft vervollständigt.

Alle reinen Pseudoachsen einer reinen Matrix haben ein und denselben Charakter γ, der nur die Werte 1, 2, 4 annehmen kann. Im ersten Falle betrachten wir auf der Kurve C eine symmetrische Korrespondenz S vom Maximalrang ϱ (Nr. **23**), dann existieren keine mit S vertauschbaren (Nr. **26**) halbsymmetrischen Korrespondenzen; im zweiten Falle bilden die mit S vertauschbaren halbsymmetrischen Korrespondenzen ein Netz ϱ^{ter} Stufe; im dritten Falle, der nur dann möglich ist, wenn das Geschlecht p gerade und größer als 2 ist, bilden die halbsymmetrischen Korrespondenzen ein Netz $3\varrho^{\text{ter}}$ Stufe.

All dies kann kurz zusammengefaßt werden, indem man die Konfiguration der Pseudoachsen für eine reine Matrix *regulär* nennt. Die Matrix heißt dann *erster, zweiter, dritter* Art, je nachdem der Charakter ihrer reinen Pseudoachsen den Wert 1, 2, 4 annimmt.

Die vorhergehenden Eigenschaften können auch auf die unreinen, von isolierten Achsen freien Matrizen ausgedehnt werden.

Immer unter der Annahme, daß ω von isolierten Achsen frei sei, wird die Erzeugung der Mannigfaltigkeiten $V_1, V_2, \ldots, V_t$ der reinen Pseudoachsen weiter wie folgt präzisiert.

Ist λ die gemeinsame Dimension der Mannigfaltigkeiten V_i und $k+1$ die Maximalzahl der darin enthaltenen unabhängigen reinen Pseudoachsen R_{2q-1}, so ist $\lambda = k,\ 2k,\ 4k$, je nachdem ω erster, zweiter oder dritter Art ist.

Ist ω erster Art ($\lambda = k$), so ist die Mannigfaltigkeit V_i ($i = 1, 2, \ldots, t$) eine Schar einer „*Segre*schen Mannigfaltigkeit" mit den Indizes $k,\ 2q-1$.[255])

255) Sind n ($\geqq 2$) lineare Räume $S_{p_1}, S_{p_2}, \ldots, S_{p_n}$ von den Dimensionen $p_1, p_2, \ldots, p_n$ gegeben, so bezeichnet man nach *G. Scorza,* Atti Acc. Torino 45 1909), p. 119 als „*Segresche Mannigfaltigkeit*" von der Art n, mit den Indizes $p_1, p_2, \ldots, p_n$, die von der Gesamtheit allen Gruppen von n Punkten $A_1, A_2, \ldots, A_n$ gebildete Mannigfaltigkeit V, welche man erhält, indem man einen beliebigen Punkt A_1 von S_{p_1} mit einem beliebigen Punkt A_2 von $S_{p_2}, \ldots,$ mit einem beliebigen Punkt A_n von S_{p_n} vereinigt. Ein projektives Modell der Mannigfaltigkeit V wurde von *C. Segre*, Rend. Circ. mat. Palermo 5 (1891), p. 192 mittels folgender analytischer Darstellung angegeben.

$x_0^{(i)}, x_1^{(i)}, \ldots, x_{p_i}^{(i)}$ seien die homogenen projektiven Koordinaten eines allgemeinen Punktes von S_{p_i} und $X_{i_1 i_2 \ldots i_n}$ homogene projektive Koordinaten in einem linearen Raum S_k von der Dimension

$$k = (p_1 + 1)(p_2 + 1) \ldots (p_n + 1) - 1.$$

Dann ergibt sich für die Mannigfaltigkeit V die Parameterdarstellung

$$\varrho X_{i_1 i_2 \ldots i_n} = x_{i_1}^{(1)} x_{i_2}^{(2)} \ldots x_{i_n}^{(n)}$$

$$(i_j = 0, 1, \ldots, p_j; \quad j = 0, 1, \ldots, n),$$

wo ϱ ein willkürlicher Proportionalitätsfaktor ist. Die Mannigfaltigkeit V liegt

Ist ω zweiter Art ($\lambda = 2k$), so sind in jeder minimalen isolierten Pseudoachse R_{2Q-1} zwei *Segre*sche Mannigfaltigkeiten W_i, $\overline{W}_i$, mit den Indizes k, $q-1$, enthalten, die zwei unabhängigen konjugiert-imaginären Räumen angehören und durch die „konjugierte Transformation" (d. h. die Korrespondenz, durch die jedem Punkt mit komplexen Koordinaten der Punkt mit den konjugiert-komplexen Koordinaten entspricht) ineinander verwandelt werden. Die Mannigfaltigkeit V_i wird durch die Verbindungsräume zweier willkürlicher Räume der zweiten Scharen von W_i und $\overline{W}_i$ erzeugt.

Ist ω dritter Art ($\lambda = 4k$), so muß $p = 2p_1$, $q = 2q_1$, $Q = 2Q_1$ sein, und in jeder minimalen isolierten Pseudoachse R_{4Q_1-1} ist eine *Segre*sche Mannigfaltigkeit W_i, mit den Indizes $2k+1$, $2q_1-1$, enthalten, die durch die konjugierte Transformation in sich verwandelt, aber frei von reellen Punkten ist. Die Mannigfaltigkeit V_i wird durch die Verbindungsräume zweier willkürlicher Räume der zweiten Schar von W_i erzeugt.

Die Struktur der Gruppen G und G^* für die von isolierten Achsen freien Matrizen hängt daher mit einer bestimmten Anzahl von *Segre*schen Mannigfaltigkeiten innigst zusammen, die alle gleiche Indizes haben. Unter der Voraussetzung, daß ω t minimale isolierte Pseudoachsen besitzt, gibt es t derartige Mannigfaltigkeiten, die alle reell

---

in S_k und in keinem Raume niedrigerer Dimension und hat die Dimension $p_1 + p_2 + \cdots + p_n$ und die Ordnung $\dfrac{(p_1 + p_2 + \cdots + p_n)!}{p_1!\, p_2! \ldots p_n!}$.

Über die Mannigfaltigkeit V vgl. III C 7 (*C. Segre*), Nr. **10**, **44**; außerdem *A. Terracini,* Atti Acc. Torino 49[1] (1913), p. 214; Roma Rend. Acc. Linc. (5) 30[2] (1921), p. 95; *A. Duschek,* Monatsh. Math. Phys. 33 (1923), p. 63; *E. Bertini*[4]), 1. Ausg., p. 200—202; 2. Ausg., p. 380—385; deutsche Ausg., p. 357—362; *E. Cartan*[586]), p. 313—322.

F. Severi, Ann. di mat. (3) 24 (1915), p. 89 hat die Möglichkeit eines Beweises dafür angedeutet, daß die Mannigfaltigkeit V das projektive Modell der Minimalordnung (vgl. Nr. **1**, besonders Anm. 19) sei, die mit ihren Punkten die Gruppen von n in n gegebenen Räumen $S_{p_1}, S_{p_2}, \ldots, S_{p_n}$ angenommenen Punkte ohne Ausnahme darstellt. In der Folge wurde dies von *G. Bordiga,* Ann. di mat. (3) 27 (1917), p. 1 für den Fall $p_1 = p_2 = \cdots = p_n$ bewiesen.

C. Segre, a. a. O. und Math. Ann. 40 (1891), p. 413 hat die Mannigfaltigkeit V dazu benutzt, die reelle Darstellung der komplexen Punkte eines beliebigen linearen Raumes zu verwirklichen. Über die auf diese Weise erhältlichen Mannigfaltigkeiten der niedrigsten Ordnung und damit verbundene Fragen, besonders die nach der günstigsten Darstellung des Variabilitätsgebiets zweier komplexer Variabeln, s. *F. Severi,* „Conf. di geom. alg."[6]), p. 68—74 und 188—196; Roma Rend. Acc. Linc. (6) 9 (1929), p. 915; außerdem *B. Segre,* Rev. mat. hispano-amer. (2) 3 (1928), p. 137; *F. Severi,* Rend. Semin. mat. e fis. di Milano 5 (1931), p. 24—30; Rend. Semin. mat. Univ. di Roma (2) 7[2] (1932), p. 24 ff.

sind und unendlich viele reelle Räume aufweisen, wenn ω erster Art ist; $2t$, die alle imaginär und paarweise konjugiert sind, wenn ω zweiter Art ist; ebenfalls t, die alle reell, aber frei von reellen Punkten sind, wenn ω dritter Art ist. Die Gruppe G^* verwandelt jede *Segre*sche Mannigfaltigkeit in sich, indem sie jeden Raum der ersten Schar fest läßt, und in ihm die vollständige Gruppe der Homographien des Raumes selbst induziert.

Die genannten *Segre*schen Mannigfaltigkeiten heißen *minimale invariante Mannigfaltigkeiten* der Multiplikabilitätsgruppe.

Bezeichnen wir mit α, β die gemeinschaftlichen Indizes der minimalen invarianten Mannigfaltigkeiten, so werden die Basiszahlen μ, μ_1, μ_2 der Kurve C durch die Formeln[256])

$$\mu = 2p\frac{\alpha+1}{\beta+1}, \quad \mu_1 = p\frac{\alpha+2}{\beta+1}, \quad \mu_2 = p\frac{\alpha}{\beta+1};$$

$$\mu = 2p\frac{\alpha+1}{\beta+1}, \quad \mu_1 = p\frac{\alpha+1}{\beta+1}, \quad \mu_2 = p\frac{\alpha+1}{\beta+1};$$

$$\mu = 2p\frac{\alpha+1}{\beta+1}, \quad \mu_1 = p\frac{\alpha}{\beta+1}, \quad \mu_2 = p\frac{\alpha+2}{\beta+1}$$

ausgedrückt, und zwar je nachdem die Matrix ω erster, zweiter oder dritter Art ist. Der Rang ϱ von ω ist in jedem Falle durch die Formel

$$\varrho = \frac{2p}{\beta+1}$$

gegeben.

In dem allgemeinen Falle, daß die Kurve C isolierte reduzible reguläre Systeme besitzt, d. h., die Matrix ω isolierte Achsen zuläßt, gibt es, wenn die minimalen isolierten Achsen mit $K_1, K_2, \ldots, K_s$ bezeichnet werden, in jeder Achse K_i eine gewisse Anzahl für die Gruppe

256) Aus diesen Formeln folgt, daß für eine von isolierten reduziblen regulären Systemen freie Kurve $\mu_1 - \mu_2 = \varrho$, $\mu_1 - \mu_2 = 0$, $\mu_1 - \mu_2 = -\varrho$ gilt, je nachdem die mit der Kurve verknüpfte *Riemann*sche Matrix erster, zweiter oder dritter Art ist.

Außerdem sind die Indizes α und β der minimalen invarianten Mannigfaltigkeiten in einer reinen Matrix so beschaffen, daß $\alpha \leq \beta$.

Für eine von isolierten Achsen freie Matrix gelten folgende obere Grenzen für die Werte von μ, μ_1, μ_2, ϱ:

$$p^2, \quad \frac{p(p+1)}{2}, \quad \frac{p(p-1)}{2}, \quad p;$$

$$2p^2, \quad p^2, \quad p^2, \quad 2p;$$

$$\frac{p^2}{2}, \quad \frac{p}{2}\left(\frac{p}{2}-1\right), \quad \frac{p}{2}\left(\frac{p}{2}+1\right), \quad p,$$

je nachdem die Matrix erster, zweiter oder dritter Art ist. Wird eine der ersten drei Grenzen erreicht, so werden in jedem Falle auch die übrigen erreicht.

G^* invarianter *Segre*scher Mannigfaltigkeiten, die alle gleiche Indizes α_i, β_i haben und von derselben Art sind (entweder reell mit unendlich vielen reellen Räumen, oder paarweise konjugiert-imaginär, oder reell, aber frei von reellen Punkten). Und man erhält folgendes allgemeine Ergebnis:

Die Basiszahlen μ, μ_1, μ_2 und der Rang ϱ irgendeiner Kurve C sind durch die Formeln

$$\mu = \sum_{i=1}^{s} 2p_i \frac{\alpha_i + 1}{\beta_i + 1}, \quad \mu_1 = \sum_{i=1}^{s} p_i \frac{\alpha_i + 1 + \varepsilon_i}{\beta_i + 1}, \quad \mu_2 = \sum_{i=1}^{s} p_i \frac{\alpha_i + 1 - \varepsilon_i}{\beta_i + 1},$$

$$\varrho = \sum_{i=1}^{s} \frac{2p_i}{\beta_i + 1}$$

ausgedrückt. Darin bezeichnet s ($\geqq 1$) die Anzahl der minimalen isolierten Achsen $K_1, K_2, \ldots, K_s$ der C beigeordneten Matrix ω; $p_1, p_2, \ldots, p_s$ sind ihre Geschlechter, α_i und β_i die Indizes der in K_i enthaltenen invarianten minimalen Mannigfaltigkeiten, und es muß $\varepsilon_i = 1, 0, -1$ gesetzt werden, je nachdem die Achse K_i erster, zweiter oder dritter Art ist.

Mit den minimalen invarianten Mannigfaltigkeiten ist noch eine weitere Eigenschaft der Gruppe G verknüpft. Die Korrespondenzen der Kurve C, die mit jeder anderen Korrespondenz von C vertauschbar sind, bilden eine Ordnung (Nr. **25**). Diese nennt man die *zentrale Ordnung* der Multiplikabilitätsgruppe: ihre Verbindung mit den invarianten Mannigfaltigkeiten ist durch folgenden Satz ausgedrückt:

Die Anzahl der minimalen invarianten Mannigfaltigkeiten ist gleich dem Grad der Minimalgleichung $\psi(z) = 0$ der zentralen Ordnung. Die reellen Wurzeln dieser Gleichung sind den (von reellen Punkten freien oder nicht freien) reellen Mannigfaltigkeiten, die komplexen Wurzeln den imaginären Mannigfaltigkeiten beigeordnet. Die Gleichung ist reduzibel oder irreduzibel (im absoluten Rationalitätsbereich), je nachdem die C beigeordnete Matrix ω isolierte Achsen besitzt oder nicht; und im ersten Falle ist die Anzahl der irreduziblen Faktoren von $\psi(z)$ gleich der Anzahl der minimalen isolierten Achsen der Matrix.[257])

257) In den vorausgehenden Ergebnissen sind verschiedene Eigenschaften enthalten, die schon von *G. Scorza* (Nr. **23**) unter Anwendung der allgemeinen Sätze der Theorie der Algebren auf das Studium der *Riemann*schen Matrizen gefunden worden waren.

Ein anderer Sonderfall betrifft die Matrizen, deren Multiplikabilitätsgruppe eine *Abel*sche Gruppe ist. In diesem Falle sind die minimalen isolierten Pseudoachsen nur erster und zweiter Art. Ist ν' die Anzahl dieser Pseudoachsen erster Art und ν'' die der zweiter Art, so ergibt sich:

$$\mu = \nu' + 2\nu'', \quad \mu_1 = \nu' + \nu'', \quad \mu_2 = \nu'', \quad \varrho = \nu' + 2\nu''.$$

G. Scorza[258]) hat gezeigt, wie man unter der Annahme, daß die Gleichheit der Dimensionen der reinen Pseudoachsen und der minimalen isolierten Pseudoachsen einer reinen Matrix festgelegt sei, die Eigenschaft aller reinen Pseudoachsen, daß nämlich ihr Charakter nur eine der Zahlen 1, 2, 4 sein kann, mittels der Methoden der Theorie der Algebren und mit Hilfe bekannter Sätze von *G. Frobenius* und *E. Cartan* ableiten kann; und ferner, daß die Existenz *Segre*scher Mannigfaltigkeiten mit denselben Indizes, die invariant sind gegenüber der auf eine von isolierten Achsen freie Matrix bezüglichen Gruppe G^*, mit denselben Methoden aus einem Ergebnis von *G. Scorza*[259]) über die linearen, mit regulären Algebren verknüpften Systeme von Homographien abgeleitet werden kann.

Gleichwertige Formeln zu den Formeln von *C. Rosati*, die zur Berechnung der Multiplikabilitäts- und Singularitätsindizes sowie des Ranges einer beliebigen *Riemann*schen Matrix als Funktion passender Charaktere ihrer Pseudoachsen dienen, hat *N. Spampinato*[260]) bei der Entwicklung der Theorie der Pseudoachsen einer Matrix mittels systematischen Studiums der mit der Matrix verknüpften reellen Algebra angegeben.

Zu anderen Ergebnissen kommt *N. Spampinato*[260a]), indem er vom Gesichtspunkt der Algebren und der Halbalgebren die Theorie der sogenannten „pseudoriemannschen Zyklen" entwickelt, die die Theorie der *Riemann*schen Matrizen umfaßt, und indem er eine wichtige Klasse von halbeinfachen Algebren studiert, die er „elementar" nennt.

28. Algebraische Korrespondenzen zwischen den Punkten einer Kurve vom Geschlecht $p = 2$. *C. Rosati*[261]) führte als Anwendung seiner allgemeinen Ergebnisse die vollständige Bestimmung der Basiszahlen μ_1 und μ_2[262]) für den Fall $p = 2$ durch und bewies dabei durch direkte

258) Roma Rend. Acc. Linc. (6) 9 (1929), p. 253.

259) Note e mem. Circ. mat. Catania 1 (1921), p. 198.

260) Rend. Circ. mat. Palermo 54 (1930), p. 124 [1928].

260a) Note ed eserc. Circ. mat. Catania 6 (1931), p. 107.

Über das Studium der *Riemann*schen Matrizen mittels der Methoden der Theorie der Algebren und in Beziehung zu den Ergebnissen von *C. Rosati* s. noch *A. A. Albert*[216]), vor allem Rend. Circ. mat. Palermo 55 (1931), p. 57 [1929]; Ann. of math. (2) 33 (1932), p. 311. Vgl. auch *A. Lo Voi*[216]).

261) Ann. di mat. (3) 25 (1915), p. 18; Auszug Roma Rend. Acc. Linc. (5) 24^2 (1915), p. 184.

262) Die Zahl μ_1 stimmt mit der Basiszahl ϱ der Gesamtheit aller auf der (zur Kurve gehörigen) *Jacobi*schen Fläche (Nr. 35) existierenden algebraischen Kurven überein (Anm. 18). Vgl. *G. Bagnera* und *M. de Franchis*, Preisschrift, Rend. Circ. mat. Palermo 30 (1908), p. 185.

Methode die tatsächliche Existenz der verschiedenen möglichen Typen.[263]) Enthält die Kurve keine spezialen Korrespondenzen, so findet man, daß als Werte von μ_1 und μ_2 nur die vier Fälle (1, 0), (2, 0), (2, 2), (3, 1) möglich sind. Der Charakter ϱ, von dem in Nr. **23** die Rede war, hat die Werte 1 bzw. 2, 4, 2. Besitzt dagegen die Kurve speziale Korrespondenzen, so sind als Werte von μ_1 und μ_2 die fünf folgenden Fälle möglich: (2, 0), es existieren zwei und nur zwei elliptische Integrale, von denen keines komplexe Multiplikation zuläßt; (2, 1), es existieren (nur) zwei elliptische Integrale, von denen ein einziges komplexe Multiplikation zuläßt; (2, 2), es existieren (nur) zwei elliptische Integrale, alle beide mit komplexer Multiplikation; (3, 1), es existieren unendlich viele elliptische Integrale, von denen keines komplexe Multiplikation zuläßt; (4, 4), es existieren unendlich viele elliptische Integrale, von denen jedes komplexe Multiplikation zuläßt. Die Zahl ϱ hat die Werte 2 bzw. 3, 4, 2, 4.[264])

Vor allem wurde der Fall $\mu_1 = 2$ studiert, d. h. der Fall einer einfach singulären Kurve Γ vom Geschlechte $p = 2$. Ist die Tabelle der Perioden der beiden zu Γ gehörigen Normalintegrale 1. Gattung[265])

$$\begin{vmatrix} 1 & 0 & g & h \\ 0 & 1 & h & g' \end{vmatrix},$$

so findet zwischen den Perioden eine Beziehung (von *G. Humbert*) vom Typus

$$(1) \qquad Ag + Bh + Cg' + D(h^2 - gg') + E = 0$$

263) Die von *C. Rosati* bezeichneten Typen sind von *G. Scorza* [197]), p. 311—312, 336 ff., von seinem Gesichtspunkt aus wiedergefunden, wobei er sich darauf beschränkt, die Existenz derselben durch Beispiele zu bestätigen.

264) Für die Werte von ϱ s. *G. Scorza* [233]), p. 120.

Diese Einteilung ist im wesentlichen mit der Einteilung aller hyperelliptischen Flächen gleichwertig. Vgl. hierüber auch *S. Lefschetz*, Preisschrift [114]), p. 432—434.

G. Scorza [197]), p. 339 hat in jedem dieser neun Fälle das Studium der Gruppe der automorphen birationalen Transformationen der hyperelliptischen Flächen vertieft. In dem von spezialen Korrespondenzen freien Falle (2, 2) sind die Ergebnisse von *G. Scorza* von *S. Lefschetz*, a. a. O., p. 440—442 direkt auf arithmetischem Wege abgeleitet.

Der erste dieser neun Fälle liefert folgende Eigenschaft. Auf einer Kurve vom Geschlecht $p = 2$ ohne symmetrische singuläre Korrespondenzen ist jede Korrespondenz mit Wertigkeit ausgestattet.

Vom reellen Gesichtspunkt aus s. *S. Lefschetz*, Proc. Nat. Acad. of Science 5 (1919), p. 296; *S. Cherubino*, Roma Rend. Acc. Linc. (6) 16 (1932), p. 285 und 401.

265) Damit die angegebene Tabelle die Tabelle der normalen Perioden einer Kurve vom Geschlecht $p = 2$ sei, ist notwendig und hinreichend, daß, wenn man mit $\bar{g}, \bar{h}, \bar{g}'$ die Koeffizienten von $i = \sqrt{-1}$ in g, h, g' bezeichnet, $\bar{g}\bar{g}' - \bar{h}^2 > 0$ ist.

statt, wo A, B, C, D, E ganze Zahlen ohne gemeinsamen Teiler sind; und die Invariante der Gleichung (1), d. h. die ganze Zahl

$$\Delta = B^2 - 4AC - 4DE$$

hat im wesentlichen positiven Wert.[266])

Aus einem Satz von *G. Scorza*[267]) folgt, daß die Korrespondenzen der Typen (2, 0), (2, 1), (2, 2) eine Ordnung (Nr. **25**) zweiten bzw. dritten, vierten Grades bilden. Im zweiten Falle ist die Ordnung sicherlich reduzibel, während sie im ersten und dritten Falle reduzibel oder irreduzibel ist, je nachdem Γ elliptische Integrale besitzt oder nicht (d. h. speziale Korrespondenzen besitzt oder nicht).

Im ersten und dritten Falle enthält, unter der Annahme, daß die Kurve Γ frei von elliptischen Integralen ist, die auf Γ bezügliche *Jacobi*sche Fläche F (Nr. **35**), nach *G. Humbert*[268]), unendlich viele algebraische Systeme Σ, deren Dimension, Grad, Index und Geschlecht gleich 2 ist und die aus von mehrfachen Punkten freien irreduziblen Kurven zusammengesetzt sind: diese Systeme können den ganzen Lösungen (z, k) der *Pell*schen Gleichung

$$z^2 - \Delta k^2 = 4$$

zugeordnet sein.

Die Frage der Entscheidung über birationale Identität der Kurven derartiger unendlich vieler Systeme Σ (vgl. Nr. **38**) wurde von *G. Humbert*[268]), in der Folge weiter mit mehr geometrischen Methoden und auf

266) Dieser Satz stammt von *G. Humbert*, J. math. pures appl. (5) 5 (1899), p. 246; einen anderen Beweis dafür gaben *G. Bagnera* und *M. de Franchis*[262]), p. 193 an. *G. Scorza*, Roma Rend. Acc. Linc. (5) 23^2 (1914), p. 566 lieferte einen Beweis, der auf einer geometrischen Darstellung fußt, die von *C. Rosati*, Ann. di mat. (3) 25 (1915), p. 18 benutzt wurde, um die tatsächliche Existenz von Kurven vom Geschlecht $p = 2$, für welche μ_1 und μ_2 die von ihm gefundenen Werte haben, zu beweisen.

Sind zwischen den Perioden von Γ r $(= 0, 1, 2, 3)$ unabhängige *Humbert*sche Beziehungen vorhanden, so ist die Basiszahl der Korrespondenzen von Γ, die ihren Inversen äquivalent sind (insbesondere der symmetrischen Korrespondenzen) $\mu_1 = r + 1$. S. *C. Rosati*, Rend. Circ. mat. Palermo 44 (1920), p. 307, und auch *L. Remy*, Paris C. R. 147 (1908), p. 1270.

Der Satz von *G. Humbert* wurde von *G. Scorza*, Mem. Soc. ital. delle Scienze (dei XL) (3) 19 (1916), p. 139 [Auszug Paris C. R. 160 (1915), p. 392] auf singuläre *Abel*sche Funktionen mit einer beliebigen Anzahl unabhängiger Veränderlicher ausgedehnt, und zwar mit Hilfe einer geometrischen Deutung des Existenzsatzes solcher Funktionen.

267) S. [197]), p. 337—338.

268) J. math. pures appl. (5) 5 (1899), p. 233; (5) 6 (1900), p. 279 [Auszug Paris C. R. 126 (1898), p. 508]. S. auch *F. Enriques* und *F. Severi*, Preisschrift, Acta math. 32 (1909), p. 283 (besonders p. 307); 33 (1910), p. 321, wo die Kurven

verschiedenen Wegen von *A. Comessatti*[269]) und *C. Rosati*[270]) für den Fall (2, 0)[271]), von *C. Rosati*[272]) für den Fall (2, 2) studiert. Bei der Annahme (2, 0) ergeben sich zwei Fälle. Entweder bestehen alle Systeme Σ aus birational identischen Kurven, oder sie zerfallen in zwei verschiedene Scharen birational identischer Kurven, so daß sich F als *Jacobi*sche Fläche zweier birational verschiedener Kurven ergibt. Je nachdem die Form $z^2 - \Delta k^2$ (wo jetzt Δ kein Quadrat ist) die Zahl -4 darstellen kann oder nicht, ergibt sich der erste oder der zweite der beiden Fälle.

Im Falle (2, 2) bezeichnen wir mit o und ω die beiden Ordnungen, die allen Korrespondenzen bzw. allen symmetrischen Korrespondenzen von Γ beigeordnet sind. Sind alle Einheiten von o reell (d. h., stimmen sie mit denen von ω überein) und haben sie in ω positive Normen, so ist F *Jacobi*sche Fläche auch für eine (und nur eine) andere mit Γ nicht birational identische Kurve. Im gegenteiligen Falle ist F nur für die Kurve Γ *Jacobi*sche Fläche.

29. Algebraische Korrespondenzen zwischen zwei voneinander verschiedenen algebraischen Kurven. Für diese Korrespondenzen gelten viele Eigenschaften, die in den vorhergehenden Nummern im Falle einer einzigen Kurve betrachtet wurden.[273]) So gilt auch noch der Satz von der Basis; haben die beiden Kurven die Geschlechter

---

auf der Fläche F und die automorphen birationalen Transformationen von F studiert werden.

269) Mem. Soc. ital. delle Scienze (dei XL) (3) 21 (1919), p. 45.

270) Rend. Circ. mat. Palermo 44 (1920), p. 307.

271) *Rosati* ging von der Betrachtung der singulären symmetrischen Korrespondenzen auf einer Kurve vom Geschlecht $p = 2$ und der mit ihnen verknüpften „intermediären Funktionen" aus.

Comessatti hat, mit den Methoden von *G. Bagnera* und *M. de Franchis*[262]), p. 185 und durch Diskussion der *Pell*schen Gleichung, alle Systeme Σ, die zu der einfach singulären *Jacobi*schen Fläche F gehören, bestimmt, und ihr Verhalten studiert, sowohl hinsichtlich der singulären birationalen Transformationen von F in sich, wie vom Gesichtspunkt der auf F bestehenden Minimalbasis aus, die schon von *G. Bagnera* und *M. de Franchis,* a. a. O., p. 195 konstruiert wurde.

Sind auf F zwei Systeme Σ und Σ_1, deren Kurven sich in j Punkten schneiden, festgelegt, so hat *A. Comessatti* gezeigt, daß man F auf eine Fläche Φ der Ordnung $2(j+2)$ eines linearen Raumes von $j+1$ Dimensionen, die frei von mehrfachen Punkten ist und überebene Schnitte vom Geschlecht $j+3$ besitzt, birational beziehen kann. *Comessatti* hat dann auf transzendentem Wege die Gruppe der Homographien studiert, die auf Φ den gewöhnlichen birationalen Transformationen von F in sich entsprechen. Der Fall $j = 3$ wurde von ihm besonders untersucht.

272) S. [245]), p. 43.

273) *F. Severi*[2]), p. 26; *G. Scorza*[197]), p. 279—280, 283.

p und p', so findet man außerdem (vgl. Nr. **20**), daß die Anzahl der voneinander unabhängigen Korrespondenzen die Zahl $2pp'$ nicht übersteigen kann. *G. Scorza*[274]) hat Grenzen für die Werte, die diese *Basiszahl* annehmen kann, angegeben und insbesondere die Bedingungen festgestellt, unter denen sie den Maximalwert $2pp'$ annimmt. Hierbei entstehen, wie im Fall der Korrespondenzen auf einer einzigen Kurve (Nr. **19**), Lücken. Ist z. B. $p' \geqq p > 1$, so kann diese Zahl keinen der Werte

$$2p(p'-1)+1,\quad 2p(p'-1)+2,\quad \ldots,\quad 2pp'-1$$

annehmen.

Die notwendige und hinreichende Bedingung dafür, daß n Korrespondenzen $T_1, T_2, \ldots, T_n$ zwischen zwei Kurven C und C' vom Geschlecht p und p' voneinander abhängig sind, erhalten wir folgendermaßen: Sind α_i, β_i die Indizes dieser Korrespondenzen und γ_{ik} die Anzahl der T_i und T_k gemeinschaftlichen Paare, so setzen wir

$$c_{ik} = \alpha_i\beta_k + \alpha_k\beta_i - \gamma_{ik} \quad (i \neq k;\ i, k = 1, 2, \ldots, n).$$

Bezeichnen wir ferner mit w_i die Anzahl der Verzweigungspunkte von T_i auf C und setzen

$$c_{ii} = 2\alpha_i(\beta_i + p' - 1) - w_i \qquad (i = 1, 2, \ldots, n),$$

so ist die gesuchte Bedingung durch das Nullwerden der symmetrischen Determinante $|c_{ik}|$ ausgedrückt.

Dieser Satz ist in allgemeinen von *F. Severi* bewiesenen Sätzen enthalten, die sich auf die *Basis* der Gesamtheit aller auf einer beliebigen algebraischen Fläche gezogenen algebraischen Kurven beziehen (Anm. 18).[275])

274) S. [197]), p. 318—320.

275) Der Satz kann auch mit elementareren Hilfsmitteln bewiesen werden. Daß aus der Abhängigkeit der Korrespondenzen $T_1, T_2, \ldots, T_n$ das Nullwerden der Determinante folgt, war schon von *F. Severi*[2]), p. 27 unter Betrachtung der Fläche, die die Punktepaare von C und C' ohne Ausnahme darstellt, bewiesen worden. Die umgekehrte Eigenschaft wurde von *G. Castelnuovo*, Roma Rend. Acc. Linc. (5) 15^1 (1906), p. 343 als Anwendung seines in Nr. **34** erwähnten arithmetischen Kriteriums bewiesen. Nur durch Betrachtungen über die Geometrie der Kurve wurde der Satz auch von *G. Tafani*, Giorn. di mat. (3) 5 (1914), p. 1, bewiesen, der noch hinzufügte, daß der Rang der Determinante die Anzahl der betrachteten unabhängigen Korrespondenzen ausdrückt. Ein anderer Beweis, der auf der Betrachtung der Fläche beruht, die die Paare der Punkte von C und C' darstellt, bei *P. Roth*[114]). — *G. Castelnuovo*, a. a. O., hat außerdem bemerkt, daß, wenn die Korrespondenzen $T_1, T_2, \ldots, T_n$ voneinander unabhängig sind, die Determinante $|c_{ik}|$ und alle ihre Hauptunterdeterminanten positiv sind.

C. Rosati[276]) hat die geometrische Deutung der Formeln von *A. Hurwitz* für die Darstellung der Korrespondenz mittels der *Abel*schen Integrale 1. Gattung auf den vorliegenden Fall ausgedehnt. Zwischen den Kurven C und C' von den Geschlechtern p und p' sei eine Korrespondenz T von den Indizes α und β gegeben; es seien $x_1, x_2, \ldots, x_\alpha$ die α Punkte von C, die vermöge T einem Punkte y von C' entsprechen; und γ'_α und γ'_β die von T auf C bzw. C' induzierten Scharen mit den Indizes β und α (Nr. **25**). Auf den *Riemann*schen Flächen R, R' von C, C' seien zwei Systeme von p, p' Rückkehrschnitten festgelegt, und die Normalintegrale 1. Gattung von C seien $u_1, u_2, \ldots, u_p$, diejenigen von C' $v_1, v_2, \ldots, v_{p'}$. Dann ergeben sich an Stelle der Gleichungen (1) von Nr. **12** die folgenden

$$\sum_{r=1}^{p} u_k(x_r) = \sum_{i=1}^{p'} \pi_{ki} v_i(y) + \pi_k \qquad (k = 1, 2, \ldots, p),$$

in denen die π_k vom Ursprung der Integrationen abhängige Konstanten sind, und die π_{ki} den $2pp'$ linearen Beziehungen genügen, die aus den Gleichungen (3) in Nr. **12** folgen, wenn man in den rechten Seiten an Stelle der τ_{ki} die Perioden der u längs der Zyklen von R setzt, die τ_{il} der linken Seiten als die Perioden der v längs der Zyklen von R' betrachtet, und $k = 1, 2, \ldots, p$; $l = 1, 2, \ldots, p'$ setzt.[277])

Dann erweitert sich eine Eigenschaft in Nr. **21** folgendermaßen. Ist r der Rang der Matrix

$$\begin{Vmatrix} h_{ik} & g_{ik} \\ H_{ik} & G_{ik} \end{Vmatrix}$$

und q der der Matrix $\|\pi_{rs}\|$, so ist $r = 2q$, und der Korrespondenz T sind zwei reguläre Systeme reduzibler Integrale beigeordnet.[278]) Das eine ist ein ∞^{p-q-1}-System der Kurve C und aus den Integralen zusammengesetzt, die eine konstante Summe in den Gruppen der Schar γ'_α liefern, das andere ein ∞^{q-1}-System von C', welches durch die Summen der Integrale von C in den Gruppen derselben Schar erzeugt wird.

Die Zahl q heißt *Rang* der Korrespondenz.

Die geometrische Bedeutung der Zahl q erhellt aus folgendem Satz.[279]) Mit Γ_r $(r = 1, 2, 3, \ldots)$ bezeichnen wir die aus r all-

---

276) Ann. di mat. (3) 28 (1918), p. 35.

277) Über alles vorhergehende, insbesondere die Scharen γ'_α und γ'_β, s. auch *R. Torelli*, Roma Rend. Acc. Linc. (5) 24¹ (1915), p. 1079.

278) Über die auf die Korrespondenz T^{-1} bezügliche Matrix s. Nr. **12** und Anm. 138.

279) *C. Rosati*, Rend. Circ. mat. Palermo 49 (1924), p. 167.

gemeinen Gruppen von γ'_α gebildete Gruppe. Ist $r \leqq q$, so ist die Gruppe Γ_r mit einer endlichen Anzahl analoger Gruppen äquivalent, ist dagegen $r > q$, so ist sie mit ∞^{r-q} analogen Gruppen äquivalent. Dasselbe gilt für die von r allgemeinen Gruppen von γ'_β gebildete Gruppe.

Sind S und S' die Seitenkorrespondenzen von T (Nr. **25**) auf C und C', so besitzen sie die einfachen Wertigkeiten β bzw. α, von den Dimensionen $p - q$ und $p' - q$. Bezeichnen wir mit I die identische Korrespondenz auf C und C', so ergeben sich die Beziehungen:

$$T^{-1}T = \beta I + S, \quad TT^{-1} = \alpha I + S'.$$

S und auch S' besitzen außerdem einfache reelle Wertigkeiten, deren Dimensionen sowohl für S wie auch für S' gleich sind und deren Summe die Zahl q[280]) ist.

C. Rosati[276]) hat auch die Bildkurve Γ von T, vom Geschlecht π studiert, d. h. die Kurve, deren Punkte die Paare homologer Punkte von T darstellen. Sie enthält zwei Involutionen K und K' von den Ordnungen β und α und den Geschlechtern p und p', die mit C und C' birational identisch[281]) sind.

Wir bezeichnen nun mit KK' und mit $K'K$ die beiden auf Γ liegenden algebraischen Scharen der Ordnung $\alpha\beta$, deren erste durch die Gesamtheit der aus den Punkten einer veränderlichen Gruppe von K hervorgehenden Gruppen von K', und deren zweite von der Gesamtheit der aus den Punkten einer veränderlichen Gruppe von K' hervorgehenden Gruppen von K erzeugt wird, so daß also die erste mit K', die zweite mit K zusammengesetzt ist. Dann ergeben sich folgende Eigenschaften.

Ist q der Rang der betrachteten Korrespondenz, so haben die regulären Systeme reduzibler Integrale 1. Gattung, für welche die beiden Scharen KK' und $K'K$ konstanten Niveaus sind, dieselbe Dimension $\pi - q - 1$. Sind diese Systeme voneinander verschieden, so gehören sie einer diskontinuierlichen unendlichen Menge regulärer Systeme gleicher Dimension an; stimmen sie dagegen überein, so sind die beiden Involutionen K und K' Komponenten ein und derselben Involution vom Geschlecht q, die konstanten Niveaus für ein und dasselbe reguläre reduzible System ist.[282])

280) *C. Rosati*[276]), p. 46—48, wo aus diesen Eigenschaften von S und S' ein Beweis der Formel von *H. G. Zeuthen* (Nr. **2**) abgeleitet wird.

281) Umgekehrt ist jede Kurve Γ, die zwei Involutionen K, K' von den Ordnungen β, α und den Geschlechtern p, p' enthält, die nicht mit ein und derselben Involution zusammengesetzt sind, Bildkurve einer (α, β)-Korrespondenz zwischen zwei mit K, K' birational identischen Kurven von den Geschlechtern p, p'.

282) Mit anderen Worten, besitzt eine Kurve zwei irrationale Involutionen, die nicht Komponenten ein und derselben Involution sind, so besitzt sie eine diskontinuierliche unendliche Menge regulärer Systeme von reduziblen Integralen.

Da die Korrespondenzen $T^{-1}T$ und TT^{-1} symmetrisch sind, so besitzen sie, außer einer möglichen Wertigkeit Null, nur einfache und reelle Wertigkeiten (Nr. **24**). Diese Wertigkeiten sind für beide Korrespondenzen dieselben, und jede hat für beide Korrespondenzen dieselbe Dimension. Sie sind gleich den Wertigkeiten und besitzen die Dimension der Wertigkeiten, die, auf der Bildkurve der gegebenen (α, β)-Korrespondenz, den Korrespondenzen KK' und $K'K$ angehören.

Besitzen die Seitenkorrespondenzen S und S', außer den möglichen Wertigkeiten β und α, mehr als eine weitere Wertigkeit, so enthält die Bildkurve der Korrespondenz eine $(q - 1)$-dimensionale (diskontinuierliche) unendliche Menge regulärer reduzibler Systeme.

Besitzen zwei voneinander verschiedene, nicht rationale, algebraische Kurven keine reduziblen regulären Systeme von Integralen 1. Gattung, so sind sie nach *G. Scorza*[283]) verschiedenen Geschlechts, und alle zwischen ihnen stattfindenden algebraischen Korrespondenzen haben dann die Wertigkeit Null, oder auch ein und dasselbe Geschlecht und die Basiszahl jener Korrespondenzen ist dann gleich den Basiszahlen der auf jeder der beiden Kurven gelegenen Korrespondenzen.

30. (2, 2)-Korrespondenzen zwischen zwei algebraischen Kurven; Gruppen solcher Korrespondenzen auf einer algebraischen Kurve. *O. Chisini*[284]) hat unter Betrachtung der Kurve Γ der vorhergehenden Nummer, den Fall $\alpha = \beta = 2$ besonders behandelt. Die Aufgabe der Bestimmung aller Paare von Kurven C, C' in (2, 2)-Korrespondenz ist gleichwertig mit der Aufgabe der Bestimmung aller Kurven Γ, die zwei γ_2^1 (d. h. ∞^1-Involutionen 2. Ordnung: Nr. **31**) enthalten. Die (2, 2)-Korrespondenzen werden in periodische und nicht periodische Korrespondenzen eingeteilt, je nach der Beschaffenheit der Transformation der Kurve Γ, die sich als Produkt der beiden, je als birationale Transformation von Γ in sich selbst aufgefaßten, oben erwähnten γ_2^1 ergibt. Nicht periodische Korrespondenzen gibt es nur, wenn Γ rational oder elliptisch ist.

Allgemein ergibt sich, daß zwei Kurven, zwischen denen eine (2, 2)-Korrespondenz vorhanden ist, entweder birational identisch sind, oder zwei (rationale oder nicht rationale) birational äquivalente Involutionen enthalten, oder zwei konjugierten Familien von Kurven angehören, die als Funktionen voneinander wohl bestimmt sind.

283) S. Anm. 197, p. 297.

284) Ann. di mat. (3) 24 (1915), p. 121.

Die (2, 2)-Korrespondenzen auf elliptischen und hyperelliptischen Kurven haben *I. Holmqvist*, Diss. Lund 1900 und *C. E. Sjöstedt*, Diss. Uppsala 1929 studiert.

Für die periodischen Korrespondenzen reduziert sich die Konstruktion der Kurve Γ auf die Konstruktion einer algebraischen Funktion mit $2n$ Zweigen, deren Monodromiegruppe die der Doppelpyramide ist. *O. Chisini* hat den expliziten Ausdruck für diese Funktionen angegeben.

G. Ascoli[285]) hat eine Ausdehnung des Begriffs der *Gruppe* von Operationen angegeben und dabei auch Operationen ins Auge gefaßt, die kein eindeutiges Ergebnis haben, insbesondere nicht eindeutige Korrespondenzen zwischen den Punkten einer algebraischen Kurve. Für diese letzteren hat *G. Ascoli* die Begriffe der *Reduzibilität* einer Korrespondenz (Nr. **1**) sowie der *Summe* und des *Produktes* von Korrespondenzen (Nr. **13**) zu Hilfe genommen.

Nach *G. Ascoli* heißt ein Aggregat G von Korrespondenzen auf einer Kurve C eine *Gruppe*, wenn jeder irreduzible Teil des Produktes ST, wo S und T beliebige Korrespondenzen von G sind, auch (irreduzibler) Teil einer Korrespondenz von G ist. Daraus folgt, daß, wenn P von S in P' und P' von T in P'' verwandelt wird, es einen irreduziblen Teil des Produktes ST, der P in P'' verwandelt, und daher auch eine gewisse Korrespondenz von G, die P in P'' verwandelt, gibt. Die Äquivalenzbeziehung der Elemente in bezug auf die Gruppe ist damit auf diese Gruppe ausgedehnt, und diese Beziehung ist transitiv.

Diese Definition ist gleichwertig mit der anderen: G wird eine Gruppe genannt, wenn das Produkt zweier beliebiger Korrespondenzen von G in einer Summe von (voneinander verschiedenen oder nicht verschiedenen) Korrespondenzen von G enthalten ist.

Wenn eine Gruppe G endlich ist, d. h. eine endliche Anzahl von Korrespondenzen enthält (die als irreduzibel angenommen werden können), so enthält sie immer die Identität und die Inverse einer jeden ihrer Korrespondenzen. Außerdem hat jede ihrer Korrespondenzen gleiche Indizes.

Allgemeiner, ist eine Gruppe G gegeben und existiert eine ganze Zahl N, die die Indizes einer jeden Korrespondenz von G übersteigt, so hat jede von diesen Korrespondenzen gleiche Indizes.

Ist G endlich, so bilden die gegenüber den Korrespondenzen von G äquivalenten Punkte eine aus diesen Korrespondenzen (im Sinne der Anm. 165) zusammengesetzte Involution γ_n^1. Ist umgekehrt eine Involution γ_n^1 gegeben, und bezeichnet man mit H die (n, n)-Korrespondenz, die jedem Kurvenpunkt die ihn enthaltende Gruppe von γ_n^1 assoziiert, so bilden die irreduziblen Teile von H eine Gruppe.

285) Ann. di mat. (4) 6 (1929), p. 85; Auszug Boll. Unione mat. ital. 7 (1928), p. 202.

G. Ascoli hat sich besonders mit Gruppen von Korrespondenzen beschäftigt, deren Indizes 2 nicht übersteigen, so daß diese Gruppen also nur (1, 1)- und (2, 2)-Korrespondenzen enthalten können, und notwendige und hinreichende Bedingungen dafür gegeben, daß das Produkt zweier irreduzibler (2, 2)-Korrespondenzen in der Summe zweier Korrespondenzen von dieser Beschaffenheit reduzibel ist.[286]) Weiter hat *G. Ascoli* bewiesen, daß man immer eine Gruppe von (2, 2)-Korrespondenzen erhalten kann, indem man mittels einer zwischen einer gewissen Hilfskurve W und der gegebenen Kurve C bestehenden (1, 2)- oder (2, 1)-Korrespondenz eine Gruppe von birationalen Korrespondenzen zwischen den Punkten der Kurve W transformiert.

Dieses Ergebnis hat *G. Ascoli* auf die Kennzeichnung der Gruppen von (2, 2)-Korrespondenzen auf einer rationalen Kurve C angewandt, unter welcher Annahme die Kurve W rational oder elliptisch ist. Ist W rational, so ruft jede Projektivitätsgruppe auf W eine Gruppe von (2, 2)-Korrespondenzen auf C hervor. Ist W elliptisch, so ergibt sich eine enge Beziehung zwischen den endlichen Gruppen von (2, 2)-Korrespondenzen auf C, die die einzigen eigentlich diskontinuierlichen Gruppen sind, und der Theorie der Transformation der elliptischen Funktionen, und man begegnet Konfigurationen, deren Sonderfälle die *Poncelet*schen Polygone[287]) darstellen.

31. Involutionen beliebiger Ordnung und Dimension auf einer algebraischen Kurve. Wenden wir die Lehrsätze von *A. Hurwitz* (Nr. **12**) auf eine $(\alpha, 1)$-Korrespondenz $(\alpha > 1)$, d. h. eine einseitig rationale Korrespondenz zwischen zwei irreduziblen Kurven C und C' von den Geschlechtern p und p'[288]) an, so ergibt sich, wenn C nicht singulär und $p > 1$ ist, daß die Kurve C' rational ist.

Nun bezeichnet man als *Involution* n^{ter} *Ordnung* und r^{ter} *Stufe* oder *Dimension* auf einer beliebigen algebraischen Kurve C [III C 4 (*L. Berzolari*), Nr. **24**] jedes algebraische System von ∞^r Gruppen zu je n Punkten auf C, derart, daß r allgemeine Punkte von C einer und nur einer Gruppe angehören.

Ist dann zwischen zwei Kurven C und C' eine algebraische $(\alpha, 1)$-Korrespondenz gegeben und bewegt sich ein Punkt auf C', so beschreiben die α entsprechenden Punkte auf C eine Involution ∞^1 der Ordnung α,

286) Für den Fall rationaler Kurven s. auch die in Anm. 52 angegebenen Arbeiten von *G. Fontené, R. Bricard, M. Fouché.*

287) In der Arbeit von *G. Ascoli*, p. 107—108 sind auch die kontinuierlichen Gruppen von (2, 2)-Korrespondenzen für die algebraischen Kurven beliebigen Geschlechts angegeben.

288) Literatur über diese Korrespondenzen Anm. 22.

die, wenn $p' = 0$, *rationale Involution*, wenn $p' > 0$, *irrationale Involution* vom Geschlecht p' heißt.

Der vorhergehende Lehrsatz kann daher auch folgendermaßen ausgedrückt werden: Auf einer nicht singulären irreduziblen Kurve vom Geschlecht $p > 1$ ist jede Involution ∞^1 der Ordnung $\alpha > 1$ rational, also eine lineare Schar g_α^1.[289])

Ein anderer, für jede algebraische Kurve gültiger Lehrsatz über die Involutionen besagt, daß auf der Kurve niemals ein unendliches und kontinuierliches System irrationaler ∞^1-Involutionen existieren kann.

Hieraus leitet sich folgende *charakteristische* Eigenschaft der mehrfach unendlichen (also $r > 1$) linearen Scharen g_n^r ab [vgl. III C 4 (*L. Berzolari*), Nr. **24**]: Auf einer algebraischen Kurve ist eine Involution n^{ter} Ordnung und $r\,(> 1)^{\text{ter}}$ Dimension $(n > r)$ entweder eine lineare Schar g_n^r, oder wird (wenn das Geschlecht der Kurve $p > 0$ ist) erhalten, indem man die Gruppen einer irrationalen ∞^1-Involution auf alle möglichen Weisen zu je r zusammenfaßt (speziell, wenn man die Punkte der Kurve zu je r gruppiert).[290])

---

289) Es sei bemerkt, daß auf einer Kurve die Existenz einer ∞^1-Involution vom Geschlecht π das Vorhandensein eines regulären Systems von π unabhängigen Integralen 1. Gattung zur Folge hat. Vgl. *W. Wirtinger*, „Untersuchungen über Thetafunktionen", Leipzig 1895, p. 73—74; *A. Krazer*, „Lehrbuch der Thetafunktionen", Leipzig 1903, p. 493—494; *F. Severi*, „Lezioni", p. 341—342; „Vorlesungen", p. 288.

290) Diese Eigenschaften wurden mittels der *Abel*schen Integrale bewiesen von *G. Castelnuovo*, Atti Acc. Torino 28 (1893), p. 727 und *G. Humbert*, J. math. pures appl. (4) 10 (1894), p. 169 [Auszug Paris C. R. 116 (1893), p. 1350]; der Beweis von *Humbert* ist bei *É. Picard* und *G. Simart*[114]) 2, p. 64—67, wiedergegeben. S. noch *M. de Franchis*[26]), p. 472—482. Vorher war aber der Lehrsatz von der Nichtexistenz eines kontinuierlichen Systems irrationaler ∞^1-Involutionen auf einer Kurve implizite schon in einem Lehrsatz von *P. Painlevé*, Ann. Éc. Norm. (3) 8 (1891), p. 135 enthalten. Einen anderen transzendenten Beweis haben *G. Castelnuovo* und *F. Enriques*, Ann. Éc. Norm. (3) 23 (1906), Anm. auf p. 345 angegeben (vgl. *F. Severi*, „Lezioni", p. 340—343; „Vorlesungen", p. 281—282, 288—289 und *M. de Franchis*[26]), p. 541—542), und zwar unter Verwendung der Eigenschaft [*G. Castelnuovo* und *F. Enriques*, a. a. O., p. 342—345], daß eine algebraische Kurve niemals eine kontinuierliche Schar linearer Systeme von reduziblen *Abel*schen Integralen 1. Gattung besitzen kann. Algebraische Beweise lieferte *M. de Franchis*, Roma Rend. Acc. Linc. (5) 12^1 (1903), p. 303, und zwar mit Hilfe der Flächen, die die Punktepaare zweier Kurven ohne Ausnahme darstellt [vgl. Anm. 114]; *R. Torelli*, Atti Ist. Ven. 67^2 (1908), p. 831, 1336, und *F. Severi*, „Trattato" 1_1, p. 270, mit Hilfe von Betrachtungen der Geometrie auf der Kurve. *F. Severi* (vgl. Nr. **18**) hat den Satz von folgender Tatsache abgeleitet: Ist auf einer Kurve vom Geschlecht p eine Involution γ_m^1 der Ordnung m und des Geschlechts π gegeben, so ist ihr Grad ν, d. h. der Grad der symmetrischen Korrespondenz vom Index $m - 1$, in welcher sich zwei ein und derselben Gruppe

Dagegen[291]) ist jede Involution auf einer rationalen Kurve ($p = 0$) rational.[292])

---

von γ_m^1 (s. Anm. 142) angehörende Punkte entsprechen, durch

$$\nu = -2(p-1) - 2m(m-2)(\pi - 1)$$

gegeben, folglich für $p > 1$, $\pi \geqq 1$ negativ. Für $p = 1$ s. *F. Severi*, „Trattato" 1_1, p. 273—276.

Einen anderen geometrischen Beweis des Satzes hat *F. Severi* angegeben, „Trattato" 1_1, p. 284—286, und zwar mittels der *Jacobi*schen Mannigfaltigkeit (Nr. 35) der Kurve (daher nur für $p > 1$ gültig).

Geometrische Beweise für die Linearität der mehrfach unendlichen Involutionen bei *F. Severi*, „Lezioni", p. 343—345; „Vorlesungen", p. 289—290; „Trattato" 1_1, p. 277—278; *F. Enriques* und *O. Chisini*, „Lezioni" 3, p. 480—481. Für $p = 1$ war auf geometrischem Wege die Linearität schon von *G. Castelnuovo*, Atti Acc. Torino 24 (1888), p. 15—16 festgestellt worden.

Einige Sätze über Involutionen und algebraische Scharen vom Index (Nr. 32) > 1 sind bei *J. L. Coolidge*, „Alg. pl. curves", p. 315—328 wiedergegeben.

291) *J. Lüroth*, Math. Ann. 9 (1875), p. 163. Vgl., auch wegen der Verallgemeinerungen, *Ed. Weyr*, Časopis 8 (1879), p. 193; *P. Gordan*, Math. Ann. 29 (1886), p. 318; *F. Chizzoni*, Atti Acc. Napoli (2) 5 (1891), Nr. 1, p. 2; *É. Goursat*[22]); *W. F. Osgood*, Bull. Amer. math. Soc. (2) 2 (1895), p. 168; *P. Appell* und *É. Goursat*[28]), p. 288—290; *E. Netto*, Math. Ann. 46 (1895), p. 310; „Vorlesungen über Algebra" 2, Leipzig 1900, p. 505—509; *L. Raffy*, Revue math. spéc. 3 (1895), p. 153; *H. Weber*, „Lehrbuch der Algebra" 2, Braunschweig, 1. Aufl. 1896, p. 404—407; 2. Aufl. 1899, p. 472—474; *L. Autonne*[1125]), p. 245; *E. Bertini*[4]), 1. Ausg., p. 270—273; 2. Ausg., p. 340—343; deutsche Ausg., p. 318—321; *H. Hilton*[28]), p. 146—153; *F. Severi*, „Lezioni", p. 15—20; „Vorlesungen", p. 14—18; „Trattato" 1_1, p. 29—34; *F. Enriques* und *O. Chisini*, „Lezioni" 3, p. 48—49; *H. W. E. Jung*, „Einführung in die Theorie der algebraischen Funktionen einer Veränderlichen", Berlin und Leipzig 1923, p. 157—158; *R. Fricke*, „Lehrbuch der Algebra" 2, Braunschweig 1926, p. 171; *M. de Franchis*[26]), p. 356—358; *J. L. Coolidge*, „Alg. pl. curves", p. 135 u. 246.

Nach einer Notiz von *F. Klein*, Ges. math. Abh. 2, Berlin 1922, p. 503 war der Satz *L. Kronecker* schon 1861 bekannt.

Der Satz kann auch aus der Formel von *H. G. Zeuthen* (Nr. 2) abgeleitet werden, und ist in folgendem allgemeineren Satz enthalten [*C. Segre*[2]), p. 63]: Auf einer rationalen Mannigfaltigkeit von k Dimensionen ist ein unendliches algebraisches System $(k-1)$-dimensionaler Mannigfaltigkeiten, das so beschaffen ist, daß durch eine gewisse Anzahl allgemeiner Punkte eine einzige Mannigfaltigkeit hindurchgeht, notwendigerweise eine lineare Schar. Vgl. III C 4 (*L. Berzolari*), Anm. 292, und z. B. auch den Hinweis von *J. L. Coolidge*, Bull. Amer. math. Soc. (2) 30 (1924), p. 205.

Dieser Satz ist mit folgendem gleichwertig: Können die Koordinaten der Punkte einer Kurve derart als rationale Funktionen eines Parameters t ausgedrückt werden, daß man ein und denselben Punkt der Kurve durch $n > 1$ Werte von t erhält, so können sie auch als rationale Funktionen eines neuen Parameters λ, der eine rationale Funktion von t ist, derart ausgedrückt werden, daß jeder Punkt der Kurve einem einzigen Wert von λ entspricht. Mit anderen Worten:

Allgemeiner: Eine algebraische Kurve kann nicht unendlich viele Involutionen höheren Geschlechts als die Einheit enthalten.[293])

Kann man die Punkte einer algebraischen Kurve C derart auf die Punkte einer Geraden g algebraisch beziehen, daß einem Punkte von C n Punkte von g entsprechen und einem Punkte von g ein einziger Punkt von C entspricht, so kann die Kurve C auf g auch mittels einer eineindeutigen algebraischen Korrespondenz bezogen werden und ist daher rational. S. die obigen Zitate.

292) Auf einer rationalen Kurve wird eine Involution n^{ter} Ordnung und r^{ter} Dimension durch eine Gleichung

$$\lambda_0 f_0 + \lambda_1 f_1 + \cdots + \lambda_r f_r = 0 \tag{1}$$

dargestellt, wo $\lambda_0, \lambda_1, \ldots, \lambda_r$ veränderliche Parameter, und $f_0, f_1, \ldots, f_r$ linear unabhängige, ganze rationale Polynome n^{ten} Grades in bezug auf den Parameter sind, der den Punkten der Kurve eineindeutig entspricht. Die verschiedenen Gruppen der Involution bestehen aus den Punkten, deren Parameter der Gleichung (1) für ein und dasselbe System von Werten $\lambda_0, \lambda_1, \ldots, \lambda_r$ genügen.

Diese Involutionen wurden von vielen Gesichtspunkten aus nach verschiedenen Methoden von vielen Verfassern studiert [vgl. III C 7 (*C. Segre*), Nr. **27**], unter mannigfachen Anwendungen auf Konstruktionen von Kurven, Flächen, ... Viele dieser Untersuchungen beziehen sich auf Fragen abzählender Art über die Involutionen (vielfache Elemente, neutrale Gruppen, mehreren Involutionen gemeinsame Gruppen, ...), und führen zu Ergebnissen, welche als Sonderfälle, für $p = 0$, anderer auf die linearen Scharen einer Kurve von beliebigem Geschlecht p bezüglicher Fälle auftreten [III C 4 (*L. Berzolari*), Nr. **28** und **34**; III C 7 (*C. Segre*), Nr. **25**]. Wir führen an *J. V. Poncelet*, „Traité des propriétés projectives des figures" 2, 2. éd., Paris 1866 (Manuskript von 1830—31), p. 240ff.; Paris C. R. 16 (1843), p. 947 = „Traité" 2, p. 345—351; *E. de Jonquières*, Ann. di mat. (1) 2 (1859), p. 86; *L. Cremona*, „Introduzione"[75]), Nr. 21—24, 49 = Opere 1, p. 336—340, 364—365; „Preliminari di una teoria geometrica delle superficie", Mem. Acc. Bologna (2) 6 (1866); (2) 7 (1867), Nr. 41, 74 = Opere 2, p. 320—321, 341—342; *G. Battaglini*, Atti Acc. Napoli (1) 1 (1863), Nr. 12 [Auszug Rend. Acc. Napoli 1863, p. 158]; (1) 3 (1866—1868), Nr. 10 [Auszug Rend. Acc. Napoli 1866, p. 396] = Giorn. di mat. (1) 9 (1871), p. 1, 76; *A. Cayley*, Trans. Cambridge Phil. Soc. 11 (1863), p. 21 = Papers 5, p. 295; *Em. Weyr*, Prag Ber. böhm. Ges. 1870, p. 14; J. f. Math. 72 (1870), p. 285; Math. Ann. 3 (1870), p. 235; Ztschr. Math. Phys. 16 (1871), p. 353; Giorn. di mat. (1) 10 (1872), p. 165; Sitzungsb. Ak. Wien 61 (1870), p. 600; 79 (1879), p. 680; 81 (1880), p. 80; 83 (1881), p. 349; 84 (1881), p. 884; 85 (1882), p. 513, 840; Časopis 9 (1880), p. 279; „Beiträge"[7]); Bull. Ac. sc. Belgique (3) 3 (1882), p. 472; Mém. Soc. sc. Liège (2) 10 (1883), Nr. 3; *J. Lüroth*, Math. Ann. 11 (1876), p. 84; *A. Clebsch* und *F. Lindemann*, „Vorlesungen" 1, p. 207—210; 2. Aufl. 1¹, Leipzig 1906—1932, p. 407—411, 771—786, 810—836; franz. Übers. 1, p. 257—261; *C. Le Paige*, Ann. Soc. sc. Bruxelles 2 B (1877), p. 25; Bull. Ac. sc. Belgique (2) 44 (1877), p. 231, 365, 546; (2) 48 (1879), p. 530; (2) 49 (1880), p. 113; (3) 1 (1881), p. 134, 490; (3) 11 (1886), p. 121; (3) 14 (1887), p. 211; Belgique Mém. cour. et Mém. des savants étrang., in 4°, 42 (1878), Nr. 4, p. 30ff.; Sitzungsb. Ak. Wien 86 (1882), p. 104; J. sciencias math. astr. 5 (1883), p. 27, 77; *P. Appell*, Arch. Math. Phys. (1) 60 (1877), p. 125; *E. Dewulf*, Nouv. Corr. math. 4 (1878), p. 286, 397; 5 (1879), p. 21; *J. Neuberg*, ebenda 5 (1879), p. 18; *H. Wiener*, Diss. München 1881, p. 1—25; *A. Brill*, Math. Ann. 20 (1882),

Der Fall der elliptischen Involutionen bildet eine Ausnahme, da auf einer Kurve vom Geschlecht $p = 1$ unendlich viele elliptische In-

p. 330; *W. Fr. Meyer,* „Apolarität“ [57]); Math. Ann. 21 (1882), p. 125, 434; *O. Schlesinger*, Math. Ann. 22 (1883), p. 520; *C. Stephanos*, Ann. Éc. Norm. (3) 1 (1884), p. 329; *H. Schubert,* Math. Ann. 26 (1884), p. 46—47; *G. Maisano,* Rend. Circ. mat. Palermo 1 (1884), p. 9; *M. Lerch,* Prag Ber. böhm. Ges. 1885, p. 597; *G. Castelnuovo,* Atti Ist. Ven. (6) 4 (1886), p. 1167; *R. de Paolis,* Roma Rend. Acc. Linc. (4) 2^2 (1886), p. 335; [63]); *E. Kötter* [62]), p. 53—156, 242—280; *W. Stahl,* J. f. Math. 104 (1887), p. 38; *D. Hilbert,* Math. Ann. 33 (1888), p. 227 [Auszug Ber. Sächs. Ges. Wiss. Leipzig 39 (1887), p. 112]; *Fr. Deruyts,* Bull. Ac. sc. Belgique (3) 14 (1887), p. 322, 650; (3) 17 (1889), p. 312; (3) 26 (1893), p. 232; (3) 27 (1894), p. 495; (3) 31 (1896), p. 664; (3) 35 (1898), p. 196, 287, 885; (3) 36 (1898), p. 187, 194, 553; Mém. Soc. sc. Liège (2) 17 (1892), Nr. 3; *G. Fouret,* Rend. Circ. mat. Palermo 3 (1889), p. 42; *L. Berzolari,* Rend. Acc. Napoli (2) 5 (1891), p. 35; Ann. di mat. (2) 21 (1892), p. 1; *G. Torelli,* Ann. Ist. tecn. nautico Napoli 30 (1891); *M. Genty,* Bull. Soc. math. de France 20 (1892), p. 106; 21 (1893), p. 52; *R. Schumacher,* J. f. Math. 110 (1892), p. 230; *G. B. Guccia,* „Lezioni“ [28]), p. 51—60; Rend. Circ. mat. Palermo 7 (1893), p. 49 (vgl. *G. Torelli,* ebenda p. 75); 8 (1894), p. 227; *F. Gerbaldi,* Rend. Circ. mat. Palermo 9 (1894), p. 167; *F. Aschieri,* Mem. Acc. Modena (2) 11 (1895), p. 301; *R. Sturm,* Ztschr. Math. Phys. 40 (1895), p. 10; „Geom. Verw.“ 1, p. 179—208, 247, 266—319, 337—348; *M. Morale,* Rend. Circ. mat. Palermo 13 (1898), p. 274; *A. Tanturri,* Ann. di mat. (3) 4 (1900), p. 67; *F. Severi,* Roma Rend. Acc. Linc. (5) 9^1 (1900), p. 379; (5) 11^1 (1902), p. 52 (s. Anm. 314); *M. Lelieuvre,* Paris C. R. 132 (1901), p. 1172; Revue de math. spéc. 12 (1901), p. 297; *H. Bouvier,* Nouv. Ann. de math. (4) 3 (1903), p. 550; *M. Caspar,* Math. Ann. 59 (1904), p. 527; *J. A. Vreeswijk,* Diss. Utrecht 1905; *E. Bertini* [4]), 1. Ausg., p. 218—219, 282—283; 2. Ausg., p. 255—256, 352—354; deutsche Ausg., p. 240—241, 330—332; *G. Z. Giambelli,* Mem. Acc. Torino (2) 59 (1908), p. 433; *A. B. Coble,* Amer. J. of math. 31 (1909), p. 183, 355; 32 (1910), p. 333 [Auszug Bull. Amer. math. Soc. (2) 15 (1909), p. 292]; *J. Fairon,* Bull. Ac. sc. Belgique 1909, p. 844; Mém. Soc. sc. Liège (3) 9 (1912), Nr. 1, 5, 6; *J. Rey Pastor,* „Fundamentos . . .“ [46]), p. 391—402; Preisschrift, Madrid Mem. Acad. de Ciencias Exactas Fis. y Nat. (2) 8 (1929), bes. p. 12—17, 28—47, 105—106, 126—136, 224—227; *G. Scorza,* Giorn. di mat. (3) 8 (1917), p. 281; *F. Enriques* und *O. Chisini,* „Lezioni“ 1, p. 168—206; *C. G. F. James,* Proc. Cambridge Phil. Soc. 22 (1924), p. 24; Messenger of math. 54 (1925), p. 129; *L. Pomey,* J. Éc. Polyt. (2), cah. 27 (1929), p. 1; (2), cah. 28 (1931), p. 109; (2), cah. 29 (1931), p. 115 [Auszüge Paris C. R. 187 (1928), p. 194; 191 (1930), p. 1424]; *A. Emch,* Commentarii math. Helvetici 2 (1930), p. 108; *H. G. Green* und *L. E. Prior,* J. Éc. Polyt. (2), cah. 28 (1931), p. 167.

Über die ∞^1-Involutionen in Verbindung mit der Auflösbarkeit einer algebraischen Gleichung mit einem linearen Parameter durch Wurzeln s. *O. Chisini,* Rend. Ist. Lomb. (2) 48 (1915), p. 382; *J. F. Ritt,* Trans. Amer. math. Soc. 24 (1922), p. 21; *O. Zariski,* Rend. Circ. mat. Palermo 50 (1925), p. 196.

In verschiedenen angeführten Arbeiten wurden auch Sonderfälle betrachtet, vor allem der Fall einer ∞^1-Involution und insbesondere, wenn diese Involution 3. oder 4. Ordnung ist. Über derartige Fälle s. noch *G. Battaglini,* Rend. Acc. Napoli 1864, p. 163, 263; 1865, p. 351; 1866, p. 35, 141 = Giorn. di mat.

volutionen (Nr. 43) existieren, während es andererseits Kurven vom Geschlecht $p > 1$ gibt, die eine (diskontinuierliche) unendliche Menge elliptischer Involutionen enthalten. Was nun diese zweite Eigenschaft

---

(1) 2 (1864), p. 243; (1) 3 (1865), p. 51; (1) 5 (1867), p. 39; *J. A. R. de la Gournerie,* Paris C. R. 66 (1868), p. 832; J. math. pures appl. (2) 14 (1869), p. 9, 103; *Em. Weyr,* Rend. Ist. Lomb. (2) 4 (1871), p. 144, 206; Prag Ber. böhm. Ges. 1872, p. 28; 1877, p. 131; Prag Abh. böhm. Ges. (6) 7 (1874), p. 1; Sitzungsb. Ak. Wien 73 (1876), p. 654; 79 (1879), p. 429; 81 (1880), p. 162, 169, 1007, 1218; 83 (1881), p. 63, 300, 807; 84 (1881), p. 1264; Časopis 9 (1880), p. 145; *F. August,* Arch. Math. Phys. (1) 55 (1873), p. 337; *H. Eggers,* ebenda, p. 341; *H. Milinowski,* Ztschr. Math. Phys. 19 (1874), p. 205; *P. Appell,* Ann. Éc. Norm. (2) 5 (1876), p. 245 [Auszüge Paris C. R. 82 (1876), p. 70; 83 (1876), p. 1209]; Arch. Math. Phys. (1) 62 (1878), p. 175; *P. Serret,* Paris C. R. 87 (1878), p. 643; *S. Kantor,* Prag Ber. böhm. Ges. 1878, p. 312; *C. Le Paige,* Bull. Ac. sc. Belgique (2) 46 (1878), p. 247; (2) 50 (1880), p. 115; Sitzungsb. Ak. Wien 81 (1880), p. 159, 845; 83 (1881), p. 351; 84 (1881), p. 233; 85 (1882), p. 844; Prag Ber. böhm. Ges. 1881, p. 61; Mém. Soc. sc. Liège (2) 10 (1883); (2) 11 (1885); Ann. Soc. sc. Bruxelles 8 B (1884), p. 87; Paris C. R. 98 (1884), p. 285, 353; *F. Folie* und *C. Le Paige,* Belgique Mém. (1) 43 (1880), Nr. 7, p. 15; (1) 45 (1882), Nr. 1, p. 15; *C. Stephanos,* Mém. prés. par divers savants 27 (1881), Nr. 7 [Auszug Paris C. R. 93 (1881), p. 994; s. auch den Bericht von *C. Jordan,* ebenda 94 (1882), p. 1230]; *Weill,* Nouv. Ann. de math. (3) 1 (1882), p. 62; *G. Maisano,* Rend. Circ. mat. Palermo 1 (1884), p. 13; *G. Torelli,* Rend. Acc. Napoli 24 (1885), p. 258; Ann. Ist. tecn. nautico Napoli 2 (1885), p. 27 = Giorn. di mat. (1) 24 (1885), p. 270; *G. Castelnuovo* [59]); *J. de Vries,* Ak. Amsterdam Versl. (3) 4 (1888), p. 307 = Arch. néerl. des sc. 23 (1889), p. 93; Nieuw Archief voor Wiskunde (2) 4 (1899), p. 101; (2) 16_3 (1930), p. 85; Le mat. pure appl. 1 (1901), p. 13 und 227 = Ak. Amsterdam Versl. (4) 9 (1901), p. 696; (4) 12 (1904), p. 740, 742; (4) 18 (1910), p. 744, 855; Sitzungsb. Ak. Wien 94 (1895), p. 46; *Cl. Servais,* Bull. Ac. sc. Belgique (3) 20 (1890), p. 272; Mathesis 36 (1922), p. 45; *L. Berzolari,* Rend. Acc. Napoli (2) 5 (1891), p. 71; Math. Ann. 51 (1898), p. 473; Rend. Ist. Lomb. (2) 54 (1921), p. 225; *O. Bolza,* Math. Ann. 50 (1897), p. 68, 314; *J. Thomae,* Ber. Sächs. Ges. Wiss. Leipzig 47 (1895), p. 526; *L. Klug,* Orvos-Termész. Értesitö 1899; *W. Gilespie,* Amer. J. of math. 22 (1900), p. 259; *J. Fairon,* Bull. Ac. sc. Belgique 1900, p. 950; Mém. Ac. sc. Belgique, Coll. in 8°, (2) 2 (1909), Nr. 5; *L. Brusotti,* Ann. di mat. (3) 9 (1903), p. 311; *R. M. Winger,* Bull. Amer. math. Soc. (2) 25 (1917), p. 27; *J. H. Mac Donald,* ebenda (2) 32 (1926), p. 213; *J. Sobotka,* Časopis 55 (1926), p. 242; *G. Barba,* Catania Atti Acc. Gioenia (5) 16 (1929), Nr. XVIIIbis.

Über die ∞^1- und ∞^2-Involutionen 5. Ordnung s. *L. Berzolari,* Ann. di mat. (2) 19 (1891), p. 269; Rend. Circ. mat. Palermo 7 (1893), p. 5; *Th. W. Moore,* Amer. J. of math. 50 (1928), p. 415; Auszug Bull. Amer. math. Soc. (2) 33 (1927), p. 260. S. weiter auch *W. Müller,* Diss. Leipzig 1910; Giorn. di mat. (3) 13 (1922), p. 103; Math. Ztschr. 24 (1924), p. 131.

Über diesen Gegenstand s. auch *V. Snyder,* „Report", p. 140—165.

293) *M. de Franchis,* Rend. Circ. mat. Palermo 36 (1913), p. 368. S. auch *F. Severi,* „Vorlesungen", p. 290—292; „Trattato" 1_1, p. 271—272. Andere Beweise bei *F. Severi,* Roma Rend. Acc. Linc. (5) 23^1 (1914), Anm. auf S. 581—582; *F. Enriques* und *O. Chisini,* „Lezioni" 3, p. 477—479; *M. de Franchis* [26]), p. 482—483.

anbelangt, so gehört, wenn auf einer Kurve vom Geschlecht $p > 1$ eine elliptische Involution vorhanden ist, zu dieser Kurve ein Integral 1. Gattung mit zwei reduzierten Perioden. Umgekehrt hat die Existenz eines solchen Integrals das Vorhandensein einer elliptischen Involution auf der Kurve zur Folge. Nun haben *É. Picard*[294]) und *H. Poincaré*[295]) Beispiele für Kurven vom Geschlecht $p > 1$ angegeben, die eine diskontinuierliche unendliche Menge elliptischer Integrale und daher eine diskontinuierliche unendliche Menge elliptischer Involutionen besitzen.[296]) *H. Poincaré*[297]) hat außerdem bewiesen, daß, wenn eine Kurve $k + 1$ ($\geqq 3$), auf elliptische Integrale reduzible, linear unabhängige Integrale 1. Gattung besitzt, die Kurve unendlich viele Integrale dieser Art besitzt. Für $k = p$ folgt insbesondere, daß, wenn auf einer Kurve vom Geschlecht $p > 1$ mehr als p elliptische Involutionen verhanden sind, unendlich viele Involutionen dieser Art existieren.[298])

294) Paris C. R. 93 (1881), p. 1126; Bull. Soc. math. de France 11 (1882), p. 47. S. auch *A. Krazer*[289]), p. 487—488.

295) Paris C. R. 99 (1884), p. 853; Amer. J. of math. 8 (1886), p. 289.

296) *É. Picard,* Bull. Soc. math. de France 11 (1882), p. 43 [vgl. auch Paris C. R. 92 (1881), p. 398, 506] beweist: Besitzt eine Kurve vom Geschlecht $p = 2$ ein Integral 1. Gattung mit nur zwei verschiedenen Perioden, so besitzt sie noch ein zweites, mit anderen Worten: Besitzt die Kurve eine elliptische Involution n^{ter} Ordnung, so besitzt sie notwendigerweise eine zweite von derselben Ordnung. Andere Beweise bei *P. Appell* und *É. Goursat*[28]), p. 370—372; *G. Humbert,* J. math. pures appl. (5) 5 (1899), p. 248; vgl. auch *A. Krazer*[289]), p. 487. Ein geometrischer Beweis bei *R. Torelli,* Rend. Acc. Napoli (3) 17 (1911), p. 412. Vgl., auch über eine allgemeinere Eigenschaft, *A. Comessatti,* Rend. Circ. mat. Palermo 36 (1913), p. 55—56.

297) Amer. J. of math. 8 (1886), p. 305. Vgl. auch *A. Krazer*[289]), p. 489—490.

298) Einen geometrischen Beweis des Satzes von *H. Poincaré* hat *F. Severi*[210]) gegeben, wo sich auch allgemeinere Eigenschaften finden (vgl. Nr. **20**). Andere geometrische Beweise bei *C. Rosati*[211]); *G. Scorza*[197]), p. 304. S. auch *F. Severi,* „Vorlesungen", p. 293—297, wo auch andere Beispiele für Kurven vom Geschlecht $p > 1$ angeführt sind, die unendlich viele elliptische Involutionen besitzen. Was die vorigen Sätze betrifft, s. auch *M. de Franchis*[26]), p. 531—549.

Allgemeiner gilt der folgende Satz, den *R. Torelli,* Roma Rend. Acc. Linc. (5) 21^1 (1912), p. 453 auf geometrischem Wege (mit Ausdehnung auf höhere Mannigfaltigkeiten) bewiesen hat: Besitzt eine Kurve vom Geschlecht $p > 1$ zwei nicht zusammengesetzte elliptische Involutionen, deren Gruppen untereinander durch eine Korrespondenz, die nur in einem Sinne rational ist, bezogen werden können, so besitzt die Kurve unendlich viele derartige Involutionen. Für $p = 2$ findet man, auf transzendentem Wege, den Satz schon bei *O. Bolza,* Diss. Göttingen 1886; vgl. auch *G. Humbert*[296]), p. 250; *A. Krazer*[289]), p. 489.

Als Sonderfall seiner allgemeinen Untersuchungen hat *G. Scorza*[197]), p. 311, bewiesen, daß, wenn eine Kurve vom Geschlecht $p > 1$ keine isolierten regulären Systeme reduzibler *Abel*scher Integrale, aber eine elliptische Involution besitzt, sie unendlich viele elliptische Involutionen besitzt, und ihre Basiszahlen

Eine irrationale Involution T n^{ter} Ordnung auf einer Kurve C vom Geschlecht $p > 1$ besitzt die beiden Wertigkeiten 0 und $-n$ (Nr. **24**), daher bestimmt T zwei reduzible reguläre Komplementärsysteme, in bezug auf welche die Korrespondenzen T und $T - nI$ (wo I die identische Korrespondenz ist) konstanten Niveaus sind. Umgekehrt wird durch diese beiden reduziblen regulären Systeme die Involution bestimmt.[299]

Auf der Kurve C ist die Anzahl der mit der Involution T vertauschbaren, voneinander unabhängigen algebraischen Korrespondenzen gleich $\mu - 2\lambda$, wo μ die Basiszahl der Korrespondenzen von C und λ der Immersionskoeffizient (Nr. **22**) der durch T bestimmten reduziblen regulären Systeme ist. Daraus folgt, daß die T beigeordneten reduziblen regulären Systeme dann und nur dann isoliert sind (Nr. **22**), wenn T mit jeder Korrespondenz der Kurve[300] vertauschbar ist.

Bemerkenswerte Beziehungen zwischen den ∞^1-Involutionen auf einer algebraischen Kurve[301] und der Theorie der *Fuchs*schen Funktionen hat *A. Comessatti*[302] festgestellt. Der Schwerpunkt der Untersuchung liegt in dem allgemeinen Verzweigungssatz für diese Funktionen.[303] Dabei handelt es sich um die notwendige und hinreichende

---

μ_1, μ_2 durch

$$\mu_1 = \frac{p(p+1)}{2}, \quad \mu_2 = \frac{p(p-1)}{2},$$

oder durch

$$\mu_1 = \mu_2 = p^2$$

gegeben sind.

Ein anderer Beweis bei *C. Rosati*[224]), p. 129—132.

299) *C. Rosati*[276]), p. 56.

300) *C. Rosati*[250]), p. 242; Auszug p. 853.

301) Über die irrationalen ∞^1-Involutionen s. noch *G. Castelnuovo*, Roma Rend. Acc. Linc. (4) 7^2 (1891), p. 294; (5) 15^1 (1906), p. 337; die erste von diesen Arbeiten gibt eine partielle Ausdehnung des *Riemann-Roch*schen Satzes [II B 2 (*W. Wirtinger*), Nr. **19**; III C 4 (*L. Berzolari*), Nr. **27**]; *F. Amodeo*, Ann. di mat. (2) 20 (1892), p. 227; *J. V. de Porte*, Amer. J. of math. 40 (1918), p. 47; *L. Godeaux*, Bull. Ac. sc. Belgique (5) 15 (1929), p. 25. — Über den hyperelliptischen Fall s. *R. Torelli*, Rend. Circ. mat. Palermo 19 (1905), p. 297, wo eine notwendige und hinreichende Bedingung dafür angegeben ist, daß eine hyperelliptische Kurve vom Geschlecht p eine Involution gegebener Ordnung und gegebenen Geschlechts enthält; im Falle $p = 2$ s. *G. Humbert*, Amer. J. of math. 16 (1894), p. 243.

302) Roma Mem. Acc. Linc. (6) 3 (1930), Nr. XII. Vgl. auch die Einführungsarbeit Atti Ist. Ven. 88^2 (1929), p. 771.

303) Dieser Satz findet sich schon bei *F. Klein* und *R. Fricke*[112]) 1, p. 344 ff. [s. auch *L. Bianchi*, „Lezioni sulla teoria delle funzioni di variabile complessa e delle funzioni ellittiche", 2ª ed., Pisa 1916, p. 510 ff.] für die Untergruppen der Modulargruppe; bei *G. Fubini*[16]), p. 323 ff., für die Untergruppen der *Fuchs*schen Gruppen vom Geschlecht Null. S. auch *P. Appell* und *É. Goursat*[28]),

Bedingung dafür, daß, wenn zwei irreduzible algebraische Kurven f und C in $(1, n)$-Korrespondenz und eine *Fuchs*sche uniformisierende Veränderliche der Kurve f gegeben sind, die letzte auch für die Kurve C eine uniformisierende Veränderliche sei: infolgedessen erweist sich die so C beigeordnete *Fuchs*sche Gruppe als eine Untergruppe vom Index n der analogen auf f bezüglichen Gruppe. Mit anderen Worten: Es handelt sich um die Bedingung, welcher durch eine *Fuchs*sche Uniformisierende η von C genügt werden muß, damit die Involution, die auf C den Punkten von f entspricht, mittels eines Systems linearer Substitutionen von η erzeugt werden kann.

Diese Bedingung wird durch eine einfache Beziehung zwischen der Verzweigungsgruppe der Uniformisierenden auf f und der Verzweigungsgruppe der mehrfachen Abbildung von C auf f ausgedrückt. *A. Comessatti* hat durch den von ihm eingeführten (Anm. 396) Begriff der „*Galois*schen Kurve“, bemerkenswerte Beziehungen zu der Theorie von *E. Galois* abgeleitet, und verschiedene Anwendungen davon gebracht, die zum Teil die allgemeine Seite beleuchten, darunter auch gewisse vier Beispiele, deren eines schon von *H. Poincaré*[304]) behandelt worden war.

32. Verallgemeinerung: Algebraische Scharen von Punktgruppen auf einer algebraischen Kurve. Eine Ausdehnung des Begriffs der Involution [vgl. III C 4 (*L. Berzolari*), Anm. 295] ist der Begriff der *algebraischen* ∞^r*-Schar* von Gruppen zu n Punkten auf einer irreduziblen algebraischen Kurve vom Geschlecht p. Die Zahl n heißt *Ordnung* der Schar, während man unter ihrem *Index* die Anzahl ν derjenigen ihrer Gruppen versteht, die r allgemein gegebene Punkte auf der Kurve enthalten (ist $\nu = 1$, so ergeben sich die Involutionen). Die Schar heißt *irreduzibel* oder *reduzibel*, je nachdem dies von der algebraischen Mannigfaltigkeit von r Dimensionen gilt, auf welche sie eineindeutig bezogen werden kann. Sie heißt *rational*, wenn diese Mannigfaltigkeit ein r-dimensionaler linearer Raum ist. Ist $r = 1$, so bezeichnet man als *Geschlecht* der Schar das Geschlecht der Kurve, auf welche sie eineindeutig bezogen werden kann.[305]) Eine ∞^r-Schar heißt *zusammengesetzt* (mit einer Involution ∞^1), wenn ihre einen all-

2. Ausg., 2, Fonctions automorphes, par *P. Fatou*, Paris 1930, p. 356ff. — Vgl. II B 4 (*R. Fricke*), Nr. 13.

304) Rend Circ. mat. Palermo 27 (1908), p. 281 (§ 11).

305) *R. Torelli*, Rend. Acc. Napoli (3) 17 (1911), p. 420, hat eine Eigenschaft der Gruppe der Verzweigungspunkte einer ∞^1-Schar, vom Index ν und Geschlecht π, von untereinander äquivalenten Gruppen von n Punkten einer Kurve angegeben, unter Erweiterung auf die höheren Mannigfaltigkeiten.

gemeinen Punkt enthaltenden Gruppen von selbst noch weitere Punkte enthalten; anderenfalls heißt sie *einfach*.

Ist eine ∞^r-Schar rational, so sind ihre Gruppen äquivalent, die Schar ist also entweder eine lineare Schar g_n^r oder aber in einer linearen Schar g_n^s, wo $s > r$, enthalten.[306])

Für $r = 1$ hängt der Satz mit der Darstellung der Koordinaten x, y der Punkte einer Kurve $f(x, y) = 0$ als irrationale Funktionen n^{ten} Grades eines Parameters t zusammen, das heißt der Darstellung in der Form

$$x = f_1(X, t), \quad y = f_2(X, t), \tag{1}$$

wo f_1 und f_2 rationale Funktionen von X und t sind, und die Irrationalität X durch eine Gleichung $\varphi(X, t) = 0$ n^{ten} Grades in X[307]) mit t

306) Von transzendentem Gesichtspunkt aus ist die Eigenschaft implizite im *Abel*schen Satze enthalten (vgl. *F. Severi*, „Lezioni", p. 332; „Vorlesungen", p. 271; „Trattato" 1_1, p. 240—241). In expliziter Form wurde sie von *F. Enriques*, Rend. Circ. mat. Palermo 10 (1895), p. 30, ausgesprochen, der einen geometrischen Beweis dafür gegeben hat. S. auch *F. Enriques* und *O. Chisini*, „Lezioni" 3, p. 78—79, 485. *F. Enriques* hat gezeigt, wie sich der Satz auf die rationalen Systeme von $(k-1)$-dimensionalen Mannigfaltigkeiten, die auf einer k-dimensionalen Mannigfaltigkeit gelegen sind, erweitert. Denselben Satz hat *F. Severi*, Ann. di mat. (3) 12 (1905), p. 63 (vgl. auch „Lezioni", p. 205; „Vorlesungen", p. 165; „Trattato" 1_1, p. 205) auf geometrischem Wege von einem Satz [122]) über die Korrespondenzen mit der Wertigkeit Null zwischen einer Kurve und einer mehrdimensionalen Mannigfaltigkeit abgeleitet.

Die vorige Eigenschaft findet auch statt, wenn die Kurve reduzibel ist, wie *F. Severi* in zwei während des Druckes dieses Artikels erschienenen Arbeiten, Commentarii math. Helvetici 4 (1932), p. 268 (s. p. 313—315); Mem. Acc. d'Italia 3 (1932), Nr. 3 (s. p. 17—18) bewiesen hat. In diesen Arbeiten, besonders in der zweiten, hat *Severi* die Invariantentheorie der linearen Scharen von Punktgruppen auf einer reduziblen Kurve entwickelt. Diese Theorie wurde von *M. Noether*, Acta math. 8 (1886), p. 161 in Angriff genommen [s. III C 4 (*L. Berzolari*), Nr. **32**]; *Noether* hatte aber den Begriff einer linearen Schar auf einer reduziblen Kurve nicht frei gemacht von dem Linearsystem, welches die gegebene Schar auf derselben Kurve bestimmt.

Severi hat seine Invariantentheorie angewandt zu der Konstruktion einer Theorie der Scharen von Punktgruppen auf einer algebraischen Fläche oder Mannigfaltigkeit. Er führt den Begriff der *„Äquivalenzschar"* (*„serie di equivalenza"*) von Punktgruppen auf einer algebraischen Fläche ein, und entnimmt den elementarsten Eigenschaften derselben (a. a. O., p. 326 bzw. p. 47) einen einfachen Beweis der Rationalität einer Fläche, auf welcher die Gruppen von n Punkten eine rationale Mannigfaltigkeit bilden. Dieser Satz war für $n = 2$ von *G. Albanese*, Roma Rend. Acc. Linc. (5) 33^2 (1924), p. 73 mittels höherer Betrachtungen bewiesen worden (s. Anm. 114). *Severi* hat allgemein bewiesen: wenn die Mannigfaltigkeit der Gruppen von n Punkten, welche n irreduziblen Flächen angehören, rational ist, so ist jede solche Fläche rational.

307) Über diese Frage s. noch *F. Enriques* und *O. Chisini*, „Lezioni" 3, p. 119—121; hierüber und über allgemeinere Fragen noch *F. Enriques*, Math.

verknüpft ist. Eine solche Darstellung wird *einfach* genannt, wenn die Gleichungen (1) in Verbindung mit der Gleichung $f(x, y) = 0$ X und t als rationale Funktionen von x und y auszudrücken erlauben, so daß also nicht nur jedem Punkt der Kurve $f = 0$ ein einziger Wert von t entspricht, sondern auch einem Werte von t n $\left(\text{und nicht } \frac{n}{i}\right)$ Punkte von $f = 0$ entsprechen. Unter diesen Voraussetzungen kann der vorhergehende Satz auch folgendermaßen ausgesprochen werden: Ist die genannte Darstellung mittels einer Irrationalität n^{ten} Grades nicht einfach, so kann an ihre Stelle immer eine andere treten, die entweder auch noch von einer Irrationalität n^{ten} Grades abhängt und durch Ausführung einer rationalen Substitution des Parameters erhältlich ist, oder aber von einer Irrationalität niedrigeren Grades als n abhängt.[308])

Zwei Punkte x' und x'' einer algebraischen Kurve sind für eine algebraische Funktion y (mit $\nu \geqq 1$ Werten) des auf der Kurve beweglichen Punktes x gleichen Niveaus, wenn einer oder mehrere von den ν Werten, die y in x' annimmt, ebenso vielen Werten, die y in x'' annimmt, gleich sind. Mit Hilfe dieser Definition erhielt *F. Severi*[309])

Ann. 51 (1897), p. 134; Auszug Verh. d. ersten intern. Math.-Kongr. in Zürich 1897 (Leipzig 1898), p. 145.

O. Zariski, Roma Rend. Acc. Linc. (6) 3 (1926), p. 660, hat in Beantwortung einer von *F. Enriques,* Math. Ann. 51 (1897), p. 143 aufgeworfenen Frage folgenden Satz bewiesen, der den Satz von *P. Ruffini* und *N. H. Abel* [I B 3 c, d (*O. Hölder*), Nr. 18] über die Unmöglichkeit der Auflösung der allgemeinen Gleichung mit einer Unbekannten durch Wurzeln, falls diese höheren als 4. Grades ist, auf die algebraischen Kurven ausdehnt.

Für eine algebraische Kurve $f(x, y) = 0$ vom Geschlecht $p > 6$ mit allgemeinen Moduln gibt es keine Parameterdarstellung der Eigenschaft, daß x und y als Funktionen des Parameters t durch endlichmalige Wiederholung rationaler Operationen und des Wurzelzeichens erhalten werden, andererseits t eine rationale Funktion von x und y ist.

Für $p \leqq 6$ ist dagegen eine solche Parameterdarstellung möglich. — Die besonderen Kurven gegebenen Geschlechts $p > 6$, die eine Parameterdarstellung durch Wurzeln mittels einer (nicht zusammengesetzten) linearen Schar g_n^1 zulassen, hängen, wenn $n = 2$ (wenn sie also hyperelliptisch sind), von $2p - 1$ Moduln ab [III C 4 (*L. Berzolari*), Anm. 343]; wenn $n = 3$ bzw. $n = 4$, so hängen sie von $2p + 1$ bzw. $2p + 3$ Moduln ab. Ist dagegen $n > 4$, so hat *O. Zariski* gefunden, daß sie von höchstens $p + 4$ Moduln abhängen; ist n nicht kleiner als die niedrigste Ordnung einer linearen Schar auf einer Kurve vom Geschlecht p mit allgemeinen Moduln [III C 4 (*L. Berzolari*), Anm. 330], so hängen die genannten Kurven von einer beschränkten Anzahl von Moduln ab, die weder bei Vergrößerung von p noch bei Vergrößerung von n wächst.

308) Für die von einer Quadratwurzel abhängenden Irrationalitäten ist der Satz implizite bei *P. Painlevé,* Ann. Éc. Norm. (3) 8 (1891), p. 103 enthalten.

309) Atti Ist. Ven. 70^2 (1911), p. 374.

den genannten Satz von *F. Enriques* durch den Nachweis, daß die Gruppen konstanten Niveaus der algebraischen Funktion y des auf der Kurve beweglichen Punktes x untereinander äquivalent sind. Ferner zeigte er: Damit eine algebraische Schar von ∞^1 Punktgruppen auf der Kurve die Gesamtheit aller Gruppen gleichen Niveaus einer ν-wertigen algebraischen Funktion bildet, ist notwendig und hinreichend, daß die Schar rational, also eine lineare Schar ist. Der Index der Schar ist ein Divisor von ν, und die algebraische Funktion kann immer derart ausgewählt werden, daß der Index selbst gleich ν ist.

E. S. Allen[310]) hat die nicht zusammengesetzten, irreduziblen algebraischen Scharen γ_n^ϱ ϱ^{ter} Dimension und n^{ter} Ordnung mit dem Index ν auf einer irreduziblen Kurve C untersucht, und die Formel von *E. de Jonquières* (s. Anm. 125) auf sie ausgedehnt. Zu diesem Zwecke hat er gewisse zahlenmäßige Charaktere $z_1, z_2, \ldots, z_\varrho$ der Schar[311]) eingeführt und untersucht. Dabei ist z_i die Anzahl derjenigen Gruppen einer innerhalb der γ_n^ϱ durch Festhaltung von $\varrho - i$ allgemeinen Punkten von C definierten Teilschar $\gamma_{n-\varrho+i}^i$, welche in einer allgemeinen linearen Schar $g_{n+p-\varrho}^{n-\varrho}$ enthalten sind. Für $i > p$ ist $z_i = 0$; außerdem setzt man, was erlaubt ist, $z_0 = \nu$. Damit $z_i = 0$ sei, ist notwendig und hinreichend, daß jede Gruppe der genannten Teilschar $\gamma_{n-\varrho+i}^i$ unendlich vielen anderen Gruppen äquivalent ist, woraus folgt, daß, wenn für einen gewissen Index i $z_i = 0$ ist, ebenso $z_j = 0$ ist für $j > i$. Außerdem zerfallen, wenn $z_i > 0$, aber $z_{i+1} = 0$ ist, die Gruppen der Schar γ_n^ϱ in ∞^i Scharen $\bar{\gamma}$ von der Dimension $\varrho - i$, derart, daß die Gruppen ein und derselben Schar $\bar{\gamma}$ paarweise äquivalent, niemals aber zwei Gruppen von zwei verschiedenen $\bar{\gamma}$ äquivalent sind; und umgekehrt.[312])

Unter diesen Voraussetzungen liefert die Formel, die die Ausdehnung der Formel von *E. de Jonquières* darstellt, die Anzahl $d_{k_1 k_2 \ldots k_a}$ der Gruppen von γ_n^ϱ, die mit einem $(k_1 + 1)$-fachen, einem $(k_2 + 1)$-fachen, ..., einem $(k_a + 1)$-fachen Punkt und mit $\varrho - \sum_{i=1}^{a} k_i$ (vorausgesetzt > 0) allgemeinen festen Punkten der Kurve[313]) ausgestattet sind:

310) Rend. Circ. mat. Palermo 37 (1913), p. 345; Auszug Roma Rend. Acc. Linc. (5) 22^2 (1913), p. 424.

311) Diese Charaktere sind analog den beiden Charakteren (Nr. **34**) von *G. Castelnuovo*, Roma Rend. Acc. Linc. (5) 15^1 (1906), p. 337, für $\varrho = 1$, und von *R. Torelli*, Atti Ist. Ven. 67^2 (1908), p. 1330, für $\varrho = 2$ eingeführten und von ihnen z bzw. Z genannten Charakteren.

312) Für $\varrho = 2$ findet sich der Satz bei *R. Torelli*[311]).

313) Die Formel von *E. de Jonquières* ergibt sich für $z_0 = 1$, $z_1 = z_2 = \cdots = z_\varrho = 0$. Den allgemeinen Wert von d_1 findet man schon bei *G. Castelnuovo*[311]); *R. Torelli*,

$$d_{k_1 k_2 \ldots k_a} =$$

$$= \frac{(k_1+1)(k_2+1)\ldots(k_a+1)}{c_1!\, c_2! \ldots c_a!} \sum_{i=0}^{a} \sum_{j=i}^{a} (-1)^i z_i y_j j!\,(a-j)! \binom{p-i}{j-i} \binom{n-\varrho-j}{a-j},$$

wo die Zahlen c die Anzahl der Wiederholungen in den k_i liefern, also $k_1 = k_2 = \cdots = k_{c_1}$, $k_{c_1+1} = k_{c_1+2} = \cdots = k_{c_1+c_2}, \ldots, k_{c_1+c_2+\cdots+c_{a-1}+1} = \cdots = k_{c_1+c_2+\cdots+c_{a-1}+c_a}$, und y_j die Summe der Produkte der $k_1, k_2, \ldots, k_a$ zu je j darstellt, während $y_0 = 1$ ist.[314])

Atti Acc. Torino 42 (1906), p. 89 hat den Wert von d_{k_1} und in [311]) den von d_{11} gefunden.

314) Ein anderes Problem, das auch das von *E. de Jonquières* umfaßt, ist die Bestimmung der Anzahl der neutralen Gruppen [vgl. III C 4 (*L. Berzolari*), Nr. **24** und **28**] mit mehrfachen Elementen einer gegebenen linearen Schar g_n^r, d. h. der Anzahl der Gruppen, die von α_1 k_1-fachen, von α_2 k_2-fachen, ..., von α_ϱ k_ϱ-fachen Punkten (wo $k_1, k_2, \ldots, k_\varrho$ voneinander verschieden sind, ein k aber auch gleich der Einheit sein kann) gebildet werden, und für die Gruppen der Schar neutral von der Gattung q sind. Unter der Aussage, daß eine solche Gruppe neutral von der Gattung q sei, versteht man, daß sie den Gruppen der Schar, die diese Gruppe mit den gegebenen Multiplizitäten enthalten müssen, $\sum \alpha_i k_i - q$ unabhängige Bedingungen auferlegt.

Damit die Aufgabe eine endliche Anzahl von Lösungen hat, ist im allgemeinen notwendig und hinreichend, daß, wenn

$$\sum \alpha_i k_i - q - 1 = k, \quad \sum \alpha_i = t$$

gesetzt wird,

$$(r-k) \sum \alpha_i k_i - t = (k+1)(r-k) \qquad (n \geqq r+q) \text{ gilt.}$$

Ist insbesondere $q = t$, $k = r-1$, so kommt man auf die Aufgabe von *E. de Jonquières* zurück.

Die allgemeine Formel für $p = 0$ wurde von *F. Severi*, Roma Rend. Acc. Linc. (5) 9¹ (1900), p. 379 aufgestellt. S. auch *Fr. Deruyts*, Bull. Ac. sc. Belgique (3) 35 (1898), p. 196, 885; (3) 36 (1898), p. 187, 194.

Für $p = 0$, wurde die Formel, im Falle neutraler Gruppen ohne mehrfache Elemente, durch Induktion von *W. Fr. Meyer*, „Apolarität" [57]), p. 363, und *A. Tanturri*, Ann. di mat. (3) 4 (1900), p. 112, angegeben; ein Beweis bei *F. Severi*, Roma Rend. Acc. Linc. (5) 11¹ (1902). p. 52.

Ist p beliebig, so kennt man keine Formel, die diese Aufgabe in ihrer ganzen Allgemeinheit löst. *F. Severi*, Mem. Acc. Torino (2) 51 (1900), p. 81 hat die Aufgabe für $r \leqq 5$ gelöst und einen Weg zur Lösung für beliebiges r angegeben.

Für neutrale Gruppen, die frei von mehrfachen Punkten sind („ausgezeichnete Gruppen" nach *A. Brill*), wurde die allgemeine Formel von *G. Z. Giambelli*, Mem. Acc. Torino (2) 59 (1909), p. 433 angegeben, und zwar unter Darstellung der g_n^r als überebene Schnitte einer Kurve n^{ter} Ordnung und p^{ten} Geschlechts eines r-dimensionalen linearen Raumes. Sonderfälle dieser Formel schon bei *A. Brill* und *M. Noether*, Math. Ann. 7 (1873), p. 294; *A. Brill*, ebenda 36 (1890), p. 321; *G. Castelnuovo*, Rend. Circ. mat. Palermo 3 (1888), p. 27; Roma Rend. Acc. Linc.

E. S. Allen hat auch die zahlenmäßigen Charaktere der Schar angegeben, die man bei der Betrachtung der Gruppen der gegebenen Schar γ_n^ϱ erhält, die einen $(\varkappa_1 + 1)$-fachen, einen $(\varkappa_2 + 1)$-fachen, ..., einen $(\varkappa_\alpha + 1)$-fachen Punkt enthalten, wenn man diese Punkte aussondert. Die neue Schar hat die Dimension $\varrho - \sum \varkappa$, die Ordnung $n - \sum \varkappa - \alpha$ und den Index $d_{\varkappa_1 \varkappa_2 \ldots \varkappa_\alpha}$. Was die anderen Charaktere betrifft, so drückt man für $\alpha = 1$ einen beliebigen Charakter z_i' (wobei man $\varkappa$ statt $\varkappa_1$ schreibt) durch die Charaktere $z_0, z_1, \ldots, z_\varrho$ der gegebenen Schar aus und zwar nach der Formel

$$z_i' = (\varkappa + 1)^2 (p - i + 1) z_{i-1} + (\varkappa + 1)[n - \varrho + \varkappa p - i(2\varkappa + 1)] z_i - (i + 1)\varkappa(\varkappa + 1) z_{i+1},$$

so daß sich alle diese Charaktere durch wiederholte Anwendung dieser Formel auf jeden Fall durch die Charaktere $z_0, z_1, \ldots, z_\varrho$ der gegebenen Schar ausdrücken lassen.

33. Algebraische Kurven, die irrationale Involutionen 2. Ordnung enthalten. *A. Comessatti* [315]) hat die algebraischen Kurven untersucht, die irrationale Involutionen 2. Ordnung γ_2^1 vom Geschlecht $\pi \geqq 1$ enthalten, also die *Doppelkurven* vom Geschlecht π (für $\pi = 0$ ergeben sich die hyperelliptischen Kurven), insbesondere für den Fall $\pi = 1$.[316]) Vor allem untersucht er die Bedingungen für die birationale Identität zweier Doppelkurven, die auf ein und derselben Kurve vom Geschlecht π mit ein und derselben Verzweigungsgruppe G dargestellt sind. Diese Bedingungen hat *Comessatti* in verschiedener Form ausgedrückt: In projektiver Form unter Bezugnahme auf die Darstellung der Kurve, die sich, bis auf birationale Transformationen, durch Gleichungen vom Typus

$$(1) \qquad f(x, y) = 0, \quad z^2 = R(x, y)$$

(4) 5^3 (1889), p. 190; *H. G. Zeuthen*, Math. Ann. 40 (1891), p. 118; *A. Tanturri*, Ann. di mat. (3) 4 (1900), p. 67; Atti Acc. Torino 39 (1904), p. 483.

Über die vorausgehenden und andere Fragen abzählender Art s. III C 7 (*C. Segre*), Nr. **24** und **25**, wo auch verschiedene hierauf bezügliche Formeln angeführt sind.

315) Mem. Acc. Torino (2) 60 (1909), p. 313.

316) Die Unterscheidung der verschiedenen Klassen mehrfacher Kurven ohne Verzweigungspunkte wurde von *F. Enriques*, Rend. Circ. mat. Palermo 20 (1905), p. 17, für $\pi = 1$ mit Hilfe der elliptischen Funktionen durchgeführt, für Doppelkurven auf einer Kurve beliebigen Geschlechts π von *A. Comessatti*, a. a. O., unter Verwendung der *Abel*schen Funktionen. — Über die Konstruktion der mehrfachen elliptischen Kurven, die auf einer elliptischen Kurve ohne Verzweigungspunkte dargestellt sind, s. *F. Enriques*, a. a. O.; *O. Chisini*, Roma Rend. Acc. Linc. (5) 30^2 (1921), p. 172, 251, 305; *R. Garnier*, Ann. Éc. Norm. (3) 41 (1924), p. 310 ff. — Über dies alles und vor allem die mehrfachen elliptischen Kurven ohne Verzweigungspunkte s. *F. Enriques* und *O. Chisini*, „Lezioni" 3, p. 427—456.

ausführen läßt, worin $f = 0$ das Geschlecht π besitzt und R ein ganzes rationales Polynom ist; dann in invarianter Form gegenüber birationalen Transformationen; schließlich in topologischer Form mittels der auf die Kurve $f = 0$ bezüglichen *Riemann*schen Fläche.[317])

Eine notwendige und hinreichende Bedingung für die birationale Identität zweier Kurven C und C', von denen jede eine einzige Involution γ_2^1 vom Geschlecht π enthält, lautet in invarianter Form: Zwischen den beiden Involutionen γ_2^1 muß eine eineindeutige Korrespondenz T bestehen, die die Gruppe der Doppelpunkte der einen Involution γ_2^1 in die Gruppe der Doppelpunkte der anderen und außerdem jede kanonische Gruppe von C, die mit der γ_2^1 zusammengesetzt ist, in eine analoge Gruppe von C' verwandelt. Für jede Korrespondenz T, die diesen beiden Bedingungen genügt, gibt es zwei birationale Beziehungen zwischen C und C'.

Die Anzahl der birational verschiedenen, irreduziblen Kurven vom Geschlecht p, die durch ein und dieselbe Doppelkurve vom Geschlecht π dargestellt sind mit einer gegebenen Verzweigungsgruppe G[318]), ist im allgemeinen $2^{2\pi}$, reduziert sich aber auf $2^{2\pi} - 1$, wenn die Gruppe G fehlt (so daß $p = 2\pi - 1$)[319]), und kann sich weiterhin verringern, wenn G bei irgendeiner birationalen Transformation von $f = 0$ in sich[320]) ebenfalls ungeändert bleibt.

317) Über die Konstruktion der *Riemann*schen Flächen vom Geschlecht p, die sich auf einer ν-fachen Fläche vom Geschlecht π erstrecken, s. *A. Hurwitz,* Math. Ann. 39 (1891), p. 1 = Math. Werke 1, p. 321; ital. Übersetzung von *A. Brambilla*, mit Zusatz des Verfassers, Giorn. di mat. (1) 31 (1893), p. 229; (2) 10 (1903), p. 337. Über die *Hurwitz*sche Bestimmung der Anzahl *Riemann*scher Flächen von gegebener Verzweigungsart s. *H. Weyl,* Commentarii math. Helvetici 3 (1931), p. 103. Über die mehrfachen *Riemann*schen Flächen (d. h. die mehrfachen Kurven), die frei von Verzweigungspunkten sind, s. *O. Chisini,* Roma Rend. Acc. Linc. (5) 24^1 (1915), p. 153.

S. darüber Anm. 20, wo auch die Arbeiten von *M. de Franchis* und *A. Comessatti* angeführt sind.

318) Nehmen wir auf die Darstellung (1) bezug, so besteht die Gruppe G aus denjenigen den Kurven $f = 0$, $R = 0$ gemeinschaftlichen Punkten, in denen die Multiplizität der Schnitte ungerade ist. Es existieren $2(p - 2\pi + 1)$ derartige Verzweigungspunkte.

319) Für diesen Fall und wenn $\pi = 1$, s. *G. Castelnuovo,* Atti Acc. Torino 24 (1888), p. 13; *F. Enriques*[316]); wenn $\pi = 2$, *W. Dyck,* Math. Ann. 17 (1880), p. 493; wenn $\pi > 1$, *A. Hurwitz*[317]), p. 57 = Math. Werke 1, p. 379; ital. Übers. Giorn. di mat. (2) 10 (1903), p. 362.

320) *A. Comessatti* hat diese Reduzibilitätsfälle für $\pi = 1$ vollständig studiert. Er hat auch die Kurven studiert, die mehrere elliptische γ_2^1 enthalten, und notwendige und hinreichende Bedingungen dafür angegeben, daß eine Kurve, die eine solche γ_2^1 enthält, auch noch eine zweite, mit der ersten vertauschbare γ_2^1

34. Formel von H. Schubert für algebraische ∞^1-Scharen. Arithmetisches Äquivalenzkriterium von G. Castelnuovo; Verallgemeinerungen und Anwendungen. Arithmetisches Kriterium von F. Severi für die Wertigkeitskorrespondenzen. Eine wichtige Formel abzählender Art für die algebraischen ∞^1-Scharen rührt von *H. Schubert* her.[321]) Ist auf einer Kurve vom Geschlecht p eine lineare Schar g_m^r und eine (rationale oder nicht rationale) ∞^1 Schar γ n^{ter} Ordnung vom Index ν gegeben, und wird allgemein vorausgesetzt, daß eine allgemeine Gruppe von γ den Gruppen von g_m^r, die diese Gruppe enthalten sollen, $k+1$ ($\leq r$) unabhängige Bedingungen auferlegt, so liefert die Formel für die Anzahl der Gruppen von γ, die $k+1$ Punkte enthalten, die ihrerseits den Gruppen von g_m^r nur k Bedingungen auferlegen, den Wert

$$m\nu\binom{n-1}{k} - \frac{1}{2}d\binom{n-2}{k-1} - \mu\binom{n}{k+1},$$

wo d die Anzahl der Doppelpunkte von γ ist und μ sich auf eine in g_m^r enthaltene g_m^k bezieht, die aber nicht alle Gruppen von γ (partiell)

enthält. Endlich hat er ein Beispiel einer Kurve vom Geschlecht $p = 5$ angegeben, die eine Gruppe von 15 γ_2^1 enthält, von denen 5 elliptisch und 10 vom Geschlecht 3 sind. Man beachte, daß eine Kurve, die zwei elliptische γ_2^1 enthält, das Geschlecht $p \leq 5$ hat, und daß, wenn $p = 5$ ist, diese beiden γ_2^1 vertauschbar sind.

321) Die Formel und ein Beweis mittels der Geometrie höherer Räume wurde von *H. Schubert* an *C. Segre* 1887 brieflich mitgeteilt und findet sich bei *C. Segre,* Roma Rend. Acc. Linc. (4) 3^2 (1887), p. 3, 149; [2]), p. 97. Einen einfachen, mittels der Korrespondenzformel für die Korrespondenzen mit Wertigkeit Null abgeleiteten Beweis findet man bei *F. Severi,* „Lezioni", p. 236—240; „Vorlesungen", p. 191—194; „Trattato" 1_1, p. 250—254; er ist in Atti e Mem. Acc. Padova 24 (1908), p. 137 wiedergegeben [vgl. *F. Enriques* und *O. Chisini,* „Lezioni" 3, p. 482]; einen anderen bei *F. Enriques,* Roma Rend. Acc. Linc. (5) 28^1 (1919), p. 370, wiedergegeben bei *F. Enriques* und *O. Chisini,* „Lezioni" 3, p. 76—77. Für den Fall, daß γ eine lineare Schar g_n^1 ist, findet sich die Formel von *H. Schubert* schon bei *G. Castelnuovo,* Atti Acc. Torino 24 (1889), p. 351.

Mit dem *Cayley-Brill*schen Korrespondenzprinzip wurde die Formel von *H. Schubert* auf mehrfach unendliche algebraische Scharen von *R. Torelli,* Atti Ist. Ven. 67^2 (1908), p. 1323 durch Bestimmung der Anzahl der Gruppen von $\varrho + r$ Punkten erweitert, welche einer algebraischen Schar ∞^ϱ vom Index ν und einer linearen Schar ∞^r gemeinsam angehören. Für $\varrho = 2$ s. auch *E. Allen,* Bull. Amer. math. Soc. (2) 26 (1920), p. 58. — In der so gewonnenen Formel ist die Formel von *G. Castelnuovo* enthalten [III C 4 (*L. Berzolari*), Nr. **34**; vgl. Anm. 383. S. auch Nr. **11**, am Ende], die sich auf den Fall zweier linearer Scharen bezieht. Von seiner Formel hat *R. Torelli* verschiedene Anwendungen gemacht, so z. B. die Bestimmung der Anzahl der Gruppen einer algebraischen ∞^2-Schar, die mit zwei Doppelpunkten ausgestattet sind (s. weiter oben im Text).

enthält, und genau die Anzahl der in g_m^k enthaltenen Gruppen von γ bezeichnet.[322])

Mit Hilfe der *Schubert*schen Formel hat *G. Castelnuovo*[323]) ein arithmetisches Kriterium für die Zusammensetzung [III C 4 (*L. Berzolari*), Anm. 295] einer irreduziblen ∞^1-Schar γ_n^1 n^{ter} Ordnung vom Index ν aus äquivalenten Gruppen angegeben. Es ergibt sich, daß eine solche Schar höchstens $2\nu(n + p - 1)$ Doppelpunkte besitzt und dies Maximum dann und nur dann erreicht wird, wenn die Schar in einer linearen Schar (n^{ter} Ordnung) enthalten ist[324]).

Bezeichnen wir mit d und δ die Anzahl der Doppel- bzw. der Verzweigungspunkte der Schar γ_n^1, mit z die Anzahl der in einer allgemeinen, nicht spezialen, linearen Schar g_{n+p-1}^{n-1} enthaltenen Gruppen von γ_n^1 und mit π das Geschlecht von γ_n^1, so ergeben sich die Formeln

$$(1) \quad d = 2\nu(n + p - 1) - 2z, \quad \delta = 2n(\nu + \pi - 1) - 2z.$$

Es ist $z = 0$ dann und nur dann, wenn γ_n^1 in einer linearen Schar (n^{ter} Ordnung) enthalten ist. Die Zahl z heißt[325]) *Äquivalenzdefekt* von γ_n^1.

Aus dem Satz von *G. Castelnuovo* in Verbindung mit der Formel von *H. G. Zeuthen* (Nr. 2) folgt: Enthält eine Kurve vom Geschlecht p

---

322) Die Formel von *H. Schubert*, besonders der Fall $k = n - 1$, ist grundlegend für die nach der überräumlichen Methode behandelte Theorie der linearen Scharen von *G. Castelnuovo* und *C. Segre*, wo sie an Stelle des Fundamentalsatzes von *M. Noether* tritt [III C 4 (*L. Berzolari*), Nr. **23**]. S. *C. Segre*[2]), außerdem III C 7 (*C. Segre*), Anm. 356 und Nr. **43**.

323) Roma Rend. Acc. Linc. (5) 15^1 (1906), p. 337. Vgl. auch *F. Severi*, „Lezioni", p. 240—242; „Vorlesungen", p. 195—196; „Trattato" 1_1, p. 254—257, und Atti Acc. Torino 48 (1913), p. 660; außerdem *F. Enriques* und *O. Chisini*, „Lezioni" 3, p. 481—483. Ein anderer Beweis bei *C. Rosati*, Ann. di mat. (3) 31 (1922), p. 9.

Eine andere Anwendung dieser Formel von *H. Schubert* auf eine Erweiterung des *Riemann-Roch*schen Satzes für die irrationalen ∞^1-Involutionen hatte *G. Castelnuovo* im ersten Zitat der Anm. 301 gemacht.

324) Eine analoge Eigenschaft gilt, wenn die algebraische Schar reduzibel, d. h. die Gesamtheit mehrerer irreduzibler Scharen n^{ter} Ordnung mit den Indizes $\nu', \nu'', \ldots$ ist, derart, daß $\nu' + \nu'' + \cdots = \nu$. Die Anzahl ihrer Doppelpunkte besitzt als Maximum den Wert $2\nu(n + p - 1)$ und erreicht diesen Wert dann und nur dann, wenn jede zusammensetzende Schar in einer linearen Schar n^{ter} Ordnung enthalten ist. S. *F. Severi*, Atti Ist. Ven. 65^2 (1906), p. 641—642; „Trattato" 1_1, p. 256; *R. Torelli*, Atti Acc. Torino 42 (1906), p. 86 in Anm.

A. Maroni, Mem. Acc. d'Italia 3 (1932), Nr. 2 [Auszug Atti Soc. ital. progresso d. scienze 20^2, Milano 1931 (Roma 1932), p. 50] erweitert die Formel von *H. Schubert* und das Äquivalenzkriterium von *G. Castelnuovo* auf die algebraischen ∞^1-Scharen mit variablen mehrfachen Punkten.

325) Nach *R. Torelli*, Rend. Circ. mat. Palermo 37 (1914), p. 25.

zwei Involutionen der Ordnungen ν und ν' und der Geschlechter π und π', so gilt

$$p \leqq (\nu - 1)(\nu' - 1) + \nu\pi + \nu'\pi',$$

worin das Gleichheitszeichen gilt, wenn die ∞^1-Schar der Ordnung $\nu\nu'$, deren Gruppen aus denjenigen Gruppen einer der beiden Involutionen gebildet sind, welche durch die Punkte einer in der anderen Involution beliebig angenommenen Gruppe bestimmt sind, in einer linearen Schar enthalten ist.

Der Satz von *G. Castelnuovo* wurde von *R. Torelli* auf die mehrfach unendlichen Scharen ausgedehnt.[326]) Die Anzahl der $(r+1)$-fachen Punkte in einer algebraischen irreduziblen ∞^r-Schar n^{ter} Ordnung vom Index ν auf einer Kurve vom Geschlecht p ist höchstens $\nu(r+1)(n+rp-r)$, und dies Maximum wird dann und nur dann erreicht, wenn die gegebene Schar in einer linearen Schar n^{ter} Ordnung enthalten ist. Die Differenz zwischen diesem Maximum und der Anzahl der $(r+1)$-fachen Punkte ist gleich $r(r+1)z$, wo z den Äquivalenzdefekt der ∞^1-Schar bezeichnet, die aus den $r-1$ allgemeine Punkte der Kurve enthaltenden Gruppen der gegebenen Schar gebildet ist.

R. Torelli[321]) hat das Kriterium von *G. Castelnuovo* in einem anderen Sinne auf die algebraischen ∞^2-Scharen ausgedehnt. Ist n die Ordnung einer solchen Schar, ν ihr Index und δ die Anzahl ihrer mit zwei Doppelpunkten ausgestatteten Gruppen, so ist

$$\delta = 2\nu(n+p-2)(n+p-3) - 4\nu p - 4z(n+p-4) + 4Z,$$

wo z der Äquivalenzdefekt der ∞^1-Schar ist, die aus den einen allgemeinen Punkt der Kurve enthaltenden Gruppen der gegebenen ∞^2-Schar gebildet ist, und Z die Anzahl der Gruppen der ∞^2-Schar ist, die in einer allgemeinen linearen Schar g^{n-2}_{n+p-2} partiell enthalten sind. Ist $z=0$, so ist auch $Z=0$, aber Z kann auch Null sein, wenn z nicht gleich Null ist. Nach *R. Torelli* wird Z Null, entweder wenn alle Gruppen der Schar äquivalent sind (in welchem Falle auch $z=0$), oder aber, wenn diese Gruppen in ∞^1 einfach unendliche Scharen zerfallen, deren jede aus äquivalenten Gruppen besteht (in welchem Falle $z>0$ ist).

G. Castelnuovo[327]) hat sein Kriterium auf einen geometrischen

---

326) Atti Acc. Torino 42 (1906), p. 86, wo sich auch ein analoges arithmetisches Kriterium zur Entscheidung über die Frage, ob ein einer algebraischen Fläche angehörendes algebraisches Kurvensystem in einem linearen System enthalten ist, findet. Über dies und die Erweiterung auf höhere Mannigfaltigkeiten s. auch *C. Rosati*[122]), p. 952.

327) S. [323]). S. auch *F. Severi*, „Lezioni", p. 243; „Vorlesungen", p. 196; „Trattato" 1_1, p. 256; *F. Enriques* und *O. Chisini*, „Lezioni" 3, p. 483–484.

Beweis folgenden Satzes angewandt, den *F. Severi*[328]) auf transzendentem Wege in seinen Untersuchungen über die Erweiterung des *Abel*schen Theorems auf die Flächen gewonnen hatte, und der für die Geometrie auf einer algebraischen Fläche[329]) von Bedeutung ist. Ist eine irreduzible algebraische ∞^1-Schar n^{ter} Ordnung mit dem Index ν so beschaffen, daß sich die Gesamtheit ihrer ν Gruppen, die einen allgemeinen Punkt P der Kurve enthalten (inkl. den ν-mal gezählten Punkt P), bei veränderlichem P in einer linearen Schar $(n\nu)^{\text{ter}}$ Ordnung bewegt, so sind die Gruppen der Schar äquivalent.

Andere Anwendungen des Kriteriums von *G. Castelnuovo* auf die Geometrie auf den algebraischen Flächen und Mannigfaltigkeiten machte *F. Severi*[330]), der dies Kriterium auch auf einen geometrischen Beweis der beiden folgenden Sätze anwandte, für deren ersten er schon einen transzendenten Beweis erbracht hatte[331]), während der zweite den oben wiedergegebenen Satz auf reduzible Scharen ausdehnt.

Existiert auf einer algebraischen Kurve eine algebraische (irreduzible oder reduzible) ∞^1-Schar von Gruppen zu n Punkten, die so beschaffen ist, daß die k-fachen Vielfachen der Gruppen dieser Schar untereinander äquivalent sind, so sind auch die Gruppen selbst untereinander äquivalent.

Ist eine algebraische ∞^1-Schar aus einer endlichen Anzahl irreduzibler ∞^1-Scharen zusammengesetzt, die aus Gruppen von n' bzw. n'', ... Punkten gebildet sind, und ändert sich die Gesamtheit der einen P enthaltenden Gruppen, die jenen Scharen angehören bei veränderlichem P in einer linearen Schar, so besteht jede von diesen Scharen auch aus untereinander äquivalenten Gruppen.

Gibt es daher auf einer irreduziblen Kurve ein algebraisches ∞^r-System von Gruppen zu n Punkten, derart, daß sich die Gesamtheit aller Gruppen des Systems, die r auf der Kurve veränderliche Punkte enthalten, in einer linearen Schar bewegt, so sind die Gruppen des gegebenen Systems untereinander äquivalent.

---

328) Ann. di mat. (3) 12 (1905), p. 59; Auszug Paris C. R. 140 (1905), p. 926. Der Satz ist in einer etwas anderen Form bei *A. Comessatti,* Rend. Circ. mat. Palermo 36 (1912), p. 44 angegeben, und angewandt. Ein Beweis des Satzes auf Grund der Theorie der Korrespondenzen zwischen Kurven wurde von *C. Rosati,* Ann. di mat. (3) 28 (1918), p. 44—45 gegeben.

Unter der, hier wesentlichen Annahme der Irreduzibilität der Schar, wurde der Satz von *F. Severi* durch *G. Scorza,* Catania Atti Acc. Gioenia (5) 11 (1918), Nr. XX, auf die *Abel*schen Mannigfaltigkeiten beliebiger Dimension ausgedehnt.

329) S. *G. Castelnuovo,* Anm. 323.

330) Atti Ist. Ven. 65^2 (1906), p. 625. S. auch „Trattato" 1_1, p. 256—257.

331) Rend. Circ. mat. Palermo 21 (1905), p. 281, in Anm.

Für den ersten der beiden vorhergehenden Sätze hat *F. Severi*[332]) einen anderen, von dem Kriterium von *G. Castelnuovo* unabhängigen, geometrischen Beweis gegeben, und dazu benutzt, jenes Kriterium neu abzuleiten. *Severi* gelangt so (Nr. **18**) zu dem Satz, daß eine (α, β)-Korrespondenz zwischen zwei voneinander verschiedenen oder zusammenfallenden Kurven immer den Grad $\nu \leqq 2\alpha\beta$ hat, wo das Gleichheitszeichen nur gilt, wenn die Korrespondenz die Wertigkeit Null hat. Man gelangt von diesem Ergebnis mittels der Formel von *H. G. Zeuthen* zu dem Ergebnis von *G. Castelnuovo.*

Hieraus und aus einem in Anm. 156 angegebenen Satz, hat *F. Severi*[333]) auf geometrischem Wege (auch unter Angabe eines auf den Ergebnissen von *A. Hurwitz* beruhenden transzendenten Beweises)[334]) einen weiteren arithmetischen Satz vom Typus des Satzes von *G. Castelnuovo* abgeleitet, der die Wertigkeitskorrespondenzen kennzeichnet. Dieser neue Satz hängt sowohl mit jenem arithmetischen Kriterium von *G. Castelnuovo* für die Äquivalenz der Gruppen einer gegebenen algebraischen Schar auf einer Kurve, wie auch mit dem arithmetischen Kriterium zusammen, das ebenfalls von *F. Severi*[335]) ausgesprochen wurde, und zwar zur Entscheidung über die (algebraische oder lineare) Äquivalenz zweier geeigneter Gleichvielfacher von zwei auf einer algebraischen Fläche gezogenen Kurven. Es handelt sich dabei um folgende Ungleichung, welcher das Geschlecht p einer Kurve, die Indizes einer beliebigen, auf ihr gegebenen, algebraischen (α, β)-Korrespondenz, die Anzahl u ihrer Koinzidenzpunkte und ihr Grad 2μ, der notwendigerweise gerade ist (Nr. **18**), genügen:

$$(u - \alpha - \beta)^2 \leqq 4p(\alpha\beta - \mu),$$

wo das Gleichheitszeichen nur dann gilt, wenn die Korrespondenz Wertigkeit $\left(-\frac{u-\alpha-\beta}{2p}\right)$ hat.

35. Die Jacobische Mannigfaltigkeit V_p einer Kurve vom Geschlecht $p > 0$ und die eineindeutigen Korrespondenzen zwischen Gruppen von p Punkten der Kurve. Als *Picardsche Mannigfaltigkeit*[336]) wird jede algebraische irreduzible Mannigfaltigkeit von k Dimensionen bezeichnet, die eine transitive *Abel*sche ∞^k-Gruppe von birationalen Transformationen in sich zuläßt.

---

332) Atti Acc. Torino 48 (1913), p. 660.

333) S. [332]) und „Trattato" 1_1, p. 278—281.

334) Andere Beweise bei *C. Rosati,* Roma Rend. Acc. Linc. (5) 22^2 (1913), p. 433—434 in Anm.; *G. Tafani*[275]), p. 9.

335) Math. Ann. 62 (1905), p. 194; Auszug Paris C. R. 140 (1905), p. 361.

336) Nach *G. Castelnuovo,* Roma Rend. Acc. Linc. (5) 14^1 (1905), p. 551, 554.

Die einfachsten unter ihnen sind die auf die algebraischen Kurven bezüglichen *Jacobischen Mannigfaltigkeiten.* Als *Jacobische Mannigfaltigkeit* einer algebraischen irreduziblen Kurve C vom Geschlecht $p > 0$ bezeichnet man die algebraische irreduzible Mannigfaltigkeit V_p von p Dimensionen, deren Punkte birational, ohne Ausnahme, den auf der Kurve vorhandenen ∞^p linearen Scharen p^{ter} Ordnung und der Dimension $\geqq 0$ entsprechen [vgl. III C 4 (*L. Berzolari*), Anm. 362]; für $p = 1$ fällt sie mit der Kurve selbst zusammen. Sie ist birational identisch mit der p-dimensionalen Mannigfaltigkeit, die die ∞^p Gruppen von p Punkten von C[337]) ohne Ausnahme darstellt. Daher ist das Studium der birationalen Transformationen in sich, die V_p zuläßt, dem der eineindeutigen Korrespondenzen zwischen Gruppen von p Punkten von C gleichwertig. Von diesem Gesichtspunkt aus gelangt *G. Castelnuovo*[338]) zu einer Erweiterung der Theorie der eineindeutigen Korrespondenzen auf den elliptischen Kurven (Nr. **43**).[339])

Castelnuovo bezeichnete als *erster Art* die eineindeutigen Korrespondenzen, die sich ergeben, wenn man auf C eine der unendlich vielen nicht spezialen linearen Scharen g_{2p}^p ins Auge faßt und zwei Gruppen von p Punkten einander entsprechen läßt, die zusammen eine Gruppe dieser Schar bilden; als *zweiter Art* diejenigen, die das Produkt zweier Korrespondenzen erster Art sind (was dann auf unendlich viele Weisen möglich ist).[340])

337) Vgl. *G. Castelnuovo,* Roma Rend. Acc. Linc. (5) 14^1 (1905), p. 545, 593, 655. — Die Mannigfaltigkeit V_p enthält ein ∞^1-System algebraischer Mannigfaltigkeiten von $p-1$ Dimensionen, die Bilder der linearen Scharen g_p sind, welche durch die Gruppen von p Punkten mit einem festen Punkt bestimmt werden. Das System selbst besitzt eine irreduzible algebraische Basismannigfaltigkeit von $p-2$ Dimensionen, die das Bild der Spezialscharen g_p ist: *A. Comessatti,* Atti Acc. Torino 50 (1915), p. 439. — Vgl. noch, auch für allgemeinere Untersuchungen über die Theorie der *Abel*schen Funktionen, *G. Castelnuovo,* Roma Rend. Acc. Linc. (5) 30^1 (1921), p. 50, 99, 195, 355.

Über die *Jacobi*sche Mannigfaltigkeit (Fläche) für $p = 2$ s. *F. Enriques* und *F. Severi,* Preisschrift, Acta math. 32 (1909), p. 283; 33 (1910), p. 321 [1907].

Über die reellen *Jacobi*schen Mannigfaltigkeiten (insbesondere Flächen) s. *A. Comessatti*[215]).

In seinen Untersuchungen über die Arithmetik auf den algebraischen Kurven (Nr. **45**) betrachtet *A. Weil*[426]) die arithmetischen Eigenschaften der *Jacobi*schen Mannigfaltigkeit, die zu einer Kurve vom Geschlecht p gehört, welche durch eine Gleichung, deren Koeffizienten einem gegebenen, algebraischen und endlichen Zahlkörper angehören, dargestellt ist.

338) Rend. Ist. Lomb. (2) 25 (1892), p. 1189. Vgl. auch *F. Severi,* „Vorlesungen", p. 271—274; „Trattato" 1_1, p. 281—284.

339) Über eine andere von *G. Scorza* herrührende Erweiterung, s. Nr. **40.**

340) Diese Benennungen stammen von *G. Castelnuovo*[338]); in [337]) hat er die beiden Benennungen vertauscht.

Die Korrespondenzen erster Art sind involutorisch und lassen je 2^{2p} Koinzidenzgruppen zu; dagegen ist im allgemeinen eine Korrespondenz zweiter Art weder involutorisch, noch hat sie, im allgemeinen, Koinzidenzgruppen. Das Produkt mehrerer Korrespondenzen erster und zweiter Art ist eine Korrespondenz erster oder zweiter Art, je nachdem die Anzahl der Korrespondenzen erster Art ungerade oder gerade ist. Die Korrespondenzen erster und zweiter Art bilden zusammen eine gemischte Gruppe, innerhalb der die Korrespondenzen zweiter Art eine p-fach unendliche kontinuierliche *Abel*sche Gruppe bilden, während die Korrespondenzen erster Art eine p-fach unendliche kontinuierliche Schar zusammensetzen, die keine kontinuierliche Gruppe (im Sinne von *S. Lie*) ist.[341])

Die Korrespondenzen erster und zweiter Art kann man insofern auch als *gewöhnliche* Korrespondenzen bezeichnen, als *G. Castelnuovo*[338]) mittels der transzendenten Ergebnisse von *A. Hurwitz* über die Korrespondenzen (Nr. 12) bewiesen hat, daß diese die einzigen eineindeutigen Korrespondenzen zwischen Gruppen von p Punkten sind, welche auf einer Kurve vom Geschlecht p *mit allgemeinen Moduln* bestehen können.

Über die *Jacobi*sche Mannigfaltigkeit und ihre automorphen Korrespondenzen 1. und 2. Art, s. noch *M. de Franchis*[26]), p. 484—549.

Die grundlegenden Eigenschaften der Transformationen 2. Art wurden von neuem, auf algebraisch-geometrischem Wege, von *O. Chisini*, Rend. Ist. Lomb. (2) 62 (1929), p. 839, abgeleitet, der auch den analytischen Ausdruck der infinitesimalen Transformationen, welche die aus den Transformationen 2. Art gebildete *Abel*sche Gruppe erzeugen, bestimmt und davon den Ausdruck der endlichen Transformationen abgeleitet.

In Rend. Ist. Lomb. (2) 63 (1930), p. 237, hat *O. Chisini* umgekehrt gezeigt, daß man von den auf die Transformationen 2. Art bezüglichen Eigenschaften auf algebraisch-geometrischem Wege die grundlegenden Eigenschaften der *Abel*schen Integrale 1. Gattung, die zu der Kurve gehören (Umkehrungssatz, Satz von *Abel*, ...), ableiten kann, wenn man die Integrale als Exponenten der Transformationen 2. Art definiert, welche die ganze Gruppe solcher Transformationen erzeugen. — Im Falle $p = 1$ s. Anm. 407.

341) Die Korrespondenzen 2. Art liefern nach *G. Castelnuovo*[338]) eine einfache geometrische Deutung des *Abel*schen Satzes für Integrale 1. Gattung, d. h. die notwendige und hinreichende Bedingung dafür, daß zwei Gruppen von n Punkten der Kurve äquivalent sind. Eine derartige Korrespondenz ist nämlich durch ein Paar entsprechender Gruppen bestimmt; wenn nun G eine Gruppe von $p-1$ Punkten ist und a und a' zwei Punkte der Kurve sind, so verändert sich die durch die beiden Gruppen $G + a$ und $G + a'$ bestimmte Korrespondenz 2. Art nicht, wenn man statt der Gruppe G eine andere Gruppe von $p-1$ Punkten nimmt; sie kann daher kurz mit $[a, a']$ bezeichnet werden. Damit nun die beiden Gruppen von n Punkten $a_1 a_2 \ldots a_n$ und $a_1' a_2' \ldots a_n'$ äquivalent sind, ist notwendig und hinreichend, daß das Produkt der n Korrespondenzen $[a_1, a_1']$, $[a_2, a_2']$, $\ldots$, $[a_n, a_n']$ die Identität sei.

In jedem Falle zerfallen die birationalen Transformationen der V_p in sich in kontinuierliche ∞^p-Scharen, die paarweise keine Transformation gemein haben und so beschaffen sind, daß das Produkt (in einer bestimmten Reihenfolge) zweier, in zwei gegebenen Scharen oder in ein und derselben Schar veränderliche Transformationen sich auch in eine Schar verwandelt.

Die Gesamtheit aller Scharen kann daher als eine Gruppe Γ aufgefaßt werden, die endlich oder diskontinuierlich unendlich ist. Besitzt die betrachtete Kurve C nur Wertigkeitskorrespondenzen, so ist Γ die aus den beiden Scharen gewöhnlicher Transformationen erster und zweiter Art zusammengesetzte zyklische Gruppe 2. Ordnung. In Γ gibt es nur dann Scharen singulärer Transformationen, wenn C singuläre Korrespondenzen besitzt.[342])

36. Die Jacobische Mannigfaltigkeit V_p in Verbindung mit den algebraischen ∞^1-Scharen von Punktgruppen auf der Kurve und mit der Theorie der algebraischen Korrespondenzen zwischen den Punkten dieser Kurve. In Verbindung mit der auf eine irreduzible Kurve C vom Geschlecht $p > 0$ bezüglichen *Jacobi*schen Mannigfaltigkeit V_p, hat *R. Torelli*[343]) die algebraischen ∞^1-Scharen von Punktgruppen von C untersucht. Die Kurve C besitzt immer ∞^1-Scharen n^{ter} Ordnung, welche nicht aus äquivalenten Gruppen zusammengesetzt sind und deren Geschlecht $\pi \geqq p$ ist. Hat die Kurve C aber allgemeine Moduln, so besitzt sie keine Scharen vom Geschlecht $\pi < p$. Gibt es eine derartige Schar, so besitzt die Mannigfaltigkeit V_p zwei Kongruenzen von irreduziblen *Picard*schen Mannigfaltigkeiten mit dem Index 1. Diese Kongruenzen sind durch die Schar völlig bestimmt und werden durch die Transformationen erster und zweiter Art von V_p[344]) in sich verwandelt. Nach *R. Torelli* kann man eine dieser Kongruenzen, die wir S nennen wollen, folgendermaßen konstruieren. Nimmt man auf C eine allgemeine lineare Schar $g^{n\pi}_{n\pi+p}$ an, so ist der Rest jeder Ge-

342) Hierüber und, allgemeiner, über die birationalen Korrespondenzen der p-dimensionalen *Abel*schen Mannigfaltigkeiten in sich, s. *G. Scorza*[197]), p. 330; *Concetta Raciti,* Roma Rend. Acc. Linc. (5) 28^1 (1919), p. 347. 377.

Damit eine *Abel*sche Mannigfaltigkeit ∞^p-Scharen birationaler Transformationen in sich zuläßt, die sich von den beiden Scharen der gewöhnlichen Transformationen erster und zweiter Art unterscheiden, ist nach *G. Scorza,* a. a. O., p. 332 notwendig und hinreichend, daß ihr Multiplikabilitätsindex (Nr. **20**) positiv sei.

343) Rend. Circ. mat. Palermo 37 (1913), p. 25 [Auszug Roma Rend. Acc. Linc. (5) 22^1 (1913), p. 772]; außerdem Roma Rend. Acc. Linc. (5) 22^2 (1913), p. 98, 437; Atti Acc. Torino 49 (1914), Anm. auf p. 858.

344) Vgl. *G. Castelnuovo,* erste Anführung[337]).

samtheit von π Gruppen der Schar γ_n^1 in bezug auf die lineare Schar eine Gruppe von p Punkten. Diese restlichen Gruppen bilden eine Schar $\infty^{\pi-i}$ $(0 \leqq i < \pi)$, die in V_p durch eine irreduzible *Picard*sche Mannigfaltigkeit V' dargestellt wird; und diese beschreibt, beim Variieren der Schar $g_{n\pi+p}^{n\pi}$, die Kongruenz S.

Rechnet man zwei ∞^1-Scharen zu ein und derselben *Klasse*, wenn sie sich Gruppe um Gruppe eineindeutig so aufeinander beziehen lassen, daß die Summe oder die Differenz homologer Gruppen in einer linearen Schar variiert, so wird jede Klasse durch eine beliebige ihrer Scharen bestimmt, und die Scharen ein und derselben Klasse bestimmen in V_p dieselbe Kongruenz S. *R. Torelli* hat die drei Fälle, in denen eine Klasse auftreten kann, untersucht, und zwar in Verbindung mit der Existenz von Scharen in der Klasse, die mit irgendwelchen Besonderheiten ausgestattet, also z. B. mit einer Involution zusammengesetzt sind.[345])

37. Fortsetzung: Arithmetische Invarianten einer algebraischen ∞^1-Schar von Punktgruppen auf einer algebraischen Kurve. In Verbindung mit dem Kriterium von *G. Castelnuovo* (Nr. **34**) läßt sich von transzendentem Gesichtspunkt aus sagen, daß das Verschwinden der in den Gleichungen (1) von Nr. **34** vorkommenden Zahl z notwendige und hinreichende Bedingung dafür ist, daß alle Summen der p linear unabhängigen *Abel*schen Integrale 1. Gattung der Kurve, die sich auf die Gruppen der Schar γ_n^1 beziehen, konstant sind. Von diesem Gesichtspunkt aus hat *A. Comessatti* [346]) dadurch den Satz erweitert, daß er versuchte, durch eine Beziehung zwischen den Charakteren abzählender Art der Schar, die notwendige und hinreichende Bedingung dafür auszudrücken, daß unter den genannten Summen nur $r \leqq p$ unabhängig sind, daß man also $p - r$, und nicht mehr, unabhängige Integrale 1. Gattung bestimmen kann, deren Summen längs der Gruppen der Schar γ_n^1 beim Variieren dieser Gruppen konstant bleiben. Zu diesem Zwecke hat *Comessatti*, unter Erweiterung der geometrischen Definition der genannten Zahl z, gewisse positive ganze Zahlen $Z_0, Z_1, \ldots, Z_{p-1}$ eingeführt, die ebenso viele, bei birationalen Transformationen invariante Charaktere der Schar γ_n^1 darstellen. Der

345) Bei den Anwendungen hat *R. Torelli* bewiesen: Damit eine nicht zusammengesetzte Involution I auf einer Kurve C zyklisch und frei von Koinzidenzen sei, ist notwendig und hinreichend, daß auf C zwei mit I zusammengesetzte, nicht äquivalente Gruppen mit einer gleichen Anzahl von Punkten existieren, deren Bilder auf einer Kurve, die I darstellt, äquivalent sind. Rend. Circ. mat. Palermo 37 (1913), p. 42.

346) Rend. Circ. mat. Palermo 36 (1912), p. 35. Zu einigen der Ergebnisse von *A. Comessatti* gelangt *R. Torelli* auf anderem Wege, Rend. Circ. mat. Palermo 37 (1913), p. 25; Auszug Roma Rend. Acc. Linc. (5) 22^1 (1913), p. 772.

erste von diesen Charakteren ist $= z$, während Z_r die Anzahl der Gruppen einer allgemeinen, nicht spezialen, linearen Schar $g^{(r+1)(n-1)}_{(r+1)(n-1)+p}$ bezeichnet, die $r+1$ Gruppen der Schar γ^1_n partiell enthalten. Dann lautet die gesuchte Bedingung: $Z_r = 0$, ohne daß aber $Z_0, Z_1, \ldots, Z_{r-1}$ Null sind.[347])

G. Castelnuovo[348]) hat ferner die auf C existierenden Scharen γ^1_n in Verbindung mit der Mannigfaltigkeit V_p untersucht und verschiedene Eigenschaften der Invarianten Z_r aufgewiesen, die zeigen, daß diese tatsächlich die wichtigsten arithmetischen Charaktere einer algebraischen ∞^1-Schar sind. Die Mannigfaltigkeit V_p enthält immer ein algebraisches ∞^p-System Θ, das aus den $(p-1)$-dimensionalen, algebraischen Mannigfaltigkeiten (Orte der Nullstellen der Thetafunktionen 1. Ordnung) zusammengesetzt ist, von denen eine jede die in einer nicht spezialen linearen Schar g^{p-1}_{2p-1} partiell enthaltenen linearen Scharen p^{ter} Ordnung darstellt. *G. Castelnuovo* zeigte nun, daß man in Verbindung mit einer gegebenen auf C bestehenden Schar γ^1_n[349]) eine rationale Transformation der Mannigfaltigkeit V_p bilden kann, die die Mannigfaltigkeiten Θ von V_p in *intermediäre* Mannigfaltigkeiten Φ verwandelt [d. h., in $(p-1)$-dimensionale, in V_p enthaltene algebraische Mannigfaltigkeiten, deren jede auf C eine Schar γ^{p-1}_p darstellt, deren allgemeine Gruppe, nicht spezial ist][350]), deren Zahlen Z_r, bis auf gewisse Faktoren, Charaktere für das System der Mannigfaltigkeiten Θ angeben. Das Produkt $(p-r)!\, Z_{p-r}$ ist der Index der Schar γ^r_p, die auf C der Mannigfaltigkeit entspricht, welche Schnitt von $p-r$ allgemeinen Mannigfaltigkeiten Φ ist. Es gilt außerdem[351]), daß Z_r auch

347) Für die Berechnung der Zahlen Z_r, deren allgemeiner Ausdruck wahrscheinlich verwickelt ist, hat *A. Comessatti* Rekursionsformeln angegeben und zur expliziten Bestimmung von Z_1[358]) verwandt (woraus man schließt, daß auf einer irreduziblen algebraischen Kurve vom Geschlecht $p > n$ alle elliptischen Scharen γ^1_n, die nicht aus äquivalenten Gruppen gebildet sind, involutorisch sind), ebenso zur Berechnung von Z_r für den Fall, daß die Schar involutorisch ist (also mit dem Index $\nu = 1$). In diesem Falle, und wenn die involutorische Schar das Geschlecht π hat, lautet die Formel

$$Z_r = n^{r+1}\binom{\pi}{r+1}.$$

348) Roma Rend. Acc. Linc. (5) 30^1 (1921), p. 195, 355.

349) *G. Castelnuovo* nimmt der Einfachheit halber an, daß diese Schar γ^1_n birational identisch mit C ist, doch ist dies eine unwesentliche Einschränkung.

350) Über die intermediären Funktionen („Zwischenfunktionen") — „*Jacobi*sche Funktionen" nach *G. Frobenius*, J. f. Math. 97 (1884), p. 16 u. 188; „fonctions intermédiaires" nach *H. Poincaré*, Amer. J. of math. 8 (1886), p. 316 — s. II B 7 (*A. Krazer* und *W. Wirtinger*), Nr. **116**, **117**.

351) Über diese Andeutung vgl. auch *R. Torelli*[346]), p. 36.

der Index der *äquivalenten* Schar γ_p^r (und der *residualen* Schar γ_p^r) der g_{nr}^r ist, die sich bei der Zusammenstellung der Gruppen von γ_n^1 zu je r ergibt.[352])

Für diese Invarianten Z_r hat *G. Castelnuovo* auch folgende analytische Definition gegeben. Es sei C' eine mit der Schar γ_n^1 birational identische Kurve und ν der Index dieser Schar, so daß zwischen C und C' eine Korrespondenz mit den Indizes n und ν besteht. Bezeichnen wir mit T und T^{-1} die zueinander inversen Operationen, die von einem Punkte von C' zu den n homologen Punkten von C und von einem Punkte von C zu den ν homologen Punkten von C' führen, so ist $T^{-1}T$ auf C eine symmetrische Korrespondenz, welche p reelle und negative Wertigkeiten besitzt.[353]) Die Gleichung vom Grad p, deren Wurzeln diese Wertigkeiten sind, hat daher nur positive Koeffizienten, und diese Koeffizienten sind nun nach *G. Castelnuovo* genau diese Invarianten $Z_0, Z_1, \ldots, Z_{p-1}$.[354])[355])

C. Rosati[356]) hat das Ergebnis von *A. Comessatti* durch Verknüpfung mit der transzendenten *Hurwitz*schen Darstellung der algebraischen Korrespondenzen zwischen zwei Kurven wieder erhalten. Ferner gab *Rosati* auf Grund der analytischen Deutung von *G. Castelnuovo* ein neues, auf der Korrespondenztheorie beruhendes Verfahren an, mittels dessen er den Wert eines jeden Z_r als Funktion von p, n, ν und gewissen anderen Charakteren $k_1, k_2, \ldots, k_{r+1}$ bestimmte. Diese Charaktere, deren Betrachtung auf *A. Comessatti* zurückgeht[357]), der ihr

352) Ist auf einer Kurve C vom Geschlecht p eine algebraische Schar γ_n^r von ∞^r Gruppen zu n Punkten gegeben, von der niemals zwei Gruppen äquivalent sind, so kann man eine neue Schar γ_p^r derselben Dimension r und Ordnung p konstruieren, welche der ersten birational entspricht. Man nennt die Schar γ_p^r *äquivalent* bzw. *residual* zu der Schar γ_n^r, wenn sich die Differenz bzw. die Summe zweier entsprechender Gruppen der beiden Scharen in eine lineare Schar ändert (vgl. Nr. **17**); im zweiten Falle ist diese lineare Schar eine Schar g_{n+p}^n, die man als nicht spezial betrachten kann.

353) *C. Rosati*, Ann. di mat. (3) 31 (1921), p. 8. Wenn q der Rang (Nr. **29**) der (n, ν)-Korrespondenz zwischen C und C' ist, so sind $p-q$ dieser Wertigkeiten gleich Null.

354) Für diese Invarianten hat *G. Castelnuovo*[348]), p. 359, eine andere analytische Deutung gegeben, die auf einer Verallgemeinerung des *Jacobi*schen Umkehrproblems beruht.

355) Ist zwischen zwei Kurven C und C' eine Korrespondenz T mit den Indizes α, β gegeben, so haben die auf C bzw. C' entstehenden symmetrischen Korrespondenzen $T^{-1}T$ und TT^{-1} (Nr. **29**) gleiche Wertigkeiten, und daher die durch T auf C bzw. C' induzierten Scharen γ_α^1 und γ_β^1 (Nr. **25**) gleiche Invarianten.

356) Rend. Circ. mat. Palermo 49 (1924), p. 165; Auszug Boll. Unione mat. ital. 4 (1925), p. 23.

357) Anm. 346, p. 49 ff.

Auftreten in den Ausdrücken der Invarianten Z_r bemerkte, können wie folgt definiert werden.

Auf C seien die Gruppen $G_1, G_2, \ldots, G_i$ der γ_n^1 so beschaffen, daß jede Gruppe mit der folgenden mindestens einen Punkt gemein hat. Sind $P_1, P_2, \ldots, P_{i-1}$ Verbindungspunkte der Paare aufeinander folgender Gruppen, so nennt man die aus diesen Gruppen und Punkten zusammengesetzte Konfiguration *Kette i^{ter} Ordnung.* Zwei Punkte von C, deren einer in G_1 enthalten, von P_1 aber verschieden ist, deren anderer in G_i enthalten, von P_{i-1} aber verschieden ist, heißen *verkettet von der Verkettungsordnung i.* Unter diesen Voraussetzungen sind nun die oben erwähnten Charaktere $k_1, k_2, \ldots, k_{r+1}$, die Anzahlen der Koinzidenzen der symmetrischen Korrespondenzen $R_1, R_2, , \ldots, R_{r+1}$, wo R_i die Korrespondenz ist, in der zwei Punkte von C homolog sind, die verkettet von der Verkettungsordnung i sind.

C. Rosati hat ein Verfahren angegeben, mittels dessen man, wenn die Zahlen $k_1, k_2, \ldots, k_{r+1}$ bekannt sind, den Wert der Invariante Z_r bestimmen, und umgekehrt, wenn die Invarianten $Z_0, Z_1, \ldots, Z_{r-1}$ bekannt sind, die Zahl k_r[358]) bestimmen kann.

Bezeichnet man mit $h_1, h_2, \ldots$ die Anzahl der Koinzidenzen der symmetrischen Korrespondenzen $\overline{R}_i$, die in analoger Weise wie die R_i für die Kurve C' definiert sind[359]), so ergeben sich nach *C. Rosati* Beziehungen, die die Zahlen h_i und k_i linear enthalten und eine Erweiterung der Formel von *H. G. Zeuthen* (Nr. 2) darstellen. Diese Beziehungen sind

$$\begin{aligned} h_r - k_r + n(h_1 + \cdots + h_{r-1}) - \nu(k_1 + \cdots + k_{r-1}) \\ = 2n(p' - 1) - 2\nu(p - 1) \end{aligned}$$
$$(r = 2, 3, \ldots),$$

wo p' das Geschlecht von C' ist.

38. Transzendente Bedingungen für die birationale Identität zweier algebraischer Kurven. Birationale Korrespondenzen der

358) Insbesondere ergibt sich für Z_1 der Ausdruck

$$\begin{aligned} Z_1 = \frac{1}{4}\Big\{ & 2\nu^2(p-1)(2n+p-2) - 2\nu(n-1)(p-1) \\ & + \frac{k_1^2}{2} - [(2\nu-1)(n-2) + 2\nu p]\, k_1 + k_2 \Big\}, \end{aligned}$$

der von *A. Comessatti*[346]), p. 56 angegeben und von *C. Rosati*[356]), p. 189 in Anm. wiedergefunden wurde.

359) Die Korrespondenzen R_i und $\overline{R}_i$ wurden von *C. Rosati* als *Seitenkorrespondenzen von der Ordnung i* der gegebenen (n, ν)-Korrespondenz zwischen C und C' bezeichnet. Sie haben die Indizes $\nu(n-1)^i(\nu-1)^{i-1}$ bzw. $n(\nu-1)^i(n-1)^{i-1}$ und sind rationale Funktionen (Nr. 24) von $T^{-1}T$ und TT^{-1}.

Jacobischen Mannigfaltigkeit V_p in sich.[360]) Durch Erweiterung eines Satzes von *F. Enriques* und *F. Severi*[361]), hat *R. Torelli*[362]) gezeigt: Gibt es auf einer Kurve C vom Geschlecht p eine von spezialen Gruppen freie irreduzible ∞^1-Schar γ, deren Ordnung, Index und Geschlecht gleich p ist, derart, daß kein Integral 1. Gattung von C konstante Summe längs ihrer Gruppen ergibt (d. h., daß sie nicht konstanten Niveaus für irgendein Integral 1. Gattung ist), so findet sich in der, durch γ bestimmten Klasse die von den Punkten von C gebildete Involution (1. Ordnung), also ist deswegen γ birational äquivalent mit C.

Aus diesem Satze folgt nach *R. Torelli*[363]) mittels der Ergebnisse von *A. Hurwitz* über die Korrespondenzen (Nr. **12**): Besitzen zwei Kurven ein und desselben Geschlechtes p zwei Systeme von Normalintegralen 1. Gattung, die dieselbe Tabelle normierter Perioden haben, so sind sie birational identisch.[364])

Hierher gehört auch der von *F. Severi*[365]) bewiesene Satz: Ist die *Jacobi*sche Mannigfaltigkeit V_p in bezug auf eine Kurve C *mit allgemeinen Moduln* — oder, was dasselbe ist[366]), in bezug auf eine von singulären symmetrischen Korrespondenzen freie Kurve C — gegeben[367]), so ist die Kurve C, bis auf birationale Transformationen, bestimmt. Mit anderen Worten, zwei Kurven ein und desselben Geschlechtes mit allgemeinen Moduln sind birational identisch, wenn es ihre *Jacobi*schen Mannigfaltigkeiten sind.

---

360) Über den Inhalt dieser Nr. s. den Bericht von *L. Godeaux*, Bull. sc. math. (2) 50^1 (1926), p. 258 und 272.

361) Preisschrift, Acta math. 32 (1909), p. 309.

362) Roma Rend Acc. Linc. (5) 22^2 (1913), p. 98.

363) S. [362]), p. 102—103. Vgl. auch *G. Scorza*[197]), Anm. auf p. 274—275; *S. Lefschetz*, Preisschrift[114]), p. 459.

364) Nach *F. Cecioni*, Ann. Univ. Toscane (2) 9 (1925), p. 181; „Sopra alcune questioni etc." (lith.), Livorno 1925, p. 45—46, gilt diese Eigenschaft auch für die *reellen* birationalen Transformationen (d. h., Transformationen, die durch Gleichungen mit reellen Koeffizienten dargestellt sind) zwischen zwei reellen hyperelliptischen Kurven vom Geschlecht p, die die Maximalzahl $p+1$ reeller Züge haben.

Weitere, auf den Inhalt dieser Arbeiten bezügliche Entwicklungen, haben *F. Cecioni*, Ann. Univ. Toscane (2) 12 (1928), p. 27 [Auszug Roma Rend. Acc. Linc. (6) 9 (1929), p. 149] und *T. Salvemini*, Ann. Scuola Norm. sup. di Pisa 16 (1930), Nr. 4, gegeben S. auch *Livia Nerozzi*, ebenda, Nr. 3.

365) Atti Acc. Torino 50 (1915), p. 452. Vgl. auch *R. Torelli*, Roma Rend. Acc. Linc. (5) 24^1 (1915), p. 1103.

366) *F. Severi*, Anm. 141.

367) Diese Einschränkung ist notwendig, da zwei Kurven, die singuläre symmetrische Korrespondenzen besitzen, birational äquivalente *Jacobi*sche Mannigfaltigkeiten haben können, ohne selbst birational äquivalent zu sein. S. Anm. 374.

Die birationale Identität zweier Kurven läßt sich, im allgemeinen, nicht behaupten, wenn diese dieselben Perioden in bezug auf zwei beliebige primitive Systeme von Zyklen haben. *C. Rosati*[368]) hat bewiesen, daß es hierfür noch einer weiteren Bedingung bedarf, daß nämlich eine der gegebenen Kurven frei von singulären symmetrischen Korrespondenzen sein muß.

Unter Zugrundelegung des Satzes von *R. Torelli*, können die $\frac{p(p+1)}{2}$ Perioden der normalen Integrale 1. Gattung als *transzendente Moduln* der Kurven vom Geschlecht p betrachtet werden. Aber diese Moduln sind für $p > 3$ nicht voneinander unabhängig, sondern durch die $\frac{(p-2)(p-3)}{2}$ Beziehungen verknüpft, auf die in Nr. **14** hingewiesen wurde.[369])

Die Frage nach der Entscheidung über birationale Identität zweier Kurven wurde von *R. Torelli*[370]) studiert, auch mit der Absicht, diese Beziehungen aufzuklären. Mit Hilfe der Gleichungen, durch die *A. Hurwitz* eine algebraische Korrespondenz zwischen zwei Kurven darstellt, bestimmte *Torelli* zwischen diesen Perioden gewisse p^2 Beziehungen, deren Bestehen für die birationale Identität der beiden Kurven hinreichend ist. *Torelli* findet ein analoges System von p^2 Beziehungen, welche notwendige und hinreichende Bedingungen für die birationale Identität der *Jacobi*schen Mannigfaltigkeiten zweier Kurven aufstellen, und leitet daraus den oben wiedergegebenen Satz von *F. Severi* ab. Unter anderem ergibt sich noch: Besteht zwischen den Mannigfaltigkeiten, welche aus den Gruppen von ϱ Punkten zweier Kurven vom Geschlecht p (wo $\varrho < p$) bestehen, eine birationale Korrespondenz, so liefert diese auch zwischen den beiden Kurven eine birationale Korrespondenz; ist die erste singulär, so ist es auch die zweite.[371])

Zu dem Satz von *R. Torelli* über die birationale Identität zweier Kurven und weiteren Ergebnissen gelangt *A. Comessatti*[372]) auf dem Wege, daß er die für $p = 2$ geltenden Ergebnisse von *F. Enriques* und *F. Severi*[373]) über die *Hermiteschen Transformationen* einer *Jacobi-*

368) Rend. Circ. mat. Palermo 44 (1920), p. 328.

369) Nach *F. Severi*[162]), kann eine Kurve mit allgemeinen Moduln, d. h., deren transzendente Moduln eine allgemeine Lösung der genannten Beziehungen bilden, nur Korrespondenzen mit gewöhnlicher Wertigkeit besitzen.

370) Roma Rend. Acc. Linc. (5) 24^1 (1915), p. 1079, 1101. Hinsichtlich dieser Beziehungen s. auch *C. Rosati*[356]).

371) Für $\varrho = p - 1$ s. *A. Comessatti,* Atti Acc. Torino 50 (1915), p. 439.

372) S. Anm. 371.

373) Preisschrift, Acta math. 32 (1909), p. 369; 33 (1910), p. 321 [1907]. Hier wird bewiesen, daß einer jeden *Hermite*schen Transformation einer *Jacobi*schen

schen Fläche auf den Fall eines beliebigen p ausdehnt. Bezeichnen wir wie in Nr. **37** mit Θ das ∞^p-System $(p-1)$-dimensionaler algebraischer Mannigfaltigkeiten, die in V_p enthalten sind[374]), so zeigt *A. Comessatti*: Besteht zwischen den zu zwei Kurven C und C' ein und desselben Geschlechts $p > 1$ gehörigen *Jacobi*schen Mannigfaltigkeiten V_p und V_p' eine birationale Transformation, die das System Θ von V_p in das analoge System Θ' von V_p' verwandelt, so sind die beiden Kurven C und C' birational identisch.

Wenn C mit C' zusammenfällt, so bezeichnet *A. Comessatti* in Analogie mit der Benennung für $p = 2$ [375]) jede birationale Transformation von V_p in sich, welche das System Θ in sich transformiert (s. Nr. **25**), als *Hermite*sche Transformation. Sie ist *gewöhnlich* oder *singulär*, je nachdem sie mit irgendeiner der gewöhnlichen auf V_p bestehenden Transformationen übereinstimmt oder nicht.

Jede automorphe singuläre *Hermite*sche Transformation von V_p entspricht einer automorphen birationalen Transformation von C.[376])

Jeder gewöhnlichen automorphen *Hermite*schen Transformation von V_p entspricht auf C die Identität, wenn C nicht hyperelliptisch ist. Ist dagegen C hyperelliptisch, so kann man jeder von diesen Transformationen die Identität oder die auf C bestehende Schar g_2^1, auf C entsprechen lassen.

Jeder Gruppe G_r von r automorphen *Hermite*schen Transformationen von V_p entspricht eine isomorphe Gruppe automorpher birationaler Transformationen der Kurve C, wobei der Hemiedriegrad des Isomorphismus gleich der Anzahl der in G_r enthaltenen, gewöhnlichen Transformationen (die Identität eingeschlossen), wenn aber C hyper-

---

Fläche eine birationale Transformation in sich der Kurve vom Geschlecht 2, der die Fläche beigeordnet ist, entspricht. Umgekehrt entspricht jeder birationalen Transformation dieser Kurve in sich ein System (im allgemeinen ∞^2) *Hermite*scher Transformationen der *Jacobi*schen Fläche.

374) Es ist nicht ausgeschlossen, daß V_p irgendein anderes, Θ analoges System Θ_1 enthalten kann, welches nach derselben Methode mittels einer anderen zwischen den Punkten von V_p und den linearen Scharen g_p von C bestehenden eineindeutigen Korrespondenz konstruiert wird. Dies trifft ein, wenn V_p — außer den *gewöhnlichen* automorphen birationalen Transformationen erster und zweiter Art (Nr. **35**), deren jede das System Θ in sich verwandelt — auch *singuläre* automorphe birationale Transformationen zuläßt, die das System Θ nicht in sich verwandeln. Es ist auch nicht ausgeschlossen, daß auf V_p zwei Systeme Θ und Θ_1 existieren, die von zwei nicht birational identischen Kurven C und C_1 herrühren, derart, daß V_p die *Jacobi*sche Mannigfaltigkeit von C_1 ebenso wie von C ist. Für $p = 2$ s. *G. Humbert*, J. math. pures appl. (5) 6 (1900), p. 317—326. S. Nr. 28.

375) *F. Enriques* und *F. Severi*[373]).

376) Vgl. hierüber auch *A. Rosenblatt*, Krakau Anz. 1918, p 193.

elliptisch ist und G_r Transformationen zweiter Art enthält, gleich der Hälfte dieser Anzahl ist.

C. Rosati[377]) hat auf die *Jacobi*schen Mannigfaltigkeiten die Eigenschaften der *Ordnungen*, von denen in Nr. **25** und **26** die Rede war, angewandt. Jeder Klasse (Nr. **12**) algebraischer Korrespondenzen auf der Kurve C, für welche die charakteristische Determinante Δ (Nr. **21**) von Null verschieden ist, kann man ein ∞^p-System von Transformationen der *Jacobi*schen Mannigfaltigkeit V_p, mit den Indizes 1 und Δ, beiordnen, und umgekehrt. Ist daher auf C eine irreduzible Ordnung $o(T)$ gegeben und o die ihr entsprechende Zahlenordnung, so bestimmt jede Zahl von o, bis auf gewöhnliche Transformationen erster Art, eine dieser $(1, \Delta)$-Transformationen; und diese wird birational, wenn die genannte Zahl eine Einheit der Ordnung o ist.

Hieraus gewinnt *C. Rosati* mittels des Satzes von *G. Lejeune Dirichlet* über die Einheiten der algebraischen Körper [I C 4a (*D. Hilbert*), Nr. **7**], folgenden Lehrsatz[378]):

Auf der Kurve C sei eine singuläre Korrespondenz T gegeben, deren Minimalgleichung irreduzibel ist, und ν sei die Gesamtzahl der reellen Wurzeln und der Paare konjugiert komplexer Wurzeln dieser Gleichung (Nr. **23**). Dann besitzt die auf C bezügliche *Jacobi*sche Mannigfaltigkeit V_p, in Korrespondenz mit der Ordnung $o(T)$, eine *Abel*sche Gruppe G birationaler Transformationen, die endlich und zyklisch ist, wenn $\nu = 1$ ist, und diskontinuierlich unendlich, wenn $\nu > 1$ ist. Im zweiten Falle sind die Transformationen von G, je ein einziges Mal, durch die Formel

$$G = g^r G_1^{n_1} G_2^{n_2} \ldots G_{\nu-1}^{n_{\nu-1}}$$

gegeben, wo g eine zyklische Transformation von V_p, mit einer gewissen Periode m bezeichnet, die $G_1, G_2, \ldots, G_{\nu-1}$ ein Fundamentalsystem nicht periodischer Transformationen bilden, die Zahl r die ganzen Werte von 1 bis m durchläuft und die Exponenten $n_1, n_2, \ldots, n_{\nu-1}$ alle ganzen Werte von $-\infty$ bis $+\infty$ annehmen.

Eine andere Gruppe G', die gleiche Struktur wie G hat, entsteht bei Betrachtung der inversen Korrespondenz T^{-1}; und sind T und T^{-1} nicht rationale Funktionen voneinander, so sind die beiden Gruppen G und G' im allgemeinen voneinander verschieden.[379])

---

377) S. [242]), p. 31 ff.

378) Ein analoger Lehrsatz für die *Abel*schen Mannigfaltigkeiten bei *S. Lefschetz*, Preisschrift [114]), p. 439; *N. Spampinato*, Roma Rend. Acc. Linc. (6) 5 (1927), p. 105.

379) Ist T nicht rationale Funktion von T^{-1}, so sind die Gruppen G und G' sicherlich verschieden, wenn T wenigstens eine reelle Wertigkeit hat. *C. Rosati* [242]), p. 40—41.

Den reduzierten Einheiten der einer Korrespondenzenordnung $o(T)$ beigeordneten Zahlenordnung, entsprechen zyklische Transformationen der Gruppe G.[380])

39. Die Kurven, auf denen die aus der Gesamtheit der algebraischen Korrespondenzen bestehende Gruppe besonderen Permutabilitätsbedingungen genügt. Die Betrachtung der aus der Gesamtheit aller auf einer gegebenen algebraischen Kurve C vom Geschlecht p existierenden algebraischen Korrespondenzen gebildeten Gruppe G, veranlaßt *C. Rosati*[381]), die Kurven C zu untersuchen, bei denen für die Gruppe G besondere Permutabilitätsbedingungen bestehen (vgl. Nr. **26**). *Rosati* hat dies für drei Fälle durchgeführt.

I. *G sei eine Abelsche Gruppe.* Bei dieser Annahme sind alle auf C bestehenden Korrespondenzen regulär, paarweise vertauschbar, und bilden eine Ordnung $o(T)$. Je nachdem die Minimalgleichung der die Ordnung erzeugenden Korrespondenz T irreduzibel oder reduzibel ist, besitzt die Kurve keine reduziblen Systeme *Abel*scher Integrale 1. Gattung, bzw. in endlicher Anzahl. Besitzt die genannte Gleichung r reelle Wurzeln und s Paare konjugiert komplexer Wurzeln, so ist $\mu_1 = r + s$, $\mu_2 = s$. Ist C frei von reduziblen Systemen, so hat eine der beiden Zahlen r, s den Wert Null, und es ergibt sich: $\mu_1 = r$, $\mu_2 = 0$, oder $\mu_1 = s$, $\mu_2 = s$, wo die Zahlen r und s Divisoren des Geschlechtes p sind.

Die Struktur der Gruppe Γ, die aus den Scharen automorpher birationaler Transformationen der auf die Kurve C bezüglichen *Jacobi*schen Mannigfaltigkeit V_p besteht (Nr. **35**), ist durch folgenden Satz gegeben.

Die Scharen automorpher birationaler Transformationen von V_p bilden eine einzige, diskontinuierliche *Abel*sche Gruppe und sind, je ein einziges Mal, durch die Formel

$$\Gamma = \Gamma_0^r \Gamma_1^{n_1} \Gamma_2^{n_2} \ldots \Gamma_{\nu-1}^{n_\nu - 1}$$

gegeben, in der Γ_0 eine erzeugende Schar einer zyklischen Untergruppe

380) In dem Sonderfalle, daß die irreduzible Ordnung $o(T)$ mit $o(T^{-1})$ übereinstimmt, G und G' also zusammenfallen, sind die genannten zyklischen Transformationen *Hermite*sche Transformationen, und daher eineindeutigen Korrespondenzen von C assoziiert. In diesem Falle besitzt C eine zyklische Involution, die durch eine eineindeutige Korrespondenz, rationale Funktion von T, erzeugt wird. Bezeichnet man mit $2k$ die notwendigerweise gerade Anzahl der reduzierten Einheiten, welche in der der Ordnung $o(T)$ assoziierten Zahlenordnung enthalten sind, so hat die Involution die Ordnung $2k$ bzw. k, je nachdem C hyperelliptisch ist oder nicht.

381) S. Anm. 250.

gerader Ordnung $2k$ bezeichnet, die $\Gamma_1, \Gamma_2, \ldots, \Gamma_{\nu-1}$ ein Fundamentalsystem nicht periodischer Scharen bilden, die Zahl r die ganzen Werte von 1 bis $2k$ durchläuft und die Exponenten $n_1, n_2, \ldots, n_{\nu-1}$ alle ganzen Werte von $-\infty$ bis $+\infty$ annehmen können. Die Zahl ν ist ein Divisor von p und gleich der Basiszahl für die Korrespondenzen von C bzw. gleich der Hälfte dieser Zahl.

Die Kurve C besitzt eine eineindeutige Korrespondenz T von der Periode $2k$ oder k, je nachdem C hyperelliptisch ist oder nicht, und es gibt auf C außer der Korrespondenz T und ihren Potenzen keine andere eineindeutige Korrespondenz.

Ist $\nu = 1$, so kann die Ordnung der durch Γ_0 erzeugten zyklischen Gruppe nur eine der Zahlen 2, 4, 6 sein.

II. *In der Gruppe G sei jede Korrespondenz mit ihrer Inversen vertauschbar.* Damit dies eintrifft ist notwendig und hinreichend, daß die symmetrischen Korrespondenzen von C eine Ordnung $o(T)$ bilden.

Ist ν der Grad der Minimalgleichung der die Ordnung erzeugenden symmetrischen Korrespondenz T, so sind, unter der Voraussetzung, daß die Kurve frei von reduziblen regulären Systemen ist, nur folgende drei Fälle möglich:

$$\mu_1 = \nu,\ \mu_2 = 0; \quad \mu_1 = \nu,\ \mu_2 = \nu; \quad \mu_1 = \nu,\ \mu_2 = 3\nu.$$

In den beiden ersten Fällen ist die ganze Gruppe G eine Ordnung, und alle Korrespondenzen von C sind paarweise vertauschbar.

Im dritten Falle, der nur dann eintreten kann, wenn das Geschlecht p von C gerade und $\geqq 4$ ist, zerfallen die Korrespondenzen von C in unendlich viele Ordnungen, die die Ordnung $o(T)$ mit einem veränderlichen Netz ν^{ter} Stufe halbsymmetrischer Korrespondenzen verbinden.

III. *Die aus den Scharen birationaler Transformationen in sich der auf C bezüglichen Jacobischen Mannigfaltigkeit V_p bestehende Gruppe Γ, sei eine Abelsche Gruppe* (oder, was dasselbe ist, in der Gruppe G die aus den Korrespondenzen mit unimodularen Matrizen bestehende Untergruppe H eine *Abel*sche Gruppe). In diesem Falle gehört H einer mit der Inversen übereinstimmenden, irreduziblen Ordnung $o(T)$ an, und Γ ist holoedrisch isomorph mit der Gruppe der Einheiten einer der $o(T)$ beigeordneten, konjugierten Zahlenordnungen. Daher besitzt Γ eine endliche Basis und ihre von der Minimalgleichung von T abhängige Struktur ist die gleiche, die unter der Annahme I. angegeben wurde.

Es ergibt sich des weiteren, daß jede symmetrische Korrespondenz der Kurve C in $o(T)$ enthalten ist, die symmetrischen Korrespondenzen von C also eine Ordnung bilden. Man folgert, daß die Kurven, für welche die Annahme III. zutrifft, auch unter die Annahme II. fallen.

40. (p, p)-Korrespondenzen auf einer Kurve vom Geschlecht p mit allgemeinen Moduln. *G. Scorza*[382]) hat die Theorie der eineindeutigen Korrespondenzen auf den elliptischen Kurven (Nr. **43**) mit der Untersuchung der (p, p)-Korrespondenzen auf einer Kurve vom Geschlecht p mit allgemeinen Moduln erweitert.[383]) *Scorza* nennt eine solche Korrespondenz mit positiver Wertigkeit γ *spezial*, wenn ein, und daher jeder γ-mal gezählte Punkt der Kurve zusammen mit seinen p entsprechenden Punkten eine speziale Gruppe liefert (so daß $\gamma \leqq p - 2$); und zeigt, wie sich die Bestimmung der (p, p)-Korrespondenzen mit positiver Wertigkeit auf die der spezialen Korrespondenzen reduziert. In der Tat fallen die einzigen (p, p)-Korrespondenzen, die positive Wertigkeit γ haben und für die jeder γ-mal gezählte Punkt der Kurve, zusammen mit seinen p entsprechenden Punkten, eine nicht speziale Gruppe ergibt, mit den ∞^p Korrespondenzen mit Wertigkeit 1 zusammen, die sich ergeben, wenn man eine nicht speziale, vollständige Schar g^1_{p+1} ins Auge faßt und jedem Punkt der Kurve diejenigen p Punkte entsprechen läßt, die mit ihm zusammen eine Gruppe dieser Schar g^1_{p+1} ergeben.

Das Problem der Bestimmung der spezialen (p, p)-Korrespondenzen wurde von *G. Scorza* besonders für $p = 3, 4, 5, 6$ (für $p = 1, 2$ existieren diese nicht) behandelt; für $p = 3$ sind es nur die ∞^3 Korrespondenzen, welche durch die spezialen Scharen g^1_4 gegeben sind.

Dagegen kann man alle (p, p)-Korrespondenzen mit negativer Wertigkeit, und daher mit Wertigkeit -1, d. h. die von Koinzidenzen freien (p, p)-Korrespondenzen, auf einfache Weise bestimmen und konstruieren, wie beschaffen auch p sei. *G. Scorza* hat gefunden, daß es davon ∞^p gibt, und eine beliebige bestimmt ist, wenn die (notwendigerweise nicht speziale) Gruppe der p einem beliebigen Kurvenpunkt entsprechenden Punkte nach Willkür vorgegeben wird. Die Anzahl derjenigen unter ihnen, die symmetrisch sind, ist[384]) $2^{p-1}(2^p + 1)$.[385])

---

382) Atti Acc. Torino 35 (1900), p. 443, 765; 36 (1901), p. 610; 42 (1907), p. 1080. Vgl. auch *J. L. Coolidge*, „Alg pl. curves", p. 342—344.

383) Diese Theorie wurde von *G. Castelnuovo* auf andere Weise erweitert: s. Nr. **35**.

384) *G. Scorza* hat auch die projektive Deutung der (p, p)-Korrespondenzen auf der kanonischen Kurve $(2p - 2)^{\text{ter}}$ Ordnung und p^{ten} Geschlechts des $(p - 1)$-dimensionalen Raumes gegeben [„Normalkurve der φ": II B 2 (*W. Wirtinger*), Nr. **28**; III C 4 (*L. Berzolari*), Anm. 319; III C 7 (*C. Segre*), Nr. **26**], und davon Anwendung vor allem auf die ebene Kurve 4. Ordnung gemacht.

385) *L. Brusotti*, Rend. Ist. Lomb. (2) 43 (1910), p. 48 hat die (p, p)-Korrespondenzen auf einer reellen ebenen Kurve, die die Maximalzahl, d. h. $p + 1$ reelle Züge hat, betrachtet, und bewiesen, daß auf dieser Kurve (p, p)-Korre-

41. Automorphe birationale Transformationen einer irreduziblen Kurve [vgl. II B 2 (*W. Wirtinger*), Nr. **53**]. Eine irreduzible rationale Kurve ($p = 0$) läßt ∞^3 automorphe birationale Transformationen zu, die Projektivitäten, die zwischen ihren Punkten bestehen, und eine kontinuierliche Gruppe mit drei Parametern bilden.

Eine elliptische Kurve ($p = 1$) läßt ∞^1 automorphe, birationale Transformationen zu. Diese bilden eine gemischte Gruppe, innerhalb der die Transformationen zweiter Art (Nr. **35**) eine kontinuierliche *Abel*sche Gruppe mit einem einzigen Parameter bilden, die Transformationen erster Art dagegen, d. h. die auf der Kurve existierenden linearen Scharen g_2^1, eine kontinuierliche Schar, für sich allein aber keine Gruppe bilden. Es gibt nur drei involutorische Transformationen zweiter Art, und jede von diesen ordnet das Quadrupel der Doppelpunkte irgendeiner beliebigen Schar g_2^1 der Kurve dadurch zu, daß es dieses in zwei Paare trennt.

Eine Kurve vom Geschlecht $p > 1$ kann nur eine endliche Anzahl automorpher birationaler Transformationen zulassen.[386])

---

spondenzen sowohl mit nicht spezialer positiver Wertigkeit, als auch mit negativer Wertigkeit existieren, die einem reellen Kurvenpunkt auf einem reellen Zug p reelle Punkte auf den p übrigen reellen Zügen entsprechen lassen. Ist T eine solche (p, p)-Korrespondenz mit negativer Wertigkeit, so ist auch T^{-1} vom selben Typus.

386) Für $p = 0, 1$ s. z. B. *F. Klein*, „Über Riemanns Theorie der algebraischen Funktionen und ihrer Integrale", Leipzig 1882 (engl. Übers. von *F. Hardcastle*, Cambridge 1893), p. 66 = Ges. math. Abh. 3, Berlin 1923, p. 559; *H. Poincaré*, Acta math. 7 (1884), p. 12; *C. Segre* [2]), p. 112, 132; *P. Painlevé*, „Leçons" [22]), p. 97—101; *P. Appell* et *É. Goursat* [28]), p. 290—291, 295—297; *A. R. Forsyth* [28]), p. 532, 539—544; *K. Hensel* und *G. Landsberg*, „Theorie der algebraischen Funktionen einer Variabeln", Leipzig 1902, p. 528—530, 534—537; *É. Picard* [28]) 2, 1. Ausg., p. 439—442; 2. Ausg., p. 484; 3. Ausg., p. 528—530; *F. Severi*, „Lezioni", p. 182; „Vorlesungen", p. 140—142; „Trattato" 1_1, p. 170—173.

Daß es für $p > 1$ keine (von einem willkürlichen Parameter analytisch abhängende) kontinuierliche Schar birationaler Korrespondenzen geben kann, bewies zuerst *H. A. Schwarz*, J. f. Math. 87 (1875), p. 139 = Ges. math. Abh. 2, Berlin 1890, p. 285, auf funktionentheoretischem Wege, mit Hilfe der *Riemann*schen Flächen. Einen weiteren Beweis lieferte *K. Weierstraß* in einem Brief an *H. A. Schwarz* vom 3. Okt. 1875, Werke 2, Berlin 1895, p. 235; einen dritten, mittels der *Abel*schen Integrale 1. Gattung, *É. Picard*, Paris C. R. 103 (1886), p. 517; Preisschrift [16]), p. 199; [28]) 2, 1. Ausg., p. 436—438; 2. Ausg., p. 480; 3. Ausg., p. 524—527, wiedergegeben bei *P. Appell* und *É. Goursat* [28]), p. 470—472, und bei *K. Carda*, Monatsh. Math. Phys. 11 (1900), p. 39. Einen algebraischen Beweis lieferte *G. Hettner*, Gött. Nachr. 1880, p. 386, mit Hilfe der von *K. Weierstraß* auf Grund seiner Vorlesungen über *Abel*sche Funktionen angegebenen Entwicklungen; dieser Beweis aber läßt eine Lücke, die von *M. Noether* bemerkt und ergänzt wurde, Math. Ann. 20 (1882), p. 59, der dafür, Math. Ann. 21 (1882),

Eine Kurve vom Geschlecht $p > 2$ mit allgemeinen Moduln besitzt keine automorphen birationalen Transformationen.[387])

---

p. 138, noch einen einfacheren anderen Beweis lieferte. Ein weiterer geometrischer Beweis auf Grund von Betrachtungen der Geometrie auf der Fläche bei *M. de Franchis* [2]), p. 307. Einen von Erwägungen dieser Art unabhängigen Beweis gab *F. Severi,* „Trattato" 1_1, p. 268—269, durch Ableitung von der Eigenschaft (Nr. **18**), daß der virtuelle Grad einer birationalen Korrespondenz auf einer Kurve vom Geschlecht p gleich $-2(p-1)$ und daher für $p > 1$ negativ ist.

Daß der Satz für irgendeine beliebige, auch diskontinuierliche unendliche Menge birationaler Transformationen gilt, wurde von *F. Klein,* a. a. O., p. 67 = Ges. math. Abh. 3, p. 560 als wahrscheinlich bezeichnet. Ein Beweis mittels der *Fuchs*schen Funktionen wurde in einem Brief an *H. Poincaré* vom 3. April 1882, Ges. math. Abh. 3, p. 610 von ihm angedeutet, von *H. Poincaré,* Acta math. 7 (1884), p. 16 entwickelt. Vgl. auch *H. Weyl,* „Die Idee der Riemannschen Fläche", 2. Aufl., Leipzig-Berlin 1923, p. 159—165; außerdem *A. Comessatti,* Atti Ist. Ven. 88^2 (1929), p. 812—814, wo die Darstellung der birationalen (und antibirationalen; vgl. Nr. **62**) Transformationen der Kurve im Bereich der, durch die auf die gegebene Kurve bezügliche *Riemann*sche Fläche bestimmten *Fuchs*schen Gruppe (vom Geschlecht p), untersucht wird. — Einen weiteren transzendenten Beweis lieferte *É. Picard,* Bull. Soc. math. de France 21 (1893), p. 1; [28]) 2, 1. Ausg., p. 438—439; 2. Ausg., p. 483; 3. Ausg., p. 527—528 dadurch, daß er den Lehrsatz von dem Satz von *H. A. Schwarz* ableitete; dieser ist bei *A. R. Forsyth* [28]), p. 548—549, wiedergegeben.

Einen einfachen Beweis lieferte *A. Hurwitz,* Math. Ann. 41 (1892), p. 406 = Math. Werke 1, p. 394, der diesen von der Eigenschaft ableitete, daß eine nicht identische, birationale Korrespondenz auf einer Kurve vom Geschlecht p nicht mehr als $2p+2$ Koinzidenzpunkte haben kann (wenn $p>1$, sogar nicht mehr als $2p$) [vgl. *C. Segre* [2]), Anm. auf p. 133; *F. Severi,* „Lezioni", p. 186—187; „Vorlesungen", p. 145—147; „Trattato" 1_1, p. 175—176] und davon, daß die Anzahl der „*Weierstraß*schen Punkte", d. h. der p-fachen Punkte der kanonischen Schar, mindestens gleich $2p+2$ ist [III C 4 (*L. Berzolari*), Anm. 379]. Vgl. auch *F. Severi,* „Lezioni", p. 186—188; „Vorlesungen", p. 146—147; „Trattato" 1_1, p. 176. — Einen geometrischen Beweis, der aus einer Erweiterung des zweiten Beweises von *M. Noether* gefolgert ist, gab *C. Segre* [2]), p. 133, ebenfalls durch die Betrachtung der „*Weierstraß*schen Punkte". Vgl. auch *F. Severi,* „Lezioni", p. 182—186; „Vorlesungen", p. 143—145; „Trattato" 1_1, p. 173—175; *J. L. Coolidge,* „Alg. pl. curves", p. 292—293.

Ein arithmetischer Beweis bei *C. Rosati,* Ann. di mat. (3) 31 (1921), p. 20—21 (s. Anm. 246).

Andere Beweise bei *A. Hurwitz,* Gött. Nachr. 1887, Anm. auf p. 94 = Math. Ann. 32 (1888), Anm. auf p. 298 = Math. Werke 1, Anm. auf p. 249; *P. Painlevé,* „Leçons" [22]), p. 92—103; *H. F. Baker* [28]), p. 653—654; *K. Hensel* und *G. Landsberg,* a. a. O., p. 498—501, 542—544; *O. Chisini,* Rend. Ist. Lomb. (2) 47 (1914), p. 346; *F. Enriques* und *O. Chisini,* „Lezioni" 3, p. 309—310; *F. Severi,* „Vorlesungen", p. 145; „Trattato" 1_1, p. 177; *M. de Franchis* [26]), p. 459—464.

Über den Satz von *Schwarz-Klein* in Verbindung mit der konformen Abbildung mehrfach zusammenhängender ebener Flächen s. *F. Schottky,* J. f. Math. 83 (1877), p. 300; *É. Picard* [28]) 2, 1. Ausg., p. 496—497; 2. Ausg., p. 545—546;

Die Aufgabe der Bestimmung der algebraischen Kurven mit automorphen birationalen Transformationen wurde von *A. Hurwitz*[388]) durch die Betrachtung der zugehörigen *Riemann*schen Fläche und der *Abel*schen Integrale 1. Gattung gelöst. Für $p > 1$ sind solche Kurven entweder hyperelliptisch oder singulär (Nr. **12**).[389]) Wenn es derartige Transformationen gibt, so ist ihre Anzahl $\leqq 84\,(p-1)$[390]); jede von ihnen ist notwendigerweise periodisch[391]) und besitzt, wenn sie nicht identisch ist, eine Anzahl verschiedener Koinzidenzpunkte, die $\leqq 2p+2$ ist.[392]) Die Anzahl dieser Koinzidenzpunkte kann sich auf $2p$ erniedrigen, außer im Falle, daß die Kurve hyperelliptisch ist und die Transformation in ihr durch die Schar g_2^1 der Kurve erzeugt wird.

Jede Kurve, die eine automorphe birationale Transformation mit der Periode n zuläßt, kann durch eine Gleichung der Form

$$F(s^n, z) = 0$$

dargestellt werden, in der eine der Veränderlichen zu Exponenten erhoben ist, die sämtlich durch n teilbar sind, und zwar derart, daß zugleich die eindeutige Transformation durch die Formeln

$$s' = e^{\frac{2\pi i}{n}} s, \quad z' = z$$

gegeben ist.

Für die Periode n hat *A. Hurwitz* $n \leqq 10\,(p-1)$ gefunden;

---

3. Ausg., p. 589—590; Ann. Éc. Norm. (3) 30 (1913), p. 483; *F. Cecioni,* Rend. Circ. mat. Palermo 25 (1907), p. 1.

387) Beweise bei *F. Enriques,* Math Ann. 85 (1921), p. 195; *F. Enriques* und *O. Chisini,* „Lezioni" 3, p. 413—414. Hier wird der Satz mittels eines Ausartungsprinzips, von dem in Anm. 174 die Rede war, bewiesen. Einen anderen Beweis, für $p = 3$, bei *F. Enriques* und *O. Chisini,* „Lezioni" 3, p. 310—311; im allgemeinen, für $p > 2$, a. a. O., p. 570—571.

388) Gött. Nachr. 1887, p. 85 = Math. Ann. 32 (1887), p. 290; Math. Ann. 41 (1892), p. 403 = Math. W. 1, p. **241**, 391.

389) Über diesen Satz von *A. Hurwitz,* Math. Ann. 28 (1886), p. 585 = Math. W. 1, p. 187, s. auch *F. Klein* und *R. Fricke*[112]) 2, p. 554—556. Ein geometrischer Beweis bei *F. Severi,* „Vorlesungen", p. 185—186, und auf einfachere Weise, p. 402.

390) Für $p = 3$ ist das Maximum für die *Klein*sche Kurve der Anm. 205 erreicht.

391) Hierfür vgl. auch *K. Küpper,* Prag Ber. böhm. Ges. 1892, p. 257; *H. F. Baker*[28]), p. 650—651; *G. Scorza*[197]), Anm. auf p. 289—290.

Es sei bemerkt, daß sich der Satz von *Schwarz-Klein* und der Satz von der Periodizität der Transformation voneinander ableiten lassen.

392) Für $\alpha = \beta = 1$ geht dieser Satz in den gegen Ende von Nr. **12** angegebenen Satz von *H. Burckhardt* über. — Die Anzahl der Koinzidenzpunkte kann auf einer Kurve von beliebig hohem Geschlecht Null sein: s. z. B. *P. Fatou*[303]), p. 505.

A. Wiman[393]) die niedrigere Grenze $4p + 2$ angegeben. Durch Untersuchung der Frage im Zusammenhang mit der Theorie der Uniformisierung (vgl. Nr. **31** und Anm. 396), hat *A. Comessatti*[394]) bewiesen: Ist $p > 0$ und hat die Transformation $u > 0$ Koinzidenzpunkte, so gilt:

$$\begin{aligned} n &\leqq 4p + 2, && \text{wenn } u = 1, \\ n &\leqq 4p, && \text{wenn } u = 2, \\ n &\leqq \frac{2p}{u-2} + 1, && \text{wenn } u > 2. \end{aligned}$$

In den beiden ersten Fällen können die maximalen Werte der rechten Seiten tatsächlich für jeden beliebigen Wert von p erreicht werden; im dritten Falle kann die obere Grenze erreicht werden, wenn die rechte Seite eine ganze Zahl ist.[395])

A. Hurwitz[388]) hat gezeigt, wie sich die Bestimmung der birational verschiedenen Kurven von gegebenem Geschlecht p, die automorphe birationale Transformationen zulassen, durch eine endliche Anzahl von Versuchen durchführen läßt.[396])

---

393) Stockholm Bihang Svenska Vet.-Ak. Handlingar 21^1 (1895), Nr. 1.

394) Ann. di mat. (4) 8 (1929), p. 1.

395) Wenn n den Maximalwert annimmt, so ist die durch die Transformation erzeugte Involution n^{ter} Ordnung immer rational. Fällt u in das Intervall, das durch $p + 2 < u \leqq 2p + 2$ bestimmt ist, so kann die Zahl u nur die geraden Werte annehmen und die Transformation ist involutorisch.

Für $u = 0$ hat *A. Comessatti* ausgesprochen, daß $n \leqq \frac{10p}{3}$ sein muß und dies Maximum nur für $p = 9$ erreicht wird.

396) Kurven von den Geschlechtern $p = 3, 4, 5, 6$ mit automorphen birationalen Transformationen wurden von *A. Wiman* untersucht, Stockholm Bihang Svenska Vet.-Ak. Handlingar 21^1 (1895), Nr. 1, 3. S. auch *C. E. Pengra*, Trans. Wisconsin Univ. 14 (1903), p. 655. S. noch, für $p = 4$, *Anna L. van Benschoten*, Diss. Cornell Univ. 1908 = Amer. J. of math. 31 (1909), p. 213 [Auszug Bull. Amer. math. Soc. (2) 14 (1907), p. 67]; für $p = 5$, *J. V. Mc Kelvey*, Diss. Cornell Univ. 1909 = Amer. J. of math. 34 (1909), p. 115; *L. Godeaux*, Bull. Soc. Sc. Liège 1 (1932), p. 119; für $p = 6$, *V. Snyder*, Amer. J. of math. 30 (1908), p. 325 [Auszug Bull. Amer. math. Soc. (2) 14 (1908), p. 354]. In diesen Arbeiten wird eine, im allgemeinen ebene, Normalform der Kurven gegebenen Geschlechts betrachtet, und die Gruppe der ebenen birationalen Transformtionen untersucht, für welche die Kurve invariant ist.

Verschiedene Kurven mit automorphen birationalen Transformationen hat *R. Fricke*, Acta math. 17 (1893), p. 345, in der Theorie der Transformationen fünfter und siebenter Ordnung von einigen besonderen automorphen Funktionen betrachtet. S. auch Anm. 397.

S. Lefschetz, Preisschrift[114]), p. 449 hat von diesem Gesichtspunkt aus das Studium der Kurve

$$y^q = \prod_i (x - a_i)^{\alpha_i}$$

Läßt eine gegebene Kurve vom Geschlecht $p > 1$ automorphe birationale Transformationen zu, so bilden diese eine endliche Gruppe.

---

vertieft, wo q eine gegebene, ungerade Primzahl ist, die Zahlen a_i willkürlich und die Zahlen α_i positive ganze Zahlen sind. Ist $r+2$ die Anzahl der kritischen Punkte der Funktion y von x, so hängt die Kurve von $r-1$ Moduln ab, und ihr Geschlecht ist durch $p = \frac{r(q-1)}{2}$ ausgedrückt.

Die Kurve umfaßt als Sonderfälle verschiedene Kurven, die von anderen Verfassern untersucht wurden, und liefert ein einfaches Beispiel einer mit singulären Korrespondenzen ausgestatten Kurve beliebigen Geschlechts. *S. Lefschetz* hat in allen Fällen die Gruppe der automorphen birationalen Transformationen der Kurve und die Invarianten der zugehörigen *Jacobi*schen Mannigfaltigkeit bestimmt.

Beachtenswerte Gruppen automorpher birationaler Transformationen gestatten die Kurven, die von *A. Comessatti,* Roma Rend. Acc. Linc. (6) 9 (1929), p. 272, 372, unter dem Namen „*Galois*sche Kurven" untersucht wurden, und mit Hilfe einer $(1, n)$-Korrespondenz zwischen zwei Kurven f, C konstruiert werden. Jede derartige Korrespondenz bestimmt (bis auf birationale Transformationen) die betreffende *Galois*sche Kurve G, die C und f als rationale Transformierte, sowie eine Gruppe automorpher birationaler Transformationen zuläßt, die mit der Monodromiegruppe der Darstellung von C auf f holoedrisch isomorph ist.

Realitätsdiskussion von Kurven mit eindeutigen Transformationen in sich nach der zyklischen und der *Abel*schen [2, 2, ...]-Gruppe findet man in einer akademischen Abhandlung, Uppsala 1927, von *G. Brundin.*

Mit verschiedenen Fragen in bezug auf die Kurven, auf die eine gegebene Kurve eineindeutig bezogen werden kann, hat sich *V. Snyder* beschäftigt, Amer. J. of math. 30 (1907), p. 10, 337; Auszug Bull. Amer. math. Soc. (2) 14 (1907), p. 65.

Über die algebraischen Kurven, die durch unendlich viele Kollineationen des eigenen Raumes (die sogenannten „W-Kurven") in sich übergehen, daher rational sind, vgl. III C 9 (*K. Rohn* und *L. Berzolari*), Nr. 58. Den dort angeführten Arbeiten ist hinzuzufügen: *F. Severi,* „Trattato" 1_1, p. 177—180.

Eine irreduzible ebene Kurve 4. Ordnung vom Geschlecht $p = 3$ ist eine kanonische Kurve (d. h. „Normalkurve der φ"); läßt sie automorphe birationale Transformationen zu, so sind diese daher projektive Transformationen [vgl. III C 4 (*L. Berzolari*), Nr. 27]. Die verschiedenen Typen solcher autoprojektiver Kurven wurden von *S. Kantor*, Acta math. 19 (1894), p. 115 und *A. Wiman* [393]) bestimmt. Dieselbe Bestimmung und die Bestimmung der betreffenden Kollineationsgruppen wurden bei *F. Enriques* und *O. Chisini,* „Lezioni" 3, p. 310—339 ausgeführt.

Die Gruppe der 168 ebenen Kollineationen, die die *Klein*sche Kurve [205]) in sich transformieren, wurde von *F. Klein,* Math. Ann. 14 (1878), p. 428 = Ges. math. Abh. 3, p. 90 untersucht. S. auch *F. Klein* und *R. Fricke* [112]) 1, p. 692—731. — Die Gruppe der 96 ebenen Kollineationen, welche die Kurve $x_1^4 + x_2^4 + x_3^4 = 0$ in sich transformieren, ist von *W. Dyck,* Diss. München 1879; Math. Ann. 17 (1880), p. 473, 510, untersucht worden.

E. Ciani, Rend. Circ. mat. Palermo 13 (1899), p. 347 bestimmt die verschiedenen Typen ebener Kurven 4. Ordnung, welche durch eine oder mehrere harmonische Homologien in sich transformiert werden; a. a. O. 28 (1909), p. 217

A. Hurwitz hat bewiesen[397]), daß für jede gegebene endliche Gruppe G stets algebraische Kurven existieren, welche eine mit der Gruppe G holoedrisch isomorphe Gruppe eindeutiger Transformationen in sich aufweisen.[398])

42. Der hyperelliptische Fall. Damit zwei hyperelliptische Kurven ein und desselben Geschlechts $p > 1$ in birationale Korrespondenz gebracht werden können, ist notwendig und hinreichend, daß innerhalb der betreffenden linearen Scharen g_2^1, die $2p + 2$ Doppelpunkte gleiche Doppelverhältnisse haben, die beiden Gruppen solcher Doppelpunkte

---

[Auszug Rend. Ist. Lomb. (2) 33 (1900), p. 1170] bestimmt er alle ebenen Kurven 4. Ordnung, welche durch Kollineationen in sich verwandelt werden.

Über diese Typen ebener Kurven 4. Ordnung vgl. III C 5 (*G. Kohn*), Nr. 78.

V. Snyder, Amer. J. of math. 30 (1906), p. 1 und *E. Ciani*, Rend. Circ. mat. Palermo 36 (1913), p. 58 haben die ebenen Kurven 5. Ordnung mit automorphen kollinearen Transformationen und die Gruppen solcher Kollineationen angegeben.

R. M. Winger, Amer. J. of math. 36 (1914), p. 53, hat die projektiv verschiedenen Typen rationaler ebener Kurven vierter und fünfter Ordnung bestimmt, welche gegenüber Kollineationen der Ebene invariant sind; a. a. O. 38 (1916), p. 45, hat er dieselbe Untersuchung für diejenigen 6. Ordnung durchgeführt; a. a. O. 47 (1923), p. 207 für diejenigen 7. Ordnung. Über den Fall der Kurven 6. Ordnung s. auch *I. Vojtěch*, Prag Ber. Böhm. Ges. 1913, Nr. 13; Prag České Ak. Rozpravy 22 (1913), Nr. 42.

397) Hierüber vgl. auch *W. Dyck*, Math. Ann. 20 (1881), p. 30; außerdem *W. Burnside*, „Theory of groups of finite order", 2. ed., Cambridge 1911, p. 397, 496; *P. Fatou*[303]), p. 501—513. Für den Fall der elliptischen und der hyperelliptischen Kurven s. *B. Jonzon*, Diss. Uppsala 1930.

Die *Riemann*schen Flächen mit automorphen, eineindeutigen Transformationen heißen, nach *F. Klein*, Math. Ann. 14 (1878), p. 459 = Ges. math. Abh. 3, Berlin 1923, p. 122, *regulär*; sie wurden von *W. Dyck*, Diss. München 1879; Math. Ann. 17 (1880), p. 473, 510, studiert. Vgl. auch *W. Dyck*, Math. Ann. 20 (1881), p. 30, Anm. Über das Vorhergehende s. II B 7 (*A. Krazer* und *W. Wirtinger*), Nr. 122.

398) *C. Rosati*[242]), p. 23, hat untersucht, unter welchen Umständen eine eineindeutige Korrespondenz auf einer Kurve symmetrisch oder halbsymmetrisch sein kann (Nr. 19). Es ergibt sich, daß die symmetrischen, eineindeutigen Korrespondenzen auf den Kurven vom Geschlecht $p > 1$ die Periode 2 haben; die halbsymmetrischen können dagegen nur auf hyperelliptischen Kurven existieren, haben die Periode 4 und erzeugen rationale Involutionen.

Mittels des Satzes von *Schwarz-Klein* hat *G. Tedesco*, Rend. Circ. mat. Palermo 39 (1914), p. 335, gezeigt: Bezeichnet man mit s den von einem gegebenen Ursprung an gezählten Bogen einer algebraischen Kurve, so sind die algebraischen Kurven, auf welchen die Transformationen $s' = s + c$, mit willkürlichem c, birational sind, entweder diejenigen „Richtungskurven" [vgl. III C 4 (*L. Berzolari*), Anm. 265], deren Bogen ein elliptisches Integral 1. Gattung ist, oder diejenigen, welche in einen (reellen oder imaginären) Kreis oder in eine Gerade durch Bogengleichheit birational transformiert werden können.

also untereinander projektiv sind. Ist diese Bedingung erfüllt, so gibt es *zwei* eineindeutige Korrespondenzen zwischen den beiden Kurven.

Handelt es sich um eine einzige hyperelliptische Kurve vom Geschlecht $p > 1$, so läßt diese immer eine automorphe birationale Transformation zu, wenn man zwei Punkte einander entsprechen läßt, welche ein Paar der auf der Kurve bestehenden Schar g_2^1 bilden. Damit die Kurve noch weitere (singuläre) automorphe birationale Transformationen zuläßt, ist notwendig und hinreichend, daß zwischen den Paaren der Schar g_2^1 eine Projektivität besteht, welche die Gruppe der $2p+2$ Doppelpunkte in sich verwandelt. Mit anderen Worten, hat die Kurve die Parameterdarstellung

$$x_i = A_i(\lambda) + B_i(\lambda)\sqrt{R(\lambda)},$$

wo $R(\lambda)$ ein Polynom vom Grad $2p+1$ oder $2p+2$ ohne mehrfache Faktoren ist, so ist die notwendige und hinreichende Bedingung dadurch gegeben, daß die Gleichung $R(\lambda)=0$ automorphe bilineare Transformationen zulassen muß.[399])

A. Hurwitz[400]) hat gezeigt, daß eine hyperelliptische Kurve, welche eine birationale Transformation zuläßt, die von der durch die Schar g_2^1 gegebenen Transformation verschieden ist, durch eine oder die andere der beiden Gleichungen

$$s^2 = R(z^n), \quad s^2 = zR(z^n)$$

dargestellt werden kann, und zwar derart, daß diese Transformation im ersten Falle durch die Formeln

$$z' = \varepsilon z, \quad s' = \eta s,$$

im zweiten Falle durch die Formeln

$$z' = \varepsilon z, \quad s' = \eta \varepsilon^{\frac{1}{2}} s,$$

gegeben ist, wobei η einen der Werte ± 1 bezeichnet und ε eine von $+1$ verschiedene n^{te} Einheitswurzel ist.

Die hyperelliptischen Kurven mit singulären automorphen birationalen Transformationen werden von *S. Kantor*[401]) auf geometrischem Wege untersucht, der dabei die ebene Kurve $(p+2)^{\text{ter}}$ Ordnung mit einem p-fachen Punkt als projektives Modell wählt [III C 4 (*L. Berzolari*), Anm. 338] und die diskontinuierlich unendliche Gruppe der

399) Hierüber vgl. z. B. *C. Segre*[2]), p. 112; *K. Hensel* und *G. Landsberg*[386]), p. 530—534; *F. Severi*, „Lezioni“, p. 189—193; „Vorlesungen“, p. 147—151; „Trattato“ 1_1, p. 180—185. Vgl. auch *A. Wiman*, Anm. 393.

400) Math. Ann. 32 (1888), p. 305 = Math. W. 1, p. 257.

401) Rend. Circ. mat. Palermo 9 (1894), p. 65. Vgl. auch die Arbeiten von *R. Torelli* und von *G. Humbert*, angeführt in Anm. 301; außerdem *A. B. Coble*, „Alg. geom.“, p. 125—135.

birationalen Transformationen der Ebene, welche die Kurve in sich transformieren, ins Auge faßt.

Mittels der *Hurwitz*schen Korrespondenztheorie hat *S. Cherubino*[402]) alle hyperelliptischen Kurven mit singulären automorphen birationalen Transformationen und ihre algebraischen Moduln bestimmt.

Der Sonderfall der Kurven vom Geschlecht $p = 2$ mit singulären automorphen birationalen Transformationen wird schon von *O. Bolza*[403]) vollständig untersucht, der die Gruppen solcher Transformationen sowie die projektiven und transzendenten Invarianten der betreffenden Kurven bestimmt.

43. Der elliptische Fall. Setzen wir im Falle der elliptischen Kurven $(p = 1)$[404]) in den Formeln von Nr. **12** $u(x) = u$ und $u(y) = u'$, so

402) Atti Acc. Torino 49 (1913), p. 705. In Atti Acc. Torino 50 (1914), p. 39, hat *S. Cherubino* auch die hyperelliptischen Kurven bestimmt, die automorphe Transformationen zulassen, welche das Produkt einer birationalen Transformation und der (konjugierten) Transformation sind, die in der Vertauschung der komplexen Koordinaten eines Punktes mit den konjugiert komplexen Koordinaten besteht (*antibirationale Transformationen* nach *A. Comessatti*, Nr. **62**). Diese Untersuchungen hat *S. Cherubino* verallgemeinert in Rend. Ist. Lomb. (2) 47 (1914), p. 959; (2) 48 (1915), p. 347, 993, 1026, in dem er algebraische Kurven und Flächen betrachtet, die automorphe, birationale oder antibirationale Transformationen zulassen, welche eine der Koordinaten projektiv transformieren.

403) Amer. J. of math. 10 (1887), p. 47; Auszug Math. Ann. 30 (1887), p. 546. Vgl. auch *F. Enriques* und *F. Severi*, Preisschrift, Acta math. 32 (1907), p. 378ff.

404) Als Ausgangspunkt der Geometrie auf einer elliptischen Kurve kann man die von *C. Mac Laurin* für die ebenen Kurven 3. Ordnung gefundenen Eigenschaften, sowie die Resttheorie von *J. J. Sylvester* auf diesen Kurven [III C 5 (*G. Kohn*), Nr. **35**] betrachten. S. *J. J. Sylvester*, Amer. J. of math. 3 (1880), Anm. auf p. 60 = Papers 3, Cambridge 1909, Anm. auf p. 352; *G. Salmon*, „Higher plane curves", 2. Ausg., Dublin 1873, p. 133—137. Vgl. *G. Salmon* und *W. Fiedler*, „An. Geom. d. höh. eb. Kurven" [30]), p. 174—179; *G. Salmon* und *O. Chemin*, „Traité de géom. anal." [28]), p. 196—200; und auch *A. Cayley*, Messenger of math. (2) 3 (1874), p. 62 = Papers 9, Cambridge 1896, p. 211.

405) Diese singulären Korrespondenzen wurden zuerst von *F. Klein*, Math. Ann. 15 (1879), p. 279 = Ges. math. Abh. 2, Berlin 1922, p. 421 bemerkt.

Über die geometrische Behandlung der gewöhnlichen Korrespondenzen s. vor allem *Em. Weyr*, Sitzungsb. Ak. Wien 87 (1883), p. 837; 88 (1884), p. 436 und auch 101 (1892), p. 1695 und 103 (1894), p. 365 [im Zusammenhang mit dieser letzten Arbeit s. *E. Czuber*, Jahresb. Deutsch. Math.-Ver. 4 (1897), p. 100; J. f. Math. 114 (1894), p. 312]; außerdem *K. Küpper*, Prag Abh. böhm. Ges. (6) 6 (1873); (6) 12 (1882), Nr. 1; Math. Ann. 24 (1883), p. 1; *F. Schur*, Math. Ann. 18 (1881), p. 1; 20 (1882), p. 262; *C. Segre*, Math. Ann. 27 (1886), p. 296; *G. Castelnuovo*, Atti Ist. Ven. (6) 5 (1887), p, 1089; Atti Acc. Torino 24 (1888), p. 4; *R. Sturm*, „Geom. Verw." 4, p. 152—222. Verschiedene besondere Eigenschaften bei *Em. Weyr*, Sitzungsb. Ak. Wien 90 (1884), p. 206; 92 (1885), p. 498; 97 (1888), p. 592; *C. Rosati*, Rend. Ist. Lomb. (2) 35 (1902), p. 407; *G. Marletta*, Catania Atti Acc. Gioenia

werden die *gewöhnlichen* birationalen Korrespondenzen durch

(1) $$u' = \pm u + \text{const.}$$

dargestellt, während die *singulären* birationalen Korrespondenzen durch

(2) $$u' = \pm iu + \text{const.}$$

und durch

(3) $$u' = \pm \varepsilon u + \text{const.}, \quad u' = \pm \varepsilon^2 u + \text{const.}$$

gegeben sind, wo $i = \sqrt{-1}$ und ε eine imaginäre kubische Wurzel der Einheit[405]) ist. Es gelten die Gleichungen (2) oder (3), je nachdem bei passender Auswahl das Verhältnis der Perioden des elliptischen Integrals 1. Gattung i oder ε ist. Im ersten Falle heißt die Kurve *harmonisch*, im zweiten *äquianharmonisch*, mit Rücksicht auf den Wert des Moduls der Kurve, d. h. den Wert, den das Doppelverhältnis der

---

(5) 1 (1908), Nr. XIV; *S. Audinarayanan*, J. Indian math. Soc. 17 (1928), p. 197. Unter transzendentem Gesichtspunkt s. z. B. *F. Klein* und *R. Fricke*[112]) 2, p. 237 ff.; *P. Appell* et *É. Goursat*[28]), p. 474—476; *M. de Franchis*[26]), p. 393—406.

Eine einfache und vollständige geometrische Behandlung aller gewöhnlichen und singulären Korrespondenzen gab *C. Segre*, Atti Acc. Torino 24 (1889), p. 734 [und seine Ergebnisse wurden von neuem auf transzendentem Wege von *P. Patrassi*, Giorn. di mat. (2) 3 (1895), p. 195 bewiesen]. S. auch *S. Kantor*, Preisschrift Atti Acc. Napoli (2) 3 (1891), Nr. 7, p. 43—55 [1883] [Auszug J. f. Math. 114 (1895), p. 92]; Atti Acc. Torino 29 (1893—94), p. 9 [1885]; *F. Amodeo*, Ann. di mat. (2) 19 (1890), p. 1, 145; *T. Brodén*, Stockholm Öfversigt Vetensk.-Ak. Förhandlingar 50 (1893), p. 213; *H. G. Zeuthen*, „Lehrbuch", p. 212—214, 223—237, 262—263; *B. Machytka*, Časopis 53 (1924), p. 136, 272; Mém. Soc. R. des sciences de Bohême (Věstnik) 1926 (Prague 1927), Nr. XX; *F. Severi*, „Vorlesungen", p. 151—155; „Trattato" 1_1, p. 170—173, 185—190; *J. L. Coolidge*, „Alg. pl. curves", p 302—304. Eine ausführliche Darstellung, mit Betrachtung auch der elliptischen Normalkurven n^{ter} Ordnung im $(n-1)$-dimensionalen Raum, insbesondere der ebenen kubischen und der Raumkurven 4. Ordnung, findet sich bei *F. Enriques* und *O. Chisini*, „Lezioni" 3, p. 251—309 (s. auch p. 411—413). Unter anderem findet sich hier die von *F. Enriques*, Rend. Acc. Bologna (2) 24 (1920), p. 91 herrührende Erweiterung der Eigenschaften des syzygetischen Büschels ebener kubischer Kurven [III C 5 (*G. Kohn*), Nr. 33] auf eine beliebige elliptische Normalkurve n^{ter} Ordnung im $(n-1)$-dimensionalen Raum.

In den angeführten Arbeiten betrachtet *S. Kantor* die ∞^2 quadratischen Transformationen der Ebene, in denen eine eineindeutige Korrespondenz zwischen zwei (voneinander verschiedenen oder nicht verschiedenen) ebenen kubischen Kurven enthalten ist. S. auch *C. Segre*, letzte angeführte Arbeit.

Allgemeiner ist, nach *G. Castelnuovo*, Atti Acc. Torino 24 (1888), p. 8—9; *B. Bydžovský*, Prag České Ak. Rozpravy 23 (1914), Nr. 39, jede eineindeutige Korrespondenz auf einer elliptischen Normalkurve in einer unendlichen Schar quadratischer *Cremona*transformationen des Raumes enthalten, dem die Kurve angehört.

Über die *Cremona*transformationen der Ebene, die eine gegebene Kurve in sich transformieren, s. Nr. 58.

vier Doppelpunkte einer beliebigen auf der Kurve bestehenden Schar g_2^1 besitzt [III C 4 (*L. Berzolari*), Anm. 343].

Zwei willkürliche Kurvenpunkte können als homologe Punkte in einer automorphen birationalen Korrespondenz der Kurve aufgefaßt werden; und zwei derartige Korrespondenzen gibt es, wenn die Kurve nicht singulär, vier, wenn sie harmonisch, sechs, wenn sie äquianharmonisch ist.[406])

Die gewöhnlichen Korrespondenzen auf einer beliebigen elliptischen Kurve sind die Scharen g_2^1 und ihre Produkte. Je nachdem ein solches Produkt eine ungerade oder gerade Anzahl von Faktoren hat, nennt man die Korrespondenz *erster Art* (und ist eine g_2^1) oder *zweiter Art*. Im ersten Falle hat die Korrespondenz vier Koinzidenzpunkte, im zweiten Falle keinen, oder ist die Identität. Die Korrespondenzen erster oder zweiter Art erhält man aus der Gleichung (1), wenn man das negative bzw. das positive Vorzeichen setzt; die ersten sind rational, die anderen elliptisch.

Jede Transformation zweiter Art ist das Produkt zweier Transformationen erster Art, von denen eine beliebig angenommen werden kann. Während alle Transformationen erster Art involutorisch sind, gibt es unter den Transformationen zweiter Art nur drei involutorische; außer diesen existieren auf der Kurve keine anderen involutorischen Transformationen. Faßt man zwei beliebige Korrespondenzen erster Art ins Auge, so gibt es immer eine Korrespondenz zweiter Art, die diese beiden ineinander transformiert.

Die Transformationen zweiter Art bilden eine kontinuierliche *Abel*sche Gruppe, während die Transformationen erster Art ein kontinuierliches ∞^1-System bilden, das jedoch keine kontinuierliche Gruppe ist. Beide zusammen ergeben eine gemischte Gruppe.

Diese gemischte Gruppe der gewöhnlichen Transformationen wird, für die harmonischen und für die äquianharmonischen Kurven, durch die singulären Korrespondenzen erweitert.

Die singulären Korrespondenzen auf einer harmonischen Kurve zerfallen in zwei kontinuierliche ∞^1-Scharen, die keine Korrespondenz gemein haben. Sie sind zyklisch mit der Periode 4, haben zwei Koinzidenzpunkte und ein involutorisches Paar. Das Produkt zweier Korrespondenzen ein und derselben Schar ist eine Transformation erster Art, das Produkt zweier Korrespondenzen von verschiedenen Scharen eine Transformation zweiter Art.

Die singulären Korrespondenzen auf einer äquianharmonischen Kurve zerfallen in vier kontinuierliche ∞^1-Scharen, von denen zwei

406) Dies ist als Sonderfall in einem Satz von *G. Scorza* [197]), p. 336 enthalten.

aus zyklischen Korrespondenzen mit der Periode 3 und zwei aus zyklischen Korrespondenzen mit der Periode 6 bestehen. Jede von den ersten hat drei Koinzidenzpunkte, jede von den zweiten nur einen Koinzidenzpunkt und ein involutorisches Paar. Das Produkt zweier Korrespondenzen ein und derselben Schar ist eine singuläre Korrespondenz, die einer anderen Schar angehört. Das Produkt zweier Korrespondenzen ein und derselben Ordnung, aber verschiedener Scharen, ist eine Transformation zweiter Art; das Produkt zweier Korrespondenzen verschiedener Ordnung ist, je nach dem betreffenden Falle, eine Transformation erster Art bzw. eine singuläre Korrespondenz 6. Ordnung.[407])

Die singulären eineindeutigen Korrespondenzen auf einer elliptischen Kurve hängen eng mit der Theorie der komplexen Multiplikation der elliptischen Funktionen [über diese Theorie s. I C 6 (*H. Weber*)] zusammen, da das mit der Kurve verknüpfte elliptische Integral komplexe Multiplikation zuläßt oder nicht, je nachdem die Kurve singulär bzw. nicht singulär ist. Im ersten Falle sei

$$P\omega_1^2 + Q\omega_1\omega_2 + R\omega_2^2 = 0$$

die quadratische Gleichung mit ganzzahligen Koeffizienten, der die primitiven Perioden ω_1, ω_2 des Integrals genügen; dabei sind P, Q, R Zahlen ohne gemeinsamen Teiler, und es gilt

$$D = 4PR - Q^2 > 0.$$

Die von der Auswahl der primitiven Perioden des elliptischen Integrals unabhängige Zahl D heißt nach *G. Scorza*[408]) *Determinante* der

407) Da eine elliptische Kurve immer birational auf eine ebene Kurve 3. Ordnung ohne Doppelpunkte [vgl. III C 4 (*L. Berzolari*), Nr. **29**] bezogen werden kann, so können wir für andere, auf diesen Fall bezügliche, Eigenschaften und Zitate, sowie für Anwendungen auf den Artikel III C 5 (*G. Kohn*), Nr. **37, 38, 39** verweisen. Für die eineindeutigen Korrespondenzen zwischen elliptischen Kurven beliebiger Räume s. III C 7 (*C. Segre*), Nr. **28**. Für den Zusammenhang mit der Theorie der elliptischen Funktionen vgl. auch II B 3 (*R. Fricke*), Nr. **74**.

Mittels der Theorie der ebenen C_3 wurde der analytische Ausdruck der Transformationen zweiter Art auch noch von *O. Chisini*, Rend. Ist. Lomb. (2) 59 (1926), p. 529 untersucht, der (vgl. auch Anm. 340) von den Eigenschaften dieser Transformationen die grundlegenden Eigenschaften des elliptischen Integrals 1. Gattung auf algebraisch-geometrischem Wege abgeleitet hat.

Über Erweiterungen der Theorie der eineindeutigen Korrespondenzen zwischen den Punkten einer elliptischen Kurve auf die Korrespondenzen zwischen Gruppen von p Punkten und die (p, p)-Korrespondenzen zwischen den Punkten einer Kurve vom Geschlecht p, s. Nr. **35** und **40**.

408) Roma Rend. Acc. Linc. (5) 27^1 (1918). p. 171. Über diesen Gegenstand s. auch *V. Costa,* Catania Boll. Acc. Gioenia (2) 55 (1925), p. 11.

Kurve, und diese *erster* oder *zweiter Art*, je nachdem Q gerade oder ungerade, oder, was dasselbe ist, je nachdem $D \equiv 0$ bzw. $D \equiv 3$ (Mod. 4) ist. Ist die Kurve harmonisch, so ist $D = 4$, ist sie äquianharmonisch, so ist $D = 3$, und umgekehrt. Die singulären elliptischen Kurven, für welche D einen gegebenen Wert hat, verteilen sich auf eine endliche Anzahl von Klassen birational voneinander verschiedener Kurven.

Auf Grund dieser Begriffe hat *G. Scorza* die mit derselben Kurve birational identischen ∞^1-Involutionen auf einer singulären oder nicht singulären elliptischen Kurve bestimmt, also die Involutionen, deren Gruppen in birationale Korrespondenz mit den Punkten der Kurve gebracht werden können. Bezeichnen wir eine solche Involution mit γ_ν^1, so muß ν, wenn die Kurve nicht singulär ist, eine Quadratzahl sein, und es gibt dann eine Involution γ_ν^1 für jeden derartigen Wert ν. Ist dagegen die Kurve singulär und hat ihre Determinante den Wert D, so sind die Ordnungen der auf ihr bestehenden unendlich vielen Involutionen γ_ν^1 durch die positiven Zahlen gegeben, die, je nachdem die Kurve erster oder zweiter Art ist, durch eine oder die andere der beiden Formen

$$f \equiv \tau^2 + \frac{D}{4}\varrho^2, \quad f' \equiv \tau^2 + \tau\varrho + \frac{D+1}{4}\varrho^2$$

dargestellt werden können. Für jeden Wert von ν ergeben sich auf der Kurve soviel verschiedene Involutionen γ_ν^1, als die Anzahl der verschiedenen Darstellungen von ν mittels der Form f oder der Form f', geteilt durch 2, durch 4, durch 6, je nachdem $D > 4$, $D = 4$, $D = 3$ ist, beträgt.[409])

Auf einer beliebigen elliptischen Kurve C ist jede irrationale Involution γ_m^1 elliptisch und frei von Doppelpunkten. Eine Transformation zweiter Art von C, die eine Gruppe der Involution γ_m^1 in sich verwandelt, verwandelt jede andere Gruppe der Involution γ_m^1 in sich,

---

409) Ist die Kurve nicht singulär, so erhält man ihre unendlich vielen Involutionen γ_ν^1, wenn man für jeden Wert von n die $\gamma_{n^2}^1$ betrachtet, welche aus den Gruppen n-facher Punkte der ∞^1, auf der Kurve existierenden, linearen Scharen g_n^{n-1} gebildet ist. Für diesen Fall wurde die Frage schon von *R. Torelli*, Roma Rend. Acc. Linc. (5) 21[1] (1912), p. 457 gelöst.

Ist die Kurve singulär, so enthält sie, außer den vorhergehenden unendlich vielen $\gamma_{n^2}^1$, die man für $\varrho = 0$ durch die Formeln des Textes erhält, noch andere unendlich viele Involutionen, die *G. Scorza singulär* nennt. Ist $D > 4$, so ist die Ordnung der singulären γ_ν^1 von der Minimalordnung gleich $\frac{D}{4}$ bzw. $\frac{D+1}{4}$, je nachdem die Kurve erster oder zweiter Art ist; die Anzahl dieser γ_ν^1 beträgt im ersten Falle 1, im zweiten Falle 2.

und ist zyklisch von der Ordnung m oder einer Ordnung, die ein Divisor von m ist; derartige Transformationen existieren tatsächlich. Will man also die auf C existierenden Involutionen γ_m^1 bestimmen, so ist es nötig, von den zyklischen Transformationen zweiter Art m^{ter} Ordnung oder einer Ordnung, die ein Divisor von m ist, auszugehen. Die Anzahl dieser Transformationen unter Einschluß der Identität ist m^2.

Die Anzahl der *primitiven* Transformationen zweiter Art m^{ter} Ordnung, also der zyklischen Transformationen, deren Ordnung m und nicht kleiner ist, ist $m^2\left(1-\frac{1}{\alpha^2}\right)\left(1-\frac{1}{\beta^2}\right)\ldots$, wo $\alpha, \beta, \ldots$ die Primfaktoren von m sind.

Bezeichnet man eine Involution γ_m^1 als *primitiv*, wenn sie die Gesamtheit der Zyklen einer primitiven Transformation m^{ter} Ordnung ist, so ergibt sich, daß die Anzahl der primitiven elliptischen Involutionen m^{ter} Ordnung $m\left(1+\frac{1}{\alpha}\right)\left(1+\frac{1}{\beta}\right)\ldots$ ist.

Die zyklischen Transformationen zweiter Art, von einer Ordnung, die gleich m oder einem Divisor von m ist, bilden, zusammen mit der Identität, eine endliche *Abel*sche Gruppe der Ordnung m^2. Daher existieren primitive oder nicht primitive, elliptische Involutionen auf C in unendlicher Anzahl, die Zahl derjenigen von gegebener Ordnung m ist aber endlich und gleich der Anzahl der in der vorhergenannten Gruppe enthaltenen Untergruppen m^{ter} Ordnung.[410])

44. Erweiterung des Satzes von H. A. Schwarz (Nr. 41) nach G. Castelnuovo. Den Satz von *H. A. Schwarz* (Nr. **41**), nach dem eine Kurve vom Geschlecht $p > 1$ eine kontinuierliche unendliche Menge automorpher birationaler Transformationen nicht zuläßt, hat *G. Castelnuovo*[411]) mit Hilfe der Ergebnisse von *A. Hurwitz* über die algebraischen Korrespondenzen (Nr. **12**), für die Kurven verallgemeinert, die eine kontinuierliche unendliche Schar algebraischer, nicht birationaler Korrespondenzen besitzen.

Das Geschlecht einer Kurve, welche eine kontinuierliche unendliche Schar algebraischer Korrespondenzen besitzt, deren einer Index α sei, ist nicht größer als $\frac{\alpha(\alpha+1)}{2}$. Ist dies Maximum erreicht, so kann die Kurve in eine von mehrfachen Punkten freie, ebene Kurve $(\alpha+2)^{\text{ter}}$

410) Über diese und andere Eigenschaften s. *G. Castelnuovo,* Atti Acc. Torino 24 (1888), p. 4; *J. Valyi,* Math. naturw. Ber. Ungarn 9 (1891), p. 143; 10 (1892), p. 171; *Em. Weyr,* Sitzungsb. Ak. Wien 101 (1892), p. 1695; *F. Severi,* „Trattato“ 1_1, p. 210 und 273—276.

411) Scritti matem. offerti ad *Enrico d'Ovidio,* Torino 1918, p. 164.

Ordnung transformiert werden.[412]) Auf einer solchen Kurve sind die α, einem Punkte x in einer bestimmten Korrespondenz C entsprechenden Punkte, die weiteren Schnitte der Kurve mit der Verbindungsgeraden von x mit einem Punkte m der Kurve, der von der Korrespondenz C abhängt. Weist aber die Kurve, außer den vorhergehenden ∞^1 (α, α)-Korrespondenzen, noch automorphe birationale Transformationen auf, so läßt sie die Korrespondenzen zu, die man durch Multiplikation jener Korrespondenzen mit den genannten birationalen Transformationen erhält.

45. Arithmetische Irrationalitäten, von denen die Transformationen algebraischer Kurven abhängen. Die Arithmetik auf den algebraischen Kurven. Wird eine algebraische Mannigfaltigkeit M in eine andere rational oder birational transformiert, so erfordert die angewandte Transformation im allgemeinen, daß man den Koeffizienten der Gleichungen, durch die M bestimmt ist und die rationale oder irrationale Zahlen sein können, weitere arithmetische Irrationalitäten, außerhalb des durch die Koeffizienten selbst bestimmten Rationalitätsbereichs, adjungiert. Hieraus ergeben sich verschiedene Aufgaben in bezug auf die Klassifikation der Mannigfaltigkeiten, die dabei in Verbindung mit der Gruppe der rationalen oder birationalen Transformationen mit rationalen Koeffizienten betrachtet werden.

Wir nehmen an, daß M eine Kurve vom Geschlecht p ist, die immer als eben betrachtet werden kann; $f(x, y) = 0$ sei ihre Gleichung.

Nach *M. Noether*[413]) kann die Kurve, falls $p = 0$ ist, durch eine birationale Transformation mit rationalen Koeffizienten auf eine Gerade oder einen Kegelschnitt reduziert werden, je nachdem sie ungerader oder gerader Ordnung ist. Mit anderen Worten, ist eine Gleichung $f(x, y) = 0$ vom Geschlecht $p = 0$, so kann man ihre Parameterdarstellung entweder ohne Adjunktion irgendwelcher numerischer Irrationalitäten erhalten, falls der Grad von f ungerade ist, oder dadurch, daß man höchstens eine quadratische Irrationalität dem durch die Koeffizienten von f bestimmten Rationalitätsbereich adjungiert, falls f geraden Grades ist.

412) Der Satz ist ohne Einschränkungen gültig, wenn nur die ∞^2 Gruppen von α Punkten, die den ∞^1 Punkten der Kurve in ∞^1 Korrespondenzen des Systems entsprechen, nicht mit Gruppen ein und derselben Involution zusammengesetzt sind.

413) Math. Ann. 3 (1870), p. 170. Vgl. auch *É. Picard*[28]) 2, 1. Ausg., p. 499—501; 2. Ausg., p. 548—550; 3. Ausg., p. 592—594; *F. Severi,* Mem. Acc. d'Italia 3 (1932), Nr. 5, p. 35.

Der Fall $p \geqq 1$ wurde von *F. Enriques*[414]) untersucht und liefert wesentlich verschiedene Ergebnisse, je nachdem $p = 1$ bzw. $p > 1$ ist. Während für $p > 1$ die Kurve immer rational in eine Kurve von bestimmter Ordnung transformiert werden kann, existieren für $p = 1$ unendlich viele Familien von Kurven dritter, vierter, ... Ordnung, deren Ordnung nicht durch Transformationen mit rationalen Koeffizienten erniedrigt werden kann. Genauer, eine hyperelliptische Kurve vom Geschlecht $p > 1$ kann rational in eine Kurve von der Ordnung $2p + 2$ transformiert werden, die Reduktion auf Kurven niedrigerer Ordnung wird rational, im allgemeinen, nicht bewirkt, wohl aber durch Adjunktion quadratischer Irrationalitäten. Eine nicht hyperelliptische Kurve vom Geschlecht $p > 2$ kann in eine Kurve der Ordnung $2p - 2$ transformiert werden (Projektion der kanonischen Kurve), im allgemeinen aber nicht in Kurven niedrigerer Ordnung.[415])

Sind die Koeffizienten der Gleichung $f(x, y) = 0$ der Kurve (in einem gewissen Rationalitätsbereich k) rationale Zahlen, so heißt ein Punkt, dessen Koordinaten rationale Zahlen in k sind, *rationaler Punkt;* jedes System von n Punkten, für welches die symmetrischen Funktionen der Koordinaten solcher Punkte rational sind, *rationales System.* Analoge Definitionen gelten für die *algebraischen Punkte* und die *algebraischen Punktsysteme.*

Das Studium der Eigenschaften der rationalen oder algebraischen Punkte und Punktsysteme auf der Kurve M, insbesondere das Studium der Eigenschaften, die gegenüber birationalen Transformationen mit rationalen Koeffizienten invariant sind, bildet die *Arithmetik auf der Kurve M.*

Unter den Aufgaben, die gegenüber birationalen Transformationen mit rationalen Koeffizienten invariant sind, sind insbesondere die rationalen Punkte auf der Kurve M behandelt. Reduziert sich der Rationalitätsbereich auf die Gesamtheit der rationalen Zahlen, so ist

414) Math. Ann. 51 (1897), p. 148; Roma Rend. Acc. Linc. (5) 21^1 (1912), p. 15; (5) 23^1 (1914), p. 212.

415) Über diesen, und auch einen allgemeineren Satz, s. *J. v. Sz. Nagy,* Math. Ann. 73 (1913), p. 230.

Für das vorhergehende vgl. auch *F. Enriques* und *O. Chisini,* „Lezioni" 3, p. 340—355; dort (p. 355) wird auch gezeigt: Haben zwei Kurven f, f' vom Geschlecht $p > 2$ gleiche Moduln, so enthält die birationale Transformation, die beide ineinander überführt, im allgemeinen die Koeffizienten von f und f' rational.

Über die Irrationalitäten, von denen die Parameterdarstellung der Gleichung, die eine rationale Fläche darstellt, abhängt, s. Nr. **110**; auch für allgemeinere Fragen in bezug auf Auflösung der algebraischen Gleichungen mit mehreren Unbekannten, s. *F. Enriques,* Anm. 307.

diese Aufgabe keine andere, als die der Auflösung der diophantischen Gleichungen mit zwei Veränderlichen mittels rationaler Zahlen.

D. Hilbert und *A. Hurwitz*[416]) haben die arithmetische Deutung des Satzes von *M. Noether* über die ebenen Kurven vom Geschlecht $p = 0$ dadurch gegeben, daß sie die Aufgabe lösten, alle rationalen Punkte einer solchen durch eine Gleichung mit ganzzahligen Koeffizienten dargestellten Kurve zu bestimmen.

Dasselbe Problem ist allgemein, vor allem für $p = 0, 1$, von *H. Poincaré*[417]) untersucht worden, der für die Klassifikation der, durch eine Gleichung mit ganzzahligen Koeffizienten dargestellten Kurven, die Gruppe der birationalen Transformationen mit rationalen Koeffizienten zugrunde legte, welche die Kurve in sich transformieren. Man betrachtet daher zwei Kurven als äquivalent, die auseinander mittels einer solchen Transformation abgeleitet werden können; außer dem Geschlechte treten noch andere invariante Charaktere auf.

Besitzt die Kurve im Falle $p = 1$ einen rationalen Punkt, so ist sie äquivalent mit einer kubischen Kurve.

Indessen ist die Frage nach den Bedingungen, unter denen eine allgemeine Kurve mit ganzzahligen Koeffizienten, deren Geschlecht nicht gleich Null ist, rationale Punkte besitzt, noch nicht gelöst, auch nicht für $p = 1$.[418])

---

416) Acta math. 14 (1889), p. 217.

417) J. math. pures appl. (5) 7 (1901), p. 161. Im Falle $p = 0$ hat *H. Poincaré* die Ergebnisse von *D. Hilbert* und *A. Hurwitz* wiedergefunden.[416])

Ed. Maillet, J. Éc. Polyt. (2), cah. 20 (1920), p. 115 [Auszug Paris C. R. 168 (1919), p. 217, 852] hat sich mit der Bestimmung der Punkte mit ganzzahligen Koordinaten auf den rationalen Kurven eines Überraums beschäftigt, die durch Parameterdarstellungen mit ganzzahligen Koeffizienten definiert sind.

418) Die Aufgabe der Untersuchung der rationalen Punkte einer elliptischen ebenen kubischen Kurve wurde zuerst von *C. G. J. Jacobi*, J. f. Math. 13 (1834), p. 353 = Werke 2, Berlin 1882, p. 51 unter Anwendung der elliptischen Funktionen behandelt.

Über die Untersuchung von rationalen Punkten auf besonderen Kurven und über die vorhergehende Literatur s. *A. Hurwitz*, Math. Ann. 65 (1907), p. 428; *L. Schlesinger*, Jahresb. Deutsch. Math.-Ver. 17^1 (1908), p. 57; *P. von Schaewen*, ebenda 18 (1909), p. 7; *J. v. Sz. Nagy*, ebenda, p. 401; *Memor*, Interm. des math. (1) 24 (1917), p. 73; *T. Nagell*, Tôhoku math. J. 24 (1924), p. 48 [Auszug Japanese J. of math. 1 (1924), Abstracts, p. (22)]; *R. Lauffer*, Jahresb. Deutsch. Math.-Ver. 40 (1931), Angelegenheiten p. 39. Vgl. auch I C 1 (*P. Bachmann*), Nr. 7; außerdem *L. E. Dickson*, „History of the theory of numbers" 2, Washington 1920, p. 545; *T. Nagell*, „L'analyse indéterminée de degré supérieur", Mémorial des sciences math., Nr. XXXIX, Paris 1929, wo auch verschiedene Ergebnisse über die Punkte mit ganzzahligen Koordinaten auf Kurven, die durch Gleichungen mit ganzzahligen Koeffizienten dargestellt sind, wiedergegeben sind.

Daß eine ebene kubische Kurve vom Geschlecht $p = 1$, mit einer Gleichung mit ganzzahligen Koeffizienten, unendlich viele rationale Punkte enthalten kann, haben *A. Hurwitz*[419]), *T. Nagell*[420]) und *G. Sansone*[421]) durch Beispiele bewiesen, und die Untersuchung vieler Beispiele kubischer Kurven mit einer endlichen Anzahl rationaler Punkte durchgeführt.

Das Studium der elliptischen ebenen kubischen Kurven mit ganzzahligen Koeffizienten wurde weiterhin von *B. Levi*[422]) vertieft, der insbesondere die Äquivalenzbedingungen in bezug auf birationale Transformationen mit rationalen Koeffizienten mittels der Bestimmung der voneinander unabhängigen numerischen Invarianten untersucht, deren Gleichheit diese Äquivalenz kennzeichnet. *B. Levi* hat des weiteren die Folgen rationaler Punkte, die aus einer Gruppe bekannter rationaler Punkte durch rationale Operationen erhalten werden, außerdem die endlichen Gruppen rational abhängiger Punkte studiert.[423])

Unter den von *H. Poincaré* für $p = 1$ angegebenen Invarianten, hat besondere Wichtigkeit der *Rang* der Kurve, welcher die Minimalzahl rationaler Punkte auf der Kurve ist, aus denen sich alle anderen durch rationale Operationen ableiten lassen.

Mittels der Methode einer auf der Zweiteilung der elliptischen

---

Allgemeine Untersuchungen bei *P. Fatou*, Interm. des math. (1) 15 (1908), p. 269; *J. v. Sz. Nagy*, Budapest Math. és Phys. Lapok 18 (1909), p. 331; 21 (1912), p. 58; Jahresb. Deutsch. Math.-Ver. 18 (1909), p. 4; 21 (1912), p. 183; Budapest Math. és termész. értesitö 30 (1912), p. 441; 32 (1914), p. 69; Ber. math. naturw. Ungarn 26 (1913), p. 168; Math. Ann. 73 (1913), p. 230, 600.

Über eine von *H. Poincaré* aufgeworfene Frage s. *F. Severi*, Ann. Éc. Norm. (3) 25 (1908), p. 468.

419) Vierteljahrsschr. Naturf. Ges. Zürich 62 (1917), p. 207.

420) Acta math. 52 (1928), p. 93.

421) Rend. Ist. Lomb. (2) 62 (1929), p. 237, 354. Bei *A. Hurwitz* und *T. Nagell* ist die Existenz unendlich vieler rationaler Punkte gewissen Bedingungen unterworfen; bei *G. Sansone* eine Familie kubischer Kurven betrachtet, die derart von einem Parameter rational abhängt, daß für jeden rationalen Wert des Parameters die kubische Kurve unendlich viele rationale Punkte enthält.

422) Atti Acc. Torino 41 (1906), p. 739; 43 (1908), p. 99, 413, 672; Atti del IV Congresso intern. dei matem., Roma 1908, 2 (Roma 1909), p. 173. Vgl. auch *M. I. Logsdon*, Trans. Amer. math. Soc. 27 (1925), p. 474; Auszug Bull. Amer. math. Soc. (2) 29 (1923), p. 119.

423) In Verbindung mit dem Ende Anm. 405 Gesagten ergibt sich: Entsprechen sich zwei ebene kubische Kurven mit rationalen Koeffizienten vermöge einer, durch Formeln mit rationalen Koeffizienten definierten birationalen Korrespondenz, so können die beiden kubischen Kurven durch eine quadratische ebene Transformation mit rationalen Koeffizienten ineinander transformiert werden.

Funktionen begründeten „descente infinie"[424]) hat *L. J. Mordell*[425]) bewiesen, daß der Rang der Kurven vom Geschlecht $p = 1$ notwendig endlich ist, falls sich der Rationalitätsbereich auf die Gesamtheit der rationalen Zahlen reduziert.

Um die Ergebnisse der Fälle $p = 1$ auf die Kurven vom beliebigen Geschlecht p zu übertragen, ist es nach *H. Poincaré* notwendig, nicht mehr die rationalen Punkte auf der Kurve, sondern die rationalen Systeme von p Punkten auf dieser zu betrachten. Eine Invariante der Kurve in bezug auf die birationalen Transformationen mit rationalen Koeffizienten ist dann die Minimalzahl der rationalen Systeme von p Punkten, aus denen alle anderen durch rationale Operationen abgeleitet werden können. Diese Zahl heißt wiederum *Rang* der Kurve.

Mittels einer „descente infinie" und der Zweiteilung der *Abel*schen Funktionen hat *A. Weil*[426]) bewiesen, daß der Rang einer Kurve endlich ist, wie auch immer das Geschlecht p und wie auch immer der (algebraische und endliche) Zahlenkörper sei, den man als Rationalitätsbereich wählt.

Es ergibt sich außerdem, daß zu jeder Kurve eine *Abel*sche Gruppe mit endlicher Basis gehört, die nur von dem Rationalitätsbereich abhängt, aber invariant ist gegenüber den birationalen Transformationen, deren Koeffizienten diesem Rationalitätsbereich angehören. Hiervon leitet sich die Definition unendlich vieler numerischer Invarianten der Kurven mit algebraischen Koeffizienten[427]) ab.

---

424) Die Methode besteht in der Angabe eines Verfahrens, durch welches aus jeder Lösung einer gegebenen Gleichung der unbestimmten Analysis eine andere abgeleitet werden kann, und dem Beweis, daß die Anwendung dieses Verfahrens nicht unendlich oft wiederholt werden kann. Die Methode wurde systematisch von *P. de Fermat,* Oeuvres 1, Paris 1891, p. 340; 3, Paris 1896, p. 271—272, der ihr diesen Namen gab, und von *J. L. Lagrange,* Nouv. Mém. Ac. Berlin 1777 (éd. 1779), p. 140 = Oeuvres 4, Paris 1869, p. 377 angewandt. *P. de Fermat* hat z. B. bewiesen, daß es unmöglich ist, die Gleichung $x^4 - z^4 = y^2$ durch ganze Zahlen zu lösen, indem er zeigte, daß man aus jeder ihrer Lösungen dieser Beschaffenheit eine andere mit kleineren ganzen Zahlen ableiten kann.

Über die Geschichte des Prinzips der „descente infinie" und seiner Reduktion auf das Prinzip der vollkommenen Induktion, s. *G. Vacca,* Atti Acc. Torino 63 (1928), p. 241.

425) Proc. Cambridge Phil. Soc. 21 (1922), p. 179.

426) Thèse Paris 1929 = Acta math. 52 (1929), p. 281; Auszug Paris C. R. 185 (1927), p. 1426. Der zu dem Satz von *L. J. Mordell* führende Sonderfall wurde neuerdings, unter Anwendung von Elementarformeln der Theorie der elliptischen Funktionen, von *A. Weil,* Bull. Sc. math. (2) 54 (1930), p. 182 bewiesen.

427) Um zu beweisen, daß die Wiederholung des Verfahrens nicht unendlich oft ausgeführt werden kann, hat *A. Weil* einige allgemeine Sätze der Arithmetik über die algebraischen Mannigfaltigkeiten aufgestellt, und insbesondere

IV. Birationale (oder Cremona-)Transformationen zwischen zwei linearen Räumen von zwei oder mehreren Dimensionen.[428])

46. Einleitung. Versucht man den Begriff der Projektivität [III AB 5 (*A. Schoenflies*), Nr. 8] zwischen zwei Geraden, oder zwischen zwei Grundgebilden erster Stufe, zu verallgemeinern, so wird man zu der *rationalen Transformation*

(1) $$\varrho x_i' = f_i(x_1, x_2) \qquad (i = 1, 2)$$

geführt, wo ϱ ein Proportionalitätsfaktor ist und f_1, f_2 zwei binäre Formen ein und derselben Ordnung n sind. Eine derartige Transformation ist aber nicht in eindeutiger Weise umkehrbar, mit Ausnahme des projektiven Falles, wo $n = 1$ ist. Darum geben, wenn $n > 1$ ist, die Gleichungen (1) Veranlassung zu einer $(n, 1)$-Korrespondenz zwischen den Punkten (x_1, x_2) und (x_1', x_2') der beiden Geraden, deren Inverse n Bestimmungen hat.

---

eine arithmetische Untersuchung der mit einer Kurve verbundenen *Jacobi*schen Mannigfaltigkeit (vgl. Nr. **35**—**38**) durchgeführt.

In a. a. O., p. 315, hat *A. Weil* ohne Beweis auch folgenden Satz angegeben, der ihm von *L. J. Mordell* mitgeteilt worden war.

Auf jeder Kurve vom Geschlecht $p > 0$ deren, als Rationalitätsbereich genommener, Zahlenkörper k völlig beliebig sei, kann nur eine endliche Anzahl von Punkten existieren, deren Koordinaten ganze Zahlen von k sind.

Es ist dabei nötig zu bemerken, daß die Punkte mit ganzzahligen Koordinaten gegenüber den birationalen Transformationen nicht invariant sind.

428) Einen Gesamtüberblick über die birationalen Transformationen zwischen zwei linearen Räumen von r Dimensionen, insbesondere für $r = 2, 3$, über ihre Gruppen, und ihre Anwendungen auf die Geometrie, die Algebra und die Modulfunktionen vom Geschlecht 3 und 4, hat *A. Coble,* Bull. Amer. math. Soc. (2) 28 (1922), p. 329, gegeben. — Über Aufgaben, die sich mit solchen Transformationen und ihren Gruppen verknüpfen, insbesondere in Verbindung mit der kubischen Überfläche des vierdimensionalen Raumes, s. *V. Snyder,* a. a. O. (2) 35 (1929), p. 607.

Allgemeine Betrachtungen über die birationalen Transformationen, ihre Gruppen und den Zusammenhang dieser Gruppen mit der projektiven Gruppe wurden von *T. Ôta* (= *T. Takasu*), Tôhoku Science Rep. Univ. 10 (1921), p. 155, angestellt.

Über die Gruppen endlicher Ordnung solcher Transformationen, in Verbindung mit der Theorie der automorphen Funktionen beliebig vieler Variabeln, vgl. *P. J. Myrberg,* Acta math. 46 (1925), p. 215; Auszug Wiss. Vorträge gehalten auf dem fünften Kongreß der Skandinavischen Math. in Helsingfors 1922 (Helsingfors 1923), p. 297. Vgl. auch Ann. Acad. sc. Fennicae (A) 23 (1924), Nr. 9. Über den Fall der Gruppen ebener Transformationen von *de Jonquières* s. Anm. 553.

Die Gesamtheit der *Cremona*transformationen eines r-dimensionalen linearen Raumes bildet eine Gruppe, welche von unendlichvielen Parametern abhängt (aber keine unendliche kontinuierliche Gruppe im *Lie*schen Sinne ist), und Transformationen beliebig hoher Ordnung enthält. Allgemeine Betrachtungen über diese Gruppe und ihre Untergruppen bei *S. Kantor,* Sitzungsb. Ak. Wien 112 (1903), p. 667.

Dies gilt nicht mehr, wenn es sich um Transformationen zwischen zwei Ebenen oder zwischen zwei Räumen von drei oder mehr Dimensionen handelt. Sind z. B. zwei Ebenen π, π' gegeben, so beziehen wir zwei Geradenbüschel A und B der einen Ebene projektiv auf zwei Geradenbüschel A' und B' der anderen. Bezeichnen wir in π und π' zwei Punkte als entsprechend, die von A und B bzw. von A' und B' durch zwei Paare entsprechender Geraden dieser Büschel projiziert werden, so entsteht zwischen π und π' eine eineindeutige Korrespondenz, die in beiden Sinnen rational, d. h. birational, jedoch im allgemeinen nicht projektiv ist, da den Geraden jeder der beiden Ebenen in der anderen Ebene Kegelschnitte entsprechen.

Betrachten wir, an Stelle zweier Ebenen, zwei Räume, so ist es leicht, zwischen diesen eine nicht projektive, birationale Transformation zu definieren, wenn man die vorhergehende Konstruktion erweitert, z. B. auf den beiden folgenden verschiedenen Wegen. Es genügt, in jedem Raume entweder drei Ebenenbüschel oder ein Ebenenbüschel und ein Geradenbündel festzulegen, und die Gebilde des einen Raumes projektiv auf die des anderen zu beziehen. Tut man dies auf allgemeinste Weise, so erhält man zwischen den beiden Räumen eine birationale Korrespondenz, in welcher den Ebenen jeden Raumes Flächen dritter bzw. zweiter Ordnung im anderen Raume entsprechen, je nachdem die erste oder die zweite Konstruktion ausgeführt worden ist.

Und ähnlich verfährt man in linearen Räumen von mehr als drei Dimensionen.

Transformationen dieser Art heißen *birational*; bei ihrer algebraischen Darstellung erscheinen die Koordinaten der Punkte einer jeden Ebene (oder eines jeden Raumes von drei oder mehr Dimensionen) als rationale Funktionen der Koordinaten der homologen Punkte der anderen Ebene (oder Raumes); bei Verwendung homogener projektiver Koordinaten als homogene ganze rationale Funktionen, also Formen, ein und derselben Ordnung der Koordinaten der homologen Punkte (s. Nr. **1**).

Diese Transformationen heißen auch *Cremonatransformationen*, weil sie zuerst *L. Cremona*[429]) in voller Allgemeinheit[430]) untersuchte.

429) Für die ebenen Transformationen, Mem. Acc. Bologna (2) 2 (1863), p. 621; (2) 5 (1864), p. 3 = Giorn. di mat. (1) 1 (1863), p. 305; (1) 3 (1865), p. 269, 363 [Auszug Rend. Acc. Bologna 1862—63, p. 106; 1864—65, p. 18; vgl. auch ebenda 1872—73, p. 148] = Opere 2, Milano 1915, p. 54, 193.

Algebraische Beweise einiger Lehrsätze über die ebenen *Cremona*schen Transformationen gab *J. Rosanes*, J. f. Math. 73 (1870), p. 97.

Eine Darstellung der hauptsächlichsten Ergebnisse von *L. Cremona* und anderen über die Theorie der birationalen Transformationen zwischen zwei Ebenen

47. Birationale Transformationen zwischen zwei Ebenen. Beginnen wir mit der Betrachtung einer birationalen Transformation

bei *E. Dewulf*, Bull. Sciences math. (1) 5 (1873), p. 206 und *A. Clebsch* und *F. Lindemann*, „Vorlesungen" 1_1, p. 474—496; franz. Übers. 2, p. 188—210. Andere Darstellungen bei *G. Salmon* und *W. Fiedler*, „An. Geom. d. höh. eb. Kurven" [28]), p. 392—407; *G. Salmon* und *O. Chemin*, „Traité de géom. anal." [28]), p. 439—453; *K. Doehlemann*, „Geom. Transf." 2, p. 1—179; *F. Severi*, „Lezioni", p. 36—57; „Vorlesungen", p. 30—46; „Trattato" 1_1, p. 297—308; *R. Sturm*, „Geom. Verw." 4, p. 1—130; *H. Malet*, „Étude", p. 155—212; *B. Mlodziejowsky*, Moskau math. Sammlung 31 (1922), p. 7; *F. Enriques* und *O. Chisini*, „Lezioni" 3, p. 156—177; *Hilda P. Hudson*, „Cremona transf.", p. 1—153; *L. Godeaux*, „Transf. birat."; *J. L. Coolidge*, „Alg. pl. curves", p. 201—204, 442—448.

Eine Übersicht vor allem über die Arbeiten von *L. Cremona* auch bei *G. Darboux*, Bull. Sciences math. (1) 3 (1872), p. 221, 251, 281.

Über diesen Gegenstand s. auch *A. B. Coble*, „Report", p. 79—121.

Über die *Cremona*transformationen zwischen drei- oder mehrdimensionalen Räumen s. Nr. **73—91.**

430) Einige Zeitlang glaubte man, daß die quadratischen Transformationen die allgemeinsten eineindeutigen algebraischen Transformationen zwischen zwei Ebenen seien. So *L. I. Magnus*, J. f. Math. 8 (1831), p. 51; *J. Plücker*, „System der analytischen Geometrie", Berlin 1835, p. 50; *G. V. Schiaparelli*, Mem. Acc. Torino (2) 21 (1864), p. 227 [1861], und *L. Cremona* selbst, Rend. Acc. Bologna 1861—62, p. 88 [27. März 1862] = Opere 2, Milano 1915, p. 8. Aber kurz nach der Veröffentlichung seiner angeführten Arbeit, verbesserte *L. I. Magnus*, „Sammlung von Aufgaben und Lehrsätzen aus der analytischen Geometrie", Berlin 1833, p. VII, seinen Irrtum, indem er bemerkte, daß eine Folge quadratischer Transformationen zu höheren Transformationen führen könne; und *L. Cremona* machte, im Anfang seiner ersten Abhandlung [429]), Opere 2, p. 54, dieselbe Bemerkung. Außerdem hatte *E. de Jonquières* im Jahre 1859 einen Hinweis auf die, jetzt unter seinem Namen bekannte besondere Transformation (Nr. **51**) veröffentlicht, und zwar in dem Brief vom 10. Oktober 1859, Paris C. R. 49 (1859), p. 542, mit welchem er die Sendung einer seiner Arbeiten [die das Datum vom 25. November 1859 trägt; in Paris C. R. 49 (1859), p. 632, unter dem Datum vom 31. Oktober 1859, ersuchte er, die Arbeit selbst zurückzuhalten; und legte sie dann am 23. Januar 1860, Paris C. R. 50 (1860), p. 187 in endgültiger Form vor] über die Erzeugung von Raumkurven durch solche Transformationen (vgl. Nr. **103**) an die Académie des sciences de Paris begleitete. Diese Arbeit wird in Nouv. Ann. de math. (2) 3 (März 1864), p. 97, zusammengefaßt; in Giorn. di mat. (1) 23 (1885), p. 48 [1859, 1884] vollkommen neubearbeitet veröffentlicht.

Dieselbe irrtümliche Behauptung findet sich noch später bei anderen Verfassern, z. B. bei *G. de Longchamps*, Ann. Éc. Norm. (1) 3 (1866), p. 321; *Ed. Weyr*, Ztschr. Math. Phys. 14 (1869), p. 445; *E. Amigues*, Nouv. Ann. de math. (2) 16 (1877), p. 422; (2) 18 (1879), p. 549—550; *E. Czuber*, Monatsh. Math. Phys. 5 (1894), p. 267.

Eine Andeutung allgemeinerer Transformationen als die quadratischen machte *J. Steiner*, „Systematische Entwicklung der Abhängigkeit geometrischer Gestalten", Berlin 1832, Anm. auf p. 295 = Werke 1, Berlin 1881, p. 439 in Anm. S. hierüber *G. J. Verdam*, Ak. Amsterdam Versl. 12 (1846), p. 67.

zwischen zwei Ebenen π, π', die voneinander verschieden sind oder zusammenfallen. Nennen wir x_1, x_2, x_3 und x_1', x_2', x_3' die homogenen projektiven Koordinateu zweier Punkte X und X' von π und π', so wird die Transformation, die π in π' überführt, durch Formeln vom Typus

$$(1) \qquad \varrho x_i' = f_i(x_1, x_2, x_3) \qquad (i = 1, 2, 3)$$

dargestellt sein, wo ϱ ein Proportionalitätsfaktor und f_1, f_2, f_3 drei ternäre Formen ein und derselben Ordnung n sind, die als frei von gemeinschaftlichen Faktoren angenommen werden dürfen.

Wir schließen aus, daß sich f_1, f_2, f_3 nur um konstante Faktoren unterscheiden sowie, daß sie als binäre Formen ein und derselben Ordnung zweier anderer Formen $u(x_1, x_2, x_3)$ und $v(x_1, x_2, x_3)$ betrachtet werden können. Tatsächlich entspräche im ersten Falle, und nur dann, einem beliebigen Punkte von π ein fester Punkt von π'; im zweiten Falle, und nur dann, würde sich beim Variieren des Punktes X auf π der homologe Punkt X' nicht über die ganze Ebene π' bewegen, sondern auf einer (rationalen) Kurve.

Gelten für nicht homogene Koordinaten x, y und x', y' die zu (1) analogen Transformationsformeln

$$x' = \varphi(x, y), \quad y' = \psi(x, y),$$

wo φ und ψ rationale Funktionen von x, y sind, so lautet die Bedingung dafür, daß beim Variieren von X in π der Punkt X' die ganze Ebene π' beschreibt: die Funktionaldeterminante von φ und ψ darf nicht identisch verschwinden.

Da wir annehmen, daß die Transformation birational ist, können wir die Formeln (1) umkehren, und erhalten analoge Formeln

$$(2) \qquad \sigma x_i = \varphi_i(x_1', x_2', x_3') \qquad (i = 1, 2, 3),$$

welche die *inverse Transformation* der gegebenen Transformation darstellen, d. h. die Transformation, die von der Ebene π' zur Ebene π führt, wobei $\varphi_1, \varphi_2, \varphi_3$ drei ternäre Formen ein und derselben Ordnung sind, die denselben Bedingungen unterworfen sind, die für die Formen f_1, f_2, f_3 aufgestellt waren.

Den Geraden

$$(3) \qquad \lambda_1 x_1' + \lambda_2 x_2' + \lambda_3 x_3' = 0$$

von π' entsprechen in π die Kurven

$$(4) \qquad \lambda_1 f_1(x) + \lambda_2 f_2(x) + \lambda_3 f_3(x) = 0,$$

welche bei Veränderung von $\lambda_1, \lambda_2, \lambda_3$ ein Netz bilden. Die eindeutige Korrespondenz, die zwischen diesem Netz und dem System der Geraden von π' besteht, ist projektiv, da den Geraden eines Büschels

von π' in dem Netze (4) die Kurven eines zum ersten projektiven Büschels entsprechen.

Auf ähnliche Weise entsprechen den Geraden

$$\mu_1 x_1 + \mu_2 x_2 + \mu_3 x_3 = 0 \tag{5}$$

von π in π' die Kurven

$$\mu_1 \varphi_1(x') + \mu_2 \varphi_2(x') + \mu_3 \varphi_3(x') = 0, \tag{6}$$

welche ein Netz bilden; und die Korrespondenz zwischen diesem Netze und der Geradenebene π' ist projektiv.

Da den Schnittpunkten einer Geraden von π mit einer Kurve des Netzes (4) in π' die Schnittpunkte der homologen Kurven entsprechen, d. h. die Schnittpunkte einer Kurve des Netzes (6) mit einer Geraden, ergibt sich, daß die Kurven der Netze (4) und (6) ein und dieselbe Ordnung haben, daß also die Formen f_i und φ_i ein und derselben Ordnung sind. Anders ausgedrückt, eine birationale Transformation zwischen zwei Ebenen hat dieselbe Ordnung wie die inverse Transformation.

Da sich zwei Gerade von π' in einem einzigen Punkte schneiden, müssen sich auch zwei Kurven des Netzes (4) in einem einzigen, beweglichen Punkte schneiden, und $n^2 - 1$ von den Schnitten zweier Kurven des Netzes müssen daher in die Basispunkte des Netzes fallen. Dieselbe Eigenschaft gilt für das Netz (6). Aus diesem Grunde bezeichnet man die Netze (4) und (6) als *homaloid*.[431]) Die Kurven dieser Netze sind rational, weil durch die Transformation die Punkte einer jeden Kurve den Punkten der entsprechenden Geraden der anderen Ebene eineindeutig entsprechen.

Die vorhergehenden Betrachtungen können auch umgekehrt werden. In einer Ebene π sei ein homaloides Netz n^{ter} Ordnung gegeben, und wir beziehen es projektiv auf die Geraden einer Ebene π' so, daß jedes Geradenbüschel von π', dessen Mittelpunkt ein allgemeiner Punkt X' ist, mit einem Kurvenbüschel des Netzes korrespondieren wird, von dem nur einer von den Basispunkten, X, beweglich, d. h. von den Basispunkten des Netzes verschieden ist, und umgekehrt. Betrachten wir daher die Punkte X und X' als entsprechend, so entsteht zwischen den Ebenen π und π' eine birationale Transformation, die, wenn $f_1(x) = 0$, $f_2(x) = 0$, $f_3(x) = 0$ drei nicht ein und demselben Büschel angehörende Kurven des Netzes sind, durch die Formeln

$$\varrho x_i' = f_i(x_1, x_2, x_3) \qquad (i = 1, 2, 3)$$

dargestellt werden kann.

---

431) S. Anm. 11. Über die homaloiden Netze s. III C 4 (*L. Berzolari*), Nr. **36**.

Demnach erhält man die allgemeinste birationale Transformation zwischen zwei Ebenen, indem man die Geraden der einen Ebene auf die Kurven eines homaloiden Netzes der anderen Ebene projektiv bezieht.

48. Hauptpunkte und -kurven. Die Formeln (1) der vorhergehenden Nr. zeigen, daß der homologe Punkt eines Punktes X von π wohl bestimmt ist, ausgenommen, wenn er mit einem Basispunkte A des homaloiden Netzes (4) zusammenfällt. In diesem Falle lasse man X sich dem Punkt A längs Kurvenzweigen nähern und ermittle die Grenzlagen des homologen Punktes X' in π'. Haben die Kurven des Netzes in A mindestens eine veränderliche Tangente, so sei g eine durch A gehende Gerade und von den möglichen festen Tangenten verschieden. Dann gibt es in dem Netz ein Büschel von Kurven, welche g in A berühren, und diesem Büschel entspricht in π' ein Geradenbüschel mit einem wohl bestimmten Mittelpunkt A'. Man kann sagen, daß A' der homologe Punkt des Punktes von π ist, der auf der Geraden g zu A unendlich benachbart ist, da Kurvenzweigen, die mit der Tangente g durch A gehen, Kurvenzweige, die durch A' gehen, entsprechen. Läßt man g sich um A drehen, so bewegt sich der Punkt A' und beschreibt eine Kurve. Genauer ergibt sich, daß den A unendlich benachbarten Punkten von π in den verschiedenen von A ausgehenden Richtungen, wenn sie nur von den Richtungen der allen Kurven des homaloiden Netzes gemeinsamen Tangenten in A verschieden sind, die Punkte einer rationalen Kurve entsprechen, deren Ordnung gleich der Anzahl der veränderlichen Tangenten in A ist.

Nun sei g eine feste Tangente des Netzes (4) in dem Basispunkt A, und man nehme an, daß sich nicht alle Kurven des Netzes in A oskulieren (d. h. eine Berührung 2. Ordnung haben). Dann existieren in dem Netze ∞^1 Büschel von Kurven, die sich in A oskulieren, mit der gemeinsamen Tangente g, und einem jeden dieser Büschel entspricht in π' ein Büschel von Geraden mit einem bestimmten Mittelpunkte A_1. Man findet, daß die Punkte A_1 von π', die auf diese Weise aus jenen ∞^1 Büscheln von π erhalten werden, als Ort eine wohl bestimmte Gerade haben, derart, daß Kurvenzweigen mit der Tangente g, die sich in A oskulieren, Kurvenzweige entsprechen, die durch ein und denselben Punkt A_1 dieser Gerade gehen, und umgekehrt.

Wenn alle Kurven des Netzes (4) in A die Tangente g gemein haben und sich in A oskulieren, so verfährt man durch Betrachtung höherer Berührungen in A auf ähnliche Weise.

Zusammenfassend können wir sagen, daß jedem r-fachen Basispunkt A des homaloiden Netzes (4), in welchem alle Tangenten ver-

änderlich sind, in π' eine (rationale) Kurve r^{ter} Ordnung entspricht. Wenn es dagegen in A ϱ feste Tangenten gibt, so reduziert sich die Ordnung der Kurve auf $r - \varrho$, den einzelnen festen Tangenten entsprechen aber ebenso viele Gerade, so daß dem r-fachen Punkte A insgesamt eine Kurve r^{ter} Ordnung entspricht. Sind alle Tangenten in A fest, so entspricht A in π' ein einziger Punkt, und den r festen Tangenten entsprechen r Gerade, so daß man sagen kann, die A entsprechende Kurve existiert noch, aber zerfällt in r Gerade.

Ein analoges Ergebnis erhält man, wenn irgendeine der festen Tangenten in A unter den allen Kurven des Netzes (4) gemeinen Tangenten in A mehrmals zählt. Zählt eine solche Tangente g k-mal, so gehört jede Kurve des Netzes k in A oskulierenden Büscheln mit der Tangente g an, daher entspricht der Geraden g eine Kurve k^{ter} Ordnung.

Die Basispunkte der in π und π' gegebenen homaloiden Netze heißen *Hauptpunkte (Fundamentalpunkte)* der Transformation, und die Kurven, die ihnen im ebengenannten Sinne (in π' und π) entsprechen, heißen die *Hauptkurven (Fundamentalkurven)* der Transformation, die diesen Punkten entsprechen.[432])

Der oben untersuchte Fall, daß die Kurven des homaloiden Netzes in einem Hauptpunkt A feste Tangenten besitzen, ist augenscheinlich damit gleichbedeutend, daß andere Hauptpunkte der Transformation dem Punkte A unendlich benachbart sind.

Für die Folge nehmen wir der Einfachheit halber an, daß die Hauptpunkte der Transformation, sowohl in der einen wie in der anderen Ebene, untereinander endlichen Abstand haben, aber manche unserer Angaben gelten auch im gegenteiligen Falle.[433])

Darum sprechen wir davon, daß jede Hauptkurve rational und ihre Ordnung gleich der Multiplizität des entsprechenden gewöhnlichen Hauptpunktes der anderen Ebene ist.

Diese Hauptpunkte und -kurven treten immer auf, vorausgesetzt,

---

432) *Punti e curve principali,* nach *L. Cremona,* Mem. Acc. Bologna (2) 5 (1865), p. 5, 7 = Giorn. di mat. (1) 3 (1865), p. 270, 272 = Opere 2, p. 194, 196.

433) Wie sich die Sätze und Formeln der Nr. **49** und **50** im allgemeinsten Falle, in dem die komplizierteren Singularitäten nicht ausgeschlossen werden, ändern, zeigt *H. W. E. Jung,* J. f. Math. 138 (1910), p. 255, auf algebraisch-arithmetrischem Wege. Einige Bemerkungen über die einfacheren Fälle bei *F. Enriques* und *O. Chisini,* „Lezioni" 3, p. 162—164. — Über die Erörterung der Hauptpunkte und -kurven s. auch *L. Autonne,* Rend. Circ. mat. Palermo 10 (1896), p. 226; Auszug Paris C. R. 121 (1895), p. 673. — Bemerkungen über den Fall, daß die Hauptpunkte nicht voneinander unabhängig sind, bei *G. Biasi,* „Intorno alle trasformazioni Cremoniane e ad una geometria analitica di grado superiore che ne deriva", Sassari 1905.

daß es sich nicht um eine Kollineation handelt; mit anderen Worten, die einzigen ohne Ausnahme umkehrbar eindeutigen *Cremona*schen Transformationen zwischen zwei Ebenen sind die Kollineationen.[434])

49. Grundlegende Beziehungen zwischen den Zahlen, die sich auf ein homaloides Netz beziehen. Nach Nr. **47** reduziert sich die Bestimmung der *Cremona*schen Transformationen gegebener Ordnung n auf die Konstruktion der homaloiden Netze n^{ter} Ordnung.

Wir bezeichnen mit $r_1, r_2, \ldots r_h$ die Multiplizitäten ($\geqq 1$) der auf π existierenden Hauptpunkte der Transformation. Da zwei Kurven des homaloiden Netzes einen einzigen veränderlichen Schnittpunkt aufweisen, ist

$$\sum_i r_i^2 = n^2 - 1. \tag{1}$$

Da ferner die allgemeine Kurve des Netzes irreduzibel sein soll, so kann sie nach einem Satz von *E. Bertini*[435]) über die linearen Systeme [III C 4 (*L. Berzolari*), Nr. **3**; III C 7 (*C. Segre*), Nr. **40**] keine vielfachen Punkte besitzen, außer den Basispunkten des Netzes, d. h. außer den in π liegenden Hauptpunkten der Transformation. Die Kurven des Netzes haben aber das Geschlecht Null (Nr. **47**), daher ist

$$\sum_i \frac{r_i(r_i-1)}{2} = \frac{(n-1)(n-2)}{2}. \tag{2}$$

Aus den Gleichungen (1) und (2) leitet sich ab

$$\sum_i r_i = 3(n-1), \tag{3}$$

$$\sum_i \frac{r_i(r_i+1)}{2} = \frac{n(n+3)}{2} - 2. \tag{4}$$

Die zweite von diesen Gleichungen sagt aus, daß die den Kurven des homaloidischen Netzes durch die Hauptpunkte von π auferlegten Bedingungen untereinander unabhängig sind, das Netz also *regulär* ist.[436])

434) Vgl. z. B. *F. Severi*, „Lezioni", p. 49; „Vorlesungen", p. 40; „Trattato" 1_1, p. 302. Der Lehrsatz folgt auch aus der Gleichung (1) in Nr. **49**.

435) Rend. Ist. Lomb. (2) 15 (1880), p. 24. S. auch *É. Picard* und *G. Simart*[114]) 2, p. 51—52; *E. Bertini*[4]), 1. Ausg., p. 227—228; 2. Ausg., p. 269—271; Deutsche Ausg., p. 253—255; *F. Severi*, „Lezioni", p. 28—29; „Vorlesungen", p. 24—25; „Trattato" 1_1, p. 38—42; *F. Enriques* und *O. Chisini*, „Lezioni" 1, p. 181—182; *J. L. Coolidge*, „Alg. pl. curves", p. 115—116. Für den Fall eines homaloidischen Netzes wurde der Lehrsatz schon von *J. Rosanes*[429]), p. 100, bewiesen, sein Beweis ist bei *A. Clebsch* und *F. Lindemann*, „Vorlesungen" 1, p. 479—480; franz. Übers. 2, p. 195 wiedergegeben.

436) Aus allgemeinen Sätzen über die linearen Systeme ebener Kurven folgt, daß jedes vollständige irreduzible lineare System vom Grad 1 ein homaloides Netz ist. Allgemeiner, ein algebraisches System von der Dimension > 1,

Das System der vorausgehenden Formeln ist daher dem System der beiden Formeln[437])

$$(5) \qquad \sum_i r_i = 3(n-1), \qquad \sum_i r_i^2 = n^2 - 1$$

gleichwertig.

Unter den Folgerungen dieser Formeln befinden sich einige Ungleichungen. Vor allem ergibt sich für die Anzahl h der Hauptpunkte des Netzes die Begrenzung

$$(6) \qquad 2n - 1 \geqq h \geqq 9 - \frac{18}{n+1},$$

wo das Gleichheitszeichen in beiden Fällen nur dann gesetzt werden darf, wenn es sich um eine Transformation von *de Jonquières* (Nr. **51**) bzw. eine der vier Transformationen handelt, für die $r_1 = r_2 = \cdots = r_h$ ist (Nr. **52**, siehe auch Anm. 826).[438])

---

für das zwei allgemeine Kurven einen einzigen veränderlichen Schnitt besitzen, ist ein homaloides Netz. Vgl. III C 4 (*L. Berzolari*), Nr. **35, 36.**

437) Die vorausgehenden Formeln rühren von *L. Cremona*[429]) her, der Formel (2) aus Formel (1) und (4) dadurch ableitete, daß er die Regularität des Systems der den Geraden der anderen Ebene korrespondierenden Kurven implizite voraussetzte. Vgl. hierüber *L. Cremona,* Opere 2, erste Fußnote auf p. 56; außerdem *A. Cayley,* Proc. London math. Soc. (1) 3 (1870), p. 196; (1) 22 (1891), p. 475 = Papers 7, Cambridge 1894, p. 253; 13, Cambridge 1897, p. 115. — Nach *F. Enriques* und *O. Chisini,* „Lezioni" 3, p. 157 ist es nicht nötig, bei der Aufstellung der Formel (2) auch von dem Satz von *E. Bertini* Gebrauch zu machen; die allgemeine Kurve eines Netzes vom Grade 1 kann in der Tat keinen veränderlichen vielfachen Punkt P aufweisen, andernfalls hätte eine durch P gehende zweite Kurve des Netzes außer den Basispunkten mindestens zwei Schnittpunkte mit ihr gemein.

Vergegenwärtigen wir uns die *Noether*sche Betrachtungsweise der Singularitäten der ebenen Kurven [III C 4 (*L. Berzolari*), Nr. **12, 14, 15**], so gelten die Formeln des Textes, auch wenn einige Hauptpunkte der Transformation unendlich benachbart sind.

H. G. Zeuthen, Math. Ann. 4 (1871), p. 43 folgerte die Formel (3) als Sonderfall einer Formel für zwei beliebige algebraische Flächen in umkehrbar eindeutiger Korrespondenz.

438) *D. Montesano,* Rend. Acc. Napoli (3) 11 (1905), p. 270—271; Atti Acc. Napoli (2) 15 (1910), Nr. 7, p. 7—9. Hieraus folgen die schon von *S. Kantor,* Preisschrift Atti Acc. Napoli (2) 4 (1892), Nr. 2, p. 12 [1883] [Auszug J. f. Math. 114 (1895), p. 65] betrachteten Eigenschaften: für $n > 2, 5, 8, 17$ ist bzw. $h > 4, 6, 7, 8$. Das Verzeichnis der homaloidischen Netze mit $h < 9$ findet man bei *S. Kantor,* a. a. O., p. 19, und bei *D. Montesano,* zweites Zitat, p. 29. Ein einziges dieser Netze hat die Ordnung 17 und untereinander gleiche Multiplizitäten; die anderen sind niedrigerer Ordnung.

Nach *S. Kantor,* a. a. O, p. 12 [und p. 65] gibt es eine endliche Anzahl birationaler Transformationen mit $h \leqq 8$; eine unendliche Anzahl aber für $h \geqq 9$. Für $h = 9$ hat *A. B. Coble,* Trans. Amer. math. Soc. 17 (1915), p. 345 gefunden,

Sind die Zahlen r_i absteigend geordnet, so daß $r_1 \geqq r_2 \geqq \cdots \geqq r_h$ ist, so ergeben sich die Ungleichungen

$$3r_1 > n, \qquad r_1 + 2r_2 > n,$$
$$r_1 + r_2 + r_3 > n,$$

von denen die dritte im Beweis (Nr. 57) für die Zerlegung jeder ebenen *Cremona*schen Transformation in quadratische Transformationen[439]) eine Hauptrolle spielte.

50. Eigenschaften der Hauptpunkte und -kurven. Zwischen den Hauptpunkten und den Hauptkurven einer birationalen Transformation zwischen zwei Ebenen π, π' existieren viele Verknüpfungen, deren größter Teil von *L. Cremona*[429]) aufgefunden wurde.

---

daß diese Transformationen in $2 \cdot 3^8 \cdot 960$ Klassen aufgeteilt werden können, und zwar so, daß jede Klasse eine unendliche Anzahl von Transformationen enthält, die durch die willkürliche Veränderung von acht ganzen Zahlen bestimmt sind. Die Typen von Transformationen mit $h \leqq 9$ sind von *Mildred E. Taylor,* Amer. J. of math. 54 (1932), p. 123 bestimmt.

439) Die beiden ersten Ungleichungen stammen von *M. Noether,* Math. Ann. 5 (1872), p. 634. Die Zahl r_1 liegt daher innerhalb der Grenzen $n-1$ und $\frac{n+1}{3}$ und erreicht diese Werte nur im Falle der Transformationen von *de Jonquières,* bzw. wenn alle Zahlen r_i gleich sind. S. *D. Montesano,* Atti Acc. Napoli (2) 15 (1910), Nr. 7, p. 9.

Die dritte Ungleichung wurde gleichzeitig von *M. Noether,* Math. Ann. 3 (1870), p. 165—167 und von *J. Rosanes*[429]), p. 107 angegeben; von *M. Noether* von neuem Math. Ann. 5 (1872), p. 635. Über Beweise dieser Formel s. auch *A. Clebsch* und *F. Lindemann,* „Vorlesungen" 1, p. 488—489; franz. Übers. 2, p. 205—207; *E. Bertini,* Giorn. di mat. (1) 15 (1877), p. 329; *G. Salmon* und *W. Fiedler,* „An. Geom. d. höh. eb. Kurven"[28]), p. 397; *G. Salmon* und *O. Chemin,* „Traité de géom. anal."[28]), p. 443—444; *S. Kantor,* Amer. J. of math. 18 (1895), p. 239—240; *K. Doehlemann,* „Geom. Transf." 2, p. 155—156; *C. Jordan*[4]), p. 600—601; *R. Sturm,* „Geom. Verw." 4, p. 6—7; *D. Montesano,* a. a. O., p. 10—11; *B. K. Mlodziejowsky,* Moskau math. Sammlung 29 (1913), p. 269, Wiedergabe bei *Hilda P. Hudson,* „Cremona Transf.", p. 9—11 und *D. Montesano,* Rend. Acc. Napoli (3) 34 (1928), p. 89; *H. Malet,* „Étude", p. 167—168; *O. Chisini,* Atti Soc. Nat. Mat. Modena (5) 6 (1921), p. 7, Wiedergabe bei *F. Enriques* und *O. Chisini,* „Lezioni" 3, p. 166—168 und in *L. Godeaux,* „Transf. birat.", p. 10—11.

D. Montesano, erste Anführung, p. 10—11 (vgl. *E. Bertini,* a. a. O., p. 331) führte weiterhin aus, daß

$$r_1 + r_2 + r_3 = n + 1$$

nur gilt, wenn das homaloidische Netz von *de Jonquières* (Nr. 51) oder eines der vier Netze ist, für die $r_1 = r_2 = \cdots = r_h$ (Nr. 52). In der zweiten angeführten Arbeit, p. 93, fügte *D. Montesano* noch hinzu, daß für $n > 2$ die Ungleichung

$$r_1 + r_3 + r_5 > n$$

besteht, wodurch er das in der ersten angeführten Arbeit, p. 20, angegebene Ergebnis noch genauer gestaltet hat.

Vor allem ist die Anzahl der Hauptpunkte in beiden Ebenen dieselbe; mit anderen Worten, in jeder Ebene ist die Anzahl der Hauptpunkte gleich der Anzahl der Hauptkurven.[440])

Eine Hauptkurve ist durch ihre Multiplizitäten in den Hauptpunkten völlig bestimmt, und hat außer diesen keine mehrfachen Punkte.

Alle Schnittpunkte zweier Hauptkurven sind in den Hauptpunkten zusammengefaßt.

Die Multiplizität einer Hauptkurve in einem Hauptpunkte ist gleich der Multiplizität der dem Punkte in der andern Ebene entsprechenden Hauptkurve in dem der Kurve entsprechenden Hauptpunkt.

Die Hauptkurven jeder Ebene bilden die *Jacobi*sche Kurve des bezüglichen homaloiden Netzes. Dieser Satz liefert die geometrische Deutung der Formel (3) von Nr. **49**.

Die Kurven des homaloiden Netzes einer Ebene werden von einer Hauptkurve nur in Hauptpunkten geschnitten; umgekehrt ist jede Kurve mit dieser Eigenschaft eine Hauptkurve.

Zerfällt eine Kurve des homaloiden Netzes, so sind alle Teile, mit Ausnahme eines einzigen, Hauptkurven.

Soll eine Kurve Hauptkurve sein, so ist notwendig und hinreichend,

---

440) Dieser Satz wurde von *L. Cremona* bewiesen, indem er die Anzahl der Kurvendoppelpunkte des Büschels betrachtete, das in der einen Ebene einem Geradenbüschel der anderen Ebene entspricht. *A. Clebsch,* Math. Ann. 4 (1871), p. 491 hat dafür einen anderen, einfachen Beweis geliefert, indem er bemerkte, daß, wenn man von einer Kollineation absieht, die Transformation bestimmt ist, wenn die Lage der Hauptpunkte in der einen oder anderen Ebene gegeben ist. Ist h die Zahl der Hauptpunkte in jeder der Ebenen, so folgt daraus, daß die Transformation, für $n > 2$ und daher $h \geqq 5$, $2h - 8$ absolute Invarianten (in bezug auf die Kollineationen) besitzt.

H. G. Zeuthen, Paris C. R. 70 (1870), p. 745; Math. Ann. 4 (1871), p. 43 folgerte den Lehrsatz von *L. Cremona* aus einer für zwei beliebige algebraische Flächen in umkehrbar eindeutiger Korrespondenz gültigen allgemeinen Formel. Auch *C. Segre,* Atti Acc. Torino 31 (1896), p. 495 bewies einen allgemeineren Lehrsatz als den von *L. Cremona* für die birationalen Korrespondenzen zwischen zwei algebraischen Flächen. S. auch *H. G. Zeuthen,* „Lehrbuch", p. 164—165.

Einen weiteren Beweis des Satzes von *L. Cremona* lieferte *M. Pannelli,* Roma Rend. Acc. Linc. (5) 19^1 (1910), p. 449 durch Betrachtung des Geschlechts der *Jacobi*schen Kurve des in einer der beiden Ebenen existierenden homaloiden Netzes. Ferner gab er die Erweiterung dieses Satzes auf die birationalen Transformationen zwischen zwei dreidimensionalen Räumen an (vgl. Nr. 75).

F. Klein, Math. Ann. 7 (1874), p. 555 = Ges. math. Abh. 2, Berlin 1922, p. 70 führte weiterhin aus, daß in einer *Cremona*schen Transformation zwischen zwei Ebenen auch gleichviel reelle Hauptpunkte auf den beiden Ebenen existieren. Vgl. Anm. 34 und 1058.

daß sie in einem Kurvenbüschel des homaloiden Netzes[441]) fester Bestandteil ist.

Nennt man $r_1, r_2, \ldots, r_h$ die Multiplizitäten der Hauptpunkte der ersten Ebene, $s_1, s_2, \ldots, s_h$ die der Hauptpunkte der zweiten Ebene, $\alpha_{ik} = \alpha_{ki}$ die Multiplizität des r_i-fachen Hauptpunkts der ersten Ebene für die Hauptkurve von der Ordnung s_k (also die des s_k-fachen Hauptpunkts der zweiten Ebene für die Hauptkurve von der Ordnung r_i), so ergeben sich aus den vorhergehenden Sätzen die Formeln

$$(1)\quad \sum_k \alpha_{ik} = 3r_i - 1, \qquad (2)\quad \sum_k \alpha_{ik}^2 = r_i^2 + 1,$$

$$(3)\quad \sum_k s_k \alpha_{ik} = n r_i, \qquad (4)\quad \sum_k \alpha_{ik}\alpha_{jk} = r_i r_j \quad (i \neq j),$$

sowie die durch Vertauschung der r mit den s erhältlichen analogen Formeln.[442]).

Hieraus folgt leicht[443]), daß

$$(5)\qquad \begin{vmatrix} n & r_1 & r_2 & \ldots & r_h \\ s_1 & \alpha_{11} & \alpha_{12} & \ldots & \alpha_{1h} \\ s_2 & \alpha_{21} & \alpha_{22} & \ldots & \alpha_{2h} \\ \cdot & \cdot & \cdot & \cdot & \cdot \\ s_h & \alpha_{h1} & \alpha_{h2} & \ldots & \alpha_{hh} \end{vmatrix} = \pm 1$$

ist; für das algebraische Komplement von n in dieser Determinante außerdem[444]) den Wert

$$|\alpha_{ik}| = \pm n.$$

---

441) Eine hinreichende, nicht aber notwendige Bedingung dafür, daß eine gegebene rationale Kurve als Hauptkurve eines homaloiden Netzes angesehen werden kann, gibt *G. Ferretti* an, Rend. Circ. mat. Palermo 16 (1902), p. 263. S. auch Nr. **56**.

442) Bezeichnet man mit h und h' die Anzahl der Hauptpunkte von π und π', so folgt aus der Gleichung (1) im Text und der Gleichung (3) von Nr. **49**

$$\sum_{i,k} \alpha_{ik} = 3\sum_i r_i - h = 9(n-1) - h,$$

$$\sum_{i,k} \alpha_{ik} = 3\sum_k s_k - h' = 9(n-1) - h',$$

woraus wieder $h = h'$ folgt. S. *A. Clebsch*[440]), p. 493.

Beweise der Gleichungen (1) und (2), die von der Betrachtung der *Jacobi*schen Kurve unabhängig sind, bei *G. Jung*, Rend. Ist. Lomb. (2) 19 (1886), p. 161. Weitere Beweise der Gleichungen (1), ..., (4) bei *S. Kantor*, Preisschrift[438]), p. 34—35 [Auszug J. f. Math. 114 (1895), p. 57—58].

443) *S. Kantor*[442]); *G. Loria*, Atti Acc. Torino 26 (1890), Anm. auf p. 289; *D. Montesano*, Rend. Acc. Napoli (3) 21 (1915), p. 117, und auch Atti Acc. Napoli (2) 18 (1929), Nr. 2, p. 11—12, wo bewiesen wird, daß der absolute Betrag eines jeden Elementes der Determinante gleich seinem algebraischen Komplement ist.

444) *A. Clebsch*, Anm. 440.

Hat die Transformation in der einen Ebene x_1 einfache Hauptpunkte, x_2 Doppelpunkte, ..., $x_{n-1}(n-1)$-fache Hauptpunkte, in der anderen Ebene y_1 einfache Hauptpunkte, y_2 Doppelpunkte, ..., $y_{n-1}(n-1)$-fache Hauptpunkte, so besagt ein anderer, von *L. Cremona* herrührender Lehrsatz, daß die Zahlen $x_1, x_2, \ldots, x_{n-1}$ gleich den Zahlen $y_1, y_2, \ldots, y_{n-1}$, in derselben oder in einer anderen Reihenfolge genommen, sind.

Der Satz wurde durch Induktion von *L. Cremona*[445]) gefunden, später von *A. Clebsch*[446]) und *E. Bertini*[447]) bewiesen.

A. Clebsch gründete seinen Beweis auf einige Eigenschaften der *Gruppen* Γ, die ausschließlich von allen Hauptpunkten der einen Ebene, mit ein und derselben Multiplizität, sowie der *Gruppen* γ, die ausschließlich von allen Hauptkurven ein und derselben Ordnung gebildet werden. Diese Eigenschaften wurden von *E. Bertini*[448]) vervollständigt und dann[449]) auf beliebige reguläre lineare Systeme ebener Kurven mit unabhängigen Basispunkten[450]) ausgedehnt [III C 4 (*L. Berzolari*), Nr. **35**, **36**].

Vor allem ist jeder eine höhere Punktzahl als die Einheit umfassenden Gruppe Γ eine und nur eine Gruppe γ *zugeordnet*, die aus der gleichen Anzahl von Kurven gebildet wird, und umgekehrt. Sind dann zwei Gruppen Γ und γ nicht zugeordnet, so haben alle Punkte (oder der Punkt) von Γ für alle Kurven (oder für die Kurve) von γ eine und dieselbe Multiplizität. Sind dagegen zwei Gruppen Γ und γ einander zugeordnet, so ordnen sich die Punkte von Γ den Kurven von γ derart zu, daß alle Multiplizitäten dieser Punkte für die entsprechenden zugeordneten Kurven einer gewissen Zahl ω gleich sind, alle Multiplizitäten dagegen derselben Punkte für die nicht zugeordneten Kurven von γ einer, von der vorhergehenden verschiedenen, Zahl ω' gleich sind (und jeder andere nicht in Γ enthaltene Hauptpunkt eine und dieselbe Multiplizität für alle Kurven von γ hat).[451])

445) Dieser Satz wurde von *T. A. Hirst* in Report British Ass. 34, Bath 1864 (London 1865), p. 3 = *L. Cremona*, Opere 2, p. 179 im Namen von *L. Cremona* mitgeteilt.

446) S. [440]), p. 490.

447) Rend. Circ. mat. Palermo 3 (1888), p. 17.

448) Rend. Ist. Lomb. (2) 13 (1880), p. 443.

449) Anm. 447, p. 5.

450) Der Satz von *L. Cremona* wurde von *G. Jung*, Ann. di mat. (2) 15 (1887), p. 301 auf alle regulären linearen Systeme mit unabhängigen Basispunkten ausgedehnt, für die die Anzahl der Basispunkte gleich ist der Anzahl der Fundamentalkurven. Ein weiterer Beweis bei *E. Bertini.* [447])

451) Daraus ergibt sich der Satz von *L. Cremona.*

Die Differenz $\omega - \omega'$ kann nur die Werte $+1$ und -1[452]) annehmen. Demgemäß können wir sagen[453]), daß im ersten Falle die Zuordnung der Gruppen Γ und γ eine *positive*, im zweiten Falle eine *negative Signatur* hat; das gleiche kann in bezug auf die Zuordnung gesagt werden, die zwischen den Punkten von Γ und den den Kurven von γ entsprechenden Hauptpunkten der anderen Ebene festgelegt wird.

Gilt für zwei r- und r'-fache Hauptpunkte $r > r'$, so ist nach *E. Bertini*[448]) die Multiplizität einer Hauptkurve im ersten Punkte größer oder gleich der Multiplizität, die sie im zweiten Hauptpunkte besitzt.

Gibt es in einer der beiden Ebenen weder Gruppen von einfachen noch Gruppen von Doppelpunkten (wobei jedoch ein einziger einfacher oder ein einziger Doppelpunkt existieren kann), so gehen die Hauptkurven maximaler Ordnung durch alle Hauptpunkte. Gehen die Hauptkurven maximaler Ordnung nicht durch alle Hauptpunkte, so müssen sie notwendigerweise durch alle diese Punkte bis auf einen hindurchgehen, und eine Gruppe von drei Kurven bilden, die einer Gruppe von drei einfachen Punkten zugeordnet ist, oder aber eine Gruppe von sechs Kurven bilden, die einer Gruppe von sechs Doppelpunkten zugeordnet ist.

51. Bestimmung der ebenen Cremonaschen Transformationen gegebener Ordnung. In Nr. **49** sahen wir, daß die auf ein homaloides Netz bezüglichen Zahlen $n, r_1, r_2, \ldots, r_h$ den zwei Gleichungen (5) genügen.

Fassen wir nun umgekehrt eine beliebige Lösung der Gleichungen (5) mit positiven ganzen Zahlen $n, r_1, r_2, \ldots, r_h$ ins Auge. Es gibt wenigstens ∞^2 ebene Kurven n^{ter} Ordnung, die durch h willkürlich gegebene Basispunkte hindurchgehen und in diesen die Multiplizitäten $r_1, r_2, \ldots, r_h$ haben, da die Dimension des aus solchen Kurven gebildeten linearen Systems nicht kleiner als $\frac{n(n+3)}{2} - \sum_i \frac{r_i(r_i+1)}{2}$, also nicht kleiner als 2 ist. Sind nun diese Kurven nicht reduzibel, so gibt es genau ∞^2; sie bilden folglich ein homaloides Netz. Gäbe es nämlich ∞^t, wo $t > 2$, so schnitten sich zwei von ihnen in mindestens $t-1$ beweglichen Punkten, und die zweite Formel (5) wäre nicht erfüllt.

Zwei homaloide Netze ein und derselben Ordnung n betrachtet

452) *A. Clebsch*[440]), p. 496 hatte bemerkt, daß n durch eine gewisse Potenz von $\omega - \omega'$ teilbar ist. *E. Bertini*[448]) stellte aber fest, daß $\omega - \omega' = \pm 1$ ist, wo auch ein von *L. Bianchi* herrührender anderer Beweis wiedergegeben ist.

453) Nach *D. Montesano,* Rend. Circ. mat. Palermo 31 (1911), p. 366.

man als *einem und demselben Typus* angehörig, wenn die Hauptpunkte des einen Netzes dieselben Multiplizitätsordnungen haben wie die des anderen Netzes. Andererseits können wir immer ein homaloides Netz von gleichem Typus wie ein gegebenes Netz konstruieren, welches außerdem seine Hauptpunkte in vorgegebenen Punkten allgemeiner Lage hat. Wir können daher von der Betrachtung dieser Punkte absehen und festhalten, daß jeder Typus homaloidischer Netze gegebener Ordnung n durch die Gruppe der den Formeln (5) genügenden Zahlen $r_1, r_2, \ldots, r_h$ vollständig bestimmt ist.

Infolgedessen hängt die Konstruktion aller möglichen homaloidischen Netze gegebener Ordnung n, also auch die Bestimmung aller möglichen ebenen birationalen Transformationen n^{ter} Ordnung, von der Auflösung der beiden Gleichungen (5) mit positiven ganzen Zahlen, unter Ausschluß der auf reduzible Kurven n^{ter} Ordnung führenden Lösungen ab. Diese Bestimmung ist daher gleichwertig mit der Lösung zweier Aufgaben; die eine ist rein arithmetisch, gehört der unbestimmten Analysis an und hat immer eine endliche Anzahl von Lösungen, die andere ist geometrisch und besteht für jede Lösung der ersten Aufgabe in der Erörterung darüber, ob die erhaltenen Kurven reduzibel sind oder nicht.

Da den Gleichungen (5) auch die Zahlen $s_1, s_2, \ldots, s_h$, die die Multiplizitäten der Hauptpunkte in der zweiten Ebene angeben, genügen müssen, nennt man nach *L. Cremona* zwei derartige Lösungen der Gleichungen (5), die sich auf ein und dieselbe Transformation beziehen, *konjugiert*.

Eine besonders wichtige und für jeden Wert von n geltende Lösung liefert in der einen und daher auch in der anderen Ebene ein Netz n^{ter} Ordnung mit einem $(n-1)$-fachen Hauptpunkt und $2(n-1)$ einfachen Hauptpunkten. Die Hauptkurven einer jeden Ebene sind die Verbindungsgeraden des ersten dieser Punkte mit den übrigen, ferner die Kurve $(n-1)^{\text{ter}}$ Ordnung, die im ersten Punkte die Multiplizität $n-2$ besitzt und durch alle anderen einfach hindurchgeht. Durch diese Transformation entspricht dem Geradenbüschel, dessen Mittelpunkt der $(n-1)$-fache Hauptpunkt der einen Ebene ist, projektiv das Geradenbüschel, dessen Mittelpunkt der $(n-1)$-fache Hauptpunkt der anderen Ebene ist.

Diese Transformationen heißen *isologisch, isographisch* oder Transformationen *von de Jonquières*, weil sie zuerst von diesem Verfasser[454])

454) S. [430]). Als *E. de Jonquières* die Fundamentaleigenschaften seiner Transformation (die er als *isographisch* bezeichnete) zwischen zwei voneinander verschiedenen oder zusammenfallenden Ebenen festgestellt hatte, übertrug er sie

untersucht wurden, und zwar noch vor den allgemeinen Arbeiten von *L. Cremona.*[455])

In nicht homogenen Koordinaten (x, y), (x', y') können sie durch Formeln vom Typus

$$x' = x, \quad y' = \frac{\alpha y + \beta}{\gamma y + \delta}$$

dargestellt werden, wo $\alpha, \beta, \gamma, \delta$ so beschaffene rationale Funktionen von x sind, daß $\alpha\delta - \beta\gamma$ nicht identisch gleich Null wird.

---

auf den Fall zweier Strahlenbündel mit der Absicht, die Kurve, die der Ort aller Schnittpunkte homologer Strahlen ist, zu untersuchen (s. Nr. **103**).

Zu einer Korrespondenz dieser Art gelangt man nach *L. Cremona,* Mem. Acc. Bologna (2) 2 (1863), p. 625 = Giorn. di mat. (1) 1 (1863), p. 308 = Opere 2, p. 57, durch Verallgemeinerung der „schiefen Projektion" von *J. Steiner* (vgl. Nr. **67**), also dadurch, daß man versucht, eine umkehrbar eindeutige Korrespondenz zwischen zwei voneinander verschiedenen Ebenen π, π' mit Hilfe einer zwei feste Kurven schneidenden, beweglichen Geraden festzulegen, oder mit anderen Worten, mit Hilfe der Geraden einer mit zwei Fokallinien ausgestatteten Kongruenz 1. Ordnung. Diese zwei Linien sind notwendigerweise eine Gerade und eine Kurve $(n-1)^{\text{ter}}$ Ordnung mit $n-2$ gemeinsamen Punkten. Für $n > 3$ ist die so zwischen π und π' entstehende Transformation von *de Jonquières* aber von besonderer Natur, da in einer jeden der zwei Ebenen $n-1$ einfache Hauptpunkte auf einer gerader Linie (auf der Geraden $\pi\pi'$) liegen.

Über die Transformationen von *de Jonquières* s. noch *K. Doehlemann,* Diss. München 1889, p. 14—22; „Geom. Transf." 2, p. 150—151; *U. Perazzo,* Mem. Acc. Torino (2) 54 (1904), p. 170; *R. Sturm,* „Geom. Verw." 4, p. 5 ff.; *A. B. Coble,* Trans. Amer. math. Soc. 24 (1922), p. 1; *L. Godeaux,* Bull. Ac. sc. Belgique (5) 9 (1923), p. 521; *Hilda P. Hudson,* „Cremona Transf.", p. 98—105; *P. Libois,* Mathesis 43 (1929), suppl., p. 13.

Eine von der Betrachtung einer Fläche n^{ter} Ordnung mit einer $(n-2)$-fachen Geraden und zwei $(n-1)$-fachen Punkten auf dieser Geraden, abgeleitete stereometrische Erzeugung der Transformation (mit Ausdehnung auf die drei- und mehrdimensionalen Räume), gab *J. F. Tinto,* Proc. math. Soc. Edinburgh 37 (1919), p. 48 an.

E. Dewulf, Ann. Éc. Norm. (3) 3 (1886), p. 405 untersuchte eine Transformation von *de Jonquières,* deren einfache Hauptpunkte dem $(n-1)$-fachen Punkte unendlich benachbart sind, und wandte sie auf Aufgaben der Kinematik an.

455) Eine Erweiterung der vorhergehenden Lösung wurde von demselben *E. de Jonquières,* Paris C. R. 101 (1885), p. 720 angegeben. Sie bezieht sich auf den Fall, daß n in der Form $n = k \cdot l$ geschrieben werden kann, wo k, l positive ganze Zahlen sind. Die Hauptpunkte des einen homaloiden Netzes sind ein $l(k-1)$-facher, $2(k-1)$ l-fache, ein $(l-1)$-facher und $2(l-1)$ einfache Punkte; die des anderen ein $k(l-1)$-facher, $2(l-1)$ k-fache, ein $(k-1)$-facher und $2(k-1)$ einfache Punkte. Zu den Transformationen von *de Jonquières* gelangt man wieder, wenn man $l = 1$ oder $k = 1$ setzt. Deutung und Erweiterungen bei *G. B. Guccia,* Paris C. R. 101 (1885), p. 808 [vgl. auch *E. de Jonquières,* Giorn. di mat. (1) 24 (1886), Anm. auf p. 9]; *F. Palatini,* Period. di mat. (3) 9 (1912), p. 133.

Mit der Lösung des oben angegebenen allgemeinen Problems beschäftigte sich vor allem *L. Cremona* in der zweiten, Anm. 429 angeführten Abhandlung. *Cremona* gab die Tabelle aller Transformationen der ersten zehn Ordnungen[456]) an, und bestimmte alle Transformationen n^{ter} Ordnung, bei denen in einer Ebene ein Hauptpunkt mit der maximalen Multiplizität $n-1$, $n-2$, $n-3$ oder $n-4$ existiert. Auf diese Weise gab *Cremona* zwei allgemeine Lösungen an, eine für gerades und eine für ungerades n; zwei andere für jeden Wert von $n \equiv 0, 1, 2$ (Mod. 3) und weitere vier für jeden Wert von $n \equiv 0, 1, 2, 3$ (Mod. 4).[457])

Mit der gleichen Aufgabe, vor allem hinsichtlich der Auflösung der Gleichungen (5) in Nr. **49** mit positiven ganzen Zahlen, beschäftigten sich speziell *F. P. Ruffini*[458]) und *E. de Jonquières*.[459]) Der letztere gab praktische Regeln an, von jeder Lösung dieser Gleichungen für einen gegebenen Wert von n die Lösungen derselben Gleichungen für höhere Werte als n[460]) abzuleiten.

---

456) Eine *L. Cremona* entgangene Lösung für $n = 8$ wurde von *A. Cayley*[457]) angegeben und ist (für $m = 3$) in einem allgemeineren Typus enthalten, wo n von der Form 2^m ist und es in jeder der beiden Ebenen ein homaloides Netz gibt, dessen Hauptpunkte drei einfache, drei Doppel-, drei vierfache, ..., drei 2^{m-1}-fache Punkte sind. Dieses letzte Netz war schon von *T. A. Hirst* in einer Mitteilung an die British Ass. vom Jahre 1865 [vgl. Report of Trans. of the British Ass. 35 (1865), Birmingham (London 1866), p. 6] erwähnt, die in Quart. J. of Math. 17 (1881), p. 301 veröffentlicht wurde. S. hierüber auch *R. Sturm*, Math. Ann. 19 (1881), Anm. auf p. 466; *G. B. Guccia*, Paris C. R. 101 (1885), p. 722—723 (mitgeteilt von *E. de Jonquières*); Rend. Circ. mat. Palermo 1 (1886), p. 68.

Die Behauptung von *S. Kantor*, Preisschrift[405]), p. 204, *L. Cremona* habe eines der homaloiden Netze für $n = 10$ ausgelassen, ist unbegründet.

457) Die Tabellen, die alle diese Ergebnisse von *L. Cremona* enthalten, sind bei *A. Cayley*, Proc. London math. Soc. (1) 3 (1870), p. 143 = Papers 7, Cambridge 1894, p. 204 wiedergegeben. Für $n = 7, 8, 9, 10$ und für die Werte von $n \equiv 1, 2$ (Mod. 3), $n \equiv 0, 1, 2, 3$ (Mod. 4) s. auch *S. Roberts*, Proc. London math. Soc. (1) 4 (1872), p. 121.

Für einige der von *L. Cremona* betrachteten Transformationen wurden von *G. B. Guccia*, Rend. Circ. mat. Palermo 1 (1885), p. 17, 20, 24, 50 die analytischen Formeln angegeben. S. auch *Cecilia Augugliaro*, „Formole analitiche di alcune trasformazioni cremoniane", Palermo 1921.

458) Mem. Acc. Bologna (3) 8 (1877), p. 457; (3) 9 (1878), p. 199; (4) 1 (1880), p. 367 [Auszüge Rend. Acc. Bologna 1876—77, p. 105; 1877—78, p. 121; 1879—80, p. 87]. Bei neuerlicher Bestimmung der homaloiden Netze 10. Ordnung traf *F. P. Ruffini* außer den von *L. Cremona* aufgefundenen Typen auf einen weiteren (den 15. Typus auf p. 483 der ersten angeführten Abhandlung), allerdings handelt es sich um eine nur arithmetische Lösung. (Vgl. Nr. **52**.)

459) Paris C. R. 101 (1885), p. 857, 921; Giorn. di mat. (1) 24 (1886), p. 1.

460) Bei *F. P. Ruffini* findet man insbesondere weitere allgemeine Lösungen

52. Fortsetzung: Untersuchungen von D. Montesano. Eine Methode, die mit Sicherheit alle geometrischen Lösungen des Problems der vorhergehenden Nr., und zwar je nur einmal liefert, wurde zuerst von *D. Montesano*[461]) angegeben. Unter Anwendung des Satzes von der Äquivalenz jeder ebenen *Cremona*schen Transformation mit einem Produkt quadratischer Transformationen (Nr. **57**), gab *Montesano* ebenfalls ein einfaches Kriterium an, das erkennen läßt, ob

---

der Gleichungen (5), bei *E. de Jonquières* die Lösungen, die $n = 11, 12, 13$ entsprechen. Für $n = 11$ s. auch *D. Montesano,* Rend. Acc. Napoli (3) 11 (1905), p. 300; Atti Acc. Napoli (2) 15 (1910), Nr. 7, p. 34.

Weitere mehr geometrische Untersuchungen dieses Gegenstandes stammen von *L. Bianchi,* Giorn. di mat. (1) 16 (1878), p. 263; *F. Palatini,* Atti Ist. Ven. (7) 8 (1897), p. 1555; Period. di mat. (3) 9 (1912), p. 129; *Ines Larice,* Atti Ist. Ven. (8) 11 (1908), p. 731. Der von *L. Bianchi,* ausführlicher noch von *F. Palatini* eingeschlagene Weg zur Konstruktion der homaloiden Netze besteht in der fortgesetzten Anwendung *Cremona*scher Transformationen, insbesondere von Transformationen von *de Jonquières* (Nr. **51**) und speziell von quadratischen, aufgegebene homaloide Netze. Auf diese Art findet man unter weiteren neuen auch einige der schon von *L. Cremona* und *F. P. Ruffini* angegebenen Lösungen. *Ines Larice* verwendet eine schon von *G. Veronese,* Roma Mem. Acc. Linc. (3) 19 (1884), p. 360—369 angegebene hyperräumliche Methode, nach der die homaloiden Netze der Ebene durch aufeinanderfolgende Projektionen und Schnitte der normalen (zweidimensionalen) Homaloidfläche 4. Ordnung im fünfdimensionalen Raum mit Ebenen erster und zweiter Art von dem Geradensystem der Ebene aus bestimmt werden [vgl. III C 7 (*C. Segre*), Nr. **33**]. Auf diese Weise und mit Induktion von $n-1$ auf n gab *Ines Larice* insbesondere die Lösungen für $n = 14, 15$ an. — Nach *D. Montesano,* Atti Acc. Napoli (2) 15 (1910), Nr. 7, p. 5, 28 sind jedoch die von *Ines Larice* für $n = 14$ angegebenen und von *F. Palatini* in der zweiten angeführten Arbeit wieder erhaltenen nicht alle Lösungen, die die Aufgabe zuläßt. Wir bemerken noch, daß sich die zwei von *Ines Larice,* Period. di mat. (3) 6 (1909), p. 234 als neu bezeichneten allgemeinen Lösungen schon bei *F. P. Ruffini,* Mem. Acc. Bologna (3) 8 (1877), p. 499, 501 vorfinden.

Über die arithmetische Auflösung der Gleichungen von *L. Cremona* s. auch *Hilda P. Hudson,* Proc. London math. Soc. (2) 22 (1923), p. 223. Für $n = x\mu + \nu$, wo $\nu = 0, 1, \ldots, x-1$, werden hier die Fälle $x = 1, 2, 3, 4$ und auch der Fall eines beliebigen x untersucht, und nach einheitlichem Verfahren verschiedene der von den vorhergehenden Verfassern angegebenen sowie weitere neue Lösungen erhalten.

461) Rend. Acc. Napoli (3) 11 (1905), p. 259; Atti Acc. Napoli (2) 15 (1910), Nr. 7 [Auszug Rend. Acc. Napoli (3) 17 (1911), p. 146]. S. auch Rend. Acc. Napoli (3) 34 (1928), p. 42, 89, 123, wo diese Methode an vielen Beispielen erläutert wird. S. auch *B. K. Mlodziejowsky,* Moskau Math. Sammlung 31 (1922), p. 7, 35, 58, 341, wo die Methode von *D. Montesano* wiedergegeben ist und nach dieser Methode die Tabellen der homaloiden Netze für die ersten 21 Ordnungen konstruiert sind. Diese Ergebnisse stimmen mit denen von *D. Marazzo,* Diss. Napoli 1909 (nicht veröffentlicht) überein, der bis zur Ordnung 23 vordrang.

einer gegebenen arithmetischen Lösung der Gleichungen (5) von Nr. **49** in der Tat ein homaloides Netz[462]) entspricht.

Der Kürze halber nennen wir mit *D. Montesano* „*charakteristische Gruppe*“ eines homaloiden Netzes n^{ter} Ordnung die Gruppe

$$G_n \equiv r_1 r_2 \ldots r_h$$

der Zahlen $r_1, r_2, \ldots, r_h$, die die Multiplizitätsordnungen der Hauptpunkte des Netzes bedeuten, also den Gleichungen (5) von Nr. **49** genügen. Gibt es ϱ Gruppen von Hauptpunkten des Netzes (Nr. **48**), die aus $k_1, k_2, \ldots, k_\varrho$ für das Netz bzw. δ_1-, δ_2-, ..., δ_ϱ-fachen Punkten zusammengesetzt sind (wo $k_i \geqq 1$), so bezeichnet man die Zahlen k_1, $k_2, \ldots, k_\varrho$ als *Koeffizienten* der charakteristischen Gruppe des Netzes. Man kann diese Gruppe mit dem Symbol

$$G_n \equiv {}^{k_1}/_{\delta_1} \; {}^{k_2}/_{\delta_2} \; \ldots \; {}^{k_\varrho}/_{\delta_\varrho}$$

bezeichnen.

Ferner bezeichnen wir als „*Cremonasche Gruppe* n^{ter} *Ordnung*“ jede Gruppe positiver ganzer Zahlen („*Glieder*“), die den Gleichungen (5) genügen, und nennen sie, je nachdem sie charakteristische Gruppe eines homaloiden Netzes ist oder nicht, *geometrisch* oder *arithmetisch.* Die Aufgabe der Bestimmung der verschiedenen Typen homaloider Netze n^{ter} Ordnung reduziert sich auf diese Weise auf die der Bestimmung eines Systems arithmetischer Operationen, mit dem man alle geometrischen *Cremona*schen Gruppen n^{ter} Ordnung erhalten kann.

Wenn ein homaloides Netz gegeben ist, kann der Fall eintreten, daß bei besonderen geometrischen Verfahren, die auf dieses anzuwenden sind, allgemeine (von den Basispunkten des Netzes verschiedene) Punkte der Ebene ins Auge zu fassen sind. Entsprechend ist es in manchen Fällen von Vorteil, den Gliedern einer *Cremona*schen Gruppe, die größer als Null sind, andere Glieder zuzufügen, die gleich Null sind und diese, falls die Gruppe geometrisch ist, als Multiplizitätsordnungen für das entsprechende Netz, ebenso vieler von den Basispunkten verschiedener Punkte zu betrachten.

Nach diesen Voraussetzungen sei G eine *Cremona*sche Gruppe der Ordnung $n > 1$ und ein Tripel von Zahlen r_λ, r_μ, r_ν in dieser Gruppe gegeben, wo $r_\lambda \geqq r_\mu \geqq r_\nu$ ist. Ist nun die Bedingung $n \geqq r_\lambda + r_\mu$ erfüllt, und setzt man

$$\varepsilon = n - (r_\lambda + r_\mu + r_\nu), \tag{1}$$

so ist eine neue *Cremona*sche Gruppe G' von der Ordnung $n' = n + \varepsilon$

462) Dieses Kriterium ist bei *R. Sturm*, „Geom. Verw.“ 4, p. 55 wiedergegeben.

bestimmt, die sich nur dadurch von G unterscheidet, daß an Stelle der Zahlen r_λ, r_μ, r_ν die Zahlen

$$r_\lambda' = r_\lambda + \varepsilon, \quad r_\mu' = r_\mu + \varepsilon, \quad r_\nu' = r_\nu + \varepsilon$$

auftreten.

Gehen wir umgekehrt von der Gruppe G' aus und verfahren in analoger Weise mit dem Tripel $r_\lambda', r_\mu', r_\nu'$, so erhalten wir die Gruppe G.

Die beiden Gruppen G und G' sind von gleicher Beschaffenheit, also entweder beide geometrisch oder beide arithmetisch.[463])

Gehen wir von der Gruppe G aus, so ist die für die Existenz der Gruppe G' notwendige und hinreichende Bedingung $n \geqq r_\lambda + r_\mu$ für alle Glieder r_λ, r_μ erfüllt, wenn G geometrisch, sie kann dagegen nicht erfüllt werden, wenn G arithmetisch ist.

Sind die Zahlen r_λ, r_μ, r_ν die größten Glieder der Gruppe G, so ist die Differenz (1) im wesentlichen negativ (Nr. 47). Für $n \geqq r_\lambda + r_\mu$ ist daher die Gruppe G', die sich daraus ergibt, von der Ordnung $n' < n$ und wird von *D. Montesano* als *„Ausgangsgruppe"* der Gruppe G bezeichnet. Diese heißt *„deszendent"*, von dem *Ableitungstripel* $r_\lambda', r_\mu', r_\nu'$ herrührende, Gruppe von G'.

Geht man umgekehrt von einer geometrischen *Cremona*schen Gruppe

$$G_{n'}' \equiv r_1' r_2' \ldots r_p' r_{p+1}' r_{p+2}' r_{p+3}'$$

aus, wo $r_1' \geqq r_2' \geqq \cdots \geqq r_p',\ r_{p+1}' = r_{p+2}' = r_{p+3}' = 0$, so bilden drei von r_1' verschiedene Glieder $r_\lambda', r_\mu', r_\nu'$ ein Ableitungstripel in der Gruppe, wenn für $r_\lambda' \geqq r_\mu' \geqq r_\nu' \geqq 0$ $n' - r_1' \geqq r_\lambda' + r_\mu'$ ist. Auf ähnliche Weise bildet das Glied r_1' mit den Gliedern r_μ', r_ν' ein Ableitungstripel, wenn für $r_\mu' \geqq r_\nu'$ $n' - r_1' - r_2' \geqq r_\mu'$ ist. So ist die Konstruktion der vorhergenannten Tripel und dadurch die aller Gruppen G möglich, die sich aus der gegebenen Gruppe G' durch Deszendenz ergeben.

Geht man nun von der *Cremona*schen Gruppe erster Ordnung $G_1 \equiv 000$ aus und konstruiert ihre deszendente Gruppe, so erhält man die Gruppe zweiter Ordnung; bildet man die deszendenten Gruppen dieser Gruppe, so befindet sich darunter die Gruppe dritter Ordnung; konstruiert man wiederum die deszendenten Gruppen dieser Gruppe, so befinden sich unter diesen und den schon vorher erhaltenen Gruppen die Gruppen vierter Ordnung, und so weiter fort.

---

463) Genauer: Ist die Gruppe G geometrisch, so verwandelt sich ein homaloides Netz Ω mit der charakteristischen Gruppe G in ein homaloides Netz Ω' mit der charakteristischen Gruppe G' durch eine quadratische Transformation T, deren Hauptpunkte in der Ebene von Ω in drei vielfache Punkte der Ordnungen r_λ, r_μ, r_ν fallen: in diesem Falle sind die Hauptpunkte von T in der Ebene von Ω' von der Vielfachheit $r_\lambda', r_\mu', r_\nu'$. Und umgekehrt.

Zusammenfassend können wir also aussagen, daß die geometrischen *Cremona*schen Gruppen n^{ter} Ordnung sich, jede ein einziges Mal, unter den Gruppen vorfinden, die aus den geometrischen Gruppen der Ordnungen $\left[\frac{n+1}{2}\right], \ldots, n-1$ durch Deszendenz hervorgehen, und daher mit diesen letzten als bekannt betrachtet werden können.

Außerdem ist man nun imstande zu entscheiden, ob eine gegebene *Cremona*sche Zahlengruppe G_n geometrisch ist oder nicht. Es genügt die aufeinanderfolgende Konstruktion der Ausgangsgruppe von G_n, der Ausgangsgruppe der so erhaltenen Gruppe, und so weiter fort. Gelangen wir durch diese Konstruktion bis zur Gruppe erster Ordnung, so ist die gegebene Gruppe geometrisch; bleibt sie dagegen bei einer Gruppe höherer Ordnung als eins stehen, die keine Ausgangsgruppe zuläßt, weil die Ordnung niedriger als die Summe der beiden ersten Glieder wird, so ist die gegebene Gruppe arithmetisch. Im ersten Falle wird auch ein System quadratischer Transformationen bestimmt, die, wenn man sie nacheinander ausführt, vom Geradennetz einer Ebene zu einem homaloidischen Kurvennetz führen, dessen charakteristische Gruppe die gegebene Gruppe ist.

Die vorhergehende Methode beruht auf der Reduktion eines homaloiden Netzes auf ein Geradennetz durch aufeinanderfolgende quadratische Transformationen, deren jede die größte Erniedrigung in der Ordnung des Netzes bewirkt. Eine zweite, ebenfalls von *D. Montesano*[464]) herrührende Methode beruht auf der gleichen Reduktion, die aber mit Hilfe aufeinanderfolgender isologischer Transformationen (Nr. **51**), deren jede die größte Erniedrigung des Netzindexes bewirkt, durchgeführt wird.[464a])

---

464) Rend. Acc. Napoli (3) 11 (1905), p. 259.

464 a) Eine birationale Korrespondenz zwischen den Punkten zweier Ebenen kann man als Produkt von aufeinanderfolgenden quadratischen Korrespondenzen betrachten; das kann in der Weise geschehen, daß unter den geometrischen *Cremona*schen Gruppen ein Zusammenhang von Aufeinanderfolgen festgelegt wird, auf Grund dessen jede Gruppe G eine einzige Ursprungsgruppe Γ zuläßt, während aus jeder Gruppe Γ bestimmte Gruppen G folgen.

Nun kann eine birationale Korrespondenz zwischen den Punkten zweier Ebenen auch als Produkt von aufeinanderfolgenden isologischen Korrespondenzen von veränderlicher Ordnung betrachtet werden, die nach bestimmtem Gesetz aufeinanderfolgen, derart, daß entsprechend jede geometrische *Cremona*sche Gruppe auf eine einzige Weise ein Produkt von isologischen Gruppen ergibt.

Dadurch werden zwischen den geometrischen *Cremona*schen Gruppen zu den vorhergehenden analoge Zusammenhänge von Aufeinanderfolgen festgelegt, auf Grund deren jede Gruppe eine einzige Ursprungsgruppe zuläßt, während aus jeder Gruppe bestimmte geometrische Gruppen folgen.

D. Montesano bezeichnet als *Index* eines homaloiden Netzes, oder der entsprechenden *Cremona*schen Gruppe, die Differenz zwischen der Ordnung und der größten Zahl der Gruppe, und zeigt, daß ein homaloides Netz vom Index i, dessen Hauptpunkte sich in allgemeiner Lage befinden, immer durch aufeinanderfolgende, wohl bestimmte isologische (Nr. **51**) Transformationen, deren Anzahl nicht größer als i ist, in ein Geradennetz transformiert werden kann.

Allgemeiner spricht man nach *D. Montesano* davon, daß eine geometrische *Cremona*sche Gruppe n^{ter} Ordnung in einem Punkt P der Ebene von der *Klasse* k ist, wenn k die Differenz zwischen n und der Multiplizität des homaloidischen Netzes in P ist. Der Index der Gruppe ist also nichts anderes als die Minimalklasse dieser Gruppe.

Dieses verausgesetzt, führt *D. Montesano*, um zu der Bestimmung aller ebenen birationalen Transformationen zu gelangen, den von *L. Cremona*[465]) für $k = 1, 2, 3, 4$ eingeschlagenen Weg weiter, verfolgte also die Bestimmung aller Typen von Transformationen, die ein gewisses Geradenbüschel der einen Ebene in ein Kurvenbüschel gegebener Ordnung k der andern verwandeln, oder, was dasselbe ist, die Konstruktion aller *Cremona*schen Gruppen gegebener Klasse k.

Hat man eine Gruppe G_n von der Klasse k, die also ein Glied r, für welches $n - r = k$ ist, enthält, und ist keiner oder nur ein einziger ihrer übrigen Glieder gleich k, so bezeichnet man diese Gruppe als *einfach* in dem Glied r; kommt noch dazu, daß die restlichen Glieder der Gruppe die Zahl $\frac{k}{2}$ nicht übersteigen, so heißt die Gruppe *primitiv* in dem Glied r. *D. Montesano* beweist nun, daß sich die ∞^1 *Cremona*schen Gruppen einer gegebenen Klasse k in Systeme zerlegen lassen, die durch wohl bestimmte isologische Transformationen von den einfachen Gruppen dieser Klasse abgeleitet werden können. Diese einfachen Gruppen existieren in endlicher Anzahl und lassen sich ihrerseits durch wohl bestimmte isologische Transformationen von den primitiven Gruppen der Klasse k ableiten, so daß sich die Bestimmung der geometrischen Gruppen der Klasse k auf die Konstruktion der primitiven Gruppen dieser Klasse reduziert.

Diese Konstruktion läßt sich mit Hilfe der einfachen Gruppen niedrigerer Klasse durchführen; daher erhält man, wenn man von den

---

D. Montesano, Roma Rend. Acc. Linc. (6) 11 (1930), p. 872 und 1069, hat die Beziehungen, welche zwischen den genannten Deszendenzen bestehen, und die Eigenschaften, durch die sie charakterisiert werden, studiert. Hinweise auf diese Eigenschaften findet man in den in Anm. 461 zitierten Arbeiten von *D. Montesano* und *B. K. Mlodziejowsky*.

465) S. die zweite in Anm. 429 angeführte Abhandlung.

Gruppen der Klasse 1 ausgeht, die die isologischen Gruppen sind, nacheinander die *Cremona*schen Gruppen der Klassen 2, 3, 4, ... Auf diese Weise erhält man auch ein Mittel zur Bestimmung der verschiedenen Typen von Gruppen gegebener Ordnung n, da sich die Bestimmung dieser Typen unmittelbar durchführen läßt, wenn die einfachen Typen der Klasse $1, 2, \ldots, \left[\frac{2n-1}{3}\right]$[466]) bekannt sind.

Eine geometrische *Cremona*sche Gruppe der Klasse 2 ist vom Typus

$$G_n \equiv {}^{1}/_{n-2}\; {}^{n-2}/_{2}\; {}^{3}/_{1}$$

für willkürliches n, während die konjugierte Gruppe (Nr. **51**) vom Typus

$$G_n \equiv {}^{3}/_{\frac{n}{2}}\; {}^{1}/_{\frac{n-2}{2}}\; {}^{n-2}/_{1}, \qquad \text{wenn } n \text{ gerade ist,}$$

vom Typus $G_n \equiv {}^{1}/_{\frac{n+1}{2}}\; {}^{3}/_{\frac{n-1}{2}}\; {}^{n-2}/_{1}$ ist, wenn n ungerade ist.

D. Montesano[467]) beweist, daß die Ordnung n einer birationalen Korrespondenz zwischen zwei Ebenen immer größer als die Anzahl h der Hauptpunkte einer jeden Ebene ist. Eine Ausnahme bilden nur die isologischen Korrespondenzen, die durch die geometrischen *Cremona*schen Gruppen der Klasse 2 bestimmten und einige von *D. Montesano* konstruierte spezielle Korrespondenzen der Ordnung $\leqq 13$, für die die Anzahl der Hauptpunkte gleich der Ordnung ist oder sie um eine Einheit übersteigt.

Eines der speziellen Probleme, die in Verbindung mit den in dieser und der vorhergehenden Nr. behandelten Aufgaben gestellt werden können, ist die Bestimmung aller aus einem oder mehreren untereinander gleichen Zahlensystemen zusammengesetzten geometrischen *Cremona*schen Gruppen.

Im einfachsten Falle besteht die Gruppe nur aus gleichen Zahlen. Man findet leicht, daß es nur vier derartige Gruppen (*symmetrische Gruppen*) gibt, wo jede zu sich selbst konjugiert ist. Die entsprechenden homaloiden Netze sind 2. Ordnung mit 3 einfachen Punkten, 5. Ordnung mit 6 Doppelpunkten, 8. Ordnung mit 7 dreifachen Punkten, 17. Ordnung mit 8 sechsfachen Punkten.[468])

---

466) *D. Montesano*[464]) führt die Bestimmung der einfachen Gruppen der ersten sieben Klassen, der primitiven der ersten neun Klassen, und mit Hilfe der ersten die Bestimmung der homaloiden Netze 11. Ordnung vollständig durch.

467) Atti Acc. Napoli (2) 15 (1911), Nr. 7, p. 26.

468) Die drei ersten Netze finden sich schon in den Tabellen von *L. Cremona* vor (Anm. 429, 456, 457); das vierte bei *E. Bertini,* Ann. di mat. (2) 8 (1877), p. 273

Die *halbsymmetrischen Gruppen* sind aus Zahlen zusammengesetzt, von denen ein Teil untereinander gleich, der Rest ebenfalls untereinander gleich, von den ersten Zahlen jedoch verschieden ist; sie werden von *D. Montesano*[469]) angegeben und zerfallen in von ihm konstruierte wohlbestimmte Systeme.[470])

Den oben erwähnten symmetrischen Gruppen kann man die *asymmetrischen Gruppen* entgegenstellen, die aus voneinander ganz verschiedenen Zahlen bestehen. Die (nur für $n \leqq 23$ existierende) von der Minimalordnung[471]) ist folgende[472]):

$$G_{23} = 12, 10, 9, 8, 7, 6, 5, 4, 3, 2.$$

53. Bestimmung der konjugierten Lösung zu einer gegebenen Lösung der Gleichungen von L. Cremona. Die Sätze von *L. Cremona* in Nr. **50**, insbesondere der Satz über die *Jacobi*sche Kurve eines homaloiden Netzes, eignen sich gut zur Bestimmung der einer gegebenen

---

in seinen Untersuchungen über die involutorischen Transformationen (Nr. **61**). Daß es keine weiteren symmetrischen Gruppen gibt, läßt sich aus den Gleichungen (5) in Nr. **49** leicht ableiten. Vgl. *D. Montesano,* Rend. Acc. Napoli (3) 11 (1905), p. 271—272; Atti Acc. Napoli (2) 15 (1910), Nr. 7, p. 6—7; unvollständig bei *F. P. Ruffini,* Mem. Acc. Bologna (3) 8 (1877), p. 462.

469) Rend. Acc. Napoli (3) 24 (1918), p. 31; Auszug daselbst (3) 21 (1915), p. 248.

470) Unter den bemerkenswertesten ist die den Transformationen von *de Jonquières* entsprechende sowie eine weitere, schon von *F. P. Ruffini,* Mem. Acc. Bologna (3) 8 (1877), p. 499 gefundene Gruppe, deren zugehöriges homaloides Netz die Ordnung $2n+1$ besitzt und mit 4 n-fachen Punkten sowie n Doppelpunkten ausgestattet ist, wo n eine beliebige, aber von 2 verschiedene positive ganze Zahl ist.

Fay Farnum, Amer. J. of math. 50 (1928), p. 357 [Auszug Bull. Amer. math. Soc. (2) 32 (1926), p. 598] und *Ch. C. Torrance,* a. a. O., 53 (1931), p. 911 [Auszug Bull. Amer. math. Soc. (2) 37 (1931), p. 171] bestimmten verschiedene Typen *triadischer* Transformationen, d. h. solche, bei denen in jeder der beiden Ebenen drei und nur drei Gruppen von Hauptpunkten mit gleicher Multiplizität existieren.

471) *P. de Martino,* Giorn. di mat. (3) 21 (1930), p. 130 [1925] bewies, daß die Ordnung einer asymmetrischen geometrischen *Cremona*schen Gruppe höher als 22 ist und mindestens 9 Glieder besitzt.

472) Die Existenz asymmetrischer Gruppen schien *A. Clebsch*[440]), p. 493, unmöglich; Beispiele dafür finden sich jedoch in den Tafeln der Preisschrift von *S. Kantor,* Atti Acc. Napoli (2) 3 (1891), Nr. 7; (2) 4 (1892), Nr. 2 [1883]; Auszug J. f. Math. 114 (1895), p. 50; Notiz Paris C. R. 100 (1885), p. 95 [1883]. — *D. Montesano,* Rend. Acc. Napoli (3) 11 (1905), p. 302—303; Atti Acc. Napoli (2) 15 (1910), Nr. 7, p. 29—32, konstruiert unendlich viele solcher Gruppen, insbesondere die der Minimalordnung. Die charakteristische Tafel dieser letzten wurde von *D. Montesano,* Rend. Acc. Napoli (3) 34 (1928), p. 42 konstruiert.

Eine andere beachtenswerte, aus neun aufeinanderfolgenden Zahlen zusammengesetzte asymmetrische Gruppe ist folgende:

$$G_{81} \equiv 14, 13, 12, 11, 10, 9, 8, 7, 6.$$

Lösung der Fundamentalgleichungen von *L. Cremona* konjugierten (Nr. **51**) Lösung.

Ist nämlich ein homaloides Netz n^{ter} Ordnung in einer Ebene π, also die Lage und Multiplizitäten seiner Basispunkte gegeben, so müssen wir, um die birationale Transformation zu konstruieren, die durch das Netz bestimmt ist, die Hauptkurven kennen, die in π existieren. Es genügt daher, die Zahl n in zwei Teile n_1, n_2 zu teilen und zu versuchen, eine Kurve des homaloidischen Netzes aus zwei Komponenten mit den Ordnungen n_1, n_2 zu bilden, deren eine, infolge der in den Basispunkten angegebenen Multiplizitäten fest, deren andere in einem Büschel veränderlich ist. Die erste wird also eine Hauptkurve sein. Indem wir nun alle möglichen Teilungen der Zahl n so lange durchführen, bis die Summe der Ordnungen der gefundenen Kurven $3(n-1)$ ist, erhalten wir auf diese Weise die *Jacobi*sche Kurve des Netzes.

Zu einer Methode für die Bestimmung der konjugierten Lösung einer gegebenen Lösung gelangte *D. Montesano*[473]) auf anderem Wege durch das Studium des Produktes zweier birationaler Korrespondenzen zwischen den Ebenen π, π' und zwischen den Ebenen π', π'', auch für den Fall, daß diese auf π' gemeinsame Hauptpunkte oder Hauptkurven haben.

Als *charakteristische Tafel* der Transformation bezeichnet man die Tafel Q, die die Matrix der linken Seite der Formel (5) in Nr. **50** bildet. Diese erweitert sich auf einen weder zur Basisgruppe des einen noch zu der des anderen homaloiden Netzes gehörigen Punkt (und auf ähnliche Weise auf zwei oder mehrere Punkte) und seine Umgebung, unter Zufügung eines Paares von *Parasitenlinien*, und zwar einer horizontalen und einer vertikalen, die das Glied -1 gemeinsam haben, während alle anderen gleich Null sind.

Leiten wir nun von dem homaloiden Netz Ω ein homaloides Netz Ω' durch eine quadratische Transformation ab, deren Hauptpunkte in der Ebene π von Ω bzw. die Multiplizitäten r_λ, r_μ, r_ν für Ω haben, so erhalten wir die charakteristische Tafel Q' von Ω', indem wir eventuell an Q ein, zwei oder drei Paare von Parasitenlinien anfügen, und mit den vertikalen Linien von Q, deren erste Glieder die Zahlen $n, r_\lambda, r_\mu, r_\nu$ sind, die Operationen ausführen, durch die wir aus den erwähnten Zahlen der charakteristischen Gruppe (Nr. **52**) von Ω die Zahlen $n', r'_\lambda, r'_\mu, r'_\nu$ der charakteristischen Gruppe von Ω' erhalten.

473) Rend. Acc. Napoli (3) 21 (1915), p. 30, 69, 113. Nach dieser Methode hatte schon *C. Jung*[442]) zwei Formeln der Theorie bewiesen.

Aus dieser Eigenschaft folgt, daß es für die Konstruktion der charakteristischen Tafel eines homaloiden Netzes, dessen charakeristische Gruppe

$$G_n \equiv r_1 r_2 \ldots r_h$$

bekannt sei, genügt, von der charakteristischen, mit h Paaren von Parasitenlinien ausgestatteten, Tafel

$$\begin{matrix} 1 & 0 & \ldots & 0 \\ 0 & -1 & \ldots & 0 \\ . & . & . & . \\ 0 & 0 & \ldots & -1 \end{matrix}$$

des Netzes erster Ordnung auszugehen und auf den Vertikalen dieser Tafel die gleichen (durch die Gruppe G_n wohlbestimmten) Operationen auszuführen, durch die man aus den Zahlen $1, 0, \ldots, 0$ der Gruppe G_1 die Zahlen $n, r_1, r_2, \ldots, r_h$ der Gruppe G_n[474]) erhält.

D. Montesano[473]) betrachtet die Transformation, die das Produkt zweier gegebener Transformationen zwischen den Ebenen π, π' und zwischen den Ebenen π', π'' ist, und zwar für den allgemeinsten Fall, daß die zwei Transformationen in der Ebene π' eine gewisse Anzahl gemeinsamer Hauptpunkte besitzen und aus der Koinzidenz solcher Hauptpunkte ohne weiteres die Koinzidenz von Hauptkurven der einen Transformation mit Hauptkurven der andern folgt. Insbesondere nimmt *Montesano* an, daß eine der beiden Transformationen die Umkehrung des Typus der anderen sei und, daß sie in der Ebene π' dieselben Hauptpunkte $O_1, O_2, O_3, \ldots, O_h$ besitzen, die für die eine Transformation von der Vielfachheit $r_1, r_2, r_3, \ldots, r_h$, für die andere von der Vielfachheit $r_2, r_1, r_3, \ldots, r_h$ sind.

Mittels dieser speziellen Produktkorrespondenzen beweist *D. Montesano* alle in Nr. 50 wiedergegebenen Sätze von *A. Clebsch, L. Cremona*

474) *D. Montesano*, Rend. Acc. Napoli (3) 34 (1928), p. 123 teilt die geometrischen *Cremona*schen Gruppen derart in Serien, daß sich zwei Gruppen ein und derselben Serie nur durch die (in arithmetischer Progression zunehmende) Ordnung, durch das größte Glied (das in einer arithmetischen Progression, die die gleiche Differenz ε wie die erste hat, zunimmt) und durch die Anzahl der Glieder, die gleich ε sind und die zweite Stelle einnehmen (eine Zahl, die der Reihe nach die Werte 1, 3, 5, 7, ... oder die Werte 2, 4, 6, 8, ... annimmt) unterscheiden.

D. Montesano konstruiert die charakteristische Tafel der allgemeinen Gruppe irgendeiner beliebigen Serie und gelangt auf diese Weise zu einer Vereinfachung der Operationen, die bei der Durchführung der Konstruktion der charakteristischen Tafel der Transformationen von einer Ordnung die kleiner oder gleich einer gegebenen Zahl ist, in Frage kommen. Er macht Anwendung hiervon auf die Werte $n = 2, 3, \ldots, 7$.

und *E. Bertini* und stellt weitere neue auf. Insbesondere erhält er den Lehrsatz von *L. Cremona* über die Gleichheit der Zahlen $x_1, x_2 \ldots, x_{n-1}$ und $y_1, y_2, \ldots, y_{n-1}$.[475])

D. Montesano[476]) gibt auch ein Verfahren für die Konstruktion der konjugierten geometrischen *Cremona*schen Gruppe einer gegebenen geometrischen Gruppe ohne Konstruktion der auf die zwei Gruppen bezüglichen charakteristischen Tafel.

54. Entsprechende Kurven in einer birationalen ebenen Korrespondenz. Mit Hilfe der Zahlen n, r_i, s_i, α_{ik} in Nr. **50** können die Ordnung der Kurve, die in einer Ebene zu irgendeiner beliebigen, in der anderen Ebene gegebenen Kurve korrespondiert, sowie ihre Multiplizitäten in den Hauptpunkten der eigenen Ebene leicht angegeben werden. Ist z. B. in der Ebene π eine Kurve C gegeben, die die Ordnung m und in den r_1-fachen, r_2-fachen, $\ldots$, r_h-fachen Hauptpunkten die Multiplizitäten $\lambda_1, \lambda_2, \ldots, \lambda_h$ hat, so setzt sich die korrespondierende Kurve in π' aus den $\lambda_1, \lambda_2, \ldots, \lambda_h$-mal gezählten Hauptkurven der Ordnungen $r_1, r_2, \ldots, r_h$ und einer Kurve C' zusammen, deren Ordnung m' wir erhalten, wenn wir die veränderlichen Schnittpunkte von C mit den Kurven des homaloiden Netzes von π aufsuchen. Diese Ordnung ist daher

$$(1) \qquad m' = mn - \sum_{i=1}^{h} \lambda_i r_i .$$

Die Multiplizitäten von C' in den Hauptpunkten von π' sind

---

475) Nach den Bezeichnungen von *D. Montesano* besagt dieser Satz von *L. Cremona,* daß zwei untereinander konjugierte geometrische *Cremona*sche Gruppen gleiche Koeffizienten haben. Der umgekehrte Lehrsatz gilt nicht. Daher ist, wie *D. Montesano*[473]) bemerkt hat, im Gegensatz zu einer Vermutung von *A. Cayley*[457]), p. 146 = Papers 7, p. 207, die er nach der Prüfung für die ersten zehn Werte von n gezogen hatte, die Bedingung der Gleichheit der Koeffizienten zwar notwendig, aber nicht hinreichend dafür, daß zwei geometrische *Cremona*sche Gruppen ein und derselben Ordnung untereinander konjugiert sind. Die Existenz von mehr als zwei mit denselben Koeffizienten ausgestatteten Gruppen G_n wird von $n = 12$ ab realisiert.

476) Rend. Acc. Napoli (3) **34** (1928), p. 42. S. auch *B. K. Mlodziejowsky,* Moskau math. Sammlung **31** (1922), p. 35.

Das Verfahren von *D. Montesano* beruht auf folgender Bemerkung. Ist in einer Ebene ein homaloides Kurvennetz gegeben, so betrachte man in der Ebene das Geradennetz und unterwerfe beide Netze aufeinanderfolgenden quadratischen Transformationen, die fortschreitend die größtmögliche Reduktion der Ordnung des ersten oder der Ordnungen der von ihm abgeleiteten Netze zur Folge haben. Auf diese Weise erreicht man die Transformation des gegebenen Netzes in ein Geradennetz und des gegebenen Geradennetzes in ein neues homaloides Netz, das gerade das konjugierte Netz zu dem ersten ist.

gleich der Anzahl der veränderlichen Schnitte von C mit den entsprechenden Hauptkurven von π; daher hat die Kurve C' in dem s_k-fachen Hauptpunkte die Multiplizität

$$\lambda_k' = m s_k - \sum_{i=1}^{h} \alpha_{ik} \lambda_i. \tag{2}$$

Zwischen den Zahlen $m, m', \lambda_i, \lambda_i'$ gelten die Beziehungen[477])

$$\left\{\begin{aligned} 3m - \sum \lambda_i &= 3m' - \sum \lambda_i', \\ m^2 - \sum \lambda_i^2 &= m'^2 - \sum \lambda_i'^2. \end{aligned}\right. \tag{3}$$

Außerdem ergibt sich für zwei einander zugeordnete Gruppen von Hauptpunkten (Nr. **48**) von π und π' die Eigenschaft, daß sich die Multiplizitäten der Punkte der zweiten Gruppe für die Kurve C' aus den Multiplizitäten der Punkte der ersten Gruppe für die Kurve C herleiten, wenn man zu diesen Multiplizitäten ein und dieselbe Zahl addiert oder sie von ein und derselben Zahl subtrahiert, je nachdem die Zuordnung der zwei Punktgruppen negative oder positive Signatur hat.[478])

Besitzt die Kurve C in zwei oder mehr Punkten der ersten Gruppe ein und dieselbe Multiplizität, so folgt daraus, daß die Kurve C' ein und dieselbe Multiplizität in den Punkten der zweiten Gruppe hat, die den ersten Punkten zugeordnet sind.[479])

55. Lineare Transformation mit ganzen Koeffizienten in Zuordnung zu einer ebenen Cremonaschen Transformation. In Verbindung mit seinen Untersuchungen über die periodischen ebenen birationalen Transformationen und die diskontinuierlichen endlichen Gruppen ebener birationaler Transformationen (Nr. **63**), vertieft *S. Kantor*[480]) vom arithmetischen Gesichtspunkt aus das Studium der Beziehungen (1) und (2) der vorhergehenden Nr., indem er bemerkt, daß sie eine lineare Transformation mit ganzzahligen Koeffizienten der Größen $m, \lambda_1, \lambda_2, \ldots, \lambda_h$ in die Größen $m', \lambda_1', \lambda_2', \ldots, \lambda_h'$ ausdrücken. Insbesondere bemerkt er, daß aus der, durch die Gleichungen (3) ausgedrückten Eigenschaft der Invarianz der linearen Form

477) *D. Montesano*, Rend. Circ. mat. Palermo **31** (1911), p. 363. Hieraus folgt für $m = m'$, daß $\sum \lambda_i = \sum \lambda_i'$, $\sum \lambda_i^2 = \sum \lambda_i'^2$ ist, zwei Formeln, die schon von *K. Doehlemann*, Math. Ann. **39** (1891), p. 569 angegeben wurden.

478) S. *D. Montesano*[477]), der dadurch zu diesem Satz und den Formeln im Text gelangte, daß er eine ebene birationale Transformation als Produkt mehrerer quadratischer Transformationen (Nr. **57**) betrachtete.

479) Diese Eigenschaft wurde schon von *S. Roberts*[457]), p. 128 bemerkt.

480) S. [438]), p. 32 ff. [J. f. Math. **114** (1895), p. 55 ff.]. Vgl. *J. L. Coolidge*, „Alg. pl. curves", p. 483—488.

$3m - \sum \lambda_i$ und der quadratischen Form $m^2 - \sum \lambda_i^2$ die Gleichungen (1), (2), (3) und (4) in Nr. **50** folgen.

Durch die Betrachtung dieser linearen Transformation wurde *A. B. Coble*[481]) zu Untersuchungen veranlaßt, die für die Anwendung der *Cremona*schen Transformationen auf die Analysis und die Geometrie Bedeutung haben.

Sind P_m^2 und Q_m^2 zwei geordnete Reihen von m Punkten $p_1, p_2, \ldots, p_m$ und $q_1, q_2, \ldots, q_m$ auf zwei Ebenen, so bezeichnet man sie nach *A. B. Coble* als *kongruent* in bezug auf eine zwischen den zwei Ebenen gegebene birationale Transformation T, wenn $p_1 q_1, p_2 q_2, \ldots, p_\varrho q_\varrho$ Paare von Hauptpunkten von T in den zwei Ebenen und $p_{\varrho+1} q_{\varrho+1}, \ldots, p_m q_m$ $m - \varrho$ allgemeine Paare homologer Punkte in T sind (so daß $m \geqq \varrho$). Die Reihe P_m^2 hat $2(m-4)$ projektive Invarianten und kann daher durch einen Punkt P eines $2(m-4)$-dimensionalen linearen Raumes Σ dargestellt werden. Die $m!$ Permutationen der m Punkte von P_m^2 führen auf $m!$ Punkte P von Σ, die in einer *Cremona*schen Gruppe $G_{m!}$ konjugiert sind.

Gehen wir von einer Reihe P_m^2 zu einer kongruenten Reihe Q_m^2 über, deren Bild in Σ ein Punkt Q ist, so entsteht in Σ eine *Cremona*sche Transformation mit P und Q als homologen Punkten. Alle Reihen Q_m^2, die mit einer gegebenen Reihe P_m^2 in irgendeiner Ordnung kongruent sind, sind dann in Σ durch Punkte Q dargestellt, die konjugiert sind in einer erweiterten *Cremona*schen Gruppe $G_{m,2}$, die die Gruppe $G_{m!}$ als Untergruppe enthält und (holoedrisch, außer wenn zwei kongruente Punktgruppen projektiv sind) isomorph ist mit der Gruppe $g_{m,2}$ von Transformationen des Typus, der durch (1) und (2) der vorhergehenden Nr. (in $m+1$ homogenen Veränderlichen) ausgedrückt ist.

Die Gruppe $G_{m,2}$ ist diskontinuierlich unendlich für $m \geqq 9$; für $m = 6, 7, 8$ ergeben sich dagegen drei endliche Gruppen $G_{6,2}, G_{7,2}, G_{8,2}$ bzw. der Ordnungen 6! 72, 7! 288, 8! 8640, die mit der Gruppe der 27 Geraden einer allgemeinen kubischen Fläche [vgl. III C 10a (*W. Fr. Meyer*), Nr. 22], der Gruppe der 28 Doppeltangenten einer allgemeinen ebenen Kurve 4. Ordnung und der Gruppe der 120 Tritangential-Ebenen einer Raumkurve 6. Ordnung vom Geschlecht 4 auf einem Kegel 2. Ordnung isomorph sind.[482])

481) Trans. Amer. math. Soc. 16 (1914), p. 155; 17 (1915), p. 345; Auszüge Bull. Amer. math. Soc. (2) 20 (1914), p. 513; Proc. Nation. Ac. of Sciences 1 (1915), p. 245; 2 (1916), p. 244, 575. Vgl. auch *A. B. Coble*, „Alg. geom.", p. 9—24.

482) Die Gruppe $G_{7,2}$ wurde weiter von *C. C. Bramble*, Amer. J. of math. 40 (1918), p. 351 studiert; die Gruppen $G_{6!}$ und $G_{6,2}$ von *H. L. Black*, Ann. of math. (2) 28 (1927), p. 433.

A. B. Coble[483]) erhielt, indem er insbesondere annahm, daß die Reihe P_m^2 zu einer elliptischen Kurve 3. Ordnung gehöre und indem er diese in Parameterform durch elliptische Funktionen [III C 5 (*G. Kohn*), Nr. **36**] darstellte, eine andere Kollineationsgruppe $e_{m,2}$, isomorph zu $g_{m,2}$ und $G_{m,2}$; und er machte davon Gebrauch für das Studium von P_9^2, die der erste auf eine unendliche Gruppe führende Fall ist.

Erweiterungen und Anwendungen auf die Algebra und Geometrie s. Nr. **91**.

56. Cremonasche Äquivalenz zweier algebraischer ebener Kurven. Als eine Umkehrung des in der Nr. **54** behandelten Problems kann man die Frage der *Cremona*schen Äquivalenz zweier algebraischer ebener Kurven betrachten, bei der es sich darum handelt, zu entscheiden, wann zwei gegebene algebraische ebene Kurven durch eine *Cremona*sche Transformation zwischen ihren Ebenen voneinander abgeleitet werden können. Hierüber liegen aber bis jetzt nur Teilergebnisse vor, die sich von der Betrachtung der aufeinanderfolgenden *adjungierten Systeme*[484]) einer gegebenen Kurve herleiten. Die aufeinanderfolgenden einer ebenen Kurve adjungierten Kurven sind nämlich in bezug auf *Cremona*sche Transformationen Kovarianten dieser Kurve, wenn man von einfachen oder mehrfachen Hauptkurven absieht, die die Transformation als feste Teile hinzufügen kann.

Soll eine rationale Kurve durch eine *Cremona*sche Transformation in eine Gerade transformiert werden, so ist es notwendig und hinreichend, daß ihre adjungierten Systeme aller Indizes fehlen. Das Fehlen der adjungierten Systeme aller höheren Indizes als der Einheit ist dagegen notwendige und hinreichende Bedingung für die Transformierbarkeit einer irreduziblen Kurve vom Geschlecht p — 1, 2, 3, 4, 5 bzw. in eine Kurve C^3, eine C^4, eine C^4 oder eine C^5 mit dreifachem Punkt, eine C^5 oder auch eine C^6 mit vierfachem Punkte, eine C^5 oder eine C^7 mit fünffachem Punkte. Mit C^n bezeichnet man dabei eine Kurve n^{ter} Ordnung. Für $p = 3, 4, 5$ tritt der zweite oder der erste der angegebenen beiden Fälle ein, je nachdem die adjungierten Systeme vom Index 1 aus den Kurven eines Büschels gebildet sind oder nicht.

Sind zwei Kurven frei von allen adjungierten Systemen, deren Indizes höher als die Einheit sind, so ist eine eineindeutige Korre-

483) Trans. Amer. math. Soc. 17 (1915), p. 370.

484) Vgl. III C 4 (*L. Berzolari*), Nr. **27**, **37**. S. auch *F. Enriques* und *O. Chisini*, „Lezioni" 3, p. 177—187.

spondenz zwischen ihren Punkten in einer *Cremona*schen Transformation zwischen ihren Ebenen enthalten.[485])

57. Zerlegung einer ebenen birationalen Transformation in Faktoren. Große Bedeutung gewinnen die quadratischen Transformationen (Nr. **66—71**) vor allem durch die Tatsache, daß die von

485) Über die vorhergehenden Sätze s. *G. Marletta,* Rend. Circ. mat. Palermo 24 (1907), p. 229; der auf $p = 0$ bezügliche Satz schon bei *G. Castelnuovo* und *F. Enriques,* ebenda 14 (1900), p. 302; die auf $p = 0, 1$ bezüglichen Sätze schon bei *G. Ferretti,* ebenda 16 (1902), p. 263—264. Vgl. auch *M. Gaba,* Bull. Amer. math. Soc. (2) 15 (1908), p. 208; *F. Enriques* und *O. Chisini,* „Lezioni" 3, p. 187—191; *J. L. Coolidge,* „Alg. pl. curves", p. 396—399 und 404; und für $p = 0$ *E. Bertini,* Giorn. di mat. (1) 15 (1877), p. 329; *H. S. White,* Bull. Amer. math. Soc. (2) 12 (1905), p. 157.

Weitere Eigenschaften finden sich bei *G. Marletta,* Rend. Ist. Lomb. (2) 43 (1910), p. 781.

S. auch *S. Cherubino,* Rend. Ist. Lomb. (2) 48 (1915), p. 993, 1026.

Über den Fall einer Kurve C^6 6. Ordnung mit 10 Knotenpunkten, die ist die rationale ebene Kurve der Minimalordnung, die durch irgendeine *Cremona*sche Transformation nicht in eine Gerade transformiert werden kann, s. *Hilda P. Hudson,* Proc. London math. Soc. (2) 15 (1916), p. 385; *A. B. Coble,* Amer. J. of math. 41 (1919), p. 243 [Auszug Bull. Amer. math. Soc. (2) 25 (1919), p. 388], letzterer fand auch, daß durch eine *Cremona*sche Transformation eine derartige Kurve C^6 in genau $2^{13} \cdot 31 \cdot 51$ projektiv verschiedene Kurven 6. Ordnung transformiert werden kann. Vgl. auch *A. B. Coble,* Amer. J. of math. 46 (1924), p. 143 [Auszüge Proc. Nat. Ac. of Sciences 7 (1921), p. 245, 334; 9 (1923), p. 183]; „Alg. geom.", p. 75, 223—225. S. ferner, auch in Verbindung mit dem *Cayley*schen Symmetroid [III C 10b (*W. Fr. Meyer*), Nr. **62**], *A. B. Coble,* Proc. intern. Math. Congress Toronto 1924 (Toronto 1928), 1, p. 924; „Alg. geom.", p. 235—262. Vgl. Anm. 780 und 828.

Ein System von Invarianten einer algebraischen ebenen Kurve bezüglich der *Cremona*schen Transformationen ihrer Ebene erwähnt *A. B. Coble,* Bull. Amer. math. Soc. (2) 34 (1928), p. 142.

Aus einem anderen Satz, der eine hinreichende Bedingung dafür angibt, daß eine umkehrbar eindeutige Korrespondenz zwischen zwei ebenen Kurven in einer *Cremona*schen Korrespondenz zwischen ihren Ebenen enthalten ist, leitet *G. Marletta,* erste angeführte Arbeit, p. 230, ab, daß, wenn zwei mit $h \geq 0$ Doppelpunkten ausgestattete ebene Kurven ein und derselben Ordnung $n > 4$ das Geschlecht $p > \frac{1}{2}n(n-7) + 10$ haben, eine zwischen ihren Punkten existierende umkehrbar eindeutige Korrespondenz in einer Kollineation zwischen ihren Ebenen notwendigerweise enthalten ist. Für $h = 0$ schon früher bei *K. Küpper,* Prag. Ber. böhm. Ges. 1892, p. 264; *V. Snyder,* Amer. J. of math. 27 (1904), p. 187; für $h = 0, 1$ schon bei *G. Marletta,* Catania Atti Acc. Gioenia (4) 19 (1905), Nr. V, der sich mit den Bedingungen dafür beschäftigt, daß eine umkehrbar eindeutige Korrespondenz zwischen den Punkten zweier zwei r-dimensionalen linearen Räumen angehörenden Kurven ein und derselben Ordnung in einer Kollineation zwischen diesen Räumen enthalten ist. Vgl. auch *V. Snyder,* Amer. J. of math. 30 (1906), p. 10 [Auszug Bull. Amer. math. Soc. (2) 13 (1906), p. 272], 337; *J. L. Coolidge,* „Alg. pl. curves", p. 408.

L. I. Magnus und dann von *L. Cremona*[430]) erwähnte Eigenschaft, daß das Produkt mehrerer quadratischer Transformationen eine eineindeutige Transformation ist, immer umgekehrt werden kann.

In der Tat gilt der Satz, daß jede birationale Transformation zwischen zwei Ebenen als das Produkt einer endlichen Anzahl quadratischer Transformationen betrachtet werden kann.

Zu diesem Ergebnis sind *W. K. Clifford*[486]), *M. Noether*[487]) und *J. Rosanes*[488]) fast zu gleicher Zeit und unabhängig voneinander gelangt. Der erste beschränkt sich darauf, für Transformationen mit nicht höherer Ordnung als 8 und gewöhnlichen Hauptpunkten in allgemeiner Lage die Zerlegung einer birationalen Transformation in ein Produkt quadratischer Transformationen vorzunehmen. *M. Noether* und *J. Rosanes* leiten aus den beiden Beziehungen von *L. Cremona* (Nr. **49**) die Eigenschaft ab, daß die Summe der drei größten Multiplizitäten der Hauptpunkte in einem homaloiden Netz n^{ter} Ordnung n übersteigt [s. Nr. **49** und Anm. 439]. Wählt man also die drei höchsten Hauptpunkte des gegebenen homaloiden Netzes als Basispunkte eines Netzes von Kegelschnitten, so entsteht eine quadratische Transformation, durch die sich die Ordnung des Netzes erniedrigen wird. Verfährt man auf diese Weise weiter, so gelangt man schließlich zu einem Netze von Kegelschnitten oder dem Geradennetz einer Ebene, so daß die ursprüngliche Transformation in der gewünschten Art zerlegt wird.

Für ein homaloides Netz mit unendlich benachbarten Hauptpunkten fügte *J. Rosanes*, a. a. O., p. 109 hinzu, daß die anzuwendenden quadratischen Transformationen zwei oder drei zusammenfallende Hauptpunkte haben können; *M. Noether*[489]) behandelte diesen Fall ausführlich und versuchte zu beweisen, daß in jedem Falle eine quadratische Transformation angegeben werden kann, die die Ordnung des homaloiden Netzes herabsetzt.

C. Segre[490]) dagegen zeigte, auch unter Anführung von Beispielen, daß eine derartige Transformation fehlen kann.[491])

---

486) Vgl. *A. Cayley*[457]), p. 161 = Papers 7, p. 222; *W. K. Clifford,* Math. Papers, London 1882, p. 538.

487) Math. Ann. 3 (1870), p. 167; Auszug Gött. Nachr. 1870, p. 6 [1869].

488) Anm. 429, p. 106.

489) Math. Ann. 5 (1872), p. 635. Vgl. *G. B. Guccia,* Rend. Circ. mat. Palermo 1 (1886), p. 148.

490) Atti Acc. Torino 36 (1901), p. 645.

491) Der Einwand von *C. Segre* bezieht sich, mehr im allgemeinen, auch auf die Reduktion der linearen Systeme algebraischer ebener Kurven durch quadratische Transformationen auf die Minimalordnung und steht in Verbindung

Auf Grund dessen bewies *G. Castelnuovo*[492]) auf anderem Wege, durch die Betrachtung der aufeinanderfolgenden adjungierten Kurven eines linearen Kurvensystems diesen Satz, indem er zeigte, daß die Ordnung eines homaloiden Netzes in jedem Falle durch eine Transformation von *de Jonquières* herabgesetzt werden kann und jede Transformation von *de Jonquières* das Produkt einer endlichen Anzahl quadratischer Transformationen ist.[493])

Daß jede *Cremona*sche Transformation zwischen zwei Ebenen das Produkt einer endlichen Anzahl Transformationen von *de Jonquières* (und endlich ein Produkt quadratischer Transformationen) ist, bewiesen *D. Nencini*[494]) und *V. Franciosi*[495]) mit verschiedenen Methoden von neuem, wobei sie jedoch im Gedankengange von *M. Noether* hinsichtlich der Zerlegung der singulären Punkte der algebraischen ebenen Kurven blieben.[496])

Zur Zerlegbarkeit jeder ebenen *Cremona*schen Transformation in quadratische Transformationen gelangte auch *O. Chisini*[497]) durch eine Abänderung des Verfahrens von *M. Noether.*

---

mit einem gewissen Charakter der singulären Punkte der ebenen Kurven. Dieser Einwand besagt, daß eine quadratische Transformation nicht nur dann nicht ausgeführt werden kann, wenn dem einen der drei als Hauptpunkte betrachteten Punkte die zwei andern in verschiedenen Richtungen unendlich benachbart sind, sondern auch dann nicht, wenn die besagten drei Punkte zwar in gleicher Richtung, aber auf keinem linearen Zweig liegen. Vgl. III C 4 (*L. Berzolari*), Nr. **14** und **37**.

492) Brief an *C. Segre* vom 5. Mai 1901, Atti Acc. Torino 36 (1901), p. 861. Über den Beweis von *G. Castelnuovo* s. *J. W. Alexander,* Trans. Amer. math. Soc. 17 (1916), p. 295, der noch einen weiteren Beweis des Satzes gibt.

493) Letztere Eigenschaft wurde analytisch von *G. Castelnuovo* bewiesen; ein geometrischer Beweis von *C. Segre* findet sich bei *G. Castelnuovo*[492]), Fußnote auf p. 872.

494) Ann. di mat. (3) 27 (1916), p. 259.

495) Giorn. di mat. (3) 9 (1917), p. 141.

496) *D. Nencini* und *V. Franciosi* fanden mit strengen Methoden die Ergebnisse früherer Autoren (*E. Bertini, G. B. Guccia, V. Martinetti, G. Jung, M. de Franchis*) über die Reduktion der linearen Systeme irreduzibler ebener Kurven vom Geschlecht 0, 1, 2 auf die Minimalordnung wieder, während *G. Ferretti,* Rend. Circ. mat. Palermo 16 (1902), p. 236 der Methode von *G. Castelnuovo* gefolgt war. Über all dies s. III C 4 (*L. Berzolari*), Nr. **37**.

497) Modena Atti Soc. Nat. e Mat. (5) 6 (1921), p. 7; wiedergegeben bei *L. Godeaux,* „Transf. birat.", p. 27—30, und *F. Enriques* und *O. Chisini,* „Lezioni" 3, p. 168—173. Hier p. 177, findet man noch die Bemerkung, daß jede ebene *Cremona*sche Transformation in ein Produkt quadratischer Transformationen mit verschiedenen Hauptpunkten zerlegt werden kann.

Über den vorhergehenden Gegenstand s. auch *Hilda P. Hudson,* „Cremona transf.", p. 144—153.

Einen Zerlegungssatz völlig anderer Art gibt *S. Kantor*[498]) an, der eine rational gegebene birationale Transformation T zwischen zwei Ebenen ins Auge faßt, also eine Transformation, unter deren Hauptpunkten sich nur rationale Gruppen in bezug auf einen festgelegten Rationalitätsbereich befinden. *S. Kantor* findet auf mehreren Wegen, daß jede derartige Transformation T ohne Einführung neuer Irrationalitäten in gewisse 16 einfachere Transformationen (Primfaktoren) zerlegt werden kann, die er vollständig angibt, und die für jede Transformation T nach Art, nach Aufeinanderfolge und nach gegenseitiger Lage der Hauptsysteme eindeutig bestimmt sind. Seine Ergebnisse formuliert *S. Kantor* auch zahlentheoretisch durch Betrachtung ganzzahliger birationaler Transformationen zwischen zwei Ebenen und weist den Zusammenhang mit der Idealtheorie nach.

58. Birationale Transformationen zwischen zwei vereinigt liegenden Ebenen. Neue Fragen treten für den Fall auf, daß die beiden Ebenen π, π', zwischen denen eine birationale Transformation stattfindet, zusammenfallen.

Der Ort der Punkte von π, die mit ihren entsprechenden Punkten von π' auf einer Geraden durch einen festen Punkt O liegen, ist eine durch O hindurchgehende Kurve Ω der Ordnung $n+1$, die auch durch zwei projektive Büschel, d. h. als Ort der Schnittpunkte der durch O hindurchgehenden Geraden von π' mit den entsprechenden Kurven von π erzeugt werden kann. Diese Kurve Ω und die analoge, durch Vertauschung von π und π' erhaltene Kurve Ω' heißen die *isologischen Kurven* von O.[499]) Jede solche Kurve geht durch sämtliche Fixpunkte

498) Monatsh. Math. Phys. 10 (1899), p. 54; Auszug Paris C. R. 126 (1898), p. 946.

499) Diese Bezeichnung stammt von *E. de Jonquières*[400]), der die ersten Eigenschaften dieser Kurven im Falle der seinen Namen tragenden Transformationen (Nr. **49**) angibt. Die gleichen Eigenschaften werden von *L. Cremona*[429]), zweite angeführte Arbeit, auf beliebige Transformationen ausgedehnt. Ein weiteres Studium der isologischen Kurven findet sich bei *G. B. Guccia,* Paris C. R. 101 (1885), p. 866; Rend. Circ. mat. Palermo 1 (1885—86), p. 56, 119, wo allgemeiner auch der Ort eines Punktes von π studiert wird, dessen Verbindungsgerade mit dem homologen Punkte von π' Tangente an eine gegebene Kurve der Klasse m ist. Dieser Ort hat die Ordnung $m(n+1)$ und geht mit mr Zweigen durch jeden für π r-fachen Hauptpunkt, mit m Zweigen durch jeden der $n+2$ Fixpunkte der Transformation. Über diesen Ort s. auch *G. B. Guccia,* Rend. Circ. mat. Palermo 1 (1884), p. 2, 5; *A. Capelli,* daselbst, p. 4; *A. Pepoli,* daselbst, p. 3; Atti Collegio Ing. e Architetti di Palermo 12 (1889), p. 1.

Für eine quadratische Transformation finden sich einige der von *G. B. Guccia,* Rend. Circ. mat. Palermo 1 (1886), p. 119 angegebenen Sätze schon bei *T. A. Hirst.*[456])

der Transformation und hat in jedem in π r-fachen oder in π' s-fachen Hauptpunkt die Multiplizität r bzw. s. Jede von O ausgehende Gerade schneidet Ω und Ω' in zwei Gruppen von n in der Transformation korrespondierenden Punkten. Die Kurven Ω und Ω' der verschiedenen Punkte der Ebene bilden zwei untereinander projektive Netze.

Mit Hilfe der isologischen Kurven kann man die Fixpunkte der Transformation (*Koinzidenzpunkte*) finden. Liegen die zwei Ebenen π und π' in allgemeiner Weise ineinander, so existiert eine endliche Anzahl, nämlich $n + 2$ Fixpunkte.[500]).

Die speziellen birationalen Transformationen einer Ebene in sich mit einer irreduziblen Koinzidenzkurve werden von *K. Doehlemann*[501]) und *G. Castelnuovo*[502]) studiert. Der erste bestimmt die projektiven Charaktere der Transformation und betrachtet speziell diejenigen unter diesen Transformationen, die von *de Jonquières* sind.[503]) Der letztere dagegen untersucht die für birationale Transformationen unveränderlichen Charaktere der Transformation (s. ferner Nr. **64**).

Besitzt die Transformation eine Koinzidenzkurve, so existieren außerhalb dieser noch weitere Fixpunkte, deren Anzahl aus der in Nr. **7** angegebenen Formel von *H. G. Zeuthen* abgeleitet werden kann.[504])

Ist D für eine Transformation ein Fixpunkt, so entsprechen sich die Tangentenpaare in D an die Paare miteinander korrespondierender, durch D hindurchgehender Kurven projektiv. Ist diese Projektivität nicht ausgeartet, so gehen zwei (voneinander verschiedene oder zu-

500) *E. de Jonquières,* Giorn. di mat. (1) 23 (1885), p. 66 [1859, 1884] für seine Transformationen; im allgemeinen *L. Cremona,* Mem. Acc. Bologna (2) 5 (1864), p. 33 = Giorn. di mat. (1) 3 (1865), p. 375 = Opere 2, p. 216. Vgl. hierüber *A. del Re,* Roma Rend. Acc. Linc. (5) 2^1 (1893), p. 456; Mem. Acc. Modena (3) 10^2 (1912), p. 398.

501) Math. Ann. 39 (1891), p. 567. — *K. Doehlemann* übernimmt aus der Theorie der ebenen Involutionen (Nr. **60**) den Begriff der *Klasse* einer birationalen Transformation zwischen zwei überlagerten Ebenen, also die Anzahl der Paare homologer Punkte, die auf einer allgemeinen Geraden liegen, und gibt alle Transformationen der Klassen 0, 1, 2 mit verschiedenen Hauptpunkten (a. a. O., p. 578 ff.) an. — *Rosaria Abbìa,* Catania Atti Acc. Gioenia (5) 9 (1916), Nr. III bestimmt unter den gleichen Annahmen die Transformationen dritter Klasse.

502) Roma Rend. Acc. Linc. (5) 1^1 (1892), p. 47.

503) Die birationalen Transformationen, insbesondere die von *de Jonquières,* mit einer gegebenen Koinzidenzkurve der Ordnung μ, welche einen $(\mu - 2)$-fachen Punkt besitzt, sind von *S. Kantor*[401]) studiert.

504) Über diese Formel s. *G. Marletta*[88]) und *A. Brigaglia.*[88]) In einem Sonderfalle stimmt sie mit der von *K. Doehlemann*[501]), p. 577, angegebenen und von *Hilda P. Hudson* in „Cremona transf.“, p. 87, wiedergegebenen Formel überein.

sammenfallende) invariante Richtungen durch D, und D heißt *erster Art;* ist sie dagegen ausgeartet, so ist jede von D ausgehende Richtung invariant, und D heißt *zweiter Art.*[505])

Für den Fall, daß zwei Kurven, Orte von Fixpunkten, zusammenfallen, beweist *Hilda P. Hudson*[506]), daß die allgemeinen Punkte dieser einzigen Kurve Koinzidenzpunkte zweiter Art sind; daß umgekehrt, wenn die allgemeinen Punkte einer Kurve Koinzidenzpunkte zweiter Art sind, die Kurve als ein Paar zusammenfallender Kurven, Örtern von Fixpunkten, betrachtet werden darf.

Eine Transformation zwischen zwei überlagerten Ebenen besitzt im allgemeinen auch eine endliche Anzahl *zyklischer* Gruppen von gegebenem Index N, also derartiger Gruppen von N Punkten, daß man alle anderen Punkte der Gruppe erhält und zu dem Ausgangspunkte zurückgelangt, wenn man auf einen beliebigen der Punkte einer solchen Gruppe die Transformation N-mal hintereinander anwendet und nicht früher. Für die quadratischen Transformationen ist die Anzahl dieser Gruppen von *T. A. Hirst*[507]) und *S. Kantor*[508]) bestimmt; für eine Transformation beliebiger Ordnung n von *S. Kantor.*[509])

Zerlegt man N in Primfaktoren, und ist

$$N = p_1^{m_1} p_2^{m_2} \dots p_\nu^{m_\nu},$$

so ist die Anzahl der zyklischen Gruppen vom Index N durch

$$\frac{1}{N}\left[n^N - \sum n^{\frac{N}{p_i}} + \sum n^{\frac{N}{p_i p_j}} - \dots + (-1)^\nu n^{\frac{N}{p_1 p_2 \dots p_\nu}}\right]$$

gegeben.

So gibt es $\frac{n(n-1)}{2}$ involutorische Paare, $\frac{n(n-1)(n+1)}{3}$ periodische Tripel, $\frac{n^2(n-1)(n+1)}{4}$ periodische Quadrupel usw.

Eine birationale Transformation zwischen zwei überlagerten Ebenen

---

505) *K. Doehlemann*[501]), p. 574—575. S. auch *Hilda P. Hudson,* „Cremona transf.", p. 77—79. Ein Beispiel für einen Koinzidenzpunkt zweiter Art bei *K. Doehlemann,* Diss. München 1889, p. 33.

506) Rend. Circ. mat. Palermo 50 (1925), p. 219; in einem Sonderfalle *K. Doehlemann*[501]), p. 584.

507) S. [456]). Das involutorische Paar für die quadratischen Transformationen findet man bei *F. Seydewitz,* Arch. Math. Phys. (1) 7 (1846), p. 142; dann auch z. B. bei *R. Sturm,* Math. Ann. 19 (1881), p. 466; *F. Aschieri,* Rend. Ist. Lomb. (2) 14 (1881), p. 21; die zwei zyklischen Tripel bei *J. Rosanes*[429]), p. 109.

508) Ann. di mat. (2) 10 (1880), p. 64.

509) Ann. di mat. (2) 10 (1880), p. 71. Vgl. auch *R. Sturm,* „Geom. Verw." 4, p. 39—41.

kann eine Kurve in sich oder auch zwei gegebene Kurven ineinander transformieren.[510])

Es werden auch ebene, in bezug auf birationale (vor allem quadratische) Transformationen ihrer Ebene invariante Kurven und die Gruppen derartiger Transformationen[511]) studiert.[512])

---

510) Vgl. *K. Doehlemann,* Ztschr. Math. Phys. 36 (1891), p. 356, wo vor allem die quadratischen Transformationen betrachtet werden.

Über die *Cremona*schen Transformationen der Ebene, in denen eine gegebene eineindeutige Korrespondenz zwischen den Punkten zweier voneinander verschiedener oder nicht verschiedener ebener Kurven enthalten ist, s. *S. Kantor,* Paris C. R. 100 (1885), p. 343; Acta math. 19 (1894), p. 115; für den Fall einer hyperelliptischen Kurve *S. Kantor* [401]).

511) Durch *Cremona*sche, vor allem quadratische, involutorische oder nicht involutorische Transformationen in sich transformierte Kurven werden studiert von *J. Rosanes* [429]), p. 109—110; *A. Emch,* Ann. of math. (2) 14 (1912), p. 57; Bull. Amer. math. Soc. (2) 24 (1917), p. 60, 327; (2) 30 (1924), p. 527 (Auszug daselbst, p. 392), worin auch gewisse Schließungsprobleme, zu denen diese Kurven Veranlassung geben, betrachtet werden; Tôhoku math. J. 21 (1922), p. 310 [Auszug Bull. Amer. math. Soc. (2) 28 (1922), p. 157]; 24 (1924), p. 68 [Auszug Japanese J. of math. 1 (1924), Abstracts, p. (26)]; 25 (1925), p. 63 [Auszug Japanese J. of math. 2 (1926), Abstracts, p. (17)]; 32 (1929), p. 16; Amer. J. of math. 45 (1923), p. 192 [Auszug Bull. Amer. math. Soc. (2) 29 (1923), p. 149]; Bull. Amer. math. Soc. (2) 35 (1929), p. 458; *A. Myller,* Nouv. Ann. de math. (4) 14 (1914), p. 126; *K. Ogura,* Tôhoku math. J. 4 (1914), p. 132; *F. G. Taylor,* Proc. Edinburgh math. Soc. 34 (1916), p. 163; *O. M. Thalberg,* Quart. J. of math. 50 (1923), p. 33; Christiania Vidensk. Skrifter 1924, Nr. 3; *B. Bydžovský,* Proc. intern. math. Congress Toronto 1924, 1 (Toronto 1928), p. 729; *L. Godeaux,* Tôhoku math. J. 28 (1927), p. 193 [Auszug Japanese J. of math. 4 (1928), Abstracts, p. (19)]; *B. Machytka,* Časopis 58 (1928), p. 60.

Erweiterungen auf drei- und mehrdimensionale Räume bei *A. Emch,* Amer. J. of math. 48 (1926), p. 21 [Auszug Bull. Amer. math. Soc. (2) 31 (1925), p. 398]; Bull. Amer. math. Soc. (2) 36 (1930), p. 547.

Anna Helen Tappan, Amer. J. of math. 37 (1915), p. 309 bestimmt alle ebenen, in bezug auf *Cremona*sche Transformationen ihrer Ebene invarianten Kurven 6. Ordnung.

Nach *S. Kantor* [401]) ist die Involution, die auf einer ebenen hyperelliptischen Kurve durch die auf dieser existierende lineare Schar g_2^1 definiert ist, immer in einer involutorischen birationalen Transformation der ganzen Ebene enthalten.

A. Emch, Tôhoku math. J. 29 (1928), p. 329 [Auszug Japanese J. of math. 5 (1929), Abstracts, p. (14)] studiert die hyperelliptischen Kurven, die durch eine der von *E. Bertini* (Nr. 61) gefundenen involutorischen birationalen Transformationen in sich transformiert werden, und daraus eine Klassifikation der hyperelliptischen Kurven ableitet.

Über *Cremona*sche Transformationen, die eine gegebene elliptische ebene Kurve in sich transformieren, s. die Anführungen in Anm. 405 und 631; außerdem *V. Martinetti,* Giorn. di mat. (1) 23 (1884), p. 37; *K. Doehlemann* [510]); *Ch. Michel,* J. math. spéc. (5) 21 (1897), p. 111; *U. Perazzo* [454]), p. 163; *R. Bricard,* J. Éc.

59. Ebene birationale Reziprozitäten; Nullreziprozitäten. Eine birationale Korrespondenz kann auch statt zwischen zwei Punktebenen zwischen einer Punkt- und einer Geradenebene stattfinden und heißt dann besser *birationale Reziprozität.* Eine derartige Korrespondenz kann immer als das Produkt einer *Cremona*schen Korrespondenz mit einer Korrelation aufgefaßt werden, und ihre Eigenschaften sind völlig analog zu den Eigenschaften der *Cremona*schen Transformationen.

Liegen die beiden Ebenen ineinander und befindet sich jeder Punkt auf der korrespondierenden Geraden, so bezeichnet man die Reziprozität als *Nullreziprozität.* Zu einer derartigen Korrespondenz gelangt man nach *A. Ameseder*[513]) durch folgende Konstruktion. Ist ein

---

Polyt. (2), cah. 11 (1906), p. 39; *A. Geuß,* Diss. Erlangen 1909; *B. Bydžovský,* Prag České Ak. Rozpravy 18 (1909), Nr. 34; 29 (1920), Nr. 17, 23; Bull. intern. Ac. Prag 15 (1910), p. 1; 23 (1920), p. 68, 72; *B. Machytka,* Prag Univ. Publ. 1925, Nr. 27; *F. C. Ogg,* Ann. of math. (2) 29 (1928), p. 355.

Endliche Gruppen birationaler Transformationen der Ebene oder des Raumes, die eine elliptische Kurve der Ebene bzw. des Raumes unverändert lassen, studierte *V. Snyder,* Bull. Amer. math. Soc. (2) 33 (1927), p. 39.

512) Mit der Betrachtung der isologischen Kurven ist auch die Betrachtung gewisser mehrdeutiger Transformationen (Nr. **92**) verknüpft. Diese Transformationen erhält man, wenn man jedem Punkte der Ebene die Gerade entsprechen läßt, die diesen mit seinem in der gegebenen birationalen Korrespondenz homologen Punkte in π oder in π', oder diese beiden letzten Punkte verbindet. S. *G. Jung,* Roma Rend. Acc. Lincei (4) 2^2 (1886), p. 339; Rend. Ist. Lomb. (2) 19 (1886), p. 812. Erweiterungen bei *M. Pannelli,* Giorn. di mat. (1) 29 (1888), p. 154, wo die gleichen Konstruktionen auf birationale Transformation angewandt werden, die man durch öftere Wiederholung der gegebenen Transformation erhält.

Über die *Cremona*schen Transformationen, die ein System von Kurven 3. Ordnung mit mehreren festen Punkten oder das System der Kurven 6. Ordnung mit acht gegebenen Doppelpunkten in sich überführen, s. *B. Bydžovský,* Atti del Congresso intern. dei mat. Bologna 1928, 4 (Bologna 1931), p. 43.

Pia Nalli, Rend. Circ. mat. Palermo 31 (1910), p. 92, hat die ebenen Involutionen studiert (Nr. **60**, **61**), die ein Büschel elliptischer Kurven (jede Kurve in sich oder jede Kurve des Büschels in eine andere) in sich überführen, und hat für alle Fälle die Typen bestimmt, auf die die Involution und das Büschel durch birationale Transformationen der Ebene zurückgeführt werden können.

J. Yerushalmy, Amer. J. of math. 53 (1931), p. 319; 54 (1932), p. 279 gibt, auf Grund der *O. Chisini*schen Bestimmung der Büschel von Kurven 3. Ordnung mit demselben Modul, Rend. Circ. mat. Palermo 41 (1916), p. 59, eine Konstruktion der Büschel von äquianharmonischen Kurven 3. Ordnung an; er betrachtet dabei die *Cremona*schen Transformationen, die einen solchen invarianten Büschel besitzen.

513) Sitzungsb. Ak. Wien 83 (1881), p. 385. Anwendungen dieses Nullsystemes auf die ebenen Kurven 3. Ordnung bei *H. Oppenheimer,* Diss. Jena 1892 = Arch. Math. Phys. (2) 13 (1893), p. 268; Monatsh. Math. Phys. 12 (1901), p. 219. Mit Hilfe zweier derartiger Nullsysteme konstruiert und studiert *Ch. Beyel,* Ztschr.

Dreieck mit den Ecken A, B, C und den gegenüberliegenden Seiten a, b, c und ferner eine Zahl k gegeben, so läßt man jedem Punkte P der Ebene die Gerade p entsprechen, die durch diesen hindurchgeht und mit den Geraden PA, PB, PC ein Doppelverhältnis vom Werte k bildet (so daß auch das Doppelverhältnis der vier Punkte pa, pb, pc, P den gegebenen Wert k annimmt). Die so entstehende Korrespondenz ist quadratisch, und ihre Hauptelemente sind A, B, C und bzw. a, b, c.

R. Sturm[514]) fügt hinzu, daß jede birationale Nullreziprozität quadratisch ist und auf die vorhergehende Weise konstruiert werden kann.

60. Periodische, insbesondere involutorische birationale ebene Transformationen. Das in Nr. 58 erwähnte Problem der Zyklen einer ebenen birationalen Transformation T tritt bei der Wiederholung der Transformation T in der gegebenen Ebene auf. Auf diese Weise erhält man im allgemeinen neue Transformationen T^2, T^3, ..., und die Fixpunkte der Transformation T^N liefern die Zyklen von T vom Index N.

Spezieller kann die Transformation T aber auch so beschaffen sein, daß ihre Potenz T^N, und keine vorhergehende Potenz, die Identität ist und daher alle Punkte der Ebene zyklische Gruppen vom Index N erzeugen. Die Transformation T heißt dann *zyklisch* oder *periodisch* von der *Ordnung* N; für $N = 2$ insbesondere *involutorische Transformation* oder *Involution:* zwei beliebige korrespondierende Punkte entsprechen sich in doppelter Weise und heißen auch *konjugiert.*[515])

Hierbei bietet sich das Problem der Bestimmung der Bedingungen, denen eine gegebene birationale Transformation genügen muß, wenn

---

Math. Phys. 38 (1893), p. 65 die Kurven 3. Ordnung und 3. Klasse. — Über das gleiche Nullsystem s. auch *A. del Re,* Rend. Acc. Napoli (2) 3 (1889), p. 101; Giorn. di mat. (1) 28 (1890), p. 264.

Auf eine birationale Nullreziprozität trifft *L. Tuschel,* Sitzungsb. Ak. Wien 120 (1911), p. 231 bei Untersuchungen der Schraubenliniengeometrie, bei welchen man die Punkttransformationen studiert, welche die Ebene des Raumes in kongruente gerade Konoide (insbesondere Wendelflächen) mit parallelen Achsen überführen. Hierüber, ebenso über Erweiterungen, vgl. auch *E. Müller,* Sitzungsb. Ak. Wien 126 (1917), p. 915.

514) Math. Ann. 19 (1881), p. 473—474. Vgl. auch *G. Lazzeri,* Roma Rend. Acc. Linc. (4) 2^2 (1886), p. 61; *J. de Vries,* Ak. Amsterdam Versl. (4) 21 (1913), p. 1070; *R. Sturm,* „Geom. Verw.“ 4, p. 1, 61, 461. S. außerdem *J. de Vries,* Ak. Amsterdam Versl. (4) 26 (1918), p. 1485; (4) 27 (1919), p. 948, wo allgemein auch die rationalen Nullkorrespondenzen $(1, n)$ betrachtet werden, und noch *Catharina Maria van Dieren,* Pröfschrift Utrecht 1928. S. Nr. 92 und 93.

515) Es gibt eine einzige Involution 1. Ordnung, die harmonische Homologie: *K. G. Chr. v. Staudt,* „Die Geometrie der Lage“, Nürnberg 1847, Nr. 227; italien. Übers. von *M. Pieri,* Torino 1889, p. 106.

sie periodisch sein soll. Dieses Problem wurde von *S. Kantor*[516]), besonders für die quadratischen, kubischen und biquadratischen Transformationen ausführlich behandelt.

Für das Studium derartiger Transformationen scheint die Einführung neuer Charaktere zweckmäßig. So führt *E. Caporali*[517]) für die Involutionen den Begriff der *Klasse* ein, d. h. der Anzahl der auf einer allgemeinen Geraden liegenden Paare verschiedener konjugierter Punkte. Hat die Transformation die Ordnung n, die Klasse ν, und besitzt sie eine Koinzidenzkurve der Ordnung μ, so gilt

$$\mu + 2\nu = n.$$

Die isologischen Kurven der Punkte der Ebene bilden ein Netz der Ordnung $2\nu + 1$ und haben in jedem isolierten Fixpunkt einen dreifachen Punkt. Ist π das Geschlecht dieser Kurven und p das Geschlecht der Koinzidenzkurve, so umhüllen die Verbindungsgeraden der Paare unendlich benachbarter korrespondierender Punkte eine Kurve der Klasse $n - p - \pi$.

Weitere allgemeine Eigenschaften der Involutionen unter dem Gesichtspunkt der Klasse[518]) verdankt man *E. Bertini*[519]), *L. Berzolari*[520]) und *V. Martinetti*[521]).

516) Für die quadratischen Transformationen, Sitzungsb. Ak. Wien 82 (1881), p. 237; im allgemeinen, aber auch sehr ausführlich, vor allem für quadratische Transformationen, dann kubische und biquadratische Transformationen, in der Preisschrift[472]); vgl. auch Paris C. R. 100 (1885), p. 42. Für die periodischen quadratischen Transformationen Ergänzungen bei *V. Snyder,* Ann. of math. (2) 13 (1911), p. 140; Auszug Bull. Amer. math. Soc. (2) 18 (1911), p. 62.

517) Rend. Acc. Napoli (1) 18 (1879), p. 212 = Mem. di geometria, Napoli 1888, p. 116.

518) Vgl. auch *R. Sturm,* „Geom. Verw." 4, p. 95—130; *K. Doehlemann,* „Geom. Transf." 2, p. 165—174; *Hilda P. Hudson,* „Cremona transf.", p. 89—97.

Eine Unterscheidung der Involutionen in vier Arten, unter anderem Gesichtspunkte, liefert *L. Godeaux,* Bull. Ac. sc. Belgique 1911, p. 217.

Beiträge zur Theorie der Involutionen bei *F. Palatini,* „Saggio di un metodo utile per lo studio delle trasformazioni geometriche", Palermo 1892; „Osservazioni sulle corrispondenze univoche fra i gruppi di h punti del piano ed i punti dello spazio lineare di $2h$ dimensioni", Avellino 1898.

A. B. Coble, Bull. Amer. math. Soc. (2) 13 (1907), p. 271 weist auf die Möglichkeit hin, die Involutionen mit Hilfe gegenüber *Cremona*schen Transformationen invarianter Konstruktionen zu studieren.

519) Rend. Ist. Lomb. (2) 16 (1882), p. 89, 190.

520) Ann. di mat. (2) 16 (1888), p. 191. Hier werden die Hauptpunkte der Transformation untersucht, speziell für den Fall, daß sich auf einer allgemeinen, von einem derartigen Punkte ausgehenden Geraden keine Paare korrespondierender Punkte befinden. Ist ein derartiger Punkt für die isologischen Kurven $(2\nu - i)$-fach und $i < \nu$, so ergibt sich $\nu \leqq \frac{i(i+1)}{2}$ (a. a. O., p. 205).

Ist die Klasse einer Involution von der Ordnung n gleich Null, erzeugen also die Verbindungsgeraden der Paare konjugierter Punkte eine Hüllkurve, so besitzt die Involution eine Koinzidenzkurve n^{ter} Ordnung, die Transformation ist also von *de Jonquières.*[522])

Involutionen von *de Jonquières*, die nicht die Klasse gleich Null haben, können entweder nur vier Fixpunkte oder auch unendlich viele besitzen, die auf einer einzigen Geraden oder auf zwei Geraden liegen. Ist n die Ordnung der Transformation, so ist $\frac{n}{2}$ bzw. $\frac{n-1}{2}$, $\frac{n-2}{2}$ die Klasse in den drei Fällen, so daß n im ersten und dritten Falle gerade, im zweiten Falle ungerade ist.[523])

Die Konfiguration der Hauptpunkte sowie die Konstruktion der Involutionen von *de Jonquières* und aller Involutionen 1. und 2. Klasse werden von *E. Bertini*[524]), die der Involutionen 3. und 4. Klasse von *V. Martinetti*[525]), die gewisser zweier Involutionen beliebiger Klasse und der Involutionen 5. Klasse von *L. Berzolari*[526]), die der Involutionen 6. Klasse von *P. A. Okken*[527]) angegeben.[528])

Eine Involution der Klasse $\nu > 1$ mit einem Hauptpunkt, der für die isologischen Kurven die Multiplizität $2\nu - 1$ besitzt, ist eine Involution von *de Jonquières* (a. a. O., p. 194).

Existiert ein r-facher Hauptpunkt, in dem die entsprechende Hauptkurve die Multiplizität $r - 1$ besitzt, so ist die Transformation für $r > 3$ von *de Jonquières* : *E. Bertini*[519]), p. 91; *L. Berzolari,* a. a. O., p. 195—197.

Ist $\nu > 3$ und existiert ein r-facher, für die entsprechende Hauptkurve $(r - 2)$-facher Hauptpunkt, so ist $r \leqq 5$ (*L. Berzolari,* a. a. O., p. 220—222).

L. Berzolari, Rend. Circ. mat. Palermo 3 (1889), p. 145 betrachtet auch den Fall, daß ein r-facher, für die korrespondierende Hauptkurve $(r - 3)$-facher Hauptpunkt existiert, und findet, daß die Involution für $r \geqq 8$ 15 bestimmten Typen von Klassen $\leqq 7$ angehört.

521) Rend. Circ. mat. Palermo 4 (1890), p. 30, 126. Hier werden Einschränkungen für das Geschlecht der isologischen Kurven angegeben.

522) *E. Bertini,* Ann. di mat. (2) 8 (1876), p. 23.

523) *E. Bertini,* Ann. di mat. (2) 8 (1876), p. 11, 146. Für die Involutionen von *de Jonquières* vgl. auch *R. Sturm,* „Geom. Verw." 4, p. 107—130.

524) S. [519]). Der allgemeine Fall und einige Sonderfälle der Involutionen 1. Klasse werden schon von *C. F. Geiser,* J. f. Math. 67 (1866), p. 78 und *E. Caporali*[517]) betrachtet; ein Sonderfall der Involutionen 2. Klasse von *E. Caporali.*[517])

Die zwei von *E. Bertini* gefundenen Involutionen 5. Ordnung mit sechs zweifachen Hauptpunkten, die eine von der ersten, die andere von der zweiten Klasse, werden weiter von *B. Bydžovský,* Prag České Ak. Rozpravy 38 (1929), Nr. 2; Mém. Soc. R. des sciences de Bohême (Věstnik) 1929 (Prague 1930), Nr. 11, und von *L. Godeaux,* Mathesis 45 (1931), p. 11 studiert.

525) Ann. di mat. (2) 12 (1883), p. 73; (2) 13 (1884), p. 53.

526) Ann. di mat. (2) 16 (1888), p. 206, 212, 222. Bei den Involutionen 5. Klasse müssen nach *P. A. Okken,* Rend. Ist. Lomb. (2) 47 (1914), p. 226 zwei der von *L. Berzolari* gefundenen Typen entfernt und einer neu hinzugefügt werden.

527) Diss. Groningen 1913.

61. Reduktion der involutorischen birationalen ebenen Transformationen auf Typen mittels birationaler Transformationen. Es gibt eine andere Betrachtungsweise der birationalen Transformationen zwischen zwei überlagerten Ebenen, von der eine allgemeine Lösung der Aufgaben über die periodischen Transformationen und ihre Gruppen abgeleitet werden kann.

Wir betrachten zwei birationale Transformationen T und S in einer Ebene und bilden das Produkt

$$S \cdot T \cdot S^{-1} = T'.$$

Nach der allgemeinen Theorie der Operationen nennt man T' die *Transformierte* von T durch S. Nun können alle in den vorhergehenden Nrn. betrachteten Charaktere von T durch eine derartige Transformation umgestaltet werden. So werden die Ordnung, die Anzahl der Hauptpunkte, ihre Multiplizitäten usw. für T und T' im allgemeinen nicht gleich sein. Es existieren aber noch weitere Charaktere von T, die man als wesentlicher betrachten muß, da sie durch die Transformation unverändert bleiben und daher sowohl T wie T' angehören. Ist T z. B periodisch, so gilt dasselbe für T'; existieren Kurvensysteme, die gegenüber T invariant sind, so wird es auch analoge, in bezug auf T' invariante Systeme geben, und da man mit Hilfe der Transformation S von jenen zu diesen gelangt, so lassen sich die Eigenschaften der einen von den Eigenschaften der anderen mit Leichtigkeit ableiten.

Betrachten wir zwei Transformationen T und T', deren eine eine transformierte der anderen ist, als *äquivalent*, so ist eine Transformation T nach dieser Betrachtungsweise der *Typus* einer *Klasse äquivalenter Transformationen.*

E. Bertini vertritt als erster diesen Standpunkt in bezug auf die Involutionen. Vor allem behandelt er die Involutionen von *de Jonquières*[529]) und beweist, daß jede Involution dieser Art durch eine *Cre-*

528) Eine Involution beliebiger Klasse ν mit vier $(2\nu+1)$-fachen Hauptpunkten und $2\nu+1$ doppelten Hauptpunkten, die für $\nu = 2, 3, 4, 5$ den von den vorhergehenden Verfassern gefundenen Involutionen beigefügt werden muß, ist von *G. Marletta,* Acireale Mem. Acc. Zelanti (3) 10 (1918), Nr. 3 angegeben. Für $\nu = 2$ s. auch *G. Marletta,* Catania Atti Acc. Gioenia (5) 11 (1918), Nr. VI, p. 10; für $\nu = 3$ s. auch *G. Aprile,* Note e Mem. Circ. mat. Catania 1 (1921), p. 102.

Spezielle Involutionen ergeben sich beim Studium der Kongruenzen von Kegelschnitten im Raume [III C 9 (*K. Rohn* und *L. Berzolari*) Nr. **74**], und zwar durch Schnitt mit einer Ebene: *M. Pieri,* Atti Acc. Torino 28 (1893), p. 289; *D. Montesano,* Rend. Acc. Napoli (3) 1 (1895), p. 93, 155.

529) Ann. di mat. (2) 8 (1877), p. 11, 146. Ein ausführlicher Auszug bei *E. Dewulf,* Bull. Sciences math. (2) 1^1 (1877), p. 276.

*mona*sche Transformation von der harmonischen Homologie abgeleitet werden kann, oder auch von einer Involution von *de Jonquières* einer gewissen Ordnung $p + 2$ (wo $p > 0$ ist), mit $2p + 2$ einfachen und voneinander verschiedenen Hauptpunkten, sowie einer Koinzidenzkurve der Ordnung $p + 2$ vom Geschlecht p, die im $(p + 1)$-fachen Hauptpunkt der Transformation einen p-fachen, jedoch keinen weiteren mehrfachen Punkt besitzt.

E. Bertini[530]) studiert die gleiche Frage auch für beliebige involutorische Transformationen und findet einfache Typen, auf die alle diese Transformationen unter der Annahme, daß ihre sämtlichen Hauptpunkte voneinander verschieden sind, durch eine *Cremona*sche Transformation zurückgeführt werden können.

Diese (irreduziblen) Typen sind:

a) Harmonische Homologie.

b) Involutorische Transformationen von *de Jonquières* der Ordnung $p + 2$ (wobei $p > 0$ ist) mit $2p + 2$ voneinander verschiedenen einfachen Hauptpunkten und einer Koinzidenzkurve der Ordnung $p + 2$ mit einem p-fachen Punkt im $(p + 1)$-fachen Hauptpunkt der Transformation.

c) Involutorische Transformation 8. Ordnung mit sieben dreifachen Hauptpunkten und einer Koinzidenzkurve 6. Ordnung, für die diese sieben Punkte Doppelpunkte sind (die *Jakobi*sche Kurve des Netzes der durch diese sieben Punkte hindurchgehenden Kurven 3. Ordnung).

d) Involution 17. Ordnung mit acht sechsfachen Hauptpunkten und einer Koinzidenzkurve 9. Ordnung mit dreifachen Punkten in diesen acht Punkten.

Der schon von *C. F. Geiser*[531]) betrachtete Typus c) wird durch

530) Ann. di mat. (2) 8 (1877), p. 244; Rend. Ist. Lomb. (2) 13 (1880), p. 443.

531) J. f. Math. 67 (1866), p. 78. Erweiterung bei *H. Milinowski,* J. f. Math. 77 (1873), p. 263.

Über die *Geiser*sche Transformation s. noch *A. Cayley,* Math. Ann. 8 (1874), p. 361 = Papers 9, Cambridge 1896, p. 506; *L. Göring,* Progr. Straßburg 1878; *P. H. Schoute,* Ass. franç. pour l'avanc. des sciences 8, Montpellier 1879, p. 194; *D. Montesano,* Atti Acc. Torino 27 (1892), p. 672; *R. Sturm,* „Geom. Verw.“ 1, p. 353—355; 4, p. 23, 96—105, 120—128; *V. Snyder,* Trans. Amer. math. Soc. 11 (1910), p. 371; *A. R. W. Williams,* Bull. Amer. math. Soc. (2) 22 (1916), p. 8 Math. Publ. Univ. California 1 (1920), p. 211; *H. Malet,* „Étude“, p. 207—212.

Eine Anwendung auf eine lineare Konstruktion der rationalen Kurven 5. Ordnung bei *K. Rohn,* Math. Ann. 25 (1884), p. 598.

Mit der *Geiser*schen Transformation verknüpfte Schließungsprobleme untersucht *A. Emch,* Bull. Amer. math. Soc. (2) 30 (1924), p. 527; Auszug daselbst p. 392.

Em. Weyr, Sitzungsb. Ak. Wien 58 (1868), p. 633 betrachtet den Sonderfall der *Geiser*schen Transformation, für den die sieben Hauptpunkte die Ecken

das Netz der durch die sieben Hauptpunkte hindurchgehenden Kurven 3. Ordnung dargestellt, wenn zwei Punkte der Ebene, die weitere Schnittpunkte von zweien dieser Kurven sind, als konjugiert betrachtet werden. Die einem Hauptpunkt P korrespondierende Hauptkurve ist die Kurve 3. Ordnung, die in P einen Doppelpunkt besitzt und durch die übrigen sechs Hauptpunkte hindurchgeht. Die Klasse der Involution ist 1.

Der Typus d) läßt sich durch Betrachtung des linearen ∞^3-Systems von Kurven 6. Ordnung konstruieren, die in den acht Hauptpunkten acht Doppelpunkte haben. Es ergibt sich, daß die durch einen Punkt der Ebene hindurchgehenden Kurven dieses Systems notwendigerweise durch einen weiteren Punkt[532]) hindurchgehen, und die Involution dadurch entsteht, daß man diese beiden Punkte miteinander korrespondieren läßt. Die einem Hauptpunkt P korrespondierende Hauptkurve ist die Kurve 6. Ordnung, die in P einen dreifachen und in den anderen sieben Hauptpunkten Doppelpunkte hat. Die Klasse der Involution ist 4.[533])

---

und Diagonalpunkte eines vollständigen Vierecks sind. Zwei konjugierte Punkte sind es dann auch in bezug auf das Viereck. Ein weiterer Sonderfall, bei dem sich die Transformation auf die 6. Ordnung reduziert, wurde von *W. Wallstaff,* Diss. Breslau 1902, untersucht.

532) Wie *E. Bertini,* Ann. di mat. (2) 8 (1877), Fußnote auf p. 273 berichtet, gelangt unabhängig zu dieser Eigenschaft auch *L. Cremona* (der sie *E. Caporali* brieflich mitgeteilt hatte) indem er die Ebene, auf der man die Involution durchführt, als Abbildungsebene einer allgemeinen Fläche 3. Ordnung betrachtet und indem er sechs von den acht Hauptpunkten der Involution als Hauptpunkte der Abbildung [vgl. III C 10a (*W. Fr. Meyer*), Nr. 11] auffaßt. S. auch *G. B. Guccia*[28]), Fußnote auf p. 192—193; *R. Sturm,* „Geom. Verw." 4, p. 105—107. — Der gleiche Satz ist in einem allgemeineren, auf die linearen Systeme hyperelliptischer Kurven sich beziehenden Satz enthalten. S. *E. Bertini,* Ann. di mat. (2) 22 (1893), p. 36. Vgl. III C 4 (*L. Berzolari*), Anm. 400.

533) Weiteres über diese vier Typen bei *F. M. Morgan,* Amer. J. of math. 35 (1912), p. 79, der auch ihre Gleichungen angibt und die Involutionen der ersten fünf Klassen auf diese zurückführt. Ferner werden die Typen b), c), d) in Verbindung mit ihren linearen Systemen invarianter Kurven von *Th. L. Bennett,* Amer. J. of math. 48 (1927), p. 257 [Auszug Bull. Amer. math. Soc. (2) 32 (1926), p. 112] untersucht. Verschiedene Ergebnisse, insbesondere ein Zusammenhang zwischen den Typen c) und d) bei *O. M. Thalberg,* Wiss. Vorträge, gehalten auf dem fünften Kongreß der skandinavischen Math. in Helsingfors 1922 (Helsingfors 1923), p. 204.

Über die Typen c) und d) s. noch *J. R. Conner,* Amer. J. of math. 38 (1916), p. 155; *A. Emch,* Comment. math. Helvetici 1 (1929), p. 64. Diese beiden Typen sind weiterhin, vor allem in Verbindung mit der Erzeugung hyperelliptischer Kurven der Ordnung $3n$, von *K. Küpper,* Prag. Abh. böhm. Ges. (7) 1 (1884), Nr. 1 studiert. *K. Bobek,* Sitzungsb. Ak. Wien 91 (1885), p. 476 untersucht all-

Für die rational gegebenen, involutorischen Transformationen stellte *S. Kantor*[534]) eine andere Äquivalenztheorie auf, indem er sie birational, ohne Einführung neuer Irrationalitäten, auf gewisse 16 Typen reduziert (vgl. Nr. **57** am Ende).

62. Analoge Reduktion auf Typen für die involutorischen antibirationalen ebenen Transformationen. Durch das Studium der reellen rationalen Flächen (Nr. **117**) wird *A. Comessatti*[535]) dazu geführt, die zur vorhergehenden Nr. analoge Frage der Reduktion der involutorischen *antibirationalen* Transformationen der Ebene auf gewisse Typen zu behandeln.[536])

Bezeichnen wir die konjugiert komplexe Zahl einer Zahl a mit $\bar{a}$ und das Polynom, das sich aus einem Polynom $f(x, y, \ldots)$ durch Vertauschung der Koeffizienten mit ihren konjugiert-komplexen herleitet, mit $\bar{f}(x, y, \ldots)$, so heißt eine Transformation T zwischen zwei Ebenen mit den Punktkoordinaten x, y und x', y' *antirational* wenn sie durch die Gleichungen

$$(1) \qquad x' = f(\bar{x}, \bar{y}), \quad y' = \varphi(\bar{x}, \bar{y})$$

bestimmt ist, wo f und φ rationale Funktionen sind. Sind diese Formeln (1) ferner umkehrbar, so heißt die Transformation T *antibirational.*

---

gemeiner einen Typus von Involutionen der Klasse ν und Ordnung $3\nu + 5$, für den die neun Basispunkte eines Büschels von Kurven 3. Ordnung Hauptpunkte sind. Die Fälle $\nu = 2, 3$ in Verbindung mit hyperelliptischen Kurven der Ordnung $3n + 2$ bzw. $3n + 1$ in Prag. Abh. böhm. Ges. (7) **1** (1885), Nr. 1, Anhang, p. 27.

Die Transformation d) wird, auch unter Angabe der Gleichungen, noch von *V. Snyder,* Amer. J. of math. **33** (1910), p. 327 studiert; außerdem von *B. Bydžovský,* Časopis **47** (1918), p. 247; *A. B. Coble,* Amer. J. of math. **41** (1919), p. 251—254; in Zusammenhang mit der Theorie der *Abel*schen Funktionen von *F. Schottky,* J. f. Math. **103** (1887), p. 185; *A. B. Coble,* „Alg. geom.", p. 209 ff. Eine Abbildung der Involution d) auf eine kubische Fläche bei *A. Wiman,* Math. Ann. **48** (1896), p. 228—229. — S. auch *B. Machytka,* Časopis **58** (1928), p. 219; *L. Godeaux,* Mathesis **43** (1929), p. 11, 49.

Über die Koinzidenzkurve vom Typus c) s. noch *A. Clebsch,* Math. Ann. **3** (1870), p. 58; vom Typus d), *E. C. Valentiner,* Tidss. for Math. (4) **5** (1881), p. 88.

534) Monatsh. Math. Phys. **10** (1899), p. 43.

535) Math. Ann. **73** (1913), p. 1; Auszug Roma Rend. Acc. Lincei (5) **20**² (1911), p. 597.

536) Die auf diese Transformationen bezüglichen Begriffe sind in denen enthalten, die sich auf die hyperalgebraischen Gebilde beziehen, welche von *C. Segre,* Atti Acc. Torino **25** (1889), p. 276, 430, 592; **26** (1890), p. 35; Math. Ann. **40** (1891), p. 413 herrühren. Vgl. III A, B, 4a (*G. Fano*), Nr. **16**, **17**, **18**. Vgl. noch *J. L. Coolidge,* „The geometry of the complex domain", Oxford 1924; *E. Cartan,* „Leçons sur la géométrie projective complexe", Paris 1931.

Fallen die beiden Ebenen zusammen, so ist eine spezielle involutorische antibirationale Transformation die durch die Gleichungen[537])

$$x' = \bar{x}, \quad y' = \bar{y}$$

dargestellte *konjugierte Transformation.*

Daraus folgt, daß eine antibirationale Transformation nichts anders ist als das Produkt einer birationalen Transformation zwischen zwei Ebenen mit der konjugierten Transformation einer von ihnen. Bezeichnet man nämlich mit U und V die durch die Gleichungen

$$x' = f(x, y), \quad y' = \varphi(x, y); \qquad x' = \bar{f}(x, y), \quad y' = \bar{\varphi}(x, y)$$

dargestellten birationalen Transformationen ein und derselben Ordnung n und mit K, K' die konjugierten Transformationen der beiden Ebenen, so ergibt sich

$$T = KU = VK',$$

wobei die Produkte von links nach rechts zu nehmen sind.

Fallen die beiden Ebenen zusammen und ist die antibirationale Transformation $T = KU = VK$ involutorisch, so folgt daraus

$$KUK = U^{-1}, \quad KVK = V^{-1},$$

d. h. die Transformationen U und V sind zu der konjugierten Transformation *harmonisch.*[538]) Sind daher U und V reelle Transformationen (ist also $KUK = U$, $KVK = V$), so müssen diese Transformationen auch involutorisch sein.[539])

---

537) Die konjugierte Transformation ist keine algebraische (ja nicht einmal eine analytische) Korrespondenz: sie besitzt nämlich auf jeder reellen Geraden unendlich viele Fixpunkte, ohne die Identität zu sein. Eine algebraische Kurve C wird durch die konjugierte Transformation in eine algebraische Kurve C' verwandelt, die gleiche Ordnung und gleiches Geschlecht (und im allgemeinen die gleichen projektiven Charaktere) wie C hat; C und C' sind aber im allgemeinen nicht birational äquivalent.

538) Nach der Bezeichnung von *C. Segre,* Math. Ann. 40 (1891), p. 429, 440.

539) Einige Eigenschaften der antibirationalen Transformationen leiten sich von den Eigenschaften der birationalen Transformationen durch triviale Erweiterung ab. Eine algebraische Kurve verwandelt sich in eine algebraische Kurve und ein lineares System wieder in ein lineares System. Insbesondere wird das Geradennetz jeder der beiden Ebenen in ein homaloides Netz n^{ter} Ordnung der andern Ebene verwandelt, wobei n die Ordnung der Transformationen U und V ist. Die Hauptpunkte und -kurven von T auf der Ebene (x, y) fallen mit denen von V zusammen, und sind denen von U konjugiert; das umgekehrte ist auf der Ebene (x', y') der Fall. Zwischen den Geraden einer der beiden Ebenen und den Kurven des homaloiden Netzes der anderen Ebene besteht eine Antiprojektivität; legt man umgekehrt zwischen die Geraden einer Ebene und die Kurven eines homaloiden Netzes einer anderen Ebene eine Anti-

Unter diesen Voraussetzungen findet nun *A. Comessatti*, daß die involutorischen antibirationalen Transformationen der Ebene durch aufeinanderfolgende quadratische Transformationen auf folgende voneinander verschiedene Typen, mit der niedrigsten Anzahl von Hauptpunkten, zurückgeführt werden können:

a) Konjugierte Transformation.

b) Antiquadratische Transformationen ohne Fixelemente.

c) Transformationen der Ordnung $m+1$ (wobei $m>1$ ist) mit einem m-fachen Hauptpunkt O und $2m$ einfachen Hauptpunkten P_1, P_2, $\ldots$, P_{2m}, die voneinander verschieden oder auch in verschiedenen Richtungen dem Punkte O unendlich benachbart sein können und deren homologe Hauptgeraden die Geraden OP_1, $OP_2, \ldots, OP_{2m}$ sind.

d) Transformation 8. Ordnung mit sieben verschiedenen dreifachen Hauptpunkten, deren jeder als homologe Hauptkurve die Kurve 3. Ordnung hat, die in diesem Punkte einen Doppelpunkt besitzt und durch die anderen sechs einfach hindurchgeht.

e) Transformation 17. Ordnung mit acht verschiedenen sechsfachen Hauptpunkten, deren jeder als homologe Hauptkurve die Kurve 6. Ordnung hat, die in diesem Punkte einen dreifachen Punkt und in den sieben übrigen Punkten ebenso viele Doppelpunkte besitzt.[540])

---

projektivität, so bestimmt diese eine antibirationale Transformation zwischen den beiden Ebenen.

Die Antiprojektivitäten, insbesondere die involutorischen Antiprojektivitäten (auch in den drei- und mehrdimensionalen Räumen) werden von *C. Segre*[536]) und, für die Gerade und die Ebene, schon früher von *C. Juel,* Diss. Kjöbenhavn 1885; Acta math. 14 (1889), p. 1, studiert, der sie *Symmetralitäten* nennt.

A. Comessatti[535]), p. 14—19, studiert insbesondere die involutorischen Antiprojektivitäten, ebenso die antiquadratischen ebenen Transformationen, besonders die involutorischen, aber auch die involutorischen antibirationalen ebenen Transformationen, die ein gegebenes Geradenbüschel in sich transformieren (und daher mit den involutorischen birationalen Transformationen von *de Jonquières* analog sind) und bestimmt die Typen, auf die diese durch quadratische Transformationen zurückgeführt werden können. Von den involutorischen antiquadratischen Transformationen gibt es zwei Typen, die hinsichtlich der Beziehungen zwischen Hauptpunkten und -geraden mit den zwei in Nr. 69 erwähnten Typen involutorischer quadratischer birationaler Transformationen analog sind. Ist aber jede Ecke des Hauptdreiecks der gegenüberliegenden Seite zugeordnet, so existiert ein einziger (auf die harmonische Homologie zurückführbarer) Typus quadratischer Transformationen, dagegen zwei wesentlich verschiedene Typen antiquadratischer Transformationen (deren einer auf die konjugierte Transformation zurückführbar und deren anderer frei von Fixpunkten ist).

540) Die durch diesen Satz bestimmte Klassifikation hat viele Analogien mit der der involutorischen birationalen Transformationen (Nr. 61), weist jedoch auch einzelne Unterschiede auf. So erfordert die Existenz der Transformationen in

63. Typen endlicher diskontinuierlicher Gruppen von ebenen birationalen Transformationen. Beispiele unendlicher diskontinuierlicher Gruppen. Das allgemeinere Problem, die Typisierung periodischer birationaler ebener Transformationen, wird von *S. Kantor* behandelt, und zwar nach zwei Methoden. Bei der ersten Methode[541]) schickt er der Untersuchung und geometrischen Konstruktion dieser Typen die Lösung eines rein arithmetischen Problems (des sog. „Problems der Charakteristiken") voraus, die mit Untersuchungen von *Ch. Hermite* und *G. Frobenius* über die quadratischen Formen verknüpft ist und die möglichen Verkettungen der Hauptpunkte bei den Transformationen betrifft. Die zweite Lösung[542]) hängt nicht von dieser arithmetischen Untersuchung ab, sondern ist rein geometrischer Natur und beruht auf der Betrachtung eines invarianten linearen Systems rationaler oder elliptischer Kurven, zu dem man mit Hilfe der Invarianz aufeinanderfolgender Systeme von einer ursprünglichen invarianten Kurve adjungierten Kurven[543]) gelangt.

Es zeigt sich[544]), daß jede zyklische birationale Transformation der Ebene durch birationale Transformationen auf eine Transformation zurückgeführt werden kann, die eines der folgenden linearen Systeme in sich verwandelt:

a) das Geradennetz (Kollineationen);

b) ein Geradenbüschel (Transformationen von *de Jonquières*);

c) ein ∞^r-System ($r > 1$) kubischer Kurven mit $9 - r$ Basispunkten;

d) ein ∞^2-System von Kurven 6. Ordnung mit acht doppelten Basispunkten.

Die so von *S. Kantor* angegebenen Typen sind: Kollineationen, drei spezielle Transformationen von *de Jonquières* und gewisse 29 isolierte Transformationen mit höchstens acht Hauptpunkten.

---

den Fällen d) und e), im Gegensatz hierzu, bei den analogen birationalen Transformationen besondere Beziehungen zwischen den Hauptpunkten, damit eine Gruppe von sieben oder bzw. von acht Punkten eine Transformation vom Typus d) oder vom Typus e) erzeugen kann. Notwendig und hinreichend ist die Existenz einer involutorischen Antiprojektivität, in der diese Punkte Fixpunkte sind, d. h. also, daß diese Gruppe projektiv (durch eine *imaginäre* oder identische Projektivität) in eine Gruppe reeller Punkte transformiert werden kann.

541) Preisschrift[438]), p. 45 ff.; Auszug J. f. Math. 114 (1895), p. 72 ff.

542) Acta math. 19 (1894), p. 115.

543) Die Idee dieser Reduktionsmethode, die viele Anwendungen gehabt hat, stammt von *S. Kantor,* Paris C. R. 100 (1885), p. 343, der sie „Prinzip der Verminderung der φ" nannte. S. III C 4 (*L. Berzolari*), Fußn. 320.

544) S. auch *G. Castelnuovo,* Math. Ann. 44 (1893), p. 127; *A. Wiman,* daselbst 48 (1896), p. 198—199.

S. Kantor[545]) löst auch das noch allgemeinere Problem der Bestimmung aller Typen, auf die die endlichen diskontinuierlichen Gruppen ebener birationaler Transformationen birational zurückgeführt werden können [vgl. I B 3f (*A. Wiman*), Nr. 25]. Allerdings sind seine Ergebnisse zum Teil unrichtig; die genaue Aufzählung dieser Typen ist von *A. Wiman*[546]) im wesentlichen nach den Grundgedanken *S. Kantors* durchgeführt. Die auf diese Weise erhaltenen Typen sind folgende neun:

1. Kollineationsgruppen;

2. Gruppen von „orthoanallagmatischen“ Transformationen (oder Gruppen von *de Jonquières*), die ein Geradenbüschel invariant lassen;

3. Gruppen, bei denen ein System von Kegelschnitten durch zwei feste Punkte (also auch die beiden Strahlenbüschel, deren Mittelpunkte in diese Basispunkte fallen) invariant ist;

4—8. Gruppen, bei denen ein System von Kurven 3. Ordnung mit 3 bis 7 festen Punkten invariant ist;

9. Gruppen mit einem invarianten Büschel von Kurven 3. Ordnung sowie einem invarianten System von Kurven 6. Ordnung mit Doppelpunkten in acht von den neun Basispunkten des Büschels.[547])

Bei den Typen 3, 4 und 5 bieten sich meistens quadratische Transformationen, beim Typus 6 meistens kubische Transformationen dar. Diese Gruppen endlicher Ordnung von quadratischen und kubischen Transformationen werden von *L. Autonne*[548]) studiert.

545) „Theorie der endlichen Gruppen von eindeutigen Transformationen in der Ebene“, Berlin 1895.

546) Math. Ann. 48 (1896), p. 195.

547) *A. Wiman,* a. a. O., beweist, daß in den nicht auch von den Typen 1 und 3 gelieferten Gruppen vom Typus 2 immer eine invariante hyperelliptische Kurve existiert.

Nach *S. Kantor* erhält man die Gruppen 3 und 7 aus den automorphen Kollineationsgruppen einer Fläche 2. bzw. 3. Ordnung durch eindeutige Abbildung dieser Flächen auf eine Ebene.

Einer Gruppe vom Typus 7 ist *F. Klein,* Math. Ann. 12 (1877), p. 544 = Ges. math. Abh. 2, Berlin 1922, p. 364 bei Untersuchungen über das Ikosaeder begegnet.

Bei den Typen 8 und 9 kann die Ebene als das Bild einer Doppelebene mit einer Kurve 4. Ordnung bzw. als das Bild eines doppelten Kegels zweiten Grades mit einer Kurve 6. Ordnung als Übergangskurve aufgefaßt werden, so daß die in der einfachen Ebene zu bestimmenden Gruppen durch Kombination der Vertauschung der beiden Blätter mit der automorphen Kollineationsgruppe der Übergangskurve in beiden Fällen abgeleitet werden können.

Die Gruppen vom Typus 8 mit sieben Hauptpunkten werden ferner von *L. C. Cox,* Amer. J. of math. 39 (1915), p. 59; die Gruppen vom Typus 9 von *F. R. Sharpe,* daselbst 37 (1913), p. 55 studiert.

548) J. math. pures appl. (4) 1 (1885), p. 431; (4) 2 (1886), p. 49; Auszüge Paris C. R. 97 (1883), p. 567; 98 (1884), p. 565; 99 (1884), p. 646; 101 (1885),

Spezielle unendliche diskontinuierliche Gruppen ebener *Cremona*scher Transformationen erhält man mit Hilfe einiger Sätze von *A. B. Coble.*[549])

64. Typen endlicher kontinuierlicher Gruppen von ebenen birationalen Transformationen. Die Reduktionsmethode der vorhergehenden Nr. setzt *F. Enriques*[550]) instand, alle birational äquivalenten Typen endlicher (im Sinne von *S. Lie,* also von einer endlichen Anzahl von Parametern abhängiger) kontinuierlicher Gruppen von ebenen birationalen Transformationen[551]) zu bestimmen. Zu diesem Zwecke konstruiert *F. Enriques* irgendein gegenüber der Gruppe in-

---

p. 53; 105 (1887), p. 267. — Über die Beziehungen zwischen der Theorie von *S. Kantor* und den Untersuchungen von *L. Autonne* s. *S. Kantor*[545]), p. 52—53.

Über die Gruppen G_8, G_{16} und G_{32} quadratischer Transformationen und die linearen Systeme von Kurven der Ordnung $4n$ und $8n$, die ihnen gegenüber invariant sind, s. *B. Machytka,* Prag České Ak. Rozpravy 34 (1925), Nr. 17.

549) Trans. Amer. math. Soc. 17 (1915), p. 378. Ein Büschel ebener kubischer Kurven kann durch eine *Cremona*sche Transformation der Ebene in 960, ein Büschel von Kurven 6. Ordnung mit 9 doppelten Basispunkten in $2^8 \cdot 960$ projektiv verschiedene Typen, allgemein, ein Büschel von Kurven der Ordnung $3r$ mit neun r-fachen Basispunkten in eine endliche Anzahl von Typen transformiert werden. In all diesen Fällen gibt es daher eine unendliche diskontinuierliche Gruppe *Cremona*scher Transformationen, der gegenüber das betrachtete Büschel invariant ist.

In ähnlicher Weise läßt sich aus dem Satz von *A. B. Coble*[485]) über die projektiv verschiedenen Typen, auf die eine rationale Kurve C^6 zurückgeführt werden kann, eine unendliche diskontinuierliche Gruppe *Cremona*scher Transformationen ableiten, die die Kurve C^6 in sich transformieren.

Eine weitere unendliche diskontinuierliche Gruppe leitet sich aus der Eigenschaft ab [*A. B. Coble,* Trans. Amer. math. Soc. 24 (1922), p. 16], daß eine *Verones*esche Fläche [III C 7 (*C. Segre*), Nr. 33] durch eine *reguläre Cremona*sche Raumtransformation (Nr. 91), deren Hauptpunkte auf der gegebenen Fläche liegen, in eine andere *Verones*esche Fläche transformiert wird. Die Gruppe entsteht bei der Betrachtung der Abbildung dieser Fläche auf eine Ebene und besteht aus Transformationen, bei denen das homaloide Netz aus Kurven 5. Ordnung mit sechs Knotenpunkten gebildet wird.

Ein Hinweis auf den Gegenstand dieser Nr. bei *J. L. Coolidge,* „Alg. pl. curves", p. 492—498.

550) Roma Rend. Acc. Linc. (5) 2^1 (1893), p. 468.

551) Vgl. III AB 4b (*G. Fano*), Nr. 22. S. außerdem *G. Fano,* Monatsh. Math. Phys. 9 (1898), p. 17; Auszug Verhandl. des I. intern. Math.-Kongresses in Zürich 1897 (Leipzig 1898), p. 254.

G. Bohlmann, Gött. Nachr. 1896, p. 44 [vgl. *M. Noether,* Jahresb. Deutsch. Math.-Ver. 5^1 (1901), p. 68 [1896]] bestimmt alle endlichen kontinuierlichen Gruppen ebener quadratischer Transformationen. S. auch *M. W. Haskell,* Bull. Amer. math. Soc. (2) 24 (1918), p. 418. Über die kontinuierlichen Gruppen von Kreisverwandtschaften s. Anm. 617.

variantes Linearsystem algebraischer Kurven und gelangt durch die Betrachtung der diesem sukzessiv adjungierten Systeme zu einem Beweis dafür, daß nur die drei folgenden Typen, mit ihren Untergruppen, existieren:

1. die 8-gliedrige Kollineationsgruppe;

2. die 6-gliedrige Gruppe der quadratischen Transformationen, die das lineare System von Kegelschnitten mit zwei verschiedenen Basispunkten in sich verwandeln[552]);

3. Die $(n+5)$-gliedrige Gruppe der Transformationen von *de Jonquières* willkürlicher Ordnung n, die ein Geradenbüschel und ein lineares ∞^{n+1}-System von Kurven n^{ter} Ordnung mit einem $(n-1)$-fachen Basispunkt im Mittelpunkt des Büschels und $n-1$ festen Tangenten in diesem Punkte gleichzeitig in sich verwandeln.[553])

Die durch zwei feste Punkte hindurchgehenden Kegelschnitte einer Ebene sowie die Kurven n^{ter} Ordnung mit einem gemeinsamen $(n-1)$-fachen Punkt und in diesem gemeinsamen Tangenten können als die Bilder der ebenen Schnitte einer Fläche 2. Ordnung des dreidimensionalen Raumes oder der überebenen Schnitte eines rationalen Normal-Kegels n^{ter} Ordnung eines $(n+1)$-dimensionalen Raumes, in einer ebenen Abbildung dieser Flächen aufgefaßt werden. Daher läßt sich das vorhergehende Ergebnis auch folgendermaßen ausdrücken: Die Geometrie der Ebene, deren „Hauptgruppe" von Transformationen[554]) eine von einer endlichen Anzahl Parametern abhängige kontinuierliche Gruppe *Cremona*scher Transformationen ist, stimmt mit der projektiven Geometrie auf der Ebene, oder einer Regelfläche 2. Ordnung, oder dem rationalen Normal-Kegel des $(n+1)$-dimensionalen Raumes, oder mit einem Sonderfall einer dieser drei Geometrien[555]) überein.

---

552) Bringen wir die beiden festen Punkte durch eine Kollineation in die beiden Kreispunkte der Ebene, so können wir aussagen, daß diese Gruppe die Gruppe der direkten Kreisverwandtschaften (Nr. **71**) ist.

553) Die Typen 1 und 2 treten auch unter den Typen endlicher diskontinuierlicher Gruppen auf (Nr. **63**).

Funktionentheoretische Betrachtungen über die Gruppen 3 von *de Jonquières* in Verbindung mit der Theorie der automorphen Funktionen bei *P. J. Myrberg*, Math. Ztschr. 21 (1924), p. 224. Vgl. Anm. 428.

554) Nach *F. Klein,* Erlanger Programm 1872 = Math. Ann. 43 (1893), p. 63 = Ges. math. Abh. 1, Berlin 1921, p. 460; ital. Übers. von *G. Fano,* Ann. di mat. (2) 17 (1890), p. 307; franz. Übers. von *H. Padé,* Ann. Éc. Norm. (3) 8 (1891), p. 87, 173; engl. Übers. von *W. Haskell,* Bull. Amer. math. Soc. (2) 2 (1893), p. 215; polnische Übers. von *S. Dickstein,* Prace mat.-fiz. 6 (1895), p. 27; russische Übers. von *D. M. Sintsoff,* Kasan Abh. (2) 5, 6 (1895—1896).

555) Hieraus folgt, daß jede algebraische Fläche mit einer transitiven kontinuierlichen Gruppe automorpher projektiver Transformationen auf eine Ebene

Die erste der drei von *F. Enriques* bestimmten Gruppen ist nach den allgemeinen Untersuchungen von *S. Lie* über die allgemeine projektive Gruppe[556]), einfach. Die zweite Gruppe enthält zwei und nur zwei invariante Untergruppen, die dreigliedrig sind und bei Betrachtung der Gruppe als Gruppe der automorphen projektiven Transformationen einer Regelfläche 2. Ordnung aus biachsialen Homographien bestehen. Die Struktur der dritten Gruppe wurde auf geometrischem Wege von *F. Enriques*[557]), auf Grund der endlichen Gleichungen der Gruppe von *H. Mohrmann*[558]) angegeben. Daraus ergibt sich, daß die dritte Gruppe drei und nur drei invariante kontinuierliche Untergruppen ∞^{n+4} bzw. ∞^{n+2}, ∞^{n+1} enthält.[559])

Dem Gedankengange dieser und der vorhergehenden Nr. folgend, erwähnen wir noch die von *G. Castelnuovo*[560]) herrührende Bestimmung der Typen, auf die die birationalen Transformationen der Ebene mit einer irreduziblen Koinzidenzkurve γ (s. Nr. **58**) zurückgeführt werden können. Ist das Geschlecht von $\gamma > 1$, so kann eine derartige Transformation entweder durch eine *Cremona*sche Transformation auf eine Transformation von *de Jonquières* zurückgeführt werden, oder sie ist zyklisch 2., 3. oder 4. Grades. Ist nun das Geschlecht von $\gamma > 4$, so ist diese Koinzidenzkurve notwendigerweise hyperelliptisch, und die

---

oder eine nicht ausgeartete Fläche 2. Ordnung des dreidimensionalen Raumes oder eine normale rationale Kegelfläche n^{ter} Ordnung eines $(n+1)$-dimensionalen Raumes birational derart bezogen werden kann, daß die betrachtete Gruppe projektiver Transformationen eine Gruppe ebener Homographien oder eine Gruppe von Homographien des drei- oder auch $(n+1)$-dimensionalen Raumes erzeugt, die diese Fläche 2. Ordnung oder diese normale rationale Kegelfläche in sich verwandeln. S. *G. Fano,* Roma Rend. Acc. Linc. (5) 4^1 (1895), p. 149 und 322; Rend. Circ. mat. Palermo 10 (1895), p. 19.

Dieser Satz wird von *G. Fano,* Rend. Circ. mat. Palermo 10 (1895), p. 1 auch direkt, ohne Betrachtung der kontinuierlichen Gruppen birationaler Transformationen der Ebene bewiesen [s. ferner *G. Fano,* Rend. Circ. mat. Palermo 11 (1897), p. 240]; und hieraus gewann dieser umgekehrt, Rend. Circ. mat. Palermo 10 (1895), p. 16, die Ergebnisse von *F. Enriques* über diese Gruppen von neuem. Vgl. dazu auch *H. Mohrmann,* Habilitationsschrift Karlsruhe 1911; Rend. Circ. mat. Palermo 32 (1911), p. 158.

556) Math. Ann. 25 (1884), p. 130; „Theorie der Transformationsgruppen" unter Mitw. von *Fr. Engel,* 1, Leipzig 1888, p. 560.

557) Roma Rend. Acc. Linc. (5) 2^1 (1893), p. 532.

558) Rend. Circ. mat. Palermo 31 (1910), p. 170.

559) In bezug auf die Untergruppe ∞^{n+4} ergänzt *H. Mohrmann*[558]) die Ergebnisse von *F. Enriques* und zeigt, wie ein wesentlicher Unterschied zwischen dem Fall n gerade und dem Fall n ungerade besteht.

560) Roma Rend. Acc. Linc. (5) 1^1 (1892), p. 47; vgl. *S. Kantor*[542]), p. 130, und auch *J. L. Coolidge,* „Alg. pl. curves", p. 474—478.

Transformation kann durch eine *Cremona*sche Transformation auf eine Transformation von *de Jonquières* zurückgeführt werden, oder sie ist zyklisch 3. Grades.

Mit den angegebenen Sätzen über die endlichen, diskontinuierlichen oder kontinuierlichen, Gruppen ebener *Cremona*scher Transformationen kennt man die Typen derartiger Transformationen, die ein invariantes lineares Kurvensystem besitzen. Im allgemeinen haben jedoch die birationalen Transformationen der Ebene keine derartigen invarianten linearen Systeme. Daher wissen wir in bezug auf ihre Reduktion auf Typen, ja sogar in bezug auf die Bestimmung irgendeines ihrer invarianten Charaktere nichts weiteres auszusagen.

65. Gruppen ebener birationaler Berührungstransformationen. *L. Autonne*, der die endlichen diskontinuierlichen Gruppen ebener quadratischer und kubischer Transformationen (Nr. **63**) studiert, untersucht auch[561]) Gruppen ebener birationaler Berührungstransformationen[562]), und zwar durch Betrachtung von Substitutionen mit zwei

561) J. math. pures appl. (4) 4 (1888), p. 177, 407; Auszüge Paris C. R. 103 (1886), p. 1176; 104 (1887), p. 767, 1422. *L. Autonne* dehnte seine Untersuchungen auch auf drei- und mehrdimensionale Räume aus. S. Nr. **87** und **90**.

562) *G. Fano*, Roma Rend. Acc. Linc. (6) 8 (1928), p. 445, 529, 623; (6) 9 (1929), p. 16 [Auszug Atti del Congresso intern. dei matematici Bologna 1928, 4 (Bologna 1931), p. 35] stellt das Problem der ebenen birationalen Berührungstransformationen auf geometrische Grundlage, indem er zeigt, daß sich dies Problem mit Hilfe einer von *S. Lie* herrührenden Abbildung in ein Problem der *Cremona*schen Transformationen des dreidimensionalen Raumes verwandelt. *G. Fano* geht von der Bemerkung aus, daß in einer solchen Berührungstransformation die in der ersten oder zweiten Ebene den Punkten der anderen Ebene entsprechenden ∞^2-Kurvensysteme die beiden folgenden Eigenschaften besitzen, die die analogen Eigenschaften im Infinitesimalbereich zu denen der Kurven eines homaloidischen Netzes sind: In jedem dieser Systeme gibt es eine und nur eine Kurve, die ein allgemein gegebenes „Element" (Gesamtheit eines Punktes und einer zugehörigen Geraden) enthält; alle einer bestimmten Kurve des Systemes und ihren unendlich benachbarten Kurven gemeinsamen Punkte (und Tangenten) sind mit Ausnahme eines fest. Bezeichnen wir jedes ∞^2-System ebener, die beiden genannten Eigenschaften erfüllender irreduzibler Kurven γ mit Ω, so ist ein derartiges System als ∞^2-Gebilde rational, und ebenso sind seine einzelnen Kurven rational. Jedes derartige System Ω wird durch eine birationale Berührungstransformation in ein anderes System Ω verwandelt. Eine birationale Berührungstransformation zwischen zwei Ebenen kann dadurch bestimmt werden, daß man in diesen zwei willkürliche Systeme Ω (deren eines das ∞^2-System der Punkte oder der Geraden sein kann) angibt und diese als rationale ∞^2-Gebilde aufgefaßten Systeme durch eine willkürliche birationale Transformation verknüpft.

Bezeichnen wir mit n die Ordnung, mit ν die Klasse einer Kurve γ eines Systems Ω, so genügen diese Kurven γ $n + \nu - 1$ weiteren Bedingungen, die durch Berührungen mit gegebenen algebraischen Kurven (die möglicherweise durch

Reihen von drei homogenen Veränderlichen, d. h. von Koordinaten x_1, x_2, x_3 von Punkten und Koordinaten u_1, u_2, u_3 von Geraden einer Ebene.

Wir stellen die Substitution mit

$$s = \left| \begin{matrix} x_i & \varphi_i\binom{a\ \ b}{x, u} \\ u_i & \psi_i\binom{c\ \ d}{x, u} \end{matrix} \right|$$

dar, in der φ_i und ψ_i biternäre Formen bezeichnen, die in den x_i von der Ordnung a bzw. c, und in den u_i von der Ordnung b bzw. d sind. Die Substitution s heißt birational, wenn sich für

$$\alpha y_i = \varphi_i(x, u), \qquad \beta v_i = \psi_i(x, u)$$

Punkte zu ersetzen sind), auch durch Berührungen gegebener Ordnung in angegebenen Punkten ausgedrückt sind.

Unter diesen Voraussetzungen ist die von *S. Lie* angegebene Abbildung des Systems der Elemente einer Ebene auf den Punktraum [s. *S. Lie* und *Fr. Engel*[556]) 2, Leipzig 1890, p. 393 ff.; 434 ff.; und besonders *S. Lie* und *G. Scheffers*, „Geometrie der Berührungstransformationen" 1, Leipzig 1896, p. 238—247] eine birationale Transformation, die wie folgt dargestellt werden kann. Es seien ξ, η die Cartesischen Koordinaten eines Punktes der Ebene, p der Richtungskoeffizient der Geraden, die mit diesem Punkte ein Element bildet, und x, y, z die Koordinaten eines Punktes des Raumes. Die Transformation ist durch die Formeln

$$x = \xi, \qquad y = \tfrac{1}{2}p, \qquad z = \eta - \tfrac{1}{2}p\xi$$

gegeben, deren Umkehrungen

$$\xi = x, \qquad \eta = z + xy, \qquad p = 2y \qquad \text{sind.}$$

Die Differentialgleichung $d\eta - p\,d\xi = 0$, die die „Elementvereine" der Ebene kennzeichnet [III D 7 (*H. Liebmann*), Nr. 4], verwandelt sich in die Gleichung (*) $dz + x\,dy - y\,dx = 0$, die *Pfaff*sche Gleichung eines nicht speziellen linearen Geradenkomplexes, so daß die Elementvereine der Ebene und die Kurven, deren Tangenten dem Komplexe angehören, miteinander korrespondieren. Bei der Abbildung sind die Bilder der birationalen Berührungstransformationen der Ebene die *Cremona*schen Raumtransformationen, die die Gleichung (*) in sich verwandeln. Einem allgemeinen System Ω der Ebene entspricht im Raume eine Kongruenz 1. Ordnung, die aus rationalen Kurven des Komplexes mit der Ordnung $n + \nu$ zusammengesetzt ist, die ihrerseits in n bzw. in ν Punkten die uneigentlichen Geraden der Ebenen $y = 0$ bzw. $x = 0$ und ferner in $n + \nu - 1$ Punkten gewisse zum Komplexe gehörige feste Kurven treffen.

So zeigt sich, daß die Bestimmung der birationalen Berührungstransformationen der Ebene, d. h. der Systeme Ω ebener Kurven, gleichwertig ist mit der Bestimmung aller Kongruenzen 1. Ordnung von rationalen Kurven irgendeiner beliebigen Ordnung m, die zu einem linearen Komplexe gehören und in $2m - 1$ Punkten gegebene, ebenfalls dem Komplexe angehörende Kurven treffen oder Bedingungen unterworfen sind, die als Sonderfälle hiervon aufgefaßt werden können.

J. M. Feld, Bull. Amer. math. Soc. (2) 37 (1931), p. 175, hat notwendige und hinreichende Bedingungen dafür angegeben, daß eine Berührungstransformation der Ebene birational sei.

ergibt

$$\gamma x_i = \vartheta_i \binom{a' \quad b'}{y, \; v}, \qquad \delta u_i = \eta_i \binom{c' \quad d'}{y, \; v},$$

wo $\alpha, \beta, \gamma, \delta$ Proportionalitätsfaktoren und ϑ_i, η_i biternäre Formen der y_1, y_2, y_3 und v_1, v_2, v_3 sind. Die Substitution ist überdies eine Berührungstransformation, wenn die beiden Gleichungssysteme

$$\sum_i u_i x_i = \sum_i u_i dx_i = \sum_i x_i du_i = 0,$$

$$\sum_i y_i v_i = \sum_i v_i dy_i = \sum_i y_i dv_i = 0$$

einander zur Folge haben.

Diese Transformationen (die *L. Autonne* als *Crémoniennes* bezeichnet und die für $b = 0$ die punktuellen *Cremona*schen Transformationen werden) bilden eine Gruppe, und *L. Autonne* studiert diejenigen Gruppen quadratischer Transformationen, bei denen also jede der positiven ganzen Zahlen a, b, c, d die Zahl 2 nicht übersteigt. Unter dieser Annahme können diese Transformationen auf andere zurückgeführt werden, bei denen eine dieser vier Zahlen den Wert Null oder Eins hat, wobei[563]) die Transformation durch Kombination einer geeigneten punktuellen *Cremona*sche Transformation mit der Substitution

$$\begin{vmatrix} x_i & u_i \\ u_i & x_i \end{vmatrix}$$

erhalten wird.

Eine spezielle Transformation s des so entstehenden Typus heißt *Cremonische* Transformation (*Crémonique*), und es zeigt sich, daß jede nicht Cremonische quadratische Transformation s das Produkt zweier oder dreier Cremonischer Transformationen ist.

Die Klassifikation der „Crémoniennes" fußt nach *L. Autonne* auf der Beschaffenheit der von ihm benannten *primordialen* Mannigfaltigkeiten, in die eine aus den Elementen (x, u) (von denen x oder auch u fest ist) zusammengesetzte Mannigfaltigkeit durch die „Crémonienne" transformiert wird.

Ein und dieselbe primordiale Mannigfaltigkeit kann nicht zu zwei verschiedenen „Crémoniennes" gehören.

Eine Cremonische Transformation kann immer, unter Umständen mit Hilfe des Dualitätsgesetzes, als eine im Sinne von *S. Lie* erweiterte (birationale) Punkttransformation[564]) betrachtet werden.

563) *L. Autonne*, J. math. pures appl. (4) 3 (1887), p. 63; Auszüge Paris C. R. 102 (1886), p. 313; 103 (1886), p. 1176.

564) *L. Autonne*, J. Éc. polyt. (1), cah. 61 (1891), p. 35; (1), cah. 62 (1892), p. 47; (1), cah. 63 (1893), p. 79; (1), cah. 64 (1894), p. 1; Paris C. R. 105 (1887), p. 850, 929; 106 (1888), p. 262; 113 (1891), p. 632; 114 (1892), p. 407; 115 (1892),

66. Ebene quadratische Transformationen[565]**; geschichtliche Bemerkungen.** Die Theorie der quadratischen Transformationen zwischen zwei Ebenen ist in ihren Grundzügen[566]) in den Untersuchungen über die „organische" Erzeugung ebener Kurven[567]) enthalten, die man *I. Newton*[568]), *C. Maclaurin*[569]) und *W. Braikenridge*[570]) verdankt.[571])

p. 587; 122 (1896), p. 1043 wendet seine Theorie auf die Differentialgleichungen 1. Ordnung mit rationalen Koeffizienten [vgl. II B 6 (*E. Hilb*), Nr. **4**] dadurch an, daß er nach der Betrachtungsweise von *A. Clebsch* die Integralkurven der Gleichung als Hauptkoinzidenzkurven eines Konnexes (s. Nr. **121**) auffaßt.

565) Erörterungen dieses Gegenstandes bei *A. Clebsch* und *F. Lindemann*, „Vorlesungen" 1, p. 474—477; franz. Übers. 2, p. 188—192; *G. Salmon* und *W. Fiedler*, „An. Geom. d. höh. eb. Kurven" [28]), p. 384—391; *G. Salmon* und *O. Chemin*, „Traité de géom. anal." [28]), p. 430—439; *F. Aschieri*, „Geometria proiettiva e descrittiva" 2, Milano 1884, p. 229—239; „Geometria proiettiva", 2. Ausg., Milano 1888, p. 376—383; „Geometria descrittiva", 2. Ausg., Milano 1896, p. 240—255; *Charlotte Angas Scott*, „An introductory account of certain modern ideas and methods in plane analytical geometry", London 1894, p. 217—232; *Th. Reye*, „Die Geometrie der Lage" 1, 4. Aufl., Leipzig 1899, p. 107, 178, 216, 236—237; 2, 4. Aufl., Stuttgart 1907, p. 209—214, 303—304; *H. Andoyer*, „Leçons" [46]), p. 290—301; *G. Salmon* und *W. Fiedler*, „Analytische Geometrie der Kegelschnitte" 2, 6. Aufl., Leipzig 1903, p. 788—796; *H. Wieleitner*[28]), p. 137 ff.; *F. Severi*, „Complementi di geometria proiettiva", Bologna 1906, p. 283—291; „Lezioni", p. 50—57; „Vorlesungen", p. 41—46; „Trattato" 1_1, p. 303—308; *K. Doehlemann*, „Geom. Transf." 2, p. 1—50; *R. Sturm*, „Geom. Verw." 2, p. 76—78; 4, p. 43—95; *E. Duporcq* und *R. Bricard*[52]), p. 133—142; *F. Enriques* und *O. Chisini*, „Lezioni" 1, p. 104—113; *J. Rey Pastor*[46]), „Fundamentos ...", p. 225—234; *H. Hilton*[28]), p. 120—124; *H. Malet*, „Étude", p. 87—112, 161—163, 197—198; *S. Ganguli*[28]), p. 17—19, 257—271; *Hilda P. Hudson*, „Cremona transf.", p. 30—54; *E. Bertini*[46]), p. 179—204; *J. L. Coolidge*, „Alg. pl. curves", p. 196—201.

Vgl. III A B 5 (*A. Schoenflies*), Nr. **26**; *E. Kötter*, „Bericht", p. 10—12, 193—195, 263—268, 318—322, 337—340; *A. Emch*, „Report", p. 19—55.

566) *Hilda P. Hudson*, „Cremona transf.", p. 388, bemerkt, daß ein Satz des *Apollonius* von Perga (rund 200 Jahre v. Chr.) ebene lineare und quadratische Transformationen (Translationen, Rotationen, Ähnlichkeiten, Inversionen und ihre Produkte) anführt. S. *Pappi Alexandrini* mathem. collectiones, übers. *Commandinus*, Bononiae 1660, p. 247.

567) *I. Newton*, „Enumeratio linearum tertii ordinis" (um 1676 geschrieben und im Anhang zur 1. englischen Ausgabe der Abhandlung „Optik" veröffentlicht), London 1704 = Opuscula math. philos. et philol., ed. *J. Castillioneus*, Lausannae et Genevae 1 (1744), p. 265—267 = Opera omnia, ed. *S. Horsley* 1, Londini 1779, p. 556—558, macht von dieser Benennung Gebrauch, um eine durch Hilfsmittel konstanter Form ausgeführte Konstruktion zu bezeichnen. Diese findet sich aber schon bei *F. van Schooten*, „De organica conicarum sectionum in plano desciptione tractatus", Leyden 1646; neu aufgelegt als 4. Buch der „Exercitationes mathematicae", Leyden 1657.

568) *I. Newton* gibt, ohne Beweis, derartige Erzeugungen für die Kegelschnitte und mit Doppelpunkten ausgestatteten Kurven höherer Ordnung an. So

Späterhin verwendet *G. Cramer*[572]) irrationale und rationale Transformationen, insbesondere die singuläre quadratische Transformation,

läßt er zwei Winkel konstanter Größe sich derart um ihre Scheitel drehen, daß zwei ihrer Schenkel sich auf einer festen Kurve schneiden. Dann beschreibt der Schnittpunkt der beiden anderen Schenkel eine Kurve höherer Ordnung als die der gegebenen Kurve. Auf diese Art erhält er einen Kegelschnitt als Ort des Schnittpunktes D der freien Seiten AD, BD zweier Winkel PAD, PBD, die um ihre Scheitel A bzw. B rotieren, während sich die beiden anderen Seiten AP, BP auf einer festen Geraden schneiden [„Philosophiae naturalis principia math.", Londini 1687 (Vorwort 1686), Buch 1, Lemma XXI; Opera 2, p. 101—102; „Enumeratio" [567]), Opuscula 1, p. 265 = Opera 1, p. 556. In den „Principia" führte *Newton* unter Betrachtung gewisser ähnlicher Dreiecke einen Beweis hierfür: „egregio ratiocinio ad morem veterum" nach *C. Maclaurin* [35]), p. 3, der daselbst, p. 1—3, einen rechnerischen Beweis hierfür liefert. Ein weiterer Beweis mit Hilfe der analytischen Geometrie bei *I. Newton* in „Arithmetica universalis, sive de compositione et resolutione arithmetica liber" (redigiert um 1685, veröffentlicht in Cambridge 1707), ed. *G. J.'s Gravesande,* Leyden 1732, p. 169—170 = Opera 1, p. 156—157], und leitet hiervon die Konstruktion eines Kegelschnittes ab, wenn fünf Punkte, oder vier Punkte und die Tangente in einem von ihnen, oder drei Punkte und die Tangenten in zwei von diesen Punkten bekannt sind [„Principia", Buch 1, Prop. XXII, XXIII, XXIV = Opera 2, p. 102—107; „Enumeratio" [567]), Opuscula 1, p. 266 = Opera 1, p. 557; „Arithm. univ.", p. 171—179 = Opera 1, p. 157—165].

Durchläuft der Punkt P einen Kegelschnitt, so beschreibt der Punkt D eine Kurve 4. Ordnung, die in A und B und der Lage von D, bei der die Geraden AP und BP zusammenfallen, drei Doppelpunkte hat. Geht aber z. B. der gegebene Kegelschnitt durch A hindurch, so ist der Ort von D eine Kurve 3. Ordnung, die durch B hindurchgeht und in A einen Doppelpunkt hat. Hieraus leitet sich eine Konstruktion der Kurve 3. Ordnung ab, von der ein Doppelpunkt und sechs einfache Punkte gegeben sind. S. *I. Newton,* „Enumeratio" [567]), Opuscula 1, p. 265—267 = Opera 1, p. 556—558. — Die Lösung des letzten Problems hat *I. Newton* schon früher in dem zweiten Briefe an *H. Oldenburg* vom 24. Oktober 1676 erwähnt [Opuscula 1, p. 340—341 = Opera 4, p. 548; „Commercium epistolicum J. Collins et aliorum", London 1712 (2. Ausg. London 1722); éd. *J. B. Biot* et *F. Lefort,* Paris 1856, p. 132].

569) In „Geom. organica" [35]) [s. auch Trans. London Phil. Soc. 30 (1719), p. 939; 39 (1735), p. 143, 148] beweist *C. Maclaurin* die organischen Konstruktionen von *I. Newton* und verallgemeinert diese durch Betrachtung von Winkeln mit veränderlichen Scheiteln beträchtlich. Auf diese Weise gelangt er dazu, Kurven höherer Ordnung zu konstruieren, die mit vielfachen Punkten ausgestattet sind oder nicht. Die Methoden von *Maclaurin* bestehen im Grunde aus der Betrachtung gewisser einförmiger oder mehrförmiger Korrespondenzen zwischen den Elementen zweier rationaler ∞^1-Gebilde (s. Nr. 3) oder, wie bei *Newton,* in der Ausführung des Gedankens einer quadratischen Transformation zwischen zwei Ebenen. Nach diesem letzten Gesichtspunkt geht *Maclaurin,* „Geom. organica", p. 79—86, von der von *Newton* herrührenden und in Anm. 567 und 568 angegebenen organischen Konstruktion der Kegelschnitte aus. Aus der Bemerkung, daß der Punkt D einen durch A, B und einen dritten Fixpunkt C hin-

die durch die Substitution $y = x'y'$ bestimmt ist (Nr. **68**), für das Studium der ebenen algebraischen Kurven.[573])

Ein Hinweis auf den Sonderfall der involutorischen Transformation, die durch ein Büschel von Kegelschnitten bestimmt ist (Nr. **69**),

---

durchgehenden Kegelschnitt beschreibt, wenn sich der Punkt P auf einer gegebenen Geraden bewegt, schloß *Maclaurin*, daß der Punkt D, wenn P eine Kurve γ durchläuft, eine Kurve beschreibt, die so viele Punkte mit einer Geraden gemeinsam hat, wie einer von diesen Kegelschnitten mit γ. Einer Kurve n^{ter} Ordnung entspricht daher eine Kurve der Ordnung $2n$, die in A, B, C n-fache Punkte hat; und so weiter fort.

570) *W. Braikenridge*, „Exercitatio geometrica de descriptione linearum curvarum“, Londini 1733, führt mit Hilfe von Winkeln der Größe Null, also um feste Punkte rotierenden Geraden analoge Konstruktionen zu denen von *I. Newton* und *C. Maclaurin* aus; auch bei ihm läßt sich die Anwendung quadratischer Transformationen erkennen. Rotieren nämlich die Geraden A_2A_3, A_3A_1, A_1A_2 um drei Fixpunkte B_1, B_2, B_3, während der Punkt A_1 eine gegebene Gerade und der Punkt A_2 eine gegebene Kurve γ der Ordnung n beschreibt, so ist der Ort von A_3 nach *W. Braikenridge* eine Kurve γ' der Ordnung $2n$. Zum Beweis hierfür läßt er A_3 eine Gerade g durchlaufen, so daß A_2 einen Kegelschnitt beschreibt, und den $2n$ Schnittpunkten von γ mit diesem Kegelschnitte die Schnittpunkte von γ' mit g korrespondieren, s. a. a. O., p. 26—27. Hier, auf p. 24—26, wird der gleiche Satz auch durch Rechnung bewiesen. Ebenfalls durch Rechnung, a. a. O., p. 1—3, hat er diesen Satz für $n = 1$ bewiesen, und davon (p. 21—23) Konstruktionen eines durch fünf Punkte, oder vier Punkte und die Tangente in einem dieser Punkte, oder drei Punkte und die Tangenten in zwei von diesen Punkten gegebenen Kegelschnittes abgeleitet. — *Braikenridge* bemerkt auch (p. 24—59), daß die Multiplizität von γ' in B_1, B_2 und dem Schnittpunkt der Geraden g und B_2B_3 n ist, daß analog, wenn A_1 eine Kurve n^{ter} Ordnung und A_2 eine Kurve m^{ter} Ordnung durchläuft, der Punkt A_3 eine Kurve der Ordnung $2m \cdot n$ beschreibt, und gibt die Reduktion der Ordnung von γ' an, wenn γ durch B_1 oder B_2 hindurchgeht.

571) Hinsichtlich dieser alten Arbeiten von *Newton, Maclaurin, Braikenridge* und anderen s. *M. Cantor*, „Vorlesungen über Geschichte der Mathematik“ 3, 2. Ausg., Leipzig 1901, p. 421—426, 435—445, 787—793; und den „Bericht“ von *E. Kötter*, p. 9—12, 15—17, 29—33. — Vgl. auch III C 4 (*L. Berzolari*), Nr. **10**.

572) „Introduction à l'analyse des lignes courbes algébriques“, Genève 1750, z. B. p. 33—37, 288, 616, 626, 629, 636—652.

Im übrigen hat auch *I. Newton*, „Artis analyticae specimina, vel geometria analytica“ (etwa 1670), Opera 1, p. 404, von der Transformation $x' = \frac{1}{x}$ Gebrauch gemacht.

573) Doch handelt es sich bei diesen Autoren tatsächlich nicht um eine Theorie der Reduktion der Singularitäten, sondern lediglich darum, durch Vereinfachung der Kurvengleichung die Konstruktion der Kurve zu vereinfachen und so ihre Form in der Nachbarschaft der singulären Punkte, im Endlichen oder Unendlichen zu erkennen. Vgl. hierüber den „Bericht“ von *A. Brill* und *M. Noether*, p. 116—123, 135—139.

findet sich bei *J. V. Poncelet.*[574]) Mit diesem Sonderfall und anderen speziellen Konstruktionen quadratischer Transformationen beschäftigt sich *J. Steiner.*[575])

Ausführlich werden die quadratischen Transformationen von *L. I. Magnus*[576]) auf analytischem Wege, von *J. Steiner*[577]), *A. Jacobi*[578]) und *F. Seydewitz*[579]) auf geometrischem Wege studiert, späterhin so wohl nach der einen wie der anderen Methode von vielen anderen Autoren, wie in Nr. **67**, **68** und **69** besprochen werden wird.[580])

574) „Traité des propriétés projectives des figures" 1, Paris 1822; 2. Ausg., Paris 1865, p. 43—44, 192, 206 (Nr. 81, 84, 370, 388).

575) J. f. Math. 3 (1828), p. 211—212 = Werke 1, Berlin 1881, p. 178—180; Ann. de math. 19 (1828—29), p. 51—54, 61—64 = Werke 1, p. 201—203, 208—210.

Ein Hinweis auch bei *J. Plücker,* J. f. Math. 5 (1829), p. 9 = Ges. math. Abh., Leipzig 1895, p. 132, der aus der Form der Gleichung eines dem zugrunde gelegten Dreieck umbeschriebenen Kegelschnittes erkannte, daß jedem Satz über die Schnittpunkte von Geraden ein Satz über den vierten Schnitt zweier derartiger Kegelschnitte entspricht.

576) J. f. Math. 8 (1831), p. 51; 9 (1832), p. 135; „Sammlung"[430]), p. 229—240.

577) „System. Entw."[430]), p. 251—295 = Werke 1, p. 407—439; vgl. auch Anhang, Nr. 60, 38), 39) = Werke 1, p. 446.

578) J. f. Math. 23 (1841), p. 243; 31 (1845), p. 76, 93.

579) Arch. Math. Phys. (1) 7 (1846), p. 113; (1) 8 (1846), p. 1.

580) Die quadratischen Transformationen sind in den Transformationen enthalten, die von *F. Klein* und *S. Lie,* Math. Ann. 4 (1871), p. 50 [Auszüge Paris C. R. 70 (1870), p. 1222, 1275] = *F. Klein,* Ges. math. Abh. 1, Berlin 1921, p. 424 (Auszüge, p. 415, 420), in ihren Untersuchungen über die sog. „*W*-Kurven" [III D 4 (*G. Scheffers*), Nr. **13**—**20** und **35**; III C 9 (*K. Rohn* und *L. Berzolari*), Nr. **58**] studiert werden. — Als Sonderfälle anderer, allgemeinerer, umkehrbar eindeutiger Transformationen der Ebene erscheinen sie auch bei *T. Dantzig,* Amer. J. of Math. 40 (1917), p. 198 und bei *R. Sauer,* Math. Ann. 106 (1931), p. 722.

Quadratische Transformationen zwischen einer Punktebene und einer Geradenebene betrachten *A. Voss,* Ztschr. Math. Phys. 17 (1872), p. 375; *H. Milinowski,* J. f. Math. 79 (1874), p. 140; *R. Sturm,* Math. Ann. 19 (1881), p. 471; *E. Heinrichs,* Diss. München 1887, p. 47; *F. Nicoli,* Mem. Acc. Modena (2) 7 (1890), p. 253; *Th. Tuch,* Diss. Jena 1890; *G. Cardoso-Laynes,* Period. di mat. (3) 1 (1904), p. 81; *G. A. G. de Longchamps,* daselbst, p. 241 [vgl. *G. Loria*[46]), 2, p. 348—349; ital. Ausg. 2, p. 406—407]; *N. G. W. H. Beeger,* Wiskundige Tijdschrift 7 (1910), p. 42; *T. Ono,* Tôhoku math. J. 10 (1916), p. 31, 144, 198; *T. Ôta* (= *T. Takasu*), Tôhoku Science Rep. 10 (1921), p. 233; *N. Durairajan,* J. Indian math. Soc. 18 (1929), p. 106; *J. Dieudonné,* Mathesis 44 (1930), p. 277. Transformationen dieser Art sind auch die „Fußpunkttransformationen" [über diese und andere spezielle Berührungstransformationen s. III D 7 (*H. Liebmann*), Nr. **11**]: s. *G. Loria,* Period. di mat. (3) 4 (1907), p. 214; außerdem[46]) 2, p. 311 ff.; ital. Ausg. 2, p. 358 ff., wo sich auch die diesbezügliche Literatur vorfindet.

Auf quadratische Transformationen zwischen zwei Bündeln stößt *Th. Reye,* Ztschr. Math. Phys. 13 (1868), p. 521, beim Studium der durch fünf gegebene Punkte hindurchgehenden kubischen Raumkurven.

67. Eigenschaften und Konstruktionen der ebenen quadratischen Transformationen. Die Bedeutung der ebenen quadratischen Transformationen erhellt vor allen Dingen daraus, daß jede *Cremona*sche Transformation zwischen zwei Ebenen durch Anwendung einer endlichen Anzahl quadratischer Transformationen (Nr. **57**) erhalten werden kann.

In beiden Ebenen ergeben sich drei einfache Hauptpunkte A, B, C und A', B', C', sowie drei Hauptgerade, die Seiten der *Hauptdreiecke* ABC, $A'B'C'$. Die homaloiden Netze bestehen aus den diesen Dreiecken umbeschriebenen Kegelschnitten. Unter der Voraussetzung, daß z. B. die den Punkten A, B, C korrespondierenden Hauptgeraden $B'C'$ bzw. $C'A$ oder $A'B'$ sind, sind die den Punkten A', B', C' korrespondierenden Hauptgeraden BC bzw. CA oder AB, und den Geradenbüscheln mit den Mittelpunkten A, B, C entsprechen projektiv die Büschel mit den Mittelpunkten A', B', C'. Z. B. ist die Projektivität zwischen den Büscheln mit den Mittelpunkten A und A' so beschaffen, daß den Geraden AB und AC die Geraden $A'C'$ bzw. $A'B'$ in dieser Projektivität entsprechen. Die Punkte A und A', B und B', C und C' heißen *homologe Hauptpunkte*.

Einer Kurve m^{ter} Ordnung, die in A, B, C die Multiplizitäten $\lambda_1, \lambda_2, \lambda_3$ hat, entspricht eine Kurve der Ordnung $2m - \lambda_1 - \lambda_2 - \lambda_3$, die in A', B', C' die Multiplizitäten $m - \lambda_2 - \lambda_3$, $m - \lambda_3 - \lambda_1$, $m - \lambda_1 - \lambda_2$ besitzt.

Von den verschiedenen geometrischen Konstruktionen der allgemeinen quadratischen Transformationen führen wir die folgenden von *F. Seydewitz*, *J. Steiner*, *A. Jacobi*, *G. Battaglini*, *Th. Reye* und *G. Darboux* an.

Auf einer Ebene π nehmen wir zwei Strahlenbüschel mit verschiedenen Mittelpunkten A und B an, in einer anderen, von π verschiedenen oder nicht verschiedenen Ebene π' zwei andere Büschel

R. Sturm, „Geom. Verw." 1, p. 376—377, findet beim Studium des tetraedralen Komplexes eine quadratische Korrespondenz zwischen den Punkten einer Ebene und den Ebenen eines Bündels, bei der zwei homologe Elemente einander angehören.

Quadratische Transformationen finden unter anderen auch *R. Sturm*, Math. Ann. 26 (1885), p. 468; „Geom. Verw." 3, p. 61—68, beim Studium zweier kollinearer Flächen 2. Ordnung, deren homologe Punkte von zwei willkürlichen ihrer festen Punkte projiziert werden; *C. Le Paige*, Bull. Ac. Sc. Belgique (3) 12 (1886), p. 422 beim Studium der trilinearen Korrespondenzen zwischen drei Ebenen; *M. Stuyvaert*, J. f. Math. 132 (1907), p. 231—232, und *R. Sturm*, „Geom. Verw." 4, p. 28 beim Studium der Kongruenzen kubischer Raumkurven.

Über die als Spezialfall in einer trilinearen Korrespondenz enthaltene ebene quadratische Transformation s. *G. Hauck*, J. f. Math. 98 (1884), p. 318.

mit verschiedenen Mittelpunkten A' und B' und beziehen nun die Büschel A und B auf die Büschel A' und B' durch zwei Projektivitäten derart, daß der Strahl AB in diesen Projektivitäten zwei voneinander verschiedene homologe Strahlen hat. Dann entsteht nach *F. Seydewitz*[581]) zwischen π und π' eine quadratische Korrespondenz, wenn wir jedem Punkte P von π den Punkt P' entsprechen lassen, in dem sich die homologen Strahlen von AP und BP schneiden. Es sind Hauptpunkte in π die Punkte A, B und der Schnittpunkt der Strahlen, die in den Büscheln mit den Zentren A und B dem Strahle $A'B'$ entsprechen.

Die *J. Steiner*sche[582]) Konstruktion läßt sich zwischen zwei voneinander *verschiedenen* Ebenen ausführen. Nimmt man außerhalb dieser Ebenen zwei windschiefe Gerade r, s an, so ergeben sich durch Schnitt von π und π' mit einer r und s treffenden Geraden („schiefe Projektion") zwei korrespondierende Punkte. Hauptpunkte sind in π die Spuren von r, s und der Punkt, in dem die Gerade $\pi\pi'$ von der Verbindungsgeraden der Spurpunkte von r, s auf π' geschnitten wird. Umgekehrt kann man jede quadratische Transformation zwischen zwei Ebenen dadurch erhalten, daß man der *Steiner*schen Konstruktion eine lineare Perspektivität hinzufügt.

Die Konstruktion, zu der *A. Jacobi*, *G. Battaglini* und *Th. Reye*[583]) unabhängig voneinander gelangen, ist die geometrische Deutung der analytischen Konstruktion von *L. I. Magnus* (s. unten), und läßt sich erhalten, wenn man jedem Punkte der einen Ebene den Schnittpunkt der Geraden entsprechen läßt, die diesem Punkte in der anderen Ebene in zwei gegebenen Reziprozitäten[584]) entsprechen.

---

581) S. Anm. 579. Bei *Seydewitz* werden auch die involutorische Transformation von *J. V. Poncelet* (Nr. **66** und **69**) und verschiedene andere Sonderfälle behandelt und die vier Fixpunkte und das involutorische Paar für den Fall gefunden, daß die beiden Ebenen überlagert sind. — S. auch *A. Jacobi*, J. f. Math. 31 (1845), p. 76, 93; *T. A. Hirst*, Nouv. Ann. de math. (2) 5 (1866), p. 213.

582) „System. Entw."[430]), p. 251 = Werke 1, p. 407. S. auch *A. Transon*, Nouv. Ann. de math. (2) 4 (1865), p. 385; (2) 5 (1866), p. 63; *E. Vessiot*, Bull. Soc. math. de France 22 (1894), p. 208; *Em. Müller* und *E. Kruppa*[59]) 1, p. 73—75.

583) *A. Jacobi*, J. f. Math. 23 (1841), p. 243; *G. Battaglini*, Giorn. di mat. (1) 1 (1863), p. 321 (Auszug Rend. Acc. Napoli 1863, p. 240); *Th. Reye*, Ztschr. Math. Phys. 11 (1865), p. 280; „Die Geom. d. Lage"[565]) 2, p. 87, 209—214. — Diese Transformation bezeichnet *G. Battaglini* als „duplo armonica".

584) Eine Konstruktion, die in gewisser Hinsicht ein Mittelding zwischen der Konstruktion mit Hilfe projektiver Büschel und der Konstruktion mit Hilfe eines Paares von Reziprozitäten ist, wird von *F. Aschieri*, Rend. Ist. Lomb. (2) 14 (1881), p. 21 und Anführungen in Anm. 565, angegeben. Man nimmt auf π und π' zwei projektive Büschel mit den Mittelpunkten S und S' an und legt zwischen

Eine andere, von *G. Battaglini* und *Th. Reye*[583]) angegebene Konstruktion, zu der unabhängig auch *G. Darboux*[585]) gelangt, besteht darin, daß man die Punkte einer Fläche 2. Ordnung von zwei festen Punkten O, O' dieser Fläche auf zwei (voneinander verschiedene oder nicht verschiedene) Ebenen π und π' projiziert. Hauptpunkte von π sind die Schnittpunkte von π mit den durch O hindurchgehenden Erzeugenden der Fläche und der Spurpunkt der Geraden OO' in π.[586])

Analytisch erhält man die allgemeinste Darstellung einer quadratischen Transformation zwischen zwei Ebenen, wenn man, wie es zuerst *L. I. Magnus*[587]) tut, zwei bilineare Gleichungen zwischen den Koordinaten der korrespondierenden Punkte[588]) aufstellt.

Die Formeln werden am einfachsten, wenn man die Hauptpunkte A, B, C und A', B', C' als Ecken der Fundamentaldreiecke wählt, so

---

den Ebenen selbst eine Reziprozität fest. Als Korrespondenten eines Punktes P von π wählt man den Schnittpunkt der homologen Geraden von SP im Büschel S' mit der Geraden, die P in der Reziprozität entspricht. — Ebenda wird auch die Erweiterung auf den Raum (Nr. **77**) vorgenommen.

585) L'Institut 36^1 (1868), p. 204 = Bull. Soc. philom. 5 (1868), p. 72, 77 = Ann. Éc. Norm. (1) 6 (1869), p. 61. Vgl. auch *S. L. Ravier,* Nouv. Ann. de math. (3) 10 (1891), p. 371.

Th. Reye und *G. Darboux* machen Anwendung auf die Konstruktion einer Fläche 2. Ordnung aus neun gegebenen Punkten.

586) Eine überräumliche Konstruktion für jede zwischen zwei Ebenen bestehende quadratische Transformation gab *G. Veronese,* Roma Mem. Acc. Lincei (3) 19 (1884), p. 365 an. Diese Konstruktion läßt sich immer erhalten, wenn man eine *Veronese*sche Fläche [Nr. **114**, 1.] auf die beiden gegebenen Ebenen von zwei Ebenen aus projiziert, deren eine diese Fläche längs eines Kegelschnittes, deren andere sie in drei Punkten schneidet (sekante Ebene erster und zweiter Art). — Eine andere bei *C. G. F. James,* J. London math. Soc. 1 (1926), p. 74.

587) S. Anm. 576. Vgl. *P. Bretschneider,* Progr. Plauen im V. 1870. Eine Andeutung der analytischen Methode auch bei *J. Plücker*[430]), p. 48—51.

Über die quadratischen Transformationen in Verbindung mit der Theorie der bilinearen Formen s. *M. Pasch,* Math. Ann. 38 (1890), p. 24. — Notwendige und hinreichende algebraische Bedingungen dafür, daß die durch zwei bilineare Gleichungen (also durch zwei Reziprozitäten) bestimmte Transformation eine Kollineation ist, bei *P. Muth,* Math. Ann. 42 (1892), p. 266.

588) *G. V. Schiaparelli*[430]) hat von derartigen allgemeinen Gleichungen ausgehend die quadratischen Transformationen zwischen zwei Punktebenen nach metrischen Gesichtspunkten klassifiziert und gefunden, daß diese, abgesehen von homographischen Transformationen, auf drei (reelle) Typen zurückgeführt werden können, die er als *hyperbolisch, zyklisch* und *parabolisch* bezeichnet, da den Geraden Hyperbeln bzw. Kreise oder Parabeln entsprechen. Der zweite Typus ist die in Nr. **70** erwähnte Inversion.

L. Cremona, Rend. Acc. Bologna 1861—1862, p. 88 = Opere 2, Milano 1915, p. 8, führt eine analoge metrische Klassifikation für die quadratischen Transformationen zwischen zwei Geradenebenen durch.

daß die Gleichungen der ihnen gegenüberliegenden Seiten der Dreiecke $x_1 = 0, x_2 = 0, x_3 = 0$ und $x_1' = 0, x_2' = 0, x_3' = 0$ sind. Dann sind die Formeln der Transformation

$$x_1' : x_2' : x_3' = x_2 x_3 : x_3 x_1 : x_1 x_2,$$

die der umgekehrten Transformation

$$x_1 : x_2 : x_3 = x_2' x_3' : x_3' x_1' : x_1' x_2'.$$

Mit nicht homogenen Koordinaten kann die Transformation durch die Formeln

$$y' = y, \quad x' = \frac{y}{x}$$

dargestellt werden, deren Umkehrungen

$$y = y', \quad x = \frac{y}{x'}$$

sind.

Dem Ursprung O $(x = y = 0)$ der ersten Ebene entspricht die Gerade $y' = 0$, und die verschiedenen Werte für x' in den Punkten dieser Geraden entsprechen den verschiedenen Werten des Bruches $\frac{y}{x}$, die durch die verschiedenen, von O ausgehenden Richtungen bestimmt sind. Den unendlich fernen Punkten der Achsen x und y entsprechen die Achse y' bzw. die unendlich ferne Gerade der zweiten Ebene; usw.

Es folgt z. B. aus der Konstruktion von *F. Seydewitz*, daß die Transformation bestimmt ist, wenn die drei Paare homologer Hauptpunkte und ein Paar korrespondierender Punkte, oder zwei Paare homologer Hauptpunkte und drei Paare korrespondierender Punkte gegeben sind.

Th. Reye[589]) beweist, daß die Transformation auch durch sieben Paare korrespondierender Punkte[590]) bestimmt ist, und studiert den Zusammenhang zwischen der Transformation und dem ∞^1-System der Korrelationen, für die diese sieben Punktepaare jeweils Paare konjugierter Punkte sind.[591]) Die Ecken der zwei Hauptdreiecke der Trans-

589) Ztschr. Math. Phys. 11 (1865), p. 280.

590) Faßt man im Falle zweier überlagerter Ebenen die zwei Hauptdreiecke und das Viereck ins Auge, dessen Ecken die Fixpunkte sind, so ist die Transformation nicht bestimmt, wenn sechs Elemente dieser Figur gegeben sind (Hauptpunkte und Hauptgerade, Ecken oder Seiten des Vierecks), und zwischen den übrigen Elementen finden algebraische Korrespondenzen statt, die von *H. J. Verhagen*, Diss. Groningen 1910, studiert wurden.

591) Über diesen Gegenstand s. auch *H. E. Schroeter*, J. f. Math. 62 (1862), p. 215; *Ed. Weyr*, Ztschr. Math. Phys. 14 (1869), p. 445; *T. A. Hirst*, Proc. London math. Soc. (1) 5 (1874), p. 40; 8 (1877), p. 262 [Wiedergaben in Ann. di mat. (2) 6 (1874), p. 260; (2) 8 (1877), p. 287, die zweite auch in Roma Trans. Acc. Linc. (3) 1 (1877), p. 86]; *R. Sturm*, Math. Ann. 19 (1881), p. 461; „Geom. Verw.“ 4,

formation sind die Punkte, die das sog. „Problem der ebenen Projektivität" lösen, das Problem der Bestimmung zweier Punkte [vgl. III AB 5 (*A. Schoenflies*), Nr. **16**], von denen diese sieben gegebenen Punktepaare durch zwei projektive Strahlengruppen[592]) projiziert werden.

Die ∞^4 quadratischen Transformationen zwischen den Punkten einer Ebene mit fünf gemeinsamen allgemeinen Paaren korrespondierender Punkte besitzen notwendigerweise auch ein gemeinsames sechstes Paar; und die ∞^2 quadratischen Transformationen mit sechs gemeinsamen allgemeinen Paaren besitzen ∞^1 gemeinsame andere Paare.[593])

---

p. 48—49; *F. London*, Math. Ann. 38 (1890), p. 334; *V. Weiß*, Sitzungsb. Ak. Wien 111 (1902), p. 1489. — Vgl. auch *J. Rosanes*, J. f. Math. 88 (1879), p. 241; 90 (1880), p. 303; 95 (1883), p. 247; *S. Kantor*, Math. Ann. 20 (1882), p. 297; Denkschr. Ak. Wien 46 (1882), p. 92; *R. Sturm*, „Geom. Verw." 1, p. 249—251; 2, p. 275 ff., 290 ff.

592) Das Problem ist von *Th. Reye* [589]) gerade mittels der Hauptpunkte der quadratischen Transformation gelöst, während *T. A. Hirst* [591]) umgekehrt mit Hilfe des Problems der Projektivität die zwei Hauptdreiecke der quadratischen Transformation konstruiert, die durch sieben Paare korrespondierender Punkte bestimmt wird.

Das Problem der ebenen Projektivität ist zuerst von *M. Chasles*, Nouv. Ann. de math. (1) 14 (1855), p. 50, aufgestellt, sodann auf analytischem Wege von *Abadie*, Nouv. Ann. de math. (1) 14 (1855), p. 142, auf geometrischem Wege von *Poudra*, daselbst (1) 15 (1856), p. 58; *E. de Jonquières*, daselbst (1) 17 (1858), p. 399; (1) 18 (1859), p. 64 behandelt. Eine vollständige Lösung wurde zuerst von *L. Cremona*, Nouv. Ann. de math. (1) 20 (1861), p. 452 = Opere 2, p. 4, auf analytischem Wege angegeben. Die kubische Gleichung, von der dies Problem abhängt, wurde von *L. O. Hesse*, J. f. Math. 62 (1862), p. 188 = Paris C. R. 54 (1862), p. 678 = Werke, München 1897, p. 507, studiert.

Rein geometrisch ist das Problem ausführlich und mit Anwendungen auf die Flächen 2. Grades von *R. Sturm*, Math. Ann. 1 (1869), p. 533 behandelt. Vgl. noch *H. Müller*, Math. Ann. 2 (1870), p. 281; *L. Burmester*, daselbst 14 (1879), p. 492; *K. Küpper*, Prag České Ak. Rozpravy 6 (1897), Nr. 21; Bull. intern. Ac. Sciences Prague 4 (1897), p. 45; *Ed. Weyr*, Prag České Ak. Rozpravy 8 (1899), Nr. 24; Bull. intern. Ac. Sciences Prague 6 (1901), p. 1; *R. Sturm*, „Geom. Verw." 1, p. 366; Jahresb. Deutsch. Math.-Ver. 19 (1910), p. 185; *G. Kohn*, Jahresb. Deutsch. Math.-Ver. 18 (1909), p. 453—454; *W. Olbrich*, Sitzungsb. Ak. Wien 134 (1925), p. 325; *L. Hofmann*, daselbst 138 (1929), p. 469; *Em. Müller* und *E. Kruppa* [59]) 1, p. 150 ff.

Über die Bedeutung dieses Problems für die Photogrammetrie vgl. den Bericht von *S. Finsterwalder*, „Die geometrischen Grundlagen der Photogrammetrie", Jahresb. Deutsch. Math.-Ver. 6² (1899), p. 1; außerdem VI 1, 2 (*S. Finsterwalder*), Nr. 5. S. auch *H. v. Sanden*, Diss. Göttingen 1908; *S. Finsterwalder*, Abh. Ak. München 22 (1903), p. 229; *O. Stenström*, Ark. for Mat., Astr. och Fys. 21 (1930), A. 19.

593) Nach der Konstruktion von *A. Jacobi—G. Battaglini—Th. Reye* stimmt die erste Eigenschaft mit dem Satz von *A. Clebsch*, Math. Ann. 6 (1873), p. 205 überein, nach dem die ∞^3 Korrelationen einer Ebene mit fünf gemeinsamen Paaren $P_1 P_1', \ldots, P_5 P_5'$ konjugierter Punkte notwendigerweise ein sechstes gemeinsames Paar MM' (das sich durch lineare Konstruktionen von den gegebenen

68. Ebene quadratische singuläre Transformationen. Häufig, wie z. B. bei der Auflösung der Singularitäten der ebenen algebraischen Kurven [Nr. **105**. S. auch III C 4 (*L. Berzolari*), Nr. **13**] wird die singuläre quadratische Transformation verwandt, bei der die Hauptpunkte B und C zusammenfallen. Daraus folgt, daß auch B' und C' zusammenfallen, so daß das homaloide Netz in der einen und der anderen Ebene aus Kegelschnitten besteht, die zwei Punkte A, B bzw. A', B' sowie die Tangente in einem dieser Punkte B bzw. B' gemeinsam haben. Dem Punkte A entspricht die Gerade $B'C'$, die Tangente in B' an alle Kegelschnitte des homaloiden Netzes der Ebene π'. Die Korrespondenz zwischen den von A ausgehenden Richtungen und den Punkten von $B'C'$ ist eine Projektivität, in der der Richtung von AB der Punkt B' entspricht. Auf ähnliche Weise entsprechen den von A' ausgehenden Richtungen projektiv die Punkte der Geraden BC, die in B alle Kegelschnitte des Netzes der Ebene π berührt, wobei der Richtung von $A'B'$ der Punkt B entspricht. Dem Punkte B entspricht die Gerade $A'B'$ (und ebenso dem Punkte B' die Gerade AB); die zwischen den von B ausgehenden Richtungen und den Punkten von $A'B'$ bestehende Projektivität ist aber ausgeartet, da allen diesen von der Richtung von BC verschiedenen Richtungen auf $A'B'$ nur der Punkt B' entspricht, während der Richtung von BC alle Punkte von $A'B'$ entsprechen. Eben diese Punkte

---

ableitet) besitzen. Diese sechs Paare bilden nach *J. Rosanes*[591]) ein „linear abhängiges Punktsystem". Vgl. auch *G. Kohn*, Sitzungsb. Ak. Wien 114 (1905), p. 1431; *A. B. Coble*, Trans. Amer. math. Soc. 9 (1908), p. 396; 24 (1922), p. 1. Beweise des von *A. Clebsch* nur ausgesprochenen Satzes bei *A. Voss*, Math. Ann. 15 (1879), p. 355; *J. Rosanes*, J. f. Math. 88 (1879), p. 249; *R. Sturm*, Math. Ann. 22 (1883), p. 569; „Geom. Verw." 2, p. 285—287.

Das Paar MM' löst das „Problem der Projektivität" für die fünf gegebenen Punktepaare, d. h. das Problem der Bestimmung zweier so beschaffener Punkte M und M', daß die zwei Büschel $M(P_1 \ldots P_5)$ und $M'(P_1' \ldots P_5')$ projektiv werden. Es gibt im allgemeinen nur ein derartiges Paar MM': s. *K. G. C. v. Staudt*[515]), Nr. 263; ital. Übers., p. 124—125; *M. Chasles*, Paris C. R. 36 (1853), p. 951; *L. Cremona*, „Introduzione"[75]), Nr. 62; Mem. Acc. Bologna (1) 12 (1862), p. 354 = Opere 1, p. 374; eine einfachere Konstruktion bei *H. E. Schröter*, Ztschr. Math. Phys. 35 (1889), p. 59. — Über die birationale Korrespondenz (5. Ordnung), die die Punkte M und M' verbindet, s. Nr. 72. Über den zweiten Satz im Texte, der mit einem in Anm. 927 erwähnten Satz identisch ist, s. *R. Sturm*, Math. Ann. 19 (1881), p. 471; „Geom. Verw." 4, p. 50—53; *E. Duporcq*, Paris C. R. 126 (1898), p. 1405; *E. Duporcq* und *R. Bricard*[52]), p. 140.

Das Problem der Projektivität für zwei Gruppen von 5, 6, 7 Punkten, von denen zwei in jeder Gruppe die Kreispunkte sind, behandelt *A. Cayley*, Proc. London math. Soc. (1) 4 (1873), p. 396 = Papers 8, Cambridge 1895, p. 200.

entsprechen denjenigen einzelnen Büscheln von Kegelschnitten des homaloiden Netzes, die in B untereinander oskulieren.

Verlegen wir den Punkt (0, 0, 1) nach A, den Punkt (0, 1, 0) nach B, und nehmen wir auf der festen Tangente in B den Punkt (1, 0, 0) willkürlich, so sind die Transformationsformeln

$$x_1' : x_2' : x_3' = x_1^2 : x_2 x_3 : x_1 x_3,$$

und ihre Umkehrungen

$$x_1 : x_2 : x_3 = x_1' x_3' : x_1' x_2' : x_3'^2.$$

Die Punkte (1, 0, 0), (0, 1, 0), (0, 0, 1) der zweiten Ebene sind A', B' und ein willkürlicher Punkt auf der festen Tangente in B'.

In nicht homogenen Koordinaten kann die Transformation durch die Formeln

$$x' = x, \quad y' = \frac{y}{x},$$

deren Umkehrungen

$$x = x', \quad y = x'y'$$

sind, dargestellt werden.

Dem Punkte $(x = y = 0)$ entspricht die Achse y', und die verschiedenen Werte von y' auf dieser Geraden entsprechen den verschiedenen, durch die von A ausgehenden Richtungen bestimmten Werten von $\frac{y}{x}$; den unendlich fernen Punkten der Achsen x und y entsprechen die Punkte der Achse x' und die der unendlich fernen Geraden der zweiten Ebene, und so weiter.

Wenig Gebrauch gemacht wird von der quadratischen Transformation, deren Hauptpunkte in der einen und daher auch in der anderen Ebene zusammenfallen. Sie kann durch die Formeln

$$x_1' : x_2' : x_3' = x_1 x_2 + k x_3^2 : x_2^2 : x_2 x_3$$

dargestellt werden, wo k eine von Null verschiedene Konstante ist.[594])

594) Nachdem die singulären Korrespondenzen von *I. Newton* und *G. Cramer* (Nr. **66**) und später von *M. Hamburger, K. Weierstraß* und anderen für das Studium der singulären Punkte ebener algebraischer Kurven (vgl. Nr. **105**) verwandt worden sind, werden die gleichen Transformationen von *J. Rosanes*[429]), p. 105—106 angedeutet, dann von *A. Clebsch,* Math. Ann. 5 (1871), p. 3—6 benützt, um die Ordnung der ebenen Abbildung einer rationalen Regelfläche zu erniedrigen.

Die singulären quadratischen (und kubischen) Transformationen, mit Anwendungen auf die ebenen Kurven, studiert ausführlich *G. Rieß,* Diss. Erlangen 1893.

Eine Untersuchung der verschiedenen Fälle, die eine quadratische Transformation zwischen zwei überlagerten Ebenen aufweisen kann, findet sich bei *G. Bordiga*[322]), p. 52—56. — Über die Untersuchung der Fixpunkte in den verschiedenen Fällen, die eine derartige Transformation darbieten kann, s. *P. del Pezzo,* Rend. Acc. Napoli (3) 10 (1904), p. 366.

Vom Gesichtspunkt der abzählenden Geometrie aus behandelt *H. Schubert,* Mitt. math. Ges. Hamburg 1 (1882), p. 31, alle möglichen Ausartungen (in der

69. Ebene quadratische involutorische Transformationen. Von den quadratischen involutorischen Transformationen existieren nur zwei Typen, erstens der Typ, bei dem sich zwei Punkte entsprechen, die bezüglich aller Kegelschnitte eines Büschels konjugiert sind, zweitens die sog. *quadratische Inversion.*[595]) Bei dieser letzten ist ein Kegelschnitt γ und ein diesem nicht angehörender Punkt O gegeben, und als konjugierter Punkt eines Punktes P der Schnittpunkt der Geraden OP mit der Polaren von P in bezug auf γ zu wählen.

Bei einer Involution vom ersten Typus ist das Hauptdreieck das Polardreieck, das allen Kegelschnitten des Büschels gemeinsam ist, und die korrespondierende Hauptgerade jeder Ecke ist die gegenüberliegende Seite. Die Transformation hat vier Fixpunkte, die die Basispunkte des Büschels sind.[596])

Anzahl 17) der quadratischen Korrespondenzen mit der Konstantenzahl 13, d. h. um eins kleiner als die der allgemeinen quadratischen Transformation.

M. Fréchet, Nouv. Ann. de math. (4) 3 (1903), p. 503, bringt die Formeln einer quadratischen Transformation mit voneinander verschiedenen oder nicht verschiedenen Hauptpunkten auf gewisse Normalformen und zeigt, daß man jede derartige Transformation zwischen zwei Ebenen π, π' durch eine quadratische involutorische Transformation von π in sich ableiten kann, auf die man eine Kollineation zwischen π und π' folgen läßt.

Aus der Betrachtung quadratischer singulärer Transformationen leitete *F. Sibirani,* Tôhoku math. J. 24 (1925), p. 243 einige Transformationen ebener algebraischer Kurven ab.

595) *E. Bertini*[523]), Anm. auf p. 19. S. außerdem *K. Doehlemann,* „Geom. Transf." 2, p. 43—50; *R. Sturm,* „Geom. Verw." 4, p. 62—72; *Hilda P. Hudson,* „Cremona transf." p. 50—54; *E. Bertini*[46]), p. 200—204.

596) Diese Involution wurde zuerst von *J. V. Poncelet*[574]) betrachtet, dann von *E. E. Bobillier,* Ann. de math. 18 (1827—28), p. 256—257; *M. Chasles,* daselbst, p 296; *J. Steiner,* J. f. Math. 3 (1828), p. 212; Ann. de math. 19 (1828—1829), p. 61—64 = Werke 1, p. 179, 208—210.

Über diese Involution und ihre graphischen und metrischen Sonderfälle s. noch *M. Chasles,* J. math. pures appl. (1) 3 (1838), p. 407; *A. Jacobi,* J. f. Math. 23 (1841), p. 243; 31 (1845), p. 58, 96; *F. Seydewitz,* Arch. Math. Phys. (1) 5 (1844), p. 225, 331; *K. G. Ch. v. Staudt,* „Beiträge zur Geometrie der Lage", 2. Heft, Nürnberg 1857, §§ 23, 24 (bes. p. 204, 210); *H. A. Newton,* Math. Monthly 3 (1861), p. 235, 268; *E. Beltrami,* Mem. Acc. Bologna (2) 2 (1862), p. 361; Giorn. di mat. (1) 1 (1863), p. 109 (Auszug Rend. Acc. Bologna 1862—63, p. 82) = Opere 1, Milano 1902, p. 45; Mem. Acc. Bologna (3) 5 (1874), p. 543 = Opere 3, Milano 1911, p. 1; *G. Battaglini,* Giorn. di mat. (1) 1 (1863), p. 327; *L. Cremona,* Messenger of math. 3 (1864), p. 88 = Opere 2, p. 241 [vgl. *G. Salmon-W. Fiedler,* „Anal. Geom. d. Keg."[565]) 2, p. 795—796]; *Ch. Wiener,* Ztschr. Math. Phys. 9 (1864), p. 44; *P. H. Schoute,* Nieuw Archief voor Wiskunde 9 (1882), p. 117 = Bull. Sciences math. (2) 6 (1882), p. 152, 174; *W. Fiedler,* „Die darstellende Geometrie in organischer Verbindung mit der Geometrie der Lage" 3, 3. Aufl., Leipzig 1888, p. 84, 170—176; *H. Durège,* „Die Theorie der ebenen Curven dritter Ordnung", Leipzig

Das Hauptdreieck der quadratischen Inversion ist $OO'O''$, wenn O' und O'' die Berührungspunkte der von O an γ gehenden Tangenten sind, so daß also den Ecken O, O', O'' als Hauptgerade die

1888, p. 121—127; *G. Kilbinger,* Ztschr. Math. Phys. 33 (1887), p. 14; *J. Neuberg,* Mathesis (1) 8 (1888), p. 177; Mém. Soc. sc. Liège (2) 16 (1890), Nr. 8; *M. d'Ocagne,* Mém. Soc. sc. Liège (2) 16 (1890), Nr. 7; *F. Bücking,* Progr. Metz 1892; Diss. Tübingen 1893; *J. Thomae,* Abh. Sächs. Ges. Wiss. Leipzig 21 (1895), p. 448; *J. J. Duran-Loriga,* Interm. des math. (1) 4 (1897), p. 270; *V. Retali,* daselbst (1) 5 (1898), p. 134; *J. Steiner,* „Vorlesungen über synthetische Geometrie" 2 („Die Theorie der Kegelschnitte"), bearb. von *H. Schroeter,* 3. Aufl., hrsg. von *R. Sturm,* Leipzig 1898, p. 281—286, 298—310, 442—446, 520; *E. Torroja,* „Tratado de geometría de la posición y sus aplicaciones a la geometría de la medida", Madrid 1899, p. 345—389; *L. Ripert,* Mathesis (2) 9 (1899), p. 185, 217; *Ch. Michel,* Bull. math. spéc. 6 (1900), p. 34; *A. Emch,* Univ. of Colorado Studies 1 (1904), p. 275; „Introduction to projective geometry", New York 1905, p. 185—216; Ann. of math. (2) 14 (1912—13), p. 57; Bull. Amer. math. Soc. (2) 24 (1918), p. 327 [Auszüge Bull. Amer. math. Soc. (2) 18 (1912), p. 270; (2) 24 (1918), p. 60]; *G. Berkhan,* Diss. Königsberg 1905; Arch. Math. Phys. (3) 11 (1907), p. 1; *R. Vercellin,* Period. di mat. (3) 7 (1910), p. 24; *W. Fr. Meyer,* Phys.-ökon. Ges. Königsberg 52 (1911), p. 239; *M. Stuyvaert,* „Algèbre à deux dimensions", Gand 1920, p. 134 ff.; *H. F. Baker* [46]) 2, p. 37—39; *F. Schuh,* Christiaan Huygens 4 (1925), p. 286; *L. Godeaux,* Mathesis 40 (1926), p. 352. Hier untersucht *L. Godeaux* einen Sonderfall und stellt für diesen Fall die Paare konjugierter Punkte durch die Punkte einer Fläche 3. Ordnung dar, die einen biplanaren Doppelpunkt und zwei konische Doppelpunkte sowie weitere Besonderheiten aufweist.

Die vorliegende Involution erhält in dualer Form *Em. Weyr,* Rend. Ist. Lomb. (2) 4 (1871), p. 636 beim Studium des Systemes eines Kegelschnittes und einer kubischen Raumkurve und leitete von ihr a. a. O. (2) 6 (1873), p. 179 folgenden Satz ab. Die zehn Paare gegenüberliegender Ebenen eines vollständigen windschiefen Sechsecks werden von einer Ebene in zehn Paaren von Geraden geschnitten, die in einer quadratischen involutorischen Transformation konjugiert sind, deren Hauptdreieck als Ecken die Schnittpunkte mit der dem Sechseck umbeschriebenen kubischen Raumkurve aufweist.

Unter den metrischen Sonderfällen der von uns betrachteten Involution interessiert besonders die, bei der die vier Grundpunkte des Büschels die Mittelpunkte der Kreise sind, die die Seiten eines gegebenen Dreiecks berühren. Man erhält so die auch „Dreiecksinversion" genannte „isogonale Verwandtschaft", bei der zwei Punkte konjugiert sind, die Brennpunkte eines dem gegebenen Dreiecke einbeschriebenen Kegelschnittes sind. S. *J. Steiner,* Ann. de math. 19 (1828), p. 44 = Werke 1, p. 196; *J. Plücker,* J. f. Math. 5 (1829), p. 4, 6, 25—26 = Ges. math. Abh., Leipzig 1895, p. 127, 129, 148; *A. Cayley,* Quart. J. of math. 4 (1860), p. 131 = Papers 4, p. 481; *W. S. Burnside,* daselbst 8 (1865), p. 34; *J. J. A. Mathieu,* Nouv. Ann. de math. (2) 4 (1865), p. 393, 481, 529; *J. Todhunter,* „A treatise on plane coordinate geometry", London 1855; 9. Aufl. 1888, p. 304; *P. H. Schoute,* a. a. O., und Bull. Sciences math. (2) 7 (1883), p. 314; *M. David,* Diss. Breslau 1884; *K. Doehlemann,* Ztschr. Math. Phys. 32 (1886), p. 120; *A. Clebsch* und *F. Lindemann,* „Vorlesungen" 1_1, 2. Aufl., Leipzig 1906, p. 324—326.

Die durch ein Büschel von Kegelschnitten gegebene Involution ist auf der

Geraden $O'O''$, OO', OO'' entsprechen. Der Kegelschnitt γ ist die Koinzidenzkurve.[597])

Eine quadratische involutorische Transformation kann Sonderfälle darbieten, bei denen nicht alle Hauptpunkte voneinander verschieden sind. Für die Involutionen des ersten Typus fallen zwei oder alle drei Hauptpunkte zusammen, wenn die Kegelschnitte des Büschels in einem gemeinsamen Punkte eine Berührung 2. bzw. 3. Ordnung haben. Bei der quadratischen Inversion tritt der Fall, daß zwei Hauptpunkte zusammenfallen, ein, wenn der Kegelschnitt der Fixpunkte in zwei Gerade zerfällt; der Fall, daß alle drei Hauptpunkte zusammenfallen, wenn der Punkt O auf den Kegelschnitt der Fixpunkte fällt. Im letzten Falle haben die Kegelschnitte des homaloidischen Netzes in O eine gegenseitige Berührung 2. Ordnung, eine einfache Berührung in O mit dem Kegelschnitt der Fixpunkte.

Zahlreich sind die Untersuchungen über die involutorischen oder nicht involutorischen quadratischen Transformationen und ihre graphischen oder metrischen Sonderfälle; viele von ihnen haben zur Konstruktion spezieller Kurven und zur Ableitung besonderer Eigenschaften dieser Kurven gedient.[598])

Kugel von *E. Heß,* „Einleitung in die Lehre von der Kugelteilung", Leipzig 1883, p. 104, 169, 185, 196, 204, 248, 292, 329, 336, 339, 380 untersucht.

Über diesen Involutionstypus vgl. III AB 10 (*G. Berkhan* und *W. Fr. Meyer*), Nr. **23**, **42**.

597) Diese Involution wird zuerst von *G. Bellavitis,* Nuovi Saggi dell'Acc. di Padova 4 (1838), p. 243 betrachtet, dann von *F. Seydewitz,* Arch. Math. Phys. (1) 5 (1844), p. 225; *A. Jacobi,* J. f. Math. 31 (1845), p. 76; *T. A. Hirst,* Proc. R. Soc. London 14 (1865), p. 91 = Ann. di mat. (1) 7 (1865), p. 49 = Giorn. di mat. (1) 4 (1866), p. 278 = Quart. J. of math. 17 (1881), p. 301 [Auszüge Report British Ass. Adv. Sciences 34, Bath 1864 (London 1865), p. 3; 35, Birmingham 1865 (London 1866), p. 6]; *C. F. Geiser,* Mitt. Berner Naturf. Ges. 1865, p. 97; *Th. Reye* [589]), p. 299; *B. Igel,* Ztschr. Math. Phys. 17 (1872), p. 516; *R. Sturm,* Math. Ann. 19 (1881), p. 464—465; *W. Maßny,* Progr. Gymn. Groß-Strehlitz 1887; *J. Thomae,* Abh. Sächs. Ges. Wiss. Leipzig 21 (1895), p. 440; *V. Retali,* Period. di mat. (1) 13 (1898), p. 225—226; (2) 1 (1898), p. 158, 211; Interm. des math. (1) 16 (1909), p. 275; *G. Cardoso-Laynes,* Period. di mat. (1) 13 (1898), p. 167; (2) 1 (1898), p. 158; *E. Torroja* [596]), p. 753—776; *A. Gennaro,* Rassegna di mat. fis. e sc. nat. 1 (1929), p. 75.

Verallgemeinerungen bei *T. A. Hirst,* Report British Ass. Adv. Sciences 34, Bath 1864 (London 1865), p. 3; *J. S. Vaněček,* Paris C. R. 94 (1882), p. 1042.

598) Von den vielen Arbeiten erwähnen wir *O. Terquem,* Nouv. Ann. de math. (1) 1 (1842), p. 403; (1) 5 (1846), p. 497; *A. Cayley,* J. math. pures appl. (1) 14 (1849), p. 40; Johns Hopkins Univ. Circular, Nr. 13 (1882), p. 178 = Papers 1, p. 471; 12, p. 100; *F. Lucas,* J. math. pures appl. (2) 6 (1861), p. 137; *Th. Berner,* Diss. Berlin 1864; *G. A. G. de Longchamps,* Ann. Éc. Norm. (1) 3 (1866), p. 321; Nouv. Ann. de math. (2) 5 (1866), p. 119; J. de math. élém. (2) 6 (1882), p. 49,

70. Inversion oder Abbildung durch reziproke Radien.[599]) Wählen wir als Kegelschnitt γ einer quadratischen Inversion (Nr. **69**) einen

77, 97, 121, 145, 193; (2) 10 (1886), p. 109, 154, 198, 243; Period. di mat. (3) 1 (1904), p. 277; *F. August,* J. f. Math. 68 (1867), p. 239; *Ed. Weyr,* Ztschr. Math. Phys. 14 (1869), p. 445; *H. Bücking,* Diss. Marburg 1874; *J. N. Haton de la Goupillière,* Nouv. Ann. de math. (2) 14 (1875), p. 143, 144 [s. *A. Pellissier,* daselbst (2) 16 (1877), p. 37, 40]; *K. Zahradnik,* Arch. Math. Fys. 2 (1877—79), p. 101; Sitzungsb. Ak. Wien 75 (1877), p. 437; 117 (1908), p. 1167; *E. Amigues,* Nouv. Ann. de math. (2) 16 (1877), p. 422, 451, 496, 529; *K. A. Andrejef,* Moskau math. Sammlung 9 (1879), p. 361 [s. *N. Bougaief,* Bull. Sciences math. (2) 3^1 (1879), p. 35]; *J. Keller,* Vierteljahrsschr. Naturf. Ges. Zürich 25 (1880), p. 1; *F. Aschieri,* Rend. Ist. Lomb. (2) 14 (1881), p. 21; *P. H. Schoute,* Bull. Sciences math. (2) 6^1 (1882), p. 152, 174; (2) 7^1 (1883), p. 314; Nieuw Archief voor Wiskunde 9 (1882), p 117; 12 (1885), p. 1; Arch. Néerl. des sc. 20 (1885), p. 49; *W. Fr. Meyer,* „Apolarität" [57]), p. 56—59, 238—271; Arch. Math. Phys. (3) 6 (1904), p. 339; *P. Scholim,* Diss. Breslau 1884; *Ch. Beyel,* Ztschr. Math. Phys. 31 (1886), p. 147; Vierteljahrsschr. Naturf. Ges. Zürich 31 (1886), p. 161; *F. Hofmann,* Ztschr. Math. Phys. 31 (1886), p. 283; *M. d'Ocagne,* J. math. spéc. (4) 5 (1886), p. 255; Nouv. Ann. de math. (3) 12 (1893), p. 337; Annaes scient. Ac. pol. do Porto 9 (1914), p. 5; „Cours de géométrie pure et appliquée de l'École polytechnique" 1, Paris 1917, p. 335—337; *P. Mansion* und *Cl. Servais,* Mathesis (1) 7 (1887), p. 110, 129, 187; (1) 8 (1888), p. 28; *E. H. Moore,* Amer. J. of math. 10 (1888), p. 243; *W. G. Alexejef,* Moskau math. Sammlung 14 (1889), p. 223; *V. Retali,* Mem. Acc. Bologna (4) 10 (1890), p. 653 (Auszüge Rend. Acc. Bologna 1889—90, p. 59; 1890—91, p. 35); Mem. Soc. sc. Liège (2) 18 (1895); *A. del Re,* Giorn. di mat. (1) 28 (1890), p. 262; *H. Willig,* Progr. Mainz 1892, 1893; *E. Czuber,* Monatsh. Math. Phys. 5 (1894), p. 267; *J. Neuberg,* Ass. franç. Avanc. Sc. 23, Caen 1894, p. 261; *G. Leinekugel,* Nouv. Ann. de math. (3) 14 (1895), p. 391; *H. Liebmann,* Diss. Jena 1895, p. 17 ff.; *L. E. Dickson,* Amer. math. Monthly 2 (1895), p. 218; Rend. Circ. mat. Palermo 9 (1895), p. 256; Proc. Ac. California (3) 1 (1898), p. 13; *P. Cassani,* Atti Ist. Ven. (7) 9 (1897—98), p. 30; *M. W. Haskell,* Proc. Ac. California (3) 1 (1898), p. 1; *F. Ferrari,* Bull. Soc. philom. (9) 1 (1899), p. 93; *J. A. Third,* Proc. math. Soc. Edinburgh 18 (1900), p. 11; *H. E. Timerding,* Math. Ann. 53 (1900), p. 193, wo die Transformation mit Anwendung auf die *Aronhold*schen Untersuchungen über Doppeltangenten der Kurven 4. Ordnung in Zusammenhang mit der Theorie der Konnexe (Nr. **121**) gebracht wird [vgl. auch *J. W. P. Godt,* Diss. Göttingen 1873; *A. Clebsch* und *F. Lindemann,* „Vorlesungen" 1, p. 1007 ff.; franz. Übers. 3, p. 442 ff.; s. III C 5 (*G. Kohn*), Nr. **68—70**]; *E. Duporcq,* Bull. Soc. math. de France 29 (1900), p. 1; *Ch. Tweedie,* Trans. R. Soc. Edinburgh 40 (1901), p. 253; *J. Majcen,* Agram Ak. 151 (1902), p. 1; *J. J. Durán-Loriga,* Matem. pure appl. 2 (1902), p. 121; Rev. Ac. Ciencias Madrid 6 (1908), p. 364; *K. Wolletz,* Progr. Jägerndorf 1903; *P. Cattaneo,* Period. di mat. (3) 1 (1904), p. 92; *A. Neumann,* Diss. Königsberg 1908; *Ch. François,* Mathesis (3) 9 (1909), p. 201; *D. N. Lehmer,* Amer. math. Monthly 17 (1910), p. 135; 18 (1911), p. 52; *L. Braude,* Annaes scient. Ac. pol. do Porto 8 (1912), p. 29, 107; *A. Nuber,* Diss. München 1912; *J. Coblyn,* Bull. Soc. math. de France 42 (1914), Comptes rendus des séances, p. 26, 48; *Y. Sawayama,* Tôhoku math. J. 6 (1914—15), p. 166; *F. G. Taylor,* Proc. math. Soc. Edinburgh 33 (1915), p. 70; 34 (1916), p. 163; *H. N. Wright,* Bull. Amer.

Kreis mit dem Mittelpunkt O, so erhalten wir die *Kreisinversion* oder *Abbildung durch reziproke Radien*, deren Hauptpunkte O und die

---

math. Soc. (2) 23 (1917), p. 403; *A. Pleskot,* Časopis 48 (1919), p. 56; *R. Deaux,* Mathesis 36 (1922), p. 443; *R. Mehmke,* Mitt. math. Ges. Hamburg 7 (1932), p. 78.

Über das Auftreten quadratischer Transformationen in der Dreiecksgeometrie [III AB 10 (*G. Berkhan* und *W. Fr. Meyer*), II] s. *G. Berkhan,* Diss. Königsberg 1904; Auszug Arch. Math. Phys. (3) 11 (1907), p. 1.

599) Von den vielen Darstellungen der Theorie und ihrer Anwendungen führen wir an *R. Townsend,* „Chapters on the modern geometry" 2, London 1863, p. 363; *F. Lucas,* „Études analytiques sur la théorie générale des courbes planes", Paris 1864, p. 187; *C. F. Geiser,* „Einleitung in die synthetische Geometrie", Leipzig 1869, p. 159—183; *G. Darboux,* „Sur une classe"[50]); „Principes"[50]), p. 365ff.; *Cochez,* J. math. élém. 1 (1877), p. 225, 257, 321, 353; 2 (1878), p. 1, 33; *Th. Reye,* „Synthetische Geometrie der Kugeln und linearen Kugelsysteme", Leipzig 1879; ital. Übers. von *M. Misani,* Milano 1881; [565]), p. 238—245; *A. Daguillon,* J. math. élém. 6 (1882), p. 129; *G. Holzmüller,* „Einführung in die Theorie der isogonalen Verwandtschaften und der konformen Abbildung", Leipzig 1882, p. 25—54; *W. Fiedler,* „Cyklographie oder Construction der Aufgaben über Kreise und Kugeln und elementare Geometrie der Kreis- und Kugel-Systeme", Leipzig 1882; [596]), 3. Aufl., 1, Leipzig 1883, p. 219—224; 2, Leipzig 1885, p. 246—274, 534—544; 3, Leipzig 1888, p. 176, 188—189; *G. Salmon-W. Fiedler,* „An. Geom. d. höh. eb. Kurven"[28]), p. 134—136, 333—334, 388—390; *G. Salmon* und *O. Chemin,* „Traité de géom. anal."[28]), p. 153—156, 355—356, 433—437; *G. Salmon-W. Fiedler,* „Anal. Geom. d. Keg."[565]) 1, Leipzig 1898, p. 268—274; 2, Leipzig 1903, p. 784—788; *A. Clebsch* und *F. Lindemann,* „Vorlesungen über Geometrie" 2^1, Leipzig 1891, p. 428—430; *F. Klein,* „Einleitung in die höhere Geometrie", autograph. Vorlesungen Göttingen 1892—93, ausgearb. von *Fr. Schilling* 1, Göttingen 1893, p. 86—98, 438—446; „Vorlesungen über höhere Geometrie", 3. Aufl. bearb. von *W. Blaschke,* Berlin 1926, p. 43—49, 227—231; „Elementarmathematik vom höheren Standpunkte aus" 2 (lith.), Leipzig 1909, ausgearb. von *E. Hellinger,* p. 203—210; 3. Aufl., Berlin 1925, p. 105—110; *S. Lie* und *G. Scheffers*[562]) 1, p. 6—9, 27—29; *G. Lazzeri,* Period. di mat. (2) 2 (1900), p. 137; *M. Simon,* „Analytische Geometrie der Ebene", Leipzig 1900, p. 104—111; *H. Wieleitner*[28]), p. 154—161; *F. Severi,* „Complementi"[565]), p. 179ff.; *K. Doehlemann,* „Geom. Transf." 2, p. 50—95; *R. Sturm,* „Geom. Verw." 4, p. 72—83; *E. Duporcq* und *R. Bricard*[52]), p. 122ff.; *J. L. Coolidge,* „A treatise on the circle and the sphere", Oxford 1916; *M. d'Ocagne,* „Cours de géom. pure"[598]) 1, p. 18—21, 337—340; *H. Hilton*[28]), p. 14—16, 123—124, 164—166; *H. v. Mangoldt,* „Einführung in die höhere Mathematik" 2, 3. Aufl., Leipzig 1921, p. 512ff. *H. F. Baker*[46]) 2, Cambridge 1922, p. 67—75; 4, Cambridge 1925, p. 12—18; *B. Berdiales,* Publ. Circ. matem. Inst. Nac. Profesorato secundario, Buenos Ayres 1924, Nr. 2.

In einigen dieser Darstellungen ist auch die in Nr. **79** erwähnte Inversion im Raume behandelt worden.

Über diesen Gegenstand vgl. III AB 7 (*E. Müller*), Nr. **10**, **24**; III AB 8 (*J. Sommer*), Nr. **17**; III AB 9 (*M. Zacharias*), Nr. **17**, **18**; III D 1, 2 (*H. v. Mangoldt*), Nr. **24**; III D 9 (*E. Salkowski*), Nr. **4**.

Geschichtliche und bibliographische Bemerkungen über die Inversion bei *M. Chasles,* „Rapport sur les progrès de la géométrie", Paris 1870, p. 140;

Kreispunkte der Ebene sind. Die zweite Benennung rührt daher, daß zwei konjugierte Punkte P und P' in gerader Linie mit O liegen und derart beschaffen sind, daß das Produkt $OP \cdot OP'$ in Wert und Vorzeichen konstant ist.[600])

E. Kötter, „Bericht", p. 98—106; *M. Simon*, „Bericht über die Entwicklung der Elementargeometrie im XIX. Jahrhundert", Jahresb. Deutsch. Math.-Ver., Ergänzungsband 1, Leipzig 1906, p. 93—96.

600) Die ersten, die diese Art von Transformationen in der Ebene und im Raume (Nr. **79**), vor allem in Verbindung mit der stereographischen Projektion der Kugel verwandt haben, sind *G. P. Dandelin*, Nouv. Mém. Acad. Bruxelles 2 (1822), p. 169; 4 (1827), p. 1 und *L. A. J. Quetelet*, daselbst 3 (1826), p. 87; 4 (1827), p. 79, von denen der letztere die Transformierte einer Figur als *inverse* bezeichnet.

Das Inversionsprinzip wird von *J. Steiner*, J. f. Math. 1 (1826), p. 253 = Werke 1, p. 41 angedeutet, der es sich schon im Jahre 1824 vorgestellt hat [s. *F. Bützberger*, „Über bizentrische Polygone, Steinersche Kreis- und Kugelreihen und die Erfindung der Inversion", Leipzig und Berlin 1913, p. 33 und 49]; es wurde dann von *J. Plücker*, „Analytisch-geometrische Entwicklungen" 1, Essen 1828, p. 93 ff. [1827]; J. f. Math. 11 (1831), p. 219 = Ges. math. Abh., Leipzig 1895, p. 277 benutzt, der es schon, J. f. Math. 10 (1831), p. 293 = Ges. math. Abh., p. 246, für die Lösung der Berührungsaufgabe des *Apollonius* verwandt hat.

Als allgemeine Transformationsmethode von Figuren (der Ebene und des Raumes) ist die Inversion von *G. Bellavitis*, Ann. scienze del Regno Lombardo-Veneto 6 (1836), p. 126, 134 von neuem gefunden und mit Hilfe des Äquipollenzen-Kalküls studiert. Anwendungen hiervon in Mem. Soc. ital. Modena 25² (1851), p. 1; Nouv. Ann. de math. (1) 12 (1853), p. 443; Ann. scienze mat. fis. 5 (1854), p. 31 [Brief an *B. Tortolini* vom 27. Januar 1853]. Eine neue Darstellung dafür gibt *G. Bellavitis* in Ann. scienze mat. fis. 5 (1854), p. 241, 428, 473. Zum Studium von Kurven (und Flächen) wird die Inversion verwandt von *J. R. Ingram*, Trans. Dublin Phil. Soc. 1 (1842—43), p. 57, 159 und von *J. W. Stubbs*, daselbst, p. 145; Phil. Magazine (3) 23 (1843), p. 338; (3) 25 (1844), p. 208.

Die Inversion wird von *W. Thomson* (Lord *Kelvin*) als *Prinzip der Bilder* von neuem entdeckt und zwecks Vereinfachung der Theorie vom Potential sowie der Lösung der auf die Verteilung der Elektrizität bezüglichen Probleme studiert [II A 7 b (*H. Burkhardt* und *W. Fr. Meyer*), Nr. **16**; V 15 (*R. Gans*), Nr **13**]. S. Cambridge Dublin math. J. 3 (1848), p. 141, 266 und die Briefe von *W. Thomson* an *J. Liouville* vom 8. Oktober 1845 und vom 26. Juni 1846 in J. math. pures appl. (1) 10 (1845), p. 364; (1) 12 (1847), p. 256 = „Reprint of papers on electrostatics and magnetism" (London 1872); 2. Ausg. London 1884, p. 52, 60, 144, 146; außerdem *J. Liouville*, J. math. pures appl. (1) 12 (1847), p. 265 [Wiedergabe in *W. Thomson*, „Reprint" Anführung, p. 154 und im Auszug in Nouv. Ann. de math. (1) 13 (1854), p. 227]; (1) 13 (1848), p. 220; (1) 15 (1850), p. 103; *Note VI* in *G. Monge*, „Application de l'analyse à la géométrie", 5. Ausg., von *J. Liouville*, Paris 1850, p. 609—616. — Von *J. Liouville*, J. math. pures appl. (1) 12 (1847), p. 276 rührt die Bezeichnung *Transformation durch reziproke Radien* her.

Unabhängig von den vorhergehenden Untersuchungen gelangt *A. F. Möbius* durch seine *Kreisverwandtschaft* (Nr. **71**) zum gleichen Abbildungsprinzip, Ber. Sächs. Ges. Wiss. Leipzig 4 (1852), p. 41; 5 (1853), p. 14 = J. f. Math. 52 (1856),

Die Transformation verwandelt jede durch O hindurchgehende Gerade in sich, jede Gerade, die nicht durch O hindurchgeht, in einen Kreis, der durch O geht und die Parallele zu der gegebenen Geraden als Tangente in O hat, jeden Kreis, der nicht durch O hindurchgeht, in einen anderen Kreis, der auch nicht durch O geht.[601] Der Winkel zweier Geraden ist gleich dem der entsprechenden Kreise[602]; mit anderen Worten, die Transformation erhält die Winkel (vertauscht allerdings den Sinn), ist also eine konforme Abbildung[603], und wenn man von den Ähnlichkeiten absieht, sogar die einzige ebene birationale Transformation mit dieser Eigenschaft.[604]

Sind zwei Kurven zueinander invers, so fallen ihre Krümmungsmittelpunkte in zwei miteinander korrespondierende Punkte auf einer geraden Linie mit dem Inversionsmittelpunkt O.[605]

Jeder durch zwei homologe Punkte hindurchgehende Kreis ist invariant, und alle diese Kreise bilden das System der orthogonalen Kreise auf dem Kreis, der Ort der Fixpunkte ist.[606]

---

p. 229, 218; Abh. Sächs. Ges. Wiss. Leipzig 2 (1855), p. 529 = Werke 2, Leipzig 1886, p. 189, 205, 243.

601) *J. Plücker,* „Anal.-geom. Entw." [600] 1, p. 93 ff. Diese Eigenschaft tritt jedoch schon bei *F. Vieta* auf, „Apollonius Gallus seu exsuscitata Apollonii Pergaei περὶ ἐπαφῶν geometria ad v. c. Adrianum Romanum Belgam", Paris 1600 = Opera math., opere et studio *Fr. van Schooten,* Lugd. Bat. 1646, p. 325, und ist von *P. de Fermat* (Anm. 675) auf den Raum erweitert.

Aus der Eigenschaft, daß ein Kreis in einen Kreis übergeht, folgt, daß die Inversion die Brennpunkte einer Kurve [III C 4 (*L. Berzolari*), Nr. **21**] in Brennpunkte der transformierten Kurve überführt [*Th. Berner,* Ztschr. Math. Phys. 9 (1864), p. 370—371], eine Eigenschaft, die sich von der Eigenschaft der Inversion im Raume, die Krümmungslinien der Flächen in ebensolche zu transformieren (Nr. **79**), nicht unterscheidet.

602) *J. Plücker,* J. f. Math. 10 (1831), p. 293; 11 (1831), p. 219 = Ges. math. Abh., p. 246, 277.

603) S. III D 1, 2 (*H. v. Mangoldt*), Nr. **24**; III D 3 (*R. v. Lilienthal*), Nr. **19**; III D 6a (*A. Voss*), Nr. **3**, **4**.

Eine Erweiterung bei *H. M. Taylor,* Messenger of math. (2) 16 (1887), p. 143.

604) Ein geometrischer Beweis bei *L. Bianchi,* Giorn. di mat. (1) 17 (1878), p. 40.

605) *E. Cesàro,* „Lezioni di geometria intrinseca", Napoli 1896, p. 26; deutsche Ausgabe von *G. Kowalewski,* Leipzig 1901, p. 29; *R. Goormaghtigh,* Nouv. Ann. de math. (4) 16 (1916), p. 18.

606) Von den zahlreichen anderen Arbeiten über die Inversion führen wir an *G. Salmon,* „A treatise on higher plane curves", London 1852, p. 306; *A. S. Hart,* Cambridge Dublin math. J. 8 (1852), p. 47; *P. Serret,* „Des méthodes en géométrie", Paris 1855, p. 21; *N. M. Ferrers,* Quart. J. of math. 3 (1857), p. 32; *T. A. Hirst,* Phil. Magazine (4) 16 (1858), p. 161; Ann. di mat. (1) 2 (1859), p. 95, 148; *B. Tortolini,* Ann. di mat. (1) 2 (1859), p. 189, 316; *G. H. O. Boeklen,* Arch. Math. Phys. (1) 32 (1859), p. 83; *V. A. Mannheim,* Nouv. Ann. de math. (1) 20

Die Inversion ist auch in Verbindung mit ihrer Erzeugung durch Gelenksysteme [vgl. IV 3 (*A. Schoenflies* und *M. Grübler*), Nr. **24** und **25**]

(1861), p. 68, 218; *H. Graßmann*, „Die Ausdehnungslehre", Berlin 1862, p. 280—284 (Nr. 408, 409) = Werke 1², Leipzig 1896, p. 276—280; *J. Casey*, Quart. J. of math. 5 (1862), p. 318; *N. Nicolaïdes*, Nouv. Ann. de math. (2) 4 (1865), p. 144; (2) 5 (1866), p. 168; *H. E. Habich*, daselbst (2) 5 (1866), p. 399; *Niewenglowski*, Ann. Éc. Norm. (2) 2 (1873), p. 133; *H. M. Taylor*, Messenger of math. (2) 7 (1878), p. 148; *É. M. Laquière*, Nouv. Corresp. math. 6 (1880), p. 351, 402, 433; *J. Sachs*, Badische Schulblätter 2 (1885), p. 141, 157; *J. Finsterbusch*, Progr. Werdau 1888, 1890; *D. Coelingh*, Nieuw Archief voor Wiskunde 16 (1889), p. 116; *C. A. Laisant*, Mathesis (1) 10 (1890), p. 224; *I. Amaldi*, Rend. Acc. Napoli (2) 5 (1891), p. 238; *Ch. Wolff*, Progr. Gymn. Erlangen 1891; *H. B. Newson*, Kansas Univ. Quart. 1 (1892), p. 47; *C. Habicht*, Diss. Bern 1904; *B. Hostinský*, Časopis 35 (1906), p. 137; *C. Klobasa*, Progr. Troppau 1907; *A. Simionov*, Bukarest Gazeta mat. 13 (1907), p. 71; *O. Mautz*, Beil. zum Jahresb. d. Gymn. Basel 1909; *R. Goormaghtigh*, Wiskundig Tijdschrift 11 (1914), p. 37; Mathesis 43 (1929), p. 329; *R. A. Johnson*, Amer. math. Monthly 24 (1917), p. 313; *J. L. Walsh*, Trans. Amer. math. Soc. 19 (1918), p. 291; 22 (1920), p. 101 [vgl. *A. B. Coble*, Bull. Amer. math. Soc. (2) 27 (1921), p. 434]; Ann. of math. (2) 23 (1922), p. 45; *T. Bhattacharya*, Calcutta math. Bull. 10 (1919), p. 29; *W. de Tannenberg*, „Conférences sur les transformations en géométrie plane", Paris 1921, p. 29ff.; *P. Jansen*, Nieuw Tijdschr. voor Wiskunde 10 (1922—23), p. 255; *Hk. de Vries*, daselbst, p. 298; *J. W. Peters*, Amer. J. of math. 51 (1929), p. 599; *M. W. Dean*, daselbst, 52 (1930), p. 585.

Verallgemeinerungen der Inversion z. B. bei *W. Roberts*, J. math. pures appl. (1) 13 (1847), p. 209 (s. *J. Liouville*, daselbst, p. 220); *M. d'Ocagne*, Mathesis (1) 4 (1884), p. 73, 97; *H. C. Shaub*, Bull. Amer. math. Soc. (2) 38 (1932), p. 33.

Über die der Inversion korrelative Transformation s. *F. Balitrand*, Nouv. Ann. de math. (3) 12 (1893), p. 272; Interm. des math. (1) 24 (1917), p. 97; *J. Ser.*, Interm. des math. (1) 25 (1918), p. 23.

Über die quadratischen Korrespondenzen in der Ebene (und im Raume) und die Bedingungen dafür, daß sie Kreis (bzw. Kugel)-Verwandtschaften sind, s. *A. Neumann*, Diss. Königsberg 1908.

W. W. Johnson, The analyst 4 (1877), p. 42 klassifiziert die ebenen algebraischen Kurven in bezug auf die Inversion und bezeichnet als *Kreisgrad* einer solchen Kurve $f(x, y) = 0$ den Grad dieser Gleichung in bezug auf $x, y, r^2 = x^2 + y^2$. Es erweist sich, daß eine Kurve und ihre Inverse ein und denselben Kreisgrad haben.

Anwendungen der Inversion zur Auffindung topologischer Kurveneigenschaften macht *S. Lefschetz*, Bull. Amer. math. Soc. (2) 18 (1911), p. 62.

L. Godeaux, Mathesis 36 (1922), p. 19 stellt die Paare konjugierter Punkte bei der Inversion mit Hilfe der Punkte einer kubischen Fläche mit vier konischen Doppelpunkten umkehrbar eindeutig dar.

Über die „anallagmatischen", d. h. durch eine Inversion in sich transformierbaren Kurven s. III C 5b (*G. Loria*), Nr. **20**, über die 3. und 4. Ordnung III C 5 (*G. Kohn*), Nr. **47**, **49**, **84—90**, **94—97**.

Über die Anwendung der Inversion auf die Geometrie des Zirkels s. *A. Adler*, Sitzungsb. Ak. Wien 99 (1890), p. 910; „Theorie der geometrischen Konstruktionen", Leipzig 1906, p. 119ff.; *J. L. Coolidge*[599]), p. 186—188; *A. Quemper de*

studiert. Der erste derartige Mechanismus ist von *A. Peaucellier* ersonnen.[607])

71. Kreisverwandtschaft (Kreisaffinität, Kreistransformation). Unter den speziellen kontinuierlichen Gruppen ebener birationaler Transformationen ist die sechsgliedrige Gruppe der birationalen Transformationen beachtenswert, die Kreise (eingeschlossen Gerade) in Kreise verwandeln.[608]) Diese Transformationen, deren Sonderfall die Inversion

---

Lanascol, „Géométrie du compas", Paris 1925, p. 297—382; *E. Daniele* in *F. Enriques,* „Questioni riguardanti le matematiche elementari" 2, 3. Ausg., Bologna 1926, p. 155; *J. Sobotka,* Mém. Soc. R. des sciences de Bohême (Věstník) 1929 (Prague 1930), Nr. 9.

607) Nouv. Ann. de math. (2) 3 (1864), p. 414 [deutsche Übers. von *R. Hoppe,* Arch. Math. Phys. (1) 58 (1875), p. 215]; s. auch *A. Peaucellier,* Nouv. Ann. de math. (2) 12 (1873), p. 71. Ein Beweis des Satzes von *A. Peaucellier* bei *F. August,* Arch. Math. Phys. (1) 58 (1875), p. 216.

Der von *A. Peaucellier* erdachte Mechanismus heißt nach ihm *Inversor von Peaucellier.* Dieser und andere Inversoren bei *L. Lipkin,* Bull. St. Pétersbourg 16 (1871), p. 57; *H. Hart,* Messenger of math. (2) 4 (1874), p. 82, 116; *A. B. Kempe,* Proc. R. Soc. London 23 (1874), p. 565 [franz. Übers., mit Zusatz, von *V. Liguine,* Nouv. Corr. math. 3 (1877), p. 129, 177]; Messenger of math. (2) 4 (1874), p. 121; (2) 6 (1877), p. 143; Proc. London math. Soc. (1) 7 (1876), p. 213; Nature 16 (1877), p. 65, 86, 125, 145; „How to draw a straight line", London 1877; *V. Liguine,* Nouv. Ann. de math. (2) 14 (1875), p. 529; *W. H. Laverty,* Proc. London math. Soc. (1) 6 (1875), p. 84; *J. J. Sylvester,* Nature 12 (1875), p. 168, 214 = Papers 3, Cambridge 1909, p. 26; *J. Kleiber,* Ztschr. Math. Phys. 36 (1891), p. 296, 328; *Fr. Schilling,* Ztschr. Math. Phys. 44 (1899), p. 214; *N. Ogloblin,* Bull. Ac. de l'Oucraine 1 (1923); *G. Hessenberg,* Tübingen naturw. Abh., 6. Heft, 1924; *L. G. Lojcianskij,* Leningrad Ann. Inst. Polyt. 30 (1927), p. 143; *H. Rademacher* und *O. Toeplitz,* „Von Zahlen und Figuren", Berlin 1930, p. 86—95; *K. Zindler,* Sitzungsb. Ak. Wien 140 (1931), p. 399.

Eine Beschreibung dieser und anderer Inversoren sowie anderer Gelenksysteme bei *P. Mansion,* Nouv. Corr. math. 2 (1876), p. 129; *W. W. Johnson,* The Analyst 3 (1876), p. 42, 70; *J. Neuberg,* „Sur quelques systèmes de tiges articulées", Bull. Ass. élèves des écoles spéc., Nr. 6, Univ. de Liège 1886; *L. Burmester,* „Lehrbuch der Kinematik" 1, Leipzig 1888, p. 574 ff.; *P. Burgatti,* Rend. Circ. mat. Palermo 14 (1900), p. 192; *A. Emch,* Progr. Kantonsschule Solothurn 1906—07; *E. G. Togliatti,* Period. di mat. (4) 2 (1922), p. 41: *N. Delaunay,* Proc. intern. math. Congress Toronto 1924, 1 (Toronto 1928), p. 911; *C. P. Holst,* Nieuw Tijdschr. voor Wiskunde 15 (1928), p. 183. Eine reichhaltige Bibliographie bei *V. Liguine,* Bull. sciences math. (2) 7^1 (1883), p. 145. Vgl. auch *D. Hilbert* und *S. Cohn-Vossen,* „Anschauliche Geometrie", Berlin 1932, p. 239 ff.; *K. Federhofer*[597a]), p. 27—28 und 41—44.

Über den Inversor von *Peaucellier* und andere Inversoren in nicht-euklidischer Geometrie s. *D. M. Y. Sommerville,* Proc. math. Soc. Edinburgh 44 (1926), p 26.

608) Vgl. *F. Klein,* Erlanger Programm 1872[554]), vor allem § 6, wo insbesondere die Äquivalenz der Geometrie der Kreis- und Kugelverwandtschaften mit anderen Geometrien nachgewiesen wird; außerdem *E. Study,* Math. Ann. 49 (1896),

(Nr. **70**) ist, werden vor allem betrachtet als Sonderfälle quadratischer Transformationen von *L. I. Magnus*[609]), dann unter dem Namen *Kreisverwandtschaften* ausführlich von *A. F. Möbius*[610]), der ähnlich wie *G. Bellavitis*[600]) für die Inversion von der Absicht ausging, aus Beziehungen zwischen Strecken einer Geraden entsprechende Beziehungen zwischen Abschnitten und Winkeln einer Ebene auf einem durch das Gebiet des Imaginären führenden Wege aufzufinden.[611])

Die Kreisverwandtschaften sind *konforme* Transformationen, erhalten also die Größe der Winkel und können *direkte* oder *inverse* Transformationen sein, je nachdem zwei einander entsprechende Winkel gleichen Sinn haben oder nicht. Im ersten Falle verwandelt die Transformation jeden Kreispunkt in sich, im zweiten Falle vertauscht sie die beiden Kreispunkte miteinander.[612])

Die direkten Kreisverwandtschaften bilden für sich eine kontinuierliche ∞^6-Gruppe, die inversen eine andere kontinuierliche ∞^6-Schar,

---

p. 497; *M. Bôcher,* Bull. Amer. math. Soc. (2) 20 (1913), p. 185; *E. Study,* daselbst (2) 22 (1916), p. 38; *M. Bôcher,* daselbst, p. 40. S. außerdem den „Bericht" von *E. Kötter,* p. 98—106, und III AB 4 b (*G. Fano*), Nr. **11, 12, 13, 30.**

Eine ausführliche Darstellung der Kreis- und Kugelverwandtschaft, auch im Zusammenhang mit den nicht-euklidischen Geometrien und den Kreis- und Kugelgeometrien von *E. Laguerre* und *S. Lie* [III AB 4 b (*G. Fano*), Nr. **13, 14**], findet sich bei *W. Blaschke,* „Vorlesungen über Differentialgeometrie" 3, bearb. von *G. Thomsen,* Berlin 1929. Als Beispiel für *Lie*sche Transformationsgruppen bei *G. Kowalewski,* „Einführung in die Theorie der kontinuierlichen Gruppen", Leipzig 1931, p. 106—119 und 309.

609) J. f. Math. 8 (1831), p. 60; „Sammlung"[430]), p. 236, 290.

610) Ber. Sächs. Ges. Wiss. Leipzig 5 (1853), p. 14 = J. f. Math. 52 (1856), p. 218; Abh. Sächs. Ges. Wiss. Leipzig 2 (1855), p. 529 = Werke 2, p. 205, 243.

In der zweiten Arbeit, p. 565—572 = Werke 2, p. 282—289, dehnt *A. F. Möbius* die Kreisverwandtschaft auf die Kugelfiguren aus und nennt eine ebene Figur und eine Kugelfigur, oder auch zwei Kugelfiguren *kreisverwandt,* wenn sie derart aufeinander bezogen sind, daß jedem Kreise der einen ein Kreis der anderen entspricht. Zwei Kugelfiguren sind daher kreisverwandt, wenn es ihre ebenen stereographischen Projektionen sind. — Auf p. 572—580 = Werke 2, p. 290—297, erweiterte *A. F. Möbius* die Kreisverwandtschaft auf die Figuren des Raumes, wo jeder Kugel des einen Raumes eine Kugel des anderen entspricht.

S. hierüber *R. Baltzer,* J. f. Math. 54 (1857), p. 162.

611) S. auch *A. F. Möbius,* Ber. Sächs. Ges. Wiss. 4 (1852), p. 41 = J. f. Math. 52 (1856), p. 229 = Werke 2, p. 189.

612) Die von *A. F. Möbius* betrachteten Kreisverwandtschaften sind direkt; jede von ihnen ist das Produkt einer geraden Anzahl von Inversionen. Eine derartige Transformation wurde von *G. Darboux,* „Leçons sur la théorie générale des surfaces" 1, 1. Ausg., Paris 1887, p. 162; 2. Ausg., Paris 1914, p. 223 als *transformation circulaire* bezeichnet.

Über die inversen Kreisverwandtschaften vgl. *F. Klein,* Erlanger Programm 1872[554]), Ges. math. Abh. 1, p. 475, Anmerkung.

die zwar keine Gruppe ist, mit den ersten zusammen aber eine gemischte kontinuierliche ∞^6-Gruppe bildet. Diese Gruppe wird oft als *Gruppe der reziproken Radien* bezeichnet, weil ihre Transformationen[613]), sich aus Inversionen, Spiegelungen an Geraden (falls der Inversionskreis sich auf eine Gerade reduziert) und Ähnlichkeitstransformationen zusammensetzen lassen.[614])

Die direkten und inversen Kreisverwandtschaften in der reellen z-Ebene erhält man durch Betrachtung derjenigen analytischen Transformationen einer komplexen Veränderlichen $z = x + iy$, für die die

---

613) S., auch für die analoge Eigenschaft im drei- und mehrdimensionalen Raume (Nr. **79** und **89**), *J. Liouville*, J. math. pures appl. (1) 12 (1847), p. 276; *V. A. Mannheim*, daselbst (2) 16 (1871), p. 317; *G. Darboux*, „Sur une classe“ [50]), p. 236—241; „Principes“ [50]), p. 373—378; *H. Poincaré*, Acta math. 3 (1883), p. 49 = Oeuvres 2, Paris 1916, p. 258; *A. Capelli*, Ann. di mat. (2) 14 (1885), p. 233; *G. Torelli*, Ann. Ist. tecnico di Napoli 7 (1889—90); *S. Lie* und *G. Scheffers* [562]) 1, p. 414—419; *A. del Re*, Mem. Acc. Modena (2) 12 (1898), p. 66; *Ch. J. de la Vallée Poussin*, Ann. Soc. scient. Bruxelles 32 A (1908), p. 70; *M. d'Ocagne*, „Cours de géom.“ [598]) 1, p. 35—40. — Vgl. III D 6 a (*A. Voss*), Nr. **3**.

J. L. Coolidge [599]), p. 306—335, bemerkt, daß die Gruppe der umkehrbar eindeutigen algebraischen Transformationen von Kreisen einer Ebene in Kreise, unter der Bedingung, daß Nullkreise in Nullkreise transformiert werden, mit der Gruppe der *Cremona*schen Transformationen der Cartesischen Ebene einfach isomorph ist, und führt die Bestimmung der reellen kontinuierlichen Gruppen von Kreistransformationen durch. — Auf p. 336—350 analoge Fragen für die sphärischen Transformationen (Nr. **79**).

614) Zwei durch eine Kreisverwandtschaft verknüpfte Ebenen können so aufeinandergelegt werden, daß man eine Inversion zwischen ihnen erhält. S. *F. Severi*, „Complementi“ [565]), p. 187.

Die Berührungstransformationen in der Ebene, die jeden Kreis in einen Kreis verwandeln, bilden eine von *S. Lie*, Gött. Nachr. 1871, p. 201; Math. Ann. 5 (1871), p. 186; Arch. for Math. og Naturv. 9 (1884), p. 40 auf mehrere Arten bestimmte zehngliedrige Gruppe; s. auch *S. Lie* und *Fr. Engel* [556]) 2, Leipzig 1890, p. 440—443; *S. Lie* und *G. Scheffers* [562]) 1, p. 150, 245—247, 426—427, 433—441; auf synthetischem Wege *G. Scheffers*, Ber. Sächs. Ges. Wiss. Leipzig 51 (1899), p. 145. Hierüber s. noch *B. Schilling*, J. f. Math. 154 (1925), p. 241. Die von *S. Lie* in der ersten Arbeit durchgeführte Methode beruht auf dem Zusammenhang zwischen den Berührungstransformationen der Kreise einer Euklidischen Ebene und den konformen Punkttransformationen des Raumes. Hierüber s. noch *W. Ludwig*, Habilitationsschrift Karlsruhe 1904; Rend. Circ. mat. Palermo 23 (1907), p. 307; 26 (1908), p. 303.

G. Scheffers, Ber. Sächs. Ges. Wiss. Leipzig 50 (1898), p. 261 bestimmt alle Punkttransformationen der Ebene, die jede Gerade in einen Kreis verwandeln. Es zeigt sich, daß es vier im Reellen wesentlich verschiedene Kategorien dieser Transformationen gibt, die algebraisch sind, und zwar drei zwei-eindeutige und eine ein-eindeutige. Vgl. noch *T. Kubota* und *S. Kakeya* [4]), wo dies Ergebnis von dem dort wiedergegebenen Lehrsatz abgeleitet wird.

neue Veränderliche $z' = x' + iy'$ eine gebrochene lineare Funktion von z, bzw. von der konjugiert komplexen Variabeln $x - iy$ ist.[615])

615) S. I A 4 (*E. Study*), Nr. 6; III AB 7 (*E. Müller*), Nr. 7, 8.

Der Ursprung dieser analytischen Darstellung der Transformation findet sich in den Untersuchungen von *C. F. Gauß*, Werke 8, Leipzig 1900, p. 352—356 über die stereographische Projektion der Kugel mit Hilfe der Darstellung der komplexen Zahlen durch die Punkte einer Ebene. Ein systematisches Studium der Kreisverwandtschaften unter diesem Gesichtspunkte zuerst bei *F. H. Siebeck*, J. f. Math. 55 (1857), p. 221.

Über die Kreisverwandtschaft im Zusammenhang mit den linearen Transformationen einer komplexen Veränderlichen und ihren Gruppen, die für die Theorie der automorphen Funktionen [II B 4 (*R. Fricke*), Nr. 5 ff.] von grundlegender Bedeutung sind, s. *F. Klein*, Math. Ann. 9 (1875), p. 183 = Ges. math. Abh. 2, Berlin 1922, p. 275, der als erster alle endlichen Gruppen linearer Transformationen einer komplexen Veränderlichen auf geometrischem Wege bestimmt; *P. Gordan*, Math. Ann. 12 (1877), p. 23, der als erster diese Bestimmung algebraisch durchführt; außerdem *F. N. Cole*, Ann. of math. (1) 5 (1890), p. 121; *W. Burnside*, Messenger of math. (2) 20 (1891), p. 163; (2) 22 (1893), p. 190; *Fr. Schilling*, Math. Ann. 44 (1893), p. 161; *A. Emch*, Ann. of math. (1) 12 (1898—1899), p. 141; (2) 13 (1911—12), p. 155; (2) 14 (1912—13), p. 57 [Auszüge Bull. Amer. math. Soc. (2) 18 (1912), p. 57, 270]; Amer. math. Monthly 21 (1914), p. 139; *G. G. Morrice*, Messenger of math. (2) 29 (1900), p. 143; *W. Scheibner*, Ber. Sächs. Ges. Wiss. Leipzig 55 (1903), p. 203; 58 (1906), p. 217; *G. Vivanti*, Rend. Circ. mat. Palermo 35 (1912), p. 160; *M. Bôcher*, Bull. Amer. math. Soc. (2) 20 (1914), p. 193 ff.; *E. B. van Vleck*, Trans. Amer. math. Soc. 20 (1919), p. 299; *W. de Tannenberg*[606]), p. 39 ff.; *E. Study*, Math. Ztschr. 18 (1923), p. 55, 201; 21 (1923), p. 45, 174; *A. Vakselj*, Paris C. R. 178 (1924), p. 1135; *F. Simonart*, Mathesis 43 (1929), p. 361; *R. Deaux*, ebenda 46 (1932), p. 264; *Deborah May Hickey*, Amer. J. of math. 54 (1932), p. 635. — S. ferner namentlich die Lehrbücher über die Theorie der Funktionen einer komplexen Veränderlichen und die Gruppentheorie, z. B. *G. Holzmüller*[599]), p. 55—67; *F. Klein*, „Vorlesungen über das Ikosaeder und die Auflösung der Gleichungen vom fünften Grade", Leipzig 1884, p. 29 ff.; *F. Klein* und *R. Fricke*[112]) 1, p. 82—91, 163—175, 196—207; *H. Weber*[291]) 2, 1. Aufl., p. 195 ff.; 2. Aufl., p. 255 ff. [eine unrichtige Konstruktion der Gruppe des Ikosaeders wird bei *G. Bagnera*, Rend. Circ. mat. Palermo 11 (1897), p. 87 verbessert]; *R. Fricke*, „Analytisch-funktionentheoretische Vorlesungen", Leipzig 1900, p. 77—86; „Die elliptischen Funktionen und ihre Anwendungen" 1, Leipzig und Berlin 1916, p. 66—76; „Lehrbuch der Algebra" 2, Braunschweig 1926, p. 24 ff.; *L. Bianchi*, „Lezioni sulla teoria dei gruppi di sostituzioni e delle equazioni algebriche secondo Galois", Pisa 1900, p. 99—131; [303]), p. 33—86; „Lezioni di geometria differenziale", 3. Ausg. 1, Pisa 1922, p. 147—153; *A. R. Forsyth*[28]), p. 605—618, 677—714; *A. del Re*, „Geometria proiettiva ed analitica", Modena 1900, p. 242—248, 260—267, 317—385; *H. Burkhardt*, „Einführung in die Theorie der analytischen Funktionen einer komplexen Veränderlichen", 2. Aufl., Leipzig 1903, p. 18—52; *G. Vivanti*, „Elementi della teoria delle funzioni poliedriche e modulari", Milano 1906, p. 22 ff.; franz. Übers. von *A. Cahen*, Paris 1910, p. 17 ff.; *W. Scheibner*, „Beiträge zur Theorie der linearen Transformationen als Einleitung in die algebraische In-

Übertragen wir durch stereographische Projektion die vorhergehenden Operationen auf die Kugel, so erzeugt die Gruppe der Kreisverwandtschaften der Ebene die Gruppe der Raumkollineationen, die die Kugel in sich transformieren. Diese verwandeln jede einzelne Schar von imaginären Erzeugenden der Kugel in sich, oder auch eine Schar in die andere, je nachdem sie von den direkten oder inversen Kreisverwandtschaften herrühren. Die Inversionen der Ebene speziell verwandeln sich in die ∞^3 Homologien, die die Kugel in sich transformieren, und bei denen der Mittelpunkt der Homologie daher der Pol der Homologieebene in bezug auf die Kugel ist.[616]) [617])

variantentheorie", Leipzig 1907, p. 7—12, 151—160; *G. Fubini* [16]), p. 78—95, 189—193; *K. Doehlemann,* „Geom. Transf." 2, p. 96—113; *R. Sturm,* „Geom. Verw." 4, p. 94—95; *G. Kowalewski,* „Die komplexen Veränderlichen und ihre Funktionen", Leipzig und Berlin 1911, p. 11—64; *N. Nielsen,* „Elemente der Funktionentheorie", Leipzig und Berlin 1911, p. 314—327; *L. R. Ford,* „An introduction to the theory of automorphic functions", London 1915, p. 1—15; „Automorphic functions", New York 1929, p. 1 ff.; *L. Bieberbach,* „Einführung in die konforme Abbildung", Berlin und Leipzig 1915, p. 13 ff.; „Lehrbuch der Funktionentheorie" 1, 2. Aufl., Leipzig und Berlin 1923, p. 45—63; *F. Enriques* und *O. Chisini,* „Lezioni" 1, p. 206—220; *J. L. Coolidge* [599]), p. 318—330; *S. Pincherle,* „Elementi della teoria delle funzioni analitiche" 1, Bologna 1922, p. 8—15; *W. F. Osgood,* „Lehrbuch der Funktionentheorie" 1, 4. Aufl., Leipzig und Berlin 1923, p. 239—245, 258—276; 2, Leipzig und Berlin 1924, p. 45—46; *K. Knopp,* „Aufgabensammlung zur Funktionentheorie" 1, Berlin und Leipzig 1923, p. 37—42, 114—124; *A. Pringsheim,* „Vorlesungen über Zahlen- und Funktionenlehre", II_1, Leipzig und Berlin 1925, p. 151—165; *G. Julia,* „Principes géométriques d'analyse" 1, Paris 1930, p. 25 ff.; „Leçons sur la représentation conforme des aires simplement connexes", Paris 1931, p. 18 ff.; *P. Fatou* [303]) 1, p. 1—101; *C. Carathéodory,* „Conformal representation", London 1932, p. 4 ff.

Über den Zusammenhang mit der *Segre*schen Theorie der hyperalgebraischen Formen [III A B 4a (*G. Fano*), Nr. 16, 17, 18] s. *P. Benedetti,* Ann. Scuola Norm. sup. di Pisa 8 (1898), Nr. 3, p. 29 ff.

Mit Hilfe der Betrachtung der Gruppe der Kreisverwandtschaften in einer reellen Ebene führt *G. Fano,* Monatsh. Math. Phys. 7 (1896), p. 297 auf geometrischem Wege die Bestimmung der endlichen Gruppen linearer Transformationen einer Veränderlichen durch.

616) S. *F. Klein* und *Fr. Schilling,* „Einleitung" [599]) 1, p. 373—382; *F. Klein* und *W. Blaschke,* „Vorlesungen" [599]), p. 195—200; *M. Bôcher,* „Über die Reihenentwicklungen der Potentialtheorie", Leipzig 1894, p. 17 ff.; *W. Blaschke* und *G. Thomsen* [608]), bes. p. 1—135.

617) *M. Pieri,* Giorn. di mat. (3) 2 (1911), p. 49; (3) 3 (1912), p. 106 [1910], gründet die Geometrie der Inversionen in der Ebene und im Raume auf die beiden Grundbegriffe *Punkt* und *Kreis* (den Kreis als durch drei Punkte bestimmte Figur) sowie ein System von Postulaten (20 an der Zahl).

H. T. Burgess, Ann. of math. (2) 13 (1911—12), p. 123 [Auszug Bull. Amer. math. Soc. (2) 17 (1911), p. 297] untersucht für eine ebene algebraische Kurve

72. Andere besondere Transformationen und Gruppen Cremonascher Transformationen zwischen zwei Ebenen. Verschiedene Auto-

---

eine Gruppe von Zahlen (*Kreiszahlen*), die arithmetische Invarianten dieser Kurve in bezug auf die Kreisgruppe sind.

Über die invariante Theorie der Gruppe der Kreisverwandtschaften im Zusammenhang mit der Geometrie auf einer Fläche 2. Ordnung und der Theorie der algebraischen, vor allem der quaternären und doppeltbinären Formen (Nr. 3, 4, 5) s. *Ed. Kasner,* Trans. Amer. math. Soc. 1 (1900), p. 430 [Auszug Bull. Amer. math. Soc. (2) 8 (1901), p. 14]; *F. Morley,* Bull. Amer. math. Soc. (2) 31 (1925), p. 293; *F. Morley* und *B. C. Patterson,* Amer. J. of math. 52 (1930), p. 413.

Die kontinuierlichen Gruppen von Kreistransformationen wurden geometrisch und gruppentheoretisch von *H. B. Newson,* Bull. Amer. math. Soc. (2) 4 (1897), p. 107; (2) 7 (1901), p. 259 studiert. Über das Studium der Gruppe der Kreisverwandtschaften mit Hilfe der Methoden der allgemeinen natürlichen Geometrie s. *G. Kowalewski,* Tôhoku math. J. 34 (1931), p. 130 [Auszug Japanese J. of math. 8 (1932), Abstracts, p. (15)]; „Vorlesungen über allgemeine natürliche Geometrie und *Lie*sche Transformationsgruppen", Berlin und Leipzig 1931, p. 114—115, 182—189, 242—246, 275—276; Ber. Sächs. Ges. Wiss. Leipzig 83 (1931), p. 298; ferner *I. Ginzel,* ebenda 84 (1932), p. 51.

Über die Kreisverwandtschaften in einer Ebene mit nicht-euklidischer Maßbestimmung s. *G. Battaglini,* Giorn. di mat. (1) 16 (1878), p. 256; *R. Fricke* und *F. Klein,* „Vorlesungen über die Theorie der automorphen Funktionen" 1, Leipzig 1897, p. 1—59; *F. Hausdorff,* Ber. Sächs. Ges. Wiss. Leipzig 51 (1899), p. 161; *H. Liebmann,* daselbst 53 (1901), p. 477; 54 (1902), p. 244; „Nichteuklidische Geometrie", 3. Aufl., Berlin und Leipzig 1923, p. 38—41, 99—100; *D. M. Y. Sommerville,* „The elements of non-euclidean geometry", London 1914, p. 180—191, 229—255; *O. Veblen* und *J. W. Young,* „Projective geometry" 2 (*O. Veblen*), Boston 1918, p. 219 ff. Über ihren Zusammenhang mit den Berührungstransformationen der Kreise der Ebene und den konformen Abbildungen des Raumes s. *W. Ludwig,* Anm. 614.

H. Beck, Trans. Amer. math. Soc. 11 (1909), p. 414 entwickelt den Zusammenhang der Geometrie der Kreisverwandtschaften mit der Geometrie, die aus der ebenen hyperbolischen Geometrie entsteht, wenn man als Raumelement den Pfeil betrachtet, d. h. ein wohlgeordnetes Paar von Punkten auf dem absoluten Kegelschnitte. Diese Pfeile sind das Analogon zu den Punkten der *Möbius*schen Geometrie und werden den Transformationen einer gewissen Gruppe unterworfen, die zu der *Möbius*schen Gruppe von ∞^6 Punkttransformationen ein Seitenstück ist.

J. W. Young und *F. M. Morgan,* Trans. Amer. math. Soc. 17 (1916), p. 233 [vgl. *J. W. Young,* Bull. Amer. math. Soc. (2) 18 (1912), p. 227—230; *J. W. Young* und *F. M. Morgan,* daselbst (2) 19 (1913), p. 515; (2) 21 (1915), p. 493] studieren eine kontinuierliche Gruppe quadratischer, das System der Kegelschnitte durch zwei feste Punkte in sich überführender Transformationen, die also eine Erweiterung der aus den direkten Kreisverwandtschaften gebildeten Gruppe ist. Es wird auch die Erweiterung auf die drei- und mehrdimensionalen Räume (s. Anm. 798) untersucht.

L. Burmester, Ztschr. Math. Phys. 20 (1875), p. 405 befaßt sich mit der Bewegung kreisverwandt veränderlicher ebener Systeme. Vgl. auch *M. Krause,* Arch. Math. Phys. (3) 16 (1910), p. 2; Jahresb. Deutsch. Math.-Ver. 19 (1910), p. 327;

ren[618]) geben für die Transformationen der ersten Ordnungen geometrische Konstruktionen an.[619])

Für fünf gegebene Punktepaare $P_1 P_1', \ldots, P_5 P_5'$ wird die Korrespondenz 5. Ordnung, die zwei Punkte M, M' derart verknüpft, daß die zwei Geradengruppen $M(P_1, \ldots, P_5)$, $M'(P_1', \ldots, P_5')$ projektiv werden (Anm. 593), von *R. Sturm*[620]), *H. Müller*[621]) und anderen[622]) studiert.

R. Müller, Ztschr. Math. Phys. 58 (1910), p. 247; *R. Skutsch,* daselbst, p. 252; *R. Mehmke,* daselbst, p. 257; *E. Herrmann,* Diss. Dresden 1913.

Weitere Untersuchungen über die Kreisverwandtschaft und ihre Erweiterung auf den Raum bei *A. Cayley,* Quart. J. of math. 2 (1858), p. 162; Proc. London math. Soc. (1) 8 (1877), p. 220 = Papers 3, Cambridge 1890, p. 118; 9, Cambridge 1896, p. 612; *G. Battaglini,* Giorn. di mat. (1) 1 (1863), p. 325; (1) 2 (1864), p. 142 [Auszüge Rend. Acc. Napoli 1863, p. 240; 1864, p. 37]; *C. Formenti,* Giorn. di mat. (1) 17 (1879), p. 232; *C. A. Laisant,* Mathesis (1) 7 (1887), p. 64; *H. Wiener,* Ber. Sächs. Ges. Wiss. Leipzig 43 (1891), p. 644; *E. v. Weber,* München Ber. 31 (1901), p. 367; *E. Kasner,* Ann. of math. (2) 5 (1903—04), p. 99; Bull. Amer. math. Soc. (2) 9 (1903), p. 397; *R. Sturm,* „Geom. Verw." 4, p. 83—95; *J. L. Coolidge,* Bull. Amer. math. Soc. (2) 21 (1915), p. 279; [599]), p. 306—318, 330—335, 336—350; *G. Thomsen,* Abh. math. Seminar Hamburg Univ. 4 (1926), p. 117; *E. Kruppa,* Sitzungsb. Ak. Wien 140 (1931), p. 369; *D. Hilbert* und *S. Cohn-Vossen*[607]), p. 218 ff.

Über die Verwendung der Kreisverwandtschaft in der Dreiecksgeometrie s. vor allem *J. Schick,* München Ber. 30 (1900), p. 249.

618) *E. Bertini,* Rend. Ist. Lomb. (2) 15 (1882), p. 154 für die kubischen Transformationen; *Th. Cotterill,* Proc. London math. Soc. (1) 2 (1868), p. 119 [vgl. *A. Cayley* und *W. K. Clifford,* daselbst, p. 123 = *A. Cayley,* Papers 6, Cambridge 1893, p. 22] für die biquadratische Transformation, die das Produkt zweier allgemeiner quadratischer Transformationen ist; *K. Doehlemann,* Ztschr. Math. Phys. 32 (1887), p. 315; 33 (1888), p. 243 für die kubischen und biquadratischen Transformationen; *U. Perazzo*[454]), p. 158 und 176—177 für die quadratischen, kubischen und biquadratischen Transformationen unter Betrachtung zweier Ebenen eines fünfdimensionalen Raumes.

619) *Th. Maschke,* Diss. Breslau 1879, beschäftigt sich mit der Bestimmung einer kubischen Transformation durch eine gewisse Anzahl von Hauptpunkten oder von Paaren homologer Punkte.

A. Schmidt, Diss. Breslau 1882, gibt, besonders für die Transformationen 4. Ordnung, notwendige und hinreichende Bedingungen dafür, daß eine gewisse Anzahl von als Hauptpunkte gewählten Punkten eine Transformation gegebener Ordnung bestimmt.

G. Marletta, Catania Atti Acc. Gioenia (5) 16 (1928), Nr. V[bis a] beschäftigt sich mit der Bestimmung einer ebenen algebraischen Transformation durch eine gewisse Anzahl von Paaren homologer Punkte und führt dies für die Transformationen von *de Jonquières* beliebiger Ordnung (Nr. 51) und einige andere spezielle *Cremona*sche Transformationen durch, außerdem für die quadratischen Transformationen vom Index 1 und 2 oder auch 2 und 2, und die kubische Transformation von den Indizes 2 und 2 und vom Geschlecht 1 (Nr. 94 und 95).

620) Math. Ann. 1 (1869), p. 536; „Geom. Verw." 1, p. 352—362; 4, p. 30—31.

621) Math. Ann. 2 (1870), p. 281.

R. Sturm[623]) gibt Beispiele ebener *Cremona*scher Transformationen, die aus der Betrachtung zweier verschiedener eindeutiger ebenen Abbildungen einer kubischen Fläche gewonnen werden, ferner[624]) ein Beispiel einer Transformation 10. Ordnung vom zweiten Typus der Tabelle von *L. Cremona.*

Viele Verfasser[625]) betrachten involutorische oder nicht involu-

---

622) *Ed. Dewulf* und *P. H. Schoute,* Bull. Sciences math. (2) 3 (1879), p. 383, die diese Korrespondenz für die Konstruktion von Kurven 4. Ordnung untersuchen (und auf p. 390 auch eine Transformation 20. Ordnung betrachten); *D. Montesano,* Ann. di mat. (3) 1 (1898), p. 343—345, der sie beim Studium der kubischen Flächen und gewisser Systeme linearer Geradenkomplexe erhält.

Für den Fall, daß in jeder der beiden Gruppen von fünf Punkten zwei Punkte die Kreispunkte sind, s. *A. Cayley,* Anm. 593. Ein anderer metrischer Sonderfall der Transformation, der in der Dreiecksgeometrie [III AB 10 (*G. Berkhan* und *W. Fr. Meyer*), Nr. 26] Anwendung findet, wird auch unter Erweiterung auf den Raum von *P. H. Schoute* in den in Anm. 596 angeführten Arbeiten, außerdem in Nieuw Archief voor Wiskunde 6 (1880), p. 78 studiert. S. außerdem *F. J. Van der Berg,* daselbst 7 (1881), p. 78; Mathesis (1) 2 (1882), p. 120; (1) 7 (1887), p. 118; *E. Vigarié,* J. math. élém. (3) 5 (1891), p. 101, 129, 153, 181, 207, 256.

623) Math. Ann. 26 (1885), p. 304; „Geom. Verw." 4, p. 20—31.

624) „Die Gebilde"[40]) 3, p. 508, Anmerkung.

625) *K. Glänzer,* Progr. Forbach 1874; Progr. Hamburg 1889 [s. *G. Loria*[46]) 2, p. 349—353; ital. Ausg. 2, p. 408—412]; *H. Nägelsbach,* Progr. Erlangen 1885 [s. *G. Loria*[46]) 1, p. 397; ital. Ausg. 1, p. 466]; *J. Thomae,* Ber. Sächs. Ges. Wiss. Leipzig 47 (1895), p. 359; *G. Cardoso-Laynes,* Period. di mat. (2) 4 (1901), p. 33; *V. Retali,* Le mat. pure appl. 1 (1901), p. 47, 238; 2 (1902), p. 192, 222; *L. Lo Monaco-Aprile,* daselbst 2 (1902), p. 188: *E. Lacour,* Nouv. Ann. de math. (4) 2 (1902), p. 169; *M. W. Haskell,* Amer. math. Monthly 10 (1903), p. 1; *M. Vegas,* Rev. Ac. Ciencias Madrid 1 (1904), p. 90; *K. Zahradnik,* Sitzungsb. Ak. Wien 113 (1904), p. 973; 114 (1905), p. 669 = Časopis 34 (1905), p. 105, 329; 38 (1909), p. 6; *P. Pecl,* Progr. Gymn. Raudnic 1905; *H. J. van Veen,* Nieuw Archief voor Wiskunde (2) 11 (1914), p. 127; *F. M. Morgan,* Ann. of math. (2) 16 (1914), p. 134 [Auszug Bull. Amer. math. Soc. (2) 21 (1914), p. 60]; *J. de Vries,* Wisk. Opgaven (3) 1 (1919), p. 45, Probl. XX; *L. Godeaux,* Nouv. Ann. de math. (5) 3 (1924), p. 12.

Über die kubischen Transformationen mit Hauptpunkten, die nicht alle voneinander verschieden sind, s. *G. Rieß*[594]); *H. C. Shaub,* Bull. Amer. math. Soc. (2) 37 (1931), p. 25.

L. Saltel und andere studieren eingehend die involutorische kubische Transformation, die *L. Saltel* als *arguesienne* bezeichnet. In einer Ebene liegen ein Punkt O und zwei Kegelschnitte Γ_1, Γ_2 fest, und jedem Punkte P der Ebene läßt man den Punkt P' der Geraden OP entsprechen, der P in der durch die beiden Paare von Schnittpunkten der Geraden mit Γ_1, Γ_2 bestimmten Involution konjugiert ist. Diese Transformation ist nichts anders als eine kubische Transformation, deren doppelter Hauptpunkt O und deren einfache Hauptpunkte die Γ_1, Γ_2 gemeinschaftlichen Punkte sind, und die durch eine Kollineation von der allgemeinen kubischen Transformation abgeleitet werden kann. Als Sonderfälle

torische kubische Transformationen metrischer oder nicht metrischer Beschaffenheit, die durch spezielle Konstruktionen erhalten werden.[626])

---

kann man die harmonische Homologie und die Inversion von *T. A. Hirst* (Nr. **69**) erhalten.

S. *L. Saltel,* Mém. couronnés et autres Mém. Ac. Belgique, coll. in — 8°, Bruxelles 22 (1872), Nr. 5 [1870]; 23 (1873), Nr. 4 [1870]; 27 (1877), Nr. 5 [1875]; Bull. Ac. sc. Belgique (2) 34 (1872), p. 51, 52; (2) 43 (1877), p. 265; (2) 46 (1878), p. 90; Bull. Soc. math. de France 2 (1873), p. 52; Nouv. Corr. math. 1 (1874), p. 196; 5 (1879), p. 205; *P. Mansion,* Bull. Ac. sc. Belgique (2) 36 (1873), p. 625; *L. Crocchi,* Giorn. di mat. (1) 12 (1874), p. 378; *L. Philippin,* Nouv. Corr. math. 1 (1874), p. 127; *C. Le Paige,* Bull. Ac. sc. Belgique (3) 3 (1882), p. 760; *Cl. Servais,* Mathesis (1) 8 (1888), p. 105; *K. Doehlemann,* „Geom. Transf." 2, p. 168.

Der Ort der Doppelpunkte der durch die Kegelschnitte Γ_1, Γ_2 bestimmten Involutionen auf den von O ausgehenden Geraden ist eine durch O hindurchgehende Kurve C^3 3. Ordnung, die in den gemeinsamen Punkten von Γ_1 und Γ_2 die Verbindungsgeraden dieser Punkte mit O berührt. Daher läßt sich die Transformation auch dadurch erhalten, daß man Gerade durch O hindurchführt und auf jeder dieser Geraden die Punktepaare ins Auge faßt, die die weiteren Schnittpunkte mit C^3 harmonisch teilen. Eine Erweiterung für den Fall einer Kurve von der Ordnung n mit einem $(n-2)$-fachen Punkte in einem Briefe von *L. Saltel* an *E. Catalan,* Nouv. Ann. de math. (2) 11 (1872), p. 142 = Bull. Ac. sc. Belgique (2) 32 (1871), p. 352; außerdem *Cl. Servais* a. a. O.; *G. Cardoso-Laynes,* Period. di mat. (2) 2 (1900), p. 80; *V. Retali,* daselbst, p. 123; *H. Bateman,* Quart. J. of math. 37 (1905), p. 277.

G. Stiner, Vierteljahrsschr. Naturf. Ges. Zürich 40 (1895), p. 217 studiert zwei ebene Involutionen, deren eine die arguesienne ist.

626) Beachtenswerte *Cremona*sche Korrespondenzen erhält man, wenn man unter Verallgemeinerung der *Dupin*schen Theorie von den konjugierten Tangenten einer Fläche [III D 1, 2 (*H. von Mangoldt*), Nr. **37**; III D 3 (*R. von Lilienthal*), Nr. **3**] nicht nur die einem gewöhnlichen Punkte P einer Fläche unendlich benachbarten Punkte 1. Ordnung dieser Fläche, sondern auch die P unendlich benachbarten Punkte 2., 3., ... Ordnung einer Betrachtung unterwirft. Im Falle der unendlich benachbarten Punkte 2. Ordnung ergibt sich eine kubische *Cremona*sche Korrespondenz zwischen den Ebenen des Bündels mit P als Mittelpunkt und den Punkten der Tangentialebene in P, die zuerst von *C. Segre,* Roma Rend. Acc. Linc. (5) 17^2 (1908), p. 405 betrachtet wurde und zusammen mit anderen in den jüngsten Untersuchungen über die projektiv-differentielle Geometrie der Flächen eine wichtige Rolle spielt. S. *E. Čech,* Časopis 50 (1921), p. 219; Prag České Ak. Rozpravy 30 (1921), Nr. 36; Ann. di mat. (3) 31 (1921), p. 191; Bull. intern. Ac. tchèque des sciences 1923, p. 44, 80; *G. Fubini,* Roma Rend. Acc. Linc. (5) 32^2 (1923), p. 321; *E. Bompiani,* Ann. di mat. (4) 1 (1924), p. 259 [Auszug Roma Rend. Acc. Linc. (5) 32^2 (1923), p. 376]; Roma Rend. Acc. Linc. (5) 33^1 (1924), p. 85; *G. Fubini* und *E. Čech,* „Geometria proiettiva differenziale" 1, Bologna 1926, p. 132—133; 2, Bologna 1927, p. 470—540 (Anhang II, von *E. Bompiani*), p. 720—721; *E. P. Lane,* Amer. J. of math. 48 (1927), p. 204 [Auszug Bull. Amer. math. Soc. (2) 32 (1926), p. 218]; *L. Godeaux,* Anais da Fac. de sciências do Porto 15 (1928), p. 157; Bull. Ac. sc. Belgique (5) 16 (1930), p. 762; *V. Strazzeri,* Rend. Circ. mat. Palermo 54 (1929), p. 314; „Lezioni di geometria

Andere Autoren untersuchen weitere spezielle involutorische oder nicht involutorische *Cremona*sche Transformationen im allgemeinen höherer als 3. Ordnung.[627])

---

differenziale proiettiva" (lith.), Palermo 1930, p. 127 ff.; *G. Fubini* und *E. Čech*, „Indroduction à la géométrie projective différentielle des surfaces", Paris 1931, p. 109—115; *G. Palozzi*, Roma Rend. Acc. Linc. (6) 14 (1931), p. 14.

Eine Erweiterung auf die Überräume bei *E. Čech*, Ann. di mat. (3) 31 (1922), p. 262.

627) *A. Clebsch*, Abh. Ges. Wiss. Göttingen 15 (1870), p. 56 trifft beim Studium der ebenen Abbildung einer Fläche 5. Ordnung mit Doppelkurve 4. Ordnung erster Art auf eine Transformation von *de Jonquières* (Nr. 51) 5. Ordnung.

J. R. Conner, Amer. J. of math. 38 (1916), p. 155 studiert die allgemeine *Cremona*sche Transformation 5. Ordnung, die als Ort der Fixpunkte eine kubische Kurve besitzt.

C. Le Paige, Bull. Ac. sc. Belgique (3) 3 (1882), p. 760; (3) 4 (1882), p. 415 untersucht zwei spezielle involutorische Transformationen von *de Jonquières* der Ordnungen 5 und 6 und eine Transformation 10. Ordnung, die durch ebene kubische Kurven erhalten werden. Über die beiden ersten vgl. *Fr. Deruyts*, Mém. Soc. sc. Liège (2) 14 (1887), Nr. 5; *L. Godeaux*, Bull. Ac. sc. Belgique 1907, p. 898; Erweiterungen dieser Transformationen bei *P. H. Schoute*, Ass. franç. avanc. des sciences 12, Rouen 1883, p. 131.

M. Diesing, Diss. Jena 1887 studiert eine spezielle Transformation 4. Ordnung; *E. Duporcq*, Interm. des math. (1) 7 (1900), p. 277 bestimmt einige Transformationen 5. Ordnung; *L. Godeaux*[625]) eine 7. Ordnung. Über weitere spezielle Transformationen s. *C. Burali-Forti*, Giorn. di mat. (1) 27 (1888), p. 160; *A. Schüttenhelm*, Diss. Straßburg 1901; *T. Wada*, Kyôto Univ. Mem. 5 (1913), p. 167; *L. Godeaux*, Bull. Ac. sc. Belgique (5) 9 (1923), p. 521; *R. Deaux*, Mathesis 38 (1924), p. 9; *E. Dahy*, Bull. Ac. sc. Belgique (5) 13 (1927), p. 42; *A. Emch*[924]), p. 69.

Ebene *Cremona*sche Transformationen treffen *S. Kantor*, Denkschr. Ak. Wien 46 (1882), p. 83 beim Studium der linearen Systeme linearer Transformationen der Ebene und *G. Marletta*, „Sulla rappresentazione delle congruenze di rette in proiezione centrale", Catania 1906 an.

O. M. Thalberg, Avh. Norske Vid. Ak. Oslo 10 (1932), p. 1 untersucht *Cremona*sche, insbesondere involutorische, Transformationen in Zusammenhang mit den Durchschnitten ebener algebraischer Kurven.

Ist ein Netz von Flächen 2. Ordnung gegeben und bezeichnet man zwei von zwei Basispunkten ausgehende Gerade als einander entsprechend, wenn sie Erzeugende verschiedener Scharen auf ein und derselben Fläche des Netzes sind, so erhält man nach *W. Stahl*, J. f. Math. 95 (1883), p. 298—299 zwischen den Strahlenbündeln, deren Mittelpunkte in diesen beiden Punkten liegen, eine birationale Korrespondenz, die 4. bzw. 8. Ordnung ist, je nachdem die beiden Punkte voneinander verschieden sind oder zusammenfallen. S. auch *R. Sturm*, „Die Gebilde"[40]), p. 291—292.

G. Aprile, Giorn. di mat. (3) 10 (1915), p. 129 betrachtet umkehrbar eindeutige Korrespondenzen zwischen den Punkten einer Ebene und den Sehnen einer kubischen Raumkurve, bei denen den Geraden der Ebene Regelflächen 4. Grades mit der kubischen Raumkurve als Doppelkurve entsprechen.

D. Montesano[628]) zeigt, daß es möglich ist, zwei Ebenen durch ein kontinuierliches ∞^1-System solcher *Cremona*scher Transformationen aufeinander zu beziehen, die einem allgemeinen Punkte jeder Ebene die einzelnen Punkte einer rationalen Kurve gegebener Ordnung in der anderen Ebene entsprechen lassen; das Studium dieser Systeme läßt sich auf das Studium der birationalen Korrespondenzen des Raumes, bei denen die Ebenen zweier bestimmter Büschel einander entsprechen, zurückführen.[629])

Zwei spezielle diskontinuierliche Gruppen in der Ebene werden von *D. Montesano*[630]) untersucht. Die erste besteht aus acht involutorischen Transformationen, von denen eine die Identität ist, die anderen quadratisch sind (drei vom ersten und vier vom zweiten in Nr. **69** beschriebenen Typus), und die zwei von den Hauptpunkten gemeinsam haben. Diese Gruppe kann durch Betrachtung einer Fläche F^2 2. Ordnung und eines ihrer Poltetraeder erhalten werden. Die vier durch die Ecken und gegenüberliegenden Flächen bestimmten harmonischen Homologien und die drei gescharten Involutionen, deren Involutionsachsen die Paare gegenüberliegender Kanten sind, bestimmen auf F^2 sieben involutorische Transformationen, die mit der Identität eine Gruppe bilden. Durch die stereographische Projektion von F^2 läßt sich nun aus einer derartigen Gruppe die erwähnte Gruppe erhalten.[631])

628) Giorn. di mat. (2) 10 (1903), p. 181.

629) *D. Montesano* konstruiert die genannten Systeme für den Fall, daß sie aus Homographien oder aus quadratischen Transformationen gebildet sind, oder auch aus Transformationen von *de Jonquières* willkürlicher Ordnung, bei denen sich zwei gegebene Geradenbüschel durch ein und dieselbe Projektivität entsprechen.

630) Atti Ist. Ven. (6) 6 (1887), p. 1425. Über die erste der beiden Gruppen s. auch *B. Machytka,* Časopis 55 (1925), p. 245.

631) Diese Gruppe kann man auch erhalten, wenn man die quadratischen Transformationen aufsucht, die die aus zwei projektiven, in ein und derselben Ebene liegenden, aber nicht konzentrischen Büscheln angehörenden, Quadrupeln von Geraden zusammengesetzte Figur in sich transformieren. Sind die beiden Quadrupel allgemein, so ergibt sich die von *D. Montesano* studierte Gruppe; sind sie harmonisch oder äquianharmonisch, so ergeben sich zwei Gruppen der Ordnung 32 bzw. 96 (deren Transformationen nicht alle involutorisch sind). S. *E. Ciani,* Rend. Circ. mat. Palermo 42 (1917), p. 323.

Eine Anwendung davon ergibt sich, wenn die beiden Quadrupel aus den Tangenten gebildet sind, die an eine Kurve C^4 4. Ordnung mit zwei Doppelpunkten von diesen Doppelpunkten aus gelegt werden können. Diese Gruppe wird von *E. Ciani,* Giorn. di mat. (3) 10 (1918), p. 31 [vgl. auch daselbst (3) 6 (1915), p. 192] studiert, der die verschiedenen Fälle untersucht, bei denen eine ebene Kurve 4. Ordnung durch quadratische Inversionen in sich transformiert wird. Sonderfälle, vor allem der Fall, daß die Kurve in den Kreispunkten zwei Doppelpunkte hat [bizirkulare Kurven 4. Ordnung: s. III C 5 (*G. Kohn*), Nr. **84**,

Die zweite Gruppe kann man in ähnlicher Weise durch die ebene Abbildung einer Fläche 3. Ordnung erhalten; sie ist durch fünf beliebig auf der Ebene angenommene Punkte völlig bestimmt. Die fünf involutorischen Transformationen von *de Jonquières* 3. Ordnung, deren Hauptpunkte die gegebenen Punkte sind, sind paarweise vertauschbar, die Identität ist ihr Produkt. Ihre paarweisen Produkte sind dagegen die zehn quadratischen Involutionen vom ersten Typus, bei denen drei der gegebenen fünf Punkte Hauptpunkte, die anderen beiden untereinander konjugiert sind. Die betrachtete Gruppe besteht aus diesen 15 Transformationen und der Identität.

A. B. Coble[632]) studiert eine Gruppe von 120 Transformationen 5. Ordnung, die durch fünf Punkte der Ebene bestimmt, und eine Transformierte der Gruppe von 120 quadratischen Transformationen ist, die ihrerseits durch vier Punkte der Ebene bestimmt ist und schon von *L. Autonne* und dann von *S. Kantor* (Nr. **63**) gefunden wurde.[633]) Über diese Gruppe in Verbindung mit anderen, allgemeineren Untersuchungen s. weiter Nr. **91**.

73. Birationale Transformationen zwischen zwei Räumen von drei Dimensionen.[634]) Sehen wir von Untersuchungen über spezielle Transformationen ab, von denen wir im folgenden (Nr. **77**—**81**) reden

---

85, **87**] bei *J. Casey,* Dublin Trans. Ir. Ac. 24 (1871), p. 457 [Auszug Dublin Proc. Ir. Ac. 10 (1869), p. 44]; *G. Darboux,* „Sur une classe“ [50]), p. 26ff.; *G. Salmon-W. Fiedler,* „Anal. Geom. der höh. eb. Kurven“ [28]), p. 316ff.; *G. Salmon* und *O. Chemin,* „Traité de géom. anal.“ [28]), p. 339ff.; *G. Koenigs,* „Leçons de l'agrégation classique de math.“ (lith.), Paris 1892, p. 130ff.; *J. de Vries,* Arch. Musée Teyler (2) 9 (1904), p. 255; *G. Loria*[46]) 1, p. 114ff.; ital. Ausg. 1, p. 138ff.; *T. J. Richards,* Quart. J. of math. 42 (1911), p. 236.

Mit Hilfe der Darstellung der Punktkoordinaten der Kurve durch elliptische Funktionen ist derselbe Gegenstand studiert von *B. Bydžovský,* Comptes rendus du Congrès intern. des math., Strasbourg 1920 (Toulouse 1921), p. 383 [s. auch Časopis 53 (1924), p. 27; Prag České Ak. Rozpravy 33 (1924), Nr. 32], der auch alle ebenen elliptischen Kurven 4. Ordnung bestimmt, die von einer, von der des allgemeinen Falles verschiedenen Anzahl quadratischer Transformationen in sich transformiert werden (hiervon gibt es neun, von denen sieben mit der Identität die erste der beiden von *D. Montesano* betrachteten Gruppen bilden, während die beiden anderen darin nicht enthalten sind).

632) Trans. Amer. math. Soc. 9 (1908), p. 396.

633) *L. Autonne,* J. math. pures appl. (4) 1 (1885), p. 435; Auszüge Paris C. R. 97 (1883), p. 567; 98 (1884), p. 565; *S. Kantor*[545]), p. 105 (Typus XIV).

Die Invariantentheorie der Gruppe von *A. B. Coble* war in dualer Form von *A. Clebsch,* Math. Ann. 4 (1871), p. 284 studiert worden.

634) Darstellungen bei *G. Salmon-W. Fiedler,* „Raumgeometrie“ 2, p. 545—574; *K. Doehlemann,* „Geom. Transf.“ 2, p. 180—324; *R. Sturm,* „Geom. Verw.“ 4, p. 339—419; *Hilda P. Hudson,* „Cremona transf.“, p. 154—387. Ein kurzer Hin-

wollen, so verdanken wir die allgemeine Theorie der birationalen Transformationen zwischen zwei dreidimensionalen Räumen den ungefähr gleichzeitigen Arbeiten von *A. Cayley*[635]), *M. Noether*[636]) und *L. Cremona.*[637])

Bezeichnen wir mit x_1, x_2, x_3, x_4 und x_1', x_2', x_3', x_4' die homogenen projektiven Koordinaten zweier Punkte X und X' in zwei voneinander verschiedenen oder überlagerten Räumen R und R', so wird eine rationale Transformation zwischen R und R' durch die Formeln

$$(1) \qquad \varrho x_i' = f_i(x_1, x_2, x_3, x_4), \qquad (i = 1, 2, 3, 4)$$

bestimmt, wobei ϱ ein Proportionalitätsfaktor ist und die f_i vier quaternäre Formen ein und derselben Ordnung n sind, die als frei von gemeinschaftlichen Faktoren betrachtet werden dürfen (vgl. Nr. 88).

Die Transformation ist birational, wenn sich die Formeln dadurch umkehren lassen, daß wir die x_i mit Hilfe der x_i' durch neue Formeln

$$(2) \qquad \sigma x_i = \varphi_i(x_1', x_2', x_3', x_4'), \qquad (i = 1, 2, 3, 4)$$

ausdrücken, wo σ ein Proportionalitätsfaktor und die φ_i vier quaternäre Formen ein und derselben Ordnung n' sind.

Die Zahl n ist die *Ordnung* der Transformation (1), während n' die Ordnung der inversen Transformation (2) ist. Aber im Gegensatz zu dem, was im Falle zweier Ebenen (Nr. 47) gilt, ist allgemein $n \neq n'$.

Vermöge der Gleichungen (1) entsprechen den Ebenen

$$\lambda_1 x_1' + \lambda_2 x_2' + \lambda_3 x_3' + \lambda_4 x_4' = 0$$

des Raumes R' in R die Flächen n^{ter} Ordnung

$$(3) \qquad \lambda_1 f_1 + \lambda_2 f_2 + \lambda_3 f_3 + \lambda_4 f_4 = 0,$$

die ein lineares ∞^3-System bilden. Jede dieser Flächen wird auf die entsprechende Ebene Punkt für Punkt abgebildet, und ist daher eine rationale (oder Homaloid-) Fläche.

---

weis bei *G. Salmon*, „A treatise on the analytic geometry of three dimensions", edited by *R. A. P. Rogers* 2, 5. Aufl., London 1915, p. 268—277.

S. auch *A. B. Coble*, „Report", p. 197–226; *V. Snyder*, „Report", p. 227–251. — Ein Gesamtüberblick über die involutorischen Transformationen bei *V. Snyder*, Bull. Amer. math. Soc. (2) 30 (1924), p. 101.

635) Proc. London math. Soc. (1) 3 (1870), p. 127 = Papers 7, Cambridge 1894, p. 189.

636) Math. Ann. 2 (1869), p. 293 [Auszug Gött. Nachr. 1869, p. 298] und besonders Math. Ann. 3 (1870), p. 547.

637) Gött. Nachr. 1871, p. 129, Wiedergabe mit Zusätzen in Math. Ann. 4 (1871), p. 213; Rend. Ist. Lomb. (2) 4 (1871), p. 269, 315; Ann. di mat. (2) 5 (1871—1873), p. 131 = Opere 3, Milano 1917, p. 260, 241, 251, 298. Der allgemeine Teil der letzten Arbeit ist von *E. Dewulf*, Bull. Sciences math. (1) 7 (1874), p. 37 ins Französische übertragen.

In ähnlicher Weise entsprechen den Ebenen

$$\mu_1 x_1 + \mu_2 x_2 + \mu_3 x_3 + \mu_4 x_4 = 0$$

von R in R' die Flächen n'^{ter} Ordnung

$$(4) \qquad \mu_1 \varphi_1 + \mu_2 \varphi_2 + \mu_3 \varphi_3 + \mu_4 \varphi_4 = 0,$$

die ein lineares ∞^3-System bilden und von denen auch jede rational ist.

Zwei Flächen (3) schneiden sich außer in den Basiselementen des linearen Systems in einer beweglichen rationalen Kurve (die einer Geraden von R' entspricht), die n'^{ter} Ordnung ist, da ihren Schnittpunkten mit einer Ebene die n' Schnittpunkte einer Geraden mit einer Fläche des Systemes (4) in R' entsprechen.

In ähnlicher Weise schneiden sich zwei Flächen (4) außer in den Basiselementen des linearen Systemes in einer beweglichen rationalen Kurve n^{ter} Ordnung, die einer Geraden von R entspricht.

Diese Kurven der Ordnung n', n von R und R', die den Geraden des anderen Raumes entsprechen, bezeichnen wir mit M und N.[638])

Drei nicht einem Büschel angehörende Flächen (3) schneiden sich außer in der Basisgruppe in einem beweglichen Punkte, der dem gemeinsamen Punkt der drei homologen Ebenen in R' entspricht; die gleiche Eigenschaft gilt auch für die Fläche (4).

Infolge der eben genannten Eigenschaften heißen die Systeme (3) und (4) *homaloide Systeme.* Soll ein lineares irreduzibles System von algebraischen Flächen homaloid sein, so ist notwendig und hinreichend, daß sich drei ihrer allgemeinen Flächen nur in einem veränderlichen Punkte schneiden.[639]).

Die z. B. zwischen den Ebenen von R' und den Flächen des Systems (3) stattfindende Korrespondenz ist projektiv, da sie den Ebenen eines Büschels oder eines Bündels in R' die Flächen eines im System (3) enthaltenen Büschels bzw. Netzes entsprechen läßt.

Bezieht man umgekehrt die Flächen eines homaloiden Systems von R projektiv auf die Ebenen des Raumes R', so erhält man eine birationale Transformation zwischen R und R'.

---

638) Diese Kurven werden von *S. Kantor,* Acta math. 21 (1896), p. 11 als *homaloidale Kurven* bezeichnet.

639) S. *G. B. Guccia,* Rend. Circ. mat. Palermo 1 (1887), p. 348.

G. B. Guccia, Roma Rend. Acc. Linc. (4) 5^1 (1889), p. 460 zeigt, daß die Ordnung n' der inversen Transformation gleich dem Geschlecht des allgemeinen ebenen Schnittes der Fläche $f_r f_s + a f_t f_u = 0$ ist, wo f_r, f_s, f_t, f_u vier linear unabhängige Flächen des Systemes (3) sind und a eine willkürliche Konstante, vermindert um das doppelte Geschlecht des allgemeinen ebenen Schnittes der allgemeinen Fläche des Systemes (3) und um eine Einheit erhöht.

Auf diese Weise wird die Aufgabe der Bestimmung der birationalen Transformationen zwischen zwei Räumen R, R' auf die Konstruktion aller homaloiden Flächensysteme z. B. des Raumes R zurückgeführt.

Dem Schnitt einer Fläche des Systemes (3) mit einer Ebene von R entspricht vermöge der Transformation der Schnitt einer Ebene von R' mit einer Fläche des Systemes (4). Daher haben die ebenen Schnitte der Flächen, aus denen die beiden homaloiden Systeme (3) und (4) bestehen, gleiches Geschlecht, das als[640]) *Geschlecht* der Transformation bezeichnet wird. Aus Beispielen läßt sich erkennen, daß es tatsächlich birationale Transformationen irgendeines beliebigen gegebenen Geschlechts gibt.[641])

74. Hauptelemente. Durch die Formeln (1) in Nr. **73** ist der homologe Punkt X' eines Punktes X von R völlig bestimmt, wenn nicht die Koordinaten des Punktes X alle f_i zu Null werden lassen. Ordnet man den durch X' hindurchgehenden Ebenen von R' die Tangentialebenen in X an die durch X hindurchgehenden korrespondierenden Flächen des Systems (3) zu, so ergibt sich zwischen den Bündeln mit den Mittelpunkten X und X' eine Kollineation, die ausgeartet ist oder nicht, je nachdem X der *Jacobi*schen Fläche des Systems (3) angehört oder nicht. Mit anderen Worten: Durch die Gleichungen (1) ist eine ausgeartete oder nicht ausgeartete Kollineation zwischen den Umgebungen der Punkte X und X'[642]) definiert.

Wie bei den birationalen Transformationen zwischen zwei Ebenen (Nr. **48**) gibt es aber auch bei den birationalen Transformationen zwischen zwei Räumen R, R' Fundamental- oder Ausnahmeelemente, *Hauptelemente.* Es sind dies die Basispunkte und -kurven der beiden in R und R' existierenden homaloiden Systeme.[643]) Da die Formeln (1)

640) Nach *G. Loria,* Rend. Ist. Lomb. (2) 23 (1890), p. 824.

641) Hinweise auf eine Klassifikation der birationalen Transformationen zwischen zwei Räumen bei *Hilda P. Hudson,* „Cremona transf.", p. 382—387.

642) Der Satz gilt auch, wenn das lineare System (3) nicht homaloid, sondern beliebigen Grades $D > 0$ ist, also auch, wenn durch die Gleichungen (1) eine Korrespondenz mit den Indizes D und 1 zwischen R und R' bestimmt wird. S. *Th. Reye,* J. f. Math. 94 (1882), p. 312, wo auf p. 317—318 bemerkt wird, daß die Kollineation zwischen den homologen unendlich kleinen Teilen zweier Räume auch bei noch allgemeineren Korrespondenzen erhalten werden kann. — S. auch *J. Brill,* Quart. J. of math. 27 (1895), p. 356.

643) Das Studium dieser Hauptelemente findet sich in den Anm. 635, 636 und 637 angeführten Arbeiten, vor allem bei *M. Noether,* Math. Ann. 3 (1870), p. 547 und *L. Cremona,* Ann. di mat. (2) 5 (1871—73), p. 131 = Opere 3, p. 298. Vgl. auch *G. Salmon-W. Fiedler,* „Raumgeometrie" 2, p. 551—557; *F. Severi,* „Trattato" 1_1, p. 5—9.

von Nr. 73 für einen derartigen Punkt von R unbestimmt werden, wird es zweckmäßig sein, sich wie in der Ebene (Nr. 48) vorzustellen, daß ein beweglicher Punkt diesem Punkte unendlich nahe kommt, und die von dem korrespondierenden Punkte angenommenen Grenzlagen aufzusuchen.

Es sei nun A ein s-facher Hauptpunkt des Systems (3), und X ein allgemeiner Punkt von R, dem der Punkt X' entspricht. Wir lassen X dem Punkt A unendlich nahe kommen, betrachten also im System (3) die Flächen, die in A eine bestimmte Gerade g als Tangente haben. Unter der Voraussetzung, daß g von den etwa vorhandenen festen Tangenten in A an die Flächen (3) verschieden ist, bilden die Flächen (3), die g in A berühren, ein Netz, und diesem Netz entspricht in R' ein Ebenenbündel, dessen Mittelpunkt X' der homologe Punkt von X ist, wenn X dem Punkte A auf der Geraden g unendlich nahe kommt.

Wir nehmen zunächst an, daß nicht alle Flächen (3) in A den gleichen Tangentenkegel besitzen. Dann bilden die Tangentenkegel in A an die Flächen (3) ein lineares System Γ, und es können zwei Fälle eintreten.

Es kann erstens vorkommen, daß die durch eine allgemeine Gerade des Bündels mit dem Mittelpunkt A hindurchgehenden Kegel von Γ nicht notwendig durch andere Geraden des Bündels hindurchgehen. In diesem Falle entspricht jedem A unendlich benachbarten Punkte X ein Punkt X', der sich bei Veränderung der Richtung der Geraden, auf der sich X dem Punkte A nähert, verändert; als Ort von X' ergibt sich eine rationale Fläche, deren Ordnung gleich der Anzahl der zwei Kegeln von Γ gemeinsamen veränderlichen Erzeugenden oder, was dasselbe ist, gleich der Anzahl der veränderlichen Zweige ist, mit denen eine Kurve M durch A hindurchgeht. Hat z. B. das System (3) in A keine festen Tangenten, und ist A für die Flächen (3) s-facher Basispunkt, so ist s^2 die Ordnung der Fläche.

Zweitens kann es eintreten, daß alle durch eine allgemeine Gerade des Bündels A hindurchgehenden Kegel von Γ durch weitere Gerade des Bündels notwendig hindurchgehen. Dann ist das System Γ mit einem Büschel zusammengesetzt, und allen A unendlich benachbarten

Man vergleiche hierzu, auch für birationale Transformationen zwischen zwei Räumen einer beliebigen Anzahl von Dimensionen (Nr. 88), *L. Autonne,* Paris C. R. 121 (1895), p. 673, 881, 1129; 122 (1896), p. 1043; Rend. Circ. mat. Palermo 10 (1896), p. 196; Acta math. 21 (1897), p. 249 [Auszug Paris C. R. 124 (1897) p. 139]; Nouv. Ann. de math. (3) 16 (1897), p. 420; *B. Levi,* Atti Acc. Torino 35 (1899), p. 20, wo auch die Fälle ausführlich behandelt werden, bei denen die Hauptelemente höhere Singularitäten darbieten. Vgl. auch *Hilda P. Hudson,* „Cremona transf.“, p. 260—286.

Punkten von R auf den Erzeugenden ein und desselben Kegels des Büschels entspricht in R' ein einziger Punkt X'. Der Ort dieser Punkte X' ist eine rationale Kurve, deren Ordnung gleich der Anzahl der veränderlichen Erzeugenden ist, die einem allgemeinen Kegel des Büschels und einem allgemeinen Kegel des Systemes Γ gemeinsam sind.

Nun kann es drittens eintreten, daß alle Flächen (3) in A ein und denselben Tangentenkegel haben. Dann gibt es nur einen einzigen Punkt X', d. h. den A in den verschiedenen Richtungen unendlich benachbarten Punkten entspricht in R' ein einziger Punkt A'.

Im ersten Falle pflegt der Punkt A als *isolierter Hauptpunkt* bezeichnet zu werden, da sein typischer Fall der eines nicht auf Basiskurven des homaloiden Systems gelegenen Basispunktes ist.

Gehen die Kurven M durch einen derartigen nicht auf Hauptkurven gelegenen Hauptpunkt r-mal hindurch und bedeuten diese Durchgänge r' Bedingungen für die Kurven, so entspricht dem Punkte eine rationale Fläche r^{ter} Ordnung, die in der *Jacobi*schen Fläche des Systems (4) $\frac{r'}{r}$-mal auftritt.[644])

Haben z. B. die Flächen (3) in einem einfachen isolierten Hauptpunkt eine Berührung von der Ordnung $r - 1$, so wird $r' = (r + 1)r$, und die dem Punkte entsprechende Fläche r^{ter} Ordnung ist daher in der *Jacobi*schen Fläche des Systems (4) $(r + 1)$-mal inbegriffen.[645]).

Ein s-facher Hauptpunkt von R, der keinen Hauptkurven angehört, ist für die *Jacobi*sche Fläche des Systemes (3) von der Vielfachheit $4s - 2$.[646])

Die Hauptpunkte vom zweiten Typus heißen auch *Hauptkurvenpunkte,* da ein allgemeiner Punkt einer Hauptkurve diese Beschaffenheit hat. Ist nämlich diese Hauptkurve C für das System (3) s-fach, so setzt sich der Tangentenkegel in einem ihrer Punkte an eine beliebige Fläche (3) aus s Ebenen zusammen, die durch die Tangente an C in diesem Punkte hindurchgehen.

---

644) *L. Cremona,* Ann. di mat. (2) 5 (1871—73), p. 138 = Opere 3, p. 304; zum Teil schon bei *M. Noether,* Gött. Nachr. 1869, p. 301; Math. Ann. 2 (1869), p. 299; 3 (1870), p. 550.

645) Über diese Eigenschaft s. auch *L. Cremona,* Rend. Ist. Lomb. (2) 4 (1871), p. 324 = Opere 3, p. 258: *M. Noether,* Ann. di mat. (2) 5 (1871), p. 177. Vgl. Anm. 654.

646) Für $s = 1$ s. *M. Noether,* Math. Ann. 2 (1869), p. 310; für beliebiges s, *M. Noether,* Math. Ann. 3 (1870), p. 551; *L. Cremona* [644]), p. 139 = Opere 3, p. 304—305.

Unter der Voraussetzung, daß alle s Tangentialebenen an die Flächen (3) in den verschiedenen Punkten von C veränderlich sind, ist s die Ordnung der einem allgemeinen Punkte X von C entsprechenden (rationalen) Kurve. Beschreibt X nun C, so beschreibt diese Kurve eine Fläche, die in der *Jacobi*schen Fläche des Systems (4) auftritt. Die Ordnung einer derartigen Fläche ist gleich der Anzahl der veränderlichen Schnitte von C mit den Kurven M, und ihr Kurvengeschlecht gleich dem Geschlecht von C.

Wird aber die Kurve C von den Kurven M nicht in veränderlichen Punkten geschnitten, so entspricht einem beliebigen Punkte dieser Kurve eine feste Kurve C', die für R' eine Hauptkurve ist. Die Beziehung zwischen C und C' ist reziprok, d. h. jedem Punkte von C' entspricht die ganze Kurve C, und C' wird nicht von den Kurven N in veränderlichen Punkten geschnitten.

Eine Hauptkurve von R heißt *erster* oder *zweiter Art*, oder auch *ordentliche* oder *außerordentliche Hauptkurve*, je nachdem der erste oder der zweite Fall gilt, d. h. je nachdem ihren Punkten verschiedene Kurven oder ein und dieselbe Kurve entsprechen.[647])

Eine $s$fache Hauptkurve von R ist für die *Jacobi*sche Fläche des Systems (3) vielfach von der Ordnung $4s - 1$, falls sie ordentlich, von der Ordnung $4s$, falls sie außerordentlich ist.[648])

D. Montesano[649]) bemerkt: Sind C und C' zwei zugeordnete außerordentliche Hauptkurven der Räume R und R' und ist C eine s-fache Hauptkurve der Ordnung ν, sowie C' eine s'-fache Hauptkurve der

647) Die Unterscheidung der Hauptkurven und die Sätze im Texte verdanken wir *L. Cremona*[644]), p. 135 = Opere 3, p. 302; vgl. auch *M. Noether*, Math. Ann. 3 (1870), p. 550. Für den Fall der ordentlichen Hauptkurven s. schon früher *M. Noether*, Gött. Nachr. 1869, p. 301—302; Math. Ann. 2 (1869), p. 300; 3 (1870), p. 550.

Die erste Benennung stammt von *S. Kantor*[638]), p. 1; die zweite von *R. Sturm*, „Geom. Verw." 4, p. 343.

648) *L. Cremona*[644]), p. 136—137 = Opere 3, p. 302—303. Für den Fall der ordentlichen Hauptkurven, für $s = 1$, schon früher bei *M. Noether*, Math. Ann. 2 (1869), p. 310, für beliebiges s daselbst 3 (1870), p. 551.

Allgemeinere Sätze, die das Verhalten der *Jacobi*schen Fläche von vier Flächen in einem gemeinsamen Punkte oder längs einer gemeinsamen Kurve betreffen, bei *G. Loria*, Atti Acc. Torino 26 (1890), Anm. auf p. 283, 290, 296; *K. Doehlemann*, Math. Ann. 41 (1892), p. 566 und besonders *A. Levi*, Giorn. di mat. (2) 3 (1896), p. 215 [Auszug Atti Acc. Torino 31 (1896), p. 502]; *F. Gerbaldi*, Rend. Circ. mat. Palermo 10 (1896), p. 158. Allgemeinere Sätze, auch für einen Überraum, bei *M. Villa*, Mem. Ist. Lomb. (3) 13 (1931), p. 177; Auszug Roma Rend. Acc. Linc. (6) 13 (1931), p. 574.

649) Roma Rend. Acc. Linc. (5) 30^2 (1921), p. 447.

Ordnung v', so ist

$$s = kv', \quad s' = kv,$$

wo k eine ganze Zahl $\geqq 1$ ist.[650])

Die Gesamtheit aller Flächen des einen Raumes, die den Hauptpunkten und den Hauptkurven des anderen entsprechen, bildet die *Jacobi*sche Fläche des homaloiden Systems in diesem Raume.

75. Fortsetzung: Grundlegende Formeln. Zwischen der Ordnung n der Flächen des homaloiden Systems (3) in Nr. **73** und den charakteristischen Zahlen der Basispunkte und -kurven dieses Systems bestehen drei Beziehungen, die das Analogon des von *L. Cremona* für die ebenen Transformationen (Nr. **49**) aufgestellten Gleichungssystemes bilden. Unter Beschränkung auf den Fall gewöhnlicher Singularitäten werden die beiden ersten derartigen Beziehungen von *A. Cayley*[651]) angegeben; in der folgenden allgemeineren Form zusammen mit der dritten, von *M. Noether*[652]), der auch einen Weg für die Einführung möglicherweise notwendiger Abänderungen in Sonderfällen angibt.[653])

Das System (3) n^{ter} Ordnung möge eine Basis besitzen, die aus einer gewissen Anzahl von Punkten P_l und einer gewissen Anzahl von ordentlichen (Nr. **74**) Kurven C_i gebildet ist. Jeder Punkt P_l sei

650) *L. Cremona*[644]), p. 135 = Opere 3, p. 302, ist noch der Ansicht, daß notwendigerweise $k = 1$ sein müsse, ebenso auch z. B. *R. Sturm*, „Geom. Verw." 4, p. 342. Daß k tatsächlich größer als 1 sein kann, beweist *D. Montesano* auch unter Anführung von Beispielen; s. Anm. 649, außerdem Roma Rend. Acc. Linc. (5) 27¹ (1918), p. 396, 438; Rend. Acc. Napoli (3) 27 (1921), p. 116, und Anm. 658. Weitere Beispiele bei *A. Tummarello*, Note e Mem. Circ. mat. Catania 1 (1921), p. 289. S. auch *Hilda P. Hudson*, „Cremona transf.", p. 271—274. S. auch, ebenso über die Erweiterung auf die Überräume, *G. Marletta*, Rend. Circ. mat. Palermo 49 (1925), p. 253.

Weiteres über die Hauptkurven bei *L. Godeaux*, Bull. Ac. sc. Belgique (5) 15 (1929), p. 314; *Marian M. Torrey*, Amer. J. of math. 54 (1932), p. 305.

651) S. [635]), p. 167—168, 179—180 = Papers 7, p. 227—228, 238—240.

652) Ann. di mat. (2) 5 (1871), p. 174.

653) *Hilda P. Hudson*, Ann. di mat. (3) 19 (1912), p. 45 studiert den Fall, daß die Tangentenkegel an die Flächen des homaloiden Systems in einem Hauptpunkte einen Teil gemeinsam besitzen, und bestimmt unter der Annahme, daß der Punkt keiner Hauptkurve angehört, wie auch unter der gegenteiligen Annahme, die Anzahl der Bedingungen, die durch die Gegenwart eines derartigen Punktes den Flächen des Systems auferlegt werden (*Postulation* des Hauptpunktes), sowie die Anzahl der Schnitte dreier Flächen des Systems, die von dem Punkte selbst absorbiert werden (*Äquivalenz* des Hauptpunktes). Hierauf beziehen sich die Arbeiten von *Hilda P. Hudson*, Math. Ann. 73 (1912), p. 73; Proc. London math. Soc. (2) 11 (1912), p. 398, die sich auf die Postulation und die Äquivalenz einer Kurve einfacher Berührung oder einer solchen höherer Ordnung für ein Flächensystem beziehen. S. auch *Hilda P. Hudson*, „Cremona transf.", p. 209—259. Vgl. hierüber III C 9 (*K. Rohn* und *L. Berzolari*), Nr. **29—33**.

von der Vielfachkeit q_l für die Flächen (3) und der zugehörige Tangentenkegel weder ganz noch zum Teil für alle Flächen (3) fest. Jede Kurve C_i, der Ordnung m_i vom Rang r_i, sei von der Vielfachkeit s_i für jede Fläche (3), und alle s_i Tangentialebenen in ein und demselben Punkte von C_i an ein und dieselbe Fläche mögen sich bei Veränderung dieser Fläche in dem System (3) verändern. Schließlich schneide jede Kurve C_i jede Kurve C_j in k_{ij} Punkten ($i \leqq j$) (habe also speziell k_{ii} wirkliche Doppelpunkte) und gehe durch jeden Punkt P_l mit t_{il} Zweigen hindurch; außerdem mögen die Flächen (3) eine gewisse Anzahl gemeinsamer einfacher Punkte haben, wo sie miteinander je eine Berührung der Ordnung $\sigma - 1$ eingehen.

Beachten wir nun, daß die Flächen (3) ein homaloides System bilden, daß sie also infolge der ihnen durch die Hauptpunkte und -kurven auferlegten Bedingungen ∞^3 sind, drei von ihnen sich in nur einem veränderlichen Punkte schneiden und daß sie das arithmetische Geschlecht Null haben, so erhalten wir die folgenden drei Formeln, die als *Gleichungen* der *Äquivalenz*, der *Postulation* bzw. des *Geschlechts* bezeichnet werden:

$$\text{(I)}\quad n^3 - 1 = \sum_i s_i^2[(3n-2s_i)m_i - r_i s_i] - \sum_{i,j} s_i^2(3s_j - s_i)k_{ij} + \sum_l q_l^3 - \sum_{i,l} s_i^2(3q_l - 2s_i)t_{il} + \sum \sigma^2,$$

$$\begin{aligned}\text{(II)}\quad \tfrac{1}{6}(n+1)(n+2)(n+3) - 4 &= \sum_i \tfrac{1}{6}s_i(s_i+1)[(3n-2s_i+5)m_i - \tfrac{1}{2}(2s_i+1)r_i] \\ &- \sum_{i,j}\tfrac{1}{6}s_i(s_i+1)(3s_j - s_i + 1)k_{ij} + \sum_l \tfrac{1}{6}q_l(q_l+1)(q_l+2) \\ &- \sum_{i,l}\tfrac{1}{6}s_i(s_i+1)(3q_l - 2s_i + 2)t_{il} + \sum \tfrac{1}{2}\sigma(\sigma+1),\end{aligned}$$

$$\begin{aligned}\text{(III)}\quad \tfrac{1}{6}(n-1)(n-2)(n-3) &= \sum_i \tfrac{1}{6}s_i(s_i-1)[(3n-2s_i-5)m_i - \tfrac{1}{2}(2s_i-1)r_i] \\ &- \sum_{i,j}\tfrac{1}{6}s_i(s_i-1)(3s_j - s_i - 1)k_{ij} + \sum_l \tfrac{1}{6}q_l(q_l-1)(q_l-2) \\ &- \sum_{i,l}\tfrac{1}{6}s_i(s_i-1)(3q_l - 2s_i - 2)t_{il},\end{aligned}$$

wobei für die Summen $\sum\limits_{i,j}$ immer $i \leqq j$, für die Summen $\sum\limits_{i,l}$ immer $i \leqq l$ zu nehmen ist und die ersten sich auf alle Schnittpunkte je zweier Hauptkurven mit Ausnahme derer, die in die Punkte P_l fallen, erstrecken, sowie auf alle Doppelpunkte jeder Kurve C_i, die zweiten zunächst auf alle Zweige der durch einen Punkt P_l hindurchgehenden Kurven C_i, dann auf alle verschiedenen Punkte P_l zu erstrecken sind.

Durch lineare Kombinationen der drei vorhergehenden Gleichungen leiten sich die folgenden ab:

$$\text{(IV)}\quad \tfrac{1}{6}(4n-1)(4n-2)(4n-3)-1$$
$$=\sum_i \tfrac{1}{6}\,4s_i(4s_i-1)[(12n-8s_i-5)\,m_i-\tfrac{1}{2}(8s_i-1)r_i]$$
$$-\sum_{i,j}\tfrac{1}{6}\,4s_i(4\,s_i-1)(12s_j-4s_i-1)\,k_{ij}$$
$$+\sum_l \tfrac{1}{6}\,4q_l(4q_l-1)(4q_l-2)$$
$$-\sum_{i,l}\tfrac{1}{6}\,4s_i(4s_i-1)(12q_l-8s_i-2)\,t_{il}+\sum\sigma(7\sigma-3),$$

$$\text{(V)}\quad 2(n^2-1)=\sum_i s_i[(n+s_i)\,m_i-\tfrac{1}{2}r_is_i]-\sum_{i,j}s_is_jk_{ij}+\sum_l q_l^2$$
$$-\sum_{i,l}s_iq_lt_{il}+\sum\tfrac{1}{2}\sigma(\sigma+1),$$

$$\text{(VI)}\quad 11(n-1)=\sum_i s_i(5m_i-\tfrac{1}{2}r_i)-\sum_{i,j}s_ik_{ij}+\sum_l 2q_l-2\sum_{i,l}s_it_{il}$$
$$+\sum\sigma(\sigma+3).$$

Bezeichnen wir mit den nämlichen, nur mit Strichen versehenen Buchstaben, die auf den anderen Raum bezüglichen analogen Zahlen, so gilt weiterhin offensichtlich, daß

$$\text{(VII)}\qquad n'=n^2-\sum_i s_i^2m_i,\quad n=n'^2-\sum_i s_i'^2m_i',$$

und da die ebenen Schnitte der Flächen der zwei homaloiden Systeme (3) und (4) ein und dasselbe Geschlecht haben, so hat man außerdem:

$$\text{(VIII)}\quad (n-1)(n-2)-\sum_i s_i(s_i-1)m_i=(n'-1)(n'-2)$$
$$-\sum_i s_i'(s_i'-1)\,m_i'.$$

Hieraus und aus den Gleichungen (VII) leitet sich die einfache Formel ab

$$\text{(IX)}\qquad 4(n'-n)=\sum_i s_i'm_i'-\sum_i s_im_i.$$

Die Gleichung (IV) besagt, daß die *Jacobi*sche Fläche des Systems (3) durch die Punkte P_l und die Kurven C_i die für diese Fläche $(4q_l-2)$- bzw. $(4s_i-1)$-fach sind, vollständig bestimmt ist.

Mittels der ersten Gleichung (VII) kann die Gleichung (V) wie folgt geschrieben werden:

$$\text{(X)}\quad 4n'-4=\sum_i 2\,s_i[(n-s_i)\,m_i-\tfrac{1}{2}r_is_i]-\sum_{i,j}2\,s_is_jk_{ij}+\sum_l 2q_l^2$$
$$-\sum_{i,l}2\,s_iq_lt_{il}+\sum\sigma(\sigma+1).$$

Nun schneidet eine Kurve M eine Kurve C_i in

$$Q_i = 2s_i[(n-s_i)m_i - \tfrac{1}{2}r_i s_i] - \sum_h s_h^2 k_{hi} - \sum_j (2s_i s_j - s_i^2)k_{ij} - \sum_l (2s_i q_l - 2s_i^2)t_{il} \qquad (h < i,\ i \leqq j)$$

veränderlichen Punkten (wobei sich die Summe $\sum_j$ für einen wirklichen Doppelpunkt von C_i auf alle beide Zweige des Knotens erstrecken muß), geht mit

$$R_l = q_l^2 - \sum_i s_i^2 t_{il}$$

Zweigen durch P_l und hat in einem Berührungspunkte der Ordnung $\sigma - 1$ der Flächen (3) einen σ-fachen Punkt, der M selbst $\sigma(\sigma + 1)$ Bedingungen auferlegt. Daher drückt die rechte Seite der Gleichung (X) die Anzahl der Bedingungen aus, denen die Kurven M durch die erwähnten Schnittpunkte mit den Kurven C_i und die genannten Durchgänge durch die Punkte P_l unterworfen sind.

Es zeigt sich noch, daß Q_i die Ordnung der einer Kurve C_i und R_l die Ordnung der einem Punkte P_l entsprechenden Fläche ist [welch letztere Fläche in der *Jacobi*schen Fläche des Systems (4) zweimal enthalten ist].[654])

Zu weiteren Beziehungen zwischen den genannten Zahlen gelangt *M. Pannelli* durch die Betrachtung der *Jacobi*schen Fläche des Systems (3), oder der *Jacobi*schen Kurve eines in (3) enthaltenen Netzes oder der *Jacobi*schen Gruppe (d. h. der Gruppe der Doppelpunkte) eines in (3) enthaltenen Büschels[655]), unter der Annahme, daß die homaloiden Systeme (3) und (4) keine einfachen Berührungshauptpunkte haben. Besonders beachtenswert sind die beiden nach der ersten und dritten Methode erhaltenen Formeln. Für den Raum R möge π die Anzahl der Hauptpunkte, γ die der Hauptkurven, μ die Summe der Ordnungen dieser Kurven, λ die Gesamtanzahl der Zweige der durch die Hauptpunkte hindurchgehenden Hauptkurven und ϱ_i das Geschlecht einer Kurve C_i bezeichnen, so daß

$$\mu = \sum_i m_i, \quad \lambda = \sum_{i,l} t_{il}, \quad \varrho_i = \tfrac{1}{2} r_i - m_i + 1.$$

Setzen wir außerdem

$$\varrho = \sum_i \varrho_i + \sum_{i,j} k_{ij} - \gamma + 1.$$

---

654) Das letzte Glied der Gleichung (X) bestätigt, daß die einem Berührungspunkte der Ordnung $\sigma - 1$ der Flächen (3) entsprechende Fläche der Ordnung σ in der genannten *Jacobi*schen Fläche $(\sigma + 1)$-mal enthalten ist (Nr. **74**).

655) Roma Rend. Acc. Linc. (5) 19^1 (1910), p. 449, bzw. Rend. Ist. Lomb. (2) 47 (1912), p. 1041 und Roma Rend. Acc. Linc. (5) 20^1 (1911), p. 404.

Bezeichnen wir mit den gleichen mit Strichen versehenen Buchstaben die analogen Zahlen für den Raum R', so lauten jene Formeln[656])

$$\text{(XI)} \qquad 4\pi + 4\mu - \varrho - 2\lambda = 4\pi' + 4\mu' - \varrho' - 2\lambda',$$

$$\text{(XII)} \qquad \pi + \gamma - \sum_i \varrho_i = \pi' + \gamma' - \sum_i \varrho_i'.$$

Wir bemerken noch, daß unter den vorhergehenden Annahmen für zwei überlagerte Räume R, R' aus dem *Chasles*schen Korrespondenzprinzip (Nr. **6**) folgt, daß $n + n' + 2$ Fixpunkte existieren.[657])

Nehmen wir insbesondere an, daß nicht alle Flächen der beiden Systeme (3) und (4) in irgendeinem Punkte einer Hauptkurve ein und dieselbe Ebene berühren oder in irgendeinem der (als voneinander verschieden vorausgesetzten) Hauptpunkte ein und dieselbe Ebene oder ein und denselben Kegel des Bündels berühren, dessen Mittelpunkt in diesem Punkte liegt. Die so beschaffenen Transformationen werden von *D. Montesano*[658]) studiert, der sie als *regulär* bezeichnet.

Man kann daher sagen, daß eine reguläre Korrespondenz in keinem der Räume R, R', zwischen denen sie stattfindet, Berührungssonderheiten aufweist.

D. Montesano konstruiert in jedem von den Räumen R, R' zwei *charakteristische Tafeln*, und zwar die eine aus Flächen, die andere aus Kurven der Korrespondenz, und beweist, daß die Tafeln A, B des Raumes R sich von den Tafeln B', A' des Raumes R' ableiten, wenn man die Reihen in Spalten verwandelt. Außerdem ist die Gesamtzahl der Hauptpunkte und -kurven in beiden Räumen bei der Korrespondenz die gleiche.

Der absolute Wert der Determinanten, deren Matrizen die charakteristischen Tafeln in einem beliebigen der beiden Räume sind, ist gleich der Einheit; multiplizieren wir in einem der beiden Räume in jeder Determinante die Elemente der ersten Spalte (oder der ersten Reihe) mit $i = \sqrt{-1}$ und bilden das Produkt der sich hieraus er-

---

656) Über die Gleichung (XII) s. auch *M. Pannelli,* Giorn. di mat. (3) 8 (1917), p. 111—113.

Eine Erweiterung der Gleichung (XI) auf eine birationale Korrespondenz zwischen zwei beliebigen algebraischen dreidimensionalen Mannigfaltigkeiten bei *M. Pannelli,* Roma Rend. Acc. Linc. (5) 15^1 (1906), p. 619; eine Erweiterung der Gleichung (XII) daselbst (5) 23^2 (1914), p. 561.

Über alle vorhergehenden Formeln s. *Hilda P. Hudson,* Proc. London math. Soc. (2) 26 (1926), p. 453.

657) S. auch *M. Pannelli,* Giorn. di mat. (1) 28 (1888), p. 250; außerdem Nr. 7 und 88, und, hinsichtlich der zyklischen Gruppen, Anm. 706, 805 und 894.

658) Atti Acc. Napoli (2) 17 (1926), Nr. 8; Auszug Rend. Acc. Napoli (3) 32 (1926), p. 93.

gebenden Determinanten aus Reihen (oder Spalten), so erhalten wir als Produkt die Determinante

$$\begin{vmatrix} -1 & 0 & \dots & 0 \\ 0 & 1 & \dots & 0 \\ \dots & \dots & \dots & \dots \\ 0 & 0 & & 1 \end{vmatrix}.$$

Hieraus folgt, daß jedes Element der einen Determinante gleich dem absoluten Wert des algebraischen Komplements des homologen Elementes in der anderen Determinante ist.[659])

Dadurch erhellt die zwischen den hier behandelten und den ebenen birationalen Korrespondenzen bestehende Analogie und so lassen sich neue Beziehungen feststellen, die zwischen den charakteristischen Zahlen jeder Transformation von diesem Typus bestehen.

Aus diesen Beziehungen und der Gleichung (XII) folgt, daß die Summe der Geschlechter der Hauptkurven in beiden Räumen die gleiche ist.[660])

76. Bestimmung der birationalen Transformationen zwischen zwei Räumen. Wie wir in Nr. **73** gesehen haben, reduziert sich die Bestimmung der birationalen Transformationen zwischen zwei Räumen R, R' auf die Konstruktion aller homaloiden Flächensysteme, z. B. des Raumes R.

Zur Lösung dieser Aufgabe könnten wir der Analogie mit dem Falle der ebenen Transformationen folgen und auf die arithmetischen charakteristischen, in Nr. **75** bezeichneten, Beziehungen zwischen den auf ein homaloides Flächensystem bezüglichen Zahlen zurückgehen. Wir würden jedoch großen Schwierigkeiten begegnen, wenn es sich um höhere Basissingularitäten handelt.

659) *D. Montesano,* Atti Acc. Napoli (2) 18 (1929), Nr. 2, p. 11—12.

660) All diese Eigenschaften sind von *D. Montesano* in Vorlesungen an der Universität Neapel von 1919 ab vorgetragen. Sie sind auch von *A. Tummarello,* Atti Soc. ital. per il progresso delle scienze 13, Napoli 1924 (Roma 1925), p. 326 ausgesprochen, und von *Hilda P. Hudson,* Proc. London math. Soc (2) 26 (1926), p. 459 [vgl. J. London math. Soc. 3 (1928), p. 3]; „Cremona transf.", p. 277 und 225 bewiesen.

Andere Sätze über diese Korrespondenzen, wenn man sie frei von Hauptkurven zweiter Art annimmt, hat *A. Tummarello,* Giorn. di mat. (3) 21 (1929), p. 92 angegeben.

Margherita (Piazzolla-)Beloch, Rend. Sem. mat. Univ. di Padova 1 (1930), p. 184 bestimmt die von vielfachen Punkten freien Kurven, die Hauptkurven erster Art für ein reguläres homaloides System sein können, das eine einzige Hauptkurve (und eventuelle Hauptpunkte) hat; sie betrachtet die regulären birationalen Transformationen, die in jedem der beiden Räume eine einzige Hauptkurve (und eventuelle Hauptpunkte) besitzen.

L. Cremona[661]) behandelt diese Aufgabe auf andere Art. Er bestimmt alle homaloiden Systeme (falls sie existieren), denen eine gegebene rationale Fläche angehört.

Ist ein homaloides System gegeben, so bemerken wir zunächst, daß die auf einer seiner Flächen f durch die anderen Flächen des Systems bestimmten veränderlichen Kurven ein derartiges lineares ∞^2-System bilden, daß sich zwei von diesen Kurven in einem veränderlichen Punkte schneiden. Bilden wir also f auf eine Ebene ab, so ist das Bild des genannten linearen Kurvensystems ein homaloides Netz. Die Methode von *L. Cremona* besteht in der Umkehrung dieser Betrachtung. Es sei f eine gegebene rationale Fläche und Σ das aus all denjenigen Flächen zusammengesetzte lineare System, die gleiche Ordnung und die gleichen vielfachen Punkte und Kurven wie f haben, so daß also jedes homaloide System, in dem möglicherweise f enthalten ist, auch in Σ enthalten ist. Nun bilden wir f auf eine Ebene π ab und bezeichnen mit Ω die Bilder der auf f von den Flächen von Σ ausgeschnittenen Kurven. Diese Kurven Ω bilden ein lineares System, dessen Dimension größer als die Einheit sein muß, wenn die Aufgabe möglich sein soll. Unter diesen Annahmen suchen wir alle homaloiden Netze (falls sie existieren) von Kurven K auf, die völlig oder teilweise in dem System der Kurven Ω enthalten sind, d. h. so beschaffene Netze, daß jede der Kurven K, möglicherweise zusammen mit einem festen System L ein- oder mehreremal gezählter Kurven, eine Kurve Ω bildet. Da die Kurven K zusammen mit L das Bild des Schnittes von f mit einer anderen Fläche von Σ darstellen, entspricht jedem der genannten homaloidischen Netze ein homaloides Flächensystem, in dem f einbegriffen ist, und umgekehrt. Verändern wir auf alle möglichen Weisen den Ort L und das Netz der Kurven K, so erhalten wir alle Transformationen, bei denen die Fläche f benutzt werden kann.

Die Ordnung der inversen Transformation, d. h. die Ordnung des homaloiden Systems des anderen Raumes, ist nichts anders, als die Ordnung der Kurven von f, deren Bilder auf π die Kurven K sind.

Hauptelemente im ersten Raume sind:

1. die vielfachen Punkte und Kurven von f;

---

661) Ein Hinweis in Gött. Nachr. 1871, p. 148; ausführlich in Math. Ann. 4 (1871), p. 225; Rend. Ist. Lomb. (2) 4 (1871), p. 269, 315; Ann. di mat. (2) 5 (1871—73), p. 139 = Opere 3, p. 271, 241, 251, 305. Vgl. auch *G. Salmon* und *W. Fiedler*, „Raumgeometrie" 2, p. 557 ff.; *K. Doehlemann*, „Geom. Transf." 2, p. 319—321; *R. Sturm*, „Geom. Verw." 4, p. 347 ff.; *Hilda P. Hudson*, „Cremona transf.", p. 167—171.

2. die in π durch den Ort L dargestellten Elemente von f; die Kurven von L erzeugen Hauptpunkte oder -kurven für das homaloide System, je nachdem sie bei der Abbildung von f auf π Hauptkurven sind oder nicht; tritt im ersten Falle eine von ihnen r-mal in L auf, so entspricht ihr ein Punkt, in dem alle Flächen des homaloidischen Systems eine Berührung $(r-1)^{\text{ter}}$ Ordnung haben;

3. die Punkte von f, die bei der Abbildung von f auf π den von den Hauptpunkten von π verschiedenen Basispunkten des Netzes K entsprechen;

4. die Kurven von f, die bei der Abbildung von f auf π denjenigen Hauptpunkten von π entsprechen, in denen die Multiplizität der aus L und einer allgemeinen Kurve K zusammengesetzten Kurve höher ist als die Multiplizität einer allgemeinen Kurve Ω.

Zur Charakterisierung des homaloiden Systems des zweiten Raumes R' genügt (Nr. 74) die Bestimmung der *Jacobi*schen Fläche des homaloiden Systemes des ersten Raumes R. Um die Teile dieser *Jacobi*schen Fläche zu bestimmen, die Hauptkurven von R' entsprechen, kann man wieder zur Abbildung von f auf π zurückkehren. Entsprechen in dieser Abbildung den Hauptpunkten von π, die keine Basispunkte des Netzes der Kurven K sind, und den Teilen der *Jacobi*schen Kurve des Netzes, die für die Abbildung keine Hauptkurven sind, auf f l_1 Gerade, l_2 Kegelschnitte, ..., l_r (rationale) Kurven r^{ter} Ordnung, so sind die Hauptkurven in R' eine einfache Kurve der Ordnung l_1, eine Doppelkurve der Ordnung l_2, ..., eine r-fache Kurve der Ordnung l_r.

Nach der angegebenen Methode konstruiert *L. Cremona* alle birationalen Transformationen, die durch eine Fläche 2. Ordnung erzeugt werden, also alle Transformationen der Ordnung (2, 2), (2, 3) und (2, 4), und verschiedene Transformationen, die sich von einer allgemeinen oder mit Doppelpunkten ausgestatteten Fläche 3. Ordnung herleiten.[662])

Margherita Beloch[663]) beweist zwei (ihr von *G. Castelnuovo* mitgeteilte) Sätze, die geeignete Kriterien für die Entscheidung über Existenz oder Nichtexistenz gewisser homaloider Systeme liefern.

Nach dem ersten Satz fehlen bei einem homaloiden System n^{ter} Ordnung die adjungierten Flächen aller Indizes $h\ (=1, 2, \ldots)$, d. h. die Flächen der Ordnung $n-4h$, die mit der Multiplizität $i-h$

662) S. die in Anm. 661 angeführten Arbeiten. In Ann. di mat. werden die Bestimmungen, um die es sich hier handelt, sowohl auf geometrischem, als auch auf algebraischem Wege durchgeführt und die direkten und umgekehrten Formeln der verschiedenen Transformationen angegeben.

663) Ann. di mat. (3) 16 (1909), p. 27.

(oder Null) durch jede ordentliche i-fache Hauptkurve und der Multiplizität $l - 2h$ (oder Null) durch jeden ordentlichen l-fachen Hauptpunkt des Systemes hindurchgehen.

Der zweite, aus dem vorhergehenden folgende Satz lautet:

Setzt man $n = 4k + r$ $(r = 0, 1, 2, 3)$, so besitzt das homaloide System sicherlich

a) entweder eine Hauptkurve von der Multiplizität $\geqq k + 1$, die die Ordnung $\leqq 15$ hat, oder auch

für $r = 0$, b) einen Hauptpunkt mit der Multiplizität $\geqq 2k + 1$;

für $r = 1$, b) einen Hauptpunkt mit der Multiplizität $\geqq 2k + 2$,

oder auch b′) vier Hauptpunkte mit der Multiplizität $2k + 1$;

für $r = 2$, b) einen Hauptpunkt mit der Multiplizität $\geqq 2k + 3$,

oder auch b′) Hauptpunkte mit der Multiplizität $2k + 1$ und $2k + 2$ in geeigneter Anzahl;

für $r = 3$, b) einen Hauptpunkt mit der Multiplizität $\geqq 2k + 4$,

oder auch b′) $2k + 1$, $2k + 2$, $2k + 3$-fache Hauptpunkte in angemessener Anzahl.[664])

77. Transformationen 2. Ordnung. Die homaloiden Systeme, denen eine gegebene Fläche 2. Ordnung angehören kann, sind folgende drei Typen:

1. die Flächen 2. Ordnung, die durch einen Kegelschnitt C und einen Punkt O hindurchgehen;
2. die Flächen 2. Ordnung, die durch eine Gerade g und drei Punkte O_1, O_2, O_3 hindurchgehen, deren Ebene nicht durch g geht;

---

664) Bezüglich der homaloiden Systeme vom Typus a), betrachtet *Margherita Beloch* insbesondere diejenigen, bei denen die Hauptkurve Γ größter Multiplizität eben ist oder auf einer Fläche 2. oder 3. Ordnung liegt (so daß Γ die Ordnung $\leqq 3$, bzw. 6 oder 11 hat), und bestimmt in jedem Falle Grenzen für die Multiplizitäten anderer Hauptkurven und anderer Hauptpunkte.

Für die homaloiden Systeme vom Typus b) findet man, daß sie entweder vom Hauptpunkt P maximaler Multiplizität ausgehende Hauptgeraden besitzen, oder daß ihre Hauptkurve maximaler Multiplizität eine Kurve auf einem Kegel mit der Spitze P ist, dessen Erzeugende von ihr außer in P nur noch in einem Punkte geschnitten werden.

Betrachten wir speziell die von Hauptkurven freien homaloiden Systeme des Typus b), so ergibt sich, daß es keine homaloiden Systeme mit nur Hauptpunkten ohne Berührungen gibt und jedes homaloide System mit Hauptpunkten allein (und Berührungen) aus Monoiden zusammengesetzt ist. Über diese letzten Systeme s. Nr. 82.

3. die Flächen 2. Ordnung, die durch vier Punkte O, O_1, O_2, O_3 hindurchgehen und in einem von ihnen, in O, eine feste Tangentialebene ω haben.[665])

Im Falle 1 ist die inverse Transformation ebenfalls 2. Ordnung und das homaloide System von R' ebenfalls aus Flächen 2. Ordnung gebildet, die durch einen Kegelschnitt C' und einen Punkt O' hindurchgehen. Die *Jacobi*sche Fläche des homaloiden Systems im ersten Raum z. B. besteht aus dem Kegel, der C aus O projiziert, und der zweimal gezählten Ebene ω.

Im Falle 2 besteht die *Jacobi*sche Fläche des homaloiden Systems

665) Die quadratischen Transformationen der drei Typen und ihre Sonderfälle werden geometrisch und algebraisch von *L. Cremona,* Rend. Ist. Lomb. (2) 4 (1871), p. 272—274 = Opere 3, p. 244—245, und besonders Ann. di mat. (2) 5 (1871—73), p. 141—155 = Opere 3, p. 306—319 behandelt; der Fall 3) wird auch in Gött. Nachr. 1871, p. 147 = Math. Ann. 4 (1871), p. 224 = Opere 3, p. 271 erwähnt und in Mem. Acc. Bologna (3) 1 (1871), p. 365 = Opere 3, p. 277 ausführlich studiert. Von allen diesen Transformationen machte *L. Cremona* Anwendung auf die ebene Abbildung zahlreicher rationaler Flächen der Ordnungen 4, 5, . . .

Die allgemeinen Fälle 1 und 2 behandeln, auch mit Angabe der Gleichungen, *A. Cayley,* Proc. London math. Soc. (1) 3 (1870), p. 170—174 = Papers 7, p. 229—233 und *M. Noether,* Math. Ann. 3 (1870), p. 557—564; Fälle 2 und 3 auch *G. Darboux,* Bull. Sciences math. (1) 2 (1871), p. 157; den Fall 2 mit verschiedenen Anwendungen *T. L. Wren*, Proc. London math. Soc. (2) 15 (1916), p. 144; den Fall 3 mit Anwendungen *Matilde Medugno,* Diss. Napoli 1910.

Über den Fall 1 s. auch *M. Mikan,* Prag České Ak. Rozpravy 37 (1928), Nr. 41.

Die allgemeine Transformation 1 findet sich aber zuerst als Sonderfall der in Nr. 77 erwähnten (3, 3)-Transformation bei *I. L. Magnus,* „Sammlung von Aufgaben und Lehrsätzen aus der analytischen Geometrie des Raumes“, Berlin 1837, p. 412—417. In der Folgezeit ist sie von *G. V. Schiaparelli*[430]), p. 276 ff., 296 ff., in einem Sonderfalle von *C. F. Geiser*[597]) und J. f. Math. 70 (1869), p. 252 studiert.

Die Transformation vom Typus 2 wird von *M. Pannelli,* Giorn. di mat. (3) 8 (1917), p. 83 für das Studium der *Jacobi*schen Kurve eines Netzes von Flächen, von *O. Chisini,* Mem. Acc. Bologna (7) 8 (1920), p. 3 für die Auflösung der Singularitäten einer algebraischen Fläche (vgl. Nr. **106**) verwandt.

Die singulären quadratischen Transformationen studiert *G. Rieß*[594]), p. 49—63.

Über die quadratischen Transformationen s. noch *G. Salmon* und *W. Fiedler,* „Raumgeometrie“ 2, p. 558—566; *F. Aschieri*[565]), p. 347—354, 383—391, 437—443; *K. Doehlemann,* „Geom. Transf.“ 2, p. 180—192; *R. Sturm,* „Geom. Verw.“ 4, p. 347—360; *F. Enriques* und *O. Chisini,* „Lezioni“ 2, p. 551—562; *Hilda P. Hudson,* „Cremona transf.“, p. 182—208, 287—294.

Metrisch spezielle quadratische Transformationen betrachten *L. Aoust,* Paris C. R. 56 (1863), p. 906; *M. d'Ocagne,* Mém. Soc. sc. Liège (2) 16 (1890), Nr. 7; Bull. Soc. math. de France 25 (1897), p. 8; *J. Neuberg,* Mém. Soc. sc. Liège (2) 16 (1890), Nr. 8; *G. Gallucci,* Note ed esercitaz. Circ. mat. Catania 6 (1931), p. 19.

von R aus der Ebene $O_1 O_2 O_3$ und den drei Ebenen $O_1 g$, $O_2 g$, $O_3 g$. Im Raume R' existieren daher eine doppelte Hauptgerade d' und drei einfache Hauptgerade g_1', g_2', g_3'. Die inverse Transformation ist 3. Ordnung und das homaloide System von R' aus kubischen Regelflächen gebildet, für die d' die doppelte Leitgerade und g_1', g_2', g_3' Erzeugende sind. Die *Jacobi*sche Fläche dieses Systems ist aus den je zweimal gezählten Ebenen $d'g_1'$, $d'g_2'$, $d'g_3'$ und der durch g_1', g_2', g_3' hindurchgehenden Fläche 2. Ordnung zusammengesetzt.

Im Falle 3 setzt sich die *Jacobi*sche Fläche des homaloiden Systems von R aus den Ebenen OO_2O_3, OO_3O_1, OO_1O_2 und ω zusammen. Im Raume R' existieren daher drei doppelte Hauptgerade d_1', d_2', d_3' und ein einfacher Hauptkegelschnitt C', und die drei Doppelgeraden gehen außerdem durch ein und denselben Punkt Q' hindurch und schneiden C'. Die inverse Transformation ist 4. Ordnung und das homaloide System von R' aus *Steiner*schen Flächen gebildet, für die Q' dreifacher Punkt, C' ein einfacher Kegelschnitt ist und die d_1', d_2', d_3' Doppelgeraden sind. Die *Jacobi*sche Fläche dieses Systemes ist aus den zweimal gezählten Ebenen $d_2'd_3'$, $d_3'd_1'$, $d_1'd_2'$ und dem dreimal gezählten Kegel zusammengesetzt, der C' aus Q' projiziert.

Sonderfälle vom Typus 1 ergeben sich, wenn man annimmt, daß C in zwei voneinander verschiedene oder nicht verschiedene Geraden zerfällt oder O zu C gehört[666]); die gleichen Besonderheiten bieten sich auch im zweiten Raume dar. Es entstehen auf diese Weise, z. B. in R, die folgenden homaloiden Systeme:

1 a) Flächen 2. Ordnung, die durch einen Punkt O und zwei sich in einem Punkte A schneidende Gerade g_1, g_2 hindurchgehen;

1 b) Flächen 2. Ordnung, die durch einen Kegelschnitt C hindurchgehen und in einem Punkte O von C eine feste Tangentialebene haben;

1 c) Flächen 2. Ordnung, die durch zwei sich in einem Punkte A schneidende Gerade g_1, g_2 hindurchgehen und in einem Punkte O auf g_1 eine feste Tangentialebene haben;

666) Die spezielle Transformation, deren Hauptpunkt auf dem Hauptkegelschnitt liegt, ist zuerst von *L. Cremona,* Rend. Ist. Lomb. (2) 4 (1871), p. 140, 159; Math. Ann. 4 (1871), p. 214; Gött. Nachr. 1871, p. 130—131 = Opere 3, p. 227, 232, 261 betrachtet, unter Anwendung auf das Studium der Flächen 4. Ordnung mit Doppelkegelschnitt; dann auch von demselben Autor in Coll. math. in mem. D. Chelini, Milano 1881, p. 417 = Opere 3, p. 447 zum Studium einer Fläche 4. Ordnung mit einem Selbstberührungspunkte verwandt, ferner von *D. Montesano,* Rend. Acc. Napoli (3) 6 (1900), p. 158 zur Bestimmung verschiedener, von vielfachen Kurven freier rationaler Flächen 4. und 5. Ordnung (vgl. Anm. 994); endlich von *C. Segre,* Ann. di mat. (3) 6 (1901), Anm. auf p. 267. S. auch *Hilda P. Hudson,* „Cremona transf.“, p. 194—198. S. noch Nr. 78 und Anm. 682.

1d) Flächen 2. Ordnung, die durch zwei sich in einem Punkte O schneidende Gerade g_1, g_2 hindurchgehen und in O eine Berührung 2. Ordnung haben[667]);

1e) Kegel 2. Ordnung, die durch einen Punkt O hindurchgehen und eine feste Ebene längs einer festen, nicht durch O hindurchgehenden Gerade g berühren (vgl. noch die Anm. 750).

Im Falle 2 ergeben sich Sonderfälle, wenn man annimmt, daß die drei Punkte O_1, O_2, O_3 alle oder zum Teile einander oder der Geraden g unendlich benachbart sind; im Falle 3, wenn man annimmt, daß die vier Punkte alle oder zum Teile einander unendlich benachbart sind.

Es ist leicht, die näheren Umstände für die verschiedenen Fälle zu erkennen.

So entsprechen im Falle 1 durch die Transformation den O unendlich benachbarten Punkten kollinear die Punkte der Ebene ω' von C' und daher den Geraden durch O die Geraden durch O', und die auf diese Weise durch die Transformation zwischen den beiden Bündeln O, O' bestimmte Korrespondenz ist auch eine Kollineation. Sind g und g' in dieser Kollineation zwei allgemeine einander entsprechende Gerade, so ist die zwischen ihren Punkten auftretende Korrespondenz eine nicht ausgeartete Projektivität, bei der dem Punkte O der Schnittpunkt von g' mit der Ebene ω' und dem Schnittpunkte von g mit der Ebene ω der Punkt O' entspricht. Ist aber g eine Erzeugende des Kegels Γ, der C aus O projiziert, und also g' eine Erzeugende des Kegels Γ', der C' aus O' projiziert, so ist die Korrespondenz zwischen den Punkten von g und g' eine ausgeartete Projektivität, wobei dem Schnittpunkt von g mit C jeder Punkt von g' und jedem Punkte von g der Schnittpunkt von g' mit C' entspricht.

Einer Ebene π durch O entspricht eine Ebene π' durch O', und diese beiden Ebenen sind durch eine quadratische Transformation aufeinander bezogen, deren Hauptpunkte in R, z. B., der Punkt O und die Schnittpunkte von π mit C sind.

Es seien A und A' die Schnittpunkte von C und C' mit zwei entsprechenden Erzeugenden g und g' der Kegel Γ, Γ', so daß dem Punkte A alle Punkte der Geraden $O'A'$ entsprechen. Den A in den verschiedenen Richtungen unendlich benachbarten Punkten, die in einer durch die Tangente t an C in A hindurchgehenden Ebene liegen, entspricht ein einziger Punkt von $O'A'$, und drehen wir nun diese Ebene um t herum, so verändert sich der homologe Punkt auf $O'A'$

667) Der Fall 1d) wird von *L. Godeaux,* Mathesis 41 (1927), p. 147 betrachtet, unter Anwendung auf die kubischen Flächen.

und beschreibt eine zu dem Büschel mit der Achse t projektive Punktreihe; der Ebene ω entspricht O' und der Ebene Ot der Punkt A'. Den Geraden durch A entsprechen die $O'A'$ und C' treffenden Geraden.

Bezeichnen wir im Falle 1a) mit g_1', g_2' und O' die Hauptelemente des Raumes R' und mit A' den g_1', g_2' gemeinsamen Punkt, so entsprechen einem Punkte von g_1 oder g_2 alle Punkte einer Geraden, die z. B. einen Punkt von g_1' oder g_2' aus O' projiziert; dann tritt zwischen die Punkte von g_1 und g_1' wie zwischen die Punkte von g_2 und g_2' eine Projektivität, wobei dem Punkte A der Punkt A' in beiden Projektivitäten entspricht. Diese Punkte A und A' sind Hauptpunkte vom dritten Typus (Nr. 74) und die zwischen den beiden Bündeln A und A' bestehende Korrespondenz ist quadratisch, wobei AO, g_1, g_2 und $A'O'$, g_1', g_2' homologe Hauptgerade sind.

Fallen g_1 und g_2 in eine einzige Gerade g und damit auch g_1' und g_2' in eine einzige Gerade g' zusammen [so daß der Fall 1e) eintritt], so werden die Geraden g und g' projektiv und A, A' bezeichnen zwei beliebige korrespondierende Punkte dieser Geraden. Die Bündel A und A' sind wiederum durch eine quadratische Transformation aufeinander bezogen, wobei in A die zweimal gezählte Gerade g und die Gerade AO und in A' die zweimal gezählte Gerade g' und die Gerade $A'O'$ Hauptgeraden sind.

Auch im Falle 3 sind die Punkte O und Q' Hauptpunkte vom dritten Typus und die Korrespondenz zwischen den Bündeln O und Q' ist quadratisch, wobei OO_1, OO_2, OO_3 und d_1', d_2', d_3' homologe Hauptgeraden sind. Einer von O ausgehenden Geraden g auf ω entspricht eine Erzeugende g' des Kegels, der C' aus Q' projiziert, und die Korrespondenz zwischen diesen beiden Geraden ist eine ausgeartete Projektivität, da jedem Punkte von g der Punkt, in dem g' C' schneidet, und dem Punkte O von g jeder Punkt von g' entspricht.

Verlegen wir im allgemeinsten Falle 1 die Punkte der Koordinaten 0, 0, 0, 1 in O und O' und nehmen wir $x_4 = 0$ und $x_4' = 0$ als die Gleichungen der Ebenen von C und C', so läßt sich die Transformation durch die Formeln

$$x_1' : x_2' : x_3' : x_4' = x_1x_4 : x_2x_4 : x_3x_4 : \gamma(x_1, x_2, x_3)$$

darstellen, deren Umkehrungen

$$x_1 : x_2 : x_3 : x_4 = x_1'x_4' : x_2'x_4' : x_3'x_4' : \gamma(x_1', x_2', x_3')$$

sind, wobei γ eine ternäre quadratische Form ist.

Bei den Sonderfällen beschränken wir uns auf den Fall 1e), der in nicht homogenen Koordinaten durch die Gleichungen

$$x' = \frac{x}{z}, \quad y' = \frac{y}{z}, \quad z' = z$$

dargestellt ist, deren Umkehrungen

$$x = x'z', \quad y = y'z', \quad z = z'$$

sind.

Im ersten Raume liegt der Hauptpunkt O im Ursprung, die Ebene ω und der Hauptkegelschnitt C sind die unendlich ferne Ebene und die doppelt zählende unendlich ferne Gerade der xy-Ebene. Im zweiten Raume ist der Hauptpunkt O' der unendlich ferne Punkt der Achse z', die Ebene ω' und der Kegelschnitt C' sind die Ebene $x'y'$ und die zweimal gezählte unendlich ferne Gerade dieser Ebene. Den O in den verschiedenen Richtungen unendlich benachbarten Punkten entsprechen die Punkte der Ebene $x'y'$; insbesondere den von O ausgehenden Richtungen auf der Ebene xy die unendlich fernen Punkte der Ebene $x'y'$, während der Richtung der Achse z der Ursprung entspricht.[668])

Aus dem Vorhergehenden folgt eine einfache Konstruktion einer quadratischen Transformation vom Typus 1.[669])

Wir verlegen nach Willkür in R den Kegelschnitt C auf die Ebene ω, und den Punkt O außerhalb von ω und ähnlich in R' den Kegelschnitt C' auf die Ebene ω', und den Punkt O' außerhalb von ω'. Zwischen den Punkten von C und C' legen wir eine Projektivität fest, so daß auch die zwei Kegel, die C und C' aus O und O' projizieren, projektiv aufeinander bezogen werden. Vermöge dieser Projektivität zwischen den beiden Kegeln werden die beiden Bündel mit den Mittelpunkten O und O' kollinear aufeinander bezogen. Wird nun in R' eine allgemeine, nicht durch O' hindurchgehende Ebene π' angenommen, so lassen wir dieser in R eine durch O und C geführte Fläche 2. Ordnung φ derart entsprechen, daß die Tangentialebene an φ in O und die Ebene, die den Schnitt von π' mit ω' aus O' projiziert, in der genannten Kollineation einander entsprechen. Wählen wir nun in den Bündeln O und O' zwei beliebige, in der genannten Kollineation einander entsprechende Gerade g und g', so ist die Projektivität, die zwischen diesen bestehen muß, wohl bestimmt, da den Punkten O und

668) Diese spezielle quadratische Transformation ist weiterhin von *P. del Pezzo*, Rend. Acc. Napoli (3) 2 (1896), p. 288 (s. auch Anm. 750) und *L. Conte*, Giorn. di mat. (3) 22 (1931), p. 113 studiert; zur Analyse der singulären Punkte der Flächen (Nr. **106**) verwandt von *G. Kobb*, J. math. pures appl. (4) 8 (1892), p. 385; *C. Segre*, Ann. di mat. (2) 25 (1896), p. 13; *B. Levi*, daselbst (2) 26 (1897), p. 219; *A. Pensa*, daselbst (3) 6 (1901), p. 259 in Anm. und p. 277; *E. Geck*, Diss. Tübingen 1900; *G. Pfeiffer*, Atti IV Congresso intern. dei matem. Roma 1908, 2 (Roma 1909), p. 309; Moskau math. Sammlung 27 (1909), p. 228; Kiew Univ. Anzeiger 1909, Nr. 8b; 1911, Nr. 8, 9, 10b.

669) *R. Sturm*, „Geom. Verw.“ 4, p. 353—356.

$g\omega$ die Punkte $g'\omega'$ und O' entsprechen müssen und dem zweiten Schnittpunkt von φ mit g (außer O) der Schnittpunkt von g' mit π' entsprechen muß. Wollen wir nun von jedem Punkte P von R den entsprechenden Punkt P' bestimmen, so genügt es, die homologe Gerade g' von $g \equiv OP$ in der Kollineation zwischen den Bündeln O und O' aufzusuchen und auf dieser den homologen Punkt von P in der genannten Projektivität zu ermitteln.

Aus der Konstruktion läßt sich sofort erkennen, daß die vorliegende Transformation die Konstantenzahl 26 hat.

Eine weitere Konstruktion ergibt sich[670]), wenn wir zwei durch eine Reziprozität aufeinander bezogene Räume R, R' wählen und in diesen zwei kollineare Bündel mit den Mittelpunkten O und O' festlegen. Lassen wir nun jedem Punkte P von R den Punkt P' entsprechen, in dem die reziproke Ebene von P in der Reziprozität die homologe Gerade von OP in der Kollineation schneidet, so entsteht zwischen P und P' eine quadratische Transformation, deren Hauptpunkte in R und R' bzw. O und O' sind. Was den Hauptkegelschnitt von R z. B. anbelangt, so bemerken wir, daß, wenn wir mit ω' die homologe Ebene von O in der Reziprozität bezeichnen, diese Ebene auf das Bündel vom Mittelpunkt O' und daher auch auf das Bündel vom Mittelpunkt O reziprok bezogen wird. Der Kegelschnitt von ω', der der Ort aller auf den in dieser Reziprozität reziproken Ebenen liegenden Punkte ist, ist der Hauptkegelschnitt von R.

Die Kollineation zwischen den beiden Bündeln O und O' erzeugt eine kubische Raumkurve, und diese schneidet die Fläche 2. Ordnung, die der Ort aller Punkte ist, durch die die homologen Ebenen in der Reziprozität hindurchgehen, in sechs Punkten. Diese sechs Punkte sind die Fixpunkte der quadratischen Transformation.[671])

---

670) *F. Aschieri,* Rend. Ist. Lomb. (2) 14 (1881), p. 21; *R. Sturm,* „Geom. Verw." 4, p. 359.

Über die Konstruktion einer quadratischen Transformation, für die die beiden Hauptpunkte und Paare von entsprechenden Punkten gegeben sind, s. *M. Mikan,* Časopis 58 (1928), p. 70; Prag České Ak. Rozpravy 37 (1928), Nr. 42.

Über die isologischen Kurven einer quadratischen Transformation s. *M. Mikan*[665]).

671) Irrtümlicherweise behaupten *F. Aschieri*[670]) und *K. Doehlemann,* „Geom. Transf." 2, p. 189, daß es bei einer allgemeinen (2, 2)-Transformation keine involutorischen Paare gibt. Es existieren jedoch zwei derartige Paare, wie *Hilda P. Hudson* und *T. L. Wren,* Proc. London math. Soc. (2) 24 (1926), Notes and Abstracts, p. XXVIII bemerkt haben.

Über die Fixpunkte und involutorischen Paare s. auch *Hilda P. Hudson,* „Cremona transf.", p. 178—179 und 202—206. — Allgemeiner s. Nr. 88.

Eine mit einer Fixpunktsebene ausgestattete (2, 2)-Transformation betrachtet *A. del Re,* Napoli Atti Acc. Pontaniana (2) 9 (1904), Nr. 10, p. 18.

78. Quadratische involutorische Transformationen. Es gibt drei Typen quadratischer involutorischer Transformationen[672]), je nachdem der Ort der Fixpunkte eine Fläche 2. Ordnung (die auch in zwei Ebenen zerfallen kann) oder ein Kegelschnitt und zwei andere Fixpunkte außerhalb des Kegelschnittes, oder eine Ebene und eine Gerade ist.

In jedem Falle sind die Flächen des homaloiden Systems Flächen 2. Ordnung mit einem gemeinsamen Kegelschnitt Γ (der auch in zwei voneinander verschiedene oder zusammenfallende Gerade zerfallen kann) und einem gemeinsamen Punkt O (der auch Γ angehören kann). Das Bündel der Geraden und Ebenen mit dem Mittelpunkt O wird durch die Involution in sich transformiert; im ersten Falle bleibt aber jede Gerade und jede Ebene durch O bei der Involution fest, während in den beiden anderen Fällen die automorphe Transformation des Bündels eine harmonische Homologie ist.

Der erste Typus (*räumliche Inversion*) bildet die Erweiterung der quadratischen Inversion von Nr. **69** auf den Raum. Die Fläche 2. Ordnung der Fixpunkte geht durch Γ hindurch, und zwei konjugierte Punkte befinden sich mit O auf einer Geraden und werden durch die Schnittpunkte der Fläche 2. Ordnung mit ihrer Verbindungsgeraden harmonisch getrennt.[673])

79. Inversion oder Abbildung durch reziproke Radien.[674]) Nehmen wir bei der räumlichen Inversion an, daß Γ der unendlich ferne imaginäre Kreis ist, so wird die Fläche 2. Ordnung der Fixpunkte eine Kugel vom Mittelpunkt O und die Korrespondenz die *Inversion* oder *Abbildung durch reziproke Radien.* Durch diese entspricht einer nicht durch O hindurchgehenden Ebene eine Kugel, die durch O hindurch-

672) *F. Aschieri*[670]); *V. Martinetti,* Rend. Ist. Lomb. (2) 18 (1885), p. 132.

673) Vgl. *C. F. Geiser*[597]); *K. Küpper,* Prag Abh. böhm. Ges. (7) 2 (1888), Nr. 10, p. 4; *R. Sturm,* „Die Gebilde“[40]) 2, p. 180—181; „Geom. Verw.“ 4, p. 356—359, 401—406. Von dieser Transformation macht *A. Buhl,* Bull. Sciences math. (2) 42 (1918), p. 212 beim Studium *Abel*scher Summen von Kegelinhalten Gebrauch.

∞^1-Systeme quadratischer involutorischer Transformationen betrachtet *D. Montesano,* Atti Acc. Torino 27 (1892), p. 1066, beim Studium der Geradenkongruenzen 2. Ordnung und 4. Klasse.

674) Anführungen über die Inversion in den Anmerkungen von Nr. **70**, die sich fast alle ebenso auf die Ebene wie auf den Raum beziehen. Darstellungen der Inversion für den Raum auch bei *G. A. von Peschka,* „Darstellende und projektive Geometrie“ 3, Wien 1884, p. 228—242; *M. Simon,* „Analytische Geometrie des Raumes“ 1, Leipzig 1900, p. 146—152; *K. Doehlemann,* „Geom. Transf.“ 2, p. 201—286; *R. Sturm,* „Geom. Verw.“ 4, p. 356—359; *G. Darboux,* „Principes“[50]), p. 366 ff.

geht und hier eine zur gegebenen Ebene parallele Tangentialebene hat; einer nicht durch O hindurchgehenden Kugel eine Kugel, die auch nicht durch O hindurchgeht.[675]) Einer Fläche m^{ter} Ordnung, die in O die Multiplizität μ und längs Γ die Multiplizität ν hat, entspricht eine Fläche der Ordnung $2m - \mu - 2\nu$, die in O die Multiplizität $m - 2\nu$ hat und $(m - \mu - \nu)$-mal durch Γ hindurchgeht.

Wie im Falle der Ebene erhält die Inversion die Winkel; jede birationale Transformation dieser Eigenschaft läßt sich aus Bewegungen, Ähnlichkeitstransformationen und Inversionen zusammensetzen.[676])

Allgemeiner [vgl. III D 1, 2 (*H. v. Mangoldt*), Nr. **24**; III D 6a (*A. Voss*), Nr. **6**; III D 9 (*E. Salkowski*), Nr. **4**] findet *J. Liouville*[677]):

675) Diese Eigenschaft, als Erweiterung der von *F. Vieta*[601]) betrachteten analogen Eigenschaft für die Ebene, bei *P. de Fermat*, „De contactibus sphaericis", Varia opera math., Tolosae 1679, p. 74 = Œuvres 1, von *P. Tannery* und *Ch. Henry*, Paris 1891, p. 52.

676) Ein synthetischer Beweis bei *L. Bianchi*[604]).

677) J. math. pures appl. (1) 13 (1848), p. 220; (1) 15 (1850), p. 103 und *Note VI* bei *G. Monge*, „Appl. de l'anal. à la géom."[600]), p. 609—616. Andere Beweise bei *J. N. Haton de la Goupillière*, J. Éc. Polyt. (1), cah. 42 (1867), p. 188; *S. Lie*, Math. Ann. 5 (1871), p. 184; *S. Lie* und *G. Scheffers*, „Geom. d. Berühr."[562]) 1, p. 419—427; *J. Cl. Maxwell*, Proc. London math. Soc. (1) 4 (1872), p. 117 = The scient. Papers 2, Cambridge 1890, p. 297; *T. J. I'A. Bromwich*, Proc. London math. Soc. (1) 33 (1900), p. 185; *K. von der Mühll*, Verh. Naturf. Ges. Basel 16 (1903), p. 158; *A. Lévêque*, Nouv. Ann. de math. (4) 20 (1920), p. 356; *G. Bouligand*, daselbst (5) 1 (1923), p. 266; *W. Blaschke*, „Vorlesungen über Differentialgeometrie" 1, 3. Aufl., bearb. und hrsg. von *G. Thomsen*, Berlin 1930, p. 100—102. Mittels der Quaternionen *P. G. Tait*, Trans. R. Soc. Edinburgh 27 (1874), p. 105; Proc. R. Soc. Edingburgh 9 (1877), p. 527; 19 (1892), p. 193 = Papers 1, Cambridge 1898, p. 176, 352; 2, Cambridge 1900, p. 329; ein zum Teil geometrischer Beweis bei *A. Capelli*, Ann. di mat. (2) 14 (1885), p. 227.

J. Liouville, Ann. math. pures appl. (1) 13 (1848), p. 220 und *S. Lie*, Gött. Nachr. 1871, p. 191; Math. Ann. 5 (1871), p. 186 in Anm., bemerken, daß der Lehrsatz für jeden euklidischen Raum von $n \geqq 3$ Dimensionen gilt. S. auch *F. Klein*, Erlanger Progr. 1872[554]); Ges. math. Abh. 1, p. 478, Anm. Beweise bei *R. Beez*, Ztschr. Math. Phys. 20 (1875), p. 253; *G. Darboux*, Ann. Éc. Norm. (2) 7 (1877), p. 282; „Leçons sur les systèmes orthogonaux et les coordonnées curvilignes", 1. Ausg, Paris 1898, p. 166—168; 2. Ausg., Paris 1910, p. 166—168; *S. Lie* und *Fr. Engel*[556]) 3, Leipzig 1893, p. 347—351; *F. Klein*, „Einl. in die höh. Geom."[599]) 1, p. 383—387; „Vorl. üb. höh. Geom."[599]), p. 198—200; *L. Bianchi*, „Lezioni di geom. diff."[615]), 1. Ausg., Pisa 1894, p. 460—462; 2. Ausg. 1, Pisa 1902, p. 375—376; 3. Ausg. 2, Bologna 1924, p. 466—470; deutsche Übers. von *M. Lukat*, Leipzig 1899, p. 487—488. Ein vektorieller Beweis von *T. Boggio* bei *P. Burgatti, T. Boggio, C. Burali-Forti*, „Geometria differenziale", Bologna 1930, p. 234—236.

Beweise des Satzes von *J. Liouville*, die von dem Satz von *Ch. Dupin* über die dreifach orthogonalen Flächensysteme [III D 9 (*E. Salkowski*), Nr. 2] abgeleitet jede umkehrbar eindeutige, stetige und konforme Korrespondenz zwischen zwei dreidimensionalen Gebieten des Raumes (die also so beschaffen ist, daß zwei korrespondierende infinitesimale Figuren ähnlich sind), setzt sich aus Bewegungen, Ähnlichkeitstransformationen und Inversionen zusammen.

Die so entstehende kontinuierliche endliche ∞^{10} Gruppe (*konforme Gruppe* oder *Gruppe der konformen Punkttransformationen des Raumes*) ist daher die Gruppe der Ähnlichkeiten und der Transformationen durch reziproke Radien und kann auch als Gesamtheit aller Punkttransformationen (*Kugelverwandtschaften*) definiert werden, die Kugeln (unter Einschluß der Ebenen) in Kugeln verwandeln.[678])

Die konforme Gruppe ist auch[679]) die allgemeinste Gruppe von Berührungstransformationen im Raume, die jeden Kreis in einen Kreis verwandeln.

---

werden, geben an *É. Goursat,* Ann. Éc. Norm. (3) 6 (1889), p. 10; *A. Giacomini,* Giorn. di mat. (2) 4 (1896), p. 125; *G. Darboux,* Arch. Math. Phys. (3) 1 (1900), p. 34. Der zweite dieser Autoren behandelt auch den Fall von $n > 3$ dadurch, daß er von der von *F. Klein,* Math. Ann. 5 (1871), p. 272 = Ges. math. Abh. 1, p. 121 angegebenen Erweiterung des Satzes von *Ch. Dupin* auf die Hyperräume Gebrauch macht.

Der Satz gilt nicht für $n = 2$, da jede analytische Funktion einer komplexen Veränderlichen eine Transformation ebener Figuren ergibt, die die Winkel erhält. Vgl. II B 1 (*W. F. Osgood*), Nr. 5.

Nach *R. Hoppe,* Arch. Math. Phys. (2) 4 (1886), p. 328 kommt jede konforme perspektivische Abbildung einer Fläche durch Ähnlichkeit oder reziproke Radien zustande.

Nach *E. Meyer,* daselbst (3) 13 (1907), p. 149 sind die involutorischen konformen Punkttransformationen, die nicht nur Ähnlichkeiten sind, Inversionen in bezug auf eine reelle Kugel oder aus einer Inversion und einer Spiegelung im Mittelpunkt der Kugel oder an einer durch den Mittelpunkt gehenden Geraden oder Ebene zusammengesetzt.

Jede lineare, reelle und orthogonale Substitution in einem n-dimensionalen Raum ist isogonal, erhält also die Winkel und ist daher ein Produkt aus Inversionen. Über ihre effektive Zerlegung in Inversionen s. *L. Autonne,* Ann. Univ. Lyon (2), fasc. 12 (1903); Auszug Paris C. R. 136 (1903), p. 1185.

678) Vgl. *S. Lie* und *G. Scheffers*[562]) 1, p. 419—426; *A. Bloch,* J. math. pures appl. (9) 3 (1924), p. 66; *G. Ricci,* Ann. Scuola norm. sup. Pisa 15 (1927), Nr. 5. S. auch *W. Blaschke* und *G. Thomsen*[677]), 3, Leipzig 1929, p. 228—268, 296—387, 447—457; *J. L. Coolidge*[599]), p. 336—350.

Man beachte die wesentliche Verschiedenheit zwischen dem Falle der Ebene und dem des Raumes (auch von mehr als drei Dimensionen). Eine Punkttransformation im Raume ist dann und nur dann konform, wenn sie jede Kugel in eine Kugel (oder auch nur jede Nullkugel in eine Nullkugel) überführt; in der Ebene dagegen gibt es keinen analogen Satz.

679) *E. Vessiot,* J. math. pures appl. (9) 2 (1923), p. 107.

Die Inversion besitzt die Eigenschaft, die Krümmungskurven einer Fläche in die Krümmungskurven der transformierten Fläche zu verwandeln; außerdem schneiden sich die zu zwei homologen Punkten gehörigen Normalen der beiden Flächen und die Hauptkrümmungsmittelpunkte in diesen Punkten liegen[680]) zu je zweien mit dem Inversionsmittelpunkt auf einer Geraden.[681])

680) *R. Bricard,* Nouv. Ann. de math. (4) 3 (1903), p. 99 löst die umgekehrte Frage, indem er alle Transformationen zwischen zwei Flächen bestimmt, bei denen die Paare homologer Punkte P, P' in einer Geraden mit einem festen Punkte O liegen, die Normalen in P, P' sich schneiden, und P und P' Krümmungskurven beschreiben.

K. M. Peterson, Moskau math. Sammlung 1 (1865), p. 391; 2 (1867), p. 17; franz. Übers. von *E. Cosserat* und von *E. Cosserat* und *H. Frenkel,* Ann. de la Fac. de Toulouse (2) 7 (1905), p. 5, 45; Wiedergabe bei *K. M. Peterson,* „Über Kurven und Flächen", Moskau und Leipzig 1868, studiert eine Korrespondenz zwischen zwei Flächen, die er *graphische Perspektivität* nennt, also konform und so beschaffen ist, daß zwei homologe Punkte mit einem festen Punkte in einer Geraden liegen. Es zeigt sich, daß eine derartige Korrespondenz nichts anderes ist als eine Ähnlichkeit oder auch eine Inversion, wie dann *Ed. Weyr,* Prag Ber. böhm. Ges. 1877, p. 273 von neuem findet.

Eine involutorische Transformation von Punktepaaren im Raume, deren Sonderfall die Inversion ist, wird von *G. Darboux*[612]) 4, Paris 1896, p. 79—85, 154—155 unter dem Namen *zusammengesetzte Inversion (inversion composée)* untersucht. S. auch *W. Burnside,* Messenger of math. (2) 32 (1903), p. 147.

681) Über die Sätze des Textes und weitere Eigenschaften der Inversion s. *J. W. Stubbs,* Phil. Mag. (3) 23 (1843), p. 343—344; *J. Liouville,* J. math. pures appl. (1) 12 (1847), p. 281; *T. A. Hirst,* Ann. di mat. (1) 2 (1859), p. 164; *Th. Moutard,* Nouv. Ann. de math. (2) 3 (1864), p. 306; *J. Weingarten,* Diss. Breslau 1864, p. 13; *J. N. Haton de la Goupillière,* J. Éc. Polyt. (1), cah. 42 (1867), p. 196; *E. Laguerre,* Nouv. Ann. de math. (2) 11 (1872), p. 14, 108, 241 = Œuvres 2, Paris 1905, p. 238; *H. M. Taylor,* Proc. London math. Soc. (1) 5 (1874), p. 105; *H. E. Graßmann,* Ber. Sächs. Ges. Wiss. Leipzig 29 (1877), p. 133 = Math. Ann. 13 (1878), p. 559; *C. Neumann,* „Untersuchungen über das logarithmische und *Newton*sche Potential", Leipzig 1877, p. 355 ff.; *G. Salmon* und *W. Fiedler,* „Raumgeometrie" 2, p. 347—348; *V. Jamet,* Nouv. Ann. de math. (2) 20 (1881), p. 344, 385, 434; *G. Pirondini,* Giorn. di mat. (1) 27 (1889), p. 168; *R. Mehmke,* Mitt. math.-naturw. Vereins in Württemberg 4 (1891), p. 36; *S. L. Ravier,* Nouv. Ann. de math. (3) 10 (1891), p. 371; *G. Kirchhoff,* „Vorlesungen über Elektrizität und Magnetismus", herausg. von *M. Planck,* Leipzig 1891, p. 54 ff.; *G. Demartres,* Bull. Sciences math. (2) 21^1 (1897), p. 182; „Cours de géométrie infinitésimale", Paris 1913, p. 275—276; *U. Grassi,* Roma Rend. Acc. Linc. (5) 10^2 (1901), p. 64; *W. Burnside,* Messenger of math. (2) 31 (1902), p. 97, 192; *R. Bricard,* Nouv. Ann. de math. (4) 3 (1903), p. 16; (4) 6 (1906), p. 19; *M. Fouché,* daselbst (4) 6 (1906), p. 18, dessen Beweis bei *M. d'Ocagne,* „Cours de géom."[598]) 1, p. 205—206 wiedergegeben ist; *G. Scorza,* Period. di mat. (3) 4 (1907), p. 288; *G. Fubini*[16]), p. 51—66; *L. P. Eisenhart,* „A treatise on the differential geometry of curves and surfaces", Boston 1909, p. 196; *G. Valiron,* Revue de math. speciales 21

Es wird auch der Fall betrachtet, bei dem der Inversionsmittelpunkt auf dem absoluten Kegelschnitt liegt.[682]

Nach *Th. Moutard*[683]) heißt eine Kurve oder eine Fläche, die durch eine Inversion in sich transformiert wird, *anallagmatisch* [vgl. III AB 7 (*E. Müller*), Nr. **10**].[684])

(1911), p. 238; *Th. Leconte*, Nouv. Ann. de math. (4) 12 (1912), p. 542; *A. R. Forsyth*, „Lectures on the differential geometry of curves and surfaces", Cambridge 1912, p. 105—107; *G. Darboux*[612]) 1, 2. Ausg., Paris 1914, p. 259—260, 276—278, 317; *E. Vessiot*, „Leçons de géométrie supérieure", 2. Ausg., Paris 1919, p. 230—237, 312—313; *A. Voss*, Sitzungsb. Ak. München 1920, p. 233; *L. Bianchi*, „Lezioni di geom. diff."[615]), 1. Ausg., Pisa 1894, p. 110 und 462; 3. Ausg. 1, Pisa 1922, p. 216—217; deutsche Übers. von *M. Lukat*, Leipzig 1899, p. 111—112 und 488; *C. E. Weatherburn*, „Differential geometry of three dimensions" 1, Cambridge 1927, p. 162—164.

Über die Anwendung einer Inversion auf eine Fläche 2. Ordnung s. *A. Cayley*, Quart. J. of math. 11 (1871), p. 283 = Papers 8, Cambridge 1895, p. 67.

Über die invarianten Eigenschaften einer ebenen oder gewundenen Kurve und einer Fläche, und ihre Invarianten in bezug auf die Gruppe der konformen Transformationen der Ebene oder des Raumes [III D 11 (*L. Berwald*), Nr. **13**] vgl. *A. Tresse*, Paris C. R. 114 (1892), p. 948; Acta math. 18 (1894), p. 66; *P. Calapso*, Rend. Circ. mat. Palermo 22 (1906), p. 197; *A. Voss*, Sitzungsb. Ak. München 1907, p. 77; 1920, p. 229; *R. Rothe*, Math. Ann. 72 (1911), p. 57; *A. Besserve*, Thèse, Paris 1915, *K. Ogura*, Tôhoku math. J. 9 (1916), p. 216; 16 (1919), p. 281; *G. W. Mullins*, Diss. Columbia 1917; *H. Liebmann*, Sitzungsb. Ak. München 1923, p. 79; Sitzungsb. Ak. Heidelberg 1923, Nr. 2, 4; *T. Kubota*, Science Rep. Tôhoku Univ. (1) 13 (1924), p. 243 [Auszug Japanese J. of math. 1 (1923), p. 41]; *G. Thomsen*, Abh. math. Seminar Hamburg Univ. 3 (1924), p. 31; 4 (1926), p. 117; Math. Ztschr. 21 (1924), p. 254; *T. Takasu* (= *T. Ôta*), Tôhoku math. J. 25 (1924), p. 127; 26 (1925), p. 54, 128, 145; Japanese J. of math. 1 (1924), p. 51, 141; 2 (1925), p. 39; Science Rep. Tôhoku Univ. (1) 14 (1925), p. 263 [Auszug Japanese J. of math., Abstracts 2 (1926), p. (20)]; *G. Kowalewski*, Ber. Sächs. Ges. Wiss. Leipzig 77 (1925), p. 99; *E. Vessiot*, J. Éc. Polyt. (2) 25 (1925), p. 43; Bull. Soc. math. de France 54 (1926), p. 139; 55 (1927), p. 39; *F. Morley*, Amer. J. of math. 48 (1927), p. 144 [Auszug Bull. Amer. math. Soc. (2) 32 (1926), p. 306]; *A. Kawaguchi*, Science Rep. Tôhoku Univ. (1) 15 (1926), p. 193; *A. Demoulin*, Proc. intern. math. Congress Toronto 1924, 1 (Toronto 1928), p. 795; Bull. Ac. sc. Belgique (5) 12 (1926), p. 220; *P. C. Delens*, „Méthodes et problèmes des géométries différentielles euclidienne et conforme", Paris 1927, p. 106 ff.; *B. C. Patterson*, Amer. J. of math. 50 (1928), p. 553; *S. Nakajima*, Tôhoku math. J. 31 (1928), p. 21, 36, 210, 215; *R. Mühlbach*, Sitzungsb. Ak. Heidelberg 1928, Nr. 11.

682) Dieser Fall wird zuerst von *L. Cremona*[666]) betrachtet und von *G. Darboux*, Ann. Éc. Norm. (2) 7 (1877), p. 284; „Leçons sur les syst. orth."[677]), 1. Ausg., p. 168; 2. Ausg., p. 168 beim Studium der orthogonalen Systeme mit *n* Veränderlichen verwertet; von *L. Raffy*, Ann. Éc. Norm. (3) 22 (1905), p. 397; (3) 23 (1906), p. 387 bei Untersuchungen über die isothermischen Flächen verwandt.

683) Nouv. Ann. de math. (2) 3 (1864), p. 306.

684) Es gibt weder ebene noch gewundene anallagmatische Kurven mit unendlich vielen Inversionen, für die der Ort der Pole eine Kurve ist, noch

Th. Moutard[685]) und *G. Darboux*[686]) studieren gleichzeitig[687]) die anallagmatischen Flächen 3. und 4. Ordnung: es sind jene, die den absoluten Kegelschnitt einfach oder doppeltzählend enthalten; sie werden durch fünf Inversionen in sich transformiert.[688])

Die Klassifikation dieser Flächen in der Geometrie der Inversionen

---

anallagmatische Flächen mit unendlich vielen Inversionen, für die der Ort der Pole eine Fläche ist. Der Kreis und die Kugel sind die einzige Kurve und die einzige Fläche, die durch Inversionen, deren Mittelpunkt ein beliebiger Punkt der Ebene oder des Raumes ist, in sich transformiert werden. Besitzt eine Fläche unendlich viele Inversionspole, so ist der Ort dieser Pole eine Gerade oder eine Gesamtheit einer endlichen Anzahl von Geraden. Die *Dupin*sche Zyklide ist die einzige Fläche, die als Inversionspole alle Punkte zweier Geraden besitzt (die dann orthogonale Richtungen haben). Über diese Lehrsätze s. *G. Fouret,* Nouv. Ann. de math. (3) 2 (1883), p. 259; (3) 7 (1888), p. 113; *J. Hadamard,* Bull. Sciences math. (2) 12 (1888), p. 118.

U. Amaldi, Roma Rend. Acc. Linc. (5) 10^2 (1901), p. 168 bestimmt alle Flächen mit unendlich vielen automorphen konformen Transformationen. Es ergibt sich insbesondere, daß die Flächen mit mehr als ∞^1 derartigen Transformationen Ebenen oder Kugeln sind (wo dann die Gruppe sechs Parameter hat) oder sich durch eine konforme Transformation in einen Rotationszylinder, einen Rotationskegel oder einen Kreisring (in welchen Fällen die Gruppe zwei Parameter hat) transformieren lassen.

685) Nouv. Ann. de math. (2) 3 (1864), p. 306, 536; Paris C. R. 59 (1864), p. 243.

686) Paris C. R. 59 (1864), p. 240.

687) Vgl. *J. A. Serret,* Paris C. R. 59 (1864), p. 269; *G. Darboux,* Ann. Éc. Norm. (1) 2 (1865), p. 64—65.

688) S. auch *G. Darboux,* Ann. Éc. Norm. (1) 2 (1865), p. 55; (1) 3 (1866), p. 97; (2) 1 (1872), p. 273. Die Untersuchungen von *G. Darboux* über diesen Gegenstand sind zum großen Teile in dem Buche „Sur une classe“ [50]) gesammelt; hier und in Paris C. R. 68 (1869), p. 1313 ist für diese Flächen der Name *Zykliden* vorgeschlagen.

S. außerdem *G. Humbert,* J. Éc. Polyt. (1), cah. 55 (1885), p. 127; *J. Meder,* Progr. Gymn. Aachen 1888; *G. Koenigs,* „Leçons de l'agrégation classique de mathématiques“ (lith.), Paris 1892, p. 108 ff.; *K. Doehlemann,* „Geom. Transf.“ 2, p. 252—279; *S. Glaser,* Progr. Berlin 1902, 1903; *G. Darboux,* „Princ. de géom. anal.“ [50]), p. 405 ff.; *H. F. Baker,* „Princ. of geom.“ [46]) 4, p. 174—202.

Über die graphische Darstellung der *Dupin*schen Zyklide und speziell ihrer loxodromischen Kurven s. *M. de Franchis,* „Sulla rappresentazione grafica delle lossodromiche di un toro“, Messina 1905; *P. Ernst,* Progr. Wien 1910; *E. Bompiani,* Mem. Ist. Lomb. (3) 12 (1915), p. 205. — Über die ebenen anallagmatischen Kurven vgl. III C 5 b (*G. Loria*), Nr. 20 e; über jene 3. und 4. Ordnung, s. III C 5 (*G. Kohn*), Nr. 47, 49, 84—90, 94—97; über die Zykliden s. III C 10 b (*W. Fr. Meyer*), IV, Nr. 21—29. Über einige neue Entwicklungen der „anallagmatischen Geometrie“ s. *B. Gambier,* J. math. pures appl. (9) 9 (1930), p. 179, wo auch viele frühere Arbeiten angeführt werden.

wurde von *G. Darboux*[689]) und von *J. Casey*[690]) teilweise, vollständiger von *G. Loria* durchgeführt.[691])

C. Segre[692]) führt die Klassifikation und das Studium aller Flächen 4. Ordnung mit irreduziblem oder reduziblem Doppel- oder Kuspidalkegelschnitt durch, und bestimmt und studiert insbesondere die Inversionen (im allgemeineren Sinne von Nr. 78), die diese Flächen in sich transformieren.

80. Transformationen 3. Ordnung. Die birationalen Transformationen, bei denen das homaloide System eines Raumes aus allgemeinen Flächen 3. Ordnung gebildet wird, können in sieben Typen[693]) samt ihren Sonderfällen auftreten. Diese Typen sind:

1. (3, 3)-Transformationen mit einer Hauptraumkurve 6. Ordnung vom Geschlecht 3 in jedem Raum.

2. (3,4)-Transformationen; das homaloide System des einen Raumes

---

689) „Sur une classe“ [50]).

690) Trans. London Phil. Soc. **161** (1871), p. 585; Auszug Proc. R. Soc. London **19** (1871), p. 496.

691) Mem. Acc. Torino (2) **36** (1883), p. 199.

692) Math. Ann. **24** (1884), p. 313. Vgl. III C 10b (*W. Fr. Meyer*), Nr. **20**.

693) Alle diese Transformationen außer der letzten werden von *L. Cremona,* Rend. Ist. Lomb. (2) **4** (1871), p. 274—277 = Opere **3**, p. 245—248 mittels seiner in Nr. **76** erwähnten allgemeinen Methode bestimmt, und zwar unter Anwendung auf die ebene Abbildung zahlreicher rationaler Flächen 4, 5, . . . Ordnung; ebenfalls alle Transformationen nach einer etwas anderen Methode von *G. Loria,* Atti Acc. Torino **26** (1890), p. 275 und *R. Sturm,* Jahresb. Deutsch. Math.-Ver. **14** (1905), p. 18; ausführlicher und vollständiger von *R. Sturm,* „Geom. Verw.“ **4**, p. 363—387.

Ein Hinweis auf den Typus 2 auch bei *L. Cremona,* Math. Ann. **4** (1871), p. 225; Gött. Nachr. 1871, p. 146 = Opere **3**, p. 270. S. auch *L. Berzolari,* Ann. di mat. (2) **13** (1884), p. 118, der diesen Typus bei der ebenen Abbildung einer Fläche 4. Ordnung mit doppeltem Kegelschnitt verwendet, außerdem *G. Schaake,* Ak. Amsterdam Versl. (4) **32** (1923), p. 902. Ein Sonderfall bei *Hilda P. Hudson,* „Cremona transf.“, p. 329—352.

Der Typus 3 wird von *E. Caporali,* Ann. di mat. (2) **7** (1875), p. 149 = Mem. di geometria, Napoli 1888, p. 1 studiert, der ihn beim Studium der mit einer doppelten Raumkurve 5. Ordnung mit dreifachem Punkt ausgestatteten (rationalen) Flächen 5. Ordnung verwendet.

Der Typus 7 wird von *Maria Bonicelli,* Giorn. di mat. (2) **9** (1901), p. 184 studiert, unter Anwendung auf das Studium von rationalen Flächen 6. Ordnung.

Über die (3, 3)-, (3, 4)- und (3, 5)-Transformationen vgl. auch *G. Salmon* und *W. Fiedler,* „Raumgeometrie“ **2**, p. 566—574.

J. G. Semple, Proc. Cambridge Phil. Soc. **25** (1929), p. 145 erhält diese Transformationen, indem er von gewissen dreidimensionalen rationalen Mannigfaltigkeiten ausgeht, die auf einen S_3 durch ein lineares System von Flächen 3. Ordnung birational abbildbar sind und indem er eine solche Abbildung von ihnen auf zwei S_3 betrachtet.

wird aus kubischen Flächen gebildet, die durch eine einfache Raumkurve 5. Ordnung vom Geschlecht 1 und einen einfachen Punkt hindurchgehen; das homaloide System des anderen Raumes aus Flächen 4. Ordnung mit gemeinsamem doppeltem Kegelschnitt und einer gemeinsamen einfachen Raumkurve 5. Ordnung vom Geschlecht 1, die den Kegelschnitt in 5 Punkten trifft.

3. (3, 5)'-Transformationen; das homaloide System des einen Raumes besteht aus kubischen Flächen mit einer gemeinsamen rationalen Raumkurve 4. Ordnung, die in einem gegebenen Punkte eine gegebene Ebene berühren; im anderen Raume aus Flächen 5. Ordnung mit einem gemeinsamen einfachen Kegelschnitt und einer gemeinsamen doppelten Raumkurve 5. Ordnung, die den Kegelschnitt in 4 Punkten trifft, und mit einem dreifachen, für alle Flächen des homaloiden Systems ebenfalls dreifachen Punkte ausgestattet ist.

4. (3, 5)''-Transformationen; das homaloide System des einen Raumes setzt sich aus kubischen Flächen zusammen, die durch zwei Punkte, durch eine Gerade und eine kubische Raumkurve gehen, wobei diese Raumkurve mit der Geraden keine Punkte gemeinsam hat; das homaloide System des anderen Raumes besteht aus Flächen 5. Ordnung, die eine dreifache Gerade t, zwei windschiefe Doppelgerade d_1, d_2 und eine einfache rationale Raumkurve C 5. Ordnung gemeinsam haben. Die Gerade t schneidet die beiden Geraden d_1 und d_2, C schneidet t zweimal und jede von den Geraden d_1, d_2 dreimal.

5. (3, 6)'-Transformationen; das homaloide System im einen Raume wird aus kubischen Flächen mit einer gemeinsamen kubischen Raumkurve gebildet, die in einem gegebenen Punkte eine Berührung 2. Ordnung miteinander (aber nicht mit gemeinschaftlicher Tangentialebene) haben; im anderen Raume aus Flächen 6. Ordnung, die eine dreifache Gerade und eine rationale Doppelkurve 6. Ordnung gemeinsam haben; die Doppelkurve wird in zwei Punkten von der dreifachen Geraden geschnitten und besitzt einen dreifachen Punkt, der auf der dreifachen Geraden liegt und für alle Flächen des homaloiden Systems vierfach ist.

6. (3, 6)''-Transformationen; im einen Raum ist das homaloide System aus kubischen Flächen gebildet, die in allen Punkten einer Geraden einander berühren und durch eine andere, mit der ersten windschiefe Gerade und drei in allgemeiner Lage gegebene Punkte hindurchgehen; im anderen Raume aus Flächen 6. Ordnung, die durch eine vierfache Gerade q, drei Doppelgerade d_1, d_2, d_3 und eine einfache rationale Raumkurve C 5. Ordnung hindurchgehen. Die Geraden q, d_1, d_2, d_3 gehen durch ein und denselben für alle Flächen des Systems

fünffachen Punkt hindurch, die Kurve C schneidet die Gerade q in drei Punkten und jede von den Geraden d_1, d_2, d_3 in zwei Punkten.

7. $(3, 6)'''$-Transformationen; im einen Raum existieren kubische Flächen, die durch drei zu je zweien miteinander windschiefe Gerade und einen Punkt hindurchgehen und in einem gegebenen Punkte eine gegebene Ebene berühren; im anderen Flächen 6. Ordnung, die durch einen dreifachen Kegelschnitt, drei Doppelgerade und eine einfache kubische Raumkurve hindurchgehen. Die drei Doppelgeraden laufen in einem für alle Flächen des homaloiden Systems dreifachen Punkte zusammen und schneiden sowohl den dreifachen Kegelschnitt wie auch die kubische Raumkurve in je einem Punkte; die kubische Raumkurve schneidet den dreifachen Kegelschnitt in drei Punkten.

L. Cremona und andere[694]) studieren auch birationale Transformationen, bei denen das eine der beiden homaloiden Systeme aus kubischen Flächen mit isolierten Doppelpunkten oder aus kubischen Regelflächen zusammengesetzt ist.

81. Fortsetzung: Birationale Transformationen der Ordnungen (3,3) und ihre besonderen Fälle. Von den Transformationen 3. Ordnung in Nr. **80** ist besonders der Typus 1 mit seinen Sonderfällen studiert, der als eine Erweiterung der ebenen quadratischen Transformation betrachtet werden darf, da er sich analytisch durch drei bilineare Gleichungen zwischen den Koordinaten zweier homologer Punkte darstellen läßt. Geometrisch ausgedrückt: der homologe Punkt jeden Punktes ist der Schnittpunkt der drei, ihm in drei gegebenen Reziprozitäten entsprechenden Ebenen. Unter diesem Gesichtspunkt wird die Transformation auf analytischem Wege und auch in Sonderfällen zuerst von *L. I. Magnus*[695]) studiert, auf geometrischem Wege von *L. Cremona*[696]), der diese Transformation für die Abbildung einer allgemeinen kubischen Fläche auf eine Ebene verwendet.

Die Transformation mit ihren Sonderfällen wird dann von neuem

---

694) *L. Cremona*[687]). Vgl. auch *R. Sturm*, „Geom. Verw." 4, p. 388—390, 398—401.

Dieser Gegenstand wird von *Hilda P. Hudson*, Amer. J. of math. 34 (1911), p. 203 in systematischer Weise behandelt.

Einige Sonderfälle auch bei *S. Kantor*, Sitzungsb. Ak. Wien 79 (1879), p. 775; *M. Pannelli*, Ann. di mat. (2) 25 (1897), p. 67; *G. Scorza*, daselbst (3) 15 (1908), p. 242—248; (3) 17 (1910), p. 281.

695) S. [665]), p. 408—412. Vgl. auch *O. Terquem*, Nouv. Ann. de math. (1) 5 (1846), p. 497.

696) Preisschrift, J. f. Math. 68 (1866), p. 72 = Opere 3, p. 64; „Grundzüge einer allgemeinen Theorie der Oberflächen in synthetischer Behandlung", übertragen von *M. Curtze*, Berlin 1870, p. 175—178.

von *A. Cayley*[697]) und besonders von *M. Noether*[698]) und *L. Cremona*[699]) studiert, und zwar unter Anwendung auf die ebene Abbildung vieler rationaler Flächen[700]).

Sind Γ und Γ' im allgemeinen Falle die Hauptkurven zweier Räume, die je mit einer kubischen Raumkurve zusammen den vollständigen Schnitt zweier kubischer Flächen zusammensetzen [III C 9 (*K. Rohn* und *L. Berzolari*), Nr. **68**], so wird die *Jacobi*sche Fläche des homaloiden Systems jedes Raums aus der Regelfläche 8. Grades der Trisekanten von Γ oder Γ' gebildet. Jedem Punkte M von Γ entspricht eine Trisekante m' von Γ', und den drei auf m' gelegenen Punkten von Γ' entsprechen die drei von M ausgehenden Trisekanten von Γ. Einer Fläche n^{ter} Ordnung mit Γ als ν-facher Kurve entspricht eine Fläche der Ordnung $3n - 8\nu$, wobei Γ' vielfach von der Ordnung $n - 3\nu$ ist. Einer Kurve n^{ter} Ordnung, die Γ in ν Punkten schneidet, entspricht eine Kurve der Ordnung $3n - \nu$, die Γ' in $8n - 3\nu$ Punkten schneidet.

Die Transformation hat die Konstantenzahl 39 und ist daher durch 13 Paare entsprechender Punkte bestimmt.

Sind die beiden Räume überlagert, so besitzt die Transformation 8 Fixpunkte. Diese Fixpunkte sind die gemeinsamen Punkte der drei Flächen 2. Ordnung, der Orte der Punkte, die auf den homologen Ebenen in den drei, die Transformation bestimmenden Reziprozitäten liegen.

Die Sonderfälle der (3, 3)-Transformation ergeben sich beim Zerfallen von Γ. Dann zerfällt auch Γ' im allgemeinen. Diese beiden Zerfällungen haben jedoch nicht immer ein und dieselbe Beschaffenheit.

So können z. B. sowohl Γ als auch Γ' in eine Raumkurve 5. Ord-

697) Proc. London math. Soc. (1) 3 (1870), p. 174 = Papers 7, p. 233.

698) Math. Ann. 3 (1870), p. 199, 205 und besonders p. 552, 564.

699) Gött. Nachr. 1871, p. 129; Math. Ann. 4 (1871), p. 213 = Opere 3, p. 260.

700) S. außerdem *W. Fiedler,* Vierteljahrsschr. Naturf. Ges. Zürich 21 (1876), p. 369; *G. Salmon* und *W. Fiedler,* „Raumgeometrie" 2, p. 570—574; *J. Keller,* Vierteljahrsschr. Naturf. Ges. Zürich 25 (1880), p. 1; *R. Sturm,* Math. Ann. 19 (1881), p. 480—482; „Geom Verw." 3, p. 479—484; 4, p. 387—398; *Fr. Machovec,* Prag Ber. böhm. Ges. 1888, p. 104; *S. Kantor,* Amer. J. of math. 19 (1895), p. 1; *K. Doehlemann,* „Geom. Transf." 2, p. 286—301; *L. Godeaux,* Nouv. Ann. de math. (4) 9 (1909), p. 260; *Th. Reye,* „Die Geom. d. Lage"[565]) 3, p. 140—143; *S. Lefschetz,* Bull. Amer. math. Soc. (2) 18 (1912), p. 434; *M. Stuyvaert,* „Algèbre à deux dimensions", Gand 1920, p. 51—54; *Hilda P. Hudson,* „Cremona transf.", p. 295—302.

Die (3, 3)-Transformation tritt bei *C. Rodenberg,* Gött. Nachr. 1888, p. 185 auf, und zwar beim Studium der Bewegungen eines allgemeinen kollinear veränderlichen Systems.

nung vom Geschlecht 2 und eine ihrer Sehnen zerfallen [als Sonderfall, in eine Raumkurve 4. Ordnung erster Art und zwei windschiefe Sehnen dieser Kurve[701])]; oder in eine rationale Raumkurve 5. Ordnung und ihre Quadrisekante[702]); oder in eine Raumkurve 4. Ordnung zweiter Art und einen diese Kurve in vier Punkten schneidenden Kegelschnitt; oder in zwei kubische Raumkurven mit vier gemeinschaftlichen Punkten. Zerfällt aber Γ in eine Raumkurve 5. Ordnung vom Geschlecht 1 und eine Trisekante dieser Raumkurve, so zerfällt Γ' in eine Raumkurve 4. Ordnung erster Art und in einen diese Kurve in drei Punkte schneidenden Kegelschnitt; zerfällt Γ in drei Kegelschnitte, von denen zwei einander in einem Punkte und den dritten in je zwei Punkten schneiden, so zerfällt Γ' in eine Raumkurve 4. Ordnung zweiter Art und zwei einander schneidende Sehnen dieser Kurve.

Zerfällt dagegen Γ in eine kubische Raumkurve und eine ebene kubische Kurve mit drei gemeinschaftlichen Punkten, so wird das homaloide System des anderen Raumes aus kubischen Flächen mit einem gemeinsamen Doppelpunkt P und einer gemeinsamen Raumkurve 6. Ordnung vom Geschlecht 1 gebildet, die in P einen dreifachen Punkt hat.[703])

Eine (3, 3)-Transformation, bei der die Hauptkurve in beiden Räumen in eine kubische Raumkurve und drei Sehnen dieser Kurve

701) Dieser Fall und seine verschiedenen Sonderfälle werden von *Teresita Castelli,* Giorn. di mat. (3) 7 (1916), p. 10 studiert unter Anwendung auf die ebene Abbildung verschiedener Flächen 4. und 5. Ordnung.

702) Von dieser Transformation macht *E. Bertini,* Collectanea math. in mem. D. Chelini, Milano 1881, p. 321, Gebrauch, um die rationalen Raumkurven 5. Ordnung, vor allem ihre fünfmal schneidenden Kegelschnitte, zu studieren.

In einem Sonderfall dieser wie auch der vorhergehenden Transformation zerfällt die Hauptkurve in jedem der beiden Räume in vier windschiefe Gerade (ordentliche Hauptgerade) und ihre zwei Transversalen. Dies ist der mit dem allgemeinen Falle von *A. Cayley*[697]) betrachtete Sonderfall, während die anderen Sonderfälle der (3, 3)-Transformation von *M. Noether*[698]) und von *L. Cremona*[699]) behandelt werden. Im vorhergehenden Falle ist die *Jacobi*sche Fläche jedoch, im Gegensatz zur Behauptung von *A. Cayley,* a. a. O., p. 175 = Papers 7, p. 234, in jedem der beiden Räume aus den 4 Flächen 2. Grades gebildet, die durch die ersten vier, zu je dreien genommenen Geraden hindurchgehen. Über die gleiche Transformation s. auch *E. K. Wakeford,* Proc. London math. Soc. (2) 21 (1922), p. 98; *H. F. Baker,* daselbst, p. 114.

703) Eine Anwendung dieser Transformation zum Beweis der Formel (XII) in Nr. **75** bei *M. Pannelli,* Giorn. di mat. (3) 8 (1917), p. 112.

Ein Sonderfall dieser Transformation wird von *L. Cremona,* Mem. Acc. Bologna (3) 2 (1872), p. 117 = Opere 3, p. 326 studiert und zur Konstruktion einer rationalen Fläche 5. Ordnung mit einer Kuspidalkurve (4. Ordnung) verwandt.

zerfällt (also ein Sonderfall des oben angegebenen ersten Zerfalles), erhalten wir, wenn wir in einem Raume drei Ebenenbüschel, im anderen drei bzw. zu diesen projektive Ebenenbüschel annehmen und nun zwei Punkte als korrespondierend bezeichnen, die die Schnittpunkte zweier Tripel von korrespondierenden Ebenen sind.[704])

Hilda P. Hudson[705]) studiert alle Fälle, bei denen die Kurve Γ in sechs voneinander verschiedene oder nicht verschiedene Gerade zerfällt.

Der beachtenswerteste unter diesen Fällen und der, der die unmittelbare Verallgemeinerung der ebenen quadratischen Transformation darstellt, ist der, in dem sich Γ aus den sechs Kanten eines Tetraeders $ABCD$ und daher auch Γ' aus den sechs Kanten eines Tetraeders $A'B'C'D'$ zusammensetzt, so daß diese Transformation als *tetraedral* bezeichnet zu werden pflegt.[706]) Die zwei homaloiden

704) *M. Noether,* Math. Ann. 3 (1870), p. 570—571. Vgl. auch *Fr. v. Krieg,* Ztschr. Math. Phys. 29 (1884), Suppl., p. 38; *E. Ascione,* Giorn. di mat. (1) 31 (1893), p. 55; *K. Doehlemann,* Sitzungsb. Ak. München 24 (1894), p. 41; „Geom. Transf." 2, p. 297—300; *U. Perazzo*[454]), p. 156 und 177; *R. Sturm,* „Geom. Verw." 4, p. 394—397; *Hilda P. Hudson,* „Cremona transf.", p. 298—301. — *E. Ascione,* a. a. O., p. 73 ff. betrachtet auch die Fälle, für die die Transformation involutorisch ist; ein derartiger Fall auch bei *J. de Vries,* Ak. Amsterdam Versl. (4) 31 (1923), p. 38.

Ein metrischer Sonderfall einer derartigen involutorischen Transformation wird von *E. Müller,* Jahresb. Deutsch. Math.-Ver. 25 (1917), p. 209 unter der Bezeichnung *axiale Inversion* studiert, und zwar unter Anwendung auf die Theorie der Schraubenflächen. Ist eine feste Gerade g gegeben, so werden zwei Punkte P und P' als homolog bezeichnet, wenn die Gerade PP' die Gerade g im rechten Winkel schneidet und das Produkt der Abstände von P und P' von g konstant ist. Vgl. auch *L. Eckhart,* Sitzungsb. Ak. Wien 131 (1922), p. 417; *K. Strubecker*[770]), p. 574.

Liegen bei der Konstruktion des Textes die Achsen der drei Büschel im einen und im anderen Raume in einer Ebene, so erhalten wir die *tetraedrale* Transformation, von der in kurzem die Rede sein wird und die auf diese Weise von *G. Silldorf,* Ztschr. Math. Phys. 18 (1873), p. 523 untersucht wird.

705) Proc. London math. Soc (2) 9 (1911), p. 51; (2) 10 (1912), p. 15; (2) 22 (1924), Notes and Abstracts, p. II; (2) 23 (1924), Notes and Abstracts, p. XXVII; *A. Čech,* Časopis 50 (1921), p. 243.

706) Diese Transformation wird zuerst von *L. I. Magnus*[665]), p. 403—407 betrachtet. Über die gleiche Transformation, besonders im Falle, daß die zwei Tetraeder zusammenfallen und daher die Transformation involutorisch wird, s. noch *E. Beltrami,* Giorn. di mat. (1) 1 (1863), p. 208, 354 = Opere 1, Milano 1902, p. 73; Mem. Acc. Bologna (3) 7 (1876), p. 241 = Opere 3, Milano 1911, p. 52; *E. v. Hunyady,* Ztschr. Math. Phys. 11 (1866), p. 356; *C. F. Geiser,* J. f. Math. 69 (1868), p. 199; *F. E. Eckardt,* Progr. Reichenbach 1869; Math. Ann. 5 (1871), p. 30; *S. Lie,* Gött. Nachr. 1870, p. 56; *F. Klein* und *S. Lie,* Paris C. R. 70 (1870), p. 1222, 1275 = *F. Klein,* Ges. math. Abh. 1, Berlin 1921, p. 415; *M. Noether,*

Systeme sind aus kubischen Flächen gebildet, die in den Ecken dieser Tetraeder 4 Doppelpunkte haben und daher durch deren Kanten hindurchgehen. Entsprechen den Ecken A, B, C, D die Flächen $B'C'D'$, $A'C'D'$, $A'B'D'$, $A'B'C'$, so entsprechen den Flächen BCD, ACD, ABD, ABC die Ecken A', B', C', D', und den Kanten $AB, AC, \ldots$ die Kanten $C'D', B'D', \ldots$, und diese Kanten sind außerordentliche Hauptkurven der beiden Räume. Zwei Flächen des einen homaloiden Systems schneiden sich weiter in einer dem diesbezüglichen Tetraeder umbeschriebenen kubischen Raumkurve. Die zweimal gezählten Flächen dieses Tetraeders bilden die *Jacobi*sche Fläche des Systems. Legen wir

Math. Ann. 3 (1870), p. 566; *G. Silldorf*[704]); *F. Lindemann,* Math. Ann. 7 (1873), p. 87, 95 ff.; *S. Kantor,* Sitzungsb. Ak. Wien 79 (1879), p. 780; Paris C. R. 90 (1880), p. 1156; [700]), p. 8; Acta math. 21 (1896), p. 1; *E. Amigues,* Nouv. Ann. de math. (2) 18 (1879), p. 548; (2) 19 (1880), p. 433, 481; *P. H. Schoute,* Bull. Sciences math. (2) 6 (1882), p. 177 (Transformation durch symmetrische Ebenen in bezug auf die Halbierungs-Ebenen der Dieder eines Tetraeders); *W. Fiedler*[596]), p. 185—191; *S. Lie* und *G. Scheffers*[562]) 1, p. 342—355, 365—367; *E. Torroja*[596]); Unbekannt, Nouv. Ann. de math. (4) 1 (1901), p. 97; *W. Fr. Meyer,* Arch. Math. Phys. (3) 3 (1902), p. 170; (3) 5 (1903), p. 168; (3) 8 (1903), p. 135; Verh. des dritten intern. Math.-Kongr. in Heidelberg 1904 (Leipzig 1905), p. 322; Monatsh. Math. Phys. 18 (1907), p. 138; *H. Berger,* Diss. Straßburg 1903; *V. Eberhard.* Monatsh. Math. Phys. 17 (1906), p. 305; *Th. Reye,* „Die Geom. d. Lage" [565]) 3, 4. Aufl., Leipzig 1910, p. 234—237 (ein metrischer Sonderfall, daselbst 2, p. 313—319); *K. Doehlemann,* „Geom. Transf." 2, p. 296—297; *J. de Vries,* Ak. Amsterdam Versl. (4) 17 (1908), p. 2; *R. Sturm,* „Geom. Verw." 4, p. 388—390; *G. Bordiga*[922]), p. 50—52; *H. E. Timerding,* Arch. Math. Phys. (3) 20 (1911), p. 98; *V. Obešlo,* Časopis 44 (1915), p. 208; *L. Godeaux,* Mathesis 36 (1922), p. 19; Bull. Ac. sc. Belgique (5) 9 (1923), p. 377; (5) 12 (1927), p. 892; (5) 16 (1930), p. 907; *H. F. Baker,* „Princ. of geom." [46]) 3, p. 139, 142—145; *A. Staempfli,* Diss. Zürich 1924; Enseign. math. 24 (1925), p. 127; *J. P. Gabbatt,* Proc. London math. Soc. (2) 24 (1924), p. 158; *R. Vaidyanathaswamy,* J. Indian math. Soc. 17 (1927), Suppl.; Proc. Cambridge Phil. Soc. 24 (1928), p. 578; *Hilda P. Hudson,* „Cremona transf.", p. 301—302; *K. Strubecker*[770]), p. 550.

Im Falle wo die Transformation $x_i' = \dfrac{1}{x_i}$ involutorisch ist, sind zwei Punkte konjugiert, wenn sie die beiden Brennpunkte einer die vier Flächen des Tetraeders berührenden Rotationsfläche 2. Ordnung sind, und sie sind konjugierte Punkte in bezug auf die Flächen 2. Ordnung, die durch die acht Mittelpunkte der dem Tetraeder einbeschriebenen Kugeln gehen. S. hierüber besonders die aufgeführten Arbeiten von *C. F. Geiser* und von *W. Fr. Meyer,* bei dem letzteren auch Anwendungen auf die Tetraedergeometrie.

S. Kantor, Paris C. R. 90 (1880), p. 1156, bestimmt insbesondere die Anzahl der Zyklen von gegebenem Index für eine reguläre Transformation. Die Formel wird in allgemeinerer Form und für den r-dimensionalen Raum in Anm. 894 angegeben werden. Über die Erweiterung der Transformation auf die höheren Räume s. *E. Beltrami,* a. a. O., und *J. P. Gabbatt,* a. a. O., und speziell die Anführungen von Nr. **91.**

die beiden Tetraeder zugrunde, so wird die Transformation durch die Formeln

$$x_i' = \frac{1}{x_i} \qquad (i = 1, 2, 3, 4)$$

ausgedrückt.

In einem weiteren Sonderfalle entsprechen sich je zwei konjugierte Punkte in bezug auf alle Flächen 2. Grades eines Netzes, so daß die drei bilinearen Gleichungen symmetrisch sind und die Transformation involutorisch wird. Dieser Spezialfall wurde von *E. E. Bobillier*[707]) und *L. I. Magnus*[708]) behandelt, dann von *L. O. Hesse*[709]) bei Untersuchungen über die Doppeltangenten einer allgemeinen ebenen Kurve 4. Ordnung [III C 5 (*G. Kohn*), Nr. **65, 66, 69**], von *J. Steiner*[710]) und anderen.[711])

Besteht das Netz der Flächen 2. Ordnung aus den Flächen, die ein gegebenes Pol-Tetraeder gemein haben, so wird die Transformation *tetraedral.*

Von vielen Autoren ist auch der Sonderfall studiert, daß das Netz aus den durch eine kubische Raumkurve hindurchgehenden Flächen 2. Ordnung gebildet wird, so daß sich die Hauptraumkurve 6. Ordnung auf die doppelt zählende kubische Raumkurve reduziert.[712]) Je zwei

707) Ann. math. pures appl. 18 (1827—28), p. 268—269.

708) S. [665]), p. 370—376, 403—407.

709) J. f. Math. 49 (1853), p. 279 = Werke, München 1897, p. 345.

710) Ber. Ak. Berlin 1856, p. 52 = J. f. Math. 53 (1857), p. 135 = Werke 2, Berlin 1882, p. 652—653.

711) *C. F. Geiser,* Vierteljahrsschr. Naturf. Ges. Zürich 10 (1865), p. 226; J. f. Math. 69 (1868), p. 197; *R. Sturm,* „Synthetische Unters." [59]), p. 28—44; J. f. Math. 70 (1868), p. 212; „Geom. Verw." 3, p. 412—413, 416—417, 488—490; 4, p. 406—414; *J. Johannes,* Diss. Tübingen 1889; *D. Montesano,* Atti Acc. Torino 27 (1892), p. 1053; Roma Rend. Acc. Linc. (5) 1^2 (1892), p. 77; *F. R. Sharpe* und *V. Snyder,* Trans. Amer. math. Soc. 25 (1923), p. 1 [Auszug Bull. Amer. math. Soc. (2) 28 (1922), p. 379]; *L. Godeaux,* Bull. Ac. sc. Belgique (5) 13 (1927), p. 114; *J. Lairesse,* Mém. Soc. sc. Liège (3) 14 (1928), Nr. 18; *F. R. Sharpe,* Amer. J. of math. 53 (1931), p. 358. S. außerdem *K. Doehlemann,* „Geom. Transf." 2, p. 300—301; *Th. Reye,* „Die Geom. d. Lage" [706]) 3, p. 134—139; *G. Salmon* und *W. Fiedler,* „Analytische Geometrie des Raumes", herausg. von *K. Kommerell,* 1, 5. Aufl., Leipzig-Berlin 1922, p. 534—538; *Hilda P. Hudson,* „Cremona transf.", p. 303—305.

Die Typen dieser Involutionen bei *F. R. Morris,* Math. Publ. Univ. of California 1 (1920), p. 223.

Eine kubische Involution zwischen Ebenen bei *H. J. van Veen,* Nieuw Archief voor Wiskunde (2) 11 (1914), p. 127.

712) *L. Cremona,* Ann. di mat. (1) 1 (1858), p. 164, 278; (1) 2 (1858), p. 19; J. f. Math. 58 (1860), p. 138; Nouv. Ann. de math. (2) 1 (1861), p. 287, 366, 436 = Opere 1, p. 39, 70, 224; 2, p. 16; *K. G. Chr. v. Staudt,* „Beiträge" [596]), 3. Heft,

entsprechende Punkte liegen auf einer Sehne der kubischen Raumkurve und trennen die beiden Stützpunkte der Sehne harmonisch. Den Ebenen des Raumes entsprechen kubische Flächen, die durch die kubische Raumkurve hindurchgehen und in jedem Punkte dieser Kurve die zugehörige Schmiegungsebene berühren. Die der kubischen Raumkurve entsprechende Hauptfläche ist ihre Tangentenfläche.

82. Nichtinvolutorische oder involutorische monoidale Transformationen. *M. Noether*[713]) und *R. de Paolis*[714]) studieren die *monoidalen Transformationen*[715]), bei denen das homaloide System jedes Raumes aus Flächen n^{ter} Ordnung (Monoiden) mit einem gemeinsamen $(n-1)$-fachen Punkt (mit veränderlichem Tangentenkegel) und einer gemeinsamen irreduziblen oder reduziblen Raumkurve der Ordnung $n(n-1)$ gebildet wird, die in dem genannten Punkte die Multiplizität $(n-1)(n-2)$ hat. Zwei Flächen des Systems schneiden sich weiter in einer ebenen Kurve n^{ter} Ordnung mit der Multiplizität $n-1$ in diesem Punkte. Bezeichnen wir mit O den Hauptpunkt und mit Γ die Hauptkurve des ersten Raumes, so besteht die *Jacobi*sche Fläche des zugehörigen homaloiden Systemes aus dem Kegel der Ordnung $2(n-1)$, der Γ aus O projiziert, und einer doppelt zählenden Fläche der Ordnung $n-1$, die durch Γ hindurchgeht und in O die Multiplizität $n-2$ hat.[716])

Nürnberg 1860, p. 321; *R. Sturm,* J. f. Math. 70 (1868), p. 238; „Geom. Verw." 4, p. 408—411; *C. F. Geiser,* J. f. Math. 69 (1868), p. 215; *W. Fr. Meyer,* „Apolarität"[57]), p. 59—61; *A. Cantone,* Rend. Acc. Napoli (1) 25 (1886), p. 181; Rend. Circ. mat. Palermo 1 (1886), p. 72; *Th. Reye,* Mitt. math. Ges. Hamburg 2 (1890), p. 52 ff.; „Die Geom. d. Lage"[565]) 2, p. 180—190; *P. H. Schoute,* Handelingen van het Ned. Natuur- en Gene Congres 7, Harlem (1894), p. 258 = Nieuw Archief voor Wiskunde (2) 4 (1899), p. 90; *Ch. Bioche,* Bull. Soc. math. de France 26 (1898), p. 217 [Auszug Paris C. R. 125 (1897), p. 15]; *M. W. Haskell,* Amer. math. Monthly 10 (1903), p. 1; *St. Jolles,* J. f. Math. 130 (1905), p. 270; *G. Fano,* Roma Rend. Acc. Linc. (6) 9 (1929), p. 16; Atti del Congresso intern. dei matem. Bologna 1928, 4 (Bologna 1931), p. 42.

713) Math. Ann. 3 (1870), p. 578.

714) Giorn. di mat. (1) 13 (1875), p. 226, 282.

715) S. noch *K. Doehlemann,* Diss. München 1889; „Geom. Transf." 2, p. 317—319; *U. Perazzo*[454]), p. 175; *O. Chisini*[665]), p. 27; *F. Enriques* und *O. Chisini,* „Lezioni" 2, p. 581—584; *Hilda P. Hudson,* „Cremona transf.", p. 306—318.

716) Den Ebenen durch O entsprechen die Ebenen eines anderen Bündels. *L. Bianchi,* Giorn. di mat. (1) 16 (1878), p. 265, bemerkt, daß die hier betrachteten Transformationen die einzigen birationalen Transformationen sind, bei denen den Ebenen eines gegebenen Bündels die Ebenen eines bestimmten Bündels entsprechen.

Ein aus Monoiden gebildetes homaloides System, in dem der veränderliche Teil des Tangentenkegels nur eine Ebene ist, traf *G. Fano,* Mem. Acc. Torino (2)

Insbesondere werden die homaloiden monoidalen Systeme studiert, die frei von Basiskurven sind, die also (s. Anm. 664) nur den Scheitel und eine gewisse Anzahl einfacher Punkte gemeinsam haben, wobei sich die Monoide in einigen von ihnen berühren. Es gibt zwei Arten dieser Systeme, je nachdem die sie zusammensetzenden Monoide im gemeinsamen Scheitel den gleichen Tangentenkegel haben oder nicht.

Mit den monoidalen Systemen 2. Art beschäftigt sich *Margherita Beloch*[717]) und findet, daß die Ordnung dieser Systeme 4 nicht übersteigen kann, und daß sie Transformationen der folgenden Typen veranlassen:

1. (2, 4)-Transformation, bestimmt durch die Flächen 2. Ordnung, die durch 4 feste Punkte hindurchgehen und in einem von ihnen eine feste Tangentialebene besitzen;

2. (3, 9)-Transformation, bestimmt durch die Flächen 3. Ordnung mit einem gemeinsamen Doppelpunkt, drei gemeinsamen einfachen Punkten und einer Berührung 3. Ordnung in einem dieser Punkte;

3. (4, 16)-Transformation, bestimmt durch die Flächen 4. Ordnung, die einen gemeinsamen dreifachen Punkt und in einem anderen gemeinschaftlichen einfachen Punkt eine Berührung 5. Ordnung haben.[718])

Die homaloiden monoidalen (von Hauptkurven freien) Systeme der 1. Art können dagegen beliebige Ordnung haben. Für jedes n existieren nach *D. Montesano*[719]) ebenso viele Typen homaloider monoidaler Systeme dieser Art und der Ordnung n, wie Typen homaloider Netze von ebenen Kurven n^{ter} Ordnung.[720])

---

48 (1898), p. 229 bei Untersuchungen über die kontinuierlichen Gruppen birationaler Transformationen des Raumes an.

717) S. Anm. 663, p. 61—64.

718) Ein weiterer Beweis dieses Satzes bei *A. Tummarello,* Rend. Acc. Napoli (3) 17 (1911), p. 427; Auszug Atti Soc. ital. per il progresso delle scienze, 4ª riunione, Napoli 1910 (Roma 1911), p. 733, der auch den Typus 3 genauer untersucht.

Über den Typus 1 s. Anm. 665. Der Typus 2 wird schon von *L. Cremona,* Rend. Ist. Lomb. (2) 4 (1871), p. 279 = Opere 3, p. 249 betrachtet.

719) In Vorlesungen an der Universität Neapel 1909—10; vgl. Giorn. di mat. (3) 1 (1910), p. 173 und auch *A. Tummarello*[718]). S. noch *P. Burniat,* Bull. Ac. sc. Belgique (5) 18 (1932), p. 223.

720) Diese Systeme und die durch sie bestimmten Transformationen werden von *A. Tummarello*[718]) studiert, der mit Hilfe der monoidalen (n, n^2)-Transformationen der einen und der anderen Art auch neue Typen rationaler, von *endlichen* vielfachen Kurven freier Flächen und neue von *endlichen* Hauptkurven freie homaloide Systeme ableitete. Beide Typen sind aber im allgemeinen mit Punkten bzw. Hauptpunkten nicht gewöhnlicher Singularität ausgestattet, so daß sich also in ihrer Umgebung eine vielfache Infinitesimalkurve bzw. eine (einfache

Die involutorischen monoidalen Transformationen, bei denen also den Ebenen des Raumes Monoide M n^{ter} Ordnung entsprechen, werden von *D. Montesano*[721]) bestimmt und studiert, der zeigt, daß es nur 4 Typen dieser Transformationen geben kann. Ist nämlich O der gemeinsame Scheitel der Monoide M, so müssen den Geraden durch O Gerade entsprechen, die eine Kongruenz Q 1. Ordnung bilden und jede Fläche M in nur je einem Punkte schneiden, der kein Hauptpunkt ist. Hiernach ergeben sich die vier folgenden Typen:

a) Die Kongruenz Q fällt mit dem Bündel O zusammen und dann entsprechen sich die Strahlen durch O bei der Transformation zu je zweien in einer involutorischen Korrespondenz K.

b) Die Kongruenz Q hat als Leitkurven eine von O ausgehende und für die Monoide M $(n-2)$-fache Gerade d und eine rationale Raumkurve m^{ter} Ordnung, die für die Monoide M einfach ist und d in $m-1$ Punkten trifft, im allgemeinen aber nicht durch O hindurchgeht.

c) Die Kongruenz Q besteht aus den Geraden eines Bündels, dessen Mittelpunkt in einem anderen, für die Monoide M $(n-1)$-fachen Punkte P liegt. Die Gerade OP ist für diese Monoide $(n-2)$-fach.

d) Die Kongruenz Q besteht aus den Sehnen einer kubischen Raumkurve, die für die Monoide M (notwendig 3. Ordnung) einfach ist.[722])

---

oder vielfache) infinitesimale Hauptkurve befindet [nach Benennungen von *C. Segre,* Ann. di mat. (2) 25 (1896), p. 1].

A. Tummarello, Note e Mem. Circ. Mat. Catania 1 (1921), p. 289 studiert auch die Transformationen, die durch homaloide Systeme von Monoiden bestimmt sind, die im Scheitel eine Berührung 2. Ordnung haben. Diese Transformationen wendet er auf die ebene Abbildung gewisser rationaler Flächen n^{ter} Ordnung mit einem $(n-2)$-fachen Punkte oder auch der Ordnung $3n$ mit einem $3(n-1)$ fachen Punkte an.

A. Tummarello, a. a. O., p. 282 untersucht auch eine $(n, 2n-3)$-Transformation vom Geschlecht $\frac{(n-1)(n-2)}{2}$, bei der das homaloide System des ersten Raumes aus Monoiden n^{ter} Ordnung, das des zweiten Raumes aus Flächen der Ordnung $2n-3$ mit einer gemeinsamen $(n-2)$-fachen kubischen Raumkurve gebildet ist, ferner eine $(2n+1, 2n+1)$-Transformation vom Geschlecht $\frac{n(n+1)}{2}$, bei der jedes der beiden homaloidischen Systeme aus Flächen der Ordnung $2n+1$ mit einer gemeinsamen n-fachen kubischen Raumkurve besteht.

721) Rend. Ist. Lomb. (2) 21 (1888), p. 579, 684. S. auch *V. Snyder,* Ann. of math. (2) 25 (1924), p. 279 [Auszug Bull. Amer. math. Soc. (2) 30 (1924), p. 209], wo die Gleichungen der vier Typen gegeben werden. S. auch *F. R. Sharpe,* Ann. of math. (2) 31 (1929), p. 633; Auszug Bull. Amer. math. Soc. (2) 36 (1930), p. 187.

722) Die Transformationen vom Typus a) lassen sich durch birationale Transformationen auf vier Typen zurückzuführen, bei denen die Involution K

83. Nichtinvolutorische oder involutorische birationale Transformationen, die durch irgendwelche Eigenschaften des Systems der Verbindungsgeraden der homologen Punkte gekennzeichnet sind. Die Verbindungsgeraden der homologen Punkte einer birationalen (n, n')-Transformation zwischen zwei überlagerten Räumen bilden im allgemeinen einen Komplex (der rational ist, wenn die Transformation nicht involutorisch ist) vom Grade $n + n'$, der aber n^{ten} Grades ist, wenn die Transformation involutorisch ist.[723])

Es kann aber vorkommen, daß diese Geraden nur ∞^2 sind, also eine Kongruenz bilden.[724]) *R. de Paolis*[725]) bestimmt alle involutori-

eine der vier Involutionen von Nr. 61 ist. *D. Montesano*[721]) findet weiter, daß alle involutorischen Transformationen des Raumes von der Ordnung > 3, bei denen zwei Geradenkongruenzen 1. Ordnung einander entsprechen, durch birationale Transformationen auf die involutorischen monoidalen Transformationen der vier beschriebenen Typen zurückgeführt werden können.

Die Fälle, in denen K die Identität oder eine harmonische Homologie ist, werden schon von *V. Martinetti,* Rend. Ist. Lomb. (2) 18 (1885), p. 132 behandelt.

Über den Typus a) s. auch *K. Doehlemann,* Diss. München 1889, p. 10—14.

Beim Typus d) sind die Monoide M 3. Ordnung und gehen durch eine kubische Raumkurve C und eine ebene kubische Kurve H einfach hindurch; die Kurve C geht durch O hindurch, H hat in O einen Doppelpunkt, endlich C und H zwei weitere gemeinschaftliche Punkte.

Eine monoidale Involution 6. Ordnung vom Typus a) betrachtet *V. Snyder,* Giorn. di mat. (3) 14 (1922), p. 125, der sie aus der Betrachtung der allgemeinen kubischen Hyperfläche des vierdimensionalen Raumes ableitet.

M. M. Torrey, Amer. J. of math. 47 (1926), p. 181 klassifiziert die monoidalen Involutionen, bei denen alle Monoide einen festen Tangentenkegel im gemeinsamen Scheitel haben.

723) Unter den Annahmen von Nr. 75 wird der Komplex von *M. Pannelli,* Giorn. di mat. (1) 28 (1888), p. 245 studiert, der jedoch irrigerweise von zwei Komplexen spricht. In einigen Sonderfällen der (3, 3)-Transformation bei *E. Ascione*[704]), p. 79; *F. R. Sharpe* und *V. Snyder,* Trans. Amer. math. Soc. 25 (1923), p. 1; *A. Emch,* Amer. J. of math. 41 (1926), p. 21; *F. R. Sharpe,* ebenda 53 (1931), p. 358.

Die involutorischen Raumtransformationen in Beziehung zu dem genannten Komplex studiert *G. Aprile,* Catania Atti Acc. Gioenia (5) 18 (1932), Nr. XX. Er hat auch einige Kongruenzen von Kurven konstruiert, die autokonjugiert in der gegebenen Involution sind, und viele spezielle Fälle betrachtet, besonders die notwendigerweise rationalen Involutionen, deren zugehörige Komplexe Örter von ∞^1 Bündeln sind.

724) *W. Vogt,* Jahresb. math. Sektion Schles. Ges. für vaterl. Kultur, Breslau 84 (1906), p. 8 betrachtet *Cremona*sche, insbesondere kubische Transformationen, bei denen die Verbindungslinien der homologen Punkte eine lineare Kongruenz bilden oder durch ein und denselben Punkt hindurchgehen, und bezeichnet sie als *windschiefe* bzw. *zentrale* Transformationen. Vgl. auch *R. Sturm,* „Geom. Verw." 4, p. 390—391.

725) Roma Rend. Acc. Linc. (4) 1 (1885), p. 735, 754. Einige dieser Transformationen auch bei *E. Ascione,* Rend. Acc. Napoli (3) 2 (1896), p. 13.

schen Transformationen, für die dies zutrifft. Da die genannte Kongruenz offenbar 1. Ordnung ist, so zerfallen diese Involutionen in drei Typen, je nachdem die Strahlen der Kongruenz ein Bündel oder die Sehnen einer kubischen Raumkurve bilden oder Gerade sind, die eine feste Gerade und eine die Gerade in $n-1$ Punkten schneidende Kurve n^{ter} Ordnung treffen.[726])

Von den Involutionen des zweiten Typus ist eine zuerst von *C. F. Geiser*[727]) studierte Involution 7. Ordnung beachtenswert, die durch sechs in allgemeiner Lage im Raume gegebene Punkte A_1, $A_2, \ldots, A_6$ bestimmt wird. Der korrespondente Punkt eines beliebigen Punktes P ist der weitere gemeinsame Punkt der ∞^2 Flächen 2. Ordnung, die durch $A_1, A_2, \ldots, A_6$ und P hindurchgehen.[728]) Einer Geraden entspricht eine Kurve 7. Ordnung, die in den Punkten A_i

726) Zum ersten Typus gehört die von *Fr. Deruyts,* Mém. Soc. sc. Liège (2) 14 (1887), Nr. 5, p. 8 betrachtete kubische Involution, die folgendermaßen konstruiert wird. Es sei ein Büschel von Flächen 2. Ordnung gegeben sowie ein Punkt O, der nicht auf der Grundkurve liegt. Als homologen Punkt eines Punktes P wählen wir den weiteren Schnittpunkt der Geraden OP mit der durch P gehenden Fläche 2. Ordnung des Büschels.

Ebenfalls vom ersten Typus ist die Transformation *arguésienne* von *L. Saltel,* Mém. cour. et autres mém. publiés par l'Ac. de Belgique, Coll. in —8°, Bruxelles 22 (1870), Nr. 5, p. 40, eine Erweiterung der arguésienne der Ebene.[625]) Diese Transformation erhält man ausgehend von zwei Flächen 2. Ordnung und einem Punkte; sie ist im allgemeinen 3. Ordnung. S. darüber *Fr. Deruyts,* Mém. Soc. sc. Liège (2) 14 (1887), Nr. 5; *L. Godeaux,* Bull. Ac. sc. Belgique 1907, p. 28, 359; Nouv. Ann. de math. (4) 8 (1908), p. 69; Mém. et publ. Soc. sc. Hainaut (7) 1 (1910), p. 1, der die Transformation auch dadurch verallgemeinert, daß er die beiden Flächen 2. Ordnung nicht mit den Geraden eines Bündels, sondern mit den Geraden einer linearen Kongruenz schneidet; außerdem *Hilda P. Hudson,* „Cremona transf.", p. 322.

Kubische Involutionen vom dritten Typus, bei denen die Verbindungsgeraden entsprechender Punkte einer linearen Kongruenz angehören, bei *F. Aschieri,* Mem. Acc. Bologna (3) 10 (1879), p. 549; *F. Chizzoni,* Roma Rend. Acc. Linc. (4) 2^1 (1886), p. 470, 476; *A. del Re,* Giorn. di mat. (1) 28 (1890), p. 270; [877]), p. 31.

727) Erste Anführung in Anm. 711 und J. f. Math. 67 (1866), p. 83. S. außerdem *R. Sturm,* Math. Ann. 1 (1869), p. 558ff.; „Geom. Verw." 4, p. 414—419; *V. Eberhard,* Diss. Breslau 1885, wo man p. 58—60 die Zerlegbarkeit der Verwandtschaft in drei kubische Verwandtschaften beweist; *M. Bernhard* [28]), p. 15—17; *E. Ascione*[725]); *Ch. H. van Os,* Ak. Amsterdam Versl. (4) 24 (1915), p. 116; *G. Fontené,* Nouv. Ann. de math. (4) 15 (1915), p. 515; *G. Humbert,* daselbst (4) 16 (1916), p. 133; *R. Bricard,* daselbst (4) 16 (1916), p. 171; *B. Gambier,* Ann. Éc. Norm. (3) 41 (1924), p. 259; *Hilda P. Hudson,* „Cremona transf.", p. 323—325. Eine Erweiterung bei *J. de Vries,* Ak. Amsterdam Versl. (4) 21 (1913), p. 1269.

728) Über die lineare Konstruktion dieses Punktes s. III C 2 (*O. Staude*), Nr. 132.

sechs Doppelpunkte hat; einer Ebene eine Fläche 7. Ordnung, die in den Punkten A_i vierfache Punkte hat, durch die 15 Gerade $A_i A_k$ einfach hindurchgeht, und die durch die Punkte A_i bestimmte kubische Raumkurve Γ als dreifache Kurve hat. Die Transformation hat nur diese 16 Hauptkurven, die alle außerordentlich sind, da jede mit jedem ihrer Punkte konjugiert ist.

Die *Jacobi*sche Fläche des homaloiden Systems besteht aus den sechs je zweimal gezählten Kegeln 2. Ordnung, deren Spitzen die Punkte A_i sind und die durch die anderen fünf Punkte (und deswegen auch durch Γ) hindurchgehen. Jeder dieser Kegel ist die der zugehörigen Spitze entsprechende Fläche.

Die Involution besitzt als Ort der Doppelpunkte eine Fläche K, die die *Jacobi*sche Fläche des linearen ∞^3-Systems der durch die Punkte A_i hindurchgehenden Flächen 2. Ordnung ist, also der Ort der Spitzen aller durch diese Punkte hindurchgehenden Kegel 2. Ordnung [*Weddle*sche Fläche. Siehe III C 2 (*O. Staude*), Nr. **141**; III C 10b (*W. Fr. Meyer*), Nr. **60**, **64**—**66**]. Sie ist 4. Ordnung, hat in den Punkten A_i Doppelpunkte, geht durch Γ, durch die 15 Geraden $A_i A_k$ und die 10 Geraden hindurch, in denen sich die durch je zwei komplementäre Tripel von Punkten A_i bestimmten Paare von Ebenen schneiden; der Tangentenkegel dieser Fläche in A_i projiziert Γ von A_i aus.

Die Verbindungsgeraden der Paare entsprechender Punkte sind die Sehnen von Γ; genauer existieren auf jeder dieser Sehnen unendlich viele derartige Paare, die (eines von diesen Paaren besteht aus den Stützpunkten der Sehne mit Γ) eine Involution bilden, deren Doppelpunkte die weiteren Schnittpunkte der Sehne mit K sind.

Die Aufgabe der Bestimmung aller involutorischen oder nicht involutorischen birationalen Korrespondenzen (wenn solche existieren), die zu einem Komplex vorher festgelegter Beschaffenheit führen (unter der Annahme, daß ein allgemeiner Strahl des Komplexes ein und nur ein Paar homologer Punkte enthält), wurde für einige Sondertypen von Komplexen gelöst und weist wesentliche Unterschiede auf, je nachdem es sich um involutorische oder nicht involutorische Korrespondenzen handelt.

M. Pieri[729]) und *D. Montesano*[730]) behandeln die Aufgabe für den Fall, daß der genannte Komplex aus Geraden besteht, die ein und dieselbe Fläche berühren. Von diesen Transformationen gibt es zwei Typen, die auf folgende Weise erhalten werden können.

---

729) Giorn. di mat. (2) 2 (1894), p. 167.

730) Rend. Acc. Napoli (3) 13 (1907), p. 256. Die Bestimmung von *M. Pieri* enthält Lücken und Ungenauigkeiten, die von *D. Montesano* berichtigt wurden.

a) Ist im Raume eine lineare Kongruenz von Kegelschnitten gegeben [also ein algebraisches ∞^2-System von Kegelschnitten derart, daß ein einziger Kegelschnitt durch einen allgemeinen Punkt des Raumes geht: s. III C 9 (*K. Rohn* und *L. Berzolari*), Nr. **45**, **74**], die auf den Hüllebenen einer Fläche F einer Klasse > 1 liegen, so bezeichnen wir zwei Punkte als entsprechend, die sich auf ein und demselben Kegelschnitt der Kongruenz befinden und mit dem Berührungspunkt der Kegelschnittebene mit F auf einer Geraden liegen. Auf diese Weise entsteht eine birationale involutorische Korrespondenz, die den Komplex der Tangenten von F erzeugt.[731])

b) Sind zwei Geradenkongruenzen 1. Ordnung (die keine Bündel sind, deren beide Leitgerade im übrigen aber voneinander verschieden sind oder zusammenfallen) durch eine birationale Korrespondenz T derart aufeinander bezogen, daß zwei homologe Strahlen immer in einer Ebene liegen, und die so resultierenden Ebenen eine Fläche F einer Klasse > 1 einhüllen, so bezeichnen wir zwei Punkte als korrespondent, wenn sie zwei in T homologen Strahlen der gegebenen Kongruenzen angehören und mit dem Berührungspunkt der Ebene der beiden Strahlen mit F auf einer Geraden liegen. Die sich auf diese Weise ergebende birationale Korrespondenz erzeugt den Komplex der Tangenten von F.[732])

D. Montesano bestimmt alle involutorischen[733]) und nicht involutorischen[734]) Transformationen, die einen nicht speziellen linearen Komplex erzeugen. Im allgemeinsten Falle haben die ersten dieser Transformationen die Ordnung 11 und werden durch eine Raumkurve Γ der Ordnung 10 und vom Geschlecht 11 vollständig bestimmt, die insofern von besonderer Beschaffenheit ist, als sie mit einer auf einer Fläche 2. Ordnung liegenden Raumkurve 6. Ordnung vom Geschlecht 3 die Basis eines Büschels von Flächen 4. Ordnung bildet, oder, was dasselbe ist, als diese Raumkurve Γ von jeder Ebene des Raumes in 10 Punkten einer Kurve 3. Ordnung geschnitten wird [vgl. III C 9 (*K. Rohn* und *L. Berzolari*), Nr. **70**]. Durch die Kurve Γ gehen ∞^4 Flächen 4. Ordnung hindurch, und die ∞^3 durch einen Punkt P gehenden Flächen gehen auch durch einen zweiten Punkt P'. Die Punkte P

731) Die Korrespondenzen dieses ersten Typus waren schon bekannt. Siehe *D. Montesano*, Rend. Ist. Lomb. (2) 26 (1893), p. 602—603.

732) *D. Montesano*[730]) gibt auch an, welche unter den Korrespondenzen vom Typus b) involutorisch sind.

733) Roma Rend. Acc. Linc. (4) 4^1 (1888), p. 207, 277. Konstruktionen einiger Fälle bei *A. del Re*, Giorn. di mat. (1) 28 (1890), p. 269.

734) Rend. Acc. Napoli (2) 2 (1888), p. 181. Vgl. auch *M. Pieri*, Rend. Circ. mat. Palermo 6 (1892), Anm. auf p. 234—235.

und P' entsprechen sich in der gesuchten Involution. Die Kurve Γ ist eine dreifache Hauptkurve für die Transformation; die anderen Hauptkurven sind 20 Strahlen des Komplexes, die Γ in je vier Punkten schneiden.

Die einen nicht speziellen linearen Komplex K erzeugenden nicht involutorischen Transformationen sind im allgemeinsten Falle 6. Ordnung und werden durch ein beliebiges Paar von Raumkurven C und C' 5. Ordnung vom Geschlecht 1, deren sämtliche Trisekanten in K liegen, vollständig bestimmt. Die Kurven C und C' sind zweifache Hauptkurven in den bezüglichen Räumen; im ersten Raume gibt es noch eine einfache Hauptkurve, die eine Raumkurve Γ 10. Ordnung vom Geschlecht 1 ist, die C in 25 Punkten schneidet und der elliptischen Regelfläche 5. Grades der Trisekanten von C' als Leitkurve angehört. Die vier Hauptkurven C, C', Γ, Γ' liegen auf ein und derselben Fläche 4. Ordnung, der Koinzidenzfläche der Transformation. Damit zwei Kurven 5. Ordnung vom Geschlecht 1 eine Transformation von der betrachteten Beschaffenheit erzeugen, ist notwendig und hinreichend, daß sie auf ein und derselben Fläche 4. Ordnung liegen und auf dieser korresidual sind.

Die allgemeinsten auf einen speziellen linearen Komplex bezüglichen involutorischen oder nicht involutorischen Transformationen werden von *M. Pieri*[735]) angegeben. Auch sie besitzen die Eigenschaft, durch eine bzw. zwei auf den gegebenen Komplex bezügliche Kurven vollständig bestimmt zu werden, ihre Ordnung kann jedoch beliebig hoch sein.[736])

735) Rend. Circ. mat. Palermo 6 (1892), p. 234. Ein Sonderfall bei *E. Ascione*[725]). Über den Fall, wo die Transformation quadratisch ist, vgl. auch *F. Aschieri*, Rend. Ist. Lomb. (2) 21 (1888), p. 216, 285, 446.

736) Die auf einen speziellen oder nicht speziellen linearen Komplex bezüglichen involutorischen Transformationen wurden von *H. A. Davis*, Amer. J. of math. 52 (1930), p. 53 analytisch untersucht; die involutorischen auf einen speziellen linearen Komplex bezüglichen von *H. A. Davis* und *Tyr. Davis*, Tôhoku math. J. 33 (1931), p. 254 [Auszug Japanese J. of math. 8 (1932), Abstracts, p. (14)]; vgl. noch *Evelyn Teresa Carroll*, Amer. J. of math. 54 (1932), p. 707; die nicht involutorischen auf einen speziellen linearen Komplex bezüglichen von *H. A. Davis*, Amer. J. of math. 53 (1931), p. 72 [vgl. Bull. Amer. math. Soc. (2) 35 (1929), p. 456].

Involutorische Transformationen, die einen speziellen oder nicht speziellen linearen Komplex erzeugen derart, daß jede Gerade des Komplexes mehrere Paare von konjugierten Punkten enthält, finden sich bei *D. Montesano*, Ann. di mat. (3) 1 (1898), p. 348; *V. Snyder*[722]); Bull. Amer. math. Soc. (2) 34 (1928), p. 405; (2) 36 (1930), p. 89 [vgl. *L. A. Dye*[751]), p. 261] und 188; Atti del Congresso intern. dei matem. Bologna 1928, 4 (Bologna 1931), p. 13.

D. Montesano[737]) bestimmt auch alle Involutionen, die einen nicht ausgearteten tetraedralen Komplex erzeugen. Im allgemeinsten Falle hat die Transformation die Ordnung 19 und wird durch eine Kurve Γ 11. Ordnung vom Geschlecht 14 vollständig bestimmt, die mit einer in 18 Punkten Γ treffenden Raumkurve C 5. Ordnung vom Geschlecht 2 die Basis eines Büschels von Flächen 4. Ordnung bildet. Die Kurve Γ ist eine fünffache Hauptkurve für die Transformation und wird von jeder Fläche des Haupttetraeders des Komplexes außer in den drei auf der Fläche gelegenen Ecken des Tetraeders in acht auf einem Kegelschnitt liegenden Punkten geschnitten. Die sich auf diese Weise ergebenden 4 Kegelschnitte sind zweifache Hauptkurven der Transformation. Die weiteren (einfachen) Hauptkurven sind 35 Gerade des Komplexes, die Γ in je vier Punkten schneiden.

Reduziert sich der tetraedrale Komplex auf die Gesamtheit aller einen nicht ausgearteten festen Kegelschnitt K schneidenden Geraden, so erhalten die diesbezüglichen Transformationen vom allgemeinen Falle völlig verschiedene Charaktere. Derartige nicht involutorische und involutorische Transformationen wurden von *M. Pieri*[738]) angegeben. Im ersten Falle wird die Transformation durch zwei elliptische Raumkurven Γ, Γ' 5. Ordnung, die K in je 5 Punkten schneiden, vollständig bestimmt. Die Transformation und ihre Inverse sind 12. Ordnung, K ist sechsfache Hauptkurve für beide, Γ bzw. Γ' sind dreifache Hauptkurven. Die Transformation besitzt noch weiter eine einfache, Γ in 25 Punkten und K in 15 Punkten treffende Hauptkurve der Ordnung 15 vom Geschlecht 1.

Für den involutorischen Fall ist die Transformation durch eine Kurve Γ der Ordnung 13 vom Geschlecht 14 völlig bestimmt, die in 13 Punkten K trifft, aber auf keiner Fläche 4. Ordnung liegt, deren K doppelter Kegelschnitt ist. Die Transformation hat die Ordnung 28, K als 14-fache und Γ als 5-fache Hauptkurve und besitzt außerdem 39 einfache Hauptgerade, die K schneidende Trisekanten von Γ sind.

737) Roma Rend. Acc. Linc. (4) 5^1 (1889), p. 497. Vgl. auch Rend. Ist. Lomb. (2) 25 (1892), p. 808. S. auch *D. Montesano,* Atti Acc. Napoli (2) 15 (1913), Nr. 8, p. 53—54, der beweist, daß die hier studierte Involution die einzige ist, die derart auf einen bilinearen Komplex von Kegelschnitten vom allgemeinsten Typus bezogen werden kann, daß jedes Paar der Involution je einem Kegelschnitt des Komplexes angehört [vgl. III C 9 (*K. Rohn* und *L. Berzolari*), Nr. 74]. Weiter studiert dieselbe Involution *L. Godeaux,* Bull. Ac. sc. Belgique (5) 17 (1931), p. 516.

738) Rend. Circ. mat. Palermo 7 (1893), p. 296. Ein Sonderfall des involutorischen Falles früher in Atti Acc. Torino 24 (1889), p. 514.

M. Pieri[739]) untersucht die Involutionen, die durch den speziellen, aus den Verbindungsgeraden der reziproken Punkte zweier voneinander verschiedener, miteinander korrelativer Ebenen bestehenden quadratischen Komplex bestimmt werden.[740]) Es existieren drei Typen dieser Involutionen, von den Ordnungen 10, 13, 16, die auf jeweils vier Arten durch Büschel von invarianten Flächen 2., 3., 4. Ordnung konstruiert werden können; aber obwohl der betrachtete Komplex den tetraedralen Komplex als Sonderfall einschließt, kann auch nicht eine dieser Involutionen für irgendwelche beliebige Spezialisierungen ihrer Hauptkurven in die allgemeinste aller durch einen tetraedralen Komplex bestimmten Involutionen verwandelt werden.

Grazia Macrina Caldarera[741]) bestimmt alle auf eine kubische Raumkurve bezüglichen nicht involutorischen und involutorischen Transformationen. Im allgemeinsten Falle sind die ersteren, wie auch deren inverse, von der Ordnung 15, und besitzen die kubische Raumkurve als 7-fache Hauptkurve; die letzteren sind von der Ordnung 27 und haben die kubische Raumkurve als 13-fache Hauptkurve (im einen wie im anderen Falle mit weiteren Hauptkurven).

Zu einer weiteren Kategorie von Involutionen gelangt *D. Montesano*[742]) beim Studium des linearen ∞^2-Systems S von Kegelschnitten, die als Schnitte der Ebenen eines Bündels vom Mittelpunkt O mit den

739) Rend. Ist. Lomb. (2) 25 (1892), p. 1037. Hier wird eine hyperräumliche Methode [s. III C 7 (*C. Segre*), Anm. 66] verwandt, die zur Bestimmung und zum Studium (vgl. *M. Pieri*, a. a. O., p. 1059—1060) der involutorischen oder nicht involutorischen birationalen Transformationen, die auf einen gegebenen Geradenkomplex bezug haben, dienen kann, wenn dieser Komplex als Projektion eines Geradenkomplexes 1. Ordnung des vierdimensionalen Raumes erhalten werden kann, d. h. eines derartigen ∞^3-Systems von Geraden, daß durch einen allgemeinen Punkt eine einzige Gerade hindurchgeht. Dies kann z. B. auf den Fall des quadratischen Komplexes angewandt werden, dessen singuläre Fläche eine *Steiner*sche Fläche ist.

740) Dieser Komplex pflegt als *Hirst*scher Komplex bezeichnet zu werden, da er von *T. A. Hirst,* Collectanea math. in mem. D. Chelini, Milano 1881, p. 51 [1879]; Proc. London math. Soc. (1) 10 (1879), p. 131 ausführlich studiert wurde. Vgl. auch *R. Sturm,* „Die Gebilde“ [40]) 3, p. 427—433. S. III C 8 (*K. Zindler*), Nr. **40**e).

741) Rend. Circ. mat. Palermo 18 (1903), p. 205. — Über die Involutionen, bei denen die Verbindungsgeraden der konjugierten Punkte eine Kurve von größerer als der 9. Ordnung treffen, vgl. *D. Montesano,* Giorn. di mat. (1) 31 (1892), p. 46—47. — *A. H. Black,* Trans. Amer. math. Soc. 34 (1932), p. 795 [Auszug Bull. Amer. math. Soc. (2) 38 (1932), p. 490] studiert Typen von involutorischen Raumtransformationen, bei denen die Verbindungsgeraden der konjugierten Punkte eine gegebene rationale Kurve treffen.

742) Atti Acc. Torino 27 (1892), p. 660.

Flächen 2. Ordnung eines auf das Bündel projektiv bezogenen Netzes erhalten werden. Alle diese Kegelschnitte treffen in sechs Punkten eine feste Raumkurve 7. Ordnung vom Geschlecht 5, die durch O hindurchgeht und das System S dadurch vollständig bestimmt, daß die durch sie hindurchgehenden kubischen Flächen ein Netz und die Kegelschnitte von S die residualen Basiskurven der in dem Netze enthaltenen ∞^2 Büschel bilden. Umgekehrt liegen die in sechs Punkten eine Raumkurve 7. Ordnung vom Geschlecht 5 schneidenden Kegelschnitte in Ebenen, die durch einen festen Punkt O der Kurve gehen und auf unendlich viele Arten als Schnitte dieser Ebenen mit einem zu dem Bündel O homographischen Netze von Flächen 2. Ordnung erhalten werden können.[743]) *D. Montesano* studiert die Involutionen, in denen jeder Kegelschnitt des Systems S invariant ist und zeigt, daß jede Involution, in der die Paare konjugierter Punkte auf den Strahlen eines Komplexes n^{ter} Ordnung liegen, der die Strahlen eines Bündels als $(n - 1)$-fache Strahlen besitzt, im allgemeinen dem vorhergehenden Typus angehört, d. h. ein Netz invarianter kubischer Flächen zuläßt, das als Basis eine Kurve C 7. Ordnung vom Geschlecht 5 besitzt.[744])

Die vorhergehenden Untersuchungen legen die Frage nahe, ob ein gegebener algebraischer Geradenkomplex immer aus den Verbindungsgeraden der korrespondierenden Punkte einer birationalen Transformation des Raumes bestehen kann. Diese Frage muß verneinend beantwortet werden, denn *D. Montesano*[745]) bewies, daß der allgemeinste Komplex zweiten Grades eine derartige Erzeugung nicht zuläßt, daß vielmehr auf diese Weise nur die ein Geradenbündel besitzenden quadratischen Komplexe sowie die quadratischen Komplexe erzeugt werden

743) Vgl. III C 9 (*K. Rohn* und *L. Berzolari*), Nr. **70**. — Über dieses Kegelschnittsystem s. auch *R. Sturm*, „Synth. Unters."[59]), p. 229—234; *D. Montesano*, Roma Rend. Acc. Linc. (4) 4^1 (1888), p. 213.

744) Im allgemeinen Falle (wenn also diese Kurve C irreduzibel ist und durch O einfach hindurchgeht) existiert keine birationale Korrespondenz, die die Kegelschnitte von S in die Geraden eines Bündels transformiert. *D. Montesano* betrachtete einen Fall, bei dem dagegen diese Korrespondenz existiert. Dies ist der Fall, bei dem die kubischen Flächen des Netzes, das die Kurve C als Basiskurve besitzt, mit einem Doppelpunkt ausgestattet sind. Dieser Punkt fällt dann mit dem Mittelpunkt O des oben betrachteten Bündels zusammen und ist einer von den Basispunkten eines jeden Netzes von Flächen 2. Ordnung, das das System S erzeugt, so daß er also allen Kegelschnitten von S angehört und für C dreifach ist; diese Kurve wird so vom Geschlecht 3 und hat mit jedem Kegelschnitte von S außer O weitere vier Punkte gemein.

Allgemeinere Lehrsätze bei *D. Montesano*, Rend. Ist. Lomb. (2) 26 (1893), p. 602—604.

745) Rend. Ist. Lomb. (2) 25 (1892), p. 795. Vgl. noch *G. Aprile*[723]), p. 8.

können, die ein (und daher auch zwei) einfach unendliche Systeme linearer Kongruenzen besitzen.

D. Montesano hat auch die Konstruktion der allgemeinsten involutorischen und nicht involutorischen Transformationen, die die erwähnten zwei Typen von Komplexen erzeugen, durchgeführt.[746])

Insbesondere existiert nur ein einziger Typus von nicht involutorischen und ein einziger Typus von involutorischen Korrespondenzen, die einen quadratischen Komplex mit linearen Kongruenzen erzeugen.

Die nicht involutorische Transformation ist eine (5, 5)-Transformation, deren Hauptkurven in beiden Räumen eine dreifache Gerade, eine einfache, in 4 Punkten die Gerade schneidende Raumkurve der Ordnung 6 vom Geschlecht 1 und eine einfache, in 4 Punkten die Gerade und in 8 Punkten die Kurve 6. Ordnung schneidende rationale Raumkurve 5. Ordnung sind.

Im involutorischen Falle hat die Transformation die Ordnung 13, eine Raumkurve 4. Ordnung erster Art als fünffache Hauptkurve, eine in 16 Punkten die vorhergehende Kurve schneidende Raumkurve 10. Ordnung als zweifache Hauptkurve, und 16 einfache Hauptgerade.

84. Andere besondere birationale involutorische oder nichtinvolutorische Transformationen. Es gibt drei Typen von Transformationen des Geschlechts Null (Nr. **73**)[747]):

a) die (2, 4)-Transformationen, deren erstes homaloides System aus Flächen 2. Ordnung, deren zweites aus *Steiner*schen Flächen zusammengesetzt ist (Typus 3 von Nr. **77**);

b) die (4, 4)-Transformationen, bei denen jedes der beiden homaloiden Systeme aus *Steiner*schen Flächen zusammengesetzt ist, die die drei Doppelgeraden und drei Punkte gemeinsam haben;

c) die Transformationen, deren erstes homaloides System aus Regelflächen m^{ten} Grades mit einer $(m-1)$-fachen geradlinigen Leitkurve, deren zweites aus Regelflächen n^{ten} Grades mit einer $(n-1)$-fachen geradlinigen Leitkurve zusammengesetzt ist.

Die Typen a) und b) sind die einzigen, die durch eine *Steiner*sche Fläche erzeugt werden können.[748])

---

746) Im Falle eines quadratischen Komplexes mit einem Bündel sind außer den von *D. Montesano*[745]) betrachteten Korrespondenzen noch zwei andere möglich. S. *M. Pieri*[739]) und *D. Montesano,* Atti Acc. Napoli (2) 15 (1913), Nr. 8, p. 43, Fußnote.

747) *G. Loria,* Anm. 640.

748) Der Typus b) wird von *L. Cremona,* Rend. Ist. Lomb. (2) 4 (1871), p. 321 = Opere 3, p. 256 betrachtet; ausführlicher und mit Anwendungen von *G. Aprile,* Note e Mem. Circ. mat. Catania 1 (1921), p. 245.

Was den Typus c) anbetrifft, so sind die einzigen Regelflächen n^{ten} Grades, die einem homaloiden System angehören können, die Regelflächen mit einer $(n-1)$-fachen geradlinigen Leitkurve.

Hauptelemente für die Transformationen vom Typus c) sind (außer der vielfachen Leitkurve) nur einfache Punkte und einfache Gerade; die Anzahl der Hauptpunkte des einen Raumes ist gleich der Anzahl der (einfachen) Hauptgeraden des anderen Raumes.[749])

Einen Sonderfall der Transformationen c) bilden die *konischen Transformationen*, bei denen sich die genannten Regelflächen also auf Kegel reduzieren. Es ergibt sich[750]), daß nur ein einziges homaloides System von Kegeln n^{ter} Ordnung existiert, und dies ist aus allen Kegeln n^{ter} Ordnung mit veränderlichem Scheitel gebildet, die eine $(n-1)$-fache Erzeugende und längs dieser die $n-1$ Tangentialebenen gemeinsam haben und außerdem durch $n-1$ gegebene Punkte einfach hindurchgehen.

D. Montesano[751]) bestimmt die Involutionen, bei denen die den Ebenen des Raumes entsprechenden Flächen n^{ter} Ordnung Regelflächen mit einer $(n-1)$-fachen gemeinschaftlichen Geraden sind.

Außer diesen und den quadratischen Involutionen (Nr. 78) existiert nur noch eine einzige Kategorie von Involutionen vom Geschlecht Null, die Kategorie, bei der den Ebenen des Raumes *Steiner*sche Flächen entsprechen.[752]) Diese Transformationen werden von *D. Montesano*[753]) studiert, der feststellt, daß es nur zwei Typen dieser Transformationen gibt. Beim ersten Typus gibt es einen Fixpunktkegel 2. Ordnung und eine isolierte Fixpunktgerade; beim zweiten Typus einen Fixpunktkegelschnitt und einen isolierten Fixpunkt. Sowohl beim einen wie beim anderen Typus existiert eine lineare Kongruenz invarianter Kegelschnitte. Die Verbindungsgeraden der konjugierten

749) Die Transformationen c) und ihre Haupteigenschaften finden sich schon früher bei *C. Segre*, Atti Acc. Torino 21 (1885), p. 115. Ein Sonderfall bei *U. Perazzo*[454]), p. 171.

750) *M. Pieri*, Riv. di mat. 3 (1893), p. 44. — Für $n=2$ ergibt sich der Sonderfall 1e) der in Nr. 77 erwähnten quadratischen Transformation. Hierüber und über den Fall n beliebig s. *P. del Pezzo*[668]), der auch die Erweiterung auf die Überräume gibt. Für beliebiges n s. noch *L. Conte*, Giorn. di mat. (3) 21 (1930), p. 121 und für $n=2$ noch *L. Conte*, ebenda (3) 23 (1932), p. 83.

751) Rend. Ist. Lomb. (2) 21 (1888), p. 688. Auf analytischem Wege auch *L. A. Dye*, Trans. Amer. math. Soc. 32 (1930), p. 251; Auszug Bull. Amer. math. Soc. (2) 36 (1930), p. 217.

752) Diese sind nicht in den monoidalen Involutionen (Nr. 82) enthalten, da man bei diesen annimmt, daß dem gemeinschaftlichen Scheitel eine Fläche entspricht, was im Falle *Steiner*scher Flächen nicht mehr zutrifft.

753) Rend. Ist. Lomb. (2) 30 (1897), p. 563.

Punktepaare bilden im ersten Falle einen speziellen linearen Komplex, im zweiten Falle einen kubischen rationalen Komplex.

Außer den monoidalen Transformationen vom Typus a) in Nr. 82 existieren nur noch zwei weitere Familien von Involutionen einer Ordnung > 1, die die Eigenschaft besitzen, eine Geradenkongruenz in sich zu verwandeln, die Involutionen nämlich, bei denen den Ebenen des Raumes Flächen n^{ter} Ordnung mit einer $(n-2)$-fachen Geraden oder auch Flächen der Ordnung $2n+1$ entsprechen, die durch eine n-fache Raumkurve 4. Ordnung erster Art hindurchgehen.

Diese beiden Familien werden von *D. Montesano* studiert.[754]) Die erste Involution besitzt außer der $(n-2)$-fachen Geraden eine einfache, in $3n-7$ Punkten die Gerade treffende Hauptkurve der Ordnung $3n-4$ vom Geschlecht $3n-7$. Die Kongruenz, die durch die Involution in sich transformiert wird, ist diejenige, die als Leitkurven die beiden Hauptkurven hat. Die zweite Involution besitzt als Hauptkurven außer der n-fachen Raumkurve 4. Ordnung $2n$ einfache Gerade, die Sehnen dieser Kurve sind, und transformiert die Kongruenz der Sehnen der Kurve selbst in sich.[755])

Die birationalen Transformationen vom Geschlecht 1 werden von *Grazia Nobile*[756]) angegeben.

754) Roma Rend. Acc. Linc. (4) 5^2 (1889), p. 123; bzw. Giorn. di mat. (1) 31 (1892), p. 36. Ein Hinweis auf die erste schon bei *L. Cremona,* Gött. Nachr. 1871, p. 148; Math. Ann. 4 (1871), p. 225 = Opere 3, p. 271. S. darüber auch *F. R. Sharpe,* Ann. of math. (2) 31 (1929), p. 637; Auszug Bull. Amer. math. Soc. (2) 36 (1930), p. 191.

Ein homaloides System, das aus den Flächen n^{ter} Ordnung gebildet ist, die durch $3(n-3)$ allgemeine Punkte und durch vier zu je zweien windschiefe Gerade [von denen drei einfach sind und die vierte $(n-2)$-fach ist] hindurchgehen, bei *G. Marletta,* Rend. Circ. mat. Palermo 49 (1925), p. 259.

755) Diese Eigenschaft erlaubt, die Konstruktion der genannten Involution auf die Konstruktion der umkehrbar eindeutigen involutorischen Transformationen auf den kubischen elliptischen Kegeln zurückzuführen, die die Erzeugenden dieses Kegels zu je zweien einander entsprechen lassen.

Für $n = 5$ wird einer der von *D. Montesano* für die hier betrachteten Involutionen gefundenen Typen die von *M. Pieri,* Atti Acc. Torino 24 (1889), p. 514 untersuchte Involution 11. Ordnung; s. Anm. 738.

756) Giorn. di mat. (3) 12 (1921), p. 147. Zwei Typen der genannten Transformationen sind diejenigen, die durch eine Fläche 4. Ordnung mit Doppelkegelschnitt oder durch eine Fläche 5. Ordnung mit einer dreifachen und zwei zueinander windschiefen und die erste schneidenden Doppelgeraden bestimmt werden. Die Transformationen vom ersten dieser beiden Typen finden sich bei *Giovannina Aroldi,* Giorn. di mat. (3) 11 (1920), p. 175; die vom zweiten bei *Nicoletta Berardi,* daselbst (3) 14 (1923), p. 109.

Die Involutionen, bei denen den Ebenen des Raumes Flächen 4. Ordnung mit doppeltem Kegelschnitt entsprechen, wurden von *H. Pelzner,* Diss. München

Hazel Edith Schoonmaker[757]) bestimmt alle nicht monoidalen, involutorischen birationalen Transformationen mit einer Kongruenz invarianter Kegelschnitte.

L. Godeaux[758]) erweitert den Begriff der ebenen Transformationen von *de Jonquières* (Nr. **51**) dadurch auf den Raum, daß er die Transformationen studiert, die zwei gegebene Ebenenbüschel projektiv und zwei gegebene lineare Geradenkongruenzen birational ineinander transformieren.

Andere Klassen birationaler Transformationen bei *M. Noether*[759]), *Clara Moffa, V. Snyder*[760]), *D. W. Babbage*[761]), *J. O. Osborn*[762]), *F. R. Sharpe*[763]) und anderen.[764]) S. weiterhin Nr. **86, 96, 97**.

1913 studiert. S. auch *L. A. Dye* und *F. R. Sharpe,* Amer. J. of math. 54 (1932), p. 499; Auszug Bull. Amer. math. Soc. (2) 38 (1932), p. 31.

757) Amer. J. of math. 51 (1927), p. 439; Auszug Bull. Amer. math. Soc. (2) 34 (1928), p. 11.

758) Preisschrift [99]). Erweiterung bei *N. Dohogne,* Mém. Soc. sc. Liège (3) 14 (1928), Nr. 20.

759) Math. Ann. 3 (1870), p. 561 und 570. Bei einer dieser Transformationen wird eines der beiden homaloiden Systeme von Flächen der Ordnung $2r-s+1$ gebildet, die eine $(2r-s)$-fache Gerade g, $3r-2s$ einfache Geraden, die g aber nicht einander schneiden, und weitere s einfache Punkte gemeinsam haben; das andere setzt sich aus Flächen der Ordnung $r+1$ zusammen, die eine r-fache Gerade h, s einfache Gerade, die h schneiden, untereinander aber windschief sind, und $3r-2s$ einfache Punkte gemeinsam haben. Bei einer zweiten Transformation wird eines der homaloiden Systeme von Flächen der Ordnung $2n+1$ gebildet, die eine n-fache Kurve 4. Ordnung erster Art und $2n$ feste Sehnen dieser Kurve als einfache Gerade gemeinsam haben; das andere System hat die gleiche Beschaffenheit.

760) *Clara Moffa,* Diss. Napoli 1921; *V. Snyder,* Amer. J. of math. 46 (1924), p. 131, wo die mit einem linearen ∞^3-System (Gebüsch) invarianter kubischer Flächen ausgestatteten Involutionen studiert werden. — *V. Snyder,* Ann. of math. (2) 26 (1925), p. 165 [Auszug Bull. Amer. math. Soc. (2) 30 (1924), p. 393] studiert die nicht monoidalen Involutionen, für die jedes Monoid eines Gebüsches invariant ist.

761) Proc. Cambridge Phil. Soc. 27 (1931), p. 404, wo die Involutionen gegeben werden, die durch Gebüsche kubischer Flächen bestimmt werden, die frei von singulären Punkten sind.

762) Amer. J. of math. 46 (1924), p. 17, wo die Involutionen studiert werden, die ein Gebüsch invarianter Flächen 6. Ordnung besitzen.

763) Bull. Amer. math. Soc. (2) 32 (1926), p. 7, wo Involutionen mit einem Gebüsch rationaler invarianter Flächen betrachtet werden.

764) *E. Ascione,* Roma Rend. Acc. Linc. (5) 6^1 (1897), p. 162, 240; *A. Tummarello,* Giorn. di mat. (3) 11 (1920), p. 60; *Grazia Nobile,* daselbst (3) 13 (1922), p. 23; *E. J. Purcell,* Bull. Amer. math. Soc. (2) 38 (1932), p. 636.

Illuminata Vagliasindi, Catania Atti Acc. Gioenia (5) 18 (1932), Nr. XXII, bestimmt die birationalen Transformationen, die entstehen, wenn man in einem

Unter den vielen anderen, von verschiedenen Autoren[765]) studierten Sonderfällen verweisen wir besonders auf eine Involution 15. Ordnung,

---

Raum S_4 die Punkte einander entsprechen läßt, in denen die Strahlen eines ∞^3-Strahlensystems 1. Ordnung [III C 7 (*C. Segre*), Nr. **45**] zwei gegebene Hyperebenen treffen.

Als birationale involutorische Transformation 4. Ordnung zwischen den Veränderlichen n, d, r und n', d', r' deutete *S. Kantor,* Atti Ist. Ven. (8) 3 (1901), p. 769 die *Plücker*schen Formeln [III C 4 (*L. Berzolari*), Nr. 8 und Anm. 92], und erweiterte in analoger Weise diese Interpretation auch auf die *Cayley*schen Formeln für die algebraischen Raumkurven [III C 9 (*K. Rohn* und *L. Berzolari*), Nr. **17** und Anm. 84]. Vgl. auch *J. L. Coolidge,* „Alg. pl. curves", p. 101—102.

765) *L. Cremona,* Rend. Ist. Lomb. (2) 4 (1871), p. 321—323 = Opere 3, p. 256—258 untersucht (4, 4)-, (4, 5)-, (4, 7)- und (5, 7)-Transformationen; Trans. Ir. Ac. Dublin 28 (1884), p. 279 = Opere 3, p. 461 eine (4, 6)-Transformation; Proc. London math. Soc. (1) 15 (1884), p. 242 = Opere **3**, p. 465, eine (5, 6)-Transformation.

R. Sturm, Math. Ann. 12 (1877), p. 292, 330, 335 ff.; „Geom. Verw." 2, p. 338—341; 4, p. 397—398, 423—424 erhält bei dem Problem der Korrelation von Bündeln und beim Studium von kollinearen Räumen (9, 9)- und (11, 11)-Transformationen.

Eine Involution 4. Ordnung, die als einfache Hauptkurven eine rationale Raumkurve 4. Ordnung, einen Kegelschnitt und zwei Gerade und eine zweifache Hauptgerade hat, findet *F. Aschieri,* Mem. Ist. Lomb. (3) 5 (1881), p. 254—255, 262—263 [1879] beim Studium einer Abbildung eines linearen Geradenkomplexes auf den gewöhnlichen Raum.

Verschiedene spezielle Transformationen findet *S. Kantor,* Anm. 627, p. 97 beim Studium der linearen Systeme linearer Transformationen im Raume.

D. Montesano, Mem. Acc. Bologna (5) 3 (1893), p. 549 studiert den kubischen (rationalen) Komplex, der durch die Erzeugenden der Flächen 2. Ordnung eines allgemeinen Netzes gebildet wird, und gibt zwei Typen umkehrbar eindeutiger, perspektivischer Abbildungen dieses Komplexes auf den Punktraum an. Als Produkte dieser Korrespondenzen erhält er verschiedene birationale Korrespondenzen des Raumes, die spezielle (3, 3)-, (5, 5)-, (7, 7)-, (7, 13)- usw. Korrespondenzen und eine Involution 9. Ordnung sind und alle die Eigenschaft besitzen, daß je ein Paar korrespondierender Punkte auf den Geraden des Komplexes liegt. Über denselben Komplex s. *L. Godeaux,* Bull. Ac. sc. Belgique (5) 16 (1930), p. 570.

Eine spezielle Involution 7. Ordnung, die das Produkt der in Anm. 770 erwähnten birationalen Nullreziprozität 7. Grades und einer mit dieser Nullreziprozität vertauschbaren Nullpolarität ist, bei *D. Montesano,* Ann. di mat. (3) 1 (1898), p. 348. Über diese s. ferner *V. Snyder,* Ann. of math. (2) 31 (1929), p. 335.

Zwei Involutionen der Ordnungen 9 und 11, begleitet von Nullreziprozitäten (Nr. 85), gaben *V. Snyder* und *Hazel Edith Schoonmaker,* Amer. J. of math. 54 (1932), p. 299 [Auszug Bull. Amer. math. Soc. (2) 37 (1931), p. 834] an.

A. B. Coble, Amer. J. of math. 41 (1919), p. 243; Trans. Amer. math. Soc. 24 (1922), p. 1; „Alg. geom.", p. 233, betrachtet verschiedene Involutionen, die ein *Symmetroid* [III C 10b (*W. Fr. Meyer*), Nr. **62**] in sich transformieren.

Andere spezielle Transformationen bei *G. Bordiga,* Atti Ist. Ven. (6) 6 (1888), p. 958; *U. Perazzo*[454]), p. 178—182; *G. Scorza,* Ann. di mat. (3) 15 (1908),

die als eine Erweiterung der ebenen Involution d) von Nr. **61** auf den Raum betrachtet werden darf. Sie wurde von *S. Kantor*[766]) und weiter von *J. R. Conner*[767]) studiert, in Verbindung mit den Thetafunktionen vom Geschlecht 3 aber früher schon von *F. Schottky*[768]) untersucht. Die einer Ebene entsprechende Fläche besitzt 7 achtfache Punkte, geht dreimal durch die Verbindungsgerade je zweier dieser Punkte und einmal durch die durch je sechs dieser Punkte bestimmten kubischen Raumkurven hindurch. Sind im Raume 7 Punkte in allgemeiner Lage gegeben, so gibt es ∞^6 Flächen 4. Ordnung, für die diese Punkte Doppelpunkte sind, und diejenigen unter ihnen, die durch einen gegebenen Punkt P hindurchgehen, enthalten noch einen weiteren Punkt P'. Die betrachtete Involution ist diejenige, in der P und P' konjugiert sind.

85. Birationale Raumreziprozitäten; Nullreziprozitäten. Eine birationale Transformation zwischen einem Punkt- und einem Ebenenraum heißt *birationale Reziprozität.* Sie kann immer als das Produkt einer *Cremona*schen Korrespondenz und einer gewöhnlichen Raumkorrelation[769]) aufgefaßt werden.

Eine birationale Reziprozität wird als *Nullreziprozität* bezeichnet, wenn jeder Punkt auf der entsprechenden Ebene liegt.

Das Produkt einer Nullreziprozität und einer gewöhnlichen Raumkorrelation K ist eine birationale Korrespondenz, bei der zwei homo-

p. 248—250; *J. R. Conner,* Trans. Amer. math. Soc. 13 (1910), p. 270; *L. Godeaux,* Nouv. Ann. de math. (4) 11 (1911), p. 1; Bull. Ac. sc. Belgique (5) 16 (1930), p. 762; *F. R. Sharpe* und *F. M. Morgan,* Ann. of math. (2) 15 (1912), p. 84; *J. F. Tinto,* Proc. Edinburgh math. Soc. 34 (1916), p. 133; 36 (1917), p. 17; *C. H. van Os,* Ak. Amsterdam Versl. (4) 27 (1919), p. 337; *Hilda P. Hudson,* „Cremona transf.", p. 325—328.

766) Amer. J. of math. 19 (1895), p. 24.

767) Amer. J. of math. 38 (1916), p. 155.

768) J. f. Math. 105 (1889), p. 269. S. auch *A. B. Coble,* „Alg. geom.", p. 161—186, 228—233.

769) Zwei birationale (3, 3)- und (11, 11)-Reziprozitäten findet *G. Lazzeri,* Roma Mem. Acc. Linc. (4) 4 (1887), p. 259 beim Studium der linearen Systeme bilinearer Konnexe von Punkten und Ebenen. Eine (3, 3)-Reziprozität bei *G. Bordiga*[594]), p. 82—84.

H. Guradze, Arch. Math. Phys. (3) 4 (1901), p. 288 studiert die kubische Reziprozität, bei der einem Punkte die Ebene entspricht, die durch die Fußpunkte der von diesem Punkte auf drei gegebene, zu je zweien windschiefe Gerade gefällten Lote bestimmt ist.

Ch. François, Mém. Soc. sc. Liège (3) 9 (1912), Nr. 4 und *T. Ôta* (= *T. Takasu*)[580]) studieren die kubische Reziprozität, bei der einem Punkte die Ebene entspricht, die durch die Fußpunkte der von diesem Punkte auf die Kanten eines Trieders gefällten Lote hindurchgeht.

loge Punkte in K reziprok sind, und umgekehrt. Daher kann die Bestimmung der Nullreziprozitäten des Raumes auf die Bestimmung der birationalen Korrespondenzen zurückgeführt werden, in denen zwei beliebige homologe Punkte reziprok bezüglich einer gewöhnlichen Raumkorrelation sind, oder auch speziell auf die Bestimmung der birationalen Korrespondenzen, die einen linearen Komplex erzeugen (Nr. **83**).

Im Gegensatz zur Ebene (Nr. **59**) gibt es im Raume daher unendlich viele Nullreziprozitäten jeder gegebenen Ordnung.[770]) Diese werden von *D. Montesano*[771]) betrachtet, der insbesondere die Null-

770) In Verbindung mit der Theorie der Differentialgleichungen 1. Ordnung und der Flächentheorie *A. Voss*, Math. Ann. 16 (1880), p. 556; 23 (1883), p. 45, 359.

Eine höhere Nullreziprozität untersucht erstmalig *L. Cremona*, Paris C. R. 54 (1862), p. 604 = Opere 2, p. 11 beim Studium der abwickelbaren Flächen 5. Ordnung. Die von ihm nur ausgesprochenen Sätze werden von *N. S. Dino*, Giorn. di mat. (1) 3 (1865), p. 100, 133 auf analytischem Wege, von *E. d'Ovidio*, daselbst, p. 107, 184, 214 auf geometrischem Wege bewiesen.

Eine durch eine gewöhnliche Raumkorrelation bestimmte Nullreziprozität 3. Ordnung wird von *R. Sturm*, Math. Ann. 19 (1881), p. 477—478 und 482—483 betrachtet; weitere von *S. Kantor*[627]), p. 115—116 [vgl. Math. Ann. 20 (1882), p. 297] und *G. Lazzeri*[769]), p. 266, der jedoch hier und auch schon Roma Rend. Acc. Linc. (4) 2^2 (1886), p. 73 daran festhielt, daß es im Raume keine weiteren Nullreziprozitäten gibt.

Die Nullreziprozitäten 2. Ordnung wurden von *A. Ameseder*, J. f. Math. 97 (1883), p. 62 studiert.

Beispiele quadratischer und kubischer Nullreziprozitäten bei *C. J. Kluyver*, Ak. Amsterdam Versl. (3) 8 (1891), p. 41 = Harlem Arch. Néerl. des sciences 25 (1891), p. 70; *E. Meyer*, Math. Ann. 60 (1904), p. 242; *R. Sturm*, „Geom. Verw.“ 3, p. 161—163; 4, p. 463 ff. Metrisch spezielle quadratische Nullreziprozitäten bei *Th. Schmid*, Monatsh. Math. Phys. 8 (1897), p. 267; *H. E. Timerding*, Ann. di mat. (3) 2 (1898), p. 239. Eine kubische Nullreziprozität, die in dem Studium der nicht-euklidischen Schraubungen sich vorfindet, bei *K. Strubecker*, Sitzungsb. Ak. Wien 140 (1931), p. 545.

D. Montesano, Ann. di mat. (3) 1 (1898), p. 346—355 trifft beim Studium des Problemes der Projektivität für Gruppen von linearen Geradenkomplexen auf eine Nullreziprozität, die im allgemeinen vom 7. Grade ist. Sind fünf lineare Geradenkomplexe und eine Gruppe von 5 Elementen eines Grundgebildes erster Stufe gegeben, die auf die 5 Komplexe bezogen sind, so korrespondieren in dieser Nullreziprozität ein Punkt und eine Ebene, wenn sie Mittelpunkt bzw. Ebene eines Geradenbüschels sind, in dem die 5 Geraden der gegebenen Komplexe eine zur gegebenen projektive Gruppe bilden. — Diese Nullreziprozität kann in Sonderfällen niedrigeren Grades sein. Beachtenswert ist die dem einzigen Typus der Nullreziprozität der Ebene (Nr. **59**) analoge Nullreziprozität 3. Grades mit Haupttetraeder, bei der den Ecken eines bestimmten Tetraeders die Ebenenbündel entsprechen, deren Mittelpunkte bzw. mit diesen Ecken zusammenfallen. Die gleiche kubische Nullreziprozität findet *C. Segre*, Rend. Circ. mat. Palermo 44 (1920), p. 139 beim Studium der alternierenden bilinearen Konnexe von Geradenpaaren.

771) Roma Rend. Acc. Linc. (4) 4^1 (1888), p. 583.

reziprozitäten konstruiert, bei denen die den Ebenenbündeln des einen Raumes entsprechenden Flächen des anderen Raumes die Eigenschaft besitzen, von jeder Geraden einer gewissen Kongruenz 1. Ordnung in nur einem, für die Kongruenz nicht singulären Punkte geschnitten zu werden.[772])

Erweiterungen Nr. **99**.

86. Produkte von birationalen Raumtransformationen. Endliche und unendliche diskontinuierliche Gruppen solcher Transformationen. In der Theorie der *Cremona*schen Raumtransformationen existiert kein Analogon des Satzes von Nr. **57**, nach dem jede ebene *Cremona*sche Transformation das Produkt einer endlichen Anzahl quadratischer Transformationen ist.

Hilda P. Hudson[773]) zeigt, daß es kein System von endlich vielen birationalen Transformationen der Art gibt, daß jede andere birationale Transformation als Produkt dieser Transformationen betrachtet werden darf.

Hierüber wie auch über die periodischen Transformationen und die endlichen oder unendlichen diskontinuierlichen Gruppen birationaler Transformationen existieren nur Sonderuntersuchungen und Sonderergebnisse. Das Problem der Typen (im Sinne von Nr. **61**) wurde dagegen für die kontinuierlichen Gruppen birationaler Raumtransformationen (Nr. **87**) gelöst.

Margherita Beloch[774]) beweist, daß eine birationale Transformation der Ordnung $n = 4k + r$ (wo $r = 0, 1, 2, 3$), deren Hauptkurve maximaler Multiplizität eine Raumkurve 6. Ordnung vom Geschlecht 3 mit der Multiplizität $\geqq k + 1$ [Typus a) von Nr. **76**] ist, das Produkt einer (3, 3)-Transformation und einer Transformation niedrigerer Ordnung als n ist.

Die quadratischen, vor allen die periodischen (2, 2)-Transformationen in einem Raume beliebiger Dimension (Nr. **89**) werden von

---

772) *A. del Re*, Rend. Acc. Napoli (3) 18 (1912), p. 296 studiert die Nullreziprozitäten, bei denen die genannten Flächen Monoide sind.

773) Rend. Circ. mat. Palermo 35 (1913), p. 286; „Cremona transf.“, p. 358—359, 383—385. Diese Eigenschaft leitet sich aus der Bemerkung ab, daß die Konstruktion birationaler Transformationen mit einer Hauptkurve von beliebigem, vorher festgelegtem Geschlechte möglich ist, daß weiterhin eine birationale Transformation, die das Produkt zweier anderer Transformationen T_1 und T_2 ist, Hauptkurven besitzt, deren Geschlechter gleich denen der Hauptkurven von T_1 und T_2 sind.

774) S. Anm. 663, p. 64. — Ein Hinweis auf Reduktion von involutorischen birationalen Raumtransformationen bei *Esther Mc Cormick*, Bull. Amer. math. Soc. (2) 38 (1932), p. 488.

S. Kantor[775]) studiert; er untersucht[776]) auch die birationalen Transformationen, die als Produkte einer endlichen Anzahl von Kollineationen und dieser quadratischen Transformationen erhalten werden können[777]) und gibt die Typen an, auf die sich die periodischen unter diesen Transformationen und die aus ihnen gebildeten endlichen diskontinuierlichen Gruppen birational reduzieren lassen.

S. Kantor[778]) behandelt nach verschiedenen Methoden in analoger Weise wie für die entsprechenden Fragen der Ebene (Nr. **60, 61**) auch die periodischen kubischen (3, 3)-Transformationen, und zwar sowohl im allgemeinsten Falle, in dem die Hauptkurve 6. Ordnung irreduzibel, wie auch in dem spezielleren Falle, in dem die Transformation tetraedral ist (Nr. **81**), und gibt die Typen an, auf die diese birational zurückgeführt werden können.

S. Kantor[779]) studiert ferner die Produkte mehrerer tetraedraler Transformationen und zeigt, daß diese Produkte nur die von ordentlichen Hauptkurven freien, birationalen Transformationen liefern. Solche

---

775) Rend. Ist. Lomb. (2) 27 (1894), p. 477, 712, 749; (2) 28 (1895), p. 249, 298.

776) Amer. J. of math. 18 (1895), p. 219.

777) Die verschiedenen Fälle, die sich beim Produkt zweier quadratischer (2, 2)-Transformationen im dreidimensionalen Raume bieten können, werden von *Hilda P. Hudson.* Amer. J. of math. 35 (1911), p. 183 angegeben. Über die Produkte von Kollineationen und quadratischen Inversionen s. *Anna L. Van Benschoten,* Bull. Amer. math. Soc. (2) 18 (1912), p. 219.

M. Noether, Math. Ann. 3 (1870), p. 561—564 [vgl. *G. Salmon* u. *W. Fiedler,* „Raumgeometrie" 2, p. 564] betrachtet das Produkt mehrerer (2, 2)- und (2, 3)-Transformationen unter der Annahme, daß der Hauptkegelschnitt der (2, 2)-Transformation zerfällt.

M. Noether, a. a. O., p. 568—570, und *L. Cremona,* Math. Ann. 4 (1871), p. 225; Gött. Nachr. 1871, p. 147 = Opere 3, p. 271 betrachten das Produkt mehrerer (3, 3)-Transformationen für den Fall, daß die Hauptkurve 6. Ordnung des einen und daher auch des anderen Raumes in eine feste Raumkurve 4. Ordnung erster Art und zwei veränderliche Sehnen dieser Raumkurve zerfällt.

F. E. Eckardt, Math. Ann. 5 (1871), p. 43—44 betrachtet das Produkt mehrerer tetraedralen Transformationen (Nr. **81**) unter der Annahme, daß zwei Ecken des Haupttetraeders fest sind.

J. de Vries, Ak. Amsterdam Versl. (4) 21 (1913), p. 812 studiert das Produkt der zwei kubischen involutorischen Transformationen, die durch zwei kubische Raumkurven (Nr. **81**, am Ende) bestimmt sind.

Über das Produkt zweier birationaler Transformationen s. auch *Hilda P. Hudson,* „Cremona transf.", p. 353—359.

778) Amer. J. of math. 19 (1895), p. 1. Auf p. 25 werden auch die tetraedralen Transformationen angegeben, die eine Raumkurve 4. Ordnung erster oder zweiter Art in sich verwandeln.

779) Acta math. 21 (1896), p. 1.

Transformationen werden von *A. B. Coble*[780]) *regulär* genannt und weisen viele Eigenschaften der ebenen Transformationen auf. Die homaloiden Systeme beider Räume haben ein und dieselbe Ordnung, die gleiche Anzahl Hauptpunkte wie auch die gleiche Anzahl (außerordentlicher) Hauptkurven usw. *S. Kantor* gibt die Typen an, mit denen die periodischen Transformationen dieser Beschaffenheit birational äquivalent sind, und die aus diesen gebildeten endlichen diskontinuierlichen Gruppen. Auch bei diesen Problemen tritt die Analogie mit den gleichartigen Problemen für die Gesamtheit aller ebenen birationalen Transformationen zutage.

Eine gewisse Analogie mit den Transformationen von *S. Kantor* stellen vom Gesichtspunkt der Erzeugung die von *D. Montesano*[781]) studierten und von ihm *Hyperhomographien* genannten Transformationen dar. Die Ordnung der homaloiden Systeme einer derartigen Transformation ist in beiden Räumen eine willkürliche ungerade Zahl $2\nu + 1$, und beide homaloide Systeme haben die gleiche Anzahl ordentlicher Hauptkurven. Diese Hauptkurven sind in beiden Räumen Gerade, die zwei untereinander windschiefe und für die beiden Systeme ν-fache, außerordentliche Hauptgerade u, v (bzw. u', v') treffen, so daß den Geraden u, v des einen Raumes die je ν-mal gezählten Geraden u', v' im anderen Raume entsprechen. Dagegen besitzt die Transformation in keinem der beiden Räume Hauptpunkte, ist also regulär (im Sinne von Nr. **75**).

Das Geschlecht der Transformation ist ν. Diese Zahl ν wird als *Index* der Transformation bezeichnet. Die Transformation vom Index 1 ist die in Anm. 702 betrachtete (3, 3)-Transformation, die in jedem der beiden Räume als (ordentliche bzw. außerordentliche) Hauptkurven vier willkürlich gegebene Gerade und die beiden Schnittgerade dieser Geraden besitzt.

In einer Hyperhomographie von beliebigem Index sind die vier Hauptgeraden höchster Multiplizität in einem beliebigen der beiden Räume Hauptgerade einer hyperhomographischen Korrespondenz vom Index 1, die das homaloidische System der Korrespondenz in diesem

780) Trans. Amer. math. Soc. 17 (1915), p. 345.

Gruppen von regulären Transformationen in Verbindung mit dem *Symmetroid* von *A. Cayley* bei *A. B. Coble,* Amer. J. of math. 41 (1919), p. 243; „Alg. geom.", p. 228—235 (s. auch die Anm. 485 u. 828). Ein Symmetroid kann durch reguläre Transformationen in nur $2^8 \cdot 51$ projektiv voneinander verschiedene Symmetroide transformiert werden. (Vgl. Anm. 485.)

Über die regulären Transformationen s. noch *Hilda P. Hudson,* „Cremona transf.", p. 318—322. — Über die Erweiterung auf die Überräume s. Nr. **91**.

781) Atti Acc. Napoli (2) 18 (1929), Nr. 2.

Raume in ein anderes von gleichem Typus und niedrigerer Ordnung verwandelt.

Hieraus folgt, daß jede hyperhomographische Transformation das Produkt aufeinanderfolgender Transformationen von gleichem Typus und Index 1 ist.

D. Montesano bemerkt, daß der Typus jeder hyperhomographischen Korrespondenz vollständig durch die Multiplizitätsordnungen bestimmt ist, die die ordentlichen Hauptgeraden im ersten Raume für diese Korrespondenz besitzen, untersucht daher die sich hieraus ergebenden Zahlengruppen und erweitert alle Eigenschaften der geometrischen *Cremona*schen Gruppen der Ebene (Nr. **52**) auf diese Gruppen.

Außer den Transformationen von *S. Kantor* und *D. Montesano* erhält man als Produkte aufeinanderfolgender (3,3)-Transformationen von gleichem Typus die von *D. Montesano*[782]) studierten Korrespondenzen, bei denen das homaloide System in jedem der beiden Räume aus Flächen der Ordnung $2n - 1$ mit einer gemeinsamen $(n - 1)$-fachen kubischen Raumkurve und einer gewissen Anzahl gemeinsamer Sehnen dieser Raumkurve zusammengesetzt ist. Die Multiplizitätsordnungen dieser Sehnen für die Transformation bestimmen deren Typus vollständig, und es erweist sich, daß die beiden von ein und derselben Korrespondenz herrührenden Zahlengruppen im ersten und im zweiten Raume miteinander konjugierte, geometrische *Cremona*sche Gruppen (Nr. **52** und **53**) der Ordnung $n - 1$ sind.

Zwei spezielle diskontinuierliche Gruppen birationaler Raumtransformationen studiert *D. Montesano.*[783]) Die erste Gruppe besteht aus 16 involutorischen Transformationen, von denen eine die Identität ist, während die übrigen quadratisch sind, mit ein und demselben Hauptkegelschnitt K. Fünf von diesen Transformationen, deren Produkt die Identität ist, sind räumliche Inversionen; die anderen 10 Transformationen, die Produkte von je zweien (und auch je dreien) der vorhergehenden Transformationen sind, sind so beschaffen, daß jede Transformation die von dem betreffenden Hauptpunkte (s. Nr. **78**) ausgehenden Geraden paarweise in einer harmonischen Homologie einander entsprechen läßt. Die Gruppe ist vollständig bestimmt, wenn die Ebene von K und die Hauptpunkte $O_1, \ldots, O_5$ der fünf Inversionen gegeben sind.

782) Rend. Acc. Napoli (3) 27 (1921), p. **116**, **164**. Über diese Transformationen s. auch *J. F. Tinto,* Proc. Edinburgh math. Soc. 34 (1916), p. 133; 36 (1917), p. 2.

783) S. Anm. 630. — Über die zweite dieser Gruppen s. auch *Ethel Isabel Moody,* Amer. J. of math. 53 (1931), p. 460.

Es gibt ein lineares ∞^3-System von Flächen 4. Ordnung, deren K ein doppelter Kegelschnitt ist und die alle durch jede Transformation der Gruppe in sich transformiert werden; die Spitzen der fünf „*Kummer*schen Kegel" aller dieser Flächen [III C 10b (*W. Fr. Meyer*), III, Nr. **10** bis **20**] sind die Punkte O_i.[784]) Betrachten wir insbesondere diejenigen ∞^2 dieser Flächen 4. Ordnung, die in die Ebene von K und eine kubische Fläche zerfallen, so finden wir, daß die eine allgemeine Fläche 3. Ordnung in sich verwandelnden quadratischen involutorischen Transformationen in 27, den 27 Geraden der Fläche zugeordneten ∞^1-Systeme von Gruppen des betrachteten Typus zerfallen.[785])

Die zweite von *D. Montesano* betrachtete Gruppe setzt sich aus 32 involutorischen Transformationen zusammen, deren eine die Identität ist, während die anderen 3. Ordnung sind, und entspricht vermöge der einfachsten umkehrbar eindeutigen Abbildung eines allgemeinen quadratischen Geradenkomplexes auf den Punktraum[786]) der Gruppe der Involutionen, die in dem Komplex durch die 32 den Komplex in sich verwandelnden homographischen oder korrelativen involutorischen Korrespondenzen des Raumes (einbegriffen die Identität) bestimmt sind. Die 31 Involutionen 3. Ordnung besitzen alle als Hauptkurve die Raumkurve 5. Ordnung vom Geschlecht 2, die Hauptkurve für die Abbildung ist [vgl. III C 9 (*K. Rohn* und *L. Berzolari*), Nr. **65**]. Sechs von diesen Involutionen, deren Produkt die Identität ist, besitzen Fixpunktflächen 3. Ordnung; weitere 15, die paarweisen Produkte der vorhergehenden Involutionen, besitzen je eine Fixpunktkurve (4. Ordnung erster Art), und die letzten 10, die Produkte von je dreien der ersten 6 Involutionen, besitzen je 8 Fixpunkte (Basispunkte eines Netzes

---

784) Ist K der absolute Kegelschnitt, so werden die Fixpunktflächen 2. Ordnung der fünf Inversionen paarweise orthogonale Kugeln.

785) Vgl. hierüber noch *K. Küpper*, Prag Abh. böhm. Ges. (7) 2 (1888), Nr. 10; Ztschr. Math. Phys. 34 (1889), p. 129; *R. Sturm*, „Geom. Verw." 4, p. 405—406.

786) Die Formeln für diese Abbildung stammen von *F. Klein*, wurden von *M. Noether*, Gött. Nachr. 1869, p. 305—306 erstmalig veröffentlicht und sind in *F. Kleins* Ges. math. Abh. 1, Berlin 1921, p. 89 wiedergegeben. Sie werden bewiesen von *E. Caporali*, Roma Mem. Acc. Linc. (3) 2 (1877—78), p. 749 = Memorie di geometria, Napoli 1888, p. 54, der diese Abbildung geometrisch untersucht. Vgl. auch *G. Darboux*, Bull. Sciences math. (1) 2 (1871), p. 157—158; *F. Aschieri*, Rend. Ist. Lomb. (2) 14 (1881), p. 500; *D. Montesano*, daselbst (2) 25 (1892), p. 795; *R. Sturm*, „Die Gebilde"[40]) 3, p. 272—282 (auch für die Besonderheiten der Abbildung, die den Sonderfällen des Komplexes entsprechen, p. 380—387, 404 ff.); *G. Salmon* und *W. Fiedler*, „Raumgeometrie" 2, p. 520—521; *C. M. Jessop*, „A treatise on the line complex", Cambridge 1903, p. 179—183; *H. F. Baker*, „Princ. of geom."[46]) 4, p. 234—235. — Vgl. III C 8 (*K. Zindler*), Nr. **37** f).

von Flächen 2. Ordnung). Jede Raumkurve 5. Ordnung vom Geschlecht 2 bestimmt eine Gruppe vom betrachteten Typus vollständig.

Spezielle unendliche diskontinuierliche Gruppen birationaler Raumtransformationen erhalten wir durch Betrachtung algebraischer Flächen, die durch diese Transformationen in sich transformiert werden.

J. I. Hutchinson[787]) bemerkt, daß die *Kummer*sche Fläche [III C 8 (*K. Zindler*), Nr. **36**; III C 10b (*W. Fr. Meyer*), XI, Nr. **64—74**] durch 60, die *Weddle*sche Fläche (a. a. O.) durch 15 tetraedrale Involutionen in sich transformiert wird; hierdurch werden unendliche diskontinuierliche Gruppen erzeugt, für die die genannten Flächen invariant sind.[788])

V. Snyder[789]) zeigt, daß die unendliche diskontinuierliche Gruppe automorpher birationaler Transformationen gewisser algebraischer Flächen, die ein Büschel elliptischer Kurven enthalten und von *A. Rosenblatt*[790]) betrachtet wurden, durch eine analoge Gruppe *Cremona*scher Raumtransformationen ersetzt werden kann.

Nach *V. Snyder* und *F. R. Sharpe*[791]) gilt das gleiche für die un-

787) Bull. Amer. math. Soc. (2) 7 (1900), p. 211. S. auch *V. Snyder*, Trans. Amer. math. Soc. 12 (1911), p. 354 [Auszug Bull. Amer. math. Soc. (2) 17 (1911), p. 281]; *H. F. Baker*, Proc. London math. Soc. (2) 11 (1912), p. 302; *F. R. Sharpe* und *C. F. Craig*, Trans. Amer. math. Soc. 15 (1914), p. 236 [Auszug Bull. Amer. math. Soc. (2) 20 (1914), p. 401]; *A. Emch*, ebenda 27 (1925), p. 270 [Auszug Bull. Amer. math. Soc. (2) 30 (1924), p. 226]; *R. W. H. T. Hudson*, „Kummer's quartic surface", Cambridge 1905, p. 216—219.

Die analoge Gruppe, für die die *Hesse*sche Fläche einer kubischen Fläche invariant ist, bei *J. I. Hutchinson*, Bull. Amer. math. Soc. (2) 6 (1900), p. 328.

788) Die ersten Beispiele algebraischer Flächen mit unendlichen diskontinuierlichen Gruppen automorpher birationaler Transformationen (im allgemeinen aber birationaler Transformationen nicht des ganzen Raumes, d. h. nicht *Cremona*scher Transformationen) bei *G. Humbert*, Paris C. R. 126 (1898), p. 394, 508; J. math. pures appl. (5) 6 (1900), p. 372 und *P. Painlevé*, Paris C. R. 126 (1898), p. 512 an. Das Beispiel von *G. Humbert* bezieht sich auf die *Kummer*sche Fläche; das von *P. Painlevé* fußt auf Eigenschaften der elliptischen Funktion $p(u)$ und ist bei *É. Picard* und *G. Simart*[114]) 2, Paris 1906, p. 462—464 wiedergegeben.

Die Aufgabe der Bestimmung aller automorphen birationalen Transformationen einer *Kummer*schen Fläche wird von *F. Klein*, Math. Ann. 27 (1885), p. 141—142 = Ges. math. Abh. 1, p. 198—199 gestellt. Die Eigenschaft, daß sie eine unendliche diskontinuierliche Gruppe bilden, finden *G. Humbert*, a. a. O., und *J. I. Hutchinson*[787]), erstes Zitat.

789) Trans. Amer. math. Soc. 14 (1912), p. 105; Auszug Bull. Amer. math. Soc. (2) 19 (1913), p. 302.

790) Rend. Circ. mat. Palermo 33 (1911), p. 212. S. noch Paris C. R. 153 (1911), p. 1460; Krakau Ak. d. Wiss. Anz. (A) 1912, p. 761.

791) Trans. Amer. math. Soc. 16 (1914), p. 62; Auszug Bull. Amer. math. Soc. (2) 21 (1915), p. 278.

Über die beiden im Text bezeichneten Kurven s. III C 9 (*K. Rohn* und *L. Berzolari*), Nr. **67**, **68**.

endliche diskontinuierliche Gruppe birationaler Transformationen, die die allgemeinste, durch eine Raumkurve 6. Ordnung vom Geschlecht 2 oder eine nicht hyperelliptische Raumkurve 6. Ordnung vom Geschlecht 3 hindurchgehende Fläche 4. Ordnung in sich transformieren.

A. Emch[792]) gibt eine unendliche diskontinuierliche Gruppe *Cremona*scher Raumtransformationen an, die die Raumkurve 6. Ordnung vom Geschlecht 3 in sich verwandeln, die der Ort der Spitzen aller, einem Netze von Flächen 2. Ordnung angehörigen Kegel ist [III C 9 (*K. Rohn* und *L. Berzolari*), Nr. **68**]. Diese Gruppe wird durch die 28 involutorischen *Geiser*schen Transformationen (Nr. **83**) erzeugt, deren Fixpunktflächen die durch 6 beliebige von den 8 Basispunkten des Netzes bestimmten *Weddle*schen Flächen sind.

87. Typen endlicher kontinuierlicher Gruppen von birationalen Raumtransformationen [vgl. III AB 4b (*G. Fano*), Nr. **22**]. Die Klassifikation der (im Sinne von *S. Lie*, also von einer endlichen Anzahl von Parametern abhängigen) endlichen kontinuierlichen Gruppen biratio-

---

Der Fall der Kurve vom Geschlecht 2 auch bei *V. Snyder*, Trans. Amer. math. Soc. 11 (1909), p. 15 [Auszug Bull. Amer. math. Soc. (2) 15 (1908), p. 324]; der Fall der Kurve vom Geschlecht 3 bei *L. Godeaux*, Krakau Ak. d. Wiss. Anz. (A) 1913, p. 529; *V. Snyder* und *F. R. Sharpe*, Trans. Amer. math. Soc. 19 (1918), p. 290.

Im Falle der Kurve vom Geschlecht 2 stellt *G. Fano*, Rend. Ist. Lomb. (2) 39 (1906), p. 1071 fest, daß eine unendliche diskontinuierliche Gruppe birationaler Transformationen existiert, welche die durch die Kurve hindurchgehende allgemeinste Fläche 4. Ordnung in sich transformieren. Die vollständige Bestimmung der Gruppe führt *F. Severi*, Rend. Circ. mat. Palermo 30 (1910), p. 265 in Zusammenhang mit seinen Untersuchungen über die *Basis* des Systems der auf einer algebraischen Fläche existierenden algebraischen Kurven durch.

Eine analoge Eigenschaft gilt für die allgemeine, durch eine Raumkurve 8. Ordnung vom Geschlecht 2 hindurchgehende Fläche 4. Ordnung. S. *F. R. Sharpe* und *V. Snyder*, Trans. Amer. math. Soc. 21 (1920), p. 61.

Bezüglich des Vorhergehenden vgl. III C 6b (*G. Castelnuovo* und *F. Enriques*), Nr. **41**. Den dortigen Anführungen fügen wir hinzu, daß man andere Beispiele von Flächen mit einer unendlichen diskontinuierlichen Gruppe von birationalen Transformationen in sich bei *F. Enriques* findet, Mem. Soc. ital. delle scienze (dei XL) (3) 4 (1906), p. 350; *V. Snyder*, Bull. Amer. math. Soc. (2) 15 (1908), p. 291; (2) 16 (1909), p. 57; Trans. Amer. math. Soc. 11 (1910), p. 371; Amer. J. of math. 32 (1910), p. 177; *G. Fano*, Rend. Circ. mat. Palermo 29 (1909), p. 98; Roma Rend. Acc. Linc. (5) 29^1 (1920), p. 408, 485; (5) 29^2 (1920), p. 113, 175, 231; *R. Garnier*, Paris C. R. 149 (1909), p. 1054; *L. Remy*, ebenda, p. 1057; *L. Godeaux*, Roma Rend. Acc. Linc. (5) 21^1 (1912), p. 398; Krakau Ak. d. Wiss. Anz. (A) 1913, p. 529; *F. R. Sharpe* und *F. M. Morgan*, Ann. of math. (2) 15 (1912), p. 84; *F. R. Sharpe* und *V. Snyder*, Trans. Amer. math. Soc. 15 (1914), p. 266; Auszug Bull. Amer. math. Soc. (2) 20 (1914), p. 400.

792) Trans. Amer. math. Soc. 27 (1925), p. 270; Auszug Bull. Amer. math. Soc. (2) 30 (1924), p. 226.

naler Raumtransformationen (s. die Anführungen in den ersten Zeilen von Anm. 551), d. h. ihre Reduktion auf bestimmte Typen durch birationale Raumtransformationen wurde von *F. Enriques* und *G. Fano*[793]) vollständig durchgeführt.

Bei dieser Untersuchung kann man den von *F. Enriques* (Nr. **64**) bei dem analogen Problem der Ebene eingeschlagenen Weg nicht, wenigstens bis heute nicht, auf den Raum ausdehnen, also sich nicht der Eigenschaften der adjungierten Flächen bedienen. Man kann dagegen von einer allgemeinen, auf die kontinuierlichen Gruppen birationaler Transformationen in einem r-dimensionalen linearen Raume S_r ($r = 2, 3, \ldots$) bezüglichen Eigenschaft Gebrauch machen, die sich aus der immer auf unendlich viele Weisen möglichen Konstruktion eines durch alle Transformationen der gegebenen Gruppe in sich transformierten linearen Systemes von Hyperflächen ergibt.

Es ist nämlich möglich, auf unendlich viele Arten für jede kontinuierliche ∞^k-Gruppe birationaler Transformationen des Raumes S_r eine r-dimensionale, zu einem linearen Raume von $n \geqq r$ Dimensionen gehörige rationale Mannigfaltigkeit M_r mit einer kontinuierlichen ∞^k-Gruppe automorpher projektiver Transformationen zu konstruieren derart, daß, wenn man diese Mannigfaltigkeit M_r geeignet auf den Raum S_r abbildet, das Bild der projektiven ∞^k-Gruppe in S_r die betrachtete Gruppe birationaler Transformationen ist.[794])

So reduziert sich jede kontinuierliche Gruppe von birationalen Transformationen des Raumes S_r birational auf eine Gruppe von projektiven Transformationen einer rationalen M_r. Indem man sich auf diese Tatsache und auf die allgemeine *Lie*sche Theorie der Gruppen von Transformationen stützt, findet man die folgenden Typen, von denen die ersten drei sich als natürliche Erweiterungen der in Nr. **64** bezeichneten typischen *Cremona*schen Gruppen der Ebene ergeben.

1. die 15-gliedrige Kollineationsgruppe und ihre Untergruppen;

2. die 10-gliedrige Gruppe konformer Transformationen oder der reziproken Radien (die also Kugeln in Kugeln verwandeln) und ihre Untergruppen;

3. die „verallgemeinerten *de Jonquières*sche Gruppen", d. h. die Gruppen, welche ein invariantes Ebenenbüschel oder ein invariantes Strahlenbündel besitzen;

---

793) Ann. di mat. (2) 26 (1897), p. 59.

794) Auf diese Eigenschaft stützt sich für $r = 2$ *G. Fano,* Rend. Circ. mat. Palermo 10 (1895), p. 16 bei der Aufstellung des Satzes von *F. Enriques* über die Typen von kontinuierlichen Gruppen von birationalen Transformationen der Ebene. S. Anm. 555.

4. zwei wohlbestimmte 3-gliedrige einfache transitive Gruppen von Transformationen 3. bzw. 7. Ordnung.

Insbesondere reduzieren sich alle primitiven Gruppen auf Gruppen vom Typus 1 und 2; die imprimitiven Gruppen auf Gruppen vom Typus 3; eine Ausnahme bilden nur die einfachen transitiven ∞^3-Gruppen, in denen die einen allgemeinen Punkt des Raumes fest lassenden Transformationen eine zu einer der drei Gruppen der regulären Polyeder (Tetraeder, Oktaeder, Ikosaeder) holoedrisch isomorphe Gruppe endlicher Ordnung bilden; diese Gruppen reduzieren sich auf drei wohlbestimmte Typen, nämlich eine konforme Gruppe, also vom Typus 2, und die zwei Gruppen vom Typus 4.[795])

Zur Vervollständigung der Bestimmung aller birational verschiedenen Typen, auf die die kontinuierlichen *Cremona*schen Gruppen des Raumes reduziert werden können, bleibt noch die Bestimmung der verschiedenen typischen Gruppen, die jedem der Typen 1, 2, 3 angehören. Die typischen Gruppen der Typen 1 und 2 wurden schon von *S. Lie*[796]) bestimmt; es sind dieselben Gruppen, die vom Gesichtspunkt der Punkttransformationen aus voneinander verschieden sind. Man hat nur noch die ∞^6-Gruppe der konformen Transformationen zuzufügen, die eine gegebene Kugel mit nicht verschwindendem Radius in sich verwandeln. Diese Gruppe kann zwar auf eine Gruppe vom Typus 1 reduziert werden, aber durch eine Transformation mit den Indizes 1 und 2 (vgl. Nr. 92), und nicht durch eine birationale Transformation.

Da alle Typen 1 und 2, mit Ausnahme der konformen ∞^3-Gruppe vom tetraedrischen Typus, primitiv sind, führt *G. Fano*[797]) die Bestimmung aller primitiven Gruppen von neuem und auf anderem, direkterem Wege durch. Auf diese Weise erhält man neun Typen, von denen fünf projektiv und nicht konform, zwei konform und nicht projektiv und zwei gleichzeitig projektiv und konform (daher Gruppen von Ähnlichkeiten) sind.

Die Bestimmung der birational verschiedenen Typen 3 führt *G. Fano*[798]) durch, der die vollständigen typischen Gruppen angibt, die alle anderen als Untergruppen enthalten.

795) Für beide Gruppen vom Typus 4 gaben *F. Enriques* und *G. Fano*[793]), p. 92 ff. die Darstellungsformeln. Eine direkte Konstruktion der ersten dieser beiden Gruppen bei *G. Scorza,* Ann. di mat. (3) 15 (1908), p. 232.

796) *S. Lie* und *Fr. Engel*[556]) 3, Leipzig 1893, p. 122—178.

797) Atti Acc. Torino 33 (1898), p. 480.

798) Mem. Acc. Torino (2) 48 (1898), p. 221. Unter den hier angegebenen Typen befindet sich auch der von *J. W. Young* und *F. M. Morgan*[617]) studierte, welcher durch drei invariante Ebenenbüschel bestimmt ist, von denen in jedem

Wir erhalten schließlich insgesamt 16 vollständige typische Gruppen: die projektive Gruppe, zwei Gruppen quadratischer Transformationen, drei Gruppen kubischer Transformationen (darunter die oktaedrische ∞^3-Gruppe), eine Gruppe von Transformationen 7. Ordnung (die ikosaedrische ∞^3-Gruppe), während für die anderen neun der Typus bestimmt ist, die Ordnung aber jeden beliebigen Wert annehmen kann.

M. Noether[799]) bestimmt alle möglichen kontinuierlichen Gruppen quadratischer Raumtransformationen. Es gibt fünf verschiedene Arten, mit Untergruppen: 1. die ∞^{10}-Gruppe, die das System der durch einen festen irreduziblen Kegelschnitt hindurchgehenden Flächen 2. Ordnung in sich transformiert; 2. eine ∞^{11}-Gruppe, die das System der durch zwei gegebene, sich schneidende Gerade hindurchgehenden Flächen 2. Ordnung in sich transformiert; 3. eine ∞^{13}-Gruppe, die das System der sich längs einer festen Erzeugenden berührenden Kegel 2. Ordnung in sich transformiert; 4. eine ∞^{11}-Gruppe, die das System der durch eine gegebene Gerade und durch einen gegebenen, nicht auf dieser Geraden liegenden Punkt hindurchgehenden Flächen 2. Ordnung in sich transformiert; 5. eine ∞^{13}-Gruppe, die das System der Flächen 2. Ordnung in sich transformiert, die durch eine gegebene Gerade hindurchgehen und in einem Punkte dieser Geraden einander berühren.

L. Autonne[800]) dehnt seine Untersuchungen über die Gruppen birationaler ebener Berührungstransformationen (Nr. **65**) auf den Raum aus. Insbesondere studiert er die *primordialen* Mannigfaltigkeiten einer derartigen Transformation und beschäftigt sich auch mit dem umgekehrten Problem, d. h. wenn eine primordiale Mannigfaltigkeit gegeben ist, die ensprechende Berührungstransformation zu konstruieren.

88. Birationale Transformationen zwischen zwei linearen *r*-dimensionalen Räumen.[801]) Von den birationalen Transformationen

---

eine Projektivität gegeben ist, der also das System aller kubischen Raumkurven, deren Sehnen die Achsen der drei Büschel sind, in sich transformiert (vgl. Nr. **81** und Anm. 704).

G. Fano, Roma Rend. Acc. Linc. (5) 7^1 (1898), p. 302, 332 gibt die Symbole der erzeugenden infinitesimalen Transformationen für jede Gruppe an und bringt die vorhergehenden Ergebnisse in Verbindung mit den Resultaten, die früher *S. Lie*[796]) bei der Bestimmung der verschiedenen Typen erhalten hatte, auf die durch willkürliche Punkttransformationen alle kontinuierlichen primitiven Gruppen und gewisse kontinuierliche imprimitive Gruppen von Punkttransformationen des Raumes reduziert werden können.

799) Jahresb. Deutsch. Math.-Ver. 5^1 (1901), p. 68 [1896].

800) S. [1125]), p. 137—244; J. Éc. Polyt. (2), cah. 8 (1903), p. 17; Auszug Paris C. R. **135** (1902), p. 776.

801) S. *A. B. Coble,* „Report", p. 197—226.

zwischen zwei linearen Räumen von $r > 3$ Dimensionen kennt man nur einige Eigenschaften, einfache Erweiterungen verschiedener für $r = 2, 3$ gültiger allgemeiner Sätze.[802]) So kann jede birationale Transformation n^{ter} Ordnung zwischen einem Raume S_r und einem Raum S_r' dadurch festgelegt werden, daß man den Hyperebenen von S_r die Hyperflächen V^n n^{ter} Ordnung eines homaloiden Systems von S_r' projektiv entsprechen läßt. Hier, wie für $r = 2$ und $r = 3$, bezeichnen wir ein lineares System von Hyperflächen V^n als *homaloid*, wenn sich r von diesen Hyperflächen V^n in nur einem veränderlichen Punkte schneiden. *Projektiv* heißt diese Korrespondenz, wenn sie den Hyperebenen eines linearen Systems in S_r die Hyperflächen V^n eines linearen Systems in S_r' entsprechen läßt.

Es seien

$$(1) \qquad \varrho x_i' = f_i(x_0, x_1, \ldots, x_r) \qquad (i = 0, 1, \ldots, r)$$

die Formeln einer rationalen Transformation zwischen den Punkten X und X' von S_r und S_r', wobei $f_0, f_1, \ldots, f_r$ Formen n^{ter} Ordnung sind und ϱ ein Proportionalitätsfaktor ist. Die homologen Punkte eines Punktes X, dessen Koordinaten x_i alle Formen f_i zu Null werden lassen, also eines Basispunktes des linearen Systems

$$(2) \qquad \lambda_0 f_0 + \lambda_1 f_1 + \cdots + \lambda_r f_r = 0,$$

erhalten wir als Grenzlagen der Punkte, die homolog sind zu den Punkten von S_r, die sich X in den verschiedenen von X ausgehenden Richtungen nähern. Im allgemeinen wird auf diese Weise dem Punkte X eine $(r-1)$-dimensionale algebraische Mannigfaltigkeit entsprechen; es kann jedoch auch der Fall eintreten, daß dem Punkte X eine Mannigfaltigkeit einer niedrigeren Anzahl von Dimensionen entspricht. Derartige Basispunkte des linearen Systems (2) heißen *Hauptpunkte* der Transformation, und die den einzelnen Hauptpunkten entsprechenden Mannigfaltigkeiten heißen *Hauptmannigfaltigkeiten* der Transformation.

Damit die Gleichungen (1) zwischen S_r und S_r' eine so beschaffene rationale Korrespondenz bestimmen, daß bei Bewegung von X in S_r der homologe Punkt X' den ganzen Raum S_r' beschreibt, ist notwendig und hinreichend, daß die Formen $f_0, f_1, \ldots, f_r$ linear unabhängig sind und die durch einen allgemeinen Punkt von S_r hindurchgehenden Hyperflächen des Systems (2) auch durch eine endliche Anzahl weiterer Punkte hindurchgehen, die keine Hauptpunkte sind.

802) Vgl. *C. Carrone*, Catania Atti Acc. Gioenia (4) 11 (1898), Nr. 8 [Auszug Catania Boll. Acc. Gioenia 52 (1898), p. 15], wo insbesondere auch der Fall $r = 4$ betrachtet wird. Über diesen Fall s. auch *A. Gennaro*, Ann. Scuola Norm. sup. di Pisa 15 (1927), Nr. 6; *J. W. Archbold*, Proc. Cambridge Phil. Soc. 27 (1931), p. 502.

Soll die Transformation speziell birational sein, so ist es notwendig und hinreichend, daß das System (2) homaloid ist.[803])

Ist O ein s-facher Basispunkt des Systems (2), so entspricht jedem Punkt X, der ihm unendlich benachbart auf einer von O ausgehenden Geraden g liegt, in S_r' ein bestimmter Punkt X'. Dreht man g um O, so beschreibt X' einen Ort Ω', dessen Punkte, die zu einer Hyperebene von S_r' gehören, den Erzeugenden eines Tangentenkegels in O an eine Hyperfläche des Systems (2) entsprechen.

Wenn die Tangentenkegel in O an die Hyperflächen des Systems (2), die eine gemeinsame Erzeugende haben, nicht notwendig andere gemeinsame Erzeugende besitzen, so ist die Korrespondenz zwischen den Geraden g durch O und den Punkten X' von Ω' eineindeutig; in diesem Falle ist Ω' rational, von der Dimension $r-1$ und der Ordnung s^{r-1}.

Wenn diese Tangentenkegel als gemeinsamen Scheitel einen S_k haben, so hat die dem Punkt O entsprechende Mannigfaltigkeit Ω' im allgemeinen die Dimension $r-k-1$ und die Ordnung s^{r-k-1}. Diese tritt insbesondere dann auf, wenn O zu einer Mannigfaltigkeit M_k der Dimension k gehört, die eine s-fache Basis für das System (2) ist. Der Mannigfaltigkeit M_k entspricht dann im allgemeinen eine Mannigfaltigkeit der Dimension $r-1$ und der Ordnung s^{r-k-1}, die ein geometrischer Ort für ∞^k $(r-k-1)$-dimensionalen Mannigfaltigkeiten ist.

Ist die durch die Gleichungen (1) bestimmte Transformation birational, so sind außer der Ordnung n $(= n_1)$ noch weitere Charaktere $n_2, n_3, \ldots, n_{r-1}$ zu betrachten. Dies sind die Ordnungen der je $2, 3, \ldots, r-2, r-1$ Hyperflächen des homaloiden Systems (2) gemeinsamen beweglichen Mannigfaltigkeiten von $r-2, r-3, \ldots, 2, 1$ Dimensionen, die als 2., 3., …, $(r-1)^{\text{te}}$ Ordnung der Transformation bezeichnet werden können.

Man erkennt leicht, daß die inverse Transformation einer gegebenen birationalen Transformation gleiche, nur im entgegengesetzten Sinne zu nehmende Ordnungen wie diese besitzt.

Für die Konstruktion der birationalen Transformationen zwischen einem Raume S_r und einem Raume S_r' kann man eine Methode verwenden, die der von *L. Cremona* (Nr. 76) für den Fall $r = 3$ angewandten Methode analog ist, indem man alle homaloiden Systeme, falls solche

803) S. *F. Severi*, „Trattato" 1_1, p. 5—9. Über die Hauptelemente einer birationalen Transformation s. die in Anm. 643 angeführten Arbeiten; außerdem *G. Marletta*[650]).

existieren, bestimmt, denen eine gegebene rationale Hyperfläche angehört.[804])

Sind die beiden Räume vereinigt, so ist die Anzahl der Fixpunkte gleich der Summe der $r-1$ Ordnungen, erhöht um zwei Einheiten.

Über die Anzahl der zyklischen Gruppen[805]) s. allgemeiner die Anm. 894.

89. Quadratische Transformationen. Am meisten untersucht sind die quadratischen Transformationen.[806]) Im einfachsten Falle[807]) wird das homaloide System im einen Raume S_r aus den Hyperflächen 2. Ordnung V gebildet, die durch eine in einer Hyperebene π liegende quadratische Mannigfaltigkeit F der Dimension $r-2$ und einen nicht auf π liegenden Punkt O hindurchgehen. Im anderen Raume S_r' wird das homaloide System in ähnlicher Weise aus den Hyperflächen 2. Ordnung V' gebildet, die durch eine auf einer

804) Vgl. *C. Carrone*[802]), p. 11—14, der diese Methode auf die Untersuchung homaloider Systeme, die eine Hyperfläche 2. Ordnung von S_4 enthalten (a. a. O., p. 14—45), sowie auf die Konstruktion einiger homaloider monoidaler Systeme in S_4 (a. a. O., p. 45—49) anwendet.

805) *S. Kantor,* Paris C. R. 90 (1880), p. 1156; Rend. Ist. Lomb. (2) 27 (1894), p. 713, Fußn.; *C. G. F. James,* London math. Soc. J. 1 (1926), p. 3. Z. B. die Anzahl der involutorischen Paare ist $\sum\limits_{i=1}^{r-1} \frac{n_i(n_i-1)}{2}$.

806) Die Produkte dieser Transformationen und die periodischen quadratischen Transformationen in einem Raume S_r werden von *S. Kantor,* Anm. 775, studiert. Über die involutorischen quadratischen Transformationen s. *B. Bydžovský,* Časopis 60 (1931), p. 214. — Verschiedene, aus Hyperflächen 2. Ordnung in S_4 gebildete homaloide Systeme betrachten *P. del Pezzo,* Rend. Acc. Napoli (3) 1 (1895), p. 133; (3) 2 (1896), p. 336; (3) 3 (1897), p. 33 [Erweiterung bei *F. Palatini,* Giorn. di mat. (2) 7 (1900), p. 320]; *C. Carrone*[802]), p. 14—45, und geben auch für einige Systeme Darstellungsformeln an. Eines dieser Systeme, das aus Hyperflächen 2. Ordnung gebildet wird, die durch eine elliptische Kurve 5. Ordnung hindurchgehen, wurde schon von *L. Bianchi,* Math. Ann. 17 (1880), p. 234, beim Studium des elliptischen Integrals erster Gattung angetroffen und dann, auch in vielen Sonderfällen, von *A. Gennaro*[802]) studiert. Ein anderer Fall bei *E. G. Togliatti,* Atti Acc. Torino 52 (1917), p. 775—777.

J. G. Semple, Trans. London Phil. Soc. (A) 228 (1929), p. 331 studiert und klassifiziert alle allgemeinen Typen quadratischer Transformationen zwischen zwei Räumen S_4 und gibt ihre inversen Transformationen an.

Deuten wir die reellen Teile und die Koeffizienten von $i\ (=\sqrt{-1})$ der Koordinaten eines Punktes in einer Ebene als Koordinaten eines Punktes in einem Raume S_4, so werden die Kollineationen der Ebene quadratische Transformationen zwischen zwei Räumen S_4. Vgl. dazu *P. del Pezzo,* Rend. Acc. Napoli (2) 7 (1893), p. 123.

807) S. *E. Bertini*[4]), 1. Ausg., p. 370—374; 2. Ausg., p. 455—459; deutsche Ausg., p. 429—433.

Hyperebene π' liegende quadratische Mannigfaltigkeit F' der Dimension $r-2$ und einen nicht zu π' gehörenden Punkt O' hindurchgehen. Alle Ordnungen sind gleich 2.

Bezeichnen $x_0, x_1, \ldots, x_r$ und $x_0', x_1', \ldots, x_r'$ die homogenen projektiven Koordinaten zweier Punkte von S_r und S_r', nehmen wir O und O' als Punkte $(1, 0, \ldots, 0)$ und π und π' als Hyperebenen $x_0 = 0$, $x_0' = 0$, und ist $\varphi(x_1, x_2, \ldots, x_r) = 0$ die Gleichung von F in π, d. h. die Gleichung des Kegels, der F von O aus projiziert, so wird die Transformation durch die Formeln

$$\varrho x_0' = \varphi(x_1, x_2, \ldots, x_r)$$
$$\varrho x_i' = x_0 x_i \qquad (i = 1, 2, \ldots, r)$$

bestimmt, deren Umkehrungen

$$\sigma x_0 = \varphi(x_1', x_2', \ldots, x_r')$$
$$\sigma x_i = x_0' x_i' \qquad (i = 1, 2, \ldots, r)$$

sind, wobei ϱ und σ zwei Proportionalitätsfaktoren sind.

Einer von O ausgehenden Geraden g entspricht eine von O' ausgehende Gerade g' und die auf diese Weise zwischen den Bündeln O und O' durch die quadratische Transformation bestimmte Korrespondenz ist eine Kollineation. Die Korrespondenz zwischen den Geraden g und g' ist eine Projektivität, die dann und nur dann ausartet, wenn g auf dem Kegel $\varphi(x_1, x_2, \ldots, x_r) = 0$ und g' daher auf dem Kegel $\varphi(x_1', x_2', \ldots, x_r') = 0$ liegt. Ist die Projektivität nicht ausgeartet, so sind die homologen Punkte der Punkte O und O' die Schnittpunkte von g' mit π' und von g mit π. Wir können daher sagen, daß den Punkten von π der Punkt O' korrespondiert oder besser, daß den Punkten von π die O' unendlich benachbarten Punkte, also die von diesem Punkte ausgehenden Richtungen, kollinear entsprechen. Ist dagegen die Projektivität zwischen g und g' ausgeartet, so ist der entsprechende Punkt jedes Punktes von g der Schnittpunkt von g' mit π', so daß also jeder Geraden des Kegels $\varphi(x_1, x_2, \ldots, x_r) = 0$ ein Punkt von F' entspricht und umgekehrt.

Der Punkt O und die Punkte von F heißen *Hauptpunkte* in S_r, ebenso der Punkt O' und die Punkte von F' *Hauptpunkte* in S_r'. Die Hyperebene π und der Kegel $\varphi(x_1, x_2, \ldots, x_r) = 0$, ebenso auch die Hyperebene π' und der Kegel $\varphi(x_1', x_2', \ldots, x_r') = 0$, die diesen entsprechen, heißen *Haupthyperflächen* der quadratischen Transformation.

Die *Jacobi*sche Hyperfläche des homaloiden Systems von S_r setzt sich aus der $(r-1)$-mal gezählten Hyperebene π und dem ein einziges Mal gezählten Kegel $\varphi(x_1, x_2, \ldots, x_r) = 0$ zusammen.

Trivial ist die Erweiterung der Transformation durch reziproke Radien auf einen Raum S_r (für $r = 2$ s. Nr. **70, 71** und für $r = 3$ s. Nr. **79**). Die dadurch im euklidischen Raume von $r > 2$ Dimensionen entstehende konforme Gruppe ist eine endliche kontinuierliche Gruppe mit $\frac{(r+1)(r+2)}{2}$ Parametern.

90. Andere besondere birationale Transformationen und Gruppen solcher Transformationen. Spezielle Transformationen erhalten wir, außer durch die gegen Ende Nr. 88 angedeutete Erweiterung der Methode von *L. Cremona*, leicht auch durch Übertragung bekannter Konstruktionen der Ebene und des Raumes.

So erhalten wir eine quadratische Transformation, deren sämtliche Ordnungen gleich 2 sind, wenn wir in einem Raume S_{r+1} eine nicht spezialisierte Hyperfläche Q 2. Ordnung und zwei Hyperebenen π, π' annehmen und die Hyperfläche Q von zwei auf ihr fest gewählten Punkten aus auf π und π' projizieren.

Eine quadratische Transformation erhält man, wenn man einen Raum S_r und einen Raum S_r' durch eine Reziprozität und zwei Geradenbündel O und O' dieser Räume kollinear aufeinander bezieht und jedem Punkte P von S_r den Schnittpunkt der zu P reziproken Hyperebene mit der dem Strahl OP in der Kollineation entsprechenden Gerade von O' entsprechen läßt.

Wir erhalten dagegen eine Transformation der Ordnung r, wenn wir die beiden Räume S_r, S_r' durch r Reziprozitäten aufeinander beziehen und jedem Punkte des einen Raumes den Schnittpunkt der r reziproken Hyperebenen entsprechen lassen.[808])

Eine Transformation r^{ter} Ordnung erhalten wir auch, wenn wir r Büschel von Hyperebenen von S_r auf r Büschel von Hyperebenen von S_r' projektiv beziehen und zwei Punkte als homolog auffassen, die Schnittpunkte zweier bei diesen r Paaren von projektiven Büscheln homologer Gruppen von r Hyperebenen sind.[809])

808) *C. Carrone*[802]), p. 50; *L. Godeaux*, Rend. Ist. Lomb. (2) 43 (1909), p. **116**.

809) *Maria del Re*, Rend. Acc. Napoli (3) 28 (1922), p. 203. Bei dieser Transformation ergeben sich zwei Sonderfälle, die von *C. Carrone*[802]), p. 50—57, bzw. von *E. Veneroni*, Rend. Ist. Lomb. (2) 34 (1901), p. 640 untersucht wurden. Die erste Transformation erhalten wir durch Betrachtung der Geraden in einem Raume S_{r+1}, die gleichzeitig r Räume S_{r-1} schneiden. Von diesen ∞^r Geraden geht eine und nur eine durch jeden Punkt von S_{r+1} hindurch. Es entsteht also zwischen zwei Hyperebenen von S_{r+1} eine birationale Korrespondenz r^{ter} Ordnung, wenn ihre Schnittpunkte mit einer dieser Geraden einander entsprechen. — Bei der zweiten Transformation besteht das homaloide System in jedem der beiden Räume S_r aus den Hyperflächen r^{ter} Ordnung, die durch $r+1$ in allgemeiner Lage gegebene Räume S_{r-2} hindurchgehen. Über einige der vorhergehenden

J. G. Semple[810]) klassifiziert die allgemeinen Typen von Flächen, die man als partiellen Schnitt zweier kubischer Hyperflächen in S_4 erhält und macht Anwendung davon auf das Studium einiger birationaler kubischer Transformationen in S_4.

O. Franceschi[811]) studiert spezielle monoidale *Cremona*sche Transformationen in S_4.

Einige Typen birationaler involutorischer Transformationen, die die kubische Hyperfläche von S_4 in sich transformieren, untersucht *V. Snyder.*[812]) Er betrachtet auch verschiedene unendliche diskontinuierliche Gruppen birationaler Transformationen mit einer invarianten kubischen Hyperfläche in S_4.[813])

P. H. Schoute[814]), *Nina Alderton*[815]), *C. G. F. James*[816]), *B. C. Wong*[817]),

---

Transformationen in einem S_4 s. *M. Mikan*, Prag České Ak. Rozpravy 39 (1929), Nr. 21; *J. A. Todd*, Proc. Cambridge Phil. Soc. 26 (1930), p. 323.

Weitere, von anderen speziellen Konstruktionen herrührende birationale Transformationen bei *A. del Re*, Giorn. di mat. (1) 28 (1890), p. 271; Roma Rend. Acc. Linc. (4) 6^2 (1890), p. 271; *P. del Pezzo*, Rend. Acc. Napoli (3) 2 (1896), p. 295; *C. Carrone*[802]), p. 57—62; *U. Perazzo*[454]), p. 149; *M. Stuyvaert*, Rend. Ist. Lomb. (2) 44 (1911), p. 314; *E. G. Togliatti*[806]); *G. Marletta*[650]), p. 252 [Anwendungen bei *G. Bennati*, Catania Atti Acc. Gioenia (4) 17 (1929), Nr. VI; *G. Marletta*, ebenda (4) 18 (1930), Nr. II]; *B. C. Wong*, Bull. Amer. math. Soc. (2) 35 (1929), p. 829; *Maria del Re*, Rend. Acc. Napoli (3) 35 (1929), p. 208; *G. Aprile*, Giorn. di mat. (3) 23 (1932), p. 196.

U. Amaldi, Giorn. di mat. (3) 9 (1918), p. 1 studiert die involutorische birationale Transformation, die zwischen den aufeinanderfolgenden Ableitungen einer beliebigen Funktion einer Veränderlichen bis zu irgendeiner beliebigen Ordnung und den Ableitungen der inversen Funktion bis zur gleichen Ordnung stattfindet.

R. Fricke, Jahresb. Deutsch. Math.-Ver. 3 (1894), p. 93 betrachtet eine mit dem Studium der Moduln der algebraischen Gebilde verknüpfte Gruppe *Cremona*scher Transformationen.

J. W. Young und *F. M. Morgan*[617]) erweitern die in Anm. 617 und 798 erwähnten Untersuchungen auf die Hyperräume.

810) Proc. London math. Soc. (2) 32 (1931), p. 369.

811) Giorn. di mat. (3) 18 (1927), p. 90; (3) 19 (1928), p. 131; Rassegna di mat. e fis. 7 (1927), p. 73, 109.

812) *V. Snyder*, Rend. Circ. mat. Palermo 38 (1913), p. 344 [Auszug Bull. Amer. math. Soc. (2) 20 (1914), p. 288]; *V. Snyder* und *Marguerite Lehr*, Amer. J. of math. 53 (1931), p. 186 [Auszug Bull. Amer. math. Soc. (2) 36 (1930), p. 191].

813) Bull. Amer. math. Soc. (2) 35 (1929), p. 612—615; *V. Snyder* und *Marguerite Lehr*[812]).

814) Arch. Musée Teyler (2) 7 (1900), p. 117.

815) Math. Publ. Univ. of California 1 (1923), p. 345.

816) Proc. Cambridge Phil. Soc. 22 (1924), p. 201.

817) Bull. Amer. math. Soc. (2) 32 (1926), p. 156; Ann. of math. (2) 27 (1926), p. 330 [Auszug Bull. Amer. math. Soc. (2) 33 (1927), p. 272]; (2) 28 (1927), p. 251; Amer. J. of math. 49 (1927), p. 383.

L. Roth[818]) studieren die Involution 4. Ordnung in S_4, die aus den Paaren in bezug auf die Hyperflächen 2. Ordnung eines linearen ∞^3-Systems konjugierter Punkte gebildet wird.

H. C. Shaub[819]) bestimmt die allgemeinen Typen der involutorischen Transformationen in S_4, die ∞^4 Hyperflächen 2. Ordnung invariant lassen.

Maria Miglio[819a]) studiert die nicht involutorischen birationalen Transformationen in S_4, bei denen auf jeder Treffgeraden einer gegebenen, notwendig rationalen, Kurve ein und nur ein Paar von homologen Punkten liegt.

Über die durch Kollineationen und quadratische Transformationen vom einfachsten Typus (Nr. **89**) erzeugten endlichen Gruppen s. die Bemerkungen über *S. Kantor*[820]) Nr. **86**.

L. Autonne[821]) überträgt seine Untersuchungen über die birationalen Berührungstransformationen (Nr. **65** u. **87**) auf die Hyperräume.

91. Fortsetzung: Reguläre Gruppen Cremonascher Transformationen. Untersuchungen von A. B. Coble.[822]) *S. Kantor*[823]) und *A. B. Coble*[824]) dehnen die Betrachtungen in Nr. **55** dadurch bzw. auf den Raum

B. C. Wong, Ann. of math. (2) 30 (1929), p. 547 studiert auch die Korrespondenz, die in S_4 entsteht, wenn wir jedem Punkte die Gerade entsprechen lassen, in der sich die Polarhyperebenen des Punktes in bezug auf drei feste Hyperflächen 2. Ordnung schneiden. Das ∞^4-System der auf diese Art erhaltenen Geraden ist so beschaffen, daß sechs von diesen Geraden in einer allgemeinen Ebene liegen.

818) Proc. London math. Soc. (2) 30 (1929), p. 118.

819) Amer. J. of math. 49 (1927), p. 367; Auszug Bull. Amer. math. Soc. (2) 33 (1927), p. 10.

819a) Catania Atti Acc. Gioenia (5) 18 (1932), Nr. XIX.

820) Eine Gruppe von Inversionen [vgl. III C 7 (*C. Segre*), Anm. 302] betrachtet *S. Kantor*[665]), p. 718.

821) Verh. des dritten intern. Math.-Kongresses, Heidelberg 1904 (Leipzig 1905), p. 379; Paris C. R. 155 (1912), p. 762; J. Éc. Polyt. (2), cah. 17 (1913), p. 147.

822) Ein Gesamtüberblick über diese Untersuchungen bei *A. B. Coble*, Bull. Amer. math. Soc. (2) 28 (1922), p. 329. S. auch *H. S. White*, daselbst (2) 35 (1929), p. 16.

Bezüglich derartiger Untersuchungen, vor allem im Zusammenhang mit den Thetafunktionen vom Geschlecht 2, 3, 4, s. auch *A. B. Coble*, „Alg. geom.", wo auch viele Sonderfälle („*Reihe*" P_6^2, P_7^2, P_8^2, P_9^2, P_{10}^2, P_6^3, P_7^3, P_8^3, ...) und die Verbindungen mit verschiedenen geometrischen Gebilden (ebene Kurve 4. Ordnung vom Geschlecht 3, rationale ebene Kurve 6. Ordnung, ebene Kurve 6. Ordnung vom Geschlecht 4, ebene hyperelliptische Kurven, Raumkurve 6. Ordnung vom Geschlecht 4, Fläche 3. Ordnung, *Kummer*sche Fläche, *Weddle*sche Fläche, Symmetroide, Involutionen in der Ebene und im Raume, ...) betrachtet werden.

823) S. Anm. 779.

824) S. Anm. 481; außerdem „Alg. geom.", p. 39—45.

S_3 und den Raum S_r aus, daß sie die speziellen *Cremona*schen Transformationen untersuchen, die von *A. B. Coble* als *regulär* bezeichnet werden und die Produkte von Transformationen vom Typus $x_i x_i' = 1$ $(i = 0, 1, \ldots, r)$ und von Kollineationen sind. Diese Transformationen bilden eine Gruppe, die als *reguläre Cremonasche Gruppe* in S_r bezeichnet wird. Sie sind im wesentlichen durch ihre isolierten Hauptpunkte definiert, und besitzen analoge Eigenschaften wie die ebenen *Cremona*schen Transformationen: eine Transformation und ihre inverse haben ein und dieselbe Ordnung n [die die Form $(r-1)\mu + 1$ hat], die gleiche Anzahl ϱ isolierter Hauptpunkte usw.

Einer Hyperebene des ersten Raumes S entspricht im zweiten Raume S' eine Hyperfläche n^{ter} Ordnung, die in den Hauptpunkten $q_1, q_2, \ldots, q_\varrho$ von S' gewisse, durch $r - 1$ teilbare Multiplizitäten $(r-1)s_1, (r-1)s_2, \ldots, (r-1)s_\varrho$ hat. Die dem Hauptpunkt p_i $(i = 1, 2, \ldots, \varrho)$ von S entsprechende Haupthyperfläche in S' habe die Ordnung r_i und in q_j die Multiplizität α_{ji}.

Hat nun eine Hyperfläche von S die Ordnung x_0 und in p_i die Multiplizität x_i, so wird die entsprechende Hyperfläche die Ordnung y_0 und in q_j die Multiplizität y_j haben, wobei

$$(1)\qquad \begin{aligned} y_0 &= [(r-1)\mu + 1]x_0 - r_1 x_1 - \cdots - r_\varrho x_\varrho, \\ y_1 &= (r-1)s_1 x_0 - \alpha_{11} x_1 - \cdots\cdots - \alpha_{1\varrho} x_\varrho, \\ &\ldots\ldots\ldots\ldots\ldots \\ y_\varrho &= (r-1)s_\varrho x_0 - \alpha_{\varrho 1} x_1 - \cdots\cdots - \alpha_{\varrho\varrho} x_\varrho. \end{aligned}$$

Bezeichnen wir dann mit $x_{\varrho+1}, \ldots, x_m$ und mit $y_{\varrho+1}, \ldots, y_m$ die Multiplizitäten der beiden Hyperflächen in $m - \varrho$ $(\varrho \leq m)$ Paaren allgemeiner miteinander entsprechender Punkte, so kommen zu den vorhergehenden noch die Beziehungen

$$y_{\varrho+1} = -(-1)x_{\varrho+1}, \ldots, y_m = -(-1)x_m$$

hinzu.

Gehen wir zur inversen regulären Transformation über, so ergeben sich statt der Zahlen r_i, s_i, α_{ji} die Zahlen s_i, r_i, α_{ij}.

Für die durch die Gleichungen (1) dargestellte lineare Transformation mit ganzen Koeffizienten ist eine lineare und eine quadratische Form invariant, d. h.

$$(r+1)x_0 - x_1 - \cdots - x_m,$$
$$(r-1)x_0^2 - x_1^2 - \cdots - x_m^2,$$

wodurch man für die ganzen Zahlen $\mu, r_i, s_i, \alpha_{ji}$ folgende Beziehungen[825]) erhält, die den in Nr. **49** und **50** für die ebenen Transforma-

825) *A. B. Coble*, Trans. Amer. math. Soc. **17** (1916), p. 366.

tionen angegebenen Beziehungen analog sind:

$$\sum_i s_i = \sum_i r_i = (r+1)\mu,$$

$$\sum_i s_i^2 = \sum_i r_i^2 = (n+1)\mu,$$

$$\sum_j \alpha_{ji} = (r+1)r_i - 1, \qquad \sum_i \alpha_{ji} = (r+1)s_j - 1,$$

$$\sum_j \alpha_{ji} s_j = n r_i, \qquad \sum_i \alpha_{ji} r_i = n s_j,$$

$$\sum_j \alpha_{ji}^2 = (r-1)r_i^2 + 1, \qquad \sum_i \alpha_{ji}^2 = (r-1)s_j^2 + 1,$$

$$\sum_j \alpha_{ji}\alpha_{jk} = (r-1)r_i r_k, \qquad \sum_i \alpha_{ji}\alpha_{ki} = (r-1)s_j s_k.$$

Jedem Typus einer regulären Transformation mit vorher festgelegter Zuordnung der beiden Gruppen von isolierten Hauptpunkten entspricht eine lineare Transformation (1), und die Gesamtheit aller derartigen Typen mit ϱ gegebenen Hauptpunkten erzeugt eine Gruppe $g_{m,r}$ von Kollineationen, die für $m > r + 3$ mit Ausnahme der folgenden Wertepaare von m und r[826])

$$6,2; \quad 7,2; \quad 7,3; \quad 8,2; \quad 8,4$$

unendlich und diskontinuierlich ist.

A. B. Coble[827]) führt, indem er insbesondere annimmt, daß die $\varrho \leqq m$ Hauptpunkte auf einer elliptischen Normalkurve liegen und indem die Koordinaten der Punkte dieser Kurve durch elliptische Funktionen eines Parameters ausdrückt [III C 7 (*C. Segre*), Nr. 28], eine

---

826) *A. B. Coble*, a. a. O., p. 362.

A. B. Coble, a. a. O., p. 368—369 bestimmt auch alle Typen symmetrischer regulärer Transformationen, deren sämtliche Hauptpunkte also gleiche Multiplizität besitzen. Die Ordnung n einer derartigen Transformation, die Anzahl ϱ ihrer Hauptpunkte und die gemeinsame Multiplizität λ dieser Punkte können nur folgende Werte annehmen:

für $r \geqq 2$: $\quad n = r, \quad \varrho = r+1, \quad \lambda = 1;$

für r ungerade:

$$n = \frac{(r-1)(r+3)}{2} + 1, \quad \varrho = r+3, \quad \lambda = \frac{r+1}{2};$$

für $r = 4$: $\quad n = 49, \quad \varrho = 8, \quad \lambda = 10;$

außerdem für $r = 2$:

$n = 5, \ \varrho = 6, \ \lambda = 2; \qquad n = 8, \ \varrho = 7, \ \lambda = 3; \qquad n = 17, \ \varrho = 8, \ \lambda = 6,$

und für $r = 3$: $\quad n = 15, \ \varrho = 7, \ \lambda = 4.$

Die vier Fälle für $r = 2$ wurden in Nr. 52 angegeben. Die drei Fälle für $r = 3$ finden sich schon bei *S. Kantor*[779]), p. 27 vor.

827) a. a. O., p. 370.

weitere mit $g_{m,r}$ isomorphe Kollineationsgruppe $e_{m,r}$ mit rationalen Koeffizienten ein.

Die Betrachtung der Transformation (1) ist für *S. Kantor* der Ausgangspunkt zu den in Nr. **86** erwähnten Untersuchungen. *A. B. Coble* verfolgt dagegen das Studium der Transformation (1) im Zusammenhang mit der Betrachtung der *kongruenten „Reihen"* (*„set"*) von Punkten in S_r und macht Anwendungen hiervon auf die Theorie der algebraischen Gleichungen und der *Abel*schen Modulfunktionen.

Eine *„Reihe"* P_m^r ist ein Aggregat von m Punktes des Raumes S_r. Nach dem *Graßmann*schen Prinzip von den korrespondierenden Matrizen [I A 2 (*E. Netto*), Nr. **34**] gehört der Reihe P_m^r von S_r eine *„assoziierte"* Reihe Q_m^{m-r-2} in S_{m-r-2} an, und ist $m = 2r + 2$, so ist die Reihe P_m^r *„sich selbst assoziiert"*. Zwei assoziierte Reihen bestimmen einander in eindeutiger Weise.[828])

---

828) Über die assoziierten Reihen s. auch *A. B. Coble,* Trans. Amer. math. Soc. 24 (1922), p. 1 [Auszug Bull. Amer. math. Soc. (2) 29 (1923), p. 120], wo auch „Spezialreihen" auftreten, die für gegebene Werte von m und r gewissen projektiven Bedingungen genügen. So ergibt sich insbesondere, daß die Normalflächen der Ordnung $r - 1$ von S_r [III C 7 (*C. Segre*), Nr. **35**] eine unendliche diskontinuierliche Gruppe automorpher regulärer Transformationen zulassen.

Eine beachtenswerte, sich selbst assoziierte Reihe ist die Reihe P_{2p+2}^p von S_p, die durch die Eigenschaft geometrisch gekennzeichnet ist, daß alle Hyperflächen 2. Ordnung durch $2p + 1$ von den Punkten dieser Reihe auch durch den letzten Punkt hindurchgehen. S. *A. B. Coble,* Trans. Amer. math. Soc. 16 (1914), p. 160, und vor allem Amer. J. of math. 40 (1918), p. 317, wo der Zusammenhang zwischen den absoluten Invarianten einer sich selbst assoziierten Reihe und den Thetafunktionen studiert wird. Für die Reihe P_{2p+2}^p ist die Anzahl dieser Invarianten $\frac{p(p+1)}{2}$, also gleich der Anzahl der Moduln der allgemeinen Thetafunktion von p Veränderlichen.

Über geometrische Zusammenhänge mit den *Abel*schen Modulfunktionen vom Geschlecht 4 s. *A. B. Coble,* Amer. J. of math. 46 (1923), p. 143; 51 (1929), p. 495; Auszüge Proc. National Ac. of Sciences 7 (1921), p. 245, 334; 9 (1923), p. 183.

Mit diesen letzten Untersuchungen verknüpfen sich die weiteren Arbeiten von *A. B. Coble,* Amer. J. of math. 41 (1919), p. 243 [vgl. auch Trans. Amer. math. Soc. 24 (1922), p. 20] über die Verbindung zwischen der Reihe P_{10}^2 der Knoten einer ebenen rationalen Kurve 6. Ordnung (vgl. Anm. 485 und 780) und der Reihe P_{10}^3 der Knoten des *Cayley*schen Symmetroides. Es zeigt sich, daß sich die Reihe P_{10}^3 gegenüber regulären *Cremona*schen Raumtransformationen ganz ähnlich verhält, wie die Reihe P_{10}^2 gegenüber *Cremona*schen ebenen Transformationen.

A. B. Coble, Ann. of math. (2) 17 (1915), p. 101 untersucht auch einen Isomorphismus zwischen den Thetafunktionen von p Veränderlichen und den irrationalen Invarianten einer Reihe P_{2p+2}^p.

Über die spezielle Reihe P_8^3, die sich aus den Basispunkten eines Netzes von Flächen 2. Ordnung von S_3 zusammensetzt, s. *J. R. Musselman,* Amer. J. of

Die Invarianten einer Reihe P_m^r setzen sich aus den Determinanten der Matrix der Koordinaten der m Punkte zusammen, sind in den Koordinaten jedes Punktes homogen und gleichen Grades und bleiben bei Vertauschungen der Punkte unverändert. Zwei assoziierte Reihen haben gleiche absolute Invarianten.[829])

Die in einer gewissen Art geordnete Reihe P_m^r kann, da sie $r(m-r-2)$ projektive Invarianten besitzt, durch einen Punkt P eines $r(m-r-2)$-dimensionalen linearen Raumes Σ dargestellt werden, und zwei dieser Bildpunkte P und P' sind durch eine *Cremona*sche Transformation verbunden. Die $m!$ von den $m!$ Permutationen der Punkte von P_m^r herrührenden Bildpunkte P sind unter einer Gruppe $G_{m!}$ von $m!$ *Cremona*schen Transformationen der Ordnung $m-r-2$ in Σ konjugiert; die Invarianten der Gruppe $G_{m!}$ ergeben sich aus denen von P_m^r.

Zwei geordnete Reihen P_m^r und Q_m^r von m Punkten, die sich aus den Punkten $p_1, p_2, \ldots, p_m$ von S_r und den Punkten $q_1, q_2, \ldots, q_m$ von S_r' zusammensetzen, sind nach *A. B. Coble*[830]) in bezug auf eine reguläre *Cremona*sche Transformation T *kongruent,* wenn ϱ ($\leqq m$) Paare $p_i q_i$ Hauptpunktepaare von T in den zwei Räumen sind und die restlichen $m-\varrho$ Paare allgemeine Paare homologer Punkte von T sind. Fügt man zu den erwähnten Permutationen der Punkte von P_m^r die Operation des Übergangs von P_m^r zur Gesamtheit aller mit ihr in bezug auf reguläre Transformationen im S_r kongruenten Reihen hinzu, so erhält man dadurch in Σ eine mit der Kollineationsgruppe $g_{m,r}$ isomorphe erweiterte Gruppe $G_{m,r}$ *Cremona*scher Transformationen. Die erweiterten Gruppen $G_{m,r}$ und $G_{m,m-r-2}$ der assoziierten Reihen P_m^r und Q_m^{m-r-2} stimmen überein; die Gruppe $g_{m\,r}$ und $g_{m,m-r-2}$ sind holoedrisch isomorph.[831])

math. 40 (1918), p. 69. S. auch *A. B. Coble*, Trans. Amer. math. Soc. 17 (1915), p. 377; *C. C. Bramble*[482]), p. 362.

829) Diese Invarianten werden von *A. B. Coble* im allgemeinen und in den einfachsten Sonderfällen in Trans. Amer. math. Soc. 12 (1910), p. 311; 16 (1914), p. 155; 17 (1915), p. 345; 24 (1922), p. 1 studiert. Über den Fall von 6 Punkten einer Ebene s. auch *J. R. Musselman,* Bull. Amer. math. Soc. (2) 35 (1929), p. 456.

830) S. [825]), p. 345.

831) Die in bezug auf reguläre Transformationen invarianten Eigenschaften von P_m^r lassen sich mit Hilfe gewisser *Diskriminanten-Bedingungen* ausdrücken, die von *A. B. Coble,* Trans. Amer. math. Soc. 17 (1915), p. 379; 18 (1916), p. 331 [Auszug Bull. Amer. math. Soc. (2) 22 (1915), p. 9], besonders p. 338; Amer. J. of math. 41 (1919), p. 243 studiert wurden. Diese Bedingungen lassen sich durch reguläre Transformationen von zwei einfachen Typen ableiten, von denen der eine ausdrückt, daß zwei Punkte von P_m^r in einer gewissen Richtung zusammenfallen, der andere, daß $r+1$ Punkte der Reihe P_m^r in einem Raume S_{r-1} liegen.

In der zweiten Arbeit verwendet *A. B. Coble* die Gruppe $G_{6,2}$ in Σ_4 zur Bestimmung der 27 Geraden einer kubischen Fläche.

Die einzigen endlichen Gruppen $G_{m,r}$ ($m > r + 3$) sind die Gruppe $G_{6,2}$, die Gruppe $G_{7,2} = G_{7,3}$ und die Gruppe $G_{8,2} = G_{8,4}$, von denen in Nr. **53** die Rede war. Alle anderen Gruppen $G_{m,r}$ sind unendlich diskontinuierlich.

Für $r = 1$ fällt die Gruppe G_{m1} mit der von *E. H. Moore*[832]) studierten *„Doppelverhältnis-Transformationsgruppe"* (*„cross-ratio group"*) zusammen. Dieser bemerkt, daß sich die Doppelverhältnisse, die aus irgendwelchen vier Wurzeln einer binären Form der Ordnung $r + 3$ gebildet werden können, rational durch r passend unter ihnen ausgewählte ausdrücken lassen. Betrachtet man diese r Doppelverhältnisse als Koordinaten eines Punktes P eines Raumes S_r und nimmt man die Permutationen der $r + 3$ Wurzeln vor, so wird der Punkt P durch eine Gruppe $G_{(r+3)!}$ von $(r + 3)!$ *Cremona*schen Transformationen r^{ter} Ordnung transformiert, die daher mit der Gesamtgruppe aller Permutationen von $r + 3$ Elementen holoedrisch isomorph ist. In dieser Gruppe ist eine Gruppe von $(r + 2)!$ Kollineationen enthalten, die mit der symmetrischen Gruppe von $r + 2$ Elementen holoedrisch isomorph ist. Die Gruppe $G_{(r+3)!}$ läßt sich dadurch erhalten, daß man in S_r $r + 2$ allgemeine Punkte annimmt, und wird dann durch die Kollineationsgruppe der Ordnung $(r + 2)!$, die auf alle Arten die $r + 2$ Punkte permutiert, und durch die *Cremona*schen Transformationen r^{ter} Ordnung vom Typus $x_i x_i' = 1$ erzeugt, die $r + 1$ dieser Punkte als $(r - 1)$-fache Hauptpunkte und den übrig bleibenden Punkt als Fixpunkt haben. Die Anzahl der letzteren ist $(r + 2)!\,(r + 2)$.

Für $r = 2$ ergibt sich die gegen Ende Nr. **72** erwähnte Gruppe von 120 ebenen quadratischen Transformationen.[833])

Für $r = 3$ ergibt sich eine Gruppe von 720 kubischen Transformationen von S_3, die mit einer von *S. Kantor*[834]) bestimmten, wie auch mit einer von *Ed. Kasner*[835]) studierten Gruppe, die sich beim Studium

832) Amer. J. of math. 22 (1900), p. 279. S. auch *Ed. Kasner,* Bull. Amer. math. Soc. (2) 8 (1902), p. 374; *A. B. Coble,* Trans. Amer. math. Soc. 9 (1908), p. 420; Bull. Amer. math. Soc. (2) 33 (1927), p. 157; *L. Weisner,* Ann. of math. (2) 29 (1928), p. 440; Auszug Bull. Amer. math. Soc. (2) 35 (1929), p. 4.

833) Diese Gruppe wird ferner von *H. E. Slaught,* Diss. Chicago 1898; Amer. J. of math. 22 (1900), p. 343; 23 (1900), p. 99 studiert. Ein Sonderfall bei *P. Field,* Bull. Amer. math. Soc. (2) 12 (1905), p. 234.

H. R. Brahana und *A. B. Coble,* Amer. J. of math. 48 (1925), p. 1 studieren eine reguläre Teilung der projektiven Ebene in 12 pentagonale Gebiete, die durch eine von der vorhergehenden *Cremona*schen Gruppe abgeleitete Gruppe in sich transformiert wird.

834) Anm. 779, p. 77 (Typus LI).

835) Amer. J. of math. 25 (1901), p. 107. Vgl. auch *J. F. Tinto,* Proc. Edinburgh math. Soc. 36 (1917—18), p. 17.

der Konfiguration der Doppelsechs einer kubischen Fläche darbietet, abstrakt äquivalent ist.

Für $r = 2, 3, 2p - 1$ wurde die Gruppe von *A. B. Coble*[836]) diskutiert, und zwar im Zusammenhang mit dem durch die Gruppe bestimmten Formenproblem und dem Problem der Auflösung der Gleichung 5., 6., $(2p + 2)^{\text{ten}}$ Grades, das sich im ersten Falle eng an die *Klein*sche Ikosaedertheorie anlehnt.

V. Mehrdeutige Korrespondenzen zwischen zwei linearen Räumen von zwei oder mehreren Dimensionen.

92. Rationale Transformationen zwischen zwei Ebenen.[837]) Die Theorie der birationalen Transformationen zwischen zwei Ebenen (Nr. **46** bis **72**) findet ihre natürliche Erweiterung in der Theorie der *mehrdeutigen algebraischen* oder *einfach rationalen* Transformationen.

Seien x_1, x_2, x_3 und x_1', x_2', x_3' die projektiven homogenen Koordinaten zweier Punkte X und X' in zwei voneinander verschiedenen oder vereinigten Ebenen π und π'; die Formeln

$$(1) \qquad \varrho x_i' = f_i(x_1, x_2, x_3) \qquad (i = 1, 2, 3),$$

wobei ϱ ein Proportionalitätsfaktor, f_1, f_2, f_3 drei ternäre Formen ein und derselben Ordnung n sind, die wir als frei von gemeinschaftlichen Faktoren betrachten können, lassen einem allgemeinen Punkt X von π einen und nur einen Punkt X' von π' und einem allgemeinen Punkt X' von π' eine gewisse endliche Anzahl D ($D \geqq 1$) von Punkten X von π entsprechen, wenn die Formen f_i nicht etwa binäre Formen ein und derselben Ordnung von zwei anderen Formen der x_1, x_2, x_3 sind, in welchem Falle bei Veränderung von X in π der Punkt X' eine (rationale) Kurve in π' beschreibt (vgl. Nr. **47**).

---

836) Trans. Amer. math. Soc. 9 (1908), p. 396 [Auszug Bull. Amer. math. Soc. (2) 14 (1907), p. 253], bzw. ebenda 12 (1910), p. 311; Bull. Amer. math. Soc. (2) 30 (1924), p. 301.

In der letzten Arbeit betrachtet *A. B. Coble* ausgehend von $2p + 2$ Punkten eines Raumes S_{2p-1} auch eine *Abel*sche Gruppe der Ordnung 2^{2p+1}, die durch Transformationen vom Typus $x_i x_i' = 1$ erzeugt wird, die in $2p$ dieser Punkte isolierte Hauptpunkte haben und die beiden übrigen Punkte miteinander vertauschen. Die Gruppe besitzt eine p-dimensionale invariante Mannigfaltigkeit, eine Verallgemeinerung der *Weddle*schen Fläche. Eingehendere Untersuchungen bei *A. B. Coble*, Amer. J. of math. 52 (1930), p. 439, wo auch insbesondere der Fall $p = 3$ betrachtet wird.

837) Darstellungen dieses Gegenstandes, auch in Sonderfällen, bei *R. Sturm*, „Geom. Verw." 4, p. 232—261; *F. Severi*, „Lezioni", p. 36—46; „Vorlesungen", p. 30—37; „Trattato" 1_1, p. 297—301.

S. auch *V. Snyder*, „Report", p. 122—139.

Schließt man diesen Fall aus, so ergibt sich zwischen X und X' eine algebraische Korrespondenz mit den Indizes 1 und D, die *rationale Transformation* genannt wird, da sie in nicht homogenen Koordinaten x, y und x', y' durch Gleichsetzung von x', y' mit zwei rationalen Funktionen von x, y ausgedrückt werden kann (wobei die Funktionaldeterminante nicht identisch gleich Null ist).

Die Transformation heißt auch *mehrdeutig* (*zwei-, drei-, ..., -eindeutig*, je nachdem $D = 2, 3, \ldots$). Die Ebene π heißt *einfach*, die Ebene π' *D-fach*. Für $D = 1$ ergeben sich die birationalen Transformationen.

Das Studium der zweieindeutigen Transformationen wird von *A. Clebsch*[838]) in Zusammenhang mit der Zweiteilung der *Abel*schen Funktionen und mit der Absicht, Flächenabbildungen zu erhalten, begonnen; auf geometrischem Wege dann methodisch von *R. de Paolis*[839]) entwickelt, der Anwendungen von zwei Sonderfällen auf die nichteuklidische Geometrie[840]) bzw. die ebenen Kurven 4. Ordnung macht.[841]) Die Erweiterung auf die D-eindeutigen Transformationen für einen beliebigen Wert von D führen *P. Visalli*[842]), *G. Jung*[843]), *C. F. E. Björling*[844]) und *Charlotte Angas Scott*[845]) durch.

Verändert sich X' auf π', so beschreiben die D zu X korre-

---

838) Math. Ann. 3 (1870), p. 45; Auszug Gött. Nachr. 1870, p. 253.

Eine spezielle zweieindeutige Transformation zwischen zwei Ebenen schon bei *A. Cayley*, J. f. Math. 67 (1866), p. 95 = Papers 7, p. 121.

Eine Methode für das Studium der ebenen zweieindeutigen Transformationen durch Darstellung der Punktepaare der Ebene mittels der Punkte eines 4-dimensionalen Raumes rührt von *F. Palatini*, „Saggio di un metodo utile per lo studio delle trasformazioni geometriche", Palermo 1892 her.

839) Roma Mem. Acc. Linc. (3) 1 (1877), p. 511. Vgl. die Bemerkungen von *Charlotte Angas Scott*, Bull. Amer. math. Soc. (2) 7 (1900), p. 24.

840) Roma Mem. Acc. Linc. (3) 2 (1877), p. 31.

841) Roma Mem. Acc. Linc. (3) 2 (1878), p. 851.

842) „Sulle trasformazioni geometriche piane ν-ple", Messina 1884; „Sopra le diverse classi delle trasformazioni geometriche piane ν-ple", Messina 1884.

In diesen Arbeiten von *P. Visalli*, wie auch in der von *R. de Paolis*[839]), werden auch viele Sonderfälle untersucht.

843) Roma Rend. Acc. Linc. (4) 2^2 (1886), p. 302. — In Rend. Ist. Lomb. (2) 20 (1887), p. 370 studiert *G. Jung* das Problem der Bestimmung aller D-fachen Transformationen von der Minimalordnung, die durch eine willkürliche Auswahl der Hauptpunkte der einfachen Ebene erhalten werden können.

844) Stockholm Bihang Svenska Vet.-Ak. Handlingar 13 (1887), Nr. 8.

845) Ass. franç. Avanc. des sciences, St. Étienne 26 (1897), p. 50; Nieuw Archief voor Wiskunde (2) 3 (1898), p. 243; Quart. J. of math. 29 (1897), p. 329; 32 (1900), p. 209, wo sich Anwendungen auf die Transformation der Kurven vorfinden.

spondenten Punkte auf π eine Involution der Ordnung D (Nr. **102**), die mit der Transformation *verbunden* (*congiunta*) heißt, ebenso wie die Punkte einer Gruppe dieser Involution *untereinander verbunden* heißen.

Auf π existiert im allgemeinen eine Kurve Ω, deren jeder Punkt je einem ihrer verbundenen Punkte in einer bestimmten Richtung unendlich benachbart ist. Diese Richtung ist im allgemeinen verschieden von der der Tangente an Ω und heißt *Hauptrichtung*. Die Kurve Ω heißt *Doppelkurve* und die ihr in π' entsprechende Kurve Ω' nach *A. Clebsch*[838]) (vgl. Nr. **1**) *Übergangskurve* (*Grenzkurve* oder *Verzweigungskurve*). Die Kurven Ω und Ω' sind eineindeutig aufeinander bezogen und haben daher ein und dasselbe Geschlecht.

Es können aber in π, im allgemeinen außerhalb von Ω, *isolierte Doppelpunkte* in endlicher Anzahl existieren, d. h. solche, daß *jede* durch einen von diesen Punkten hindurchgehende Gerade zwei verbundene Punkte enthält, die mit demselben Punkte zusammenfallen.

Den Geraden von π' entsprechen in π die Kurven des Netzes $|f|$ vom Grade D [III C 4 (*L. Berzolari*), Nr. **3**]

$$\lambda_1 f_1(x) + \lambda_2 f_2(x) + \lambda_3 f_3(x) = 0,$$

d. h. eines Netzes, in dem zwei allgemeine Kurven D veränderliche Schnitte aufweisen, die eine Gruppe der verbundenen Involution bilden. Als *Hauptpunkte* von π werden die Basispunkte dieses Netzes bezeichnet. Fällt X in einen Punkt A von diesen, so liefern die Gleichungen (1) keine bestimmten Werte für die Koordinaten von X'. Lassen wir aber X kontinuierlich nach A streben, so ergibt sich (wie bei den birationalen Transformationen, Nr. **46**), daß den dem Punkte A in den verschiedenen von A ausgehenden Richtungen unendlich benachbarten Punkten, wenn diese Richtungen nur von den möglichen, allen Kurven von $|f|$ gemeinschaftlichen Tangenten in A verschieden sind, die Punkte einer rationalen, *Hauptkurve* genannten Kurve entsprechen. Die Ordnung dieser Kurve ist gleich der Anzahl der veränderlichen Tangenten der Kurven von $|f|$ in A, so daß also, wenn alle Tangenten in A an die Kurven von $|f|$ fest sind, den dem Punkte A unendlich benachbarten Punkten ein einziger Punkt in π' entspricht.

Der Einfachheit halber nehmen wir an, daß alle Tangenten an die Kurven von $|f|$ in den Hauptpunkten von π veränderlich, also alle Hauptpunkte von π voneinander verschieden sind. Dann bezeichnen $r_1, r_2, \ldots$ die Multiplizitäten dieser Punkte, p das Geschlecht einer allgemeinen Kurve von $|f|$, s den *Überschuß* und ε den *Defekt* des Systemes $|f|$ ($s \geqq 0$, $\varepsilon \geqq 0$). Damit wollen wir ausdrücken [III C 4

(*L. Berzolari*), Nr. **35, 36**], daß s von den durch die Hauptpunkte von π den Kurven von $|f|$ auferlegten Bedingungen Folgerungen der übrigen sind, und die diesen $\sum_i \frac{r_i(r_i+1)}{2} - s$ unabhängigen linearen Bedingungen genügenden Kurven n^{ter} Ordnung ein lineares System von der Dimension $2+\varepsilon$ bilden. Daher gilt

$$\sum_i r_i^2 = n^2 - D, \quad D = p - s + \varepsilon + 1.$$

Ist $s = \varepsilon$, so wird das Netz $|f|$ durch die in allgemeiner Lage angenommenen Hauptpunkte bestimmt (ist ein vollständiges und reguläres System), und es gilt $p = D - 1$.

Für $\varepsilon > s$ bestimmen die durch die Hauptpunkte allgemeiner Lage auferlegten Bedingungen kein Netz, sondern ein lineares System von einer Dimension > 2, dem das Netz $|f|$ angehören muß, und es ist $p < D - 1$.

Für $\varepsilon < s$ befinden sich die Hauptpunkte von π in speziellen Lagen in der Ebene, und es ist $p > D - 1$.

Die Zahl p heißt *Geschlecht* der Transformation und n deren *Ordnung*.

Die Ordnung von Ω' ist $2(D + p - 1)$.

Den Geraden von π entsprechen ∞^2 rationale Kurven φ' n^{ter} Ordnung, die jedoch kein lineares System bilden, sondern so beschaffen sind, daß D^2 von ihnen durch zwei allgemeine Punkte hindurchgehen. Sie besitzen gewisse r_1'-, r_2'-, ...-fache gemeinschaftliche Punkte, die als *Hauptpunkte* von π' bezeichnet werden. Einem beliebigen derartigen Punkte, der für die Kurven φ' gewöhnlich r_i'-fach ist, entspricht in π eine mit sich selbst verbundene *Hauptkurve* der Ordnung r_i', die auch zerfallen kann. Die Hauptkurven von π bilden mit der Doppelkurve Ω die *Jacobi*sche Kurve des Netzes $|f|$.[846]) Daher ergibt sich, wenn ν die Ordnung von Ω ist,

$$\nu = 3(n-1) - \sum_i r_i'.$$

Die Ordnung N der mit einer Geraden verbundenen Kurve ist durch

$$N = n^2 - \sum_i r_i'^2 - 1$$

846) In der ersten Arbeit von *P. Visalli*[842]) und den letzten beiden von *Charlotte Angas Scott*[845]) werden die *Plücker*schen Charaktere der Grenzkurve berechnet, die ebenso viele Resultate abzählender Art für das Netz $|f|$ liefern. Für den Fall, daß das Netz keine Hauptkurven aufweist, finden sich derartige Resultate abzählender Art schon bei *E. Caporali*, Coll. math. in mem. D. Chelini, Milano 1881, p. 153 [1879] = Mem. di Geometria, Napoli 1888, p. 182. S. III C 4 (*L. Berzolari*), Nr. **38**, b).

gegeben und zwei Kurven φ' schneiden sich in $N+1$ veränderlichen Punkten.

Eine beliebige Kurve φ' hat $\frac{N-\nu}{2}$ veränderliche Doppelpunkte, berührt die Grenzkurve Ω' in ν Punkten und schneidet sie außer in den Hauptpunkten in ω Punkten, wobei ω die Ordnung der mit Ω verbundenen Kurve, also die Ordnung des Ortes der $D-2$ mit den Punkten von Ω verbundenen Punkte ist (so daß also bei den ein-zweideutigen Transformationen jede Kurve φ' Ω außer den Hauptpunkten in jedem Schnittpunkte berührt).

Die mit der gegebenen mehrfachen Transformation verbundene Involution hat also die Ordnung N und die Klasse $\frac{N-\nu}{2}$.[847])

93. Sonderfälle. Unter den Doppeltransformationen tritt eine einzige Transformation 2. Ordnung auf; zwei vom Geschlecht Null bzw. vom Geschlecht 1 sind 3. Ordnung; drei sind 4. Ordnung, und zwar haben zwei von diesen das Geschlecht Null und eine das Geschlecht 1, und so weiter fort.

Die Transformation 2. Ordnung[848]) erhält man, wenn man eine Fläche Q 2. Ordnung von einem Punkte O dieser Fläche bzw. einem nicht auf Q gelegenen Punkte O' aus auf zwei gegebene Ebenen π und π' projiziert.[849]) Hauptelemente in π sind die Spuren A und B der beiden von O ausgehenden Erzeugenden von Q und die Spur der Tangentialebene in O. Hauptelemente in π' sind die Spur K' der Geraden OO' und die Spuren der durch OO' hindurchgehenden Tangentialebenen an Q. Der Doppelkegelschnitt ist der Schnitt von π mit dem Kegel, der den Berührungskegelschnitt des Q von O' aus umbeschriebenen Kegels von O aus projiziert. Der Grenzkegelschnitt ist

847) *G. Borghese*, Giorn. di mat. (2) 1 (1893), p. 58 erweitert die Formel von *S. Kantor* (Nr. 58) für die Anzahl der zyklischen Gruppen von gegebenem Index einer *Cremona*schen Transformation zwischen zwei vereinigten Ebenen auf die D-fachen Transformationen. Im allgemeinen existieren z. B. $\frac{D(D-1)}{2} + \frac{n(n-1)}{2}$ involutorische Paare.

Über die Anzahl der Fixpunkte s. Nr. 7.

848) S. *R. de Paolis*, Anm. 840.

849) Die ebene Projektion einer Fläche 2. Ordnung von einem nicht auf ihr liegenden Punkte aus wurde schon, in Verbindung mit den Eigenschaften der Kegelschnitte mit doppelter Berührung, von *J. V. Poncelet*[574]), p. 379—382 (Nr. 608—610) betrachtet; als Erweiterung der stereographischen Projektion von *M. Chasles*, Ann. de math. pures appl. 19 (1828—29), p. 157; „Aperçu historique sur l'origine et le développement des méthodes en Géométrie" [1. Ausg.: Mém. couronnés Ac. Bruxelles in 4°, 11 (1837), an die Ac. des sciences de Paris im Januar 1830 übersandt; deutsch von *L. A. Sohncke*, Halle 1839], Paris, 3. Ausg. 1889, p. 222—223, 372. — Über eine Erweiterung s. Anm. 852.

die Spur dieses umbeschriebenen Kegels auf π'. Die verbundene Involution ist eine quadratische Inversion (Nr. **69**).

Den Geraden von π entsprechen ∞^2 Kegelschnitte durch K', die mit dem Grenzkegelschnitte eine doppelte Berührung haben; den Geraden von π' entsprechen projektiv die Kegelschnitte eines Netzes, das in A und B zwei Basispunkte besitzt.

Betrachtet man die einfache Ebene als eine euklidische Ebene mit den absoluten Punkten A und B, die Doppelebene als eine nicht-euklidische Ebene, deren absolutes Gebilde der Grenzkegelschnitt ist, so gelangt man zu einer Verbindung zwischen der nicht-euklidischen Geometrie von π' und der euklidischen Geometrie von π.[850])

Die zweite der von *R. de Paolis*[841]) studierten Transformationen ist 3. Ordnung und vom Geschlecht 1 und läßt sich erhalten, wenn man das Netz der durch 7 feste Punkte hindurchgehenden kubischen Kurven der einen Ebene und das Geradennetz der anderen Ebene projektiv aufeinander bezieht. Dies kann man dadurch erreichen, daß man die Abbildungsebene einer kubischen Fläche mit ihren 6 Hauptpunkten [III C 10a (*W. Fr. Meyer*), Nr. **11**] auf eine andere Ebene bezieht, auf die diese Fläche von einem ihrer Punkte aus projiziert wird. Die verbundene Involution ist die Involution von *C. F. Geiser* (Nr. **61**). In der Doppelebene entsteht dann als Grenzkurve eine allgemeine Kurve 4. Ordnung, und *R. de Paolis* studiert auf diesem Wege[851]) speziell die Eigenschaften der Doppeltangenten dieser Kurve.[852])

---

850) Vgl. auch *H. Liebmann*, Diss. Jena 1895; *R. Sturm*, „Geom. Verw." 4, p. 239—242. — Über die Erweiterung auf den Raum s. Nr. **97**.

851) Über diese Methode und ihre Beziehung zu anderen Methoden (von *L. O. Hesse, S. Aronhold, C. F. Geiser*) s. III C 5 (*G. Kohn*), Nr. **65—72**. S. außerdem, auch über Anwendungen auf spezielle Kurven 4. Ordnung, *H. Bateman*, Amer. J. of math. 36 (1914), p. 357.

852) Weitere, durch spezielle graphische oder metrische Eigenschaften gekennzeichnete Doppeltransformationen bei *Ad. Schwarz*, Sitzungsb. Ak. Wien 94 (1887) p. 310; *V. Retali*, Mem. Acc. Bologna (4) 10 (1889), p. 653; Rend. Acc. Bologna 1899—90, p. 59; 1890—91, p. 35; Mém. Soc. sc. Liège (2) 18 (1895); Period. di mat. (2) 2 (1900), p. 163, 266; (2) 3 (1901), p. 222; Mathesis (2) 10 (1900), p. 209; (3) 1 (1901), p. 152, 176; Nouv. Ann. de math. (4) 1 (1901), p. 224; Le mat. pure appl. 1 (1901), p. 128, 145, 200, 282; 2 (1902), p. 113; Rev. trim. de mat. Zaragoza 5 (1905), p. 199; 6 (1906), p. 1; Interm. des math. (1) 17 (1910), p. 133; Annaes scient. da Acad. pol. do Porto 9 (1913), p. 10; *G. Bordiga*, Atti Ist. Ven. (7) 5 (1894), p. 1613; *E. Muzio*, „Trasformazione piana doppia del terzo ordine", Livorno 1903; *B. Bydžovský*, Časopis 47 (1918), p. 247.

(1, 2)-Transformationen zwischen einer Punkt- und einer Geradenebene studieren *J. Neuberg*, Mathesis (3) 5 (1905), p. 72; Ann. Soc. scient. Bruxelles 32 A (1908), p. 176; *F. Mühlemann*, Diss. Bern 1905; *G. Loria*, Arch. math. pures appl. 1 (1907), p. 21; [46]) 1, p. 300, Fußnote; ital. Ausg. 1, p. 352, Fußnote [III C 5 b

Anna Mayme Howe[853]) bestimmt alle Typen, auf die die Korrespondenzen mit den Indizes 1 und 3 durch birationale Transforma-

(*G. Loria*), Nr. 24]; *J. Klíma,* Časopis 52 (1923), p. 64; (1, 3)-Transformationen *J. Neuberg,* Nouv. Corr. math. 2 (1876), p. 189; 4 (1878), p. 379; Arch. Math. Phys. (3) 3 (1901), p. 89; *H. van Aubel,* Nouv. Corr. math. 2 (1876), p. 281, 316; *K. Cwojdziński,* Arch. Math. Phys. (3) 1 (1900), p. 175.

Nullsysteme, d. h. Korrespondenzen mit den Indizes 1, D zwischen Punkten und Geraden einer Ebene, bei denen zwei homologe Elemente vereinigt liegen, bei *J. de Vries,* Anm. 514, außerdem Izvješča 8 (1917), p. 22; 9/10 (1918), p. 70, 73; Auszüge Rad. 215 (1916), p. 122; 219 (1918), p. 7.

C. F. E. Björling, Stockholm Öfversigt Vetensk.-Ak. Förhandlingar 44 (1887), p. 19 betrachtet eine ebene (1, 2)-Transformation und konstruiert mit Hilfe dieser eine Kurve 4. Ordnung, von der ein Doppelpunkt und elf einfache Punkte gegeben sind.

P. P. Boyd, Diss. Cornell Univ. 1911 = Amer. J. of math. 34 (1912), p. 291 studiert die mit einer Involution von *de Jonquières* assoziierte (1, 2)-Transformation, die durch Projektion einer Fläche n^{ter} Ordnung von zwei Punkten dieser Fläche aus, von denen der eine $(n-1)$-fach, der andere $(n-2)$-fach ist, auf zwei Ebenen erzeugt werden kann. Für $n = 2$ s. Anm. 849.

Eine quadratische (1, 2)-Reziprozität fand *A. del Re,* Mem. Acc. Modena (2) 10 (1895), p. 415 beim Studium der Brennlinien durch Reflexion.

G. H. Halphen, Math. Ann. 15 (1879), p. 359 = Œuvres 2, Paris 1918, p. 319 betrachtet eine ebene (1, 9)-Transformation, die beim Studium der Kurven 3. Ordnung auftritt.

Zwei durch eine ebene rationale Kurve 5. Ordnung bestimmte ebene Transformationen mit den Indizes 1, 5 und 1, 10 in Beziehung zur Apolarität betrachtet *J. R. Conner,* Trans. Amer. math. Soc. 13 (1910), p. 265; Johns Hopkins Univ. Circ. 30 (1911), p. 64 [Auszug Bull. Amer. math. Soc. (2) 17 (1911), p. 287]. S. auch *W. Müller,* Giorn. di mat. (3) 13 (1922), p. 156, 164; Math. Ztschr. 24 (1924), p. 145. Über die Erweiterung auf den Raum s. Anm. 887.

J. R. Conner[767]) studiert auch die allgemeine ebene quadratische Transformation mit den Indizes 1, 4.

W. G. Alexejeff, Moskau math. Sammlung 14 (1889), p. 223; 16 (1892), p. 256 studiert die spezielle Transformation mit den Indizes 1, 4, die man erhält, wenn man jedem Punkte einer Ebene die Basispunkte des Büschels der Polarkegelschnitte dieses Punktes in bezug auf die kubischen Kurven eines gegebenen Büschels entsprechen läßt.

R. Sturm, „Geom. Verw." 4, p. 477—480 betrachtet zum Beweis verschiedener Sätze über die Polarkurven eine ebene Transformation mit den Indizes $1, n-1$ und der Ordnung n, die durch eine Kurve n^{ter} Ordnung und einen Punkt bestimmt ist und in der die Kurve Koinzidenzkurve ist.

Eine (1, 16)-Transformation studiert *P. Burniat,* Mém. Soc. sc. Liège (3) 16 (1931), Nr. 7, in Verbindung mit einem Netz von desmischen ebenen Kurven 4. Ordnung.

Weitere ebene mehrfache Transformationen bei *X. Antomari,* Revue math. spéc. 3 (1894—95—96), p. 147, 311; *J. de Vries*[514]); *A. Emch,* Bull. Amer. math. Soc. (2) 27 (1921), p. 345.

853) Amer. J. of math. 41 (1917), p. 25.

tionen reduziert werden können; *T. R. Hollcroft*[854]) löst die gleiche Frage für die Korrespondenzen mit den Indizes 1 und 4.

Mehrfache ebene Transformationen werden auch von *F. Lucas*[855]) in der sogenannten *Geometrie der Polynome* betrachtet. Dabei handelt es sich um die Abhängigkeit zweier komplexer Veränderlicher z und Z, die durch die Beziehung $Z = f(z)$ miteinander verknüpft sind, wobei $f(z)$ ein Polynom in z ist. Allgemeiner studiert *A. Emch*[856]) die Korrespondenz, die man unter der Annahme erhält, daß $f(z)$ eine gebrochene rationale Funktion von z ist.

94. Algebraische Korrespondenzen mit willkürlichen Indizes zwischen zwei Ebenen. Die algebraischen (m_1, m_2)-Korrespondenzen zwischen zwei Ebenen π_1, π_2[857]) im allgemeinen studiert *R. Baldus*[858]), teils in direkter Erweiterung der bekannten Eigenschaften der rationalen Korrespondenzen (Nr. **92**) in bezug vor allem auf die Hauptpunkte und -kurven, die Übergangs- und Doppelkurven, die Kurven, die in einer der beiden Ebenen den Geraden der anderen Ebene entsprechen, teils durch Ableitung von Eigenschaften der Transformation aus den

854) Amer. J. of math. 44 (1921), p. 163; Auszug Bull. Amer. math. Soc. (2) 26 (1920), p. 439.

855) J. Éc. Polyt. (1), cah. 46 (1879), p. 1. Weitere Literatur bei *G. Loria*[46]) 1, p. 439—453; ital. Ausg. 1, p. 513—527; außerdem III C 5 b (*G. Loria*), Nr. **21**.

856) Rend. Circ. mat. Palermo 34 (1912), p. 333; Bull. Amer. math. Soc. (2) 8 (1912), p. 437; (2) 25 (1917), p. 397 [Auszug daselbst (2) 24 (1917), p. 280].

Über den Sonderfall $f(z) = \frac{1}{z^n}$ s. *C. M. Hebbert,* Tôhoku math. J. 13 (1918), p. 1; Auszug Bull. Amer. math. Soc. (2) 23 (1917), p. 394. Der Fall, in dem $f(z)$ der Quotient von zwei Trinomen zweiten Grades ist, bei *S. Purushottam,* J. Indian math. Soc. 17 (1928), p. 102, 129; *R. Stolzenberg,* Ber. Säch. Ges. Wiss. Leipzig 82 (1930), p. 57.

Über diese Transformationen, sowohl für den Fall, daß $f(z)$ eine ganze, wie auch für den Fall, daß $f(z)$ eine gebrochene Funktion ist, s. *G. Holzmüller*[599]), p. 103—232, mit vielen Beispielen und Literaturangaben. S. ferner *F. H. Siebeck,* Anm. 615; *H. Durège,* Arch. Math. Phys. (1) 42 (1864), p. 1; *O. Biermann,* Sitzungsb. Ak. Wien 89 (1884), p. 84; *P. G. Laurin,* „Sur la transformation isogonale définie par une fonction rationnelle", Lund 1887; *K. Doehlemann,* „Geom. Transf." 2, p. 113—129; *G. Julia,* „Principes géométriques d'analyse" 1, Paris 1930, p. 54 ff.

857) Über lineale Erzeugung derartiger Transformationen und ihre Beziehung zur linealen Erzeugung der ebenen algebraischen Kurven nach *H. Graßmann* [III AB 4a (*G. Fano*), Nr. **23**; III C 4 (*L. Berzolari*), Nr. **10**] s. *A. Canda,* Monatsh. Math. Phys. 22 (1911), p. 279; 23 (1912) p. 347; 24 (1913), p. 33.

858) Math. Ann. 72 (1911), p. 1.

Über die durch zwei irreduzible algebraische Gleichungen zwischen den Koordinaten zweier homologer Punkte bestimmten Korrespondenzen mit beliebigen Indizes s. *C. Delin,* Diss. Lund 1893. Vgl. auch *J. G. H. Swellengrebel,* J. f. Math. 43 (1850), p. 245.

Eigenschaften der algebraischen Kongruenz K, die aus den Verbindungsgeraden der Paare homologer Punkte von π_1 und π_2 gebildet wird.

Es bezeichne n die Ordnung der in einer beliebigen der beiden Ebenen den Geraden der anderen Ebene entsprechenden Kurven, p_1, p_2 das Geschlecht dieser auf π_1 und π_2 liegenden Kurven und n_1, n_2 die Ordnung der Doppelkurven in π_1, π_2. Wir bezeichnen als *Ordnung* eines Hauptpunktes die Summe der Ordnungen der ihm entsprechenden Hauptkurven, wobei jede Kurve so oft zu zählen ist, wie die Anzahl der Blätter beträgt, in denen sie Fundamentalkurve für diesen Punkt ist, und nehmen an, daß π_1 α_i Hauptpunkte der Ordnung i, π_2 β_i Hauptpunkte der Ordnung i $(i = 1, 2, \ldots)$ enthält. Dann ergeben sich die Formeln[859]):

$$\sum i\alpha_i = 3n - m_1 + 2p_1 - n_2 - 2,$$
$$\sum i\beta_i = 3n - m_2 + 2p_2 - n_1 - 2.$$

Die Kongruenz K hat die Ordnung $\mu = n + m_1 + m_2$, ihre Klasse ist $\nu = n$, ihre singulären Punkte sind einzig und allein die Hauptpunkte der zwei Ebenen π_1, π_2. Die Ebenen selbst sind singuläre Ebenen der Kongruenz. Bezeichnen k_1 und k_2 die Hüllkurven der in π_1 bzw. π_2 liegenden Geraden von K, so hat k_1 z. B. die Ordnung $2(n + m_1 + p_1 - 1)$, die Klasse $n + m_1$, das Geschlecht p_1 und besitzt $\frac{1}{2}(n + m_1)(n + m_1 - 3) - p_1 + 1$ Doppeltangenten.

Die Brennfläche von K hat die Ordnung $2(2n + m_1 + m_2 + p_1 + p_2 - 2)$, die Klasse $2(2n + p_1 + p_2 - 2)$, schneidet π_1, π_2 in den Übergangskurven, bzw. den Kurven k_1 und k_2 und berührt die Ebenen selbst längs der dem Schnitt der beiden Ebenen entsprechenden Kurven n^{ter} Ordnung vom Geschlecht p_1 und p_2.

Die Kongruenz K kann eineindeutig, und ohne Auftreten von Fundamentalelementen bei der Abbildung, auf einer algebraischen Fläche Φ mit der Ordnung $\mu + \nu = 2n + m_1 + m_2$ und Doppelkurven von der Ordnungssumme $\binom{\mu}{2} + \binom{\nu}{2} + l$ abgebildet werden, die keine Kuspidalkurve aufweist. Dabei ist

$$l = (n - 1)(n + m_1 + m_2) - (2n + p_1 + p_2 - 2)$$

die Summe des Ranges von K und der Ordnung der aus den Doppelstrahlen von K gebildeten Regelfläche.

Daraus leitet man ab, daß sich die gegebene (m_1, m_2)-Korrespondenz zwischen π_1 und π_2 dadurch erzeugen läßt, daß die einfach

859) In diesen und anderen von *R. Baldus* angegebenen Formeln sind Formeln einbegriffen, die für die birationalen oder einfach rationalen Transformationen (Nr. **49** und **92**) bereits angeführt wurden.

überdeckte Fläche Φ zugleich auf die m_2-fach überdeckte Ebene π_1 und die m_1-fach überdeckte Ebene π_2 abgebildet wird.

Betrachtet man den Schnitt von K mit einem Büschel von linearen Komplexen, so ergibt sich weiter, daß man jede algebraische (m_1, m_2)-Korrespondenz zwischen zwei Ebenen dadurch erzeugen kann, daß man den Kurven einer rationalen Schar vom Index m_2 der einen Ebene die Kurven einer rationalen Schar vom Index m_1 der anderen Ebene eineindeutig zuordnet, und die Punkte zweier zugeordneter Kurven eineindeutig aufeinander bezieht.

R. Baldus untersucht auch Transformationen, die sich in rationale und birationale Transformationen zerlegen lassen, und speziell den Zusammenhang zwischen der Rationalität der Fläche Φ und der Zerlegbarkeit der (m_1, m_2)-Korrespondenz in rationale Transformationen. Entsprechen z. B. den Geraden von π_1 rationale Kurven von π_2 (ohne daß den Geraden von π_2 rationale Kurven in π_1 zugeordnet sein müssen), so zerfällt die Korrespondenz in die Transformationen vom Index $(1, m_2)$ und $(m_1, 1)$.[860])

95. Sonderfälle. *Ch. Wiener*[861]) verallgemeinert die Konstruktion von *F. Seydewitz* (Nr. **67**) für die quadratischen Transformationen dadurch, daß er an Stelle der Geradenbüschel Kurvenbüschel beliebiger Ordnung nimmt.[862])

Die allgemeinen, quadratischen und kubischen $(2, 2)$-Transformationen, bei denen also den Geraden jeder Ebene Kurven 2. oder 3. Ordnung der anderen Ebene entsprechen, studiert *G. Marletta*[863]), der auch

860) Über die Anzahl der Fixpunkte, falls π_1 und π_2 vereinigt sind, s. Nr. 7.

861) Math. Ann. 3 (1869), p. 11.

862) Über verschiedene, auf Kurven angewandte algebraische Transformationen vgl. *G. Loria*[46]) 2, p. 223—359; ital. Ausg. 2, p. 254—421.

Einige höhere ebene Nullsysteme, d. h. algebraische Korrespondenzen zwischen den Punkten und den Geraden einer Ebene, in denen zwei homologe Elemente ineinander liegen, betrachten *Th. Schmid,* Sitzungsb. Ak. Wien 99 (1890), p. 960; *E. Müller,* daselbst 120 (1911), p. 1798; *J. de Vries,* Ak. Amsterdam Versl. (4) 25 (1917), p. 954; (4) 26 (1918), p. 1142.

863) Rend. Circ. mat. Palermo 17 (1903), p. 173, 371. In der zweiten Arbeit finden sich auch verschiedene Ergebnisse für die allgemeinen $(2, 2)$-Transformationen.

Nach *R. Ragonesi,* Catania Atti Acc. Gioenia (5) 18 (1931), Nr. XXIII, können die quadratischen (m_1, m_2)-Transformationen zwischen zwei Ebenen nur von den Indizes $(1, 1)$, $(1, 2)$, $(2, 2)$, $(1, 3)$, $(1, 4)$ sein.

Über die quadratischen $(2, 2)$-Transformationen s. noch *P. Visalli,* Rend. Circ. mat. Palermo 3 (1889), p. 165; *C. C. Engberg,* Graduate Bull. Univ. of Nebraska 1 (1900), p. 23; Ann. of math. (2) 4 (1902), p. 89; *R. Sturm,* „Geom. Verw." 4, p. 261—265. Analytische Behandlung bei *T. Kubota,* Science Reports Tôhoku Imp. Univ. 6 (1917), p. 359; 7 (1918), p. 33, 113; 8 (1919), p. 11; 14 (1925), p. 155;

verschiedene Konstruktionen dafür angibt. Eine einfache Konstruktion für die quadratische Transformation erhält man, wenn man eine Fläche F 2. Ordnung und zwei nicht zu ihr gehörende Punkte O, O' ins Auge faßt und zwei Punkte der gegebenen (voneinander verschiedenen oder nicht verschiedenen) Ebenen π_1, π_2 miteinander korrespondieren läßt, die die Projektionen ein und desselben Punktes von F von O und O' aus sind.[864])

Bei einer kubischen Transformation haben die den Geraden von π_2, π_1 entsprechenden kubischen Kurven in π_1, π_2 notwendigerweise ein und dasselbe Geschlecht, sind also rational oder elliptisch. Im zweiten Falle erhält man eine einfache Konstruktion durch Projektion einer kubischen Fläche, die keine Regelfläche ist, oder auch eines elliptischen Kegels von zwei einfachen Punkten der Fläche aus auf zwei Ebenen.

V. R. Barraco[865]) studiert die allgemeinen (2, 2)-Korrespondenzen und gibt Konstruktionen für die allgemeinen quadratischen involutorischen (2, 2)-Korrespondenzen.

E. Veneroni[866]) studiert die symmetrischen (2, 2)-Korrespondenzen zwischen zwei vereinigten Ebenen.

---

15 (1926), p. 671 [Auszüge Japanese J. of math. 2 (1926), Abstracts, p. (20); 3 (1927), Abstracts, p. (8)].

C. G. J. Jacobi konstruiert eine spezielle quadratische (2, 2)-Transformation und wendet sie auf die konfokalen Kegelschnitte an. Sind auf zwei Ebenen zwei Punktepaare A, B und A', B' gegeben, so betrachtet man in dieser Transformation zwei Punkte P und P' als korrespondierend, wenn $AP = A'P'$, $BP = B'P'$. S. den Brief von *C. G. J. Jacobi* an *J. Steiner,* J. f. Math. 12 (1834), p. 137; franz. Übers. von *A. Marre,* J. math. pures appl. (1) 11 (1846), p. 237 = Werke 7, Berlin 1891, p. 7 und die von *O. Hermes,* J. f. Math. 73 (1871), p. 179 = Werke 7, p. 42 mitgeteilte hinterlassene Arbeit von *C. G. J. Jacobi* in der auch die Erweiterung auf den Raum vorgenommen wird (Anm. 891). Über die gleiche Transformation s. noch *S. Cohn,* J. f. Math. 54 (1856), p. 329; *L. Burmester,* Math. Ann. 16 (1880), p. 89; *R. Sturm,* „Geom. Verw." 4, p. 448—449.

864) Über diese Konstruktion und Anwendungen auf die darstellende Geometrie s. *R. Neuendorff,* Ztschr. Math. Phys. 64 (1916), p. 61.

865) Giorn. di mat. (3) 7 (1915), p. 42.

866) Rend. Ist. Lomb. (2) 50 (1917), p. 447, 550, 651, wo der Fall betrachtet wird, daß sich die Paare korrespondierender Punkte auf die Geraden eines Büschels oder die Tangenten eines Kegelschnittes verteilen (und auf jeder derartigen Geraden ∞^1 Paare liegen).

E. Veneroni, Rend. Ist. Lomb. (2) 51 (1918), p. 374, 753; Ak. Amsterdam Versl. (Proc.) (4) 28 (1925), p. 335, studiert die symmetrischen (2, 2)-Korrespondenzen auch unter der Annahme, daß eine allgemeine Gerade der Ebene ein und nur ein Paar homologer Punkte enthält.

Für die auftretenden Haupttypen gibt *E. Veneroni* auch verschiedene Konstruktionen.

B. A. Edwards[866a]) studiert mit hyperräumlichen Methoden die periodischen (2, 2)-Korrespondenzen.

F. R. Sharpe und *V. Snyder*[867]) bestimmen die Typen, auf die sich die (2, 2)-Transformationen durch birationale Transformationen reduzieren lassen. *T. R. Hollcroft* löst dieselbe Frage für die (2, 3)-Korrespondenzen[868]) und[869]) für die (3, 3)-, (2, 4)-, (3, 4)- und (4, 4)-Korrespondenzen.[870])

96. Rationale Transformationen zwischen zwei dreidimensionalen Räumen. Wie im Falle der ebenen Transformationen kann die Theorie der birationalen Transformationen zwischen zwei dreidimensionalen Räumen durch Betrachtung der *mehrfachen*, d. h. der *einfach rationalen Transformationen* zwischen zwei Räumen erweitert werden, d. h. der algebraischen Korrespondenzen, durch die jedem Punkte X eines *einfachen* Raumes R ein einziger Punkt X' des *mehrfachen* Raumes R' entspricht, während jedem Punkte X' von R' D Punkte von R entsprechen.

Einige allgemeine Eigenschaften dieser Transformationen werden von *Th. Reye*[871]) angegeben. Eingehender untersucht diese Eigenschaften *R. de Paolis*[872]) für die Doppeltransformationen, d. h. für $D = 2$. Der Einfachheit halber beschränken wir uns hier auf den Fall $D = 2$.

Ändert sich X' in R', so beschreiben die Paare korrespondierender Punkte X in R eine Involution, die mit der Transformation *verbunden* (*congiunta*) heißt, ebenso wie die Punkte eines Paares dieser Involution untereinander *verbunden* (*congiunti* nach *R. de Paolis*, *assoziiert*

866a) J. London math. Soc. 2 (1927), p. 72.

867) Trans. Amer. math. Soc. 18 (1916), p. 402; Auszug Bull. Amer. math. Soc. (2) 23 (1917), p. 67.

868) Amer. J. of math. 41 (1917), p. 5 [Auszug Bull. Amer. math. Soc. (2) 24 (1918), p. 273]; 43 (1919), p. 199.

869) Amer. J. of math. 49 (1927), p. 553; Auszug Bull. Amer. math. Soc. (2) 33 (1927), p. 264.

870) Weitere spezielle (2, 2)-Transformationen bei *C. Burali-Forti*, Rend. Circ. mat. Palermo 5 (1890), p. 91, wo auch die (2, 2)-Transformationen betrachtet werden, die als Produkte zweier (1, 2)-Transformationen entstehen; *J. Wagner*, Diss. München 1903; *E. Amson*, Diss. Erlangen 1904; *C. Wiesing*, Diss. Breslau 1906; *R. Sturm*, „Geom. Verw.“ 4, p. 265—268; *E. Veneroni*, Rend. Ist. Lomb. (2) 47 (1914), p. 521, 704; *J. de Vries*, Ak. Amsterdam Versl. (4) 30 (1921), p. 5.

Weitere mehrfache Transformationen bei *Ch. Beyel*, Vierteljahrsschr. naturf. Ges. Zürich 26 (1881), p. 297; *G. Broll*, Diss. Breslau 1911; *J. de Vries*, Ak. Amsterdam Versl. (4) 25 (1917), p. 954; (4) 26 (1918), p. 1142. Der zweite dieser Autoren betrachtet höhere Nullsysteme: vgl. Anm. 852.

871) J. f. Math. 94 (1882), p. 312. Über die von *Th. Reye* studierte ausgeartete oder nicht ausgeartete Kollineation, die die Korrespondenz zwischen den Umgebungen zweier homologer Punkte X und X' bestimmt, s. Nr. **74**.

872) Roma Mem. Acc. Linc. (4) 1 (1884—85), p. 576.

nach *Th. Reye*) heißen. Wir bezeichnen mit N die Ordnung der verbundenen Involution.

In R existiert im allgemeinen eine Fläche Ω, für die jeder Punkt seinem jeweils verbundenen Punkte in einer bestimmten Richtung unendlich benachbart ist. Diese Richtung ist im allgemeinen nicht tangential an Ω und heißt *Hauptrichtung*. Die Fläche Ω heißt *Doppelfläche* der Transformation und die ihr in R' entsprechende Fläche Ω' (Nr. **1**) *Übergangsfläche* (*Grenzfläche* oder *Verzweigungsfläche*) der Transformation.

In einem allgemeinen Punkte von Ω existiert nur eine Hauptrichtung; es kann aber vorkommen, daß es in R *Doppelkurven*, d. h. also solche gibt, für die in jedem ihrer Punkte ∞^1 Hauptrichtungen existieren. Ferner können auch *isolierte Doppelpunkte* auftreten, so daß also jede durch einen von diesen Punkten hindurchgehende Gerade zwei verbundene Punkte enthält, die im gleichen Punkte zusammenfallen.

Sind die Formeln für die Korrespondenz

$$\varrho x_i' = F_i(x_1, x_2, x_3, x_4) \qquad (i = 1, 2, 3, 4),$$

so entsprechen den Ebenen von R' in R die Flächen des linearen Systems

$$\lambda_1 F_1 + \cdots + \lambda_4 F_4 = 0,$$

d. h. die Flächen eines linearen ∞^3-Systems $|F|$ einer gewissen Ordnung n und vom Grade 2, so daß also drei allgemeine Flächen dieses Systems zwei veränderliche Schnitte aufweisen (die ein Paar der verbundenen Involution bilden). Diese Flächen F sind sich selbst verbunden und auf die Doppelebene abbildbar (Nr. **118**).

Den Geraden von R' entsprechen ∞^4 hyperelliptische Kurven Γ einer gewissen Ordnung m, die alle sich selbst verbunden sind und jede Fläche F in nur zwei, untereinander verbundenen veränderlichen Punkten schneiden.

Die Ordnung n des linearen Systems $|F|$ und das Geschlecht p der Kurven Γ heißen *Ordnung* und *Geschlecht* der Transformation.

Den Ebenen von R entsprechen ∞^3 rationale Flächen Φ' der Ordnung m, die jedoch kein lineares System bilden, sondern so beschaffen sind, daß acht von ihnen durch drei allgemeine Punkte gehen. Die einer Ebene α entsprechende Fläche Φ' berührt die Übergangsfläche Ω' längs der Kurve, die dem Schnitt von α mit der Doppelfläche Ω entspricht, und schneidet Ω' in keinem weiteren veränderlichen Punkte. Drei allgemeine Flächen Φ' schneiden sich in $3N + 1$ veränderlichen Punkten.

Den Geraden von R entsprechen ∞^4 rationale Kurven Δ' n^{ter} Ordnung der Art, daß durch jedes Punktepaar vier von ihnen hindurchgehen. Ist ν die Ordnung von Ω, so berührt jede Kurve Δ' die Fläche Ω' in ν Punkten und schneidet diese Fläche in keinem anderen veränderlichen Punkte. Jede Kurve Δ' wird von den Flächen Φ' in $N+1$ veränderlichen Punkten geschnitten.

Hauptpunkte und *Hauptkurven* der Transformation in R oder R' sind die Punkte und Kurven, die allen Flächen F bzw. allen Flächen Φ' gemeinsam sind.

Ein Hauptpunkt von R oder R' heißt *1.* oder *2. Klasse*, je nachdem durch ihn alle Kurven Γ bzw. alle Kurven Δ' hindurchgehen oder nicht. Eine Hauptkurve von R oder von R' heißt *1.* oder *2. Klasse*, je nachdem sie von den Kurven Γ bzw. den Kurven Δ' in veränderlichen Punkten geschnitten wird oder nicht.

Einem Hauptpunkte von R entspricht eine Fläche oder eine Kurve, je nachdem dieser Punkt 1. oder 2. Klasse ist. Gehen im ersten Falle die Kurven Γ mit ϑ veränderlichen Tangenten durch diesen Punkt, so ist die korrespondierende Fläche rational und hat die Ordnung ϑ. Ist der Punkt im zweiten Falle für die Flächen F r-fach, so hat die entsprechende Kurve die Ordnung r.

Einer Hauptkurve von R entspricht eine Fläche oder eine Kurve, je nachdem sie 1. oder 2. Klasse ist. Wird im ersten Falle die Kurve von den Kurven Γ in s veränderlichen Punkten geschnitten, so entspricht ihr eine Fläche s^{ter} Ordnung.

Auf ähnliche Weise entsprechen den Hauptpunkten und den Hauptkurven von R' Flächen oder Kurven, je nachdem sie 1. oder 2. Klasse sind. So kann einem Hauptpunkt 1. Klasse von R' eine mit einem Punkte oder einer Kurve verbundene rationale Fläche oder zwei untereinander verbundene rationale Flächen oder auch eine Fläche entsprechen, die auf die Doppelebene abbildbar und sich selbst verbunden ist.

Die so als korrespondent zu Hauptpunkten oder -kurven 1. Klasse von R' oder R sowohl in R wie in R' erhaltenen Flächen heißen auch *Hauptflächen* für R bzw. R'.

Die *Jacobi*sche Fläche des linearen Systems $|F|$ besteht aus Ω, den Hauptflächen, die den Hauptkurven von R' entsprechen, und den zweimal gezählten Hauptflächen, die den Hauptpunkten von R' entsprechen.

Eine Kurve von R, die von den Flächen F in keinen veränderlichen Punkten geschnitten wird, heißt *parasitisch*, wenn sie mit jedem ihrer Punkte verbunden ist.[873]) Eine derartige Kurve von der Ordnung τ ist eine τ-fache Hauptkurve für die verbundene Involution, und ihr entsprechender Punkt in R' ist ein für die Flächen Φ' τ-facher Hauptpunkt 2. Klasse. Die Parasitenkurven gehören der Fläche Ω an.

Einer rationalen Kurve oder rationalen Fläche von R' entspricht im allgemeinen eine nicht rationale Kurve oder nicht rationale Fläche; jeder rationalen Kurve oder rationalen Fläche von R entspricht dagegen eine rationale Kurve oder eine rationale Fläche.

Die Ordnung der Fläche Ω' ist $2(p+1)$. Sind in R' außerdem ϱ Hauptpunkte 1. Klasse, die für die Kurven Δ' die Multiplizitäten $\vartheta_1, \vartheta_2, \ldots, \vartheta_\varrho$ besitzen, und r Hauptkurven 1. Klasse, die von den Kurven Δ' in $s_1, s_2, \ldots, s_r$ veränderlichen Punkten geschnitten werden, so ist

$$\nu = 4(n-1) - 2\sum_1^\varrho \vartheta_i - \sum_1^r s_i$$

die Ordnung der Fläche Ω.

R. de Paolis[872]) (p. 600 ff.) untersucht auch den Komplex der Verbindungsgeraden der Paare verbundener Punkte im einfachen Raum, vor allem ihre eineindeutige Abbildung auf die Punkte des Doppelraumes R'. Bezeichnen wir mit ψ die Anzahl der Rückkehrpunkte der veränderlichen Doppelkurve einer allgemeinen Fläche Φ' (der Schnittpunkte dieser Doppelkurve mit der Fläche Ω' außer den Hauptpunkten), so ist der Grad des Komplexes $N - \nu - \frac{1}{2}\psi$.[874])

Ist umgekehrt eine birationale involutorische Transformation des Raumes gegeben und kennt man eine eineindeutige Abbildung des aus den Verbindungsgeraden der Paare konjugierter Punkte gebildeten Komplexes auf den Raum, so sind ohne weiteres alle Doppeltransformationen des Raumes bestimmt, mit denen die gegebene Involution verbunden ist. So können wir auf Grund der in Nr. 83 erwähnten Untersuchungen alle die Doppeltransformationen als bekannt voraussetzen, mit denen Involutionen verbunden sind, die lineare oder quadratische Geradenkomplexe bestimmen.

97. Sonderfälle. *F. Aschieri*[875]) erweitert die Untersuchungen von

873) Diese Bezeichnung stammt von *P. H. Schoute,* Ass. franç. pour l'avanc. des sciences 9, Reims 1880, p. 156, der auch eine Fläche mit unendlich vielen Parasitenkurven *parasitisch* nennt. Diese Fläche ist nichts anderes als die Hauptfläche, die einem Hauptpunkte 1. Klasse des Raumes R' entspricht.

874) Es kann jedoch vorkommen (Nr. 83), daß alle Verbindungsgeraden zweier verbundener Punkte sich selbst verbunden sind und dann nicht einen Komplex, sondern eine Kongruenz bilden.

875) Rend. Ist. Lomb. (2) 14 (1881), p. 673; (2) 15 (1882), p. 66, 147, 247. — Von dieser (1, 2)-Transformation macht *M. de Franchis*[688]), p. 18 beim Studium des Torus in Verbindung mit der nicht-euklidischen Geometrie Gebrauch.

R. de Paolis (Anm. 840 und Nr. **93**) dadurch auf den Raum, daß er die quadratische Doppeltransformation studiert, bei der den Ebenen des doppelten Raumes R' im einfachen Raume R Flächen 2. Ordnung durch einen festen Kegelschnitt entsprechen, und macht davon Anwendung auf die nicht-euklidische Geometrie.

Der Sonderfall, in dem diese Flächen Kugeln sind, hängt auch mit der Theorie der anallagmatischen Flächen (Nr. **79**) zusammen und wurde schon von *G. Darboux*[876]) studiert. Betrachten wir eine feste Kugel S, so entsprechen jedem Punkte P die beiden Punkte, die die Mittelpunkte der durch den Schnitt von S mit der Polarebene von P in bezug auf S gehenden Kugeln vom Radius Null sind. Daher entspricht jeder von P beschriebenen Figur eine bei der Inversion mit der Hauptkugel S anallagmatische Figur.[877])

Th. Berner[878]) und dann wiederholt *Th. Reye* studieren die durch die Formeln

$$(1) \qquad \varrho x_i' = F_i(x_1, x_2, x_3, x_4) \qquad (i = 1, 2, 3, 4)$$

bestimmte Transformation, wobei die F_i quadratische Formen der x_1, x_2, x_3, x_4 sind, indem sie sich auf eine projektive Abbildung des F^2-Gebüschs

$$\lambda_1 F_1 + \cdots + \lambda_4 F_4 = 0$$

auf einen Ebenenraum stützen [vgl. III C 2 (*O. Staude*), Nr. **136—145**]. Eine derartige Abbildung läßt sich dadurch erhalten, daß man einen Punkt O fixiert und jeder Ebene π' von R' die Fläche des F^2-Gebüschs entsprechen läßt, für die π' Polarebene des Punktes O ist. Dann entsprechen den durch einen Punkt P von R hindurchgehenden ∞^2 Flächen des Gebüschs in R' die Ebenen eines Bündels, und daher dem Punkte P in R' der Mittelpunkt P' dieses Bündels. Umgekehrt ent-

876) Ann. Éc. Norm. (1) 2 (1865), p. 69; „Sur une classe"[50]), p. 120—127, 173—180, 230—231; „Leçons"[612]) 3, Paris 1894, p. 492—501; „Principes"[50]), p. 482—505.

877) Über diese Transformation und im allgemeinen über die (1, 2)-Transformationen in der Ebene und im Raume, die zur Überführung der nicht-euklidischen Maßbestimmung in die euklidische dienen können, s. noch *F. Klein,* Math. Ann. 7 (1874), p. 553; *W. Ludwig*[614]); *J. Wellstein,* Arch. Math. Phys. (3) 17 (1910), p. 195: *H. Beck,* daselbst (3) 18 (1911), p. 220; *T. Ôta* (= *T. Takasu*), Tôhoku math. J. 17 (1919), p. 251; 26 (1926), p. 187.

A. del Re, Mem. Acc. Modena (2) 12 (1898), p. 1, studiert eine quadratische Doppelreziprozität, die beim Studium der Glanzpunkte und -kurven einer in einer allgemeinen Metrik des Raumes betrachteten algebraischen Fläche auftritt, und erweitert sie auf die Hyperräume.

878) Diss. Berlin 1864, p. 16 mit Anwendungen auf das Studium von Flächen 4. Ordnung.

sprechen jedem Punkte P' von R' in R acht untereinander verbundene Punkte.[879])

Einer Geraden von R entspricht ein Kegelschnitt, der Ω' in 4 Punkten berührt. Geht die Gerade jedoch durch zwei verbundene Punkte (liegt sie daher auf unendlich vielen Flächen des Gebüschs), ist sie also ein *Hauptstrahl*, so entspricht ihr, und zwar nur in diesem Falle, eine weitere Gerade, und alle so resultierenden ∞^2 Geraden bilden die Kongruenz (28. Ordnung und 12. Klasse) der Bitangenten von Ω'.

Einer Ebene von R entspricht eine auf diese Weise eineindeutig auf die Ebene bezogene *Steiner*sche Fläche, deren Eigenschaften *Th. Reye* auf diesem Wege feststellt.

Th. Reye[880]) studiert auch die Sonderfälle, bei denen das Gebüsch k ($= 1, 2, \ldots, 6$) Basispunkte aufweist, so daß die Transformation die Indizes 1 und $8 - k$ hat. Die Doppelfläche Ω hat in diesen Punkten Knotenpunkte und enthält die Geraden, die diese Punkte paarweise verbinden. Jede Gerade, die von einem dieser Punkte ausgeht, ist ein Hauptstrahl, und die Kongruenz der Bitangenten von Ω', die den durch einen von diesen Punkten hindurchgehenden Geraden entsprechen, hat die Ordnung $8 - k$ und die Klasse 2.

---

879) *Th. Reye* untersucht diese Transformation auf rein geometrischem Wege schon in der 1. Ausgabe seines Buches „Die Geometrie der Lage" 2, Hannover 1868, p. 246 [1867] und macht Anwendungen davon. S. außerdem *Th. Reye,* J. f. Math. 86 (1878), p. 84; „Die Geom. der Lage" [706]) 3, p. 143—173, 240—250; *R. Sturm,* „Die Gebilde" [40]) 2, p. 278—281. Über die Transformation (1) s. noch *Th. Reye,* J. f. Math. 94 (1882), p. 316 und vor allem Math. Ann. 48 (1896), p. 113, teilweise Wiedergabe in „Die Geom. der Lage" [706]) 3, p. 240—247, wo zahlreiche Anwendungen auf rationale Flächen mit Kegelschnittscharen gemacht werden.

S. außerdem *A. Jopke,* Arch. Math. Phys. (3) 18 (1910), p. 113; *V. Snyder* und *F. R. Sharpe,* Trans. Amer. math. Soc. 19 (1917), p. 275 [Auszug Bull. Amer. math. Soc. (2) 24 (1918), p. 66]. Unter Anwendung der Quaternionen, *Ch. J. Joly,* Trans. London Phil. Soc. (A) 201 (1903), p. 304.

Die Transformation wurde bei Gelegenheit einer Untersuchung metrischer Natur von *H. C. Gossard,* Amer. J. of math. 38 (1916), p. 442 verwandt.

880) J. f. Math. 86 (1878), p. 84; „Die Geom. d. Lage" [706]) 3, p. 153—168. Für den Fall $k = 5$ s. auch *W. Stahl,* J. f. Math. 91 (1880), p. 18; 97 (1883), p. 162.

Der Fall, bei dem das F^2-Gebüsch eine Basisgerade aufweist, bei *R. Krause,* Diss. Straßburg 1879; *J. Cardinaal,* Ak. Amsterdam Verhandl. 1 (1892), Nr. 6; J. f. Math. 111 (1893), p. 31; *Th. Reye,* „Die Geom. d. Lage" [706]) 3, p. 168—173.

Der Fall, bei dem das F^2-Gebüsch einen Basiskegelschnitt aufweist, bei *J. Cardinaal,* Ak. Amsterdam Versl. (3) 8 (1891), p. 88; *R. Suppantschitsch,* Progr. Prag-Neustadt 1904; *R. Sturm,* „Geom. Verw." 4, p. 430—436. Ein metrischer Sonderfall bei *Emma Cairo,* Period. di mat. (3) 10 (1913), p. 155.

Ein Hinweis auf verschiedene vorhergehende Sonderfälle bei *Th. Berner,* Anm. 878.

Interessant vor allem ist der Fall, bei dem das Gebüsch aus Flächen 2. Ordnung gebildet wird, die durch sechs feste Punkte $A_1, A_2, \ldots, A_6$ hindurchgehen. Dann erhält man eine Doppeltransformation, bei der die 15 Geraden, die die Punkte A_i paarweise verbinden, und die durch diese hindurchgehende kubische Kurve Γ Parasitenkurven sind, deren Korrespondenten in R' 16 Hauptpunkte (2. Klasse) sind. Diese Punkte sind für die Fläche Ω' Doppelpunkte und diese Fläche ist also eine allgemeine *Kummer*sche Fläche.[881]) Die 16 singulären Ebenen dieser Fläche sind die korrespondenten der sechs Kegel 2. Ordnung, die zu Scheiteln je einen der Punkte A_i haben und die durch die übrigen fünf hindurchgehen, sowie der zehn Ebenenpaare, von denen jedes alle sechs Punkte enthält.

Der der kubischen Kurve Γ entsprechende Hauptpunkt ist für alle in R' den Ebenen von R entsprechenden *Steiner*schen Flächen dreifach.

Die Doppelfläche der Transformation ist die *Weddle*sche Fläche 4. Ordnung, Ort der Scheitel der Kegel 2. Ordnung, die durch die sechs Punkte A_i hindurchgehen.[882])

Die verbundene Involution ist die in Nr. **83** erwähnte *Geiser*sche Involution 7. Ordnung.

Die vorhergehende und die im Anfange dieser Nr. erwähnte Transformation sind die beiden einzigen Typen quadratischer Doppeltransformationen des Raumes.

---

881) Über diesen Sonderfall, diese Betrachtungsweise der *Kummer*schen Fläche und die sechs Kongruenzen 2. Ordnung 2. Klasse, deren Brennfläche sie ist, s. *Th. Reye,* J. f. Math. 86 (1878), p. 97; „Die Geom. d. Lage“ [706]) 3, p. 159—168; *W. Stahl,* J. f. Math. 93 (1882), p. 218; *R. de Paolis,* Roma Rend. Acc. Linc. (4) 6^2 (1890), p. 3; *S. Kantor,* Amer. J. of math. 19 (1895), p. 52; Acta math. 21 (1896), p. 73; *J. I. Hutchinson,* Bull. Amer. math. Soc. (2) 4 (1898), p. 327; *R. Sturm,* „Geom. Verw.“ 4, p. 436—446; *L. Godeaux,* Bull. Ac. sc. Belgique (5) 8 (1922), p. 443; (5) 9 (1923), p. 360, 459. — Für den Zusammenhang mit der Theorie der Thetafunktionen vgl. *F. Schottky,* J. f. Math. 105 (1889), p. 233, 269.

F. Bolus, Mém. Soc. sc. Liège (3) 15 (1930), Nr. 2, studiert den Fall, in dem das Gebüsch aus den Flächen 2. Ordnung besteht, die durch sechs feste Punkte gehen, von denen zwei zusammenfallen; ebenda (3) 16 (1931), Nr. 5 den Fall, in dem drei dieser Punkte zusammenfallen.

L. Godeaux, Bull. Ac. sc. Belgique (5) 16 (1930), p. 576 und *F. Bolus,* ebenda, p. 659, betrachten den Fall eines Gebüsches, das aus Flächen 2. Ordnung besteht, die durch drei feste Punkte gehen und in diesen drei gegebene Gerade berühren.

882) Die (1, 2)-Korrespondenz zwischen der *Kummer*schen und der *Weddle*schen Fläche wurde von *R. W. H. T. Hudson,* „Kummer's quartic surface“, Cambridge 1905, p. 160—172, und von *V. Snyder,* Trans. Amer. math. Soc. 12 (1911), p. 354 [Auszug Bull. Amer. math. Soc. (2) 17 (1911), p. 281] studiert. Der zweite Autor betrachtet auch die *Cremona*schen Transformationen, die die eine oder andere der beiden Flächen in sich verwandeln. S. auch *L. Godeaux* [881]).

Ein weiterer beachtenswerter Sonderfall ist die durch die Formeln

$$(2) \qquad \varrho x_i' = x_i^2 \qquad (i = 1, 2, 3, 4)$$

bestimmte Transformation, bei der das F^2-Gebüsch also aus den Flächen 2. Ordnung mit einem gemeinsamen Poltetraeder gebildet wird. Bezeichnen T und T' die Fundamentaltetraeder in beiden Räumen, so entsprechen einem beliebigen Punkte von R' 8 Punkte, die sich nur durch die Vorzeichen zweier oder einer einzigen Koordinate unterscheiden. Diese Punkte sind daher paarweise entweder in einer harmonischen Homologie, deren Mittelpunkt und Ebene eine Ecke und die gegenüberliegende Fläche von T ist, oder in der gescharten Involution, deren Involutionsachsen zwei gegenüberliegende Kanten von T sind, miteinander konjugiert; sie bilden mit den Ecken von T ein Tripel *desmischer Tetraeder.*[883]) Den Ebenen von R entsprechen *Steiner*sche

883) Die hier betrachteten Systeme von 8 Punkten erscheinen zuerst bei *O. Hermes,* J. f. Math. 56 (1858), p. 204, der auch die Konfiguration von drei desmischen Tetraedern betrachtet [vgl. III AB 5a (*E. Steinitz*), Nr. 8], von neuem dann bei *E. Beltrami,* Giorn. di mat. (1) 1 (1863), p. 208, 354 = Opere 1, Milano 1902, p. 73 in Verbindung mit der birationalen tetraedralen Transformation (Nr. 81) und der kubischen Fläche mit 4 Doppelpunkten (reziproke Fläche der *Steiner*schen Fläche), die in der Transformation einer Ebene entspricht. Auf direktem Wege wurden sie studiert von *C. Stephanos,* Bull. Sciences math. (2) 3^1 (1879), p. 424; ausführlich dann und unter Anwendung auf beachtenswerte Konfigurationen von Punkten, Kurven und Flächen, insbesondere die desmische Konfiguration, von *G. Veronese,* Roma Mem. Acc. Linc. (3) 9 (1881), p. 265, 306 [Auszug Roma Transunti Acc. Linc. (3) 4 (1880), p. 132], der, a. a. O., p. 340—341, auch die Transformation (2) betrachtet und zum Studium eines Büschels von Flächen 4. Ordnung und 12. Klasse mit 12 gemeinsamen Doppelpunkten, Ecken dreier desmischer Tetraeder, verwendet. Diese *desmischen Flächen* sind reziproke Polaren der Zentrafläche eines Ellipsoids. Bei *G. Salmon* und *W. Fiedler,* „Raumgeometrie" 2, p. 322, wird bemerkt, daß sich die Gleichung der Tangentenfläche einer Raumkurve 4. Ordnung 2. Art bei Einführung eines besonderen Koordinatensystems in die Gleichung einer desmischen Fläche 12. Ordnung verwandelt, und zwar durch eine Transformation (2), d. h. dadurch, daß man an Stelle der Koordinaten ihre Quadrate setzt. Auf Grund dieser Bemerkung verwendet *W. Stahl,* J. f. Math. 101 (1885), p. 73 dieselbe Transformation für die synthetische Darstellung des Zusammenhangs zwischen jenen beiden Flächen. S. darüber auch *K. Merz,* Schweiz. Naturf. Ges. 1914, p. 102; Diss. Zürich 1914 = Beilage zum Progr. der Bündnerischen Kantonsschule 1913—14, Chur 1914. Vgl. außerdem III C 9 (*K. Rohn* und *L. Berzolari*), Nr. 59.

Die gleichen Gruppen von 8 Punkten und die Transformation (2) wurden von neuem von *C. Segre,* Giorn. di mat. (1) 21 (1883), p. 355 und *H. E. Timerding,* Ann. di mat. (3) 1 (1897), p. 95 studiert. Der erste von diesen Autoren gibt Anwendungen auf die *Steiner*sche Fläche, die Raumkurven 4. Ordnung 1. Art auf einer Fläche 2. Ordnung, speziell auf den quadratischen Komplex von *Battaglini* [III C 8 (*K. Zindler*), Nr. 38] und den diesem in jener Transformation entspre-

Flächen, die von jeder der vier Ebenen von T' längs je eines Kegelschnitts berührt werden; den Geraden von R entsprechen die Kegelschnitte, die diese vier Ebenen berühren.

B. Wimmer[884]) studiert die durch die Gleichungen

$$\sum A_i x_i' = 0, \quad \sum B_i x_i' = 0, \quad \sum C_i x_i' = 0 \quad (i = 1, 2, 3, 4)$$

bestimmte Doppeltransformation 4. Ordnung vom Geschlecht 2, wobei die A_i und B_i lineare, die C_i quadratische Formen der x_1, x_2, x_3, x_4 sind. Man hat also zwei Ebenenräume und ein F^2-Gebüsch, die reziprok auf einen Punktraum bezogen sind und jedem Punkte dieses Raumes die beiden Schnitte der beiden Ebenen und der Fläche 2. Ordnung, die zu ihm korrespondieren, entsprechen lassen. Die verbundene Involution 19. Grades ist diejenige, die einen tetraedralen Komplex erzeugt (Nr. **83**).

Dieselbe Transformation studieren *F. R. Sharpe* und *V. Snyder*[885]), die auch andere Fälle ins Auge fassen, bei denen nur eine einzige der Formen A_i, B_i, C_i in den x_1, x_2, x_3, x_4 linear ist. Weitere Doppeltransformationen studieren die gleichen Autoren[886]), indem sie auch diese Einschränkung fallen lassen und speziell die verbundenen Involutionen der Transformationen untersuchen.[887])

---

chenden Komplex von Kegelschnitten, die vier feste Ebenen berühren; der zweite Anwendungen auf gewisse Flächen 4. Ordnung, vor allem die *Steiner*sche Fläche und die Raumkurven 4. Ordnung 1. Art. — S. auch *Th. Reye*, „Die Geom. d. Lage“ [706]) 3, p. 248—250; *K. Merz*, a. a. O.; *V. Šimandl*, Prag České Ak. Rozpravy 26 (1917), Nr. 27.

Hiermit verwandte Arbeiten über das Gebüsch von Flächen 2. Ordnung mit gemeinsamem Poltetraeder bei *L. Painvin*, J. f. Math. 63 (1863), p. 58; *K. Meister*, Ztschr. Math. Phys. 31 (1886), p. 321; 34 (1889), p. 6, 73 [1881], mit Zusätzen veröffentlicht von *A. Rasche*.

Über die Transformation (2) und die allgemeinere, durch die Formeln $\varrho x_i' = x_i^n$ bestimmte Transformation s. auch *S. Lie* u. *G. Scheffers*[562]) 1, p. 337—396.

884) Diss. Erlangen 1891 = Ztschr. Math. Phys. 36 (1891), p. 214. Vgl. auch *R. Sturm*, „Geom. Verw.“ 4, p. 446—447.

885) Trans. Amer. math. Soc. 20 (1919), p. 185; Auszug Bull. Amer. math. Soc. (2) 24 (1918), p. 469.

886) Trans. Amer. Math. Soc. 21 (1920), p. 52; Auszug Bull. Amer. math. Soc. (2) 26 (1920), p. 59.

887) Über diese Involutionen s. *L. Godeaux*, Bull. Ac. sc. Belgique (5) 17 (1931), p. 991. Eine (1, 2)-Transformation 12. Ordnung findet *R. Sturm*, Math. Ann. 12 (1877), p. 330; „Geom. Verw.“ 2, p. 338; 4, p. 460—461 beim Studium des Problems der Korrelation von Bündeln; eine Transformation mit den Indizes 1, D in „Geom. Verw.“ 3, p. 410—413 beim Studium der Polarflächen in bezug auf eine Fundamentalfläche, mit Erweiterung a. a. O. 4, p. 424—425.

Eine (1, 2)- und eine (1, 3)-Transformation, beide 3. Ordnung und vom Geschlecht 1, werden von *C. Segre*, Mem. Acc. Torino (2) 39 (1887), p. 44 studiert,

98. Algebraische Korrespondenzen mit willkürlichen Indizes zwischen zwei Räumen. Über diese Korrespondenzen existieren mit Ausnahme dessen, was sich auf die Anzahl der Koinzidenzpunkte (hierüber s. Nr. 7) und der zyklischen Gruppen (s. Anm. 894) bezieht, keine allgemeinen Untersuchungen.

---

und zwar durch Projektion von kubischen Hyperflächen des vierdimensionalen Raumes, die mit Doppelpunkten ausgestattet sind.

Weitere spezielle (1, 2)-Transformationen werden von verschiedenen Verfassern betrachtet: von *M. Pieri,* Atti Acc. Torino 24 (1889), p. 514 eine 3. Ordnung und vom Geschlecht 2, unter Anwendung auf die Tritangenten gewisser Flächen 6. Ordnung; von *M. Pannelli,* Giorn. di mat. (1) 29 (1891), p. 133 eine 4. Ordnung vom Geschlecht 2, die bei der Abbildung der durch zwei Ebenenbündel und ein Netz von Flächen 2. Ordnung, das zu beiden projektiv ist, erzeugten Fläche 4. Ordnung auf die Doppelebene (mit allgemeiner Verzweigungskurve 6. Ordnung) Verwendung findet; von *S. Kantor,* Amer. J. of math. 19 (1895), p. 54; Acta math. 21 (1896), p. 73 zwei weitere (1, 2)-Transformationen 4. Ordnung; von *G. Marletta,* Giorn. di mat. (2) 10 (1901), p. 125 eine 5. Ordnung und vom Geschlecht 2; von *F. Romano,* Diss. Catania 1906 eine 3. Ordnung und vom Geschlecht 1; weitere (1, 2)-Transformationen von *V. Retali,* Interm. des math. (1) 14 (1907), p. 182, 235.

F. R. Sharpe und *V. Snyder*[711]) studieren die (1, 2)-Transformation, die mit der kubischen Involution verknüpft ist, in der der konjugierte Punkt eines Punktes der Schnittpunkt seiner Polarebenen in bezug auf drei gegebene Flächen 2. Ordnung (Nr. 81) ist.

Eine (1, 2)-Transformation 5. Ordnung vom Geschlecht Null, eine (1, 3)- und eine (1, 4)-Transformation betrachtet *G. Aprile,* Catania Atti Acc. Gioenia (5) 7 (1914), Nr. XXII, p. 18 mit Hilfe der Projektion einer gewissen Hyperfläche 4. Ordnung des vierdimensionalen Raumes. Auf weitere (1, 2)-Transformationen weist *G. Aprile* in Rassegna di mat. e fisica 2 (1921), p. 25 hin.

Eine (1, 3)-Transformation, bei der den Ebenen des dreifachen Raumes Flächen 5. Ordnung mit einer mit einem dreifachen Punkt ausgestatteten Doppelkurve 5. Ordnung entsprechen, wurde von *A. del Re,* Roma Rend. Acc. Linc. (4) 6^2 (1890), p. 227 studiert, der daselbst (5) 8^2 (1899), p. 106 beim Studium gewisser Komplexe von Kugeln auch eine (1, D)-Transformation betrachtet.

Eine (1, 6)-Transformation verwendet *A. B. Coble,* Trans. Amer. math. Soc. 7 (1904), p. 1 beim Studium der Beziehungen zwischen den Gruppen der Kollineationen, die eine kubische Raumkurve oder eine Fläche 2. Ordnung in sich transformieren.

J. R. Conner, Bull. Amer. math. Soc. (2) 19 (1913), p. 284 untersucht als Erweiterung von Transformationen der Ebene (Anm. 852) eine durch eine rationale Raumkurve 7. Ordnung bestimmte (1, 7)-Transformation.

Eine mehrfache Transformation untersucht *R. W. Rutgers,* Ak. Amsterdam Versl. (4) 24 (1916), p. 1460; Nieuw Archief voor Wiskunde 12 (1917), p. 109, indem er die Flächen eines linearen ∞^3-Systems mit rationalen oder elliptischen Schnitten projektiv auf die Ebenen des Raumes bezieht.

Weitere spezielle mehrfache Transformationen werden von *S. Kantor,* Anm. 627 betrachtet.

O. Tognoli[888]) und *M. Pannelli*[889]) erweitern die Untersuchungen von *Ch. Wiener*[861]) auf den Raum, und zwar unter Betrachtung der mehrdeutigen Korrespondenz, die man erhält, wenn man drei Büschel von Flächen projektiv auf drei andere Büschel bezieht und zwei Punkte als homolog bezeichnet, die die Schnittpunkte zweier Tripel korrespondierender Flächen sind.

G. Marletta[890]) studiert die quadratischen und kubischen Transformationen mit den Indizes 2, 2 und gibt verschiedene allgemeine Konstruktionen dieser Transformationen an. Bei den ersten Transformationen entsprechen den Geraden eines jeden der beiden Räume Kegelschnitte des anderen; bei den zweiten entsprechen den Geraden jedes Raumes Kurven 3. Ordnung, die für beide Räume kubische Raumkurven, kubische ebene elliptische oder rationale Kurven sind.[891])

888) Giorn. di mat. (1) 10 (1871), p 1, 141, jedoch nicht ganz exakt.

889) Rend. Acc. Napoli (2) 1 (1887), p. 153.

890) Catania Atti Acc. Gioenia (4) 17 (1903), Nr. XI. Über die kubischen Transformationen mit den Indizes 2, 2 s. auch *Matilde Prampolini*[897]), p. 25.

891) Eine spezielle (2, 2)-Transformation studiert *C. Wiesing,* Diss. Breslau 1906. Über diese und andere (2, 2)-Transformationen s. *R. Sturm,* „Geom. Verw." 4, p. 453—460. Auch verschiedene andere zweizweideutige Korrespondenzen traf *R. Sturm,* Math. Ann. 12 (1877), p. 254; „Geom. Verw." 2, p. 338—339; 4, p. 460—461 beim Problem der Korrelation von Bündeln. Weitere mehrfache Korrespondenzen bei *R. Sturm,* „Geom. Verw." 4, p. 422—425 bei Betrachtung kollinearer Gebüsche von Flächen und Sätzen über die Polarflächen.

F. Aschieri[735]) studiert gewisse mehrfache Transformationen und ihre Beziehung zu den Geradenkomplexen.

J. de Vries, Ak. Amsterdam Versl. (4) 21 (1913), p. 807 betrachtet die Transformationen vom Index 2, 2 und 3, 3, bei denen zwei Punkte homolog sind, die auf einer Sehne einer Raumkurve 4. Ordnung 1. oder 2. Art liegen und durch die beiden Schnittpunkte harmonisch getrennt werden.

Sind zwei Tripel A, B, C und A', B', C' von Punkten gegeben, so untersucht *C. G. J. Jacobi*[868]) die (2, 2)-Transformation, bei der zwei Punkte P und P' sich entsprechen, wenn $AP = A'P'$, $BP = B'P'$, $CP = C'P'$, und macht Anwendungen auf eine Erzeugung der Flächen 2. Ordnung, die konfokalen Flächen 2. Ordnung und speziell die Sätze von *J. Ivory* [III C 2 (*O. Staude*), Nr. **62**]. — S. außerdem *R. Townsend,* Cambridge Dublin math. J. 3 (1847), p. 148; *F. Joachimsthal,* J. f. Math. 73 (1871), p. 207 (hinterlassene Arbeit von 1861); *O. Hermes,* daselbst, p. 209; *G. Darboux,* Mém. Soc. sciences phys. nat. Bordeaux (1) 8 (1870—72), p. 197; *L. Painvin,* Nouv. Ann. de math. (2) 10 (1871), p. 481; (2) 11 (1872), p. 376; *G. Salmon* und *W. Fiedler,* „Raumgeometrie" 1, p. 234; daselbst, herausg. von *K. Kommerell* 1, 5. Aufl., Leipzig und Berlin 1923, p. 433; *L. Burmester,* Math. Ann. 16 (1880), p. 110; *H. Schröter,* „Theorie der Oberflächen 2. Ordnung und der Raumkurven 3. Ordnung als Erzeugnisse projektivischer Gebilde", Leipzig 1880, p. 640; *Cl. Servais,* Bull. Ac. sc. Belgique (3) 26 (1893), p. 96; *R. Sturm,* J. f. Math. 122 (1900), p. 263; 140 (1911), p. 33; „Geom. Verw." 4, p. 447—453; *G. B. Mathews,* Quart. J. of math. 35 (1904), p. 239; *O. Staude,* „Analytische Geometrie

99. Höhere Nullverwandtschaften. Findet zwischen einem Raume von Punkten P und einem Raume von Ebenen π eine algebraische Korrespondenz mit den Indizes α, β statt, so daß einem Punkte α Ebenen und einer Ebene β Punkte entsprechen, so heißt diese *höhere Nullverwandtschaft* oder auch *höheres Nullsystem*, wenn zwei beliebige homologe Elemente ineinander liegen.[892])

Wir bezeichnen mit γ und δ die analogen Zahlen der beiden so in Nr. 7 benannten Zahlen, mit γ also die Klasse der abwickelbaren Hüllfläche der Ebenen π, die den Punkten P einer Geraden entsprechen, d. h. die Ordnung der Fläche, die der Ort aller den Ebenen π eines Bündels entsprechenden Punkte P ist, und mit δ die Ordnung der Kurve, die der Ort aller den Ebenen π eines Büschels entsprechenden Punkte P ist, also die Klasse der durch die Ebenen π, die den Punkten P einer Ebene entsprechen, eingehüllten Fläche. Im vorliegenden Falle sind die *charakteristischen Zahlen* α, β, die *Ordnungszahl* γ und die *Klassenzahl* δ des Nullsystems durch die Beziehung

$$\delta - \beta = \gamma - \alpha \tag{1}$$

miteinander verknüpft, wobei jede der beiden Seiten (*Modul* des Nullsystems) angibt, wie oft eine gegebene Gerade einem Büschel angehört, dessen Mittelpunkt und dessen Ebene in der gegebenen Korrespondenz homolog sind.[893])

des Punktepaares, des Kegelschnittes und der Fläche 2. Ordnung" 2, Leipzig und Berlin 1910, p. 716—718.

Weitere algebraische Transformationen bei *M. N. Vaněček,* Paris C. R. 94 (1882), p. 210; *J. S. Vaněček,* daselbst, p. 1463, 1583; *J. S.* und *M. N. Vaněček,* daselbst 95 (1882), p. 1049, 1146; 99 (1884), p. 742, 856, 909; Prag Ber. böhm. Ges. 1883, p. 345; *Ch. Beyel,* Vierteljahrsschr. Naturf. Ges. Zürich 31 (1886), p. 1.

892) Vgl. III C 8 (*K. Zindler*), Nr. 54. — Für $\alpha = \beta = 1$ s. Nr. 85.

893) Einige allgemeine Eigenschaften finden sich bei *A. Ameseder,* Anm. 770, von dem die Bezeichnungen des Textes herrühren. S. auch *R. Sturm,* „Die Gebilde" [40]) 1, p. 78—81; „Geom. Verw." 4, p. 461—473, wo auch verschiedene Sonderfälle betrachtet werden. Weitere derartige Fälle bei *R. Sturm,* Math. Ann. 28 (1886), p. 277; *G. Loria,* Giorn. di mat. (2) 3 (1887), p. 374; *F. Krieg v. Hochfelden,* Sitzungsb. Ak. Wien 97 (1888), p. 806; *A. del Re,* Giorn. di mat. (1) 28 (1890), p. 280; Rend. Acc. Napoli (3) 18 (1912), p. 296; (3) 19 (1913), p. 48; Mem. Acc. Modena (3) 10^2 (1913), p. 393; *E. Ascione,* Giorn. di mat. (1) 31 (1893), p. 85; *E. Veneroni,* Mem. Acc. Torino (2) 51 (1902), p. 121; *J. Wolff,* Nieuw Archief voor Wiskunde (2) 9 (1910), p. 85; *H. de Vries,* Ak. Amsterdam Versl. (4) 21 (1912), p. 309; Nieuw Archief voor Wiskunde (2) 10 (1913), p. 258; *J. de Vries,* Ak. Amsterdam Versl. (4) 21 (1912), p. 1061; (4) 26 (1917), p. 1492; (4) 32 (1923), p. 133, 238; (4) 33 (1924), p. 65; (4) 37 (1928), p. 37.

Über Nullsysteme, die beim Studium der Geradenkongruenzen auftreten, wenn man jedem Punkte des Raumes die Ebenen entsprechen läßt, die die von dem Punkte ausgehenden Geraden der Kongruenz paarweise enthalten, und dual,

100. Mehrdeutige Korrespondenzen zwischen zwei linearen Überräumen. Über diesen Gegenstand existieren nur Untersuchungen über wenige Sonderfälle.[894])

A. del Re[895]) studiert eine quadratische Doppeltransformation im n-dimensionalen Raume.

G. Aprile[896]) untersucht eine quadratische Doppeltransformation vom Geschlecht 1 im vierdimensionalen Raume und wendet sie verschiedentlich an, vor allem auf rationale Flächen und Hyperflächen.

Matilde Prampolini[897]) untersucht die quadratischen und kubischen Transformationen von den Indizes 2 und 2 im n-dimensionalen Raume.

101. Ebene und räumliche, ein- und mehrdeutige Transformationen, die mit Fragen der Kinematik verknüpft sind [IV 3 (*A. Schoenflies* und *M. Grübler*), Nr. **4, 5, 8, 9, 12, 14, 23, 31**].[897a]) Die ebene birationale quadratische Transformation tritt in verschiedenen Fragen der

---

s. *R. Schumacher,* Diss. München 1885; Math. Ann. **37** (1890), p. 109; **38** (1890), p. 301; *R. Sturm,* „Die Gebilde"[40]) 1, p. 79—81; 2, p. 1—3, 244—245, 256—257, 263—266, 270—272, 293—295, wo auch viele Sonderfälle betrachtet werden. Weitere derartige Fälle bei *J. Welsch,* Diss. Erlangen 1912.

Andere Fälle, die beim Studium der Kongruenzen von kubischen Raumkurven auftreten [III C 9 (*K. Rohn* und *L. Berzolari*), Nr. **76**] bei *E. Heinrichs,* Diss. München 1887, p. 29 ff.; *M. Stuyvaert,* Diss. Gand 1902, p. 66—71; Bull. Ac. sc. Belgique 1907, p. 507.

894) Über die Anzahl der Fixpunkte s. Nr. **7**. Die Anzahl der zyklischen Gruppen von ν Punkten bei einer (α, β)-Korrespondenz der Ordnungen $n_1, n_2, \ldots n_{r-1}$ im S_r ist durch die Formel (10) in Nr. **12** gegeben, wo jetzt das Symbol $\{\mu\}$ durch

$$\{\mu\} = \alpha^\mu + \beta^\mu + n_1^\mu + \cdots + n_{r-1}^\mu$$

definiert ist. S. *F. Severi*[120]), erstes Zitat, p. 90 Fußn. Für $\alpha = \beta = 1$ s. die Zitate in Anm. 805.

895) S. Anm. 877, p. 54.

896) Catania Atti Acc. Gioenia (5) **10** (1917), Nr. V [1915], und ausführlich Giorn. di mat. (3) **9** (1918), p. 90; (3) **10** (1919), p. 129 [1915]; außerdem Acireale Mem. Acc. Zelanti (3) **10** (1919), Nr. 5. Die hier betrachteten Korrespondenzen (Erweiterungen der Korrespondenzen von *Th. Berner* und *Th. Reye* in Nr. **97**) entstehen, wenn wir ein lineares ∞^4-System von Hyperflächen 2. Ordnung eines Raumes S_4 projektiv auf die Hyperebenen von S_4 beziehen. Über diese Korrespondenzen s. auch *L. Roth,* Proc. London math. Soc. (2) **30** (1930), p. 305. Dieser Verfasser betrachtet auch, a. a. O., p. 425, eine Projektivität in S_4 zwischen den Hyperflächen 2. Ordnung eines linearen ∞^3-Systems mit 16 Basispunkten und den Punkten eines Raumes S_3 und erhält eine mit 20 Knotenpunkten ausgestattete Fläche 5. Ordnung des Raumes S_3, die ein Analogon zu dem Symmetroid von *A. Cayley* darstellt.

897) Note e Mem. Circ. mat. Catania **2** (1923), p. 12.

897a) S. auch *K. Federhofer*, „Graphische Kinematik und Kinetostatik", Berlin 1932.

Kinematik auf, die sich auf die endliche oder kontinuierliche Bewegung einer ebenen beweglichen Figur in ihrer Ebene beziehen. So verknüpfen sich bei der ebenen Bewegung eines starren ebenen Systems die Systeme der korrespondierenden Krümmungsmittelpunkte durch eine quadratische Transformation, die von *L. Burmester*[898]), und in Verbindung mit einer Kreisverwandtschaft zwischen den Fokalzentren aller in jener quadratischen Verwandtschaft einander entsprechenden zirkularen Kurven von *R. Müller*[899]) betrachtet wurde. Diese Transformation bietet sich auch beim Studium der Bewegung einer Ebene dar, deren sämtliche Punkte sphärische Kurven beschreiben.[900])

Algebraische Korrespondenzen, die beim Studium der Momentanbewegung eines ebenen ähnlich-veränderlichen Systems in seiner Ebene auftreten, vor allem die in irgendeiner Phase zwischen den Systempunkten und den Krümmungsmittelpunkten ihrer Bahnkurven entstehende (1, 2)-Korrespondenz 3. Ordnung untersucht *R. Müller*[901]), der auch eine (1, 4)-Korrespondenz, die sich bei der Bewegung eines starren ebenen Systems ergibt[902]), und weiter eine ebene (3, 3)-Transformation studiert, die bei der Betrachtung der sogenannten „Koppelkurve" bei der Bewegung eines Kurbelgetriebes[903]) auftritt.

Ebene (1, 3)- und (1, 4)-Transformationen, die sich auf die Bewegung eines auf einem anderen Kreise rollenden Kreises beziehen, betrachtet *A. Kleber*.[904])

In der Kinematik treten auch, in einigen Sonderfällen, kubische birationale Raumtransformationen (3, 3) auf (Nr. **80, 81**), und zwar

898) „Lehrbuch der Kinematik" 1, Leipzig 1888, p. 117. S. außerdem *R. Bricard,* „Leçons de cinématique" 1, Paris 1926, p. 211—219.

899) Ztschr. Math. Phys. 54 (1906), p. 100.

S. außerdem *R. Burmester,* Der Civilingenieur (2) 22 (1877), p. 598; *E. Dewulf,* Paris C. R. 92 (1881), p. 1091; *A. Schoenflies,* „Geometrie der Bewegung in synthetischer Darstellung", Leipzig 1886, p. 12—46; franz. Übers. von *Ch. Speckel,* Paris 1893, p. 13—51; *J. Tannery,* Ann. Éc. Norm. (3) 3 (1886), p. 71; *E. Cavalli,* Atti Acc. Napoli (2) 9 (1898), Nr. 12; Auszug Rend. Acc. Napoli (3) 4 (1898), p. 411.

Analoge Eigenschaften bei der Bewegung einer starren Figur um einen festen Punkt bei *A. Schoenflies,* a. a. O., p. 56—78; franz. Übers., p. 52—81.

900) *R. Bricard,* J. math. pures appl. (5) 4 (1898), p. 409; Auszug Paris C. R. 125 (1897), p. 1024.

901) Diss. Leipzig 1883; Ztschr. Math. Phys. 36 (1891), p. 129; Jahresb. Deutsch. Math.-Ver. 19 (1910), p. 29, 147.

902) Ztschr. Math. Phys. 36 (1890), p. 193, 257.

903) Ztschr. Math. Phys. 34 (1889), p. 303, 372; 36 (1891), p. 11, 65; vgl. außerdem daselbst 42 (1897), p. 247; 48 (1903), p. 224. Die Koppelkurve wurde von *F. V. Morley,* Amer. math. Monthly 31 (1924), p. 71, und zwar mit Hilfe der Inversionsgeometrie, studiert.

904) Diss. Rostock 1911.

beim Studium der Bewegung eines starren räumlichen Systems[905]) sowie der allgemeinsten Relativbewegung von zwei starren Körpern.[906])

Zu einer Klasse geometrischer Verwandtschaften ebener und räumlicher Systeme, die auf kinematischem Wege erzeugt sind, gelangt *L. Burmester*[907]), der sie *kinetographische Verwandtschaften* nennt und auf ebene und räumliche Mechanismen anwendet. Eine kinetographische Verwandtschaft zweier ebenen Systeme S und S', von denen S fest und S' beweglich ist, wird durch eine gegebene gesetzmäßige Bewegung des Systems S' in dem System S und durch die eindeutige (oder mehrdeutige) Zuordnung der Punkte auf zwei in den Systemen S, S' gegebenen Kurven C, C' bestimmt. Entsprechende Punkte der auf diese Weise kinetographisch aufeinander bezogenen Systeme S, S' sind dann die Punkte X, X' in beiden Systemen, die sich im gleichen Augenblicke mit zugeordneten Punkten der Ausgangskurven C' und C decken.

L. Burmester untersucht auch, als Beispiele, einige Spezialfälle; weitere Sonderfälle, die auf ebene kinetographische Verwandtschaften mit den Indizes 2, 4 führen, bei *H. Rieder*[908]) und *K. Hübsch*[909]); ein anderer Fall, der auf ebene und räumliche kinetographische Verwandtschaften mit den Indizes 2, 2 führt, bei *M. Sergelius.*[910])

L. Burmester[911]) betrachtet höhere Nullsysteme, die bei kinematischen Untersuchungen über die Bewegung der affin-veränderlichen, ähnlich-veränderlichen und starren Systeme auftreten.

Über Verwandtschaften, die durch Gelenkketten herstellbar sind, vgl. Anm. 3 und Nr. **70** am Ende, und IV 3 (*A. Schoenflies* und *M. Grübler*), Nr. **24**, **25**.

102. Allgemeine Involutionen in den linearen Räumen zweier oder mehrerer Dimensionen; Rationalitätsfragen. Man bezeichnet als *Involution* von der *Ordnung* n und *Stufe* h in einem r-dimensionalen ($r \geqq 1$) linearen Raume S_r ein so beschaffenes algebraisches ∞^h-System von Gruppen zu n Punkten (die untereinander *konjugiert* heißen), daß

905) *R. Mehmke,* Der Civilingenieur (2) 29 (1883), p. 581; *A. Schoenflies,* J. f. Math. 98 (1884), p. 265; Bull. Sciences math. (2) 12¹ (1888), p. 18; Math. Ann. 40 (1891), p. 317; „Geom. d. Bew.“ [899]), p. 138—150; franz. Übers., p. 140—154; *A. Mannheim,* „Principes et développements de géométrie cinématique“, Paris 1894, p. 165 ff.; *W. van der Woude,* Ak. Amsterdam Versl. (4) 29 (1920), p. 434.

906) *G. Koenigs,* Mém. prés. par divers savants (2) 35 (1914), Nr. 1, p. 76—94.

907) Sitzungsb. Ak. München 37 (1907), p. 17.

908) Diss. München 1907.

909) Diss. München 1909.

910) Ztschr. Math. Phys. 61 (1912), p. 367.

911) Ztschr. Math. Phys. 47 (1902), p. 128.

m allgemeine Punkte von S_r genau einer Gruppe angehören ($m \leqq n$, $h = rm$).[912])

Über einen Satz von *J. Lüroth*, nach dem auf der Geraden ($r = 1$) alle Involutionen rational sind, s. Nr. **31**.

Für $r > 1$ wurden besonders die Involutionen für $m = 1$ studiert, die schlechtweg *Involutionen n^{ter} Ordnung* heißen. Es sind algebraische ∞^r-Systeme von Gruppen zu n Punkten von der Art, daß sich ein allgemeiner Punkt von S_r in einer einzigen Gruppe befindet.

Ist $n = 2$, so bestimmt die Involution eine involutorische *Cremona*sche Transformation in S_r, bei der zwei Punkte einander entsprechen, die ein Paar der betrachteten Involution bilden. Für $n > 2$ fehlen aber die Mittel zur Untersuchung, die durch die Betrachtung einer derartigen Transformation geliefert werden.

G. Castelnuovo[913]) geht von völlig anders gearteten Begriffen aus und zeigt, daß jede ebene Involution ($r = 2$) rational ist, ihre Gruppen also umkehrbar eindeutig auf die Punkte einer Ebene bezogen werden können [III C 6b (*G. Castelnuovo* und *F. Enriques*), Nr. **37**].

Ein analoger Satz für $r > 2$ besteht nicht, da *F. Enriques*[914]) an einem Beispiel gezeigt hat, daß im dreidimensionalen Raum eine nicht

912) Verschiedene Eigenschaften dieser Involutionen bei *F. Chizzoni*, Atti Acc. Napoli (2) 5 (1891), Nr. 1.

913) Math. Ann. 44 (1893), p. 125; Auszug Roma Rend. Acc. Linc. (5) 2^2 (1893), p. 205. Ein allgemeinerer Lehrsatz bei *G. Castelnuovo* und *F. Enriques*, Ann. di mat. (3) 6 (1900), p. 214; Auszug Paris C. R. 131 (1900), p. 739.

S. auch *F. Enriques*, „Lezioni“ [15]), p. 462—477.

Über die Rationalität der ebenen Involutionen s. auch *A. Schmitt*, Diss. Freiburg 1904.

Diese Frage wurde schon von *J. Lüroth*, „Rationale Flächen und involutorische Transformationen“, Progr. Univ. Freiburg 1889, behandelt, der jedoch nur in einigen Sonderfällen zur Lösung gelangt. *J. Lüroth* beweist die Rationalität der Involutionen von der Ordnung $n = 2$ (s. Nr. **61** und die Zitate von *J. Lüroth* und *E. Bertini* in Nr. **118**) und die einer von einer zyklischen *Cremona*schen Transformation vom Index 3 abgeleiteten Involution der Ordnung $n = 3$.

914) Roma Rend. Acc. Linc. (5) 21^1 (1912), p. 81.

Die von *F. Enriques* konstruierte Involution hat die Ordnung 216 und wurde weiter studiert von *G. Aprile*, Rassegna di mat. e fis. 1 (1920), p. 133.

S. Kantor[542]), p. 192 und Amer. J. of math. 23 (1901), p. 2—3, hatte ohne jegliche Andeutung eines Beweises behauptet, daß jede Involution von ∞^r Gruppen zu n Punkten im r-dimensionalen Raume rational ist.

Nach *G. Fano*, Roma Rend. Acc. Linc. (6) 15 (1932), p. 3, ist eine Involution in S_3 rational oder irrational, je nachdem sie, als algebraische dreidimensionale Mannigfaltigkeit betrachtet, endliche kontinuierliche Gruppen von birationalen Transformationen in sich zuläßt oder nicht. Insbesondere kann eine irrationale Involution in S_3 nicht von einer endlichen kontinuierlichen Gruppe von *Cremona*schen Transformationen in sich transformiert werden.

rationale Involution existiert, deren Gruppen also nicht mit den Punkten des Raumes in eineindeutige Korrespondenz treten können [III C 6b (*G. Castelnuovo* und *F. Enriques*), Nr. **37, 48**].[915])

Zum Beweis des oben ausgesprochenen Satzes untersucht *G. Castelnuovo* eine algebraische Fläche F (eines gewissen linearen Raumes von $\varrho > 2$ Dimensionen), deren Punkte in eineindeutiger Korrespondenz mit den Gruppen der Involution stehen, und folgert nach eingehender Beschäftigung mit den auf F liegenden linearen Kurvensystemen, daß die Fläche F rational ist. Gleichzeitig erhält er verschiedene beachtenswerte Eigenschaften der Involutionen.[916])

In der Ebene existieren spezielle Punkte, und zwar in endlicher Anzahl, die *Hauptpunkte* heißen und die sämtlich nicht nur je einer, sondern je ∞^1 Involutionsgruppen angehören. Die ∞^1 Gruppen $n-1$ konjugierter Punkte eines Hauptpunktes liegen auf einer irreduziblen oder reduziblen, algebraischen Kurve, welche *Hauptkurve* und deren Ordnung *Ordnung* des Hauptpunktes heißt.

Betrachtet man die Korrespondenz mit den Indizes $n-1$, $n-1$, die zwei Punkte ein und derselben Involutionsgruppe verknüpft, so beschreiben bei der Bewegung eines Punktes auf einer Kurve C in der Ebene, die $n-1$ konjugierten Punkte eine Kurve C', die *Transformierte* von C.

Eine *Fixpunktkurve* ist der Ort eines Punktes, der einem seiner konjugierten Punkte unendlich benachbart ist.

Eine Kurve, die der Ort von ∞^1 Involutionsgruppen ist, heißt *der Involution angehörende Kurve* (*Involutionskurve*). Ebenso bezeichnen wir ein System von Kurven, die alle der Involution angehören, als *der Involution angehörend.*

Erweitern wir schließlich die von *E. Caporali* für $n = 2$ (Nr. **60**) eingeführte Bezeichnung, so ist die *Klasse* der Involution die Anzahl ν der Paare auf einer allgemeinen Geraden liegender konjugierter Punkte.

Ist k die Ordnung der Fixpunktkurve, so haben die transformierten Kurven der Geraden der Ebene die Ordnung $2\nu + k$ und alle

915) Über die Sätze von *J. Lüroth, G. Castelnuovo, F. Enriques* in Beziehung zur allgemeinen algebraischen Theorie der Körper s. *E. Steinitz,* J. f. Math. 137 (1910), p. 302; *Emmy Noether,* Math. Ann. 76 (1914), p. 175; *E. Steinitz,* „Algebraische Theorie der Körper", neu hrsg. von *R. Baer* und *H. Hasse,* Berlin und Leipzig 1930, p. 73 und 126.

916) Verschiedene allgemeine Eigenschaften der Involutionen in der Ebene, in Verbindung vor allem mit ihrer Erzeugung durch ein Netz oder zwei Kurvenbüschel, bei *F. Chizzoni,* Roma Mem. Acc. Linc. (3) 19 (1883), p. 301. Hier wird die Ordnung als *Grad* bezeichnet. S. auch *F. R. Sharpe,* Amer. J. of math. 50 (1928), p. 627; Auszug Bull. Amer. math. Soc. (2) 34 (1928), p. 695.

und nur die Hauptpunkte gemeinsam. Die aus einer Geraden R und ihrer Transformierten R' zusammengesetzten ∞^2 Kurven $R + R'$ gehören der Involution an; ebenso gehört ihr das lineare System Γ an, das die Ordnung von $R + R'$ und die niedrigste Dimension unter den linearen Systemen hat, die alle Kurven $R + R'$ enthalten.

Dieses System Γ ist irreduzibel und liefert eine spezielle Fläche F, die für einen gewissen ϱ-dimensionalen linearen Raum S_ϱ ($\varrho > 2$) normal ist und eineindeutig auf die Involution bezogen werden kann. Tatsächlich genügt es, für F eine Fläche, deren hyperebene Schnitte den Kurven von Γ in einer $(1, n)$-Korrespondenz entsprechen, oder, falls eine derartige Fläche für den Raum, dem sie angehört, nicht normal ist, die normale Fläche gleicher Ordnung anzunehmen, als deren Projektion jene betrachtet werden darf. Eine derartige irreduzible, und für den Raum S_ϱ normale Fläche F hat dann die Ordnung $2\nu + k + 1$, ihre allgemeinen hyperebenen Schnitte haben das Geschlecht ν, und ihre ∞^2 hyperebenen Schnitte, deren Bilder die Kurven $R + R'$ sind haben keine gemeinschaftlichen festen Punkte.[917]

Diese Betrachtungen verfolgt *G. Ferretti*[918] weiter und beweist, daß eine der Involution angehörende Kurve und die ihr entsprechende Kurve auf F ein und dieselbe Ordnung haben; daß ferner die Kurve R' für $\nu > 1$ eine Ordnung $\leqq 4\nu + 3$, für $\nu = 1$ dagegen eine Ordnung $\leqq 8$ haben, so daß $k \leqq 2\nu + 3$ oder $k \leqq 6$, je nachdem $\nu > 1$ oder $\nu = 1$ ist; daß außerdem n die Ordnung von F nicht übersteigt, so daß $n \leqq 4\nu + 4$ oder $n \leqq 9$, je nachdem $\nu > 1$ oder $\nu = 1$ ist.

G. Ferretti gibt auch Konstruktionen der Involutionen von der Klasse Null (insbesondere von den Involutionen, die er „von *de Jonquières*" nennt, d. h. solche, deren Gruppen auf den Geraden eines Büschels liegen) und von der Klasse 1 an. In Verfolgung des gleichen Gedankenganges gibt *Dorotea Bernardini*[919]) Konstruktionen der Involutionen von der Klasse 2 an.[920]

917) Der normalen Fläche F bedient sich auch *G. Marletta*, Catania Atti Acc. Gioenia (5) 11 (1917), Nr. VI beim Studium der algebraischen ∞^2-Systeme von $(r - 2)$-dimensionalen algebraischen Mannigfaltigkeiten des r-dimensionalen Raumes, deren eine einzige durch einen allgemeinen Punkt geht (*lineare Kongruenzen*).

Die Abbildung spezieller ebener Involutionen auf Flächen studieren *A. Emch*, Amer. J. of math. 45 (1923), p. 192 [Auszug Bull. Amer. math. Soc. (2) 29 (1923), p. 149]; Bull. Amer. math. Soc. (2) 33 (1927), p. 745; (2) 35 (1929), p. 381; *L. Godeaux*[596]), [606]), [920]); Mathesis 36 (1922), p. 19; 40 (1926), p. 352; *J. Dessart*[920]).

918) Rend. Circ. mat. Palermo 17 (1903), p. 311.

919) „Sulla generazione delle involuzioni piane di 2ª classe", Palermo 1917.

920) Über die durch ein Kurvennetz bestimmte Involution s. *H. Milinowski*, J. f. Math. 77 (1873), p. 263; *A. Clebsch* und *F. Lindemann*, „Vorlesungen" 1,

Über die Reduktion der Involutionen von der Ordnung 3 oder 4 auf Typen siehe *Anna Mayme Howe*, Anm. 853 und *T. R. Hollcroft*, Anm. 854.[921])

---

p. 722 ff.; franz. Übers. 3, p. 79 ff.; *P. H. Schoute,* Ass. franç. adv. sciences 8, Montpellier 1879, p. 194; *M. Bernhard*[28]), p. 11—14; *J. de Vries,* Arch. Néerl. des sc. 23 (1889), p. 355 = Ak. Amsterdam Versl. (3) 6 (1888), p. 92; *Ch. P. Steinmetz,* Amer. J. of math. 14 (1891), p. 39. — Durch ein Büschel bestimmte Involutionen bei *A. R. Williams,* Bull. Amer. math. Soc. (2) 36 (1930), p. 133; Auszug daselbst (2) 35 (1929), p. 605.

Durch ein Netz von Kurven vom Geschlecht 0, 1, 2 gegebene Involutionen 3. Ordnung bei *Florence E. Allen,* Quart. J. of math. 45 (1913), p. 258; weitere spezielle Involutionen 3. und 4. Ordnung bei *J. de Vries,* Ak. Amsterdam Versl. (4) 19 (1910), p. 52; (4) 22 (1914), p. 872, 1379, 1385; (4) 23 (1914), p. 84; (4) 26 (1918), p. 1256; *Ch. H. van Os,* Handelingen van het 17e Nederlandsch Natuur- en Geneeskundig Congres, Leiden 1919, p. 188; *G. Aprile,* Note e Mem. Circ. mat. Catania 1 (1921), p. 102; *F. R. Sharpe,* Amer. J. of math. 50 (1928), p. 627; 52 (1930), p. 397 [Auszüge Bull. Amer. math. Soc. (2) 33 (1927), p. 649; (2) 36 (1930), p. 187]; *F. G. Williams,* Amer. J. of math. 53 (1931), p. 127.

Über die Involutionen 3. oder 4. Ordnung von der Klasse 1 s. *J. de Vries,* Arch. Neerl. des sciences exactes et nat. (3 A) 13 (1930), p. 58, 68.

Die Involution, die durch eine ebene, nicht homologische, zyklische Homographie bestimmt ist, deren Periode eine Primzahl $p > 2$ ist, hat *L. Godeaux,* Mém. Soc. sc. Liège (3) 15 (1930), Nr. 9; (3) 16 (1931), Nr. 1, 13 studiert. Für den Fall $p = 3$ s. *P. Muth,* Diss. Gießen 1890, p. 19 ff.; *L. Berzolari,* Rend. Ist. Lomb. (2) 37 (1904), p. 306; *L. Godeaux,* Nouv. Ann. de math. (4) 16 (1916), p. 49; für den Fall $p = 5$ s. *J. Dessart,* Mém. Soc. sc. Liège (3) 16 (1931), Nr. 12; für $p = 11$ s. *L. Godeaux,* Bull. Ac. sc. Belgique (5) 17 (1932), p. 1356.

Eine ebene Involution im Zusammenhang mit der Theorie der gemischten Polaren in bezug auf eine Fundamentalkurve bei *G. Castelnuovo,* Atti Ist. Veneto (6) 4 (1886), p. 1559; andere bei *J. de Vries,* Arch. Musée Teyler (2) 4 (1894), p. 119.

W. van der Woude, Ak. Amsterdam Versl. (4) 18 (1910), p. 842 und *J. de Vries*, daselbst (4) 34 (1925), p. 391 studieren die kubische Involution, die von den durch fünf feste Punkte hindurchgehenden kubischen Raumkurven auf einer Ebene bestimmt wird.

Die durch ein lineares ∞^3-Flächensystem bestimmten Involutionen des dreidimensionalen Raumes werden untersucht von *P. H. Schoute,* Ass. franç. adv. sciences 9, Reims 1880, p. 156; *M. Bernhard*[28]), p. 14—17; *Ch. P. Steinmetz,* Ztschr. Math. Phys. 35 (1890), p. 219, 272, 354 (s. Anm. 937); im Falle eines Systemes von Flächen 2. Ordnung *Ch. H. van Os,* Ak. Amsterdam Versl. (4) 24 (1915), p. 116. Eine Involution 4. Ordnung bei *G. Schaake,* Ak. Amsterdam Versl. (4) 35 (1926), p. 268.

Die durch Betrachtung der Schnitte der Hyperflächen von r Büscheln erhältliche Involution im r-dimensionalen Raume wird, speziell für $r = 2, 3, \ldots, 6$, von *Ch. H. van Os,* Diss. Utrecht 1916 studiert; für $r = 3$, falls es sich um Flächen 2. Ordnung handelt, von *J. de Vries,* Ak. Amsterdam Versl. (4) 21 (1913), p. 1269.

921) Man hat auch *Involutionen in der komplexen Ebene* studiert. Sind $f(z)$ und $\varphi(z)$ zwei rationale ganze Funktionen n^{ten} Grades der auf der *Gauß*schen Ebene dargestellten komplexen Veränderlichen z, so liefert die Gleichung

VI. Anwendungen.

103. Gebilde, die aus algebraischen Korrespondenzen zwischen gegebenen Grundgebilden hervorgehen. In Erweiterung der Untersuchungen über die Kurven, Flächen, Geradensysteme (Kegelschnitte, Flächen 2. Ordnung, ebene und Raumkurven 3. Ordnung, kubische Flächen, tetraedraler Komplex, . . .), die durch zwei oder mehrere projektiv aufeinander bezogene Grundgebilde 1., 2. oder 3. Stufe erzeugt werden, kann man die in analoger Weise erzeugten Gebilde studieren, wenn man zwei oder mehrere dieser Grundgebilde durch ein- oder mehrdeutige algebraische Korrespondenzen aufeinander bezieht.[922]) Wir führen hier verschiedene Resultate über die beachtenswertesten Fälle an, die eintreten können.[923])

$f + \lambda\varphi = 0$ bei Veränderung von λ die Gruppen einer Involution n^{ter} Ordnung auf der komplexen Ebene. Diese Involutionen sind von *J. de Vries*, Monatsh. Math. Phys. 3 (1892), p. 285; *E. H. C. H. Veen*, Diss. Utrecht 1917 insbesondere für die Fälle $n = 2, 3, 4$ untersucht worden. S. hierüber auch *E. Beltrami*, Mem. Acc. Bologna (2) 9 (1870), p. 607 = Opere 2, Milano 1904, p. 129; *L. Wedekind*, Diss. Erlangen 1875; Math. Ann. 9 (1875), p. 209 [Auszug Sitzungsb. phys.-med. Soc. Erlangen 1875, p. 93]; *R. Russell*, Proc. London math. Soc. (1) 19 (1887), p. 56; *J. de Vries*, Rend. Circ. mat. Palermo 5 (1891), p. 289; Monatsh. Math. Phys. 5 (1894), p. 1; Arch. Musée Teyler (2) 4 (1894), p. 119; *V. Retali*, Interm. des math. (1) 13 (1906), p. 213; *A. Clebsch* und *F. Lindemann*, „Vorlesungen", 2. Aufl. 1_1, Leipzig 1906—1932, p. 836—869; *F. Lindemann*, Sitzungsb. Ak. München 1919, p. 147; *A. Colucci*, Giorn. di mat. (3) 15 (1922), p. 62; *J. H. Grace*, Proc. Cambridge Phil. Soc. 24 (1928), p. 210.

922) Über derartige auf die Liniengeometrie bezügliche Gebilde s. III C 8 (*K. Zindler*), Nr. **41 ff.**

Eine methodische Darstellung der Hauptergebnisse über diesen Gegenstand findet sich bei *G. Loria*, Giorn. Soc. di letture e conversazioni scient. di Genova 1887, p. 53 = Giorn. di mat. (2) 3 (1896), p. 354. — Verschiedene, durch drei, durch *Cremona*sche Korrespondenzen aufeinander bezogene Grundgebilde 2. Stufe erzeugte Gebilde auch bei *A. Pepoli*, Anm. 499.

Ausführliche Untersuchungen über die Gebilde, die sich durch zwei, mittels einer quadratischen *Cremona*-Transformation aufeinander bezogene Grundgebilde 2. Stufe erhalten lassen, bei *G. Bordiga*, Preisschrift, Mém. Acc. Belgique, coll. in —4°, (2) 2 (1909), Nr. 3 [1907]. — Für den Fall von zwei oder mehr solcher Grundgebilde s. *A. Plamitzer*, Prace matem.-fiz. 35 (1929), p. 1; 38 (1931), p. 79.

923) Für den Fall linearer Korrespondenzen s. noch *A. del Re*, Rend. Acc. Napoli (1) 25 (1886), p. 272; Rend. Circ. mat. Palermo 1 (1887), p. 272; Roma Rend. Acc. Linc. (4) 6^2 (1890), p. 221; (5) 2^1 (1893), p. 245; Atti Acc. Torino 28 (1893), p. 420; außerdem z. B. *R. Sturm*, „Geom. Verw." 1, p. 401—415; 4, p. 132—151. Insbesondere über Örter von Treffgeraden entsprechender Strahlen in eindeutig und linear verwandten Strahlengebilden s. *Fr. Kliem*, Diss. Breslau 1909. = *R. Scaccianoce*, Atti e Rend. Acc. Dafnica di Acireale (2) 2 (1907), Nr. 1, studiert

Zwei Ebenenbüschel mit den Achsen a und b in einer (m, n)-Korrespondenz erzeugen eine Regelfläche vom Grade $m + n$, die der Ort der Schnitte der homologen Ebenen ist; die Geraden a und b sind für die Regelfläche n- und m-fach. Dieselbe Regelfläche läßt sich auch durch die duale Konstruktion erhalten, wenn man die zwischen den Punkten von a und den Punkten von b sich ergebende (n, m)-Korrespondenz ins Auge fasst und die homologen Punkte verbindet.[924])

---

eine rationale Fläche 7. Ordnung, die man mit Hilfe von drei reziprok auf eine vierte Ebene bezogenen Ebenen erhält. Eine Erweiterung in Period. di mat. (3) 5 (1908), p. 35.

924) Über die durch zwei Grundgebilde 1. Stufe oder zwei beliebige rationale Gebilde in (α, β)-Korrespondenz erzeugten Kurven, Regelflächen usw. siehe *Em. Weyr,* „Theorie der mehrdeutigen geometrischen Elementargebilde und der algebraischen Curven und Flächen als deren Erzeugnisse", Leipzig 1869; „Beiträge" [7]); Prag Abh. böhm. Ges. (6) 4 (1870); (6) 5 (1871); Math. Ann. 3 (1870), p. 34; Prag Ber. böhm. Ges. 1874, p. 198; *M. Lazarski,* Sitzungsb. Ak. Krakau 15 (1887), p. 224; *L. Crelier,* Enseign. math. 8 (1906), p. 455; 9 (1907), p. 107; 10 (1908), p. 111; 15 (1913), p. 453 [vgl. *B. Bydžovský,* daselbst 16 (1914), p. 366; *L. Crelier,* daselbst, p. 369]; *R. Sturm,* „Geom. Verw." 1, p. 241—253; *B. Kalicun,* Sitzungsb. Ak. Wien 119 (1910), p. 1351; 120 (1911), p. 1299; 121 (1912), p. 2351; 122 (1913), p. 365; 123 (1914), p. 313; Lemberg Sevčenko-Ges. 17 (1916), p. 1; *K. Bartel,* Vektor (Varsavia) 1912; Paris C. R. 158 (1914), p. 1875; Prace mat.-fiz. 26 (1915), p. 65; *D. Mazkewitsch,* Diss. Bern 1915; *A. Plamitzer,* Sitzungsb. Ak. Wien 125 (1916), p. 1343; 126 (1917), p. 203, 807; Prace mat.-fiz. 30 (1919), p. 191; 31 (1920), p. 129; *S. Joss,* Mitt. Naturf. Ges. Bern 1918, p. 134; *H. S. White,* Amer. J. of math. 48 (1926), p. 223; *H. P. Pettit,* Tôhoku math. J. 28 (1927), p. 72 [Auszug Japanese J. of math. 4 (1928), Abstracts, p. (6)]; *F. Ayres,* Bull. Amer. math. Soc. (2) 34 (1928), p. 143; *E. Müller,* „Vorlesungen über darstellende Geometrie" 2, Die Zyklographie, herausg. von *J. L. Krames,* Leipzig u. Wien 1929, p. 257—263; *A. Emch,* Comment. math. Helvetici 4 (1932), p. 65; *Joanna I. Mayer,* Tôhoku math. J. 36 (1932), p. 1.

Über die Erzeugung der Kurven 3. oder 4. Ordnung s. III C 5 (*G. Kohn*), Nr. **25, 26, 27, 42, 47, 48, 64, 79, 83, 92.** — Über die Erzeugung von Regelflächen s. *W. L. Edge,* „The theory of ruled surfaces", Cambridge 1931, p. 45 ff.

Über die durch die Schnitte der homologen Kurven von zwei ∞^1-Systemen mit beliebigen Indizes in (m, n)-Korrespondenz erzeugten Kurven s. *P. de Lepiney,* Mathesis (4) 1 (1911), p. 113; *H. G. Zeuthen,* „Lehrbuch", p. 180—181; für $m = n = 1$ s. *L. Cremona,* „Introduzione" [75]), Nr. 83 = Opere 1, p. 388—389.

Sind in einer Ebene n Geradenbüschel in n-linearer Korrespondenz (Nr. **5**) gegeben, so ist der Ort der Punkte, in denen n homologen Geraden zusammenlaufen, eine Kurve n^{ter} Ordnung, die durch die Mittelpunkte der gegebenen Büschel geht. Umgekehrt kann auf diese Weise jede Kurve n^{ter} Ordnung erzeugt werden, wenn man n willkürliche Kurvenpunkte als Mittelpunkte der n Büschel wählt. Diese Konstruktion ist eine einfache Modifikation der Konstruktion von *H. Graßmann* durch einen linearen Mechanismus [III C 4 (*L. Berzolari*), Nr. **10** und **11**]. *H. Graßmann* leitet diese Konstruktion zuerst von den allgemeinen Grundsätzen ab, die er in „Die lineale Ausdehnungslehre", Leipzig

Befinden sich auf den Ebenen α und β zwei Strahlenbüschel mit den Mittelpunkten A und B in (m, n)-Korrespondenz, so bilden die Treffgeraden der Paare entsprechender Strahlen einen Komplex vom Grade $m + n$. Alle Kegel des Komplexes gehen durch A, B und die $m + n$ Punkte der Geraden $\alpha\beta$ in denen sich zwei homologe Strahlen der beiden Büschel schneiden.

Befinden sich drei Ebenenbüschel mit einem und demselben Büschel in (m_1, n_1)-, (m_2, n_2)-, (m_3, n_3)-Korrespondenz, so daß z. B. das erste und das zweite untereinander in $(n_1 m_2, n_2 m_1)$-Korrespondenz treten, so bilden die Schnitte der Tripel entsprechender Ebenen eine Kurve der Ordnung

$$n_1 m_2 m_3 + n_2 m_3 m_1 + n_3 m_1 m_2,$$

die mit den Achsen der drei Büschel je

$$m_1(n_2 m_3 + n_3 m_2), \quad m_2(n_3 m_1 + n_1 m_3), \quad m_3(n_1 m_2 + n_2 m_1)$$

Punkte gemein hat.

Sind in drei verschiedenen Ebenen drei Strahlenbüschel in algebraischen Korrespondenzen gegeben, die wie oben durch ein viertes Büschel bestimmt werden, so erzeugen die Geraden, die die Tripel entsprechender Strahlen treffen, eine Kongruenz von der Ordnung und Klasse

$$n_1 m_2 m_3 + n_2 m_3 m_1 + n_3 m_1 m_2.$$

Die Mittelpunkte und Ebenen der drei Büschel sind singuläre Punkte bzw. Ebenen der Kongruenz. Der Mittelpunkt des ersten Büschels z. B. ist der Scheitel eines Kegels der Kongruenz, von der Ordnung $n_2 m_3 + n_3 m_2$, und die Ebene des gleichen Büschels enthält eine Kurve der Kongruenz, von der Klasse $n_2 m_3 + n_3 m_2$.

1844 (2. Ausg., Leipzig 1878), p. 224—228 = Werke 1[1], Leipzig 1894, p. 215—249 entwickelt, später, unabhängig von der Ausdehnungslehre, durch den Begriff der planimetrischen Multiplikation, s. J. f. Math. 31 (1845), p. 111 = Werke 2[1], p. 49.

Über diese Konstruktion s. *E. Kötter*, Preisschrift [62]), p. 220—235, 286—289. Vgl. auch *F. Deruyts*, Mém. Soc. sc. Liège (2) 17 (1890), p. 160; *L. Pomey*, Nouv. Ann. de math. (5) 3 (1924), p. 81; *E. Fiquemont*, Enseign. math. 25 (1926), p. 46. — *E. Kötter*, a. a. O., p. 231—235, 286—289 macht davon Anwendung auf die Konstruktion einer Kurve n^{ter} Ordnung, die durch $\frac{n(n+3)}{2}$ gegebene, reelle oder imaginäre Punkte hindurchgeht.

Für $n = 3$ s. *C. Le Paige* und *F. Folie*, Bull. Acc. sc. Belgique (3) 1 (1881), p. 610; Mém. couronnés et Mém. des savants étrangers (in 4°) de l'Acad. de Belgique 43 (1882), Nr. 7 [1880]; 45 (1884), Nr. 1 [1882]; *C. Le Paige*, Bull. Ac. sc. Belgique (3) 4 (1882), p. 334; (3) 5 (1883), p. 85; Mém. Soc. sc. Liège (2) 10 (1883), p. 1, 105; *G. Castelnuovo*, Atti Ist. Ven. (6) 5 (1887), p. 1041; *F. London*, Math. Ann. 44 (1893), p. 375; 45 (1893), p. 545; *J. W. Russell*, Proc. London math. Soc. (1) 26 (1894—95), p. 446.

Es gibt $n_2 m_3 + n_3 m_2$ Paare entsprechender Strahlen des 2. und 3. Büschels, die sich schneiden, und jedes Paar erzeugt $2m_1(n_2 m_3 + n_3 m_2)$ Strahlenbüschel der Kongruenz.[925])

Sind vier Strahlenbüschel S, S_1, S_2, S_3 in verschiedenen Ebenen derart aufeinander bezogen, daß die Korrespondenz zwischen S und S_i eine (m_i, n_i)-Korrespondenz ist, so bilden die Geraden, die vier homologe Strahlen treffen, eine Regelfläche vom Grade

$$2(m_1 m_2 m_3 + n_1 m_2 m_3 + n_2 m_3 m_1 + n_3 m_1 m_2).$$

Durch den Mittelpunkt des ersten Büschels gehen $n_1 m_2 m_3 + n_2 m_3 m_1 + n_3 m_1 m_2$ Geraden dieser Fläche, durch den Mittelpunkt des zweiten z. B. $m_2 m_3 + m_2 n_3 + m_3 n_2$ Geraden.[926])

Befinden sich zwei Strahlenbündel in birationaler Korrespondenz n^{ter} Ordnung, so erzeugen die Schnittpunkte von Paaren entsprechender Strahlen eine Kurve von der Ordnung $n + 2$ und vom Geschlecht $n - 1$.[927])

---

925) Für $m_i = n_i = 1$ vgl. *D. Roccella,* „Sugli enti geometrici dello spazio di rette generati dalle intersezioni de' complessi corrispondenti in due o piú fasci proiettivi di complessi lineari", Piazza Armerina 1882, p. 28; *T. A. Hirst,* Proc. London math. Soc. (1) 16 (1885), p. 232; Rend. Circ. mat. Palermo 1 (1886), p. 64; *R. Sturm,* J. f. Math. 101 (1887), p. 162; „Die Gebilde"[40]) 2, p. 78; „Geom. Verw." 1, p. 403; *G. Fano,* Ann. di mat. (2) 21 (1893), p. 157.

926) Für $m_i = n_i = 1$ vgl. *D. Roccella*[925]), p. 30; *R. Sturm,* „Geom. Verw." 1, p. 405.

927) Für den Fall der Transformationen von *de Jonquières* s. *E. de Jonquières*[430]); im allgemeinen *L. Cremona,* Mem. Acc. Bologna (2) 5 (1865), p. 33—35 = Giorn. di mat. (1) 3 (1865), p. 375—376 = Opere 2, p. 217—218. Vgl. auch *R. Sturm,* „Geom. Verw." 4, p. 31—32.

Für den Fall zweier Bündel in quadratischer Korrespondenz s. *R. Sturm,* Math. Ann. 19 (1881), p. 469—471; „Geom. Verw." 4, p. 49—52; *G. Bordiga*[922]), p. 36 ff. Hier ist der Ort der gemeinsamen Punkte homologer Strahlen eine Kurve 4. Ordnung 1. Art; haben aber sieben in allgemeiner Lage befindliche Paare entsprechender Strahlen einen Schnittpunkt, so schneiden sich zwei beliebige homologe Strahlen, und der Ort der Schnittpunkte ist eine Fläche 2. Ordnung.

Nach *R. Sturm* besitzen alle ∞^4 quadratischen Transformationen zwischen zwei Bündeln, in denen fünf gegebene Paare sich schneidender Geraden einander entsprechen, noch ein sechstes Paar sich schneidender homologer Geraden. Betrachten wir außerdem die ∞^2 durch sechs Paare sich schneidender homologer Strahlen bestimmten quadratischen Transformationen zwischen zwei Bündeln, so enthalten alle diese die gleichen ∞^1 Paare sich schneidender homologer Geraden, und der Ort der gemeinschaftlichen Punkte ist eine einzige Raumkurve 4. Ordnung 1. Art. Vgl. Nr. 67.

Sind zwei Bündel in birationaler Korrespondenz der Ordnung n gegeben, so studiert *D. Lo Piano,* Rend. Acc. Napoli (3) 6 (1900), p. 130 die rationale Fläche, die man dadurch erhält, daß man durch einen festen Punkt O die Geraden führt, die die Paare der entsprechenden Geraden treffen, und daß man

Besteht zwischen zwei voneinander verschiedenen Punktebenen eine *Cremona*sche Korrespondenz n^{ter} Ordnung, so erzeugen die Verbindungsgeraden der homologen Punkte eine Kongruenz $(n+2)^{\text{ter}}$ Ordnung und n^{ter} Klasse, die unter dem Namen *Cremonasche Kongruenz* vor allem von *T. A. Hirst*[928]) untersucht wurde. Die beiden gegebenen Ebenen sind für die Kongruenz singulär; jede von ihnen enthält unendlich viele Gerade dieser Kongruenz, die eine Kurve $(n+1)^{\text{ter}}$ Klasse umhüllen, für welche der Schnitt der beiden Ebenen n-fache Tangente ist. Dieselbe Gerade ist für die Kongruenz n-fach. Jeder Hauptpunkt der Korrespondenz ist für die Kongruenz singulär. Die Brennfläche der Kongruenz ist im allgemeinen $4n^{\text{ter}}$ Ordnung und $4(n-1)^{\text{ter}}$ Klasse.

Die auf analoge Weise durch zwei Ebenen in $(1, n)$-Korrespondenz erzeugte Kongruenz wurde für $n = 2$ von *I. Conti*[929]), im allgemeinen von *P. Visalli*[930]) studiert; die durch zwei Ebenen in (m, n)-Korrespondenz erzeugte Kongruenz von *R. Baldus.*[931])[932])

---

auf jeder derselben den vierten harmonischen Punkt von O bezüglich der zwei Treffpunkte sucht. Sie ist von der Ordnung $n+2$ und besitzt eine Doppelkurve der Ordnung $\frac{n(n-1)}{2}+1$ und hat in O einen Doppelpunkt.

Die Kurve, die der geometrische Ort der Punkte ist, in denen sich die Paare homologer Geraden zweier linearer Kongruenzen in birationaler Korrespondenz treffen, ist von *G. Hulin*[99]) studiert worden.

928) Proc. London math. Soc. (1) 14 (1883), p. 259; (1) 16 (1885), p. 232; (1) 17 (1886), p. 287; Rend Circ. mat. Palermo 1 (1886), p. 64, wo auch viele Sonderfälle betrachtet werden. Vgl. auch *R. Schumacher,* Math. Ann. 37 (1890), p. 132; *A. del Re,* Roma Rend. Acc. Linc. (5) 2^1 (1893), p. 452; *G. Fano,* Ann. di mat. (2) 21 (1893), p. 155; Atti Acc. Torino 36 (1901), p. 366; *R. Sturm,* „Geom. Verw.“ 4, p. 36—38; *M. Stuyvaert,* Enseign. math. 12 (1910), p. 489. Für den Fall einer quadratischen Transformation s. *W. Stahl,* J. f. Math. 97 (1883), p. 146; *D. Montesano,* Atti Acc. Torino 27 (1892), p. 1064; *U. Perazzo*[454]), p. 160; *G. Bordiga*[922]), p. 5 ff.; für den Fall einer Kreisverwandtschaft (Nr. 71) *A. Emch,* Ann. of math. (2) 13 (1911), p. 155; Bull. Amer. math. Soc. (2) 18 (1911), p. 57; *Em. Müller* und *E. Kruppa*[59]), p. 89—95; für den Fall einer kubischen Transformation *E. Schöner,* Diss. München 1887. Für viele Sonderfälle s. auch *R. Sturm,* „Die Gebilde“ [40]) 2, p. 32—34, 103—110, 243—244, 253—255, 266—267, 292—293, 310.

929) Rend. Circ. mat. Palermo 1 (1887), p. 230; 2 (1887), p. 97. Vgl. auch *R. Sturm,* „Die Gebilde“ [40]) 2, p. 110—116.

930) Rend. Ist. Lomb. (2) 28 (1894), p. 114, 264, 319; Roma Rend. Acc. Linc. (5) 4^1 (1895), p. 33, 58.

P. Visalli, Roma Rend. Acc. Linc. (4) 3^1 (1887), p. 124 betrachtet auch die Kurve der Ordnung $n+\nu+1$, den Ort der Punkte, in denen sich die homologen Strahlen zweier durch eine $(1, n)$-Transformation ν^{ter} Ordnung aufeinander bezogener Bündel schneiden.

931) S. Anm. 858.

Für die Erzeugung einiger algebraischer ∞^3-Komplexe von Geraden in S_4

Befinden sich ein Strahlenbündel vom Mittelpunkt A und ein Ebenenbündel vom Mittelpunkt B in *Cremona*scher Korrespondenz n^{ter} Ordnung, so bilden die den homologen Geraden und Ebenen gemeinschaftlichen Punkte eine (Monoid-)Fläche $(n+1)^{\text{ter}}$ Ordnung, die in A einen n-fachen, in B einen einfachen Punkt hat. Fallen A und B zusammen, so entsteht ein Kegel $(n+1)^{\text{ter}}$ Ordnung, der Ort der in den korrespondierenden Ebenen des zweiten Bündels gelegenen Strahlen des ersten Bündels, und ein Kegel $(n+1)^{\text{ter}}$ Klasse, die Hüllfläche der die homologen Strahlen des ersten Bündels enthaltenden Ebenen des zweiten Bündels.[933])

Eine Punkt- und eine Geradenebene, die durch eine *Cremona*sche Korrespondenz n^{ter} Ordnung aufeinander bezogen sind, erzeugen einen Komplex vom Grade $n+1$, den Ort der Geraden, die von den Punkten der ersten Ebene die Punkte der homologen Geraden der zweiten Ebene projizieren.[934])

Drei Ebenenbündel, die sich in *Cremona*schen Korrespondenzen von den Ordnungen n_1, n_2, n_3 mit einer Punktebene π befinden, erzeugen als Ort der Schnitte der homologen Ebenen eine Fläche der Ordnung $n_2 n_3 + n_3 n_1 + n_1 n_2$, deren Multiplizitäten in den Mittelpunkten der drei Bündel $n_2 n_3$, $n_3 n_1$, $n_1 n_2$ sind und die $n_2 n_3 + n_3 n_1 + n_1 n_2 + 3$

---

benutzt *Maria Miglio,* Catania Atti Acc. Gioenia (5) 15 (1925), Nr. I[bis] birationale und mehrfache Transformationen zwischen zwei Ebenen.

932) Die Strahlenkongruenzen, die man erhält, wenn man von einer Funktion $w = f(z)$ der komplexen Veränderlichen z ausgeht, w und z auf zwei Ebenen darstellt und die homologen Punkte verbindet, betrachtet *K. Weierstraß* in seinen Vorlesungen über *Abel*sche Funktionen; s. Math. Werke 4, Berlin 1902, p. 323. Vgl. auch *G. Vivanti,* Rend. Circ. mat. Palermo 9 (1894), p. 108. Viele Sonderfälle bei *M. J. van Uven,* Diss. Utrecht 1908 = Ak. Amsterdam Verh. (1) 10 (1911), Nr. 2. Für den Fall, daß $f(z)$ eine lineare gebrochene Funktion ist, was zur Kreisverwandtschaft führt (Nr. 71), s. *A. Emch,* Ann. of math. (2) 13 (1912), p. 155; für den Fall einer quadratischen Beziehung zwischen w und z s. *E. Busche,* Progr. Hansaschule Bergedorf bei Hamburg 1890 und 1891. Über den allgemeinen Fall s. noch *E. Study,* Jahresb. Deutsch. Math.-Ver. 11 (1902), p. 324 ff.; *J. L. Coolidge,* Atti Acc. Torino 38 (1904), p. 175; *E. J. Wilczynski,* Trans. Amer. math. Soc. 20 (1919), p. 271.

933) *G. Jung,* Roma Rend. Acc. Linc. (4) 1 (1885), p. 762, 773.

934) *P. Visalli,* Roma Rend. Acc. Linc. (5) 4^1 (1895), p. 480. — Für $n=1$ vgl. *T. A. Hirst,* Proc. London math. Soc. (1) 10 (1879), p. 131; Collectanea math. in mem. D. Chelini, Milano 1881, p. 51; *R. Sturm,* „Die Gebilde"[40]) 3, p. 429; „Geom. Verw." 2, p. 210.

R. Souris, Bull. Ac. sc. Belgique (5) 17 (1931), p. 1365; (5) 18 (1932), p. 71, 165 studiert die Brennfläche der Kongruenz der Kegelschnitte, die man als Schnitte homologer Elemente eines Ebenenbündels und eines Netzes von Flächen 2. Ordnung erhält, die durch eine quadratische Korrespondenz verbunden sind.

nicht durch diese Mittelpunkte gehende Geraden enthält. Die Fläche läßt sich auf die Ebene π abbilden, und ihren ebenen Schnitten entsprechen auf π Kurven der Ordnung $n_1 + n_2 + n_3$, die die Bildpunkte der vorhergehenden Geraden und die Hauptpunkte der Korrespondenzen zwischen π und den drei Bündeln gemeinsam haben. Die Fläche enthält doppelte Kurven, die in ihrer Gesamtheit von der Ordnung[935])

$$\tfrac{1}{2}(n_2 n_3 + n_3 n_1 + n_1 n_2 - 2)(n_2 n_3 + n_3 n_1 + n_1 n_2 - 3)$$

sind.

Vier Ebenenbündel, die sich in *Cremona*schen Korrespondenzen von den Ordnungen n_1, n_2, n_3, n_4 mit ein und demselben Grundgebilde 2. Stufe befinden, erzeugen als Ort der Punkte, durch die vier homologe Ebenen gehen, eine Kurve der Ordnung

$$n_1 n_2 + n_1 n_3 + n_1 n_4 + n_2 n_3 + n_2 n_4 + n_3 n_4.$$ [936])

Vier Geradenebenen in *Cremona*schen Korrespondenzen von den Ordnungen n_1, n_2, n_3, n_4 mit ein und demselben Grundgebilde 2. Stufe erzeugen als Ort der vier homologe Geraden treffende Geradenpaare eine Kongruenz der Ordnung und Klasse $n_1 n_2 + n_1 n_3 + n_1 n_4 + n_2 n_3 + n_2 n_4 + n_3 n_4$, für die die vier Ebenen singulär sind.

Fünf Geradenebenen in *Cremona*schen Korrespondenzen von den Ordnungen $n_1, n_2, \ldots, n_5$ mit ein und demselben Grundgebilde 2. Stufe erzeugen als Ort der Geraden, die fünf entsprechenden Geraden dieser Ebenen treffen, eine Regelfläche vom Grade

$$2(n_1 n_2 + n_1 n_3 + \cdots + n_4 n_5).$$ [937])

---

935) Über diese Fläche vgl., außer *G. Loria*[922]), *G. Jung*, Roma Rend. Acc. Linc. (4) 1 (1885), p. 810; (4) 2^1 (1886), p. 85; *P. Visalli*, daselbst, (4) 2^2 (1886), p. 80, 84; *E. Kötter*, Jahrbuch über die Fortschritte d. Math. 19 (1890), p. 596; *A. del Re*, Roma Rend. Acc. Linc. (5) 2^1 (1893), p. 452. In diesen Arbeiten wird auch die Fläche untersucht, die man mittels zweier durch *Cremona*sche Korrespondenzen auf ein Ebenenbündel bezogener Punktebenen erhält, indem man den Ort der Punkte sucht, in denen die Verbindungsgeraden der homologen Punkte der beiden Ebenen von den homologen Ebenen des Bündels geschnitten werden.

936) Für $n_1 = n_2 = n_3 = n_4 = 1$ vgl. z. B. *R. Sturm*, „Geom. Verw." 2, p. 195; 3, p. 375, 549ff.

937) Über den Komplex der Verbindungsgeraden der Paare homologer Punkte von zwei dreidimensionalen Räumen in *Cremona*scher Korrespondenz s. Nr. 83. Über den Komplex, der sich im Falle einer Doppeltransformation ergibt, s. Nr. 96. *Ch. P. Steinmetz*[920]) zweites Zitat, studiert den Komplex, der in analoger Weise durch eine mehrdeutige involutorische Verwandtschaft erzeugt wird; einige Ungenauigkeiten wurden von *W. Stahl*, Jahrbuch über die Fortschritte d. Math. 22 (1893), p. 626 berichtigt.

Andere Geradenkomplexe erhalten auf ähnliche Weise *A. Weiler*, Ztschr. Math. Phys. 24 (1879), p. 159; *J. de Vries*, Arch. Musée Teyler (2) 9 (1905), p. 553; Ak. Amsterdam Versl. (4) 11 (1903), p. 762; (4) 13 (1905), p. 605, 703; (4) 14 (1906),

104. Gebilde, die aus algebraischen Korrespondenzen zwischen gegebenen nicht-linearen Gebilden hervorgehen. Befinden sich zwei ebene Kurven von den Ordnungen n, n' in ein und derselben Ebene in (α, α')-Korrespondenz und sind k gemeinsame Punkte Fixpunkte, so hüllen die Verbindungsgeraden der homologen Punkte eine Kurve der Klasse $n\alpha' + n'\alpha - k$ ein. Fallen jedoch die beiden Kurven zusammen und ist die Korrespondenz symmetrisch, so daß $n = n'$, $\alpha = \alpha'$, so muß diese Zahl durch zwei geteilt werden, so daß die Klasse $n\alpha - \frac{k}{2}$ ist.[938])

Befinden sich zwei algebraische Flächen in eineindeutiger Korrespondenz, so bilden die Verbindungsgeraden der homologen Punkte eine Kongruenz, die für Sonderfälle von *E. Caporali*[939]) und *A. Voss*[940]), im allgemeinen von *M. Pannelli*[941]) studiert wurde.

---

p. 666, unter Betrachtung verschiedener involutorischer oder nicht involutorischer Projektivitäten zwischen Erzeugenden von Regelflächen oder Tangenten einer Raumkurve.

H. J. van Veen, Nieuw Archief voor Wiskunde (2) 11 (1915), p. 232 studiert den durch zwei Büschel linearer Komplexe in (m, n)-Korrespondenz erzeugten Komplex.

St. Juhski, Sitzungsb. Ak. Wien 122 (1913), p. 1659 studiert den durch drei Büschel linearer Komplexe in trilinearer Korrespondenz erzeugten kubischen Komplex.

938) Vgl. *A. Cayley,* Proc. London math. Soc. (1) 1, VII (1866), p. 6; Trans. London Phil. Soc. 158 (1867), p. 149—150; Quart. J. of math. 15 (1878), p. 32 = Papers 6, p. 13, 268; 10, p. 259. S. auch z. B. *R. Sturm,* „Geom. Verw." 1, p. 264—266; 4, p. 144—145; *E. Müller*[28]), p. 46 ff., wo auch weitere analoge Lehrsätze auftreten; *Barré,* Nouv. Ann. de math. (5) 2 (1924), p. 201. Für $\alpha = \alpha' = 1$, $k = 0$ s. *L. Cremona,* „Introduzione"[75]), Nr. 83 = Opere 1, p. 389; *A. Clebsch* und *F. Lindemann,* „Vorlesungen" 1, p. 383; franz. Übers. 2, p. 105.

Über Regelflächen, die in analoger Weise erzeugt werden, wenn die zwei Kurven nicht in ein und derselben Ebene liegen oder Raumkurven sind, s. *M. Chasles,* Paris C. R. 62 (1866), p. 581; *A. Cayley,* Trans. Cambridge Phil. Soc. 11² (1867), p. 277 = Papers 7, p. 54. Vgl. *G. Salmon* und *W. Fiedler,* „Raumgeometrie" 2, p. 320—322.

Für den Fall zweier homologer Kurven bei der Bewegung einer in der Ebene oder im Raume beweglichen starren Figur s. *M. Chasles,* Paris C. R. 51 (1860), p. 855, 905; 52 (1861), p. 77, 189, 487, wo auch viele andere Resultate aufgeführt werden.

939) Rend. Acc. Napoli (1) 18 (1879), p. 244 = Mem. di geometria, Napoli 1888, p. 126. Hier wird der Fall einer Ebene und einer rationalen Fläche behandelt, die eineindeutig auf die Ebene abgebildet ist. Sonderfälle bei *G. Fano,* Mem. Acc. Torino (2) 51 (1900), p. 62; *R. Sturm,* „Die Gebilde"[40]) 2, p. 272—281.

940) Math. Ann. 30 (1887), p. 227. Hier handelt es sich um zwei durch vier biquaternäre Gleichungen eineindeutig aufeinander bezogene Flächen, insbesondere die *Hesse*sche und *Steiner*sche Fläche einer gegebenen punktallge-

105. Reduktion der Singularitäten der ebenen und nichtebenen algebraischen Kurven. Eine der wichtigsten Anwendungen der Theorie der algebraischen, vor allem der birationalen Transformationen ist die Reduktion der Singularitäten der ebenen und nicht ebenen algebraischen Kurven und der algebraischen Flächen.

Was die ebenen Kurven[942]) anbelangt, so verdankt man *M. Noether*[943])

---

meinen Fläche [falls diese 3. Ordnung ist, s. auch *R. Russell*, Proc. Irish. Ac. Dublin (3) 5 (1899), p. 462; *R. M. Ssolowjew*, Moskau math. Samml. 25 (1905), p. 386]. Die durch vier biquaternäre Gleichungen definierte eineindeutige Korrespondenz zwischen zwei Flächen ist von *H. Krey*, Math. Ann. 18 (1881), p. 82 und von *A. Voss*, daselbst 27 (1886), p. 357 studiert.

Besteht zwischen zwei Flächen von den Ordnungen n, n' eine (α, α')-Korrespondenz, so besteht zwischen der Klasse e und der Ordnung ε der Kongruenz der Verbindungsgeraden der homologen Punkte die Beziehung $\varepsilon = n\alpha' + n'\alpha + e$, s. *A. Voss*, Math. Ann. 30 (1887), p. 229.

A. Voss, Abh. bayer. Ges. Wiss. München 16 (1887), p. 243 studiert auch die Kongruenz, die der Ort der Verbindungsgeraden der Punkte einer algebraischen Fläche mit den Polen der zugehörigen Tangentialebenen in bezug auf eine gegebene Fläche 2. Ordnung ist.

941) Mem. Acc. Linc. (4) 6 (1889), p. 216. — Hier nimmt der Verfasser an, daß die eineindeutige Korrespondenz zwischen den zwei Flächen unter denselben Annahmen stattfindet, unter denen sie von *H. G. Zeuthen*, Math. Ann. 4 (1871), p. 21 studiert wurde, und erhält so als Sonderfälle verschiedene der schon von *T. A. Hirst*[928]), *E. Caporali*[939]), *A. Voss*[940]) gefundenen Formeln abzählender Art wieder.

942) Vgl. III C 4 (*L. Berzolari*), Nr. 12—18. — S. außerdem *A. Brill* und *M. Noether*, „Bericht", p. 367 ff.; *G. A. Bliss*, Bull. Amer. math. Soc. (2) 29 (1923), p. 161; *A. Emch*, „Report", p. 56—74.

943) Gött. Nachr. 1871, p. 267; vollständiger Math. Ann. 9 (1875), p. 166; s. auch *A. Brill* und *M. Noether*, Math. Ann. 7 (1873), p. 287. Beweis mittels rationaler Operationen bei *M. Noether*, Math. Ann. 23 (1883), p. 311. Vgl. noch *P. Roth*, Monatsh. Math. Phys. 27 (1916), p. 121; *H. W. E. Jung*, Math. Ann. 84 (1921), p. 161.

Daß notwendigerweise die Aufeinanderfolge der quadratischen Transformationen abbrechen muß, beweist zuerst *M. Hamburger*, Ztschr. Math. Phys. 16 (1871), p. 461, der auf diesem Wege zur Darstellung mittels Potenzenreihen gelangt.

Einen mehr geometrischen Beweis des Satzes gibt *E. Bertini*, Rend. Ist. Lomb. (2) 21 (1888), p. 326, 413; (2) 23 (1890), p. 307; Wiedergabe in [4]), 1. Ausg., p. 375—379; 2. Ausg., p. 460—465; deutsche Ausgabe, p. 434—439. S. noch einen Beweis von *G. Simart* bei *É. Picard*[28]) 2, 1. Ausg., p. 360—364; 2. Ausg., p. 404—408; 3. Ausg., p. 431—435; einen weiteren bei *F. Severi*, „Lezioni", p. 57—65; „Vorlesungen", p. 46—52; „Trattato" 1_1, p. 309 ff. Vgl. auch *M. Noether*, Rend. Circ. mat. Palermo 4 (1890), p. 89, 300; *M. de Franchis*, daselbst 11 (1897), p. 129—132; *Hilda P. Hudson*, „Cremona transf.", p. 128—143; *J. L. Coolidge*, „Alg. pl. curves", p. 204—207. Ein transzendenter Beweis mit Reihenentwicklung der Koordinaten bei *C. Jordan*[4]), p. 583—599; vgl. *S. Pincherle*, „Lezioni sulla teoria delle funzioni analitiche" (lith.), gesammelt von *A. Bottari*,

den Satz, daß jede irreduzible oder reduzible algebraische ebene Kurve, falls sie nur frei von mehrfachen Komponenten ist, durch eine endliche Anzahl quadratischer Transformationen (also eine passende *Cremona*sche Transformation) in eine andere transformiert werden kann, die nur gewöhnliche vielfache Punkte, d. h. Punkte mit untereinander verschiedenen Tangenten hat. Dies kann sogar in der Weise geschehen, daß jedem singulären Punkte der gegebenen Kurve auf der anderen Kurve nur einfache Punkte in endlicher Anzahl entsprechen.[944]) Daraus

---

Bologna 1899—1900, p. 333—336; *M. de Franchis* [26]), p. 239—255; *J. L. Coolidge*, a. a. O., p. 213—241.

Methoden, die sich nicht wesentlich von der Methode von *M. Hamburger* unterscheiden, verwendet *K. Weierstraß* in seinen Vorlesungen über die *Abel*schen Funktionen an der Universität Berlin seit dem Jahre 1873 [s. den Brief von *K. Weierstraß* an *H. A. Schwarz* vom 3. Oktober 1875, in Werke 2, Berlin 1895, p. 236 und die „Vorlesungen über die Theorie der *Abel*schen Transzendenten", Werke 4, Berlin 1902, p. 13—45], und auch *L. Koenigsberger*, „Vorlesungen über die Theorie der elliptischen Funktionen, nebst einer Einleitung in die allgemeine Funktionenlehre" 1, Leipzig 1874, p. 166—198. S. auch *O. Biermann*, „Theorie der analytischen Funktionen", Leipzig 1887, p. 205—224; *O. Stolz*, „Grundzüge der Differential- und Integralrechnung" 1, Leipzig 1893, p. 177—198.

Der Satz von *M. Noether* wird auch bei *F. Enriques* und *O. Chisini*, „Lezioni" 2, p. 417—419 bewiesen. Hier, p. 325—544 [Auszug *F. Enriques*, Roma Rend. Acc. Linc. (5) 25^1 (1916), p. 607; s. auch *O. Chisini*, Atti Ist. Ven. (9) 5 (1921), p. 419; *F. Enriques*, Rend. Semin. mat. Univ. Roma (2) 1 (1923), p. 31] findet sich auch eine eingehende Untersuchung der singulären Punkte der ebenen algebraischen Kurven, sowohl mit Hilfe quadratischer Transformationen oder durch Reihenentwicklungen, als auch mit Hilfe der Differentialbedingungen, die den Durchgang einer Kurve durch unendlich benachbarte Punkte und die diesbezüglichen Multiplizitäten kennzeichnen. S. III C 9 (*K. Rohn* und *L. Berzolari*), Nr. **11**.

Mit Hilfe quadratischer Transformationen, insbesondere quadratischer Inversionen (Nr. **69**), werden die Singularitäten der ebenen algebraischen Kurven studiert von *Charlotte Angas Scott*, Amer. J. of math. 14 (1892), p. 301; 15 (1893), p. 221; „An introductory account of certain modern ideas and methods in plane analytical geometry", London 1894, p. 224—232; *A. B. Basset*, Quart. J. of math. 37 (1906), p. 313; 43 (1911), p. 151; 47 (1915), p. 1; „A treatise on the geometry of surfaces", Cambridge 1910, p. 123—130; *G. Pfeiffer*, Bull. Univ. Kiew 1907, Nr. 6; *V. Retali*, Interm. des math. (1) 16 (1909), p. 275. S. auch *H. Wieleitner* [28]), p. 161—172; *K. Doehlemann*, „Geom. Transf." **2**, p. 7—21.

Die Transformation einer ebenen Kurve mit nur gewöhnlichen Singularitäten in eine andere, die nur Knoten- und Rückkehrpunkte besitzt, durch eine Inversion, Kollineationen und Korrelationen bei *V. Jamet*, Nouv. Ann. de math. (3) 19 (1900), p. 506.

944) *J. Coolidge*, Proc. Nat. Acad. of Sciences 14 (1928), p. 435 gibt unter Betrachtung der adjungierten Kurven notwendige und hinreichende Bedingungen dafür, daß eine gegebene ebene algebraische irreduzible Kurve durch eine *Cremona*sche Transformation der Ebene in eine andere Kurve mit gewissen einfacheren Singularitäten transformiert werden kann.

folgt, daß jede Singularität der Kurve als aus mehreren, untereinander unendlich benachbarten vielfachen Punkten in endlicher Anzahl zusammengesetzt betrachtet werden kann; daß ferner die Umgebung des singulären Punktes durch eine endliche Anzahl Reihenentwicklungen nach positiven ganzen Potenzen eines Parameters dargestellt werden kann.

Dasselbe Ergebnis erhält nach zwei verschiedenen Methoden *G. H. Halphen*[945]) durch eine birationale Transformation der Kurve, nicht aber der ganzen Ebene dieser Kurve.[946])

Der zweite Beweis von *G. H. Halphen*[947]) beruht auf der folgenden speziellen Transformation.[948]) Ist f die gegebene (von mehrfachen Teilen freie) Kurve, so nehmen wir in ihrer Ebene einen Kegelschnitt C an, der sich in allgemeiner Lage in bezug auf f befindet, und lassen jedem Punkte P von f den Schnittpunkt P' der Tangente an f in P mit der Polare von P in bezug auf C entsprechen. Beschreibt P die Kurve f, so beschreibt P' eine Kurve f'. Auf analoge Weise leiten wir von f' eine neue Transformierte f'' ab, und so weiter; und eine beliebige derartige transformierte Kurve befindet sich in eineindeutiger Korrespondenz mit f. *G. H. Halphen* zeigt, daß es eine endliche und bestimmte Zahl i gibt, derart, daß alle transformierten Kurven $f^{(i)}, f^{(i+1)}, \ldots$ nur gewöhnliche Singularitäten aufweisen.

Durch eine birationale Transformation der Kurve (nicht aber der ganzen Ebene) kann man die Kurve sogar auf eine andere Kurve reduzieren, die nur Doppelpunkte mit voneinander verschiedenen Tangenten hat.[949])

---

945) Paris C. R. 80 (1875), p. 638; J. math. pures appl. (3) 2 (1876), p. 87 = Oeuvres 1, Paris 1916, p. 358, 420.

L. Autonne, J. Éc. Polyt. (2), cah. 2 (1897), p. 61—64, 92—105 beweist den gleichen Lehrsatz, indem er von dem „*Newton*schen *Parallelogramm*" [vgl. III C 4 (*L. Berzolari*), Nr. **13**] Gebrauch macht.

946) Die Entstehung höherer vielfacher Punkte in der transformierten Kurve und die umgekehrte Frage der Auflösung vielfacher Punkte einer gegebenen Kurve in einfache Punkte der transformierten Kurve behandeln durch birationale Transformationen der Kurve *A. Clebsch* und *P. Gordan*, „Theorie der *Abel*schen Funktionen", Leipzig 1866, p. 54 ff.; *A. Brill*, Inauguralabh. Gießen 1867.

947) Wiedergabe bei *P. Appell* und *É. Goursat*[28]), p. 276—282; *A. R. Forsyth*[28]) p. 554—559.

948) Ein analytisches Studium dieser Transformation bei *A. R. Forsyth*, Messenger of math. 30 (1900), p. 1; *J. L. Coolidge*, „Alg. pl. curves", p. 346—352. Vgl. auch *G. Loria*[46]) 2, p. 276—278; ital. Ausg. 2, p. 313—316.

949) Dies hat zuerst *L. Kronecker* bewiesen, J. f. Math. 91 (1881), p. 301 = Werke 2, Leipzig 1897, p. 193, mitgeteilt an *B. Riemann* und an *K. Weierstraß* im Jahre 1858; an die Akademie der Wissenschaften Berlin 1862; vorgetragen

Dieser Satz kann auch mittels Projektion aus jedem der folgenden abgeleitet werden: jede algebraische ebene Kurve (ohne mehrfache Teile) kann a) birational auf eine von mehrfachen Punkten freie Raumkurve bezogen werden; oder b) als Projektion einer von mehrfachen Punkten freien Kurve betrachtet werden, die einem Raume von vier oder mehr Dimensionen angehört.[950])

---

in Vorlesungen an der Universität Berlin 1870—71. Durch eine birationale Transformation der Kurve läßt *L. Kronecker* der gegebenen Kurve eine andere entsprechen, die im Endlichen nur gewöhnliche Knotenpunkte besitzt. Man kann jedoch auch erreichen, daß die transformierte Kurve keine unendlichfernen vielfachen Punkte besitzt, s. *K. Hensel* und *G. Landsberg*[386]), p. 402—409. Die Methode von *L. Kronecker* wurde von *K. Weierstraß* bei den Vorlesungen in Berlin 1869 verwandt. S. auch *L. W. Thomé*, J. f. Math. 126 (1903), p. 52; 134 (1908), p. 144.

Der genannte Satz ist von *G. H. Halphen*, „Étude sur les points singuliers des courbes algébriques planes", Anhang zu der franz. Übers. von *G. Salmons* „Treatise on the higher plane curves", Dublin 1852 (3. Ausg. 1879): „Traité de géométrie analytique (courbes planes)", par *O. Chemin*, Paris 1884, p. 630 = Oeuvres 4, Paris 1924, p. 78, nach einer Methode von neuem bewiesen, die eine Lücke enthält, auf die *É. Picard*[28]) 2, 1. Ausg., p. 364—366 aufmerksam macht. Vgl. auch *A. Clebsch* und *F. Lindemann*, „Vorlesungen" 1, p. 661—674; franz. Übers. 3, p. 1—17. Das gleiche zeigen *P. Appell* und *É. Goursat*[28]), p. 282—284; *A. R. Forsyth*[28]), p. 559—560; *J. L. Coolidge*[948]), unter Anwendung der angeführten Transformation von *G. H. Halphen*.

Einen einfachen geometrischen Beweis unter der Annahme, daß die gegebene Kurve nur gewöhnliche vielfache Punkte hat, und unter Verwendung der in Nr. **93** erwähnten Doppeltransformation 3. Ordnung und vom Geschlecht 1 liefert *E. Bertini*, Riv. di mat. 1 (1891), p. 22 = Math. Ann. 44 (1894), p. 158; Wiedergabe bei *É. Picard*[28]) 2, 2. Ausg., p. 408—410; 3. Ausg., p. 435—437. Vgl. darüber *W. H. Young* und *Grace Chisholm Young*, Atti Acc. Torino 42 (1906), p. 82. Auf Grund einer Bemerkung von *F. Klein*, Math. Ann. 44 (1894), p. 160 ist die Methode von *E. Bertini* in Verbindung mit der ebenen Abbildung einer Fläche 3. Ordnung von *B. M. Walker*, Diss. Chikago 1906 [Auszug Bull. Amer. math. Soc. (2) 14 (1907), p. 336] genau durchgeführt worden. Vgl. auch *J. L. Coolidge*, „Alg. pl. curves", p. 208—212.

Weitere Beweise bei *G. Simart*, Paris C. R. 116 (1893), p. 1047; *A. del Re*[852]), p. 447, Fußnote; *E. Vessiot*, Ann. Fac. Toulouse (1) 10 (1896), D; *G. A. Bliss*, Bull. Amer. math. Soc. (2) 29 (1923), p. 161; Trans. Amer. math. Soc. 24 (1922), p. 274 [Auszug Bull. Amer. math. Soc. (2) 29 (1923), p. 206].

950) Der Satz **a)** ist bewiesen von *H. Poincaré*, Paris C. R. 117 (1893), p. 18; *M. Pieri*, Riv. di mat. 4 (1894), p. 40; *E. Vessiot*, Bull. Soc. math. de France 22 (1894), p. 208; *A. del Re*, Rend. Acc. Napoli (3) 7 (1901), p. 202; *F. Severi*, „Lezioni", p. 172—175; „Vorlesungen", p. 134—135; Atti Ist. Ven. 79 (1920), p. 933; „Trattato" 1_1, p. 74—77; *G. Albanese*, Roma Rend. Acc. Linc. (5) 33^1 (1924), p. 13.

Der Satz **b)** ist implizite in den von *A. Brill* und *M. Noether*, Math. Ann. 7 (1873), p. 269 [Auszug Gött. Nachr. 1873, p. 116] angegebenen Sätzen

Ein analoger Satz gilt für eine beliebige algebraische Kurve des drei- oder mehrdimensionalen Raumes, falls sie nur frei von mehrfachen Teilen ist. Danach kann die Kurve also durch eine *Cremona*sche Raumtransformation in eine andere Kurve transformiert werden, die nur vielfache Punkte mit voneinander verschiedenen Tangenten aufweist.[951])

Die ebene oder nichtebene Kurve kann überdies[952]) durch eine *Cremona*sche Raumtransformation in eine andere, von vielfachen Punkten freie Kurve transformiert werden.[953])

Weitere Anwendungen der Transformation von *G. H. Halphen* auf die vielfachen Punkte der ebenen Kurven macht *G. Albanese.*[954]) Ist in einer Ebene ein algebraisches System von algebraischen Kurven

---

über die linearen Scharen von Punktgruppen auf einer algebraischen Kurve enthalten; explizit wurde er angegeben von *G. Veronese,* Math. Ann. 19 (1881), p. 213—214. S. auch *P. del Pezzo*, Rend. Acc. Napoli (2) 7 (1893), p. 15, 45; *C. Segre*[2]), p. 43; *F. Severi,* „Lezioni", p. 175—176; „Vorlesungen", p. 135—136; „Trattato" 1_1, p. 77—78, 161—164; *F. Enriques* und *O. Chisini,* „Lezioni" 2, p. 545—550; 3, p. 143—144; *J. H. McDonald,* Bull. Amer. math. Soc. (2) 31 (1925), S. 391.

Wir fügen noch hinzu, daß die im Texte erwähnten Eigenschaften außer **b)**, auch von *K. Hensel* und *G. Landsberg*[386]), p. 397—409, 418 unter dem Gesichtspunkt der arithmetischen Theorie der algebraischen Kurven bewiesen wurden.

951) *P. del Pezzo,* Rend. Circ. mat. Palermo 6 (1892), p. 144—145, wo sich diese Frage auf die analoge Frage für die ebenen Kurven reduziert und nichts Bestimmtes über die angewandte Transformation ausgesagt wird; *M. Pannelli,* Rend. Ist. Lomb. (2) 26 (1893), p. 216, wo von kubischen Transformationen vom Typus $x_i' = \frac{1}{x_i}$ Gebrauch gemacht wird; *C. Segre*, Ann. di mat. (2) 25 (1896), p. 9; *B. Levi,* daselbst (2) 26 (1897), p. 228—230; [99]), p. 132 ff.; *F. Enriques* und *O. Chisini,* „Lezioni" 2, p. 558—560, die allgemeine oder nicht allgemeine quadratische Transformationen verwenden. Diese Beweise wurden gegeben, mit Ausnahme des zweiten von *B. Levi*, für den Fall des gewöhnlichen Raumes; es bietet aber keinerlei Schwierigkeit, sie auch auf die Kurven eines Hyperraumes auszudehnen.

952) *B. Levi,* Roma Rend. Acc. Linc. (5) 7^1 (1898), p. 111, unter der Annahme, daß die Kurve schon in eine solche transformiert ist, die nur noch vielfache Punkte mit voneinander verschiedenen Tangenten hat, und unter Verwendung von kubischen Transformationen vom Typus 1) in Nr. **80**; *F. Enriques* und *O. Chisini*, „Lezioni" 2, p. 560—562, wo quadratische Transformationen vom Typus **2**) von Nr. **77** verwandt werden und auf p. 558—560 bemerkt wird, daß es möglich ist, durch aufeinander folgende quadratische Transformationen vom Typus 1), eine Kurve mit vielfachen Punkten und voneinander verschiedenen Tangenten, nicht aber eine von vielfachen Punkten freie Kurve zu erhalten.

953) In bezug auf die Raumkurven s. III C 9 (*K. Rohn* und *L. Berzolari),* **Nr. 11.**

954) Rend. Circ. mat. Palermo 52 (1927), p. 143.

gegeben, die mit willkürlichen und von Kurve zu Kurve veränderlichen Singularitäten ausgestattet sind, so ist nach *G. Albanese* möglich, das gegebene System durch eine endliche Anzahl passend ausgewählter Transformationen von *Halphen* in ein anderes zu transformieren, dessen allgemeine Kurve nur gewöhnliche Doppelpunkte besitzt.[955])

106. Reduktion der Singularitäten der algebraischen Flächen.[956]) Ebenfalls von *M. Noether*[957]) stammt der Gedanke, die Singularitäten der algebraischen Flächen durch *Cremona*sche, insbesondere quadratische Raumtransformationen aufzulösen.[958]) Jede Singularität der Fläche wird somit betrachtet als herrührend von der unbegrenzten Annäherung gewöhnlicher vielfacher Punkte und Kurven, und es ist möglich, die Umgebung jeden Punktes oder jeder Kurve der Fläche durch endlich-viele Systeme von Potenzreihen ebenso vieler Variabelnpaare vollständig darzustellen. Dieser Gedanke wurde von verschiedenen Autoren weiter entwickelt, jedoch scheint man bis jetzt noch keine vollständige und endgültige Theorie wie bei den Kurven zu haben.[959])

955) Dies wäre durch *Cremona*sche Transformationen der Ebene nicht möglich, es sei denn, daß die (voneinander verschiedenen oder unendlich benachbarten) vielfachen Punkte der Systemkurven nicht in feste Punkte der Ebene fielen, wie es z. B. eintrifft, wenn es sich um ein lineares System handelt.

956) Vgl. III C 6a, Nr. 4 und III C 6b, Nr. 3 (*G. Castelnuovo* und *F. Enriques*); außerdem „*Pascals* Repertorium der höheren Math." 2, 2. Aufl., Leipzig und Berlin 1922, p. 699—712 (Art. von *L. Berzolari*); *A. Emch*, „Report", p. 252—256.

957) Gött. Nachr. 1871, p. 270; Math. Ann. 33 (1888), p. 551, Fußnote.

958) *Cremona*sche Transformationen wendet auf Flächen 4. und 5. Ordnung *A. Berry*, Trans. Cambridge Phil. Soc. 18 (1899), p. 333; 19 (1902), p. 249; 20 (1904), p. 74 bei der Untersuchung solcher Flächen an, für die Integrale erster Gattung von totalen Differentialausdrücken existieren.

959) Die Auflösung der Singularitäten der Flächen durch *Cremona*sche Raumtransformationen ist mittels monoidaler Transformationen von *P. del Pezzo*, Rend. Circ. mat. Palermo 6 (1892), p. 139 studiert; mittels quadratischer Transformationen von *G. Kobb*, J. math. pures appl. (4) 8 (1892), p. 385; Bull. Soc. math. de France 21 (1893), p. 76 [eine Kritik dieser Arbeiten von *G. Kobb* bei *B. Levi*, Ann. di mat. (2) 26 (1897), p. 219; *C. W. Mc G. Black*, Diss. Harvard Univ. 1901; Proc. Amer. Acad. arts sc. 37 (1901—02), p. 281; [Auszug Bull. Amer. math. Soc. (2) 8 (1901), p. 21]; *C. Segre*, Ann. di mat. (2) 25 (1896), p. 1; *B. Levi*, daselbst (2) 26 (1897), p. 219; (3) 2 (1898), p. 127; Atti Acc. Torino 33 (1897), p. 66 [Auszug Paris C. R. 134 (1902), p. 222]; *G. Pfeiffer*, Bull. Univ. Kiew 1907, Nr. 5b; *A. B. Basset*, Quart. J. of math. 39 (1908), p. 250; „Treatise"[943]), p. 164—172.

Über die erwähnten Reihenentwicklungen vgl. die angeführten Arbeiten von *G. Kobb* und *C. W. Mc G. Black*, außerdem *G. H. Halphen*, Ann. di mat. (2) 9 (1877), p. 68 = Oeuvres 2, Paris 1918, p. 154; *E. Geck*, Diss. Tübingen 1900; *K. Hensel*, Acta math. 23 (1900), p. 339; Jahresb. Deutsch. Math.-Ver. 8 (1900), p. 221; J. f. Math. 165 (1931), p. 257; *B. Levi*, Paris C. R. 134 (1902), p. 642; *H. W. E. Jung*, J. f. Math. 133 (1908), p. 289; Jahresb. Deutsch. Math.-Ver. 18

O. Chisini[960]) transformiert unter Verwendung monoidaler, insbesondere quadratischer Transformationen irgendeine beliebige algebraische Fläche in eine andere, die nur mit vielfachen Kurven mit im allgemeinen voneinander verschiedenen Tangentialebenen ausgestattet, frei von isolierten vielfachen Punkten ist, und auf den vielfachen Kurven nur zwei Gattungen singulärer Punkte besitzt, und zwar eine endliche Anzahl gewöhnlicher Rückkehrpunkte (in denen sich zwei lineare Mäntel der Fläche in einem Mantel 2. Ordnung vereinigen), sowie eine endliche Anzahl Kreuzpunkte, in denen sich zwei verschiedene mehrfache Kurven, von den Multiplizitäten r und s (wo $r \geqq s$) schneiden und dort verschiedene Tangenten besitzen (Kreuzpunkten, die für die Fläche die Multiplizität r haben).

F. Enriques und *O. Chisini*[961]) führen eine genaue Untersuchung des Problems durch und üben Kritik an vielen früheren Arbeiten.[962])

(1909), p. 267; J. f. Math. 165 (1931), p. 128; *K. Sander*, Diss. Halle 1927; *K. Brauner*, Abh. math. Semin. der Hamburgischen Univ. 6 (1928), p. 1; *E. Kähler*, Math. Ztschr. 30 (1928), p. 188; unter Erweiterung des „*Newton*schen Parallelogramms" *E. Wölffing*, Diss. Dresden 1896; Ztschr. Math. Phys. 42 (1897), p. 14; *L. Autonne*, J. Éc. Polyt. (2), cah. 2 (1897), p. 51; (2), cah. 3 (1897), p. 1; *L. Pilgrim*, Math.-naturw. Mitt. Württemberg (2) 7 (1905), p. 19; *G. Dumas*, Paris C. R. 152 (1911), p. 682; 154 (1912), p. 1495; Atti del Congresso intern. dei mat. Bologna 1928, 4 (Bologna 1931), p. 419; Actes Soc. Helv. sc. nat. Lausanne 1928, p. 129; Enseign. math. 27 (1928), p. 324; 29 (1930), p. 332 [s. auch Thèse Paris 1904; Commentarii math. Helvetici 1 (1929), p. 120; 4 (1932), p. 230]; *W. V. D. Hodge*, Proc. London math. Soc. (2) 30 (1929), p. 133; *P. Burniat*, Bull. Soc. sc. Liège 1 (1932), p. 131.

Die Zusammensetzung der Doppelpunkte wurde mittels quadratischer *Cremona*scher Transformationen untersucht von *C. Segre*, a. a. O.; *É. Picard* und *G. Simart*[114]) 1, p. 71—77; *B. Levi*, Atti Acc. Torino 40 (1904), p. 139; *A. Zappalà*, Atti Acc. Peloritana Messina 1921, p. 28; 1923, p. 58; *Hilda P. Hudson*, „Cremona transf.", p. 199—201, 361 ff.; *A. Pensa*, Atti Acc. Torino 66 (1931), p. 225; auch mittels Reihenentwicklungen von *E. Geck*, Math.-naturw. Mitt. Württemberg (2) 6 (1904), p. 65; (2) 7 (1905), p. 1; *G. Pfeiffer*[668]).

Für das Studium anderer spezieller singulärer Punkte verwendet *M. Pannelli*, Ann. di mat. (2) 25 (1897), p. 67 spezielle *Cremona*sche Transformationen 3. und 5. Ordnung; *N. Dohogne*, Mém. Soc. sc. Liège (3) 14 (1928), Nr. 7; *M. Paul*, Mathesis 46 (1932), p. 215 quadratische Transformationen.

A. Pensa[994]) untersucht mit Hilfe quadratischer Transformationen den Einfluß gewisser singulärer Punkte einer Fläche auf ihr numerisches Geschlecht und ihr Doppelgeschlecht [III C 6 b (*G. Castelnuovo* und *F. Enriques*), Nr. **11**, **13**].

960) Mem. Acc. Bologna (7) 8 (1920) p. 3. Vgl. auch die hiermit verwandten Arbeiten Roma Rend. Acc. Linc. (5) 26^2 (1917), p. 8; (5) 29^1 (1920), p. 127, 170, 241; Rend. Acc. Bologna (2) 24 (1920), p. 67.

961) „Lezioni" 2, p. 577—658.

Über diesen Gegenstand s. auch *Hilda P. Hudson*, „Cremona transf.", p. 353—381.

962) Über die Reduktion der Singularitäten algebraischer Gebilde in Ver-

Mit dem vorausgehenden Problem verwandt ist das andere, irgendeine beliebige algebraische Fläche, durch eine birationale Korrespondenz zwischen den Flächen, nicht ihren Räumen, auf eine andere von vielfachen Punkten freie Fläche zu beziehen, die einem linearen Raume (von mindestens fünf Dimensionen) angehört, oder, was dasselbe ist, eine von vielfachen Punkten freie Fläche zu konstruieren, als deren umkehrbar eindeutige Projektion die gegebene Fläche aufgefaßt werden darf, oder, was immer noch dasselbe ist, die gegebene Fläche auf eine andere Fläche des dreidimensionalen Raumes birational zu beziehen, die nur gewöhnliche Singularitäten aufweist, d. h. eine Doppelkurve, auf dieser eine endliche Anzahl von Punkten, die für die Kurve einfach und die Fläche uniplanar sind und ferner eine endliche Anzahl von Punkten, die für die Kurve dreifache Punkte mit voneinander verschiedenen und nicht in einer Ebene liegenden Tangenten, für die Fläche dreifache und triplanare Punkte sind.

Die Möglichkeit einer derartigen Reduktion wurde zuerst von *M. Noether*[963]) ausgesprochen, unmittelbar darauf von *P. del Pezzo*[964]), wenn auch nicht ganz vollständig, bewiesen.[965]) Ein vollständiger Beweis wurde von *B. Levi*[966]) angegeben; ein weiterer, einfacherer von *G. Albanese.*[967])

107. Reduktion linearer Systeme algebraischer Kurven und Flächen auf Typen mittels Cremonascher Transformationen. Auch die Theorie der linearen Systeme ebener oder nicht ebener algebraischer Kurven und algebraischer Flächen verdankt den birationalen Transformationen wichtige Ergebnisse. So erhält man vor allem die Reduktion der linearen Systeme auf Typen, die durch Einfachheit gewisser Charaktere gekennzeichnet sind, z. B. auf Typen der Minimalordnung.

---

bindung mit der Modultheorie s. *W. Schmeidler,* Math. Ann. 81 (1920), p. 223; 84 (1921), p. 303; J. f. Math. 153 (1923), p. 215.

963) Sitzungsb. Ak. Berlin 1888, p. 123.

964) Rend. Circ. mat. Palermo 2 (1888), p. 139; 3 (1889), p. 236.

965) Vgl. die Bemerkungen von *C. Segre*[959]), p. 36ff. und die daraufhin zwischen *C. Segre* und *P. del Pezzo* entstandene Polemik: *C. Segre,* Atti Acc. Torino 32 (1896—97), p. 781; 33 (1897—98), p. 19; *P. del Pezzo,* Atti Acc. Pontaniana (2) 2 (1897), Nr. 4, 10.

Andere Beiträge zur sicheren Begründung des Satzes bei *C. Segre*[959]); *É. Picard* und *G. Simart*[114]) 1, p. 71—83 (der hier gegebene Beweis wurde dann von den gleichen Verfassern im 2. Bande, p. 523, für unvollständig erklärt) [vgl. *É. Picard,* Paris C. R. 124 (1897), p. 533]; *F. Severi,* Roma Rend. Acc. Linc. (5) 23^2 (1914), p. 527; *J. W. Alexander, II,* Bull. Amer. math. Soc. (2) 21 (1915), p. 283. Vgl. auch *F. Severi,* „Conf. di geom. alg.“[6]), p. 49—63.

966) Atti Acc. Torino 33 (1897), p. 66; Auszug Paris C. R. 134 (1902), p. 222.

967) Rend. Circ. mat. Palermo 48 (1924), p. 321.

Über diese Reduktionen im Falle linearer Systeme ebener Kurven s. III C 4 (*L. Berzolari*), Nr. **36**, **37**.[968])

Über analoge Reduktionen im Falle linearer Systeme von Raumkurven s. III C 9 (*K. Rohn* und *L. Berzolari*), Nr. **45** und über lineare Systeme von Kegelschnitten im Raume, daselbst, Nr. **74**.

Durch Verallgemeinerung der Verfahren in der Ebene läßt sich die Reduktion gewisser einfacher linearer Systeme[969]) algebraischer Flächen auf Typen erhalten. So findet *F. Enriques*[970]), daß durch birationale Transformationen des Raumes:

1. jedes einfache lineare System von Flächen, die sich paarweise in veränderlichen rationalen Kurven schneiden[971]), zurückgeführt werden kann:

a) auf das System der Flächen 2. Ordnung durch einen festen Kegelschnitt;

b) auf ein System von Flächen 2. Ordnung, die eine gegebene Ebene in einem gegebenen Punkte berühren;

---

968) Über die linearen Systeme vom Geschlecht $p = 0, 1$ s. noch *F. Enriques* und *C. Chisini*, „Lezioni" 3, p. 192—199; *J. L. Coolidge*, „Alg. pl. curves", p. 401—409; ein Hinweis auf die Systeme vom Geschlecht $p = 3, 4$ bei *G. H. Graves*, Bull. Amer. math. Soc. (2) 20 (1914), p. 172; über die Systeme hyperelliptischer Kurven *H. S. White*, daselbst (2) 10 (1904), p. 332; über den allgemeinen Fall *W. V. D. Hodge*, Proc. London math. Soc. (2) 29 (1929), p. 145.

Über die Reduktion der linearen Systeme und, allgemeiner, der kontinuierlichen Systeme ebener algebraischer Kurven unter dem Gesichtspunkt der Moduln ihrer Kurven, durch quadratische Transformationen, s. *B. Segre*, Ann. di mat. (4) 7 (1929), p. 71; Auszug Atti del Congresso intern. dei mat. Bologna 1928, 4 (Bologna 1931), p. 129.

969) Ein lineares System heißt *einfach*, wenn die Systemflächen, die durch einen allgemeinen Punkt des Raumes gehen, nicht notwendigerweise auch durch andere mit dem ersten veränderliche Punkte gehen.

970) Roma Rend. Acc. Linc. (5) 2^2 (1893), p. 281; (5) 3^1 (1894), p. 481, 536; Math. Ann. 46 (1895), p. 179.

Die Reduktion auf Typen wird von *F. Enriques* auf die Bestimmung der dreidimensionalen Mannigfaltigkeiten des n-dimensionalen linearen Raumes zurückgeführt, deren Schnittkurven durch $(n-2)$-dimensionale lineare Räume rational, elliptisch oder hyperelliptisch sind (Nr. **119**). Für den Fall der linearen Systeme von Flächen mit veränderlichen elliptischen Schnitten muß er daher die einfachen Systeme vom Grade 3 ausschließen, da die Bestimmung der Typen dieser Systeme von der Frage — die bis heute noch nicht beantwortet werden kann (vgl. Nr. **119**) — abhängt, ob die kubische Hyperfläche des 4-dimensionalen Raumes ohne Doppelpunkte rational ist oder nicht.

F. Palatini, Giorn. di mat. (2) 7 (1900), p. 315 reduziert die linearen Systeme n^{ten} Grades und $(n+r-1)^{\text{ter}}$ Dimension von Hyperflächen des r-dimensionalen Raumes durch birationale Transformationen dieses Raumes auf gewisse drei Typen.

971) Über diesen Fall vgl. auch *K. W. Rutgers*, Diss. Groningen 1912.

c) auf ein System von Flächen n^{ter} Ordnung mit einer $(n-1)$-fachen Basisgeraden und möglicherweise anderen Basiselementen;

2. jedes einfache lineare System von Flächen, die sich paarweise in veränderlichen elliptischen Kurven schneiden und deren Grad größer als 3 ist[972]), auf eines der folgenden typischen linearen Systeme n^{ten} Grades von der Dimension $n+1$, oder ein in einem dieser Systeme enthaltenes System reduziert werden kann:

für $n = 4$,

a) das ∞^5-System kubischer Flächen, das durch eine Basiskurve 5. Ordnung und vom Geschlecht 2 (die ausarten kann) bestimmt ist, die der partielle Schnitt einer Fläche 2. Ordnung und einer kubischen Fläche ist;

für $n = 5, 6, 7, 8, 9$,

b) das ∞^{n+1}-System kubischer Flächen, das durch einen doppelten Basispunkt bestimmt ist, in dem der Tangentenkegel 2. Ordnung fest ist (und für $n > 6$ als irreduzibel angenommen werden darf) und $9-n$ Basisgerade enthält; oder auch

für $n = 5$,

c) das durch eine Basiskurve 4. Ordnung 2. Art (die ausarten kann) bestimmte ∞^6-System kubischer Flächen;

für $n = 6$,

d) das ∞^7-System kubischer Flächen durch drei gegebene windschiefe Gerade;

e) das durch einen doppelten Basispunkt und eine einfach durch ihn hindurchgehende kubische Raumkurve (die ausarten kann) bestimmte ∞^7-System kubischer Flächen;

f) das ∞^7-System kubischer Flächen, das durch einen biplanaren Basispunkt und eine feste Tangentialebene in diesem Punkt, und durch eine ebene kubische Basiskurve (die ausarten kann), für die der genannte Punkt Doppelpunkt ist, bestimmt wird;

für $n = 7, 8$,

g) das ∞^8-System der Flächen 2. Ordnung mit einem einfachen Basispunkt, bzw. das ∞^9-System aller Flächen 2. Ordnung;

für $n = 8$, auch

h) das ∞^9-System der Flächen 4. Ordnung mit dreifachem Basispunkt, zwei durch ihn hindurchgehenden doppelten Basisgeraden und

972) Grad eines linearen Systems ist die Anzahl der beweglichen Schnittpunkte dreier veränderlicher Systemflächen.

in diesem Punkt (außer der Ebene der zwei Geraden) ein- und demselben irreduziblen Tangentenkegel 2. Ordnung;

3. jedes einfache lineare System von Flächen, die sich paarweise in veränderlichen hyperelliptischen Kurven (vom Geschlecht $p > 1$) schneiden, auf ein System von Flächen einer gewissen Ordnung n mit einer $(n-2)$-fachen Basisgeraden, einer weiteren einfachen Basiskurve, die die Ebenen durch diese Gerade in zwei außerhalb der Geraden selbst liegenden, veränderlichen Punkten schneidet, und unter Umständen noch weiteren Basiselementen, reduziert werden kann.

Wenn den Flächen eines einfachen, irreduziblen linearen Systems einer Dimension $\geqq 7$ (das keinen Kegel darstellt) die Annahme zweier Doppelpunkte in zwei allgemeinen Punkten 7 statt 8 Bedingungen auferlegt, so besitzt nach *G. Scorza*[973]) eine Systemfläche mit zwei Doppelpunkten notwendigerweise unendlich viele weitere Doppelpunkte. Hat sie genau ∞^1 Doppelpunkte, so kann das System durch eine *Cremona*sche Transformation auf ein lineares System von Flächen 2. Ordnung, oder das System der kubischen Flächen mit einem Basisdoppelpunkte und einer durch diesen Punkt hindurchgehenden kubischen räumlichen Basiskurve (die ausarten kann) reduziert werden.[974])

108. Andere einzelne Anwendungen. Eine der ersten und gewöhnlichsten Anwendungen der algebraischen, besonders der birationalen Transformationen, ist die Ableitung neuer Eigenschaften von Figuren aus bekannten Eigenschaften anderer Figuren, insbesondere die Lösung konstruktiver Aufgaben über gegebene Figuren. So dienen z. B. die ebenen quadratsichen Transformationen auf diese Weise zum Studium der Kurven 4. Ordnung mit drei Doppelpunkten[975]);

---

973) Rend. Circ. mat. Palermo 25 (1907), p. 193.

974) Einen analogen Satz beweist *G. Scorza*, Rend. Circ. mat. Palermo 27 (1908), p. 148 für die einfachen irreduziblen linearen Hyperflächensysteme (die keine Kegel darstellen) von einer Dimension $\geqq 9$ des vierdimensionalen Raumes von der Art, daß die Annahme zweier Doppelpunkte in zwei allgemeinen Punkten 9 statt 10 Bedingungen auferlegt. Eine Hyperfläche des Systemes mit zwei derartigen Doppelpunkten besitzt notwendigerweise unendlich viele Doppelpunkte. Hat sie genau ∞^1 Doppelpunkte, so kann das System durch eine *Cremona*sche Transformation immer auf ein lineares System von Hyperflächen 2. Ordnung, oder ein lineares System von Hyperflächen 4. Ordnung mit einer dreifachen Geraden g, mit einer elliptischen Basisregelfläche 6. Ordnung (die ausarten kann), deren g dreifache Gerade ist, und möglicherweise noch anderen Basiselementen reduziert werden.

975) S. hierüber III C 5 (*G. Kohn*), Nr. **91** ff.

A. Zelenka, Časopis 56 (1927), p. 86 konstruiert mit Hilfe einer quadratischen Transformation den durch fünf Paare konjugierter Punkte bestimmten Kegelschnitt.

die *Cremona*schen Transformationen der Ebene werden zur Reduktion der Gleichungen ebener Kurven auf Normalformen verwandt[976]; die *Cremona*schen Transformationen im Raume führen zur Kenntnis vieler rationaler Flächen (s. Anm. 994), usw.

E. Bertini[977]) erhält unter Anwendung einer involutorischen Transformation von *de Jonquières* Beziehungen zwischen den Berührungspunkten der Tangenten, die an eine ebene Kurve n^{ter} Ordnung mit einem $(n - 2)$-fachen Punkte von diesem Punkte aus gelegt werden können.

O. M. Thalberg[978]) untersucht für gewisse Kurven mit Hilfe einer involutorischen quadratischen Transformation die Beziehung zwischen den Tangenten in einem mehrfachen Punkte.

Weitere Anwendungen der quadratischen Transformationen auf das Studium ebener Kurven bei *G. Bauer*[979]), *H. Kortum*[980]), *P. del Pezzo.*[981]) Der letztere beweist so die Existenz von Kurven 5. Ordnung mit 5 Spitzen.

Mit Hilfe einer involutorischen quadratischen Transformation des ersten Typus (Nr. **69**) erhält *M. Disteli*[982]) die Darstellung aller Gestalten der ebenen kubischen Kurven, und *A. Emch*[983]) leitet die schon von *I. Newton* [III C 5 (*G. Kohn*), Nr. **1**, **6**] angegebenen fünf Typen dieser kubischen Kurven ab.

Weitere Anwendungen der ebenen *Cremona*schen Transformationen auf die Topologie der ebenen algebraischen Kurven bei *W. Fr. Meyer*[984]), *Charlotte Angas Scott*[985]), *J. v. Sz. Nagy*[986]).

D. D. Leib[987]) wendet eine involutorische quadratische Transformation auf die Untersuchung der Invarianten des Systems zweier Dreiecke in einer Ebene an.

---

976) S. III C 4 (*L. Berzolari*), Nr. **29**.

977) Roma Atti Acc. Linc. (3) 1 (1877), p. 92. Erweiterungen bei *E. Caporali,* Rend. Acc. Napoli (1) 20 (1881), p. 143 = Memorie di geometria, Napoli 1888, p. 164; *G. B. Guccia,* Rend. Circ. mat. Palermo 9 (1894), p. 45, 268; *S. Kantor,* daselbst, p. 68.

978) Den sjette Skandinaviske Matem. Kongress 1925, p. 473.

979) J. f. Math. 69 (1867), p. 293.

980) Preisschrift[77]), p. 39.

981) Rend. Acc. Napoli (2) 3 (1889), p. 46.

982) Ztschr. Math. Phys. 36 (1891), p. 138.

983) Univ. Colorado Studies 1 (1904), p. 275; Bull. Univ. Illinois 25 (1928), Nr. 43.

984) Proc. R. Soc. Edinburgh 13 (1885—86), p. 931.

985) Trans. Amer. math. Soc. 3 (1902), p. 388.

986) Math. Ann. 77 (1916), p. 416.

987) Trans. Amer. math. Soc. 10 (1909), p. 388.

E. H. Moore[988]) untersucht mit Hilfe einer *Cremona*schen Transformation die Möglichkeit der Aufhebung gewisser Bedingungen, denen die Elemente einer Figur unterworfen sind, und macht davon Anwendung auf das System von sechs Punkten einer Ebene mit einer mehrfachen perspektivischen Beziehung.

J. F. Pobanz[989]) verwendet involutorische kubische Transformationen für die Bestimmung der verschiedenen Typen kubischer Flächen.

J. A. Todd[989a]) benutzt die Transformation 2 der Nr. **77** und einige von den Transformationen der Nr. **81**, um abzählende Probleme über kubische Raumkurven zu lösen.

E. Ouivet[990]) benutzt gewisse ebene birationale, besonders quadratische Transformationen mit zwei oder drei zusammenfallenden Hauptpunkten (Nr. **68**) für die Integration gewisser Differentialgleichungen.

VII. Ebene Abbildung von rationalen Flächen.[991])

109. Allgemeines. Es sei F eine algebraische Fläche (von zwei Dimensionen), die einem linearen Raum S_k von k Dimensionen ($k \geqq 3$) und nicht einem niedrigerem Raum angehört. Die Fläche F wird als *rational* oder *homaloid* (Nr. **1**) bezeichnet, wenn ihre Punkte und die einer Ebene π eineindeutig und algebraisch aufeinander bezogen werden können. In diesem Falle spricht man auch davon, daß *F auf die Ebene abbildbar* und jeder Punkt von π das *Bild* des entsprechenden Punktes von F ist.

Die in der vorhergehenden Definition gegebene Eigenschaft ist äquivalent mit der andern (Nr. **1**), nach der die Koordinaten der Flächenpunkte durch rationale Funktionen zweier Parameter ausgedrückt werden können, die ihrerseits rationale Funktionen der Koordinaten des auf der Fläche beweglichen Punktes sind. *G. Castelnuovo*[992])

988) Amer. J. of math. 10 (1888), p. 243.

989) Math. Publ. Univ. of California 1 (1924), p. 401.

989a) Proc. R. Soc. London (A) 131 (1931), p. 286.

990) Paris C. R. 150 (1910), p. 1036.

991) Vgl. III C 7 (*C. Segre*), Nr. **32**.

Einen Überblick über den Ursprung und die Entwicklung der Theorie vom algebraischen ebenso wie vom geometrischen Gesichtspunkt aus gibt *M. Noether* im Nekrolog von *R. F. A. Clebsch,* Math. Ann. 7 (1873), p. 30—37; ital. Übers. von *E. Beltrami,* Ann. di mat. (2) 6 (1873—75), p. 181—188. S. auch *G. Darboux,* Bull. Sciences math. (1) 2 (1871), p. 23, 184, 221, 314; (1) 3 (1872), p. 221, 251, 281; außerdem *F. R. Sharpe,* „Report“, p. 275—290.

992) Anm. 913.

Diese Frage wurde schon von *J. Lüroth*[913]) untersucht, der aber nur in Spezialfällen zur Lösung gelangte.

zeigt, daß diese zweite Eigenschaft überflüssig, also jede Fläche rational ist, deren Punktkoordinateu rational durch zwei Parameter ausgedrückt werden können.[993])

Die Rationalität einer algebraischen Fläche leuchtet in einigen Fällen geometrisch unmittelbar ein, so z. B. bei den Monoiden, bei den Flächen der Ordnung $m+n+1$ mit zwei windschiefen m- bzw. n-fachen Geraden und bei den Regelflächen 4. Ordnung mit einer doppelten kubischen Raumkurve. Für jede dieser Flächen existiert im wesentlichen nur eine Art ebener Abbildung.

In anderen Fällen dagegen erlaubt die Fläche eine bestimmte Anzahl gleichberechtigter ebener Abbildungen, die man mit Hilfe geometrischer Konstruktionen erhält, nachdem man durch Auflösung einer bestimmten höheren Gleichung gewisse ausgezeichnete Elemente auf der Fläche bestimmt hat. Dies trifft zu für die allgemeine Fläche 3. Ordnung und die Fläche 4. Ordnung mit Doppelkegelschnitt, bei der die 27 bzw. die 16 Geraden bestimmt werden müssen, für die Fläche 4. Ordnung mit Doppelgerade und die Fläche 5. Ordnung mit Doppelkurve 4. Ordnung vom Geschlecht 1, bei denen außer den Geraden gewisse einzelne Kegelschnitte bestimmt werden müssen.

Allgemeine Kriterien für die Rationalität einer Fläche finden sich in III C 6 b (*G. Castelnuovo* und *F. Enriques*), Nr. **34**—**38** und beziehen sich auf die Existenz eines linearen Büschels rationaler Kurven auf der Fläche, oder die Möglichkeit der Abbildung der Fläche auf eine rationale Doppelebene (Nr. **118**), oder allgemeiner die Existenz eines linearen Kurvensystems gegebenen Charakters (z. B. hyperebener Schnitte speziellen Geschlechts: s. Nr. **114**) auf der Fläche, oder die Möglichkeit der Darstellung der Koordinaten des laufenden Punktes als rationale Funktionen zweier Parameter, oder das Nullwerden des numerischen Geschlechts und des Doppelgeschlechts.

Eine Methode, die die Bestimmung beliebig vieler rationaler

---

993) Es ist klar, daß eine rationale Fläche auch transzendente, eindeutige Parameterdarstellungen zuläßt; es genügt, an Stelle zweier Parameter, die bei einer rationalen Darstellung auftreten, beliebige eindeutige Funktionen anderer Veränderlicher zu setzen. Die umgekehrte Eigenschaft gilt dagegen nicht; z. B. lassen zwar die hyperelliptischen Flächen [III C 6 b (*G. Castelnuovo* und *F. Enriques*), Nr. **40**] eindeutige Darstellungen mit zwei Parametern zu, sind aber nicht rational. — *G. Rémoundos*, Bull. Soc. math. de France 37 (1909), p. 244 gibt eine ausgedehnte Klasse eindeutiger transzendenter Darstellungen an, die zu rationalen Flächen führen.

Flächen erlaubt, besteht in der Anwendung einer birationalen Transformation des Raumes auf schon bekannte rationale Flächen.[994])[994a])

110. Irrationalitäten, von denen die ebene Abbildung einer rationalen Fläche abhängig gemacht werden kann. *F. Enriques*[995])

---

994) Zu den in den Nr. **77**, **80**, **81** angeführten Arbeiten fügen wir noch das folgende hinzu. Außer den rationalen Flächen 4. Ordnung mit einem dreifachen Punkt und denen mit einer mehrfachen Linie existieren nur noch drei Typen, und alle besitzen einzig und allein einen Doppelpunkt (von besonderer Natur). Dieses Resultat stammt von *M. Noether,* Math. Ann. 33 (1888), p. 546, der diese Flächen ausführlich auf algebraisch-geometrischem Wege untersucht hat, auch mit Rücksicht auf die ebene Abbildung. S. über diese III C 10b (*W. Fr. Meyer*), Nr. **53**. Über eine derselben s. ferner *D. Montesano*[666]).

Von den rationalen Flächen 5. Ordnung werden, außer den schon von *L. Cremona* und *M. Noether* gefundenen, viele andere mit nur isolierten mehrfachen Punkten oder außer diesen Punkten mit einer Doppelgeraden oder einem Doppelkegelschnitt bestimmt, indem man sie aus bekannten Flächen mit Hilfe birationaler Raumtransformationen gewinnt, von *J. E. Hill,* Math. Review 1 (1896), p. 1, vor allem von *D. Montesano,* Rend. Acc. Napoli (3) 6 (1900), p. 158; (3) 7 (1901), p. 67; (3) 13 (1907), p. 66. Auf eine der in der dritten Arbeit von *D. Montesano* angegebenen Flächen hat schon *A. Bottari,* Ann. di mat. (3) 2 (1899), p. 295—296 aufmerksam gemacht. Über einige dieser Flächen und andere, die man mit Hilfe birationaler Raumtransformationen erhält, s. noch *A. R. Williams,* Bull. Amer. math. Soc. (2) 34 (1928), p. 761; (2) 36 (1930), p. 735; (2) 37 (1931), p. 615; *H. N. Hubbs,* ebenda (2) 38 (1932), p. 295. Einige von *D. Montesano* bestimmte Flächen finden sich auch bei *A. Pensa,* Ann. di mat. (3) 6 (1901), p. 249; teilweise „Sull' influenza di alcune singolarità di superficie sul genere numerico e sul bigenere P, con applicazioni alla determinazione di superficie razionali di 5° ordine", Mondoví 1900.

Über andere Flächen, die mittels birationaler Raumtransformationen gewonnen werden, s. *R. de Paolis*[714]); *S. Kantor,* Sitzungsb. Ak. Wien 79 (1879), p. 768; *J. E. Hill,* Amer. J. of math. 19 (1897), p. 289; *G. Bordiga,* Atti Ist. Ven. (8) 12^2 (1910), p. 1027; *A. Tummarello,* Giorn. di mat. (3) 11 (1919), p. 60 [Auszug Atti Soc. ital. progr. sc. 10, Pisa 1919 (Roma 1920) p. 442]; *Grazia Nobile,* ebenda (3) 13 (1922), p. 23.

994a) Bei der Untersuchung nicht rationaler Flächen kann es sich natürlich als nützlich erweisen, von anderen Darstellungen Gebrauch zu machen. So studiert *M. Noether,* Preisschrift, Abh. Ak. Berlin 1882, p. 115 [Auszug J. f. Math. 93 (1882), p. 318], ausführlicher Math. Ann. 21 (1882), p. 399, die Abbildung einer Fläche F^6 6. Ordnung vom numerischen Geschlecht — 1 auf einen elliptischen kubischen Kegel oder eine Regelfläche 4. Grades mit zwei Doppelgeraden. Die Fläche F^6 ist die Fläche 6. Ordnung mit einer zweifachen Raumkurve 4. Ordnung vom Geschlecht 1 und einer diese Raumkurve nicht schneidenden Doppelgeraden.

995) Math. Ann. 49 (1897), p. 1 [Auszug Roma Rend. Acc. Linc. (5) 4^2 (1895), p. 311]. Vgl. III C 6b (*G. Castelnuovo* und *F. Enriques*), Nr. **38**. — Über diesen Gegenstand s. noch *M. Noether,* Math. Ann. 3 (1870), p. 161; *É. Picard,* Arch. Math. Phys. (3) 1 (1900), p. 209; Bull. Sciences math. (2) 25 (1901), p. 81; [28]) 2, 2. Ausg., p. 550—553, 3. Ausg., p. 594—596.

bestimmt die arithmetischen Irrationalitäten, von denen die Parameterdarstellung einer rationalen Fläche durch umkehrbar rationale Funktionen zweier Parameter abhängig gemacht werden kann, und findet, daß eine derartige Darstellung immer durch rationale Operationen (Eliminationen), durch Ziehen von Quadrat- und Kubikwurzeln und durch Auflösung einer der Gleichungen (einschließlich ihrer Ausartungen) für die Zweiteilung der Argumente der *Abel*schen Funktionen vom Geschlecht 3 oder Geschlecht 4 oder der hyperelliptischen Funktionen vom Geschlecht p ($p = 1, 2, 3, \ldots$)[996]) ausgeführt werden kann.

Zunächst zeigt er, daß eine rationale Fläche immer rational in eine andere Fläche transformiert werden kann, die Punkt für Punkt auf sie bezogen und frei von „eigentlichen" vielfachen Punkten ist.[997]) Hiernach folgt nun aus dem vorhergehenden Satz eine Unterscheidung der von eigentlichen mehrfachen Punkten freien rationalen Flächen in vier Familien nach den Typen, in die diese Flächen rational ohne Zusatz numerischer Irrationalitäten transformiert werden können. Diese vier Familien sind:

1. Die Flächen, deren Typus die rationalen Flächen mit rationalen hyperebenen Schnitten sind. Sie können dadurch auf die Ebene abgebildet werden, daß man höchstens eine Quadratwurzel zieht.

2. Die Flächen, deren Typus die rationalen Flächen mit elliptischen hyperebenen Schnitten sind. Ihre ebene Abbildung läßt sich durch Ziehen von Quadrat- und Kubikwurzeln und Auflösung einer Gleichung für die Zweiteilung der *Abel*schen Funktionen vom Geschlecht 3 erhalten.[998])

---

996) Vgl. noch *F. Enriques,* Math. Ann. 51 (1899), p. 134 [Auszug in Verhandl. des ersten intern. Math.-Kongresses in Zürich 1897 (Leipzig 1898), p. 145], wo verschiedene allgemeine Bemerkungen über die Auflösung der algebraischen Gleichungen mit mehreren Unbekannten enthalten sind.

997) P heißt *„eigentlicher"* mehrfacher Punkt der Fläche, wenn der Schnitt der Fläche mit einer Hyperebene durch P ein niedrigeres Geschlecht als der allgemeine hyperebene Schnitt hat.

998) Die Flächen dieser Familie können ohne Einführung von Irrationalitäten auf die einfache Ebene abgebildet werden, oder auf die Doppelebene mit einer Verzweigungskurve 4. Ordnung, oder die kubische Fläche des Raumes S_3, oder die Fläche 4. Ordnung mit Doppelkegelschnitt im Raume S_4, oder die Fläche 6. Ordnung mit elliptischen Schnitten im Raume S_6, oder die Fläche 8. Ordnung mit elliptischen Schnitten im Raume S_8, oder die Fläche 9. Ordnung mit elliptischen Schnitten im Raume S_9. Unter den von *F. Enriques*[996]) aufgezählten Flächen fehlt, wie *F. Severi*[418]), p. 36—37 Fußn. bemerkt, diejenige 8. Ordnung mit elliptischen Schnitten im Raum S_8. Aber *F. Enriques,* Roma Rend. Acc. Linc. (6) 16 (1932), p. 540 hat gefunden, daß die ebene Abbildung einer solchen Fläche durch Ziehen von 3 Quadratwurzeln erhalten werden kann.

3. Die Flächen, deren Typus die rationalen Flächen mit hyperelliptischen hyperebenen Schnitten sind, die ein lineares Büschel von Kegelschnitten enthalten. Diese können auf die Ebene mit Hilfe von Quadratwurzeln und Auflösung einer Gleichung für die Zweiteilung der Argumente der hyperelliptischen Funktionen beliebigen Geschlechts p abgebildet werden.

4. Die Flächen, deren Typus der Doppelkegel 2. Ordnung mit einer Verzweigungskurve 6. Ordnung vom Geschlecht 4 ist. Die ebene Abbildung reduziert sich auf die Auflösung der Gleichung für die Zweiteilung der Argumente der *Abel*schen Funktionen vom Geschlechte 4.

111. Vorläufige Eigenschaften der ebenen Abbildung einer rationalen Fläche. Das Haupthilfsmittel für die Untersuchung der ebenen Abbildung der Fläche F ist das lineare System $|f|$ der Kurven in der Bildebene π, die die Bilder der durch die Hyperebenen des Raumes S_k in F gebildeten Schnitte sind [vgl. III C 4 (*L. Berzolari*), Nr. **37**, **38**].

Sind x_1, x_2, x_3 die homogenen projektiven Koordinaten eines Punktes von π und $y_0, y_1, \ldots, y_k$ die eines Punktes von S_k und ist

$$(1) \qquad \lambda_0 f_0(x) + \lambda_1 f_1(x) + \cdots + \lambda_k f_k(x) = 0$$

die Gleichung des Systems $|f|$, so wird die Fläche F durch die Gleichungen

$$(2) \qquad \varrho y_i = f_i(x) \qquad (i = 0, 1, \ldots, k)$$

dargestellt.

Das System $|f|$ kann nicht mit den Kurven eines Büschels zusammengesetzt werden, da sonst die f_i binäre Formen neuer Veränderlicher wären und die Gleichungen (2) eine (rationale) Kurve statt einer Fläche bildeten. Daher muß nach einem Satz von *E. Bertini* [I B 1 b (*E. Netto*), Nr. **5**; III C 4 (*L. Berzolari*), Nr. **3**] das System $|f|$, abgesehen von einem etwa vorkommenden, allen Systemkurven gemeinsamen festen Teil, irreduzibel sein.

Vermöge der vorhergehenden Abbildung werden die in bezug auf die birationalen Transformationen der Ebene invarianten Eigenschaften des Systems $|f|$ zu projektiven Eigenschaften der Fläche F, und umgekehrt.

Faßt man ebenso an Stelle des Systems $|f|$ ein anderes, von dem ersten durch eine birationale Transformation der Ebene abgeleitetes System ins Auge, so stellt dieses die ebene Abbildung einer zu F projektiven (d. h. F in einer Raumkollineation entsprechenden) Fläche und insbesondere der Fläche F selbst dar. Daraus folgt, daß zwei ebene eindeutige Abbildungen ein und derselben Fläche immer *Cremona*sche Transformierte voneinander sind und es bei der Untersuchung der projektiven Eigenschaften einer rationalen Fläche mit Hilfe ihrer Abbildung auf einer Ebene immer erlaubt ist, an Stelle dieser Ebene eine andere, auf die erste birational bezogene Ebene zu setzen.[999])

Ist das System $|f|$ vom *Grade* [III C 4 (*L. Berzolari*), Nr. 3] D ($D > 0$), d. h. schneiden sich zwei allgemeine veränderliche Systemkurven in D veränderlichen Punkten, so hat die Fläche F die Ordnung D.

Ist aber das System $|f|$ mit einer Involution von der Ordnung μ zusammengesetzt [a. a. O., Nr. **35**], d. h. gehen alle Systemkurven, die durch einen allgemeinen Punkt von π gehen, notwendigerweise auch durch $\mu - 1$ ($\mu \geqq 2$) weitere Punkte, so reduziert sich die Fläche F auf eine (nach dem in Nr. **109** angegebenen Satz von *G. Castelnuovo* ebenfalls rationale) Fläche der Ordnung $\frac{D}{\mu}$, die μ-mal gezählt werden muß, so daß, während jedem Punkte von π ein einziger Punkt von F entspricht, jedem Punkte von F dagegen μ Punkte von π entsprechen.[1000])

Ist das System $|f|$ *vollständig* [a. a. O., Nr. **35**], d. h. aus allen Kurven einer gegebenen Ordnung gebildet, die in den Basispunkten gegebene Multiplizitäten haben, und also nicht in einem anderen Systeme gleicher Ordnung, gleichen Grades und höherer Dimension enthalten, so ist die Fläche F *normal* [III C 7 (*C. Segre*), Nr. **6**], d. h. keine Projektion einer anderen Fläche gleicher Ordnung, die einem Raum von mehr als k Dimensionen angehört.

Ist dagegen das System $|f|$ *partiell*, genügt es also auch Bedingungen, die sich nicht als Durchgänge durch Basispunkte ausdrücken, so daß es in einem anderen linearen System gleicher Ordnung, gleichen Grades und der Dimension k' ($k' > k$) enthalten ist und das eine Fläche F' eines k'-dimensionalen Raumes darstellt, so ist die durch das System $|f|$ dargestellte Fläche F Projektion von F' aus einem linearen Raume $S_{k'-k-1}$. Ist die (irreduzible) Fläche F von S_k eineindeutige Projektion der (irreduziblen) Fläche F' von $S_{k'}$ aus einem Raum $S_{k'-k-1}$, so sind die hyperebenen Schnitte von F Projektionen der hyperebenen Schnitte von F', die man mittels der durch den Raum $S_{k'-k-1}$ gehenden Hyperebenen erhält und vorkommendenfalls

999) Über diese Bemerkungen [III C 4 (*L. Berzolari*), Nr. **37**] vgl. *C. Segre*, Brief vom 9. April 1887 an *G. B. Guccia*, Rend. Circ. mat. Palermo 1 (1884—87), p. 217; daselbst 4 (1890), p. 86 in Anm.; *G. Jung*, Rend. Circ. mat. Palermo 4 (1890), p. 253.

1000) Für den Sonderfall der mehrfachen Ebenen s. Nr. **118**.

von einer in diesem Raume liegenden festen Kurve befreit. Hat daher der Raum $S_{k'-k-1}$ mit F' eine Kurve oder auch eine endliche Anzahl von Punkten gemein, so erhält man das lineare System, das F darstellt, aus dem linearen System, das F' darstellt, indem man den Kurven dieses Systems die Bedingung auferlegt, entweder eine feste Kurve zu enthalten oder durch feste Punkte zu gehen, so daß die Ordnung von F kleiner als die Ordnung von F' wird.

So z. B. sind die rationalen Flächen die auf die Ebene durch lineare Systeme von Kurven n^{ter} Ordnung abgebildet werden können, Projektionen der (normalen) durch das System aller Kurven n^{ter} Ordnung dargestellten Fläche Φ von der Ordnung n^2 des Raumes von $\frac{n(n+3)}{2}$ Dimensionen.[1001])

112. Hauptpunkte und -kurven der ebenen Abbildung. Entsprechen in der ebenen Abbildung von F einem speziellen Punkte P von F auf der Ebene π mehrere Punkte P_1', P_2', ... (in endlicher Anzahl), so ist dieser Punkt P für F mehrfach und die Punkte P_1', P_2', ... legen den durch sie hindurchgehenden Kurven von $|f|$ eine einzige Bedingung auf. Ist umgekehrt ein Punkt P für F mehrfach, so sind die Bilder der in F durch die Hyperebenen durch P erzeugten Schnitte auf π die Kurven eines in $|f|$ enthaltenen linearen Systems von der Dimension $k-1$ und niedrigeren Grades als $D-1$. Im Gegensatz zum System $|f|$ kann dieses System wie zuvor neue Basispunkte in endlicher Anzahl (auch einen einzigen neuen Basispunkt, der aber vielfach oder ein Berührungspunkt sein und also wenigstens zwei Schnitte absorbieren muß), oder eine neue Basiskurve, oder eine Zunahme in der Multiplizität (oder Berührungen) in ursprünglichen Basispunkten aufweisen.

Als *Hauptpunkte* der Abbildung von F auf π bezeichnet man die Basispunkte des Systems $|f|$. Ist A einer dieser Punkte und für $|f|$ ν-fach und läßt man ihm einen allgemeinen Punkt der Ebene sich unendlich nähern, so findet man, daß allen A unendlich benachbarten

1001) Vgl. *G. Veronese*[950]), Anm. auf p. 224.

Über das Vorausgehende vgl. *E. Bertini*[4]), 1. Ausg., p. 308—314; 2. Ausg., p. 386—392; deutsche Ausg., p. 363—369 und, auch über allgemeinere Eigenschaften, *C. Segre*[2]), p. 41—68. — Für den Fall $n=2$ s. Nr. **114**, 1.; für den Fall $n=3$ s. Anm. 1014.

Eine dreidimensionale Mannigfaltigkeit der Ordnung n^2 in einem Raume von $\frac{n(n+3)}{2}+1$ Dimensionen, die von jeder Hyperebene in einer Fläche vom Typus der Fläche Φ geschnitten wird, ist ein Kegel. *G. Scorza*, Rend. Circ. mat. Palermo 28 (1909), p. 400, wo sich auch ein allgemeinerer Satz vorfindet.

Punkten von π auf F Punkte einer rationalen Kurve (*Hauptkurve* von F) entsprechen, deren Ordnung gleich der Anzahl der veränderlichen Tangenten der Kurven von $|f|$ in A ist.[1002]) Die Kurve wird für F μ-fach sein, wenn die Involution der Tangenten in A an die Kurven von $|f|$ mit einer ∞^1-Involution der Ordnung μ zusammengesetzt ist.

Hauptkurven der Abbildung auf π sind die Fundamentalkurven [III C 4 (*L. Berzolari*), Nr. **36**] des Systems $|f|$. Diese können irreduzibel oder reduzibel sein; die Gesamtheit mehrerer Hauptkurven ist ebenfalls eine Hauptkurve. Es gibt eine endliche Anzahl von Hauptkurven.

Eine Hauptkurve von π wird von den allgemeinen Kurven des Systems $|f|$ in keinen veränderlichen Punkten geschnitten. Umgekehrt ist jede irreduzible oder reduzible Kurve von π, die von den allgemeinen Kurven von $|f|$ in keinem veränderlichen Punkte geschnitten wird, eine Hauptkurve.

Eine Hauptkurve wird auch durch die Eigenschaft gekennzeichnet, daß sie den Kurven des Systems $|f|$, die sie als einen Teil enthalten müssen, nur eine einzige Bedingung auferlegt. Mit anderen Worten, sie trennt sich (ein einziges Mal) von den Kurven von $|f|$ ab, die durch einen ihrer allgemeinen Punkte hindurchgehen.

Ist also $\varphi(x) = 0$ die Gleichung einer Hauptkurve φ von π, so kann das System $|f|$ durch eine Gleichung von der Form

$$\lambda_0 f_0(x) + \varphi(x) \sum_{i=1}^{k} \lambda_i \psi_i(x) = 0,$$

die Fläche F mithin durch die Gleichungen

$$\varrho y_0 = f_0(x),$$
$$\varrho y_i = \varphi(x) \psi_i(x) \qquad (i = 1, 2, \ldots, k)$$

dargestellt werden.

Daraus folgt, daß eine Hauptkurve von π das Bild eines einzigen Punktes Y von F ist (*Hauptpunkt* von F), in dem Sinne, daß den verschiedenen Punkten der Kurve die verschiedenen, von dem Punkte Y auf der Fläche ausgehenden Richtungen entsprechen. Genauer: den Tangenten in Y an die Schnittkurven von F mit den durch Y

1002) *A. Clebsch,* Math. Ann. 1 (1868), p. 266.

Im extremen Falle, daß die Kurven von $|f|$ nur feste Tangenten in A besitzen, entspricht dem Punkte A auf F nicht eine Kurve, sondern ein für F im allgemeinen vielfacher Punkt. Mit Hilfe einer birationalen Transformation der Bildebene können derartige Punkte dadurch immer eliminiert werden, daß man sie in Hauptkurven transformiert.

gehenden Hyperebenen entsprechen in π die veränderlichen Schnittpunkte der Hauptkurve φ mit den Kurven des linearen Systems[1003])

$$\sum_{i=1}^{k} \lambda_i \psi_i(x) = 0.$$

Eine irreduzible Hauptkurve heißt *einfach* oder *mehrfach*, je nachdem sie durch eine birationale Transformation von π in einen Punkt transformiert werden kann oder nicht, der kein Hauptpunkt des linearen Systems ist, das das transformierte von $|f|$[1004]) ist. Durch eine birationale Transformation der Ebene π kann das (als irreduzibel vorausgesetzte, einfache und mindestens ∞^3-)System $|f|$ immer in ein anderes analoges System folgender Typen transformiert werden:

1. Ein von einfachen Hauptkurven freies System.
2. Ein System, das eine einzige, zwei verschiedene Hauptpunkte enthaltende Hauptgerade besitzt, und von anderen Hauptpunkten frei ist.
3. Ein System, das als einfache Hauptkurven eine gewisse Anzahl von Hauptgeraden hat, die von einem Hauptpunkte O ausgehen und je einen anderen, O unendlich benachbarten Hauptpunkt enthalten.[1005])

113. Fortsetzung: Kurven, die sich auf der Ebene und der Fläche entsprechen. Nach einer früheren Bemerkung (Nr. **111**) und einem allgemeinen Satz von *M. Noether* [III C 4 (*L. Berzolari*), Nr. **12** und Nr. **35** am Ende] dürfen wir immer annehmen, daß das lineare

---

1003) Dann und nur dann, wenn die lineare Schar, die dieses System auf φ bestimmt, mit einer Involution der Ordnung μ zusammengesetzt ist [III C 4 (*L. Berzolari*), Nr. **24**], entsprechen daher einer Tangente von F in Y μ Punkte von φ. In diesem Falle sind die Y unendlich benachbarten Punkte von F μ-fach.

Eine beliebige Hauptkurve hat in einem ν_i fachen Hauptpunkt von π eine Multiplizität $\nu_i' \leq \nu_i$; ist n' ihre Ordnung, während die Ordnung der Kurven von $|f|$ n ist, so gibt es ∞^{k-1} Residualkurven, d. h. solche, die mit dieser Hauptkurve Kurven von $|f|$ bilden, und diese haben die Ordnung $n - n'$ und in dem betrachteten Punkte die Multiplizität $\nu_i - \nu_i'$. Daraus folgt, daß sich zwei dieser Residualkurven in $D - \left(\sum_i \nu_i'^2 - n'^2\right)$ Punkten schneiden, so daß die betrachtete Hauptkurve einen $\left(\sum_i \nu_i'^2 - n'^2\right)$-fachen Punkt von F darstellt. Diese Zahl ist auch die Anzahl der Schnitte dieser Hauptkurve mit ihren Residualkurven, außerhalb der Hauptpunkte.

1004) Über diese Unterscheidung und den folgenden Satz s. *A. Comessatti,* Math. Ann. 73 (1913), p. 19—33, der dies zur Untersuchung der Eigenschaften der reellen rationalen Flächen (Nr. **117**) verwendet und auch eine *notwendige* Bedingung dafür angibt, daß eine Hauptkurve einfach ist.

1005) In weniger präziser Form *E. Caporali*[1035]), p. 147 = Mem. di geom., p. 174—175.

System $|f|$ nur gewöhnliche Hauptpunkte mit veränderlichen Tangenten besitzt. Bezeichnet dann n die Ordnung und p das Geschlecht der Systemkurven (*Ordnung* und *Geschlecht* des Systems) und ν_i ihre Multiplizitäten in den Hauptpunkten, so ist[1006])

$$\sum_i \nu_i = 3n + 2p - D - 2, \quad \sum_i \nu_i^2 = n^2 - D.$$

Das System $|f|$ kann *regulär* sein oder nicht, d. h. alle den Systemkurven durch die Multiplizitäten in den Hauptpunkten auferlegten Bedingungen können untereinander unabhängig oder s derselben können eine Folge der übrigen sein; im zweiten Falle bezeichnet man die Anzahl s als den *Überschuß* (*sovrabbondanza*) des Systems.[1007])

Ist das System $|f|$ vollständig, so ist seine Dimension k durch

$$\frac{n(n+3)}{2} - \sum_i \frac{\nu_i(\nu_i+1)}{2} + s$$

gegeben.

Ist das System dagegen partiell, also in einem anderen vollständigen System von einer Dimension $k' > k$ enthalten, so nennt man die Differenz $k' - k = \varepsilon$ den *Defekt* des Systems $|f|$. Aus dem Vorhergehenden läßt sich für die Dimension k in jedem Falle die Formel

$$(1) \qquad k = D - p + 1 + s - \varepsilon$$

ableiten.

Diese Formel läßt sich für die Fläche F deuten, wenn man sagt, daß für eine rationale Fläche der Ordnung D mit hyperebenen Schnitten

---

1006) Der „Exzeß der Hauptelemente" des Systems $|f|$, d. h. die Differenz zwischen der Anzahl der Hauptpunkte und einfachen Hauptkurven des Systems [III C 4 (*L. Berzolari*), Nr. **36**)], ist $I + 1$ [vgl. *C. Segre,* Atti Acc. Torino 31 (1895—96), p. 496], wobei I die Invariante von *Zeuthen-Segre* der Fläche ist [III C 6 b (*G. Castelnuovo* und *F. Enriques*), Nr. **14**].

1007) Über diesen Gegenstand s. außer den Anführungen von III C 4 (*L. Berzolari*), Nr. **33**, **35** ff. noch *E. Bertini*[4]), 1. Ausg., p. 244—247, 387—390; 2. Ausg., p. 290—293, 475—477; deutsche Ausg., p. 273—275, 448—451; *F. Enriques* und *O. Chisini,* „Lezioni" 3, p. 192—193; *F. Severi,* „Trattato" 1_1, p. 348—350; außerdem *B. Gambier,* Ann. Éc. Norm. (3) 41 (1924), p. 147; (3) **42** (1925), p. 217 [Auszüge Paris C. R. 175 (1922), p. 1384; 176 (1923), p. 1287; 180 (1925), p. 897]; Mathesis 40 (1926), p. 49. Hier werden die linearen Systeme von Kurven gegebener Ordnung mit einer gegebenen Gruppe von Basispunkten eingehend untersucht. Als Beispiele hierfür werden Anwendungen auf die ebene Abbildung von Flächen der 3., 5. und 7. Ordnung mit einer zweifachen bzw. dreifachen kubischen Raumkurve, die Abbildung der Fläche 4. Ordnung mit einer Doppelgeraden, der Fläche 5. Ordnung mit zwei Doppelgeraden und einer Fläche 8. Ordnung mit einer Doppelkurve 12. Ordnung und einer dreifachen Geraden gemacht.

S. noch *M. Légaut,* Paris C. R. 178 (1924), p. 2157; 179 (1924), p. 17; 180 (1925), p. 718; Ann. Fac. des sc. Univ. Toulouse (3) 16 (1925), p. 29.

vom Geschlecht p der normale Raum [III C 7 (*C. Segre*), Nr. **6**] von der Dimension $D - p + 1 + s$[1008]) ist.

Da die Kurven von $|f|$ n^{ter} Ordnung sind und ihnen auf F die Schnittkurven mit den Hyperebenen entsprechen, so entsprechen den Geraden der Bildebene π auf F Kurven G n^{ter} Ordnung. Ist L eine Kurve von F und L' deren Bild auf π, so folgt daraus, daß die Ordnung von L' gleich der Anzahl der Schnitte von L mit einer Kurve G, die nicht in die Hauptpunkte von F (deren Bilder auf π Hauptkurven des Systems $|f|$ sind) fallen, und die Ordnung von L gleich der Anzahl der Schnitte von L' mit den Kurven von $|f|$ außerhalb der Hauptpunkte sein wird.

Hat die Kurve L' die Ordnung m und im ν_i-fachen Hauptpunkt von π die Multiplizität μ_i, so daß also μ_i die Anzahl der Schnitte der Kurve L mit der dem Hauptpunkt korrespondierenden Kurve von F ist, so hat L die Ordnung $mn - \sum\limits_i \mu_i \nu_i$.

Wir betrachten nun die vollständige Schnittkurve von F mit einer Hyperfläche Φ der Ordnung N. Diese hat die Ordnung DN und schneidet die Kurve von der Ordnung ν_i, deren Bild ein ν_i-facher Hauptpunkt ist, in $N\nu_i$ Punkten, eine allgemeine Kurve G dagegen in Nn Punkten. Das Bild dieser Schnittkurve auf π ist daher eine Kurve von der Ordnung Nn, und ihre Multiplizitäten in den ν_i-fachen Hauptpunkten sind $N\nu_i$. Das Geschlecht der Kurve selbst, also auch das der Schnittkurve ist

$$Np + \frac{(N-1)(DN-2)}{2}.$$

Diese Zahl muß aber um α Einheiten verringert werden, falls sich F und Φ in α Punkten[1009]) berühren.

Zerfällt die vollständige Schnittkurve von F mit Φ, so ist der Fall beachtenswert, in dem das Bild einer der Komponenten auf π ein Hauptpunkt der Abbildung ist. Ist dieser Punkt ein ν_i-facher Hauptpunkt, so geschieht dies dann und nur dann, wenn das Bild der

---

1008) Ist $D > 2p - 2$ oder $k > p$, so ist das System $|f|$ regulär; ist $D > 2p$ oder $k > p + 1$, so ist das System selbst einfach. Aus der ersten Eigenschaft folgt, daß das System $|f|$ für $p = 0$ und $p = 1$ sicher regulär ist; aus der zweiten, daß, wenn das System $|f|$ für $p = 0$ vollständig ist, oder hat $p = 1$ und $D > 2$, es einfach ist. Folglich hat für $p = 0$ die Fläche F als normalen Raum einen Raum von $D + 1$ Dimensionen, für $p = 1$ einen von D Dimensionen. Diese Sätze stammen von *C. Segre*, Brief vom 9. April 1887 an *G. B. Guccia*, Rend. Circ. mat. Palermo 1 (1884—87), p. 217. Über allgemeinere Sätze von *G. Castelnuovo* vgl. III C 4 (*L. Berzolari*), Nr. **36**.

1009) *A. Clebsch*, Math. Ann. 1 (1868), p. 268.

vollständigen Schnittkurve in dem Hauptpunkt eine höhere Multiplizität als Nv_i[1010]) aufweist.

114. Besondere Fälle. Unter den mit Hilfe der ebenen Abbildung untersuchten speziellen rationalen Flächen von S_k erwähnen wir folgende, für die wir im allgemeinen $k > 3$ annehmen; nur in einigen Fällen werden wir hier auch den Fall $k = 3$ anführen und verweisen für den Rest auf den Artikel III C 10b (*W. Fr. Meyer*).

1. *Fläche von Veronese* [III C 7 (*C. Segre*), Nr. **33**] 4. Ordnung im Raum S_5, durch das System aller Kegelschnitte der Ebene dargestellt.[1011])

2. *Rationale Regelflächen* n^{ter} Ordnung, die einem Raume S_k ($k < n + 1$) angehören. Sie können durch Projektion von den (normalen) Regelflächen n^{ter} Ordnung, die einem Raume S_{n+1} angehören, abgeleitet werden [III C 7 (*C. Segre*), Nr. **30**]. Die ebene Abbildung dieser letzten Fläche läßt sich durch Projektion aus einem passend gewählten Raum S_{n-2} erhalten.[1012])

In Verbindung mit den Fällen 1. und 2. ergibt sich die charakteristische Eigenschaft, daß jede algebraische Fläche eines Raumes S_n, *deren hyperebene Schnitte rational sind,* auch rational und zwar entweder eine rationale Regelfläche, oder die Fläche von *Veronese,* oder eine Projektion dieser Fläche von außerhalb liegenden Punkten auf einen Raum S_3 oder einen Raum S_4 ist.[1013])

1010) *A. Clebsch* [1009]), p. 269.

1011) Angedeutet von *A. Cayley,* Trans. London Phil. Soc. 158 (1867), p. 81—82 = Papers 6, Cambridge 1893, p. 197—198; mit Hilfe der ebenen Abbildung ausführlich behandelt von *G. Veronese,* Roma Mem. Acc. Linc. (3) 19 (1884), p. 344; *C. Segre,* Atti Acc. Torino 20 (1885), p. 487; *E. Study,* Habilitationsschrift, Leipzig 1885; Math. Ann. 27 (1885), p. 58. — S. auch *E. Bertini* [4]), 1. Ausg., p. 314—352; 2. Ausg., p. 392—435; deutsche Ausg., p. 369—410.

Über Anwendungen s. *E. Caporali* und *C. Segre,* Ann. di mat. (2) 20 (1885—1892), p. 237; *W. Wirtinger,* Math. Ann. 40 (1892), p. 261; *E. Study,* daselbst, p. 563; *F. Gerbaldi,* Rend. Circ. mat. Palermo 13 (1899), p. 161; *C. Rosati,* Atti Acc. Torino 35 (1899), p. 12.

1012) *G. Veronese* [950]), p. 224; *C. Segre,* Atti Acc. Torino 19 (1884), p. 355. Vgl. auch *E. Bertini* [4]), 1. Ausg., p. 285—303; 2. Ausg., p. 355—376; deutsche Ausg., p. 333—353.

Über die ebene Abbildung der normalen rationalen Regelflächen s. auch *E. H. Moore,* Trans. Connecticut Acad. 7 (1885), p. 9; *G. Bordiga,* Atti Ist. Ven. (6) 4 (1886), p. 1085; *A. Terracini,* Rend. Ist. Lomb. (2) 48 (1915), p. 62. Über die rationalen Regelflächen n^{ter} Ordnung (insbesondere für $n = 5$) von S_4 *M. Morale,* Catania Atti Acc. Gioenia (4) 14 (1901), Nr. II; über die kubischen Regelflächen von S_4 noch *G. Veronese,* a. a. O., p. 229; *G. Bordiga,* Atti Ist. Ven. (6) 4 (1886), p. 520; über die Regelflächen 4. Ordnung von S_4 *G. Caldarera,* Acireale Atti e Rend. Acc. Zelanti (2) 7 (1896), p. 141.

1013) *E. H. Moore,* Amer. J. of math. 10 (1887), p. 17; *S. Kantor,* Paris C. R.

3. *Nicht-geradlinige Flächen mit elliptischen hyperebenen Schnitten.* Jede algebraische nicht-geradlinige Fläche n^{ter} Ordnung mit elliptischen hyperebenen Schnitten ist rational und von einer Ordnung $n \leqq 9$. Sie kann auf die Ebene durch ein lineares System von Kurven 3. Ordnung mit $9 - n$ einfachen Basispunkten abgebildet werden. Eine Ausnahme bildet eine gewisse Fläche 8. Ordnung von S_8, die durch alle Kurven 4. Ordnung mit zwei doppelten Basispunkten abgebildet wird.[1014])

---

132 (1901), p. 124; *E. Bertini*[4]), 1. Ausg., p. 323; 2. Ausg., p. 402—403; deutsche Ausg., p. 378—379.

Für $n = 3$ läßt sich hieraus der von *É. Picard,* Bull. Soc. philom. (7) 2 (1878), p. 127; J. f. Math. 100 (1885), p. 71 herrührende Satz ableiten, daß die Flächen des gewöhnlichen Raumes mit rationalen ebenen Schnitten die rationalen Regelflächen und die *Steiner*sche Fläche sind. Vgl. auch *G. B. Guccia,* Rend. Circ. mat. Palermo 1 (1886), p. 165; *É. Picard* und *G. Simart*[114]) 2, p. 57—63; *É. Picard,* Brief an *C. Segre* vom 8. April 1901, Atti Acc. Torino 36 (1900—1901), p. 684.

Über die Reduktion der linearen Systeme ebener rationaler Kurven durch birationale Transformationen auf die Minimalordnung s. *G. B. Guccia,* Rend. Circ. mat. Palermo 1 (1886), p. 139.

1014) *G. Castelnuovo,* Roma Rend. Acc. Linc. (5) 3^1 (1894), p. 59. S. auch *P. del Pezzo,* Rend. Circ. mat. Palermo 1 (1887), p. 241; außerdem *F. Enriques,* Math. Ann. 46 (1895), p. 182—186.

Charakteristische Eigenschaften der rationalen Flächen von S_n $(6 \leqq n \leqq 9)$, die durch ein lineares System von Kurven 3. Ordnung auf die Ebene abgebildet werden können, gab *A. Terracini,* Modena Soc. Naturalisti e Matem. (5) 6 (1922), p. 14, 34 an, wo auch charakteristische Eigenschaften der durch ein lineares ∞^{14}- oder ∞^{13}-System von Kurven 4. Ordnung dargestellten rationalen Flächen von S_{14} oder S_{13} angegeben werden. Vgl. auch *G. Fubini* und *E. Čech,* „Geom. proj. diff.“ [626]) 2 (Anhang III, von *A. Terracini*), p. 768—769.

Eine spezielle Fläche 9. Ordnung von S_4 mit elliptischen Schnitten bei *L. Godeaux,* Nouv. Ann. de math. (4) 16 (1916), p. 59.

Die Fläche 5. Ordnung von S_5 mit elliptischen Schnitten wurde von *F. Severi,* Rend. Circ. mat. Palermo 15 (1901), p. 42—44; Mem. Acc. Torino (2) 52 (1902), p. 102, dann von *H. W. Richmond,* Proc. London math. Soc. (2) 24 (1926), Notes and Abstracts, p. XVI gefunden; untersucht von *F. Bath,* Proc. Cambridge Phil. Soc. 24 (1928), p. 48, 191; *G. Timms,* Proc. R. Soc. London (A) 119 (1928), p. 242; *H. F. Baker,* J. London math. Soc. 6 (1931), p. 176; *G. Fano,* Rend. Ist. Lomb. (2) 65 (1932), p. 93; *J. W. Archbold,* Proc. Cambridge Phil. Soc. 28 (1932), p. 51. Erweiterung bei *D. W. Babbage,* Proc. Cambridge Phil. Soc. 27 (1931), p. 399; *W. L. Edge,* ebenda 28 (1932), p. 285.

Eine spezielle Fläche, mit elliptischem Schnitte, von der 8. Ordnung im Raume S_5 bei *L. Godeaux,* Bull. Ac. sc. Belgique (5) 16 (1930), p. 562.

G. Fano, Atti Ist. Ven. (7) 7 (1896), p. 1100 untersucht eine Fläche 5. Ordnung von S_5 mit ∞^4 automorphen projektiven Transformationen, die durch ein ∞^5-System kubischer Kurven mit vier gemeinsamen unendlich benachbarten Punkten, von denen drei in einer geraden Linie liegen, dargestellt wird.

4. *Nicht-geradlinige Flächen mit hyperelliptischen hyperebenen Schnitten vom Geschlecht* $p > 1$. Eine derartige Fläche ist immer rational, von einer Ordnung $\leqq 4p + 4$ und kann in der Weise auf die Ebene abgebildet werden, daß die Bilder ihrer hyperebenen Schnitte Kurven einer gewissen Ordnung ν mit einem gemeinsamen $(\nu - 2)$-fachen Punkt und möglicherweise weiteren gemeinsamen einfachen oder Doppelpunkten sind.[1015])

5. *Nicht-geradlinige Flächen mit hyperebenen Schnitten vom Geschlecht 3.* Mit der Bestimmung aller möglichen Flächen mit dieser Eigenschaft, wie auch der Möglichkeit ihrer Ableitung durch Projektion von einer gleichen Fläche und dem Studium ihrer Abbildung auf bekannte Flächen beschäftigen sich *G. Castelnuovo*[1016]), *G. Castelnuovo* und *F. Enriques*[1017]), *G. Scorza.*[1018]) Sind diese Flächen von einer Ordnung > 4, so zeigt sich, daß sie entweder rational sind oder durch birationale Transformationen des Raumes auf einen elliptischen kubi-

---

Die durch drei kollineare Gebilde 2. Stufe erzeugte Fläche 6. Ordnung von S_6, die durch die kubischen Kurven durch drei feste Punkte auf die Ebene abgebildet werden kann, untersucht *G. Bordiga,* Atti Ist. Ven. (6) 4 (1886), p. 1461; Paris C. R. 102 (1886), p. 743; Erweiterung Paris C. R. 102 (1886), p. 1442.

Über die Reduktion der linearen Systeme elliptischer ebener Kurven durch birationale Transformationen auf die Minimalordnung s. *G. B. Guccia,* Rend. Circ. mat. Palermo 1 (1887), p. 169.

Eine Untersuchung über die Geometrie der als Punkte eines Raumes S_9 betrachteten ebenen Kurven 3. Ordnung stammt von *N. Spampinato,* Catania Atti Acc. Gioenia (5) 12 (1919), Nr. XXI; (5) 13 (1921), Nr. V und *J. Yerushalmy,* Amer. J. of math. 54 (1932), p. 129; Auszug Bull. Amer. math. Soc. (2) 37 (1931), p. 173.

Über alles Vorhergehende s. III C 6a (*G. Castelnuovo* und *F. Enriques*), Nr. **22**; III C 6b (*G. Castelnuovo* und *F. Enriques*), Nr. **36**; III C 7 (*C. Segre*), Nr. **36** und über Erweiterungen Nr. **44**.

1015) *G. Castelnuovo,* Rend. Circ. mat. Palermo 4 (1890), p. 73; *F. Enriques,* Roma Rend. Acc. Linc. (5) 2^2 (1893), p. 285; Math. Ann. **46** (1895), p. 186—188. Vgl. auch *H. S. White,* The Boston Colloquium, Lectures on Math. 1903 (New York 1905), p. 12—18.

Diese Flächen treten bei der Bestimmung der Flächen von S_k auf, deren Räume S_h, die sie in $h+1$ Punkten schneiden, nicht den ganzen Raum S_k ausfüllen. Nach *F. Palatini,* Atti Acc. Torino 41 (1906), p. 634, sind derartige Flächen tatsächlich nur die rationalen Flächen von S_{3h+2}, die durch das System der Kurven der Ordnung $2h$ mit einem $(2h-2)$-fachen Hauptpunkt und $h-1$ Doppelpunkten auf die Ebene abgebildet werden können, und falls $h=4$, auch die durch das System aller Kurven 4. Ordnung der Ebene abgebildete Fläche. Erweiterung a. a. O., 44 (1909), p. 362.

1016) Atti Acc. Torino 25 (1890), p. 695.

1017) Ann. di mat. (3) 6 (1900), p. 212.

1018) Ann. di mat. (3) 16 (1909), p. 255; (3) 17 (1910), p. 281.

schen Kegel reduziert werden können.[1019]) Sind sie rational, so ist ihre Ordnung $\leqq 16$.[1020])

1019) Verschiedene Klassen derartiger Flächen und ihre Abbildung auf die einfache oder die Doppelebene werden von *G. Castelnuovo*[1016]) untersucht, der insbesondere alle rationalen Flächen mit Schnitten vom Geschlecht 3 und ihre ebenen Abbildungen bestimmt. Eine spezielle derartige Fläche wurde von *G. Bordiga,* Atti Ist. Ven. (6) 5 (1887), p. 1397 untersucht. Diese ist 7. Ordnung im Raume S_6 und wird durch vier kollineare Gebilde 2. Stufe erzeugt. S. auch *Maria del Re,* Rend. Acc. Napoli (3) 31 (1925), p. 108.

Von *G. Castelnuovo* und *F. Enriques*[1017]) stammt der Satz, daß eine Fläche mit Schnitten vom Geschlecht 3, deren Ordnung > 4 ist, entweder Regelfläche oder rational ist, oder auf eine Regelfläche vom Geschlecht 1 oder 2 birational bezogen werden kann. Mit Hilfe dieses Satzes führt *G. Scorza*[1018]) die von *G. Castelnuovo* begonnene Untersuchung zu Ende und studiert speziell die Abbildung auf den elliptischen kubischen Kegel mit Hilfe *Cremona*scher Transformationen.

M. de Franchis, Rend. Circ. mat. Palermo 14 (1899), p. 33 bestimmt alle nicht rationalen Flächen 4. Ordnung, deren geometrisches Geschlecht $p_g = 0$ ist. Sie sind entweder Kegel oder können durch eine birationale Transformation des Raumes auf einen elliptischen kubischen Kegel bezogen werden. *M. de Franchis* untersucht diese Abbildung, bestimmt die Beschaffenheit der Singularitäten und die Gleichungen der gefundenen Flächen in allen Fällen und vervollständigt so die von *H. Poincaré,* Paris C. R. 99 (1884), p. 1145; *É. Picard* und *G. Simart*[114]) 1, p. 134—136; *A. Berry,* Paris C. R. 129 (1899), p. 449 auf transzendentem Wege erhaltenen Ergebnisse.

Die Ergebnisse von *G. Castelnuovo, G. Scorza* und *M. de Franchis* liefern die vollständige Bestimmung der Typen, auf die die auf einem elliptischen kubischen Kegel liegenden einfachen linearen, mindestens ∞^3-Systeme von Kurven vom Geschlecht 3 birational reduziert werden können, oder, wenn man will, durch *Cremona*sche Transformationen des Raumes. Zwei kubische Kegel in eineindeutiger algebraischer Korrespondenz lassen sich nämlich durch eine *Cremona*sche Transformation des Raumes voneinander ableiten: *M. de Franchis,* a. a. O., p. 64, in Anm.

1020) Verschiedene der vorhergehenden Flächen findet unter anderen *C. H. Sisam,* Amer. J. of math. 41 (1917), p. 49 [Auszug Bull. Amer. math. Soc. (2) 24 (1918), p. 423] bei der Bestimmung aller Flächen mit ∞^1 kubischen Kurven, die kein Büschel bilden, auch, a. a. O., p. 212 [Auszug Bull. Amer. math. Soc. (2) 25 (1919), p. 247] bei der Bestimmung der Flächen, die zwei oder mehrere Büschel (elliptischer oder rationaler) kubischer Kurven enthalten.

Die algebraischen Flächen mit zwei Büscheln rationaler Kurven sind rational und werden von *L. Godeaux,* Enseign. math. 15 (1913), p. 310, bestimmt, der die Ergebnisse von *G. Koenigs,* Ann. Éc. Norm. (3) 5 (1888), p. 177 [Auszug Paris C. R. 105 (1887), p. 407]; Paris C. R. 109 (1889), p. 364 auf die Bestimmung der algebraischen Flächen im Raume S_3 mit zwei Büscheln von Kegelschnitten erweitert.

Wir fügen noch hinzu, daß *U. Amaldi,* Roma Rend. Acc. Linc. (5) 11^2 (1902), p. 217, alle birational verschiedenen Flächen bestimmt hat, die mehr als zwei Kurvenbüschel von der Art enthalten, daß die allgemeine Kurve jedes Büschels die allgemeine Kurve jedes anderen Büschels in einem einzigen Punkte trifft.

Spezielle rationale Flächen mit Kurvenbüscheln untersucht *Maria Caruso,* „Su una classe di superficie razionali degli iperspazi“, Catania 1925.

6. Alle algebraischen Flächen im Raume S_n mit einer transitiven kontinuierlichen (daher mindestens ∞^2) Gruppe automorpher projektiver Transformationen sind rational.[1021])

7. Eine Fläche im Raume S_n von der Ordnung $\frac{n(n-1)}{2}$, die durch die Schnitte der homologen Hyperebenen n projektiver Bündel erzeugt wird. Auf die Ebene wird sie mittels der Kurven n^{ter} Ordnung durch $\frac{n(n+1)}{2}$ feste Punkte abgebildet.[1022])

Weitere spezielle rationale Flächen im Raume S_n, insbesondere im Raume S_4 untersuchen verschiedene andere Verfasser.[1023])

1021) *G. Fano*[555]).

1022) *F. P. White*, Proc. Cambridge Phil. Soc. 22 (1924), p. 1. Für $n = 4$ s. *G. Veronese*[950]), p. 232; *G. Bordiga*, Roma Mem. Acc. Linc. (4) 3 (1887), p. 182; *F. P. White*, Proc. Cambridge Phil. Soc. 21 (1922), p. 216.

1023) *E. G. Togliatti*, Roma Rend. Acc. Linc. (5) 26^1 (1917), p. 553 untersucht beim Studium der Netze von ausgearteten Reziprozitäten im Raume S_n die ebene Abbildung einer normalen rationalen Fläche von der Ordnung $\frac{n(n-3)}{2}+2$, die durch das lineare System aller durch $\frac{(n-2)(n+1)}{2}$ allgemeine Punkte der Ebene hindurchgehenden Kurven der Ordnung $n-1$ abgebildet wird.

C. Segre, Atti Acc. Torino 59 (1924), p. 303 untersucht die rationale Fläche, die auf die Ebene durch ein lineares System von Kurven n^{ter} Ordnung abgebildet wird, die einem aus Tangenten eines gegebenen Kegelschnitts gebildeten vollständigen $(n+1)$-Seit umbeschrieben sind. Ist das System aus allen derartigen ∞^n Kurven gebildet, so hat die Fläche die Ordnung $\frac{n(n-1)}{2}$ und gehört einem Raume S_n an.

Maria del Re, Rend. Acc. Napoli (3) 29 (1923), p. 79 [Erweiterungen, p. 150; (3) 30 (1924), p. 42, 51] untersucht rationale Flächen der Ordnung $2n^2$ im Raume $S_{n(n+1)}$, die durch Kurven von der Ordnung $3n$ mit sieben gemeinschaftlichen n-fachen Punkten abgebildet werden.

Verschiedene rationale Flächen findet *E. G. Togliatti*, Comment. math. Helvetici 1 (1929), p. 255, durch Betrachtung der Flächen, die eine *Laplace*sche Gleichung „darstellen“. Das bedeutet: Gehört die Fläche einem Raume S_r an, so genügen die $r+1$ homogenen projektiven Koordinaten des allgemeinen Punktes dieser Fläche, die man als Funktionen der beiden krummlinigen Koordinaten auf der Fläche betrachtet, einer linearen homogenen partiellen Differentialgleichung 2. Ordnung (von *Laplace*). Es zeigt sich, daß für $r>4$ keine nicht geradlinigen Flächen 4. oder 5. Ordnung mit besagter Eigenschaft existieren. Für $r \geq 5$ sind dagegen die einzigen nicht geradlinigen Flächen einer Ordnung ≤ 6 vom gewünschten Typus gewisse Flächen 6. Ordnung, die einem Raume S_5 angehören und hyperebene Schnitte vom Geschlecht 1 oder auch 2 aufweisen. Eine solche 6. Ordnung im Raum S_5 mit überebenen Schnitten vom Geschlecht 1 studiert *L. Godeaux*, Bull. Ac. sc. Belgique (5) 18 (1932), p. 405.

Über die ebene Abbildung einer rationalen Fläche des Raumes S_4 s. *H. F. Baker*, Proc. Cambridge Phil. Soc. 28 (1932), p. 62. Vgl. noch *L. Roth*, ebenda, p. 300.

115. Ebene Abbildung einer rationalen Fläche des dreidimensionalen Raumes.[1024]) Wir fassen den Fall $k = 3$ ins Auge[1024a]) und nehmen an, daß das lineare System $|f|$ in Nr. **111, 112, 113** irreduzibel und einfach und daher auch die durch dies System abgebildete Fläche F von der Ordnung D einfach ist.[1025])

Die Formel (1) in Nr. **113** wird:

$$D - p + s - \varepsilon - 2 = 0. \tag{1}$$

Aus der Betrachtung des Geschlechtes p der ebenen Schnitte leitet man eine auf die Doppelkurve von F bezügliche Eigenschaft ab. Mit d bezeichnen wir die Ordnung dieser Kurve (unter Einschluß einer möglicherweise auftretenden Kuspidalkurve) oder allgemeiner einer Doppelkurve, die geeigneterweise [vgl. III C 4 (*L. Berzolari*), Nr. **18**] als äquivalent mit einer Kurve beliebiger Multiplizität zu betrachten ist. Dann ist

$$d = \frac{(D-1)(D-2)}{2} - p.$$

Hieraus und aus der Formel (1) leitet sich ab

$$d = \frac{(D-2)(D-3)}{2} - s + \varepsilon$$

Verschiedene rationale Flächen von S_4 mit ihrer ebenen Abbildung fanden *E. Ascione,* Roma Rend. Acc. Linc. (5) 6^1 (1897), p. 162; *F. Severi,* Rend. Circ. mat. Palermo 15 (1901), p. 33 bei der Untersuchung der Flächen von S_4 mit scheinbaren zwei- oder dreifachen Punkten; *G. Marletta,* Rend. Circ. mat. Palermo 28 (1908), p. 353; Catania Atti Acc. Gioenia (5) 3 (1909), Nr. II, beim Studium der Geradenkomplexe (∞^3-Systeme) 1. Ordnung (so daß also durch einen allgemeinen Punkt eine einzige Gerade geht).

1024) Einen Weg für die Bestimmung der Gleichung einer rationalen Fläche wenn die Koordinaten des laufenden Punktes der Fläche als rationale Funktionen zweier Parameter ausgedrückt sind, wurde von *A. Brill,* Math. Ann. 5 (1871), p. 401 angegeben und auf den Fall der *Steiner*schen Fläche angewandt.

1024a) Nach *J. C. H. Gerretsen,* Nieuw Archief voor Wiskunde (2) 17^1 (1931), p. 67, existiert im dreidimensionalen Raum keine algebraische Fläche F einer Ordnung $\geqq 2$, die sich derartig birational auf eine Ebene π abbilden läßt, daß jeder Punkt von F einem und nur einem Punkt von π und jeder Punkt von π einem und nur einem Punkt von F entspricht.

1025) Ein einfaches Beispiel für ein zusammengesetztes System $|f|$ ist das ∞^3-System der Kurven 6. Ordnung mit acht gemeinschaftlichen Doppelpunkten (Nr. **61**). Die durch dieses System dargestellte Fläche ist ein zweimal gezählter Kegel 2. Ordnung. Die Bilder seiner Erzeugenden sind die kubischen Kurven durch die 8 Punkte, das Bild seines Scheitels ist der neunte, all diesen kubischen Kurven gemeinschaftliche Punkt. Vgl. *E. Caporali*[1035]), p. 165—166 = Mem. di geom., p. 197—198; *B. Gambier,* Ann. Éc. Norm. (3) 42 (1925), p. 262.

und schließlich[1026])

$$d \geqq \frac{(D-2)(D-3)}{2} - s.$$

G. Humbert[1027]) vertieft auf transzendentem Wege das Studium der Abbildung der Kurven, die der Fläche F und ihren adjungierten Flächen gegebener Ordnung gemeinsam sind, d. h. im Falle gewöhnlicher Singularitäten der Flächen, für die jede l-fache Kurve von F mindestens $(l-1)$-fach, und jeder isolierte l-fache Punkt von F mindestens $(l-2)$-fach ist. Er gelangt zu folgendem Ergebnis:

Schneidet man F mit den adjungierten Flächen der Ordnung $D+q-4$ $(q \geqq 1)$, so sind die Bilder der veränderlichen Schnittkurven Kurven von der Ordnung $nq-3$, die in den Hauptpunkten von π dieselben Singularitäten besitzen[1028]), wie die zu dem Bild des Schnittes von F mit einer allgemeinen Fläche der Ordnnng q adjungierten Kurven [bzgl. derartiger Singularitäten s. III C 4 (*L. Berzolari*), Nr. **15**]. Umgekehrt ist jede Kurve von π der Ordnung $nq-3$, die in den Hauptpunkten der Abbildung sich wie diese adjungierten Kurven verhält, das Bild der Schnittkurve von F mit einer adjungierten Fläche von F der Ordnung $D+q-4$.[1029])

Mit den vorhergehenden Sätzen verknüpfen sich verschiedene Eigenschaften in bezug auf die vielfachen Punkte von F. Ein derartiger Punkt kann von zweierlei Art sein, je nachdem er als Bilder alle Punkte einer Kurve (*Hauptkurve*) oder eine endliche Anzahl (mindestens 2) besitzt. Man sagt dann mit *G. Humbert,* daß der Punkt in diesen Fällen *erster* bzw. *zweiter Art* ist.

1026) *A. Clebsch*[1009]), p. 255 [in III C 4 (*L. Berzolari*), Anm. 444 muß der Sinn der Ungleichung umgekehrt werden]. — Ebenda, p. 270, entwickelt *A. Clebsch* die Gleichung der Abbildung der Doppelkurve einer auf die Ebene abbildbaren Fläche. Eine Erweiterung bei *M. Noether,* Math. Ann 3 (1870), p. 187—188.

Über die singulären Korrespondenzen, die bei der Abbildung der Doppelkurve auftreten, s. *M. Bernhard*[28]), p. 23 ff.

1027) Math. Ann. 45 (1894), p. 428.

1028) Nehmen wir, wie es immer erlaubt ist, an, daß das System $|f|$ nur gewöhnliche Basispunkte mit veränderlichen Tangenten besitzt, so haben diese Bilder, wie aus Nr. **113** hervorgeht, im ν_i-fachen Hauptpunkt die Multiplizität $q\nu_i - 1$.

1029) *G. Humbert*[1027]), p. 433, 437. Über Sonderfälle dieser beiden Sätze s. auch *A. Cayley,* Math. Ann. 3 (1870), p. 469 = Papers 8, Cambridge 1895, p. 388; *E. Caporali*[1035]), p. 166—167 = Mem. di geom., p. 198—199. Aus diesen Sätzen läßt sich leicht ableiten, daß die adjungierten Flächen von F der Ordnung $D+q-4$ ein lineares System von der Dimension

$$(p-1)q + \tfrac{1}{2}Dq(q-1) + \tfrac{1}{6}(q-1)(q-2)(q-3)$$

bilden.

G. Humbert findet, daß jede zu F längs der mehrfachen Kurven und in den vielfachen Punkten erster Art adjungierte Fläche auch in den vielfachen Punkten zweiter Art adjungiert ist. Daraus folgt, daß die vielfachen Punkte zweiter Art auf den vielfachen Kurven von F liegen, und jede längs dieser Kurven adjungierte Fläche notwendigerweise in jedem dieser Punkte adjungiert ist. Es ergibt sich weiter, daß die isolierten vielfachen Punkte, durch die die adjungierten Flächen hindurchgehen [insbesondere daher alle l-fachen isolierten Punkte ($l > 2$), nicht aber die gewöhnlichen Doppelpunkte], erster Art sind und das gleiche für jeden auf vielfachen Kurven gelegenen vielfachen Punkt gilt, wenn nicht jede längs derartiger Kurven adjungierte Fläche dadurch von selbst in diesem Punkte adjungiert ist.

Die umgekehrten Eigenschaften gelten nicht, d. h. ein auf vielfachen Kurven gelegener, vielfacher Punkt der Art, daß jede längs dieser Kurven adjungierte Fläche auch in diesem Punkte adjungiert ist, ist nicht notwendigerweise zweiter Art.

G. Humbert bezeichnet jeden vielfachen Punkt von F, durch den die adjungierten Flächen hindurchgehen müssen, der außerdem so beschaffen ist, daß die längs vielfacher Kurven adjungierten Flächen nicht notwendigerweise in diesem Punkte adjungiert sind, als *ausgezeichneten* (*remarquable*) singulären Punkt. Er gibt die Bedingungen dafür an, daß eine rationale Fläche F, deren ebene Abbildung gegeben ist, ausgezeichnete singuläre Punkte besitzt, und zeigt, daß, falls F t derartige Punkte besitzt, wenigstens eine Fläche der Ordnung $D - 4$ existiert, die zu F längs vielfacher Kurven und in r ($r < t$) willkürlich gewählten derartigen Punkten adjungiert ist, nicht aber in irgendeinem der $t - r$ übrigen Punkte.[1030])

Wir erwähnen noch, daß für den Fall der ebenen Abbildung einer rationalen Fläche mittels Parameter-Darstellung der Koordinaten *A. Clebsch*[1031]) die Differentialgleichung der Asymptoten-Kurven und

1030) Da die ebenen Schnitte von F Kurven von der Ordnung D und vom Geschlecht p sind, die eine adjungierte Kurve der Ordnung $D - 4$ zulassen, so ist $D \leq 2(p-1)$ [III C 4 (*L. Berzolari*), Nr. 27]. Daraus folgt, daß es keine ausgezeichneten singulären Punkte gibt, falls $p = 1$ oder $p = 2$ ist, auch dann nicht, wenn F eine Regelfläche ist. Für $p = 3$, und daher $D = 4$, existieren dagegen derartige Punkte: F ist dann frei von mehrfachen Kurven und besitzt einen besondersartigen, dreifachen oder doppelten ausgezeichneten singulären Punkt.

1031) J. f. Math. 67 (1866), p. 9. Diese Gleichung wird hier, nach einer von *P. Gordan* mitgeteilten Methode, für den Fall der *Steiner*schen und der kubischen Regel-Fläche integriert.

L. Cremona [1032]) die Differentialgleichungen der isotropen Kurven, der Krümmungskurven und der Asymptoten-Kurven bestimmt haben.

116. Fortsetzung: Fragen abzählender Art, die mit der ebenen Abbildung einer rationalen Fläche verknüpft sind [vgl. III C 4 (*L. Berzolari*), Nr. **38** c)]. Viele Fragen abzählender Art über die ebene Abbildung einer rationalen Fläche F wurden von *A. Clebsch* [1033]), *A. Cayley* [1034]), vor allem und in systematischer Weise von *E. Caporali* [1035]) gelöst, und zwar unter der Annahme, daß das Bildsystem $|f|$ einfach und vollständig ist, nur gewöhnliche Basispunkte mit veränderlichen Tangenten besitzt und frei von Hauptkurven (Nr. **112**) ist.

Das System $|f|$ soll, wie in der vorhergehenden Nr., die Ordnung n, den Grad D, das Geschlecht p und σ Basispunkte haben.

Eine Kurve des Systems $|f|$, die einen nicht in den Basispunkten liegenden Doppelpunkt besitzt, ist das Bild eines Schnittes von F mit einer Tangentialebene. Betrachtet man daher ein Büschel dieser Kurven, so ergibt sich, daß die Klasse von F

$$D + 4p + \sigma - 1$$

ist. [1036])

Die Bilder der Schnitte von F mit den durch einen festen Punkt O des Raumes gehenden Ebenen sind Kurven eines Netzes von $|f|$, und die *Jacobi*sche Kurve J dieses Netzes ist das Bild der Berührungskurve von F mit dem von O aus umbeschriebenen Kegel. Daraus folgt, daß dieser Kegel die Ordnung $2(D + p - 1)$ und das Geschlecht $9p - \sigma + 1$ hat. Aus diesen beiden Zahlen und der vorhergehenden Zahl für die Klasse findet man mit Hilfe der *Plücker*schen Formeln [III C 4 (*L. Berzolari*), Nr. 8], daß durch einen allgemeinen Raum-

1032) Mem. Acc. Bologna (3) 1 (1870), p. 49 [Auszug Rend. Acc. Bologna 1869—70, p. 86] = Opere 3, Milano 1917, p. 209.

1033) Math. Ann. 1 (1868), p. 253. Vgl. auch Rend. Ist Lomb. (2) 1 (1868), p. 794.

1034) Math. Ann. 3 (1870), p. 469 = Papers 8, Cambridge 1895, p. 388.

1035) Coll. math. in mem. D. Chelini, Milano 1881, p. 144 [1879] = Mem. di geometria, Napoli 1888, p. 171.

Sonderfälle bei *J. de Vries,* Ak. Amsterdam Versl. (4) 23 (1914), p. 907.

Die Resultate von *E. Caporali* über die Netze sind bei *F. Enriques* und *O. Chisini,* „Lezioni" 2, p. 174—180 wiedergegeben. Sie sind in den von *F. Severi* [30]), p. 642 angegebenen Ergebnissen über die Netze von Kurven auf einer beliebigen algebraischen Fläche enthalten.

Erweiterungen auf lineare ∞^3-Systeme von Kurven auf einer beliebigen algebraischen Fläche bei *M. Pannelli,* Rend. Circ. Mat. Palermo 20 (1905). p. 34; *T. Bonnesen,* Kjöbenhavn Overs. 1906, p. 281.

1036) *E. Caporali* [1035]), p. 152 = Mem. di geom., p. 181.

punkt O $24p$ stationäre Tangentialebene (d. h. Tangentialebenen in parabolischen Punkten),

$$\tfrac{1}{2}[(D + 4p + \sigma)^2 - 86p - 5D - 3\sigma + 4]$$

Doppeltangentialebenen,

$$3(D + 6p - \sigma - 1)$$

Inflexions- (oder Haupt)tangenten,

$$2[(D + p)^2 - 5D - 17p + 2\sigma + 4]$$

Doppeltangenten von F[1037]) gehen.

Die ∞^3 Netze von $|f|$ liefern ∞^3 *Jacobi*sche Kurven J, die ebenfalls ein lineares System bilden.[1038]) Zwei von den Kurven J schneiden sich außer in den Basispunkten in

$$3D + 12p - \sigma - 3$$

Punkten. Abstrahieren wir von den Doppelpunkten von Kurven des beiden Netzen gemeinsamen Büschels, so bleiben

$$2(D + 4p - \sigma - 1)$$

derartige Punkte C, daß die polaren Geraden eines beliebigen dieser Punkte in bezug auf alle Kurven von $|f|$ durch ein und denselben Punkt C' gehen. Die Punkte C liegen daher auf allen Kurven J, sind die Berührungspunkte für Netze von Kurven f, mit der gemeinsamen Tangente CC', und ebenso die Doppelpunkte für ein ganzes Büschel von Kurven f (und daher für zwei von diesen Kurven Spitzen).[1039])

Die Kurven J dienen beim Studium der Doppelkurve und der parabolischen Kurve von F, deren Ordnungen

$$\tfrac{1}{2}(D - 1)(D - 2) - p \quad \text{bzw.} \quad 4(D + 2p - 2)$$

sind.

Der Schnitt von F mit der ersten Polare eines allgemeinen Punktes O zerfällt in die Doppelkurve und die Berührungskurve mit dem von O aus umbeschriebenen Kegel. Trennen wir die Kurve J vom Bilde dieses Schnittes ab, so ergibt sich, daß die Kurve Δ, die das Bild der Doppelkurve und daher der Ort der für das System $|f|$ „neutralen Paare“ von Punkten ist (d. h. der Punktepaare, die den Kurven f eine einzige Bedingung auferlegen), die Ordnung $(D - 4)n + 3$ und in jedem ν_i-fachen Basispunkt von $|f|$ die Multiplizität $(D - 4)\nu_i + 1$

1037) *E. Caporali*[1035]), p. 152—153 = Mem. di geom., p. 181—182.

1038) *E. Caporali*[1035]), p. 147—148 = Mem. di geom., p. 175. Für $n = 2$ schon bei *J. Rosanes,* Math. Ann. 6 (1872), p. 298.

1039) *E. Caporali*[1035]), p. 147—148 = Mem. di geom., p. 175—176.

hat.[1040]) Die Kurve Δ geht durch jeden Punkt C hindurch und berührt hier die Gerade CC'.

Die Punkte C sind die Bilder der uniplanaren oder Kuspidalpunkte von F, die auf der Doppelkurve der Fläche liegen.[1041])

Die Klasse der aus den Tangentialebenen von F in den Punkten der Doppelkurve gebildeten abwickelbaren Fläche ist gleich der Anzahl der Schnittpunkte der Doppelkurve mit der Berührungskurve des von einem allgemeinen Punkte aus umbeschriebenen Kegels mit Ausnahme der Kuspidalpunkte von F. Sie ist also gleich der Anzahl der Schnittpunkte von Δ mit einer Kurve J außer den Hauptpunkten und den Punkten C und daher

$$(D-1)(2D-7)+2p(D-11)+3\sigma.$$

Mit Hilfe dieser Zahl kann man die Anzahl t der „neutralen Tripel" für das System $|f|$ berechnen, d. h. der Tripel von Punkten, die den Kurven f eine einzige Bedingung auferlegen und durch die daher ein Netz derartiger Kurven geht. Jeder von den $3t$ Punkten dieser Tripel ist für Δ doppelt, und jedes Tripel stellt einen für F und auch die Doppelkurve dreifachen Punkt dar. Da die zweite Polare eines Punktes O die Doppelkurve in diesen dreifachen und auch in den Punkten schneidet, in denen eine Tangentialebene durch O geht, so ist die Anzahl t der dreifachen Punkte von F[1042])

$$t=\tfrac{1}{6}(D-1)(D^2-8D+18)-p(D-8)-\sigma.$$

Aus dem Vorhergehenden[1043]) ergibt sich, daß das Geschlecht von Δ

$$(D-3)^2+2p(D-10)+3(\sigma-1)$$

ist, während das Geschlecht der Doppelkurve

$$\tfrac{1}{2}(D-3)(D-4)+p(D-12)+2(\sigma-1)$$

ist.

1040) *A. Clebsch* [1009]), p. 271—272, analytisch; *E. Caporali* [1035]), p. 154 = Mem. di geom., p. 183.

Allgemeinere Formeln, die auch gelten, wenn in der Bildebene Hauptkurven vorkommen, gibt *H. G. Zeuthen,* Math. Ann. 4 (1871), p. 43—44, als Sonderfälle anderer Formeln für die birationale Korrespondenz zwischen zwei beliebigen algebraischen Flächen.

1041) „Pinch-points", nach *A. Cayley,* Quart. J. of math. 9 (1868), p. 332 = Papers 6. Cambridge 1893, p. 123.

1042) *A. Cayley* [1034]); *E. Caporali* [1035]), p. 155 = Mem. di geom., p. 185. Für $\sigma=0$ s. auch *Ch. H. van Os,* Interm. des math. (1) 23 (1916), p. 74; *E. G. Togliatti,* daselbst, p. 191.

1043) *E. Caporali* [1035]), p. 156 = Mem. di geom., p. 185. In dem von *A. Clebsch* [1009]), p. 272 angegebenen Ausdruck sind die $3t$ Doppelpunkte von Δ nicht berücksichtigt.

Die Punkte von Δ sind derart untereinander gepaart, daß zwei Punkte P' und P'' eines Paares ein und denselben Punkt P der Doppelkurve auf den beiden Mänteln von F darstellen und den durch P gehenden Kurven von F auf einem oder dem anderen Mantel entsprechen auf der Ebene π Kurven durch P' oder P''. Die Geraden $P'P''$ umhüllen eine eineindeutig auf die Punkte der Doppelkurve von F bezogene Kurve, die daher dasselbe Geschlecht wie diese Doppelkurve, die Klasse

$$(n-1)(D-4)-4p+\sigma$$

hat und frei von stationären Tangenten ist.

Das Bild der parabolischen Kurve von F ist die Kurve H, die der Ort der Kuspidalpunkte von Kurven von $|f|$ ist. Diesen Ort erhält man, wenn man die *Jacobi*sche Kurve eines Netzes von Kurven J aufsucht. In der Tat setzt sich eine derartige *Jacobi*sche Kurve aus der Kurve H und einer Kurve f zusammen. Daraus folgt, daß H die Ordnung $4(2n-3)$[1044], in jedem ν_i-fachen Hauptpunkte die Multiplizität $4(2\nu_i-1)$ und in jedem Punkte C einen Doppelpunkt hat.

Das Geschlecht von H und daher auch der parabolischen Kurve ist

$$64p-6D-8\sigma+21.$$

E. Caporali, von dem diese Ergebnisse herrühren[1045], berechnet auch die Zahlen, die sich auf die abwickelbaren Flächen beziehen, die von den stationären Tangentialebenen und den Doppeltangentialebenen von F[1046] gebildet werden. Die Klasse der ersten wurde schon angegeben, ihr Geschlecht ist gleich dem Geschlecht der parabolischen Kurve und ihre Ordnung

$$2(D+24p-2\sigma).$$

Das Bild der Berührungskurve der Doppeltangentialebenen ist die Kurve K, die der Ort der Doppelpunkte der Kurven von $|f|$ mit zwei Doppelpunkten ist. Diese Kurve K hat die Ordnung

$$3(n-1)(D+4p+\sigma)-31n+42,$$

in jedem ν_i-fachen Hauptpunkte die Multiplizität

$$(3\nu_i-1)(D+4p+\sigma)-31\nu_i+14$$

und in jedem Punkte C die Multiplizität $D+4p+\sigma-8$. Die betreffende Raumkurve hat daher die Ordnung

$$2(D+p-1)(D+4p+\sigma)-17D-28(p-1).$$

1044) *A. Clebsch*, J. f. Math. 67 (1866), p. 15. Vgl. auch *N. R. Pekelharing*, Nieuw Archief voor Wiskunde (2) 11 (1914), p. 132; *F. Schuh*, daselbst, p. 138.

1045) Anm. 1035, p. 149, 158 = Mem. di geom., p. 177, 188.

1046) Anm. 1035, p. 158—163 = Mem. di geom., p. 188—194.

Die Kurven H und K berühren sich in

$$2(64p - 7D - 6\sigma + 20)$$

Punkten, die die Selbstberührungspunkte ebensovieler Kurven von $|f|$ und die Bilder von Punkte von F sind, in denen die Tangentialebene Inflexionstangentialebene für die abwickelbare Fläche der stationären Tangentialebenen ist. Sucht man die übrigen, H und K gemeinsamen Punkte außerhalb der Hauptpunkte und der Punkte C auf, so findet man, daß es

$$24p(D + 4p + \sigma - 25) + 48(D + \sigma - 3)$$

Ebenen gibt, die eine einfache und eine stationäre Berührung mit F haben, so daß also die Bilder der entsprechenden Schnitte Kurven f mit einem Knoten- und einem Kuspidalpunkt sind. Auf ähnliche Weise findet man, daß F

$$\tfrac{1}{6}(D + 4p + \sigma)^3 - (D + 4p + \sigma)(2D + 41p + \sigma) - \tfrac{1}{6}(175D - 3434p + 223\sigma) + 106$$

Tritangentialebenen aufweist (deren Schnitte als Bild eine Kurve f mit drei Doppelpunkten haben).

Die vorhergehenden Ergebnisse können in einigen Sonderfällen[1047]) verschiedene Abweichungen aufweisen. Ist z. B. einer von den Hauptpunkten einfach, so erniedrigt sich die Anzahl der Doppeltangentialebenen von einem allgemeinen Punkt aus an F um eine Einheit, die Anzahl der Inflexionstangentialebenen der abwickelbaren Fläche der stationären Tangentialebenen um zwei Einheiten und die Anzahl der Tritangentialebenen um $D + 4p + \sigma - 8$ Einheiten; die Multiplizität der Kurve K in einem derartigen einfachen Hauptpunkte erhöht sich dagegen um eine Einheit.

Ähnlich erniedrigt jeder doppelte Hauptpunkt die Anzahl der Tritangentialebenen von F um eine Einheit.

Hat einer der Hauptpunkte die Multiplizität $n - 1$, so reduziert sich der Ort H auf die Gruppe der je zweimal gezählten Verbindungsgeraden dieses Punktes mit den Punkten C.

117. Reelle Mäntel der reellen rationalen Flächen und deren Zusammenhangseigenschaften in bezug auf die ebene Abbildung der Fläche. Untersuchungen von A. Comessatti.[1047a]) Die ebene Abbildung ist ein wirksames Hilfsmittel auch für das Studium der *reellen* rationalen Flächen (in einem reellen Raume von drei oder mehr Dimen-

1047) *E. Caporali* [1035]), p. 163—166 = Mem. di geom., p. 194—198.

1047a) Hierüber vgl. den Bericht von *A. Comessatti*, Jahresb. Deutsch. Math.-Ver **41** (1931), p. 107.

sionen), d. h. derer, die durch Gleichungen mit reellen Koeffizienten dargestellt werden können. Hierbei ist zu beachten, daß sich die Darstellung der Koordinaten der Punkte einer derartigen Fläche durch rationale Funktionen zweier Parameter nicht immer durch rationale Funktionen mit reellen Koeffizienten ausführen läßt. Mit anderen Worten, die ebene Abbildung der Fläche kann nicht immer in reeller Weise ausgeführt werden.

Die allgemeinsten Untersuchungen über die reellen rationalen Flächen im Zusammenhang mit der ebenen Abbildung[1048]) stammen von *A. Comessatti*, der zunächst[1049]) die Klassifikation dieser Flächen unter dem Gesichtspunkt der reellen (d. h. durch Gleichungen mit reellen Koeffizienten darzustellbaren) birationalen Transformationen, die Anzahl ihrer Mäntel und die Beziehung dieser Anzahl zu einer (relativen) Invariante der Fläche (der sogenannten Invariante von *Zeuthen-Segre*), ferner die reellen Moduln einer Klasse in bezug auf reelle birationale Transformationen äquivalenter reeller rationaler Flächen studiert hat; darauf[1050]) untersucht er die Zusammenhangseigenschaften der Mäntel und ihre Beziehungen zu der genannten Invariante.

1048) Von speziellen Untersuchungen führen wir an: über die Flächen 3. Ordnung *L. Schläfli*, Quart. J. of math. 2 (1858), p. 117; Trans. London Phil. Soc. 153 (1863), p. 193; Ann. di mat. (2) 5 (1872), p. 289; (2) 7 (1875), p. 193; *F. Klein*, Math. Ann. 6 (1873), p. 551 = Ges. math. Abh. 2, Berlin 1922, p. 11; *H. G. Zeuthen*, Math. Ann. 7 (1873), p. 428; 8 (1874), p. 1; außerdem *G. Herting*, Diss. München 1887; Progr. Augsburg 1887; *H. H. Niesen*, Diss. Groningen 1910; über die kubischen Regelflächen *F. Severi*, Atti Ist. Ven. (8) 5 (1903), p. 863; über die Flächen 4. Ordnung mit Doppelkegelschnitt *H. G. Zeuthen*, „Om flader af fjerde orden med dobbeltkeglesnit", Festschrift Univ. Kjöbenhavn 1879; ital. Übers. von *G. Loria*, Ann. di mat. (2) 14 (1886—87), p. 31; über die Monoide 4. Ordnung *K. Rohn*, Math. Ann. 24 (1884), p. 55; über die Monoide beliebiger Ordnung *R. Torelli*, Atti Acc. Napoli (2) 14 (1910), Nr. 4, der die Methode von *F. Severi*, a. a. O., durch Betrachtung der durch Projektion vom Scheitel aus erhaltenen ebenen Abbildung der Fläche erweitert und insbesondere eine Methode für die Bestimmung der ein- und zweiseitigen Mäntel mit Hilfe der Abbildung angibt. Es zeigt sich, daß im allgemeinen alle Mäntel zweiseitig sind; weist das Monoid aber in seinen Singularitäten oder seinem Verhalten zu der unendlich fernen Ebene gewisse Besonderheiten auf, so enthält es mindestens einen einseitigen Mantel. S. hierüber weiter die Anm. 1056.

S. weiter noch die Bemerkungen von *F. Klein*, Math. Ann. 7 (1874), p. 549; 9 (1875), p. 476 = Ges. math. Abh. 2, p. 63 über den Zusammenhang der Flächen, insbesondere 2. oder 3. Ordnung.

1049) Math. Ann. 73 (1913), p. 1; Auszug Roma Rend. Acc. Linc. (5) 20^2 (1911), p. 597.

1050) Ann. di mat. (3) 23 (1914), p. 215. Hier (p. 231—252) werden auch die Fundamentaleigenschaften des Zusammenhanges der Flächen systematisch entwickelt und die verschiedenen Gesichtspunkte, unter denen man diese Eigen-

Es sind im wesentlichen zwei Betrachtungen, die diesen Untersuchungen zugrunde liegen. Die erste ist die Betrachtung der reellen linearen Kurvensysteme auf der Fläche, wenn man ein lineares Kurvensystem als reell bezeichnet, wenn es die konjugierte Kurve einer beliebigen Systemkurve enthält. Unter Anwendung des Verfahrens der sukzessiven Adjunktion [III C 4 (*L. Berzolari*), Nr. **27**; III C 6b (*G. Castelnuovo* und *F. Enriques*), Nr. **12**] von einem allgemeinen reellen linearen System aus findet man in der Tat, daß auf einer reellen rationalen Fläche immer mindestens ein reelles lineares System existiert, das einem der folgenden Typen angehört:

α) Ein Büschel rationaler Kurven;

β) ein Netz vom Grade 2 elliptischer Kurven (das auf das Netz der ebenen kubischen Kurven mit 7 Basispunkten bezogen werden kann);

γ) ein ∞^3-System vom Grade 4 und vom Geschlecht 2 (das auf das System der ebenen Kurven 6. Ordnung mit 8 doppelten Basispunkten bezogen werden kann).

Dies führt zur Einteilung der reellen rationalen Flächen in drei Familien: Eine Fläche gehört der Familie I an, wenn sie Systeme α) enthält, der Familie II, wenn sie keine Systeme α), aber mindestens ein System β), der Familie III, wenn sie nur Systeme γ) enthält.[1051]) Diese Unterscheidung ist gegenüber den reellen birationalen Transformationen invariant und in Übereinstimmung mit den Ergebnissen von *F. Enriques* (Nr. **110**) über die rationalen Flächen vom Standpunkte der birationalen Transformationen mit rationalen Koeffizienten aus.

Die zweite Betrachtung, von der *A. Comessatti* ausgeht, bezieht sich darauf, daß die Realität der algebraischen Gebilde (Punkte, Kurven, lineare Kurvensysteme, ...) einer reellen rationalen Fläche F dadurch gekennzeichnet ist, daß diese Gebilde durch die *konjugierte Transformation* der Fläche (Vertauschung von i in $-i$) in sich verwandelt werden. Geht man von der Fläche zur Bildebene über, so liefert diese Transformation eine involutorische antibirationale (Nr. **62**) Transformation T der Ebene, so daß das Studium der genannten reellen Gebilde von F mit dem Studium der gegenüber T invarianten analogen Gebilde äquivalent ist. Soll daher ein einfaches irreduzibles lineares System einer Dimension $r \geqq 3$ von ebenen Kurven als das Bild der hyper-

schaften betrachten kann, verglichen. Endlich (p. 275—278) folgt die Anwendung auf kubische Regelflächen und allgemeine Flächen 3. Ordnung und ein Vergleich dieser Resultate mit den Ergebnissen von *L. Schläfli* und *F. Klein* in den Anm. 1048 angeführten Arbeiten.

1051) Es sei bemerkt, daß ein und dieselbe Fläche Systeme zweier oder sogar aller drei Typen enthalten kann.

ebenen Schnitte einer reellen rationalen Fläche eines r-dimensionalen Raumes betrachtet werden können, so ist notwendig und hinreichend, daß dies System gegenüber einer involutorischen antibirationalen Transformation T invariant ist und invariante Kurven aufweist.

Die Wichtigkeit der Betrachtung dieser Transformation T für das vorliegende Problem beruht darauf, daß zwei in bezug auf reelle birationale Transformationen äquivalente reelle rationale Flächen F, F' zwei Transformationen T, T' entsprechen, die durch (nicht notwendigerweise reelle) birationale Transformationen der Ebene aufeinander reduziert werden können und umgekehrt, so daß den in bezug auf derartige Transformationen verschiedenen Klassen von Transformationen T folglich Klassen von Flächen F entsprechen, die gegenüber reellen birationalen Transformationen voneinander verschieden sind. Infolgedessen wird das Problem der Klassifikation der reellen rationalen Flächen in Beziehung zu reellen birationalen Transformationen durch Reduktion der involutorischen antibirationalen Transformationen der Ebene auf die in Nr. **62** bezeichneten Typen a), b), c), d), e) gelöst.

Will man die vorausgehende Klassifikation der reellen rationalen Flächen in drei Familien weiter fortsetzen, so wird es notwendig, die reellen Mäntel zu betrachten. In der Tat ist klar, daß die Anzahl dieser Mäntel in bezug auf reelle birationale Transformationen invariant ist.[1052])

Alle Flächen mit einem einzigen Mantel rufen Transformationen T hervor, die auf die konjugierte Transformation reduziert werden können, und lassen sich daher reell in eine reelle Ebene transformieren. Alle von Mänteln freien Flächen dagegen führen auf den Typus b) von Nr. **62**, der der einzige von Fixelementen freie Typus ist, und können in eine von reellen Punkten freie reelle Fläche 2. Ordnung transformiert werden.

Diese beiden Fälle beziehen sich auf Flächen der Familie I. Die

---

1052) Der von *A. Comessatti* geschaffene Begriff reeller (projektiver, d. h. nicht durch die unendlich ferne Kurve der Fläche begrenzter) Mantel, hat gegenüber reellen Transformationen invarianten Charakter. Ist die gegebene Fläche F frei von reellen Singularitäten, oder nur mit isolierten reellen Singularitäten ausgestattet, so wird, wenn man von den möglicherweise vorkommenden isolierten Singularitäten absieht, der reelle Teil von F aus einer gewissen Anzahl (möglicherweise Null) geschlossener, zusammenhängender zweidimensionaler Mannigfaltigkeiten gebildet. Jede derartige Mannigfaltigkeit heiße *reeller Mantel* von F. Besitzt die Fläche F reelle Singularitäten, so kann sie durch eine reelle Transformation in eine Fläche F' verwandelt werden, die frei von Singularitäten ist, und dann bezeichnet man die zu den Mänteln von F' homologen Mannigfaltigkeiten als Mäntel von F.

übrigen Typen c), d), e) entsprechen den drei Familien I, II, III, und als Anzahl ihrer Mäntel findet man bzw. m, 4, 5.[1053])

Zur Herstellung einer Beziehung zwischen dieser Anzahl und einer Invariante der Fläche geht *A. Comessatti* von der Eigenschaft aus, daß jede reelle rationale Fläche mit mehr als einem Mantel auf eine von einfachen Hauptkurven freie Ebene (Nr. **112**) abgebildet werden kann. Ist dies geschehen, so ist die Anzahl der Hauptpunkte der Abbildung gleich $I+1$, wobei I die (relative) Invariante von *Zeuthen-Segre* [III C 6b (*G. Castelnuovo* und *F. Enriques*), Nr. **14**] der Fläche ist. Daraus ergibt sich, daß der Wert von I für die reellen rationalen Flächen, die die gleiche Anzahl m von Mänteln haben und ein- und derselben Familie angehören, nicht unter ein gewisses Minimum fallen kann, das durch eine passende reelle birationale Transformation tatsächlich erreicht wird. Ein derartiger Minimalwert ist durch folgende Tabelle gegeben.

Für die Familie I:

$I=2m$, wenn $m>1$; $I=-1$, wenn $m=1$; $I=0$, wenn $m=0$;

für die Familie II:

$$I=6, \quad m=4;$$

für die Familie III:

$$I=7, \quad m=5.$$

Die Bedingungen dafür, daß zwei reelle rationale Flächen, die in ein- und derselben Familie enthalten sind und ein- und dieselbe Anzahl m von Mänteln besitzen, zu ein- und derselben Klasse gehören, d. h. gegenüber reellen birationalen Transformationen äquivalent sind, lassen sich durch Gleichsetzung passender *reeller Moduln* ausdrücken.[1054])

1053) *A. Comessatti* gelangt zu diesem Schlusse mit Hilfe der Abbildung der Fläche auf eine reelle Doppelebene, indem man als eine auf eine reelle Doppelebene abbildbare Fläche eine solche betrachtet (Nr. **118**), die ein reelles Netz vom Grade 2 enthält (wobei die Übergangskurve reell ist). Das Resultat, zu dem man gelangt, ist, daß jede reelle rationale Fläche einem der folgenden Typen angehörig betrachtet werden kann:

eine reelle Doppelebene mit einer Übergangskurve der Ordnung $2n$, die einen Punkt mit einer Multiplizität $\geq 2n-2$ aufweist;

eine reelle Doppelebene mit Übergangskurve 4. Ordnung und vom Geschlecht 3;

eine reelle Doppelebene mit Übergangskurve 6. Ordnung, die zwei unendlich benachbarte dreifache Punkte aufweist, oder ein reeller Doppelkegel 2. Ordnung mit Übergangskurve 6. Ordnung vom Geschlecht 4.

Dies sind also die Typen der rationalen Doppelebenen (Nr. **118**), nur handelt es sich hier um reelle Doppelebenen mit reeller Übergangskurve.

1054) Der Untersuchung dieser Moduln schickt *A. Comessatti* ein tiefgründiges Studium der *charakteristischen linearen Systeme* auf einer Fläche voraus,

Für $m = 0, 1$ existieren keine Moduln. Die Flächen der Familie I mit $m > 1$ Mänteln hängen von $2m - 3$ reellen Moduln ab; die der Familie II und III von 6 bzw. von 8 Moduln. Jeder Gruppe von Werten, die man den Moduln erteilt, entsprechen zwei Klassen von Flächen, falls es sich um die Familie I handelt, nur eine einzige, falls es sich um die Familien II und III handelt.

A. Comessatti studiert auch den Zusammenhang der reellen rationalen Flächen[1055]) und verknüpft dessen Eigenschaften sowohl mit den Eigenschaften der ebenen Abbildung, als auch mit den (relativen) invarianten Charakteren der Fläche; dabei betrachtet er nur die von *F. Klein*[1056]) als *absolut* bezeichneten Eigenschaften des Zusammenhangs.

---

indem er mit dieser Bezeichnung irgendeines der reellen linearen Systeme α), β), γ) versieht, dessen Existenz auf der Fläche auf besagte Weise die Zugehörigkeit dieser Fläche zu einer der drei Familien zur Folge hat. So findet er, daß die Fläche der Familie I ein einziges charakteristisches lineares System aufweist, falls $m > 3$ ist, unendlich viele charakteristische Systeme dagegen, die alle bei automorphen reellen birationalen Transformationen der Fläche äquivalent sind, falls $m = 3, 2$ ist; ferner, daß die Flächen der Familie II ebenfalls unendlich viele äquivalente charakteristische Systeme, und die Flächen der Familie III ein einziges charakteristisches System besitzen.

A. Wiman, Wiss. Vorträge, gehalten auf dem fünften Kongreß der Skandinavischen Math. in Helsingfors 1922 (Helsingfors 1923), p. 41 verifiziert diesen Satz direkt im Falle einer allgemeinen kubischen Fläche mit zwei Mänteln, d. h. der Fläche V^{ter} Art von *L. Schläfli*, erste und zweite Anführung in Anm. 1048.

1055) Anm. 1050. Die von *Comessatti* betrachteten Flächen können willkürliche Singularitäten aufweisen, denen bezüglich der Zusammenhangseigenschaften, man denselben Einfluß zuzuweisen übereinkommt, den sie hätten, wenn sie aufgelöst wären. Mit anderen Worten, man betrachtet jede reelle rationale Fläche F in bezug auf den Zusammenhang als äquivalent mit einer von Singularitäten freien anderen Fläche, zu der man mit Hilfe eines wohl bestimmten, mit der ebenen Abbildung von F verknüpften Typus reeller birationaler Transformationen gelangt. Eine Konstruktion eines derartigen Modelles bei *A. Comessatti,* a. a. O., p. 252—254.

1056) Math. Ann. 7 (1874), p. 549; 9 (1875), p. 476 = Ges. math. Abh. 2, p. 63. Vgl. auch *W. v. Dyck,* Ber. Sächs. Ges. Wiss. Leipzig 37 (1885), p. 314; 38 (1886), p. 53; 39 (1887), p. 40; Math. Ann. 32 (1888), p. 457. Diese Eigenschaften sind invariant in bezug auf eineindeutige, kontinuierliche reelle Flächentransformationen, die im reellen Bereiche frei von Ausnahmen sind. Es sind dagegen *relative* Eigenschaften diejenigen, die nur dann unverändert bleiben, wenn man mit einer besonderen Gruppe von Transformationen operiert, die sich z. B. auf den Raum oder auf gewisse mit der Fläche verbundene Mannigfaltigkeiten beziehen. So sind relative Eigenschaften diejenigen, die sich auf den *projektiven* Gesichtspunkt des Zusammenhangs beziehen (d. h. die gegenüber Deformationen im endlichen Bereich und gegenüber reellen Kollineationen invariant bleiben), und die von *F. Klein,* Math. Ann. 6 (1873), p. 578; 7 (1874), p. 549 = Ges. math. Abh.

Unter diesem Gesichtspunkte werden die Eigenschaften des Zusammenhangs eindeutig an zwei Charaktere geknüpft, einen qualitativen, die *Einseitigkeit* oder *Zweiseitigkeit* der Fläche, und einen numerischen, die *Zusammenhangszahl* (Anzahl der Querschnitte, die man ausführen muß, um die Fläche einfach zusammenhängend zu machen) [III A B 3, B II (*M. Dehn* und *P. Heegaard*), Nr. **3**].

Zur Bestimmung dieser beiden Charaktere, wenn man eine ebene Abbildung von F kennt, geht *A. Comessatti* von einer speziellen ***normalen*** ebenen Abbildung aus, die man für jede reelle rationale Fläche erhalten kann, und zu der man folgendermaßen gelangt.[1057]) Wird F auf eine reelle Ebene abgebildet, so ist das lineare System $|f|$, das

---

2, p. 11, 63, von *K. Rohn* [1048]) und von *H. G. Zeuthen* [1048]) betrachtet wurden. Z. B. sind das einschalige Hyperboloid und der Ring zwar vom projektiven, nicht aber vom absoluten Gesichtspunkt aus voneinander verschieden.

Ein anderer Gesichtspunkt, den man *metrisch* nennen kann, ist der, nach dem man die uneigentlichen Punkte der Mäntel als Grenze betrachtet, wobei auch die Möglichkeit der Deformation der Mäntel im endlichen Bereich übrig bleibt. Hierher gehören die in Anm. 1048 angeführten Arbeiten von *F. Severi* und *R. Torelli*. In der ersten Arbeit findet man verschiedene metrische Typen zweiseitiger kubischer Regelflächen, die vom absoluten Gesichtspunkt aus dagegen alle einseitig sind (und die Zusammenhangszahl 2 haben). Was die Monoide anbetrifft, die *R. Torelli* betrachtet hat, so sind diese, vom absoluten Gesichtspunkt aus, da man eine reelle ebene Abbildung von ihnen ausführen kann, entweder einseitig, oder, wenn sie zweiseitig sind, gehören sie zum Typus der Kugel oder des Rings.

1057) In einigen Sonderfällen kann man die Betrachtung der normalen ebenen Abbildung vermeiden. Kann man z. B. die Abbildung der Fläche auf eine reelle Ebene in reeller Weise erhalten (so daß die Fläche aus einem einzigen Mantel besteht), so ergibt sich die Zusammenhangszahl Z, wenn man der Differenz zwischen der Anzahl der reellen Hauptpunkte der Abbildung und der Anzahl der einfachen reellen Hauptkurven eine Einheit zufügt. Vgl. *F. Enriques,* Rend. Acc. Bologna (2) **16** (1912), p. 70, der für den Fall, daß die Ordnung der Fläche gerade ist, auch eine hinreichende (nicht aber notwendige) Bedingung dafür angibt, daß die Fläche unter den vorhergehenden Annahmen einseitig ist. Nach dieser Bedingung muß die Summe der Ordnungen dieser einfachen Hauptkurven gerade ($\geqq 0$) sein.

So sind die allgemeinen Flächen 2. Ordnung zweiseitig mit $Z = 0, 2$, je nachdem sie elliptisch oder hyperbolisch sind. Die *Steiner*sche Fläche ist einseitig mit $Z = 1$. Die rationalen Flächen von der Ordnung $n = 3, 4, \ldots 9$, mit elliptischen ebenen Schnitten, die durch reelle kubische Kurven mit reellen Basispunkten, oder ohne Basispunkte für $n = 9$, auf die Ebene abgebildet werden können, sind einseitig, mit $Z = 10 - n$. Die Flächen 4. und 6. Ordnung, die durch Kurven 4. Ordnung mit zwei (reellen oder nicht reellen) doppelten Basispunkten und 4 bzw. 2 imaginaren einfachen Basispunkten abgebildet werden, sind zweiseitig, mit $Z = 2, 0$, je nachdem die beiden doppelten Basispunkte reell sind oder nicht.

das Bild der hyperebenen Schnitte ist, gegenüber einer involutorischen antibirationalen Transformation T, dem Bild der konjugierten Transformation von F, invariant. Nun läßt sich das System $|f|$ durch eine *Cremona*sche Transformation auf einen der drei Ende Nr. **112** angezeigten Typen, und T ebenfalls durch eine *Cremona*sche Transformation auf einen der fünf in Nr. **62** angezeigten Typen reduzieren. Es zeigt sich, daß, mit einer Einschränkung, sich die beiden vorhergehenden Reduktionen gleichzeitig bewerkstelligen lassen. Genauer ergibt sich der Satz, daß jedes irreduzible einfache lineare System einer Dimension $\geqq 3$ von ebenen Kurven, das gegenüber einer involutorischen antibirationalen Transformation T invariant ist und invariante Kurven besitzt, durch eine *Cremona*sche Transformation auf ein analoges System reduziert werden kann, das in bezug auf eine Transformation τ (die die transformierte von T ist), die einem der fünf erwähnten Typen angehört, invariant ist, und außerdem

1. von einfachen Hauptkurven frei ist

oder aber auch, wenn τ die konjugierte Transformation ist,

2. mit einer einzigen zwei verschiedene Hauptpunkte enthaltenden Hauptgeraden ausgestattet ist und frei von anderen reellen Basispunkten (und anderen einfachen Hauptkurven) ist,

3. als einfache Hauptkurven m Geraden besitzt, die von einem Basispunkt O ausgehen und je einen weiteren O unendlich benachbarten Basispunkt enthalten.

Die Abbildung von F heißt *normal*, wenn das lineare System $|f|$, das die hyperebenen Schnitte darstellt, den Bedingungen des Satzes[1058]) genügt.

1058) Die Methode von *A. Comessatti* besteht darin, daß man jeder Fläche F eine reelle Fläche Φ beiordnet, die von F durch eine reelle birationale Transformation abgeleitet wird und deren Zusammenhang direkt geschätzt werden kann, während man den Zusammenhang von F aus dem von Φ auf Grund des Einflusses ableitet, den die zwischen F und Φ bestehende reelle Transformation auf den Zusammenhang ausübt. Führt man sich die Eigenschaften der normalen Abbildung vor Augen, so gelingt es im allgemeinen, Φ derart zu konstruieren, daß die reelle birationale Transformation zwischen F und Φ auf Φ eine endliche Anzahl von Hauptpunkten aufweist und auf F frei von Hauptpunkten ist. Dann ergibt sich die Ableitung des Zusammenhangs von F aus dem von Φ mit Hilfe des Lehrsatzes von *F. Klein,* Math. Ann. 7 (1874), p. 554—557 = Ges. math. Abh. 2, p. 69—73 [neuerlich bewiesen und genauer ausgeführt von *A. Comessatti* [1050]), p. 242; s. Anm. 34]: Findet zwischen zwei Mänteln mit den Zusammenhangszahlen Z und Z' eine kontinuierliche eineindeutige Korrespondenz statt, die auf dem ersten Mantel n, auf dem zweiten n' Hauptpunkte aufweist, so ist

$$Z + n = Z' + n'.$$

Die Invariante von *Zeuthen-Segre* der reellen Fläche F sei I, die Zusammenhangszahl Z, so daß, wenn die Fläche k Mäntel mit den Zusammenhangszahlen $z_1, z_2, \ldots, z_k$ besitzt[1058a]), ist

$$Z = \sum_{i=1}^{k} z_i - 2k + 2.$$

Dann ergibt sich, wie auch die reelle rationale Fläche sei,

$$Z \equiv I \pmod{2},$$

und im Einklang mit dieser Beziehung, wenn die Zahl I gegeben ist, schwankt die Zahl Z, die sich auf eine Fläche einer bestimmten Familie mit einer bestimmten Anzahl m der Mäntel bezieht, zwischen zwei Grenzen, deren untere fest ist, während die obere von I abhängt. Genau ist

$$0 \leqq Z \leqq I + 2,$$
$$-2m + 2 \leqq Z \leqq I - 4m + 2,$$
$$-6 \leqq Z \leqq I - 12,$$
$$-7 \leqq Z \leqq I - 14,$$

je nachdem F nur einen Mantel hat, zur Familie I (mit $m > 1$ Mänteln), II oder III (mit 4 bzw. mit 5 Mänteln) gehört.

Für einen gegebenen Wert von I und eine gegebene Anzahl m der Mäntel existieren in jeder Klasse Flächen derart, daß die entsprechende Zahl Z die vorhergehenden Beziehungen befriedigt (und im Falle der Familie III derart, daß die Zusammenhangszahl des Mantels, den wir unten als *singulär* bezeichnen werden, $\geqq 1$ ist).

Alle Flächen F mit einem einzigen Mantel, für die $Z > 2$ ist (und die daher auf die reelle Ebene reell abgebildet werden können), sind einseitig. Die zweiseitigen Typen treten nur für $Z = 0$ und für $Z = 2$ auf und sind mit einer Kugel bzw. einem Ring äquivalent.

Alle Mäntel der Flächen der Familien I oder II, deren Z den Minimalwert annimmt, sind zweiseitig und vom Kugeltypus; übersteigt Z dieses Minimum, so ist wenigstens ein Mantel einseitig. Insbesondere haben alle Flächen dieser beiden Familien mit ungeradem I wenigstens einen einseitigen Mantel.

Unter den fünf Mänteln einer Fläche der Familie III existiert ein und nur ein (*singulär* genannter) Mantel, der durch keine reelle birationale Transformation auf einen zweiseitigen Mantel reduziert werden kann. Daher besitzen die Flächen dieser Familie immer wenigstens einen

---

1058a) In der Terminologie der Topologie stimmt die Zahl Z mit der *Betti*-zahl (mod. 2) vom Index 1 überein: *S. Lefschetz*, „Topology"[*]), p. 35.

einseitigen Mantel, der der singuläre Mantel und dessen Zusammenhangszahl wenigstens gleich 1 ist. Die anderen vier Mäntel können dagegen gleichzeitig auf zweiseitige Mäntel des Kugeltypus reduziert werden, was der Fall ist, wenn Z den Minimalwert annimmt.

Eine dritte von *A. Comessatti* betrachtete Invariante (gegenüber reellen birationalen Transformationen von F) wird aus den *Severi*schen Untersuchungen über die Basis für die Kurvensysteme auf einer algebraischen Fläche [vgl. III C 6b (*G. Castelnuovo* und *F. Enriques*), Nr. **32**] abgeleitet und ist die *reelle Basis* von F. Dies ist die Anzahl $\bar{\varrho}$ der linear unabhängigen reellen algebraischen Kurven, mit denen jede reelle algebraische Kurve von F linear verknüpft ist. Diese Invariante ist mit Z und I durch die einfache Beziehung

$$I + Z = 2(\bar{\varrho} - 1)$$

verbunden, die für jede reelle rationale Fläche gilt, unabhängig von der Familie, der sie angehört, und unabhängig von der Anzahl ihrer Mäntel.[1059])

Neuerdings hat *A. Comessatti*[1060]) gezeigt, daß diese Formel in einer weit allgemeineren Beziehung enthalten ist, die für alle reellen algebraischen Flächen gilt.

118. Abbildung auf mehrfache Ebenen; Rationalitätsfragen [vgl. III C 6b (*G. Castelnuovo* und *F. Enriques*), Nr. **22** und **35**][1060a]). Eine Doppelebene entsteht nicht nur durch (1, 2)-Korrespondenzen zwischen zwei Ebenen (Nr. **92**), sondern allgemeiner (vgl. Nr. **1**), unter Betrachtung einer algebraischen (1, 2)-Korrespondenz zwischen einer Ebene und einer beliebigen algebraischen Fläche, d. h. einer eineindeutigen algebraischen Korrespondenz zwischen den Punkten der Ebene und den Punktepaaren der Fläche. Man sagt dann eben, daß die Fläche *auf die Doppelebene abgebildet ist.*

Man kann auch sagen, daß eine Doppelebene dadurch entsteht, daß man eine Fläche annimmt, die ein Kurvennetz vom Grade 2 enthält und dieses auf das Geradennetz einer Ebene projektiv bezieht.

1059) So hat man für die von Doppelpunkten freien reellen kubischen Flächen, je nachdem sie der I., II., . . ., V. Art von *L. Schläfli* (in den beiden ersten Anführungen in Anm. 1048) angehören, also 27, 15, 7, 3, 3 reelle Gerade besitzen (im IV. Falle sind von den übrigen Geraden 12 punktierte und 12 schlechthin imaginär, im V. Falle alle punktiert), $Z = 7, 5, 3, 1, -1$; $\bar{\varrho} = 7, 6, 5, 4, 3$, während in jedem Falle $I = 5$ ist. Die Flächen der ersten vier Arten bestehen aus einem einzigen einseitigen Mantel, die Flächen der V. Art aus zwei Mänteln, deren einer einseitig mit $z_1 = 1$, deren anderer zweiseitig mit $z_2 = 0$ ist.

1060) Ann. di mat. (4) 5 (1928), p. 299.

1060a) Ausführliches über Doppelebenen bei *F. Enriques*, „Lezioni"[15]), p. 348—438.

Die Übergangskurve der Doppelebene ist der Ort der Punkte der Ebene, denen zwei zusammenfallende Punkte auf der Fläche entsprechen.[1061])

Zwei Flächen, die auf eine Doppelebene abgebildet sind, mit derselben Übergangskurve, sind birational identisch.

Die Gleichung der betrachteten Fläche kann in der Form

$$z^2 = R(x, y) \tag{1}$$

dargestellt werden, wobei R eine ganze rationale Funktion von x, y ist. Ist R ein irreduzibles Polynom, so ist die Gleichung der Übergangskurve $R = 0$; im entgegengesetzten Falle erhält man die Gleichung der Übergangskurve, indem man die mit ungeraden Exponenten ausgestatteten Faktoren von R je einmal nimmt und ihr Produkt gleich Null setzt. Durch eine birationale Transformation kann die Gleichung der Fläche immer in die Gleichung (1) verwandelt werden, wo R nur einfache Faktoren enthält, so daß $R = 0$ die reine Übergangskurve darstellt.

Die Ordnung der Übergangskurve ist immer gerade; denn ist der Grad von R ungerade, so muß der Kurve $R = 0$ die unendlich ferne Gerade der Ebene zugefügt werden.

Die in Nr. **92** betrachteten, von einer ebenen Doppeltransformation herrührenden Doppelebenen sind *rational*, d. h. Doppelebenen, bei denen die genannte Fläche eineindeutig auf die Ebene abgebildet werden kann.

Das Problem der Abbildung einer rationalen Doppelebene auf eine einfache Ebene wurde von *A. Clebsch*[1062]) studiert und hängt von der Untersuchung gewisser Kurven ab, die Berührungen mit der Übergangskurve Ω' der Doppelebene haben. Diese Untersuchung kann als Problem der Zweiteilung der zu Ω' gehörigen *Abel*schen Funktionen aufgefaßt werden.

Dabei bietet sich die Aufgabe der Bestimmung notwendiger und hinreichender Bedingungen, daß eine Doppelebene $\{x, y, \sqrt{R(x, y)}\}$ rational ist, d. h. eine rationale Substitution $x = \varphi(X, Y)$, $y = \psi(X, Y)$ existiert, die das Polynom $R(x, y)$ in ein vollkommenes Quadrat transformiert.

1061) Wird eine Fläche auf eine mehrfache Ebene abgebildet, so kann man das Geschlecht der einer Kurve der Ebene entsprechenden Flächenkurve nach der Formel von *H. G. Zeuthen* (Nr. 2) berechnen. Vgl. *H. G. Zeuthen,* Math. Ann. 3 (1870), p. 323; 4 (1871), p. 637 in Anm. Weitere Formeln in bezug auf die Abbildung einer Fläche auf eine mehrfache Ebene bei *H. G. Zeuthen,* Math. Ann. 4 (1871), p. 48—49 als Sonderfälle von Beziehungen, die für die birationalen Korrespondenzen zwischen zwei beliebigen algebraischen Flächen gelten.

1062) Math. Ann. 3 (1870), p. 45; Auszug Gött. Nachr. 1870, p. 253.

Dieses Problem wurde von *M. Noether*[1063]) gelöst. Damit eine Doppelebene rational sei, ist nach *M. Noether* notwendig und hinreichend, daß ihre Übergangskurve durch eine birationale Transformation der Ebene auf einen der folgenden Typen reduziert werden kann:

a) Kurve einer gewissen Ordnung $2n$ ($n \geqq 1$) mit einem $(2n-2)$-fachen Punkt;

b) Kurve 4. Ordnung;

c) Kurve 6. Ordnung mit zwei unendlich benachbarten dreifachen Punkten.

In diesen drei Fällen sind Ausartungen zugelassen, außer für a), die Ausartung der Kurve von der Ordnung $2n$ in $2n$ Gerade eines Büschels, für b), die Ausartung der Kurve 4. Ordnung in 4 Gerade eines Büschels, für c), die Ausartung der Kurve 6. Ordnung in 6 Gerade eines Büschels oder drei Kegelschnitte eines Büschels mit zwei gemeinschaftlichen Berührungen. In der Tat erzeugen diese Ausartungen Doppelebenen, die Regelflächen vom Geschlecht > 0 abbilden.[1064])

Den Satz von *M. Noether* beweisen auf anderem Wege und in einfacherer und strengerer Weise von neuem *G. Castelnuovo* und *F. Enriques*[1065]), die sogar notwendige und hinreichende Bedingungen für

1063) Sitzungsb. phys.-med. Soc. Erlangen 10 (1878), p. 81.

Für eine andere Form dieser Bedingung s. *M. Noether,* Gött. Nachr. 1871, p. 275.

1064) Der Typus a) für $n = 1, 3$ (der Fall n beliebig wird aber nach der gleichen Methode behandelt), und der Typus b) wurden von *A. Clebsch*[1062]), dann von *R. de Paolis*[839]) untersucht. *A. Clebsch* beweist die Rationalität der entsprechenden Doppelebene. Die Doppelebene des Typus a) für $n = 1$ kann man erhalten, indem man eine Fläche 2. Ordnung von einem allgemeinen Punkt des Raumes aus auf eine Ebene projiziert. Die Doppelebene des Typus b), indem man eine Fläche 3. Ordnung von einem ihrer einfachen Punkte aus auf eine Ebene projiziert: vgl. *C. F. Geiser,* Math. Ann. 1 (1868), p. 129 und III C 10a (*W. Fr. Meyer*), Nr. **16**.

Der Typus c) stammt von *M. Noether*[1063]), erste Anführung, der die Rationalität dieses Typus beweist und sich weiter ausführlich mit ihm beschäftigt, Math. Ann. 33 (1888), p. 524. — *M. Noether,* Math. Ann. 33 (1888), p. 546 verwendet seine Ergebnisse zur Bestimmung aller rationalen Flächen 4. Ordnung mit einem Doppelpunkte.

Über den Typus c) vgl. auch *F. R. Sharpe,* Bull. Amer. math. Soc. (2) 18 (1912), p. 220; (2) 19 (1912), p. 58.

F. Enriques und *F. Severi,* Preisschrift, Acta math. 33 (1910), p. 399, finden eine Doppelebene, deren Übergangskurve aus drei Kegelschnitten gebildet ist, die zu je zweien doppelte Berührung haben, derart, daß die sechs Berührungspunkte die Ecken eines vollständigen Vierseits sind.

1065) Rend. Circ. mat. Palermo 14 (1900), p. 290.

die Rationalität einer Doppelebene, deren Übergangskurve auf irgendeine Art gegeben ist, bestimmt haben. Ist diese Kurve irreduzibel, n^{ter} Ordnung und nur mit gewöhnlichen Singularitäten ausgestattet, so lauten diese Bedingungen, daß keine Kurve von der Ordnung $2n-3i$ $(i>1)$ vorkommen darf, die durch jeden $(2s)$-fachen oder $(2s+1)$-fachen Punkt der gegebenen Kurve $(2s-i)$-mal hindurchgeht.

Zu der *Noether*schen Reduktion der rationalen Doppelebenen auf die drei angegebenen Typen kann man auch dadurch gelangen, daß man die von *E. Bertini* (Nr. **61**) bestimmten Typen involutorischer birationaler Transformationen zugrunde legt und beweist, daß alle diese Involutionstypen rational sind, d. h. ebene Doppeltransformationen hervorrufen. Dieser Beweis wird von *J. Lüroth*[1066]) auf algebraischem, von *E. Bertini*[1067]) auf geometrischem Wege erbracht.

A. Bottari[1068]) betrachtet allgemeiner, von einem analogen Begriffe ausgehend, mittels der von *S. Kantor* und *A. Wiman* (Nr. **63**) bestimmten Typen von periodischen *Cremona*schen Transformationen, die *zyklischen mehrfachen Ebenen*

$$\{x, y, \sqrt[n]{R(x, y)}\}.$$

Für $n>2$ gibt er die Klassifikation dieser Ebenen an, und zwar nach den Typen, auf die die Übergangskurve $R(x, y)=0$ (der unter Umständen die eine gewisse Zahl mal gerechnete unendlich ferne Gerade der Ebene zuzufügen ist) durch eine birationale Transformation der Ebene reduziert werden kann. Das ist gleichbedeutend mit der Bestimmung der Rationalitätsbedingungen der Fläche $z^n = R(x, y)$.

Der Fall n beliebig kann auf den Fall, daß n Primzahl ist, zurückgeführt werden; und in diesem Falle findet man, daß die Übergangskurve durch eine *Cremona*sche Transformation auf einen der folgenden Typen reduziert werden kann:

a) für n beliebig, eine Gruppe von $\mu n+2$ $(\mu \geqq 0)$ Geraden, von denen μn durch ein- und denselben Punkt gehen;

für $n=3$, auch

b) eine willkürliche kubische Kurve,

c) eine Kurve 6. Ordnung mit einem vierfachen Punkte und zwei diesem Punkte in verschiedenen Richtungen unendlich benachbarten Doppelpunkten;

für $n=5$, auch

1066) S. Anm. 913.

1067) Rend. Ist. Lomb. (2) 22 (1889), p. 771.

1068) Ann. di mat. (3) 2 (1899), p. 277; Giorn. di mat. (2) 10 (1903), p. 285.

d) eine aus einer willkürlichen kubischen Kurve und einer ihrer Inflexionstangenten zusammengesetzten Kurve.

Hinsichtlich der nicht rationalen mehrfachen Ebenen beschränken wir uns auf folgende Hinweise, da dieser Gegenstand mehr die Flächentheorie angeht [vgl. III C 6 b (*G. Castelnuovo* und *F. Enriques*), besonders Nr. **42**].

M. Bottasso untersucht auf algebraisch-geometrischem Wege die Fundamentalcharaktere (lineares Geschlecht, Flächengeschlecht, ...) einer zyklischen mehrfachen Ebene, deren Übergangskurve irreduzibel ist, sowohl für den Fall, daß diese Kurve[1069]) die allgemeinste Kurve ihrer Ordnung ist, als auch für den Fall, daß die Übergangskurve gewisse elementare Singularitäten[1070]) aufweist.

F. Enriques führt die Klassifikation der Doppelebenen durch, deren Geschlechter alle gleich 1 sind[1071]), sowie der Doppelebenen vom linearen Geschlecht $p^{(1)} = 1$[1072]), und zwar nach den Typen, auf die ihre Übergangskurve durch birationale Transformationen der Ebene reduziert werden kann.

L. Campedelli gibt die vollständige Klassifikation der Doppelebenen mit einer Übergangskurve 8. Ordnung[1072a]) oder 10. Ordnung[1072b]) an.

Ist $R(x, y)$ das allgemeinste Polynom ihres Grades, so zeigt *É. Picard*[1073]), daß der „Index des linearen Zusammenhangs" der Fläche (1) den Wert Null[1074]) annimmt.

1069) Atti Acc. Torino 44 (1908), p. 12.

1070) Atti Acc. Torino 44 (1908), p. 255.

1071) Mem. Soc. ital. delle Scienze (dei XL) (3) 10 (1896), p. 201. S. auch *L. Godeaux*, Annaes scient. Acad. pol. do Porto 14 (1920), p. 15; Bull. Acad. sc. Belgique (5) 9 (1923), p. 459; (5) 18 (1932), p. 311; Bull. Soc. Roy. sc. Liège 1 (1932), p. 64.

1072) Roma Rend. Acc. Linc. (5) 7^1 (1898), p. 234, 253.

1072a) Roma Rend. Acc. Linc. (6) 15 (1932), p. 203.

1072b) Ebenda, p. 358, 536. Eine Doppelebene mit (reduzibler) Übergangskurve 10. Ordnung vorher bei *F. Enriques*[1071]), p. 207.

1073) *É. Picard* und *G. Simart*[114]) 1, p. 85—93, wo auch allgemeinere Sätze angegeben werden.

1074) *É. Picard*, Preisschrift[16]), p. 175ff. verdanken wir die Einführung des Begriffes des *linearen Zusammenhanges* in die Theorie der algebraischen Flächen. Dieser ist eine ungerade Zahl; bezeichnen wir ihn mit $2q+1$, so ist die Zahl $2q$ der *Index des linearen Zusammenhanges*. Die Zahl q ist gleich der *Irregularität* der Fläche und der Anzahl der mit der Fläche verbundenen linear unabhängigen, einfachen *Picard*schen Integrale 1. Gattung. S. III C 6b (*G. Castelnuovo* und *F. Enriques*), Nr. **23** und **25—28**.

Die Zahl $2q$ ist die *Betti*sche Zahl R_1 der Fläche oder der zugehörigen *Riemann*schen vierdimensionalen Mannigfaltigkeit (Nr. **16**); s. *S. Lefschetz*, „Topology"[2]), p. 35.

Mit der Bestimmung dieses Index für die Fläche (1) beschäftigt sich *H. Lacaze*[1075]) in verschiedenen Fällen und zeigt, daß der Index Null wird, d. h. die Fläche regulär ist, wenn das Polynom $R(x, y)$ irreduzibel ist.

Die gleiche Eigenschaft besitzt nach *O. Zariski*[1076]) die Fläche $z^n = R(x, y)$, wenn R ein irreduzibles Polynom und n die Potenz einer Primzahl ist.

M. de Franchis[1077]) bestimmt alle irregulären Doppelebenen, d. h. diejenigen, die $q \geqq 1$ einfache *Picard*sche Integrale erster Gattung besitzen, und beweist, daß in diesem Falle die Übergangskurve $R = 0$ von $2q + 2$ oder $2q + 1$ Kurven ein- und desselben Büschels gebildet wird. Jede Kurve des Büschels ist die Projektion zweier Kurven der Fläche (1), die einem hyperelliptischen Büschel vom Geschlecht q angehören.

A. Comessatti[1078]) bestimmt alle irregulären zyklischen dreifachen Ebenen und beweist, daß auch in diesem Falle die Fläche ein irrationales Kurvenbüschel, und, außer in einem Ausnahmefall, nur ein einziges besitzt.

Nicht jede ebene algebraische Kurve C ist Übergangskurve einer mehrfachen Ebene. Hiervon rühren die Schwierigkeiten her, die man antrifft, wenn man den *Riemann*schen Existenzsatz der algebraischen Funktionen einer Veränderlichen auf den Fall zweier Veränderlichen erweitern will.[1079])

Die Frage ist zuerst von *F. Enriques*[1080]) studiert worden, der auf topologisch-gruppentheoretischem Wege notwendige und hinreichende Bedingungen dafür angegeben hat, daß eine Kurve C, die eine gewisse Anzahl von Knoten und Spitzen besitzt, Übergangskurve einer

1075) Ann. Fac. des sc. Univ. Toulouse (2) 3 (1901), p. 151.

1076) Proc. Nat. Acad. of Sciences 15 (1929), p. 494. — S. Anm. 1084.

1077) Roma Rend. Acc. Linc. (5) 13^1 (1904), p. 688. S. auch Rend. Circ. mat. Palermo 20 (1905), p. 50.

R. Torelli, Rend. Ist. Lomb. (2) 43 (1910), p. 909, erweitert den Satz von *M. de Franchis* durch Angabe notwendiger und hinreichender Bedingungen dafür, daß ein k-dimensionaler Doppelraum eine voraus bestimmte Anzahl einfacher Integrale 1. Gattung aufweist.

1078) Rend. Circ. mat. Palermo 31 (1910), p. 369.

1079) S. III C 9 (*K. Rohn* und *L. Berzolari*), Anm. 202. S. weiterhin *L. Schlesinger,* Acta math. 56 (1930), p. 1, wo auch, anknüpfend an die Arbeiten von *F. Enriques* und *F. Severi,* über die vorhergehenden Untersuchungen *L. Schlesingers* berichtet wird.

1080) Ann. di mat. (4) 1 (1923), p. 185; Auszug Paris C. R. 154 (1912), p. 418. S. auch Atti Acc. Torino 47 (1912), p. 300.

n-fachen Ebene ist. Legt man in der Ebene $z = 0$ von C ein allgemeines Geradenbüschel $y = tx$ fest, so betrachte man die algebraischen Kurven, die auf einer n-fachen, im Büschel variablen Geraden a dargestellt werden, wobei die Verzweigungspunkte die Schnittpunkte von a mit C sind. Zieht man die zugehörige n-blättrige *Riemann*sche Fläche R_t und die *Argand-Gauß*sche Ebene heran, auf welcher die komplexe Variable t dargestellt wird, so bringen die von *F. Enriques* gefundenen Bedingungen zum Ausdruck, daß die Substitutionen für die Verzweigungspunkte einer R_t gewissen „Invarianzbedingungen" genügen müssen für ein gewisses System von Schleifen, die in der Ebene der komplexen Variablen t die kritischen Punkte umschließen, die den einfachen Tangenten oder Knoten oder Spitzen von C entsprechen.

Daraus folgt: wenn in der Ebene ein stetiges irreduzibles System $\{C\}$ von Kurven C einer gewissen Ordnung gegeben ist, die als Singularitäten nur eine gewisse Zahl von Knoten und Spitzen besitzen, und wenn eine seiner Kurven C Verzweigungskurve einer n-fachen Ebene ist, so trifft dies auch für die anderen Kurven des Systems zu.

O. Zariski[1081]) bemerkt, daß die von *F. Enriques* angegebenen Bedingungen gleichbedeutend sind mit der Behauptung, daß die sogenannte „Fundamentalgruppe" der Kurve C[1082]) bestimmte Besonderheiten aufzuweisen hat. Er hat daher die Fundamentalgruppe der Kurve C eines stetigen irreduziblen und vollständigen Systems $\{C\}$ direkt untersucht, und unter anderem bewiesen, daß, wenn die Fundamentalgruppe von C nicht zyklisch ist, einer der beiden folgenden Fälle eintreten muß: entweder bestimmen die verschiedenen Kurven von $\{C\}$, die von der Ordnung m angenommen sind, auf einer allgemeinen Geraden nicht alle ∞^m Gruppen von m Punkten, oder die Kurven von $\{C\}$, die m gegebene Punkte einer Geraden enthalten, bilden nicht ein stetiges irreduzibles System[1083]). Das liefert

1081) Amer. J. of math. 51 (1929), p. 305; Atti del Congresso intern. dei matem. Bologna 1928, 4 (Bologna 1931), p. 133.

1082) *H. Poincaré,* J. Éc. polyt., (2), cah. 1 (1895), p. 60. Über diesen Begriff vgl. *O. Veblen,* The Cambridge Colloquium 1916, part. II, „Analysis situs" (New York 1922), p. 132; 2. Aufl. 1931, p. 139; *S. Lefschetz,* „Topology"[*]), p. 82. — S. III A B 3 (*M. Dehn* und *P. Heegaard*), C I, p. 207; III A B 13 (*H. Tietze* und *L. Vietoris*), p. 197. In Beziehung zur topologischen Behandlung der Singularitäten einer algebraischen, allgemein einer algebroiden Kurve s. *O. Zariski,* Amer. J. of math. 54 (1932), p. 453.

1083) *O. Zariski* zeigt, daß, wenn die Fundamentalgruppe einer irreduziblen Kurve C abelsch ist, sie notwendig die zyklische Gruppe der Ordnung n ist; außerdem zeigt er, daß die Fundamentalgruppe die zyklische Gruppe der Ordin einzelnen Fällen die Antwort auf die Frage, ob eine gegebene Kurve C Verzweigungskurve einer mehrfachen Ebene ist.

O. Zariski[1084]) zeigt ferner, daß für den Fall, in dem die Fundamentalgruppe einer ebenen irreduziblen Kurve

$$(2) \qquad f(x, y) = 0,$$

die bezüglich der uneigentlichen Geraden allgemeine Lage besitzt, zyklisch ist, für jeden Wert der ganzen positiven Zahl n die Fläche

$$(3) \qquad z^n = f(x, y)$$

regulär ist. Das führt ihn zum Studium des Problems, die ebenen algebraischen Kurven (2) zu charakterisieren, die irreguläre zyklische mehrfache Ebenen (3) hervorrufen, und die mithin, nach dem vorigen Satz, als Übergangskurven von mehrfachen, nicht-zyklischen Ebenen aufgefaßt werden können.

O. Zariski betrachtet insbesondere den Fall einer irreduziblen oder reduziblen Kurve (2), die nur Knoten und Spitzen besitzt, und bewertet die Irregularität der Fläche mittels der Überschüsse [III C 4 (*L. Berzolari*), Nr. **35**] von gewissen linearen Kurvensystemen, die durch die als Basispunkte genommenen Spitzen der Kurve (2) bestimmt sind.

Wenn die Kurve (2) irreduzibel ist, erhält man die vollkommene Klassifizierung der entsprechenden mehrfachen zyklischen irregulären Ebenen. Ist die irreduzible Kurve (2), die nur Knoten und Spitzen besitzt, von der Ordnung m, so ist für die Irregularität der Fläche (3) notwendig und hinreichend, daß m und n durch 6 teilbar sind und daß, wenn man $m = 6j$ setzt, das lineare System $\{C_{m-3-j}\}$ der Kurven von der Ordnung $m - 3 - j$, die durch die Spitzen der Kurve (2) gehen, überschüssig ist. Sind diese Bedingungen erfüllt, so hängt die Irregularität der Fläche nicht von n ab und ist gleich dem Überschuß des genannten Systems $\{C_{m-3-j}\}$.[1085])

---

nung n ist, wenn die Kurve irreduzibel ist und nicht vielfache Punkte oder nur gewöhnliche Knoten besitzt. Um daher nichtzyklische Fundamentalgruppen zu erhalten, muß man Kurven mit Spitzen betrachten. Für alle irreduziblen Kurven der ersten vier Ordnungen ist die Fundamentalgruppe zyklisch, außer der Kurve 4. Ordnung mit drei Spitzen. Eine andere Kurve mit nichtzyklischer Fundamentalgruppe ist die Kurve 6. Ordnung mit sechs auf einem Kegelschnitt liegenden Spitzen.

1084) Ann. of math. (2) 32 (1931), p. 485.

Dieser Satz ist in gewisser Hinsicht allgemeiner als der auch von *O. Zariski* stammende vorhergehende, auf den sich die Anm. 1076 bezieht.

1085) Den Fall anderer Singularitäten hat *Marguerite Lehr,* Amer. J. of. math. 54 (1932), p. 471 betrachtet.

Die Frage, wie man erkennt, ob eine gegebene ebene Kurve C Übergangskurve einer mehrfachen Ebene ist, wurde vollständig gelöst von *B. Segre*[1086]) für die n-fachen Ebenen, die er *allgemeine* nannte, d. h. für diejenigen, die Projektionen einer allgemeinen Fläche n^{ter} Ordnung des gewöhnlichen Raumes von einem Punkt außerhalb derselben sind. Damit eine ebene irreduzible Kurve der Ordnung $n(n-1)$ Übergangskurve einer n-fachen allgemeinen Ebene sei, ist notwendig und hinreichend, daß sie $\frac{1}{2}n(n-1)(n-2)(n-3)$ Knoten und $n(n-1)(n-2)$ Spitzen besitzt, durch die, ohne sich zu berühren, eine Kurve der Ordnung $(n-1)(n-2)$ und eine Kurve der Ordnung $(n-1)(n-2)+1$ gehen.[1087])

VIII. Andere besondere Abbildungen und algebraische Korrespondenzen.

119. Verschiedene rationale Mannigfaltigkeiten dreier Dimensionen. Auf Rationalität hin wurden insbesondere einige dreidimensionale Mannigfaltigkeiten untersucht.

Seit langer Zeit schon wird das Problem der Rationalität der von mehrfachen Punkten freien kubischen Hyperfläche im Raume S_4,

---

Bemerkenswert sind einige Anwendungen von *O. Zariski*[1084]) auf Kurven, die nur Knoten und Spitzen besitzen. Ist eine solche Kurve irreduzibel und von der Ordnung m, und ist β die größte ganze Zahl derart, daß $6\beta < m$ ist, so sind die linearen Systeme von Kurven der Ordnungen $m-4$, $m-5, \ldots, m-3-\beta$, die einfach durch die Spitzen der Kurve gehen, regulär. Daraus folgert man, daß nicht immer ebene algebraische Kurven mit vorher bestimmten *Plücker*schen Charakteren vorhanden sind. Z. B. existieren nicht Kurven 7. Ordnung mit 11 (oder mehr) Spitzen, oder Kurven 8. Ordnung mit 16 (oder mehr) Spitzen. Einen mehr elementaren Beweis dieser letzten Eigenschaft gibt *O. Zariski,* Amer. J. of math. 53 (1931), p. 309.

1086) Mem. Acc. d'Italia 1 (1930), Nr. 4.

1087) Für $n > 2$ sind diese letzten Bedingungen nicht Folgerungen der ersten, denn für $n > 2$ existieren Paare von stetigen, voneinander verschiedenen Systemen von Kurven mit denselben *Plücker*schen Charakteren, von denen das eine aus Übergangskurven besteht und das andere nicht. Für $n = 3$ s. *B. Segre,* Roma Rend. Acc. Linc. (6) 10 (1929), p. 557; für $n = 4$ s. *B. Segre*[1086]), p. 31.

Daraus folgt, daß im allgemeinen die *Plücker*schen Zahlen zur Charakterisierung der Kurven eines stetigen Systems nicht genügen.

In [1086]) erweitert *B. Segre* seinen Satz auf den Fall, in dem es sich handelt um den Umriß einer algebraischen Fläche, die eine endliche Anzahl von konischen oder biplanaren Doppelpunkten besitzt, und behandelt ausführlich den Fall $n = 4$, wobei er neue Eigenschaften der allgemeinen ebenen Kurve 4. Ordnung findet.

untersucht[1088]); anscheinend[1089]) aber muß diese Frage verneinend beantwortet werden.[1090])

F. Enriques[1091]) wendet die Ergebnisse in Nr. **110** auf die Untersuchung typischer Abbildungen an, die man für die dreidimensionalen Mannigfaltigkeiten mit einem linearen ∞^i-System ($i = 1, 2, 3$) rationaler Flächen (d. h. derart, daß eine und nur eine Fläche des System durch i allgemeine Punkte der Mannigfaltigkeit geht) erhalten kann. Insbesondere ergibt sich die schon von *M. Noether*[1092]) bemerkte Eigenschaft, daß die kubische Hyperfläche im Raume S_4 durch die Punktepaare einer Involution des Raums S_3[1093]) abgebildet werden kann.

F. Enriques[1094]) beweist auch, daß eine dreidimensionale Mannigfaltigkeit einer Ordnung $n > 2$ im Raume S_4 mit einer $(n-2)$-fachen Geraden g durch eine Involution im Raume S_3 abgebildet werden kann, wenn sie eine nicht aus Kegelschnitten in Ebenen durch g zusammengesetzte rationale Fläche enthält.[1095])

Rationale dreidimensionale Mannigfaltigkeiten in einem Raum S_n erhält man [vgl. III C 7 (*C. Segre*), Nr. 44], wenn man das Problem der Reduktion gewisser linearer Flächensysteme auf Typen durch *Cremona*sche Raumtransformationen (Nr. **107**)[1096]) zu lösen versucht.

Bezeichnet M eine dreidimensionale Mannigfaltigkeit im Raume S_n, so gilt folgendes:

1088) S. z. B. *F. Enriques,* Roma Rend. Acc. Linc. (5) 3^1 (1894), p. 482, in Anm.

1089) Vgl. *F. Enriques,* Roma Rend. Acc. Linc. (5) 21^1 (1912), p. 82; *F. R. Sharpe,* Bull. Amer. math. Soc. (2) 31 (1925), p. 214.

1090) Die kubischen Hyperflächen im Raume S_4 mit einem oder mehreren Doppelpunkten in endlicher oder unendlicher Anzahl sind dagegen rational und ihre eineindeutige Abbildung auf einen Raum S_3 läßt sich in einfachster Weise durch Projektion aus einem der Doppelpunkte erhalten. S. III C 7 (*C. Segre*), Nr. **42**.

1091) Anm. 995.

1092) In einem Briefe an *C. Segre.* S. *F. Enriques,* Anm. 1088.

1093) *G. Marletta,* Roma Rend. Acc. Linc. (5) 27^1 (1918), p. 371; Rend. e Mem. Acc. Zelanti Acireale (3) 10 (1918), Nr. **2** zeigt allgemeiner, daß jede Hyperfläche n^{ter} Ordnung im Raume S_4, mit einer $(n-3)$-fachen Ebene und einer in dieser Ebene liegenden $(n-2)$-fachen Geraden, auf die Punktepaare einer Involution im Raume S_3 bezogen werden kann. Vgl. auch *V. Snyder,* Anm. 722.

1094) Ann. di mat. (3) 20 (1912), p. 109.

1095) Er beweist sogar einen allgemeineren Satz, aus dem folgt, daß jede Kongruenz 1. Ordnung rationaler Kurven im Raume S_3 mit Hilfe einer (im allgemeinen nicht umkehrbaren) rationalen Transformation des Raumes aus einem Geradenbündel erhalten werden kann. S. III C 9 (*K. Rohn* und *L. Berzolari*), Nr. **45**.

1096) *F. Enriques,* Anm. 970.

a) Sind die Schnitte von M mit den S_{n-2} rationale Kurven, so ist M rational, und zwar eine Mannigfaltigkeit 2. Ordnung, oder eine ∞^1-Schar von Ebenen, oder ein Kegel 4. Ordnung, der eine Fläche von *Veronese* von einem Punkte aus projiziert, oder eine Projektion dieses Kegels.[1097])

b) Sind diese Schnitte von M elliptische Kurven und ist die Ordnung von M größer als 3, so ist M rational, oder ein elliptisches ∞^1-System von Ebenen. Ist M rational, so gehört sie höchstens einem Raum S_9 an, hat höchstens die Ordnung 8 und kann durch ein lineares System von Flächen 2. oder 3. Ordnung auf S_3 abgebildet werden.

c) Sind diese Schnitte von M hyperelliptische Kurven vom Geschlechte $p > 1$, so ist M rational, mit Ausnahme des Falles, daß M ein Ebenenbüschel vom Geschlechte p enthält.

Analoge Eigenschaften gelten allgemeiner für alle Mannigfaltigkeiten einer Dimension $\geqq 3$ in einem Raum S_n, deren Schnittkurven rational, elliptisch oder hyperelliptisch sind. Alle Mannigfaltigkeiten mit rationalen Schnitten sind rational, und zwar Mannigfaltigkeiten 2. Ordnung, rationale ∞^1-Scharen von linearen Räumen und die *Veronese*sche Fläche projizierende Kegel, oder eine Projektion dieser Kegel. Auch die nicht kegelförmigen Mannigfaltigkeiten mit elliptischen oder hyperelliptischen Schnitten sind rational mit Ausnahme der aus einer ∞^1-Schar linearer Räume zusammengesetzten und (möglicherweise) der kubischen Mannigfaltigkeiten.[1098])

1097) Über die letzte Eigenschaft und ihre Erweiterungen s. *C. Segre*, Atti Acc. Torino 21 (1885), Anm. auf p. 95—96; Beweise von *E. Bertini* und *C. Segre* bei *E. Bertini*[4]), 1. Ausg., p. 321—322 und Anm. auf p. 342; 2. Ausg., p. 400—402 und Anm. auf p. 422; deutsche Ausg., p. 376—378 und Fußnote auf p. 397; *A. Tanturri*, Giorn. di mat. (2) 14 (1907), p. 291; *G. Scorza*, Rend. Circ. mat. Palermo 28 (1909), p. 400; *A. Terracini*, Atti Acc. Torino 49 (1913), p. 226—227.

1098) Die Erweiterung auf die Mannigfaltigkeiten mit rationalen oder hyperelliptischen Schnitten vom Geschlechte > 1 läßt sich unmittelbar erhalten. S. *F. Enriques*, Roma Rend. Acc. Linc. (5) 2^2 (1893), p. 282, in Fußnote; Math. Ann. 46 (1895), p. 190—191; vgl. auch *S. Kantor*, Amer. J. of math. 23 (1901), p. 20—21; Paris C. R. 132 (1901), p. 124; *F. Enriques*, Paris C. R. 132 (1901), p. 248.

Der Fall der elliptischen Schnitte wird von *G. Scorza*, Ann. di mat. (3) 15 (1908), p. 217 [Auszug Roma Rend. Acc. Linc. (5) 17^1 (1908), p. 10] untersucht, der alle möglichen Typen eingehend studiert, und auch ihre Abbildungen, die man, wenn M rational ist, durch lineare Systeme kubischer Hyperflächen erhalten kann. — Über diesen Fall vgl. auch *S. Kantor*, Amer. J. of math. 24 (1902), p. 254—255. Ein besonderer Fall bei *C. G. F. James*, Proc. Cambridge Phil. Soc. 21 (1923), p. 675.

Luisa Bellesini, Catania Atti Acc. Gioenia (5) 13 (1921), Nr. XIV untersucht die Abbildung verschiedener rationaler dreidimensionaler Mannigfaltigkeiten im

Als Folge der vorhergehenden Untersuchungen studiert *G. Fano*[1099]) die algebraischen dreidimensionalen Mannigfaltigkeiten in einem Raum S_n $(n \geqq 4)$, deren Schnittflächen rational sind. Er beweist, daß alle diese Mannigfaltigkeiten mit Ausnahme eventuell der von Doppelpunkten freien kubischen Hyperfläche im Raume S_4 rational sind, und untersuchte ihre eindeutige Abbildung auf einen Raum S_3.[1100])

Raume S_4 und S_5, deren Schnittkurven das Geschlecht 3 haben, auf einen Raum S_3.

M. Pieri, daselbst (4) 15 (1902), Nr. XI, p. 14 studiert eine rationale dreidimensionale Mannigfaltigkeit im Raume S_5, deren Schnittkurven das Geschlecht 4 haben.

1099) Ann. di mat. (3) 24 (1915), p. 49; Auszug in „Scritti mat. offerti ad Enrico d'Ovidio", Torino 1918, p. 342.

G. Fano, Mem. Acc. Torino (2) 48 (1898), p. 221 untersucht die Abbildung verschiedener anderer dreidimensionaler rationaler Mannigfaltigkeiten auf einen Raum S_3, z. B. die Abbildung der Mannigfaltigkeit, die der Ort der Treffgeraden zweier rationaler Normalkurven von der Ordnung m und n ist, die in zwei unabhängigen linearen Räumen eines Raumes S_{m+n+1} liegen.

1100) Einige rationale dreidimensionale Mannigfaltigkeiten, die auf einen Raum S_3 durch ein lineares System von Flächen 2. oder 3. Ordnung abbildbar sind, behandelt *P. del Pezzo*[1014]), p. 261—263.

Die durch vier kollineare Gebilde 3. Stufe erzeugte (rationale) Hyperfläche 4. Ordnung im Raume S_4 wurde von *G. Veronese*[950]), p. 233 betrachtet.

G. Marletta, Giorn. di mat. (2) 9 (1902), p. 265; (2) 10 (1903), p. 47, 113 1901] untersucht, vor allem für $n = 4$, die (rationale) Hyperfläche n^{ter} Ordnung mit einer $(n-2)$-fachen Ebene des Raumes S_4 und ihre Abbildung auf einen Raum S_3.

F. d'Amico, Catania Atti Acc. Gioenia (4) 18 (1905), Nr. XI untersucht die Abbildung der Hyperfläche 4. Ordnung im Raume S_4 mit drei paarweise windschiefen einfachen Ebenen auf einen Raum S_3.

G. Aprile, daselbst (5) 7 (1914), Nr. XXII; (5) 8 (1915), Nr. XXVIII untersucht die Hyperfläche 4. Ordnung und eine gewisse Hyperfläche 5. Ordnung im Raume S_4, die beide eine zweifache normale kubische Regelfläche enthalten, und ihre eindeutige Abbildung auf einen Raum S_3. — In Giorn. di mat. (3) 7 (1915), p. 294; Catania Atti Acc. Gioenia (5) 12 (1918), Nr. X; Roma Rassegna di mat. e fis. 2 (1921—22), p. 25, und letzte Anführung in Anm. 896 untersucht *G. Aprile* verschiedene rationale Hyperflächen 5. und 6. Ordnung im Raume S_4, die unendlich viele Flächen 2. Ordnung enthalten und ihre Abbildungen auf den Raum S_3, außerdem verschiedene rationale Flächen 5. und 6. Ordnung mit unendlich vielen Kegelschnitten.

G. Aprile, dritte Anführung in Anm. 896, und *L. Roth*[896]) studieren die eindeutige Abbildung zweier rationaler Hyperflächen 4. Ordnung, die bei den in Anm. 896 erwähnten Doppeltransformationen im Raume S_4 auftreten, auf einen Raum S_3.

L. Roth[818]) untersucht die (rationale) Hyperfläche 4. Ordnung des Raumes S_4, den Ort der Pole einer Hyperebene in bezug auf die Hyperflächen 2. Ordnung eines linearen ∞^3-Systems, und ihre Abbildung auf die Hyperebene.

Nach *G. Fano*[1101]) ist jede algebraische dreidimensionale Mannigfaltigkeit des Raums S_n $(n > 3)$ rational, die eine transitive kontinuierliche (daher mindestens ∞^3) Gruppe automorpher projektiver Transformationen zuläßt.

120. Andere besondere Abbildungen und rationale Mannigfaltigkeiten. Eindeutige Abbildungen anderer rationaler Mannigfaltigkeiten auf einen linearen Raum wurden schon in anderen Artikeln der Encyklopädie betrachtet. Wir führen die folgenden, durch passende Projektionen erhaltenen Abbildungen an: Die durch „stereographische Projektion“ erhaltene Abbildung der Hyperflächen 2. Ordnung im Raume S_n auf eine Hyperebene [III C 7 (*C. Segre*), Nr. **16, 18**][1102]);

J. G. Semple[693]) betrachtet dreidimensionale rationale Mannigfaltigkeiten, die durch ein lineares System von kubischen Flächen auf einen Raum S_3 abgebildet werden können.

1101) Roma Rend. Acc. Linc. (5) 8^1 (1899), p. 562.

1102) Diese Darstellung liefert insbesondere die Abbildung eines linearen Geradenkomplexes auf einen Raum S_3. S. hierüber III C 8 (*K. Zindler*), Nr. **6**, c).

Von der (stereographischen) Projektion einer Hyperfläche 2. Ordnung von einem ihrer Punkte auf eine Hyperebene macht schon Gebrauch *G. Darboux,* Paris C. R. 69 (1869), p. 392 um die metrische Geometrie eines Raumes S_{n-1} von der Geometrie einer Hyperfläche 2. Ordnung im Raume S_n abzuleiten [vgl. III C 7 (*C. Segre*), Nr. **18**]. Die Äquivalenz dieser beiden Geometrien, d. h. der projektiven Geometrie einer Hyperfläche 2. Ordnung im Raume S_n, auf der ein Punkt fixiert ist, mit der metrischen Euklidischen Geometrie eines Raumes S_{n-1}, ist vollständig von *F. Klein*, Math. Ann. 5 (1871), p. 257 = Ges. math. Abh. 1, Berlin 1921, p. 106 [vgl. auch Erlanger Programm 1872 [554]) § 4 = Ges. math. Abh. 1, p. 468] klargelegt, der die Haupteigenschaften und die allgemeinen Formeln der stereographischen Projektion angibt und davon Gött. Nachr. 1872, p. 164 = Math. Ann. 22 (1883), p. 234 = Ges. math. Abh. 1, p. 153 eine andere Anwendung macht. — S. auch *A. Giacomini,* Ann. Scuola Norm. sup. Pisa 8 (1899), Nr. **4**.

F. Klein, Math. Ann. 5 (1871), p. 267; Erlanger Progr. 1872 [554]), § 6 = Ges. math. Abh. 1, p. 116, 474 [s. auch *F. Klein* und *Fr. Schilling,* „Einleitung“ [599]) 1, p. 381; *F. Klein* und *W. Blaschke,* „Vorlesungen“ [599]), p. 197; *M. Bôcher* [616]), p. 243—244] bemerkt auch (vgl. Nr. **71**), daß die Gruppe der Transformationen durch reziproke Radien und der Ähnlichkeiten in jedem Euklidischen Raum S_n $(n > 1)$ durch stereographische Projektion aus der Gruppe der Kollineationen eines Euklidischen Raumes S_{n+1} erhalten werden kann, die eine nicht ausgeartete Hyperfläche 2. Ordnung dieses Raumes S_{n+1} in sich transformieren [s. III AB 4b (*G. Fano*), Nr. **11**]. Vgl. auch *G. Koenigs,* „La géométrie réglée et ses applications“, Paris 1895, p. 130ff.; außerdem *U. Amaldi,* Rend. Circ. mat. Palermo 16 (1902), p. 17, wo diese Eigenschaft von neuem bewiesen wird und zur Bestimmung der Typen reeller konformer Gruppen mit einem Parameter im gewöhnlichen Raume dient.

Über die Klassifikation und Bestimmung der in bezug auf die genannte

die Abbildung der $(n-2)$-dimensionalen $(n>3)$ Mannigfaltigkeit 4. Ordnung, der Basis eines Büschels von Hyperflächen 2. Ordnung im Raume S_n, durch Projektion von einer ihrer festen Geraden aus [a. a. O., Nr. **20**] auf einen Raum S_{n-2}[1103]); die Abbildung der aus einem rationalen ∞^1-System von Räumen S_i zusammengesetzten $(i+1)$-dimensionalen Mannigfaltigkeit n^{ter} Ordnung im Raume S_{n+i}, deren Abbildung man erhält, wenn man sie von einem passend gewählten Raume S_{n-2} auf einen Raum S_{i+1} projiziert [a. a. O., Nr. **43**].[1104])

Werden die Räume S_k eines gegebenen Raumes S_n durch *Graßmann*sche [a. a. O., Nr. 2] (überschüssige) homogene Koordinaten dargestellt und diese Koordinaten als homogene Koordinaten eines Punktes in einem Raum S_ϱ gedeutet, wobei

$$\varrho = \binom{n+1}{k+1} - 1$$

ist, so werden die Räume S_k des Raumes S_n eineindeutig und ohne Ausnahme durch die Punkte einer algebraischen Mannigfaltigkeit V_t dargestellt, die von vielfachen Punkten frei ist, die Dimension $=(k+1)(n-k)$, die Ordnung[1105])

$$N = \frac{1!\,2!\dots k!\,t!}{(n-k)!\,(n-k+1)!\dots n!}$$

besitzt und in einem Raume S_ϱ und keinem linearen Raume niedrigerer

---

Gruppe des Euklidischen Raumes S_n invarianten Kurven s. *E. Schubarth,* Enseign. math. 25 (1926), p. 234.

Die stereographische Projektion einer Kugel im Raume S_4 untersucht *K. Brauner,* Abh. math. Seminar der Hamburgischen Univ. 6 (1928), p. 9 für das Studium der analytischen Funktionen zweier unabhängiger Veränderlicher.

1103) Sonderfälle dieser Abbildung sind die Abbildungen eines quadratischen Geradenkomplexes auf einen Raum S_3 und einer Geradenkongruenz 2. Ordnung 2. Klasse [III C 8 (*K. Zindler*), Nr. **45**] auf eine Ebene. Über die erste s. Anm. 786; über die zweite *E. Caporali,* Roma Mem. Acc. Linc. (3) 2 (1877—78), p. 749 = Mem. di geom., p. 54, der auch die Formeln der Abbildung angibt; außerdem *R. Sturm,* „Die Gebilde“ [40]) 2, p. 98—103; *C. M. Jessop* [786]), p. 183—186; *H. F. Baker,* „Princ. of geom.“ [46]) 4, p. 236—237. Über die Abbildung dieser Kongruenz auf eine Fläche 3. Ordnung oder eine Fläche 4. Ordnung mit Doppelkegelschnitt s. *L. Cremona,* Roma Mem. Acc. Linc. (2) 3 (1875), p. 285 = Opere 3, Milano 1917, p. 384; *F. Schur,* Diss. Berlin 1879, p. 23; Math. Ann. 15 (1879), p. 445; *R. Sturm,* a. a. O., p. 146—147, 180—184, 198—203.

1104) Über die rationalen Regelflächen $(i=1)$ s. Nr. **114,** 2); für $i=2$ *C. Segre,* Atti Acc. Torino 21 (1885), p. 95; für i beliebig *A. Bellatalla,* daselbst 36 (1901), p 803. Vgl. auch *E. Bertini* [4]), 1. Ausg., p. 303—305; 2. Ausg., p. 376—378; deutsche Ausg., p. 353—355.

1105) Der Wert von N findet sich bei *H. Schubert,* Mitt. math. Ges. Hamburg 1 (1884), p. 87; Acta math. 8 (1885), p. 97.

Dimension liegt. Die Mannigfaltigkeit V_t ist rational, da sie birational auf die *Segre*sche Mannigfaltigkeit (s. Anm. 255) der Gruppen von $k+1$, in $k+1$ Räumen S_{n-k-1} des Raumes S_n angenommenen Punkten bezogen werden kann, und wurde von *F. Severi*[1106]) untersucht, der sie „*Graßmann*sche Mannigfaltigkeit“ mit den Indizes n, k nennt. Insbesondere studiert *F. Severi* deren eineindeutige Abbildung auf einen Raum S_t, die sich durch Projektion aus einem passend gewählten Raume $S_{\varrho-t-1}$ konstruieren läßt, und beweist, daß die Mannigfaltigkeit V_t in der Klasse aller Mannigfaltigkeiten, die die Gesamtheit der Räume S_k eines Raumes S_n birational und ohne Ausnahme darstellen, ein Modell von der Minimalordnung[1107]) bildet, das außerdem in dem Sinne projektiv bestimmt ist, daß jede für ihren Raum [a. a. O., Nr. **6**] normale Mannigfaltigkeit von der Minimalordnung der betrachteten Klasse projektiv identisch mit der Mannigfaltigkeit V_t ist.[1108])

1106) Ann. di mat. (3) 24 (1915), p. 89; ein Hinweis auch in „Conf. di geom. alg.“ [6]), p. 67—68. S. außerdem *A. Rosenblatt,* Paris C. R. 178 (1924), p. 1258; Ann. Soc. polonaise de math. 3 (1924), p. 29; Mém. Soc. sc. Liège (3) 16 (1931), Nr. 6; *J. G. Semple,* Proc. London math. Soc. (2) 32 (1931), p. 200; *T. G. Room,* J. London math. Soc. 7 (1931), p. 4; *U. Morin,* Rend. Semin. mat. Univ. Padova 3 (1932), p. 82. — Anwendungen bei *L. M. Brown,* J. London math. Soc. 5 (1930), p. 168; *D. W. Babbage,* Proc. Cambridge Phil. Soc. 28 (1932), p. 421. — Für $k=1$ vgl. *C. H. Sisam,* Atti Acc. Torino 46 (1911), p. 481; für $n=5$, $k=1$ s. *G. Fano,* Roma Rend. Acc. Linc. (6) 11 (1930), p. 329. — Für $n=5$, $k=2$ wurde die Abbildung von *C. Segre,* Ann. di mat. (3) 27 (1918), p. 75 und 151 [Auszug Roma Rend. Acc. Linc. (5) 26^1 (1917), p. 341] verwandt, und noch von *C. V. Hanumanta Rao,* Proc. Cambridge Phil. Soc. 26 (1930), p. 72 studiert.

1107) S. Nr. **1**. Nach Anm. 19 ist die absolute invariante Ordnung der Mannigfaltigkeit V_t gleich 1, die relative invariante Ordnung gleich N.

1108) Zahlreiche Abbildungen der aus den Geraden eines Raumes S_n gebildeten $2(n-1)$-dimensionalen Mannigfaltigkeit auf einen linearen Raum bei *S. Kantor,* J. f. Math. 118 (1897), p. 105. S. auch *B. Levi,* Mem. Acc. Torino 2) 48 (1899), p. 113; *A. Terracini,* Atti Acc. Torino 48 (1913), p. 432; *J. A. Todd,* Proc. London math. Soc. (2) 33 (1932), p. 328, und vor allem für $n=4$, auch *J. G. Semple,* Proc. London. math. Soc. (2) 30 (1930), p. 500; *J. A. Todd,* daselbst, p. 513; *W. G. Welchman,* Proc. Cambridge Phil. Soc. 28 (1932), p. 275, 416.

Für $n=3$, d. h. Abbildungen des gewöhnlichen Geradenraums auf einen vierdimensionalen linearen Raum s. III C 8 (*K. Zindler*), Anm. 699; außerdem *R. Sturm,* „Die Gebilde“ [40]) 1, p. 272—291; *C. M. Jessop* [786]), p. 244 ff.; *G. Schaake,* Diss. Groningen 1922; *Em. Müller* und *E. Kruppa* [59]) 1, p. 277 ff.

Über die *Klein*sche Abbildung des Geradenraumes auf eine Hyperfläche 2. Ordnung im Raume S_5 s. III C 8 (*K. Zindler*), Nr. **22**. Vgl. auch *H. F. Baker,* „Princ. of geom.“ [46]) 4, p. 40 ff.; *H. W. Turnbull,* Proc. Cambridge Phil. Soc. 22 (1925), p. 694; *T. L. Wren,* daselbst, 23 (1926), p. 386; *L. Roth,* daselbst 27 (1931), p. 190; Proc. London math. Soc. (2) 32 (1931), p. 72; *W. L. Edge* [924]), p. 22 ff.

Eine Abbildung des Strahlenraumes auf das quadratische ∞^4-System der Kegelschnitte, die den einem festen Kegelschnitt umbeschriebenen Dreiecken um-

G. Bordiga[1109]) untersucht insbesondere die $(2n)$-dimensionale Mannigfaltigkeit im linearen Raume von $\frac{n(n+3)}{2}$ Dimensionen, die die nicht geordneten Gruppen von n Punkten einer Ebene darstellt. Den Gruppen von n zusammenfallenden Punkten entsprechen die Punkte der gegen Ende Nr. **111** erwähnten Fläche Φ.[1110])

---

beschrieben sind, erwähnt *L. Cremona*, Giorn. di mat. (1) 10 (1872), p. 47 = Opere 3, Milano 1917, p. 295 in einem Brief vom 11. Januar 1872 an *E. Beltrami* [vgl. *E. Beltrami*, Giorn. di mat. (1) 9 (1871), p. 344 = Opere 2, Milano 1904, p. 186—187] an. Eingehend untersucht wird diese Abbildung von *F. Aschieri*, Rend. Ist. Lomb. (2) 12 (1879), p. 265, 341; (2) 18 (1885), p. 494; Mem. Ist. Lomb. (3) 6 (1885), p. 75 und 263; Wiedergabe bei *R. Sturm*, „Die Gebilde“ [40]) 1, p. 291—300; kurzgefaßt auch bei *Em. Müller* und *E. Kruppa*, a. a. O., p. 139—143, ferner bei *J. de Vries*, Ak. Amsterdam Versl. (4) 34 (1925), p. 13 und ausführlicher bei *C. Segre*[1011]).

Abbildungen des Strahlenraumes durch die geordneten Punktepaare einer Ebene bei *G. Lazzeri*, Atti Ist. Ven. (6) 3 (1884), p. 247, 437; *B. Mayor*, Paris C. R. 135 (1902), p. 1318; *S. Kakeya*, Tôhoku math. J. 2 (1912), p. 212; *J. de Vries*, Christiaan Huygens 1 (1921), p. 29; 2 (1922), p. 133; Ak. Amsterdam Versl. (4) 34 (1925), p. 208. — Derartige Abbildungen wurden weiterhin von *W. Blaschke*, Ztschr. Math. Phys. 60 (1911), p. 61; *E. Kleinmann*, Diss. Hamburg 1921; *Anna Fischer*, Jahresb. Deutsch. Math.-Ver. 37 (1928), p. 263 untersucht und sind in allgemeineren, von *F. Rehbock*, Ztschr. angew. Math. u. Mechanik 6 (1926), p. 379, 449 [vgl. auch Monatsh. Math. Phys. 38 (1930), p. 257] angegebenen Abbildungen enthalten. Über die Abbildungen von *W. Blaschke* [und von *J. Grünwald*, Anm. 1116] s. *Em. Müller* und *E. Kruppa*[59]) 1, p. 240—277, wo auch der Zusammenhang mit den vorhergehenden Untersuchungen von *E. Study* aufgezeigt wird. S. auch *J. Klima*, Časopis 57 (1927), p. 7.

F. Palatini, Atti Ist. Ven. (8) 2 (1900), p. 861; (8) 3 (1901), p. 371; Roma Rend. Acc. Linc. (5) 11^1 (1902), p. 315, gibt eine lineare Abbildung der linearen Geradenkomplexe im Raume S_4 auf die Punkte eines Raumes S_9, und in ähnlicher Weise für die linearen Geradenkomplexe im Raume S_5 und S_n.

Eine Abbildung der fünfdimensionalen Mannigfaltigkeit, die von den Ebenenbüscheln des Raumes S_3 gebildet wird, auf die Kegelschnitte einer Ebene studiert *J. Wolff*, Ak. Amsterdam Versl. (4) 34 (1925), p. 325.

1109) Anm. 255.

1110) *G. Bordiga*, Atti Ist. Ven. 77^2 (1918), p. 317 [s. auch daselbst 55 (1897), p. 1091; außerdem *E. Bertini*[4]), 1. Ausg., p. 50; 2. Ausg., p. 60; deutsche Ausg., p. 56] untersucht die rationale Geradenmannigfaltigkeit von der Dimension $n+1$, Ordnung $n+1$ und Klasse $n+1$ im Raume S_{2n+1}, den Ort der ∞^n Geraden, die drei gegebene, voneinander unabhängige Räume S_n schneiden und studiert ihre Abbildung auf einen S_{n+1}, die durch Projektion aus einem in irgendeinem der drei gegebenen Räume S_n liegenden Raume S_{n-1} erhalten wird.

A. Brambilla, Giorn. di mat. (2) 4 (1896), p. 1; Atti Acc. Napoli (2) 9 (1899), Nr. 2 [1897]; Nr. 14 [1898], erweitert gewisse Verfahren auf den Raum S_n, die beim Studium der *Steiner*schen Fläche vor allem von *E. Beltrami*, Mem. Acc. Bologna (3) 10 (1879), p. 297—312 = Opere 3, Milano 1911, p. 221—234, und

Bei verschiedenen Fragen erweist sich die Abbildung der Gesamtheit der Hyperflächen m^{ter} Ordnung eines Raumes S_n auf die rationale normale Mannigfaltigkeit M von der Dimension n und der Ordnung m^n in einem Raume S_ϱ $\left[\varrho = \binom{m+n}{n} - 1\right]$ [III C 7 (*C. Segre*), Nr. **44**][1111]) oder auf die Punkte eines Raumes S_ϱ als vorteilhaft.[1112]) Diese M ist nichts anderes als die Mannigfaltigkeit,

---

C. Segre, Giorn. di mat. (1) 21 (1883), p. 355 verwandt wurden, und untersucht so die durch die Gleichung

$$\sum_{i=0}^{n} x_i^{\frac{1}{m}} = 0$$

dargestellte rationale Hyperfläche $(m^{n-1})^{\text{ter}}$ Ordnung, die also vermöge der Transformation $x_i = y_i^m$ der Hyperebene $\sum_{i=0}^{n} y_i = 0$ entspricht. Für $m = 2$ s. auch *B. C. Wong,* Bull. Amer. math. Soc. (2) 35 (1929), p. 605; Amer. J. of math. 54 (1932), p. 293, wo noch weitere rationale Hyperflächen eines Raumes S_n betrachtet werden.

E. Veneroni, Rend. Ist. Lomb. (2) 47 (1914), p. 712 untersucht eine von Doppelpunkten freie rationale kubische Hyperfläche im Raume S_5 und ihre eindeutige Abbildung auf einen Raum S_4. *M. Pieri,* Catania Atti Acc. Gioenia (4) 15 (1902), Nr. XI, hatte schon die Abbildung des Schnittes dieser Hyperfläche mit einer durch zwei Ebenen der ersten Hyperfläche gehenden Hyperfläche 2. Ordnung, auf einen Raum S_3 studiert.

B. Bydžovský, Časopis 52 (1923), p. 11 untersucht die Projektion einer Hyperfläche m^{ter} Ordnung mit einem $(m-1)$-fachen Punkt im Raume S_n von diesem Punkte aus auf eine Hyperebene und leitet davon verschiedene *Cremona*sche Transformationen ab.

Nach *Maria Miglio,* Catania Atti Acc. Gioenia (5) 16 (1927), Nr. I^{bis}, sind alle durch r gegebene Räume S_{r-2} gehenden $(r-1)$-dimensionalen Mannigfaltigkeiten r^{ter} Ordnung eines Raumes S_r die Bilder der hyperebenen Schnitte einer r-dimensionalen Mannigfaltigkeit der Ordnung $r!$, die zu einem S_{2^r-1} gehört und r Büschel von $(r-1)$-dimensionalen Mannigfaltigkeiten der Ordnung $(r-1)!$ enthält.

In Zusammenhang mit den Untersuchungen von Nr. **91** studiert *A. B. Coble,* Amer. J. of math. 54 (1932), p. 425 eine rationale $(2p-1)$-dimensionale Mannigfaltigkeit eines Raumes von $\binom{2p+2}{p}\frac{1}{p+1} - 1$ Dimensionen, die gegenüber einer, mit der symmetrischen Gruppe der Ordnung $(2p+2)!$ isomorphen Kollineationsgruppe invariant ist.

1111) *G. Veronese*[950]), Fußnote auf S. 224—225 und [1011]), wo vor allem der Fall $n = 2$ behandelt wird; s. Nr. **114**, 1. Eine charakteristische differentielle Eigenschaft dieser Mannigfaltigkeit bei *E. Bompiani,* Roma Mem. Acc. Linc. (5) 13 (1922), p. 452; für $n = 2$, Roma Rend. Acc. Linc. (5) 30^2 (1921), p. 248.

1112) Diese Abbildung wird von *F. Palatini,* Atti Acc. Torino 38 (1902), p. 43; Roma Rend. Acc. Linc. (5) 12^1 (1903), p. 378 und *A. Terracini,* Ann. di mat. (3) 24 (1915), p. 1 für das Studium der Darstellung der Formen, vor allem einer bzw. zweier ternärer Formen als Summen von Potenzen linearer Formen

deren Punkte in der zweiten Abbildung die Bilder der aus einer m-mal gezählten Hyperebene zusammengesetzten Hyperflächen m^{ter} Ordnung sind.

Von den vielen anderen Abbildungen von Mannigfaltigkeiten untereinander[1113]) erwähnen wir folgende, die Gegenstand vieler Untersuchungen

---

verwandt; von *B. Segre,* Roma Rend. Acc. Linc. (5) 33^1 (1924), p. 182 für das Studium der berührenden linearen Systeme eines Hyperflächensystems eines Hyperraumes. Für $n = 2$ wird diese Darstellung von *F. Severi,* Roma Rend. Acc. Linc. (5) 24^1 (1915), p. 877; „Vorlesungen", p. 307—353, weiter von *E. Bompiani,* Roma Rend. Acc. Linc. (5) 31^2 (1922), p. 471 und *G. Albanese,* „Sui sistemi continui di curve piane algebriche", Pisa 1923, p. 14—21 für das Studium der Mannigfaltigkeit, die aus ebenen Kurven gegebener Ordnung mit Doppelpunkten gebildet ist [vgl. III C 9 (*K. Rohn* und *L. Berzolari*), Nr. **35** und **36**] benutzt; von *L. Brusotti,* Rend. Ist. Lomb. (2) 51 (1918), p. 612; Roma Rend. Acc. Linc. (5) 28^2 (1919), p. 322; (5) 30^1 (1921), p. 375; „Sui fasci reali di curve piane algebriche", Pavia 1919, bei topologischen Untersuchungen über die algebraischen ebenen Kurven verwandt.

Die Abbildung der Gesamtheit der Flächen 2. Ordnung mittels der Punkte eines S_9 wird von *L. Godeaux,* Mém. Soc. sc. Liège (3) 14 (1928), Nr. 6 [vgl. *Th. Reye,* J. f. Math. 82 (1876), p. 54, 173] studiert, der daraus die Geometrie des ∞^{12}-Systems der kubischen Raumkurven ableitet.

Dieselbe Abbildung wird von *W. G. Welkman,* Proc. Cambridge Phil. Soc 27 (1931), p. 20 und *J. A. Todd,* ebenda, p. 538, benutzt um Probleme abzählen der Natur über elliptische Raumkurven 4. Ordnung zu lösen. Analoge Probleme löst mit einer ähnlichen Methode für Kurven eines S_4 *W. G. Welkman,* ebenda 28 (1932), p. 18. Anwendungen auf die Flächen 3. Ordnung bei *T. G. Room,* J. London math. Soc. 7 (1932), p. 147, 154.

1113) Über verschiedene dieser Abbildungen s. besonders III A B 8 (*J. Sommer*), Nr. **25** und **26**; III C 7 (*C. Segre*), Nr. **1**; III C 8 (*K. Zindler*), Nr. **6, 20, 22, 37, 39, 40, 44—52.**

W. Wirtinger, Jahresb. Deutsch. Math.-Ver. 4 (1894—95), p. 97 gibt eine eineindeutige Abbildung der Paare von beigeordneten Korresidualscharen von Punkttripeln einer ebenen Kurve 4. Ordnung mit Doppelpunkt auf die Punkte einer *Kummer*schen Fläche.

A. J. van Ditmarsch, Pröfschrift Utrecht 1928 hat die Linienelemente einer Ebene auf die Tangenten eines Monoids abgebildet.

G. Schaake, Atti del Congresso intern. dei matem. Bologna 1928, 4 (Bologna 1931), p. 45 gibt hyperräumliche Abbildungen der Gebilde, die von einem Punkt und einer mit ihm inzidenten, in einer gegebenen Ebene liegenden Geraden, von einem Punkt und einer mit ihm inzidenten Ebene und von einem Punkt und einer mit ihm inzidenten Geraden in S_3 gebildet werden. — Eine Abbildung der ebenen Linienelemente (Punkt und Gerade inzident in einer Ebene) auf die Punkte eines S_3 findet man bei *S. Lie* und *G. Scheffers*[562]) 1, p. 108.

A. Emch, Comment. math. Helvetici 3 (1931), p. 1 hat einen projektiven Hyperraum S_r auf eine rationale Hyperfläche in einem S_{r+1} abgebildet, um dann umgekehrt aus den Eigenschaften dieser Hyperfläche Schlüsse auf diejenigen von S zu ziehen (besonders für S_2, S_3 und S_4).

sind: die Abbildung der Kreise einer Ebene durch die Punkte des Raumes 1114); die Abbildung der Gruppen von k Punkten eines Raumes S_n auf die Punkte eines linearen oder nicht linearen Raumes von kn Dimensionen 1115); die Abbildung des Punktraumes auf eine Mannigfaltigkeit von ∞^3 Punktepaaren in der Ebene („Zweibilderprinzip"), und weitere Abbildungen von drei- und mehrdimensionalen Räumen vor allem bei Anwendungen auf die darstellende Geometrie. 1116)

G. Schaake, Ak. Amsterdam Versl. (4) 33 (1924), p. 432 und *W. van der Woude,* ebenda (4) 34 (1925), p. 270 studieren die Abbildung der Polardreiecke eines Kegelschnittes auf die Punkte des Raumes.

Mannigfaltige Abbildungen von Systemen von algebraischen Raumkurven [III C 9 (*K. Rohn* und *L. Berzolari*), Nr. **74**—**76**] bei *H. P. Hoestra,* Pröfschrift Utrecht 1928; *J. de Vries,* Ak. Amsterdam Versl. (4) 37 (1928), p. 40, 151, 371, 450; Nieuw Archief voor Wiskunde (2) 15 (1928), p. 217, 219, 225; (2) 16^2 (1929), p. 39, 43; (2) 16^4 (1930), p. 1; Arch. Néerland. (3) 13 (1929), p. 140; *J. W. A. van Kol,* Wis- en Natuurk. Tijdschrift 14 (1928), p. 83, 90; Ak. Amsterdam Versl. (4) 37 (1928), p. 156, 334, 772, 778, 907; Nieuw Archief voor Wiskunde (2) 16^1 (1929), p. 37, 40, 84; (2) 16^2 (1929), p. 31; (2) 16^3 (1930), p. 80 [vgl. *J. A. Todd* 1112), p. 541—542]; *L. Godeaux,* Ak. Amsterdam Versl. (4) 37 (1928), p. 1001; Nieuw Archief voor Wiskunde (2) 16^3 (1930), p. 1; *L. Sweerts,* ebenda (2) 17^2 (1932), p. 137.

1114) *H. Graßmann,* „Die Ausdehnungslehre", Berlin 1862, p. 278—279 (Nr. 405) = Werke 1^2, Leipzig 1896, p. 274—275; *R. Mehmke,* Ztschr. Math. Phys. 24 (1879), p. 257; *A. Porchiesi,* Mem. Acc. Bologna (4) 3 (1882), p. 681; (4) 5 (1885), p. 421; *J. Thomae,* Ztschr. Math. Phys. 29 (1884), p. 284; *P. H. Schoute,* Sitzungsb. Ak. Wien 94 (1886), p. 786; *I. Amaldi* 606); *E. Müller,* Monatsh. Math. Phys. 4 (1893), p. 44; *G. Gallucci,* Nouv. Ann. de math. (3) 19 (1900), p. 145; *E. Duporcq,* daselbst, p. 193; *E. Meyer,* Jahresb. Deutsch. Math.-Ver. 16 (1906), p. 138; *C. Cappello,* Giorn. di mat. (2) 15 (1908), p. 197; *K. Doehlemann,* „Geom. Transf." 2, p. 82—84; *K. W. Walstra,* Ak. Amsterdam Versl. (4) 25 (1917), p. 960; *J. Smit,* Diss. Utrecht 1920; *J. de Vries,* Ak. Amsterdam Versl. (4) 29 (1921), p. 920; *J. H. Grace,* Proc. Cambridge Phil. Soc. 23 (1927), p. 859. — Im Zusammenhang mit den konformen und den Berührungstransformationen s. *S. Lie,* Gött. Nachr. 1871, p. 191; Math. Ann. 5 (1871), p. 186, und vor allem *S. Lie* und *G. Scheffers* 562) 1, p. 411—480; hierüber und über die Kreis- und Kugelgeometrie s. III AB 4b (*G. Fano*), Nr. **11**, **12**, **13**.

1115) *F. Chizzoni* 912); *F. Palatini* 838), wo auch Sonderfälle betrachtet werden. Vgl. auch *F. R. Sharpe* 723).

1116) *J. Grünwald,* Sitzungsb. Ak. Wien 120 (1911), p. 677 (s. Anm. 1108); *G. Schaake,* Diss. Groningen 1922; Ak. Amsterdam Versl. (4) 34 (1925), p. 49, 472; Handel van het XX^{ste} Nederl. Natuur- en Geneesk. Congres Groningen 1925, p. 152; *L. Eckhart,* Sitzungsb. Ak. Wien 132 (1923), p. 177; „Konstruktive Abbildungsverfahren", Wien 1926; *J. de Vries,* Ak. Amsterdam Versl. (4) 32 (1923), p. 238; (4) 33 (1924), p. 65; *A. Torroja,* Mem. Acad. de Ciencias y Artes de Barcelona 18 (1924), Nr. 11; Atti del Congresso intern. dei matem. Bologna 1928, 4 (Bologna 1931), p. 51; *D. Montesano,* Rend. Acc. Napoli (3) 32 (1926), p. 215; *Th. Schmid,* Sitzungsb. Akad. Wien 137 (1928), p. 621; *J. Klima,* Prag Ber. Böhm.

121. Konnexe. Eine oder mehrere algebraische Gleichungen mit mehreren Reihen von Veränderlichen bestimmen, wenn die Veränderlichen jeder Reihe als Koordinaten eines Elementes einer Mannigfaltigkeit betrachtet werden, zwischen den Elementen dieser Mannigfaltigkeiten eine algebraische Korrespondenz (Nr. 1, s. auch die Anführungen gegen Ende der Nr. 5). Sind die verschiedenen Elemente ungleichartig, so erhält man in allgemeinster Weise die *Konnexe.*

Ihre Betrachtung verdanken wir *A. Clebsch*[1117]), der die Konnexe der Ebene untersucht, die durch eine algebraische Gleichung zwischen den Koordinaten eines beweglichen Punktes und denen einer beweglichen Geraden[1118]) dargestellt werden und ihren engen Zusammen-

---

Ges. 1929, Nr. 3; *L. Hofmann*[592]). — Ein allgemeiner Überblick über das Abbildungsprinzip bei *Em. Müller,* Jahresb. Deutsch. Math.-Ver. 22 (1912), p. 44.

Speziell in bezug auf Abbildungen des Punktraumes durch Punktepaare in der Ebene und ihre Beziehungen mit den allgemeinen Abbildungsprinzipien der darstellenden Geometrie s. *P. Cassani,* Atti Ist. Ven. (5) 6 (1884—85), p. 1835; *A. Suini,* Il Politecnico 34 (1886), p. 510; *R. Nicodemi,* Napoli Atti Acc. Pontaniana (1) 25 (1895), Nr. 3; *G. Bordiga,* Atti Ist. Ven. 61 (1902), p. 389, 609; „Lezioni di Geometria descrittiva" (lith.), 1. Ausg. Padova 1902—03; 2. Ausg. Padova 1907; *A. del Re,* Napoli Atti Acc. Pontaniana (2) 9 (1904), Nr. 10; (2) 10 (1905), Nr. 5; (2) 11 (1906), Nr. 5 und 6; Rend Acc. Napoli (3) 10 (1904), p. 278; „Lezioni sulle forme fondamentali dello spazio rigato usw.", Napoli 1906, p. 75 ff.; Roma Rend. Acc. Linc. (5) 17^2 (1908), p. 639; *Em. Müller,* Jahresb. Deutsch. Math.-Ver. 14 (1905), p. 569; *E. Kruppa,* Sitzungsb. Ak. Wien 119 (1910), p. 487; *M. d'Ocagne,* Paris C. R. 175 (1922), p. 737.

Andere Angaben, speziell über frühere Arbeiten, bei *G. Loria,* „Storia della geometria descrittiva", Milano 1921, p. 479 ff.

Eine systematische Darstellung der Betrachtungsweisen von *Em. Müller* und *E. Kruppa* findet sich bei *Em. Müller* und *E. Kruppa,* „Vorl. üb. darst. Geom."[59]) 1.

Eine eingehende Behandlung der allgemeinen Abbildungsverfahren von *Em. Müller* und *E. Kruppa,* insbesondere in Gegenüberstellung mit den früheren Abbildungsverfahren von *G. Bordiga* bei *A. Comessatti,* Atti Ist. Ven. 87 (1928), p. 579.

Analoge Abbildungen in der darstellenden Geometrie eines Raumes S_n bei *U. Perazzo,* Atti Acc. Torino 41 (1906), p. 923. Für $n = 4$ s. *G. Veronese,* Atti Ist. Ven. (5) 8 (1882), p. 981; *G. Carbone,* Giorn. di mat. (2) 8 (1901), p. 207; *G. Loria,* Arch. Math. Phys. (3) 2 (1902), p. 257; *P. H. Schoute,* „Mehrdimensionale Geometrie" 1, Leipzig 1902, p. 84—125; *H. de Vries,* „Die Lehre von der Zentralprojektion im vierdimensionalen Raum", Leipzig 1905; *L. Hofmann,* Sitzungsb. Ak. Wien 130 (1921), p. 169; *Rosaria Sorrentino-Giordano,* Giorn. di mat. (3) 22 (1931), p. 149.

1117) Gött. Nachr. 1872, p. 429 = Math. Ann. 6 (1873), p. 203; franz. Übers. in Bull. Sciences math. (1) 8 (1875), p. 234. S. noch *A. Clebsch* und *F. Lindemann,* „Vorlesungen" 1, p. 924—1037; franz. Übers. 3, p. 335—480. — Invariantentheoretisch für eine beliebige Elementkombination bei *A. Clebsch,* Gött. Abh. 17 (1872), p. 11.

1118) Derartige Gleichungen sind schon kurz von *J. Plücker,* „Anal.-geom. Entw."[600]) 2, Essen 1831, p. 251 ff., ausführlicher dann von *J. G. H. Swellengrebel,*

hang mit der Theorie der algebraischen Differentialgleichungen 1. Ordnung zeigt.[1119])

Ist $f(x, u) = 0$ eine Gleichung m^{ten} Grades in den Koordinaten x_1, x_2, x_3 eines Punktes und n^{ten} Grades in den Koordinaten u_1, u_2, u_3 einer Geraden der Ebene, so bestimmt diese Gleichung zwischen den Punkten und den Geraden der Ebene eine derartige algebraische Korrespondenz, daß jedem Punkte x unendlich viele Gerade u entsprechen, die eine Kurve K^n der Klasse n einhüllen, und jeder Geraden u unendlich viele Punkte x, deren Ort eine Kurve C^m der Ordnung m ist. Man sagt, daß sich so ein *Konnex* (m, n), d. h. der *Ordnung* m und *Klasse* n, ergibt. Ein Punkt und eine Gerade, deren Koordinaten der Gleichung $f(x, u) = 0$ genügen, bilden ein *Element* des Konnexes; es gibt ∞^3 derartige Elemente.

Zwei Konnexe haben im allgemeinen ∞^2 gemeinsame Elemente, die eine *Koinzidenz* bilden. Drei Konnexe haben im allgemeinen ∞^1 gemeinsame Elemente, die ein *Kurvenpaar*, also die Gesamtheit zweier Kurven, eines Ortes und einer Hüllkurve, bilden. Vier Konnexe besitzen im allgemeinen eine endliche Anzahl gemeinsamer Elemente.

Man bezeichnet als *identischen Konnex* den bilinearen Konnex, der durch die Gleichung

$$u_1 x_1 + u_2 x_2 + u_3 x_3 = 0$$

dargestellt wird, und als *Hauptkoinzidenz* eines gegebenen Konnexes die Koinzidenz, die aus den diesem und dem identischen Konnex gemeinsamen Elementen gebildet wird. Bei diesem Gebilde entsprechen jedem Punkte x n durch diesen Punkte gehende Gerade (*Koinzidenzstrahlen*), die von x an die zugehörige Kurve K^n geführten Tangenten, und jeder Gerade u m auf dieser Geraden liegende Punkte (*Koinzidenzpunkte*), die Schnittpunkte von u mit der zugehörigen Kurve C^m.

Betrachtet man in jedem Punkte der Ebene die n Richtungen der zugehörigen n Koinzidenzstrahlen, so ergibt sich ein Kurvensystem mit der Eigenschaft, daß durch jeden Punkt der Ebene n Systemkurven gehen und jede Gerade der Ebene von m Systemkurven berührt wird. Diese Kurven heißen die zu $f(x, u) = 0$ gehörigen *Konnexkurven* und bilden das Integral einer Differentialgleichung 1. Ordnung

„Analytisch-geometrische Untersuchungen über allgemeine Verwandtschaftsverhältnisse von Koordinatensystemen“, Bonn 1855, betrachtet worden.

1119) Hierüber s. II A 4 b (*E. Vessiot*), Nr. **10**; III D 4 (*G. Scheffers*), Nr. **38**; III D 8 (*H. Liebmann*), Nr. **3**, **4**.

mit algebraischen Koeffizienten, so daß sie auch als *Hauptkoinzidenz-* oder *Integralkurven* des Konnexes bezeichnet werden.[1120])

Es sei (x, u) ein Element des Konnexes, K^n und C^m die Hüllkurve und der Ort, die dem Punkte x und der Geraden u entsprechen. Ist y der Berührungspunkt von u mit K^n und v die Tangente in x an C^m, so ist das Paar (y, v) ein Element eines anderen Konnexes (der mit dem ursprünglichen übereinstimmen kann), den man den *konjugierten Konnex* des gegebenen nennt. Die Gleichung dieses neuen Konnexes erhält man durch Elimination der Größen ϱ, σ, x_i, u_i aus den Gleichungen

$$f(x, u) = 0, \quad \sigma y_i = \frac{\partial f}{\partial u_i}, \quad \varrho v_i = \frac{\partial f}{\partial x_i} \qquad (i = 1, 2, 3).$$

Der konjugierte Konnex des konjugierten Konnexes ist wieder der ursprüngliche.

Der konjugierte Konnex eines Konnexes (m, n) hat die Ordnung $n[mn + 2(m-1)(n-1)]$ und Klasse $m[mn + 2(m-1)(n-1)]$.[1121])

Für andere Eigenschaften der Konnexe in der Ebene und den drei- oder mehrdimensionalen Räumen verweisen wir auf andere Artikel der Encyklopädie und führen nur einige ergänzende Hinweise an.

Über die Konnexe in der Ebene s. III AB 7 (*E. Müller*), Nr. 35[1122]);

1120) Hier fügen sich die in III C 4 (*L. Berzolari*), Anm. 102 angeführten Arbeiten von *G. Fouret* über die ∞^1-Systeme (algebraischer oder nicht algebraischer) ebener Kurven mit Erweiterungen auf die Flächensysteme ein. Über diese letzteren s. III C 9 (*K. Rohn* und *L. Berzolari*), Anm. 258. S. auch die in Anm. 1119 angeführten Encyklopädieartikel; außerdem *L. Autonne* [564]).

1121) Über die vorhergehenden Eigenschaften s. *A. Clebsch* [1117]), vor allem *A. Clebsch* und *F. Lindemann* [1117]), wo auch ein algebraisches Verfahren zur Aufstellung der Gleichung des konjugierten Konnexes eines gegebenen Konnexes angegeben und, auch für Sonderfälle, der Zusammenhang mit der Theorie der doppelt binären Formen (Nr. 3) und der Differentialgleichungen entwickelt wird.

Erweiterungen bei *G. H. Halphen*, Paris C. R. 83 (1876), p. 705 = Œuvres 1, Paris 1916, p. 546.

Über den konjugierten Konnex eines gegebenen Konnexes s. noch *C. Stephanos*, Bull. Sciences math. (2) 4 (1880), p. 318. Beweise für die hier nur angegebenen Sätze bei *D. M. Sintzow*, Samml. d. Mitteil. d. math. Ges. Charkow (2) 12 (1910), Nr. 2, p. 74; Nr. 3, p. 97.

1122) S. außerdem *G. H. Halphen*, Bull. Soc. math. de France 5 (1876), p. 7 = Œuvres 1, p. 557; *G. Fouret*, daselbst, p. 130; *H. Schubert*, „Kalkül“ [82]), p. 306—307; *A. Voss*, Math. Ann. 23 (1883), p. 157; *F. Klein* und *Fr. Schilling*, „Einleitung“ [599]) 1, p. 242 ff.; *F. Klein* und *W. Blaschke*, „Vorlesungen“ [599]), p. 123 ff.; *D. M. Sintzow*, Kasan phys.-math. Ges. Nachr. (2) 11 (1901), p. 71; Samml. d. Mitteil. d. math. Ges. Charkow (2) 10 (1909), Nr. 5—6, p. 271; Enseign. math. 27 (1928), p. 50; *A. del Re*, Mem. Acc. Modena (3) 10^2 (1912), p. 393; *O. E. Glenn*, Trans. Amer. math. Soc. 17 (1916), p. 405; Amer. J. of math. 48 (1927), p. 45 [Auszug über die Konnexe von Punkt und Gerade (oder auch Ebene und Gerade) und die Konnexe von Geradenpaaren s. III C 8 (*K. Zindler*), Nr. **53**[1123]); über die Konnexe in den Hyperräumen s. III C 7 (*C. Segre*), Nr. **45**[1124]); hierzu führen wir noch einige Arbeiten über die Konnexe von Punkt und Ebene[1125]) und die Konnexe von Punkt, Ebene und Gerade an.[1126])

Bull. Amer. math. Soc. (2) 32 (1926), p. 315]; 50 (1928), p. 209; *Elisabetta Ragazzi,* Messina Atti Acc. Peloritana 1931.

In einigen dieser Arbeiten werden auch Sonderfälle betrachtet, speziell die Fälle, in denen die Ordnung oder Klasse des Konnexes oder auch beide, die Werte 1 oder 2 annehmen. Über diese Fälle s. noch *A. Clebsch* und *P. Gordan,* Math. Ann. 1 (1868), p. 359; *J. W. P. Godt,* Diss. Göttingen 1873; *T. A. Hirst,* Ann. di mat. (2) 6 (1874), p. 288; *A. Harnack,* Math. Ann. 9 (1876), p. 1, 218; *A. Armenante,* Roma Atti Acc. Linc. (2) 3 (1876), p. 123; *J. Rosanes,* J. f. Math. 88 (1879), p. 241; 90 (1880), p. 303; *G. Battaglini,* Atti Acc. Napoli (1) 8 (1879), Nr. 6; (1) 9 (1892), Nr. 4 [Auszüge Rend. Acc. Napoli (1) 18 (1879), p. 176; (1) 19 (1880), p. 110] = Giorn. di mat. (1) 19 (1881), p. 316; (1) 20 (1882), p. 230; Roma Mem. Acc. Linc. (3) 9 (1880—81), p. 3 [Auszug Roma Trans. Acc. Linc. (3) 5 (1881—82), p. 24] = Giorn. di mat. (1) 21 (1883), p. 50; *A. Voss,* Math. Ann. 15 (1879), p. 355; *J. Möller,* Lunds Univ. Års-skrift 16 (1879—80), p. 1; *G. Peano,* Atti Acc. Torino 16 (1881), p. 497; *R. Sturm,* Math. Ann. 22 (1883), p. 569; *G. Lazzeri* [1108]); *F. Amodeo,* Giorn. di mat. (1) 25 (1887), p. 321; Auszug Rend. Acc. Napoli (2) 1 (1887), p. 216; *M. Pannelli,* Giorn. di mat. (1) 26 (1887), p. 1; (2) 5 (1898), p. 81; *E. Pascal,* Ann. di mat. (2) 18 (1890), p. 26; (2) 24 (1896), p. 193; *P. Muth,* Math. Ann. 42 (1892), p. 257; *H. E. Timerding,* Math. Ann. 53 (1900), p. 193; *K. Petri,* Diss. München 1903; *A. B. Coble,* Bull. Amer. math. Soc. (2) 9 (1903), p. 291; Math. Ann. 70 (1910), p. 337; *H. Degenhart,* Diss. München 1909; *K. Ogura,* Tôhoku math. J. 13 (1917), p. 172; *Teresa Cohen,* Amer. J. of math. 41 (1919), p. 205; *F. Morley,* daselbst, p. 279; *O. E. Glenn,* Bull. Amer. math. Soc. (2) 31 (1925), p. 483; *A. Narasinga Rao,* J. Indian math. Soc. 18 (1929), p. 68.

1123) Über die Konnexe von Punkt und Gerade s. noch *A. del Re,* Rend. Circ. mat. Palermo 1 (1887), p. 284; Rend. Acc. Napoli (2) 2 (1888), p. 349; „Il connesso lineo-lineare e le superficie polari congiunte rispetto ad esso e ad una superficie algebrica fondamentale“, Napoli 1888; „Le curve polari congiunte rispetto ad una coincidenza di piani e di rette e ad una superficie algebrica“, Napoli 1888; Giorn. di mat. (1) 28 (1890), p. 276; Atti Acc. Torino 28 (1893), p. 420; [877]); [1122]), p. 403; *J. C. Choufoer,* Diss. Amsterdam 1927; *D. M. Sintzow,* Enseign. math. 27 (1928), p. 67.

1124) S. außerdem *L. Autonne,* Paris C. R. 138 (1904), p. 1148; Ann. Univ. de Lyon (2) 16 (1905); *G. Z. Giambelli,* Riv. di mat. e fis. 1 (1926), p. 90; Messina Atti Acc. Peloritana 1929 und 1931; *P. Bertuccelli,* Messina Atti Acc. Peloritana 1931; Giorn. di mat. (3) 22 (1931), p. 53; ferner die Zitate am Ende von Nr. 5.

1125) *G. Battaglini,* Giorn. di mat. (1) 14 (1876), p. 110 = Atti Acc. Napoli (1) 7 (1878), Nr. 5 [Auszug Rend. Acc. Napoli (1) 14 (1875), p. 141]; Roma Mem. Acc. Linc. (3) 12 (1881—82), p. 233 = Giorn. di mat. (1) 21 (1883), p. 293 [Auszug Roma Trans. Acc. Linc. (3) 6 (1881—82), p. 40]; *R. Krause,* Math. Ann. 14

(1879), p. 294; *E. Bonsdorw,* Bull. Ac. St. Petersburg 6 (1883), p. 13; *G. Lazzeri,* Roma Mem. Acc. Linc. (4) 4 (1887), p. 259; *A. del Re,* Roma Rend. Acc. Linc. (4) 6^2 (1890), p. 221; (5) 1^2 (1892), p. 343; (5) 2^1 (1893), p. 211; Atti Acc. Torino 28 (1893), p. 420; *L. Autonne,* Belgique Mém. cour. et Mém. des savants étrang., in 4°, 59 (1901—1903), Nr. 1 [1899]; *J. Goettler,* Progr. München 1899; *M. Stuyvaert,* Belgique Mém. cour. et autres Mém., in 8°, 61 (1901—1902), Nr. 1; *L. Godeaux,* Monatsh. Math. Phys. 20 (1909), p. 269; Ak. Amsterdam Versl. (4) 19 (1911), p. 942; *G. Fontené,* Bull. Soc. math. de France 38 (1910), p. 164; 39 (1911), p. 57; *D. M. Sintzow,* Wiss. Abh. Univ. Kasan 1894, Nr. 6, p. 145; 1895, Nr. 1, p. 143; Nr. 3, p. 99; Nr. 4, p. 85 [Auszug Bull. Sciences math. (2) 22 (1898), p. 221]; Samml. d. Mitteil. d. math. Ges. Charkow (2) 12 (1910), Nr. 1, p. 1; Proc. of the fifth intern. Congress of Math., Cambridge 1912, 2 (Cambridge 1913), p. 134; Enseign. math. 27 (1928), p. 65.

1126) *D. M. Sintzow,* Samml. d. Mitteil. d. math. Ges. Charkow (2) 8 (1904), p. 210; Moskau math. Sammlung 27 (1910), p. 346; *L. Godeaux,* Bull. Ac. sc. Belgique 1909, p. 1161.

(Abgeschlossen im Dezember 1932.)

Berichtigungen.

p. 317, letzte Z.: Lies Math. Ann. 3 statt Math. Ann. 1.
p. 326, Z. 18 v. u.: Lies 214 statt 218.
p. 335, Z. 17 v. o.: Lies 493 statt 495.
p. 336, Z. 12 v. u.: Lies 509 statt 507.
p. 357, Z. 2 v. o.: Lies $4a$ statt $3a$.
p. 371, Z. 4 v. u.: Lies VII statt V, VI.
p. 383, Z. 7 v. o.: Lies t statt f.
p. 405, Z. 22 v. o.: Lies 41 statt 40.
p. 418, Z. 5 v. o.: Lies Schar statt Scharen.
p. 422, Z. 24 v. u.: Lies 51 statt 50.
p. 453, Z. 5 v. u.: Lies $\geqq$ statt $\leqq$.
p. 455, Z. 8 v. o: Lies $\binom{n+r-1}{r-1}$ statt $\binom{n+r+1}{r-1}$.
p. 1277, letzte Z.: Lies $m\pi' + m'\pi$ statt $m\pi + m'\pi'$.
p. 1278, Z. 1 v. o.: Lies $-2(\alpha_1 - \alpha_2)$ statt $-3(\alpha_1 - \alpha_2)$.
p. 1278, Z. 6 v. o.: Lies $-(\alpha_1 + \alpha_2)$ statt $-\frac{3}{2}(\alpha_1 + \alpha_2)$.
p. 1373, Z. 8 v. o.: Die Korrespondenz $(n-4)^{\text{ter}}$ Ordnung zerfällt ihrerseits, wie *A. Terracini* [Rend. Circ. mat. Palermo 56 (1932), p. 118 Fußn.] gezeigt hat, in $n-4$ und ebenso, für ungerades n, die Korrespondenz $(n-3)^{\text{ter}}$ Ordnung in $n-3$ paarweise zueinander inverse Projektivitäten, die indessen nicht rational getrennt sind. Dementsprechend zerfällt die von den Hauptsehnen gebildete Linienfläche in $1 + \frac{n-4}{2}$ bzw. $\frac{n-3}{2}$ Teile.

Register zu Band III, 2. Teil.

Von A. Boy in Treuburg.

Die Stichworte des Registers sind durch gesperrten Druck hervorgehoben; die Wiederholung des Stichworts ist durch einen Strich angedeutet. Die Zahlen beziehen sich auf die Seiten des Bandes. Unter dem einzelnen Stichworte sind die Nachweise im allgemeinen nach steigender Seitenzahl geordnet.

Abkürzungen.

Ebene Kurven zweiter ... Ordnung sind mit c_2 ..., Raumkurven dritter ... Ordnung mit C_3 ..., Flächen zweiter ... Ordnung mit F_2 ... bezeichnet; diese Bezeichnungen gelten auch als Stichworte und stehen am Anfange des betreffenden Buchstaben des Registers. Im Text des Registers — nicht als Stichworte — sind ferner Doppelpunkt, Doppeltangente, Doppelgerade, Doppelkegelschnitt bzw. mit D_2, t_2, $\bar{g}$, $\bar{c}_2$, dreifacher Punkt, dreifache Gerade bzw. mit D_3, $\bar{\bar{g}}$, Regelfläche dritter ... Ordnung mit R-F_3 ... abgekürzt; weitere Abkürzungen ergeben sich aus der angeführten Stelle.

A

C

(s. auch unter K und Z)

E

G

H

I

J

K

(s. auch unter C)

N

O

P

Q

R

T

U

V

W

Z

(s. auch unter C)

Berichtigungen.

p. 1108, Z. 4 v. o. lies: $p_i p_k$ statt p_{ik}.
p. 1108, Z. 6 v. o. lies: p jetzt Ebenenkoordinaten statt p_{ik} Strahlenkoordinaten.
p. 1143, Fußnote 1059) lies: R_5 statt R.

Namensverzeichnis zu Band III, Geometrie.

Angefertigt von den Assistenten des Mathematischen Instituts
der Technischen Hochschule München.

Vorbemerkung: Die erste, große, fettgedruckte arabische Zahl bezieht sich jeweils auf den Teilband (**1**, **2** oder **3**); die zweite, kleinere, fettgedruckte arabische Zahl (**1** oder **2**) bezieht sich auf die Hälfte eines jeden Teilbandes. Bei Teilband **1, 2** bezeichnet der Buchstabe A bzw. B dessen Unterteilung; mit **3*** ist der Schlußteil von **3**, der eine gesonderte Paginierung hat, gekennzeichnet.

C

E

F

G

H

I

J

K

M

P

Q

R

S

T

U

V

Band III 2 **Heft 10.**

ENCYKLOPÄDIE DER MATHEMATISCHEN WISSENSCHAFTEN

MIT EINSCHLUSS IHRER ANWENDUNGEN.

HERAUSGEGEBEN
IM AUFTRAGE DER AKADEMIEN DER WISSENSCHAFTEN ZU BERLIN, GÖTTINGEN, HEIDELBERG, LEIPZIG, MÜNCHEN UND WIEN SOWIE UNTER MITWIRKUNG ZAHLREICHER FACHGENOSSEN.

IN SECHS BÄNDEN.

BAND I: ARITHMETIK UND ALGEBRA, IN 2 TEILEN	RED. VON W. FR. MEYER IN KÖNIGSBERG.
— II: ANALYSIS, IN 3 TEILEN . . .	H. BURKHARDT † (1896–1914), W. WIRTINGER (1905–1912) IN WIEN, R. FRICKE IN BRAUNSCHWEIG UND E. HILB IN WÜRZBURG.
— III: GEOMETRIE, IN 3 TEILEN . .	W. FR. MEYER IN KÖNIGSBERG UND H. MOHRMANN IN DARMSTADT.
— IV: MECHANIK, IN 4 TEILBÄNDEN.	F. KLEIN † (1896–1925) UND C. H. MÜLLER IN HANNOVER.
— V: PHYSIK, IN 3 TEILEN	A. SOMMERFELD IN MÜNCHEN.
— VI, 1: GEODÄSIE UND GEOPHYSIK	PH. FURTWÄNGLER IN WIEN UND E. WIECHERT † (1899–1905) IN GÖTTINGEN.
— VI, 2: ASTRONOMIE, IN 2 TEILBÄNDEN	K. SCHWARZSCHILD † (1904–1916) UND S. OPPENHEIM † (1919–1928).

BAND III 2. HEFT 10.

AUSGEGEBEN AM 20. DEZEMBER 1928.

VERLAG UND DRUCK VON B. G. TEUBNER IN LEIPZIG 1928

Bisher erschien: Bd. I (vollständig); Bd. II (vollständig); Bd. III 1 I (vollständig); Bd. III 1 II, Heft 5–9; Bd. III 2 I (vollständig); Bd. III 2 II, Heft 7–10; Bd. III 3 (vollständig); Bd. IV 1 I (vollständig); Bd. IV 1 II, Heft 1–3; Bd. IV 2 I (vollständig); Bd. IV 2 II (vollständig); Bd. V (vollständig); Bd. VI 1 A (vollständig); Bd. VI 1 B (vollständig); Bd. VI 2 A (vollständig); Bd. VI 2 B, Heft 1–2.

Jeder Band ist einzeln käuflich, dagegen werden einzelne Hefte nicht abgegeben. Der Bezug der ersten Lieferung eines Bandes verpflichtet zu seiner vollständigen Abnahme.

Aufgabe der Encyklopädie ist es, in knapper, zu rascher Orientierung geeigneter Form, aber mit möglichster Vollständigkeit eine Gesamtdarstellung der mathematischen Wissenschaften nach ihrem gegenwärtigen Inhalt an gesicherten Resultaten zu geben und zugleich durch sorgfältige Literaturangaben die geschichtliche Entwicklung der mathematischen Methoden seit dem Beginn des 19. Jahrhunderts nachzuweisen. Sie beschränkt sich dabei nicht auf die sogenannte reine Mathematik, sondern berücksichtigt auch ausgiebig die Anwendungen auf Mechanik und Physik, Astronomie und Geodäsie, die verschiedenen Zweige der Technik und andere Gebiete, und zwar in dem Sinne, daß sie einerseits den Mathematiker orientiert, welche Fragen die Anwendungen an ihn stellen, andererseits den Astronomen, Physiker, Techniker darüber orientiert, welche Antwort die Mathematik auf diese Fragen gibt. In 6 Bänden werden die einzelnen Gebiete in einer Reihe sachlich angeordneter Artikel behandelt; jeder Band soll ein ausführliches alphabetisches Register enthalten. Auf die Ausführung von Beweisen der mitgeteilten Sätze muß natürlich verzichtet werden. — Die Ansprüche an die Vorkenntnisse der Leser sollen so gehalten werden, daß das Werk auch demjenigen nützlich sein kann, der nur über ein bestimmtes Gebiet Orientierung sucht. — Eine von den beteiligten gelehrten Gesellschaften niedergesetzte Kommission, z. Z. bestehend aus den Herren

W. v. Dyck-München, **O. Hölder**-Leipzig, **M. Planck**-Berlin, **W. Wirtinger**-Wien,

steht der Redaktion, die aus den Herren

R. Fricke-Braunschweig, **Ph. Furtwängler**-Wien, **E. Hilb**-Würzburg, **W. Fr. Meyer**-Königsberg, **H. Mohrmann**-Darmstadt, **C. H. Müller**-Hannover, **A. Sommerfeld**-München

besteht, zur Seite. — Als Mitarbeiter an der Encyklopädie beteiligen sich ferner die Herren

I. Band:

W. Ahrens (†)
P. Bachmann (†)
J. Bauschinger-Leipzig
G. Bohlmann-Berlin
L. v. Bortkewitsch-Berlin
H. Burkhardt (†)
E. Czuber (†)
W. v. Dyck-München
D. Hilbert-Göttingen
O. Hölder-Leipzig
G. Landsberg (†)
R. Mehmke-Stuttgart
W. Fr. Meyer-Königsberg i. P.
E. Netto (†)
V. Pareto-Lausanne
A. Pringsheim-München
C. Runge (†)
A. Schoenflies (†)
H. Schubert (†)
D. Seliwanoff-Prag
E. Study-Bonn
K. Th. Vahlen-Greifswald
H. Weber (†)
A. Wiman-Upsala

II. Band:

L. Bieberbach-Berlin
M. Böcher (†)
H. A. Bohr-Kopenhagen
E. Borel-Paris
G. Brunel (†)
H. Burkhardt (†)
H. Cramér-Stockholm
G. Faber-München
M. Fréchet-Poitiers
R. Fricke-Braunschweig
H. Hahn-Wien
J. Harkness-Montreal
E. Hellinger-Frankfurt a. M.
K. Hensel-Marburg
E. Hilb-Würzburg
H. W. E. Jung-Halle
A. Kneser-Breslau
A. Krazer (†)
L. Lichtenstein-Leipzig
L. Maurer (†)
W. Fr. Meyer-Königsberg i. P.
P. Montel-Paris
N. E. Nörlund-Kopenhagen
W. F. Osgood-Cambridge, [Mass.
P. Painlevé-Paris
S. Pincherle-Bologna
A. Pringsheim-München
M. Riesz-Lund
A. Rosenthal-Heidelberg
C. Runge (†)
A. Sommerfeld-München
O. Szász-Frankfurt a. M.
O. Toeplitz-Bonn
E. Vessiot-Paris
A. Voss-München
A. Wangerin-Halle
E. v. Weber-Würzburg
Fr. A. Willers-Charlottenburg
W. Wirtinger-Wien
E. Zermelo-Freiburg
L. Zoretti-Caen

III. Band:

G. Berkhan (†)
L. Berwald-Prag
L. Berzolari-Pavia
Chr. Betsch-Cannstatt
G. Castelnuovo-Rom
M. Dehn-Frankfurt a. M.
F. Dingeldey-Darmstadt
F. Enriques-Rom
G. Fano-Turin
P. Heegaard-Oslo
G. Kohn (†)
H. Liebmann-Heidelberg
R. v. Lilienthal-Münster i. W.
G. Loria-Genua
A. Lotze-Stuttgart
H. v. Mangoldt (†)
W. Fr. Meyer-Königsberg i. P.
E. Müller (†)
E. Papperitz-Freiberg i. S.
K. Rohn (†)
H. Rothe (†)
E. Salkowski-Charlotten-[burg
G. Scheffers-Charlottenburg
A. Schoenflies-Frankfurt [a. M.
C. Segre (†)
J. Sommer-Danzig
P. Stäckel (†)
O. Staude (†)
E. Steinitz-Kiel
H. Tietze-München
L. Vietoris-Innsbruck
A. Voss-München
R. Weitzenboeck-Amsterdam
M. Zacharias-Berlin
H. G. Zeuthen (†)
K. Zindler-Innsbruck

IV. Band:

M. Abraham (†)
P. Cranz-Berlin
C. u. T. Ehrenfest-Leiden
S. Finsterwalder-München
O. Fischer (†)
L. Föppl-München
Ph. Forchheimer-Wien
Ph. Furtwängler-Wien
M. Grübler-Dresden
M. Grüning-Hannover
E. Hellinger-Frankfurt a. M.
L. Henneberg-Darmstadt
K. Heun-Karlsruhe
G. Jung-Mailand
Th. v. Kármán-Aachen
F. Klein (†)
A. Kriloff-Petersburg
H. Lamb-Manchester
A. E. H. Love-Oxford
R. v. Mises-Berlin
C. H. Müller-Hannover
L. Prandtl-Göttingen
G. Prange-Hannover
H. Reißner-Charlottenburg
A. Schoenflies (†)
P. Stäckel (†)
O. Tedone-Genua
H. E. Timerding-Braunschwg.
A. Timpe-Berlin
A. Voss-München
G. T. Walker-Simla (Indien)
K. Wieghardt (†)
G. Zemplén (†)

V. Band:

M. Abraham (†)
L. Boltzmann (†)
M. Born-Göttingen
G. H. Bryan-Bangor (Wales)
P. Debye-Leipzig
H. Dießelhorst-Braunschwg.
P. S. Epstein-Pasadena
R. Gans-Königsberg
K. F. Herzfeld-München
F. W. Hinrichsen (†)
E. W. Hobson-Cambridge
H. Kamerlingh-Onnes-Leiden
W. H. Keesom-Leiden
Kratzer-Münster i. W.
M. v. Laue-Berlin
Th. Liebisch (†)
H. A. Lorentz (†)
L. Mamlock-Berlin
H. Minkowski (†)
O. Mügge-Göttingen
J. Nabl-Wien
W. Pauli-Hamburg
F. Pockels (†)
L. Prandtl-Göttingen
R. Reiff (†)
C. Runge (†)
A. Schoenflies (†)
M. Schröter (†)
R. Seeliger-Greifswald
A. Smekal-Halle
A. Sommerfeld-München
E. Study-Bonn
A. Wangerin-Halle
W. Wien (†)
J. Zenneck-München

VI, 1. Band:

R. Bourgeois-Paris
V. Conrad-Wien
G. H. Darwin (†)
F. Exner-Wien
S. Finsterwalder-München
Ph. Furtwängler-Wien
F. R. Helmert (†)
S. Hough-Kapstadt
H. Meldau-Bremen
W. Moebius-Leipzig
P. Pizzetti-Pisa
C. Reinhertz (†)
A. Schmidt-Potsdam
E. v. Schweidler-Innsbruck
W. Trabert (†)

VI, 2. Band:

E. Anding-Gotha
J. Bauschinger-Leipzig
A. Bemporad-Catania
E. W. Brown-New-Haven
C. Ed. Caspari-Paris
F. Cohn-Berlin
R. Emden-München
F. K. Ginzel-Berlin
P. Guthnick-Neu-Babelsberg
F. Hayn-Leipzig
J. v. Hepperger-Wien
G. Herglotz-Göttingen
K. Hoffmeister-Sonneberg
J. Holetschek-Wien
H. Kienle-Göttingen
H. Kobold-Kiel
F. Kottler-Wien
K. Laves-Chicago
G. v. Niessl-Wien
S. Oppenheim-Wien (†)
H. Samter-Berlin
K. Schwarzschild (†)
K. Sundman-Helsingfors
E. T. Whittaker-Edinburgh
A. Wilkens-Breslau
C. W. Wirtz-Kiel
H. v. Zeipel-Upsala

Sprechsaal für die Encyklopädie der Mathematischen Wissenschaften.

Unter der Abteilung Sprechsaal für die Encyklopädie der Mathematischen Wissenschaften nimmt die Redaktion des Jahresberichts der Deutschen Mathematiker-Vereinigung ihr aus dem Leserkreise zugehende Verbesserungsvorschläge und Ergänzungen (auch in literarischer Hinsicht) zu den erschienenen Heften der Encyklopädie auf. Diesbezügliche Einsendungen sind an den Herausgeber des Jahresberichts Herrn Prof. Dr. L. Bieberbach, Berlin-Dahlem, Gelfertstraße 16, zu richten, der sich mit den betr Bandredakteuren wegen der Veröffentlichung der Notizen in Verbindung setzen wird.

Die akademische Kommission zur Herausgabe der Encyklopädie der Mathematischen Wissenschaften.

Band III 2 **Heft 13.**

ENCYKLOPÄDIE DER MATHEMATISCHEN WISSENSCHAFTEN

MIT EINSCHLUSS IHRER ANWENDUNGEN.

HERAUSGEGEBEN
IM AUFTRAGE DER AKADEMIEN DER WISSENSCHAFTEN ZU BERLIN, GÖTTINGEN, HEIDELBERG, LEIPZIG, MÜNCHEN UND WIEN SOWIE UNTER MITWIRKUNG ZAHLREICHER FACHGENOSSEN.

IN SECHS BÄNDEN.

BAND I: **ARITHMETIK UND ALGEBRA**, IN 2 TEILBÄNDEN	RED. VON **W. FR. MEYER** † (1896—1904)
— II: **ANALYSIS**, IN 5 TEILBÄNDEN	RED. VON **H. BURKHARDT** † (1896–1914), **W. WIRTINGER** (1905–1925) IN WIEN, **R. FRICKE** † (1914–1927) UND **E. HILB** † (1919—1927)
— III: **GEOMETRIE**, IN 6 TEILBÄNDEN	RED. VON **W. FR. MEYER** † (1907—1934) UND **H. MOHRMANN** IN GIESSEN (1907—1934)
— IV: **MECHANIK**, IN 4 TEILBÄNDEN.	RED. VON **F. KLEIN** † (1896–1925) UND **C. H. MÜLLER** IN HANNOVER (1901—1934)
— V: **PHYSIK**, IN 3 TEILBÄNDEN	RED. VON **A. SOMMERFELD** IN MÜNCHEN (1903—1926)
— VI, 1: **GEODÄSIE UND GEOPHYSIK**	RED. VON **PH. FURTWÄNGLER** IN WIEN (1899—1905) UND **E. WIECHERT** † (1899—1905)
— VI, 2: **ASTRONOMIE**, IN 2 TEILBÄNDEN	RED. VON **K. SCHWARZSCHILD** † (1904–1916), **S. OPPENHEIM** † (1917–1928) UND **W. v. DYCK** IN MÜNCHEN, I. V. (1929—1934)

BAND III 2. HEFT 13.

AUSGEGEBEN AM 13. SEPTEMBER 1934

VERLAG UND DRUCK VON B. G. TEUBNER IN LEIPZIG 1934

Sämtliche Bände sind demnächst vollständig.
Jeder Band sowie die einzelnen Hefte sind gesondert käuflich.

Aufgabe der Encyklopädie ist es, in knapper, zu rascher Orientierung geeigneter Form, aber mit möglichster Vollständigkeit eine Gesamtdarstellung der mathematischen Wissenschaften nach ihrem gegenwärtigen Inhalt an gesicherten Resultaten zu geben und zugleich durch sorgfältige Literaturangaben die geschichtliche Entwicklung der mathematischen Methoden seit dem Beginn des 19. Jahrhunderts nachzuweisen. Sie beschränkt sich dabei nicht auf die sogenannte reine Mathematik, sondern berücksichtigt auch ausgiebig die Anwendungen auf Mechanik und Physik, Astronomie und Geodäsie, die verschiedenen Zweige der Technik und andere Gebiete, und zwar in dem Sinne, daß sie einerseits den Mathematiker orientiert, welche Fragen die Anwendungen an ihn stellen, andererseits den Astronomen, Physiker, Techniker darüber orientiert, welche Antwort die Mathematik auf diese Fragen gibt. In 6 Bänden werden die einzelnen Gebiete in einer Reihe sachlich angeordneter Artikel behandelt; jeder Band soll ein ausführliches alphabetisches Register enthalten. Auf die Ausführung von Beweisen der mitgeteilten Sätze muß natürlich verzichtet werden. — Die Ansprüche an die Vorkenntnisse der Leser sollen so gehalten werden, daß das Werk auch demjenigen nützlich sein kann, der nur über ein bestimmtes Gebiet Orientierung sucht. — Eine von den beteiligten gelehrten Gesellschaften niedergesetzte Kommission, z. Z. bestehend aus den Herren

W. v. Dyck-München (Vorsitzender), **O. Hölder**-Leipzig, **H. Liebmann**-Heidelberg, **M. Planck**-Berlin, **W. Wirtinger**-Wien,

steht der Redaktion, die z. Z. aus den Herren

Ph. Furtwängler-Wien, **H. Mohrmann**-Gießen, **C. H. Müller**-Hannover, **A. Sommerfeld**-München, **W. v. Dyck**-München i. V.

besteht, zur Seite. — Als Mitarbeiter an der Encyklopädie haben sich ferner beteiligt die Herren:

I. Band:

W. Ahrens (†)
P. Bachmann (†)
J. Bauschinger (†)
G. Bohlmann (†)
L. v. Bortkewitsch-Berlin
H. Burkhardt (†)
E. Czuber (†)
W. v. Dyck-München
D. Hilbert-Göttingen
O. Hölder-Leipzig
G. Landsberg (†)
R. Mehmke-Stuttgart
W. Fr. Meyer (†)
E. Netto (†)
V. Pareto-Lausanne
A. Pringsheim-München
C. Runge (†)
A. Schoenflies (†)
H. Schubert (†)
D. Seliwanoff-Prag
E. Study (†)
K. Th. Vahlen-Berlin
H. Weber (†)
A. Wiman-Upsala

II. Band:

L. Bieberbach-Berlin
M. Böcher (†)
H. A. Bohr-Kopenhagen
E. Borel-Paris
G. Brunel (†)
H. Burkhardt (†)
H. Cramér-Stockholm
G. Faber-München
M. Fréchet-Poitiers
R. Fricke (†)
H. Hahn-Wien
J. Harkness-Montreal
E. Hellinger-Frankfurt a. M.
K. Hensel-Marburg
E. Hilb (†)
H. W. E. Jung-Halle
A. Kneser (†)
A. Krazer (†)
L. Lichtenstein (†)
L. Maurer (†)
W. Fr. Meyer (†)
P. Montel-Paris
N. E. Nörlund-Kopenhagen
W. F. Osgood-Berkeley (California)
P. Painlevé-Paris
S. Pincherle-Bologna
A. Pringsheim-München
M. Riesz-Lund
A. Rosenthal-Heidelberg
C. Runge (†)
A. Sommerfeld-München
O. Szász-Frankfurt a. M.
O. Toeplitz-Bonn
E. Vessiot-Paris
A. Voss (†)
A. Wangerin (†)
E. v. Weber (†)
Fr. A. Willers-Freiberg
W. Wirtinger-Wien
E. Zermelo-Freiburg
L. Zoretti-Caen

III. Band:

G. Berkhan (†)
L. Berwald-Prag
L. Berzolari-Pavia
Chr. Betsch-Stuttgart
G. Castelnuovo-Rom
M. Dehn-Frankfurt a. M.
F. Dingeldey-Darmstadt
F. Enriques-Rom
G. Fano-Turin
P. Heegaard-Oslo
G. Kohn (†)
H. Liebmann-Heidelberg
R. v. Lilienthal-Münster i. W.
G. Loria-Genua
A. Lotze-Stuttgart
H. v. Mangoldt (†)
W. Fr. Meyer (†)
E. Müller (†)
E. Papperitz-Freiberg i. S.
K. Rohn (†)
H. Rothe (†)
E. Salkowski-Neubabelsberg
G. Scheffers-Charlottenburg
A. Schoenflies (†)
C. Segre (†)
J. Sommer-Danzig
P. Stäckel (†)
O. Staude (†)
E. Steinitz (†)
H. Tietze-München
L. Vietoris-Wien
A. Voss (†)
R. Weitzenboeck-Amsterdam
M. Zacharias-Berlin
H. G. Zeuthen (†)
K. Zindler (†)

IV. Band:

M. Abraham (†)
P. Cranz-Berlin
C. u. T. Ehrenfest-Leiden
S. Finsterwalder-München
O. Fischer (†)
L. Föppl-München
Ph. Forchheimer-Wien
Ph. Furtwängler-Wien
M. Grübler-Dresden
M. Grüning-Hannover
E. Hellinger-Frankfurt a. M.
L. Henneberg (†)
K. Heun (†)
G. Jung-Mailand
Th. v. Kármán-Aachen
F. Klein (†)
A. Kriloff-Petersburg
H. Lamb-Manchester
A. E. H. Love-Oxford
R. v. Mises-Istanbul
C. H. Müller-Hannover
L. Prandtl-Göttingen
G. Prange-Hannover
H. Reißner-Charlottenburg
A. Schoenflies (†)
P. Stäckel (†)
O. Tedone-Genua
H. E. Timerding-Braunschweig
A. Timpe-Berlin
A. Voss (†)
G. T. Walker-Simla (Indien)
K. Wieghardt (†)
G. Zemplén (†)

V. Band:

M. Abraham (†)
L. Boltzmann (†)
M. Born-Cambridge (Engl.)
G. H. Bryan-Bangor (Wales)
P. Debye-Leipzig
H. Dießelhorst-Braunschweig
P. S. Epstein-Pasadena
R. Gans-Königsberg
K. F. Herzfeld-München
F. W. Hinrichsen (†)
E. W. Hobson-Cambridge
H. Kamerlingh-Onnes-Leiden
W. H. Keesom-Leiden
Kratzer-Münster i. W.
M. v. Laue-Berlin
Th. Liebisch (†)
H. A. Lorentz (†)
L. Mamlock-Berlin
H. Minkowski (†)
O. Mügge-Göttingen
J. Nabl-Wien
W. Pauli-Hamburg
F. Pockels (†)
L. Prandtl-Göttingen
R. Reiff (†)
C. Runge (†)
A. Schoenflies (†)
M. Schröter (†)
R. Seeliger-Greifswald
A. Smekal-Halle
A. Sommerfeld-München
E. Study (†)
A. Wangerin (†)
W. Wien (†)
J. Zenneck-München

VI, 1. Band:

R. Bourgeois-Paris
V. Conrad-Wien
G. H. Darwin (†)
F. Exner-Wien
S. Finsterwalder-München
Ph. Furtwängler-Wien
F. R. Helmert (†)
S. Hough-Kapstadt
H. Meldau-Bremen
W. Moebius-Leipzig
P. Pizzetti-Pisa
C. Reinhertz (†)
A. Schmidt-Potsdam
E. v. Schweidler-Innsbruck
W. Trabert (†)

VI, 2. Band:

E. Anding-Gotha
J. Bauschinger (†)
A. Bemporad-Catania
E. W. Brown-New-Haven
C. Ed. Caspari-Paris
F. Cohn-Berlin
R. Emden-München
F. K. Ginzel-Berlin
P. Guthnick-Neubabelsberg
F. Hayn-Leipzig
J. v. Hopperger (†)
G. Herglotz-Göttingen
A. Hnatek-Wien
J. Hopmann-Leipzig
K. Hoffmeister-Sonneberg
H. Kienle-Göttingen
H. Kobold-Kiel
F. Kottler-Wien
K. Laves-Chicago
G. v. Niessl-Wien
S. Oppenheim (†)
H. Samter-Berlin
E. Schönberg-Breslau
K. Schwarzschild (†)
K. Sundman-Helsingfors
E. T. Whittaker-Edinburgh
A. Wilkens-München
C. W. Wirtz-Kiel
H. v. Zeipel-Upsala

Erschienene Bände bzw. Hefte:

Band I. **Arithmetik und Algebra,** in 2 Teilen. Vollständig erschienen.
- II. **Analysis,** in 3 Teilen. Teil I in zwei Hälften, Teil II und Teil III in zwei Hälften vollständig erschienen
- III. **Geometrie,** in 3 Teilen. Vollständig erschienen.
- IV. **Mechanik,** in 4 Teilbänden und 1 Registerband. Teilband I, III und IV vollständig erschienen, II. Teilband in 4 Heften und Registerband in 1 Heft demnächst vollständig.
- V. **Physik,** in 3 Teilen. Vollständig erschienen.
- VI,1. **Geodäsie und Geophysik,** I. und II. Teilband vollständig erschienen.
- VI,2. **Astronomie,** 1. und 2. Hälfte, vollständig erschienen.

Band III: Geometrie, in 3 Teilen.
Redigiert von W. Fr. Meyer (†) und H. Mohrmann in Gießen.

Die vor den Abhandlungen stehenden arabischen Ziffern bezeichnen die einzelnen Hefte.

1. Teil.

Vorrede zu Band III von **W. Fr. Meyer** (†) und **H. Mohrmann** in Gießen.

A. Rein geometrische Theorien.

B. Grundlagen der Anwendung von Algebra und Analysis auf die Geometrie.

1. Hälfte.

Inhaltsverzeichnis von Band III, Teil 1, 1. Hälfte.

1. Prinzipien der Geometrie: **F. Enriques** in Bologna.
2. Die Begriffe „Linie" und „Fläche": **H. v. Mangoldt** (†).
3. Analysis situs: **M. Dehn** in Frankfurt a. M. und **P. Heegaard** in Oslo.

4a. Gegensatz von synthetischer und analytischer Geometrie in seiner historisch. Entwicklung im XIX. Jahrhundert: **G. Fano** in Turin.

4b. Die Gruppentheorie als geometrisches Einteilungsprinzip: **G. Fano** in Turin.

5. Projektive Geometrie: **A. Schoenflies** (†).

5a. Konfigurationen der projektiven Geometrie: **E. Steinitz** (†).

6. Darstellende Geometrie: **E. Papperitz** i. Freiberg i. S.
7. Die verschiedenen Koordinatensysteme: **E. Müller** (†).

2. Hälfte.

Inhaltsverzeichnis von Band III, Teil 1, 2. Hälfte

8. Elementare Geometrie vom Standpunkte der neueren Analysis aus: **J. Sommer** in Danzig.
9. Elementargeometrie und elementare nichteuklidische Geometrie in synthetischer Behandlung: **M. Zacharias** in Berlin.
10. Neuere Dreiecksgeometrie: **G. Berkhan** (†) und **W. Fr. Meyer** (†).

11a. Systeme geometrischer Analyse I: **H. Rothe** (†).

11b. II: **A. Lotze** in Stuttgart.

12. Polyeder und Raumeinteilungen: **E. Steinitz** (†).
13. Beziehungen zwischen den verschiedenen Zweigen der Topologie: **H. Tietze** in München und **L. Vietoris** in Wien.

Register zu Band III, 1. Teil.

2. Teil.

C. Algebraische Geometrie.

1. Hälfte.

Inhaltsverzeichnis von Band III, Teil 2, 1. Hälfte.

1. Kegelschnitte und Kegelschnittsysteme: **F. Dingeldey** in Darmstadt.
2. Flächen II. Ordnung und ihre Systeme und Durchdringungskurven: **O. Staude** (†).
3. Abzählende Methoden: **H. G. Zeuthen** (†).
4. Allgemeine Theorie d. höheren ebenen algebraischen Kurven: **L. Berzolari** in Pavia.

5a u. 5b. Spezielle ebene algebr. Kurven: **G. Kohn** (†) und **G. Loria** in Genua.

6a. Grundeigenschaften der algebraischen Flächen: **G. Castelnuovo** in Rom und **F. Enriques** in Rom.

6b. Die algebraischen Flächen vom Gesichtspunkte der birationalen Transformationen aus: **G. Castelnuovo** in Rom und **F. Enriques** in Rom.

2. Hälfte, Teilband A.

Inhaltsverzeichnis von Band III, Teil 2, 2. Hälfte, Teilband A.

7. Mehrdimensionale Räume: **C. Segre** (†).
8. Algebr. Liniengeometrie: **K. Zindler** (†).
9. Algebraische Raumkurven u. abwickelbare Flächen: **K. Rohn** (†) und **L. Berzolari** in Pavia.

2. Hälfte, Teilband B.

Inhaltsverzeichnis von Band III, Teil 2, 2. Hälfte, Teilband B.

10. Spezielle algebraische Flächen: Flächen dritter Ordnung. **W. Fr. Meyer** (†).
11. Spezielle algebraische Flächen: Flächen vierter und höherer Ordnung. **W. Fr. Meyer** (†).
12. Algebraische Transformationen u. Korrespondenzen: **L. Berzolari** in Pavia.
13. Register zu Band III, 2. Teil.

Namenverzeichnis zu Band III.

3. Teil.

Inhaltsverzeichnis von Band III, Teil 3.

D. Differentialgeometrie.

1./2. Anwendung der Differential- und Integralrechnung auf Kurven und Flächen: **H. v. Mangoldt** (†).

3. Die auf einer Fläche gezogenen Kurven: **R. v. Lilienthal** in Münster i. W.
4. Besondere transcendente Kurven: **G. Scheffers** in Charlottenburg.
5. Besondere Flächen: **R. v. Lilienthal** in Münster i. W
6. Abbildung und Abwickelung zweier Flächen aufeinander: **A. Voss** (†).
7. Berührungstransformat.: **H. Liebmann** in Heidelberg.
8. Geometrische Theorie der Differentialgleichungen: **H. Liebmann** in Heidelberg.
9. Dreif. orthogon. Flächen-Systeme: **E. Salkowski** in Charlottenburg.
10. Neuere Arbeiten der algebraischen Invariantentheorie. Differentialinvarianten: **R. Weitzenböck** in Amsterdam.
11. Differentialinvarianten in der Geometrie. Riemannsche Mannigfaltigkeiten und ihre Verallgemeinerungen: **L. Berwald** in Prag.

Register zu Band III, 3. Teil.

Bisher erschien:

Teil	1	Heft	1	(A, B 1—3).	[220 S.]	1907.	ℛℳ 8.—
—	1	—	2	(A, B 4 a u. 4 b).	[168 S.]	1907.	ℛℳ 6.40
—	1	—	3	(A, B 5).	[92 S.]	1909.	ℛℳ 2.60
—	1	—	4	(A, B 5 a, 6, 7).	[290 S.]	1910.	ℛℳ 11.—
—	1	—	5	(A, B 8, 9 I).	[191 S.]	1914.	ℛℳ 7.20
—	1	—	6	(A, B 9 II).	[210 S.]	1919.	ℛℳ 8.—
—	1	—	7	(A, B 10, 11 I).	[252 S.]	1921.	ℛℳ 9.40
—	1	—	8	(A, B 11).	[172 S.]	1924.	ℛℳ 6.40
—	1	—	9	(A, B 12).	[139 S.]	1922.	ℛℳ 5.—
—	1	—	10	(A, B 13)	[124 S.]	1931.	ℛℳ 5.—
—	2	—	1	(C 1).	[160 S.]	1903.	ℛℳ 6.—
—	2	—	2	(C 2).	[96 S.]	1904.	ℛℳ 3.60
—	2	—	3	(C 3, 4).	[199 S.]	1906.	ℛℳ 7.40
—	2	—	4	(C 5 a)	[114 S.]	1909.	ℛℳ 4.40
—	2	—	5	(C 5 b)	[64 S.]	1915.	ℛℳ 2.40
Teil	2	Heft	6	(C 6 a u. b).	[133 S.]	1915.	ℛℳ 5.-
—	2	—	7	(C 7).	[204 S.]	1918.	ℛℳ 7.60
—	2	—	8	(C 8).	[256 S.]	1922.	ℛℳ 11.—
—	2	—	9	(C 9).	[208 S.]	1927.	ℛℳ 7.80
—	2	—	10	(C 10).	[93 S.]	1928.	ℛℳ 3.60
—	2	—	11	(C 10 b)	[248 S.]	1931.	ℛℳ 9.40
—	2	—	12	(C 11)	[439 S.]	1933.	ℛℳ 14.—
—	2	—	13		[153 S.]	1934.	ℛℳ 7.60
—	3	—	1	(D 1—3).	[183 S.]	1903.	ℛℳ 8.60
—	3	—	2/3	(D 4—6 a).	[254 S.]	1903.	ℛℳ 9.60
—	3	—	4	(D 7—8).	[98 S.]	1915.	ℛℳ 3.80
—	3	—	5	(D 9).	[66 S.]	1920.	ℛℳ 2.40
—	3	—	6	(D 10).	[72 S.]	1922.	ℛℳ 4.60
—	3	—	7	(D 11).	[134 S.]	1927.	ℛℳ 5.60